AF258825

NOUVEAUX ÉLÉMENTS

D'ANATOMIE DESCRIPTIVE

ET

D'EMBRYOLOGIE

PAR

H. BEAUNIS   ET   **A. BOUCHARD**

MÉDECIN-MAJOR DE PREMIÈRE CLASSE
DES HOPITAUX MILITAIRES
PROFESSEUR DE PHYSIOLOGIE A LA FACULTÉ
DE MÉDECINE DE NANCY

MÉDECIN-MAJOR DE PREMIÈRE CLASSE
DES HOPITAUX MILITAIRES
PROFESSEUR D'ANATOMIE A LA FACULTÉ
DE MÉDECINE DE BORDEAUX

TROISIÈME ÉDITION

Illustrée de 456 figures dessinées d'après nature, intercalées dans le texte
et tirées en couleur

DEUXIÈME PARTIE

SPLANCHNOLOGIE, ORGANES DES SENS, EMBRYOLOGIE, DÉVELOPPEMENT DE L'HOMME

— Pages 641 à 1072 —

Bouchard, A. - Beaunis, H.   2
Nouveaux éléments d'anatomie
1880

31186

PARIS

LIBRAIRIE J.-B. BAILLIERE ET FILS

19, RUE HAUTEFEUILLE, PRÈS DU BOULEVARD SAINT-GERMAIN

LONDRES
BAILLIÈRE, TINDALL AND COX
20, King William street

MADRID
CARLOS BAILLY-BAILLIÈRE
Plaza de Topete, 8

1880

Tous droits réservés

NOUVEAUX ÉLÉMENTS
D'ANATOMIE DESCRIPTIVE

ET

D'EMBRYOLOGIE

TRAVAUX DE M. H. BEAUNIS

De l'habitude en général, Thèse pour le doctorat en médecine. Montpellier, in-4, 1856.

Anatomie générale et physiologie du système lymphatique, Thèse de concours pour l'agrégation. Strasbourg, 1863, in-4.

Programme du cours complémentaire de physiologie fait à la Faculté de médecine de Strasbourg (semestre d'été, 1869). Paris, 1872, 1 vol. in-18 jésus.

Remarques sur un cas de transposition générale des viscères. Paris, 1874. In-8.

Nouveaux éléments de physiologie humaine. Deuxième édition, 1 vol. in-8 de 1000 p. et 300 figures. Paris, 1880.

TRAVAUX DE M. A. BOUCHARD

Essai sur les gaines synoviales tendineuses du pied. Thèse pour le doctorat en médecine. Strasbourg, 1856, in-4.

Du tissu connectif. Thèse de concours pour l'agrégation. Strasbourg, 1866, in-8.

Nouveaux éléments de physiologie humaine, par W. WUNDT, traduit de l'allemand par A. Bouchard Paris, 1872, 1 vol. in-8.

TRAVAUX DE MM. BEAUNIS ET BOUCHARD

Précis d'anatomie et de dissection. Paris, 1877. In-12. — Traduction espagnole.

LYON. — IMPRIMERIE PITRAT AÎNÉ, RUE GENTIL, 4

NOUVEAUX ÉLÉMENTS

D'ANATOMIE DESCRIPTIVE

ET

D'EMBRYOLOGIE

PAR

H. BEAUNIS
MÉDECIN-MAJOR DE PREMIÈRE CLASSE
DES HÔPITAUX MILITAIRES
PROFESSEUR DE PHYSIOLOGIE A LA FACULTÉ
DE MÉDECINE DE NANCY

ET

A. BOUCHARD
MÉDECIN-MAJOR DE PREMIÈRE CLASSE
DES HÔPITAUX MILITAIRES
PROFESSEUR D'ANATOMIE A LA FACULTÉ
DE MÉDECINE DE BORDEAUX

TROISIÈME ÉDITION

Illustrée de 456 figures dessinées d'après nature, intercalées dans le texte
et tirées en couleur,

PARIS

LIBRAIRIE J.-B. BAILLIÈRE ET FILS
19, RUE HAUTEFEUILLE, PRÈS DU BOULEVARD SAINT-GERMAIN

LONDRES
BAILLIÈRE, TINDALL AND COX
20, King William street

MADRID
CARLOS BAILLY-BAILLIÈRE
Plaza de Topete, 8.

1880

Tous droits réservés

AVERTISSEMENT

DE LA TROISIÈME ÉDITION

Cette troisième édition des *Nouveaux Eléments d'Anatomie descriptive et d'Embryologie* présente de notables changements.

De nombreuses additions ont été nécessitées par les progrès de la science pendant ces dernières années, et même certains chapitres, tels que ceux qui traitent des *Centres nerveux* par exemple, ont subi un remaniement complet.

Dans la deuxième édition, l'Angéiologie et la Névrologie avaient été augmentées de deux appendices sur les *anomalies vasculaires et nerveuses*. Dans cette troisième édition, la *Splanchnologie*, les *Organes des sens*, l'*Embryologie*, ont été profondément modifiés, surtout dans la partie histologique, tout en restant dans les limites que ne doit pas dépasser un traité élémentaire.

Enfin des figures nouvelles, soit originales, soit empruntées aux meilleurs auteurs, ont été ajoutées, et le tirage en couleur, si commode pour l'étude, a été adopté pour les figures de l'Angéiologie et pour quelques planches d'Embryologie.

La partie matérielle de l'ouvrage, comme le lecteur pourra s'en assurer par un simple coup d'œil, n'a pas reçu de moindres modifications, et cette troisième édition, tout en conservant rigoureusement le plan général et la direction scientifique des deux premières, peut être considérée, à certains points de vue, comme un livre nouveau par le fond et par la forme.

Nous espérons que les améliorations que nous avons introduites dans cette troisième édition seront bien accueillies par nos lecteurs et qu'elles contribueront à maintenir à nos *Nouveaux Éléments* la faveur du public médical.

Août 1879.

H. BEAUNIS et A. BOUCHARD.

PRÉFACE

En écrivant ces *Éléments d'anatomie descriptive et d'embryo logie*, nous n'avons pas voulu faire une simple compilation ; nous avons voulu mettre entre les mains des étudiants et des médecins un livre concis et complet, tenant le milieu entre les manuels purs et les traités *in extenso*, se rapprochant des premiers par la forme, des seconds par le fond ; un livre qui pût tenir sa place sur la table de l'amphithéâtre comme sur le bureau du praticien.

Si nous avons réussi dans cette tâche difficile, et si le monde médical accueille avec faveur cette publication, ce n'est pas à nous seuls qu'en devra revenir tout l'honneur : MM. J.-B. Baillière et fils en recueilleront une part ; ce sont eux qui en ont conçu l'idée, et qui, s'associant spontanément au mouvement actuel de décentralisation scientifique, se sont adressés à nous, alors qu'à Paris ils eussent trouvé facilement des noms plus connus et plus autorisés que les nôtres.

Les traditions anatomiques de l'École de Strasbourg, la proximité de l'Allemagne et notre position spéciale à l'École militaire instituée près la Faculté de médecine, étaient du reste autant de conditions qui nous ont facilité le travail que nous avons entrepris et devant lequel, sans cela, nous aurions peut-être reculé. Chargés tous deux, depuis plusieurs années, d'un enseignement anatomique, soit à l'École militaire comme répétiteurs, soit à la Faculté comme professeurs agrégés, nous avons vécu au milieu des élèves, nous les avons suivis aux cours, aux conférences, à l'amphithéâtre, aux examens, et nous avons pu voir de près les *desiderata* et les exigences de l'enseignement et des descriptions anatomiques.

Une connaissance suffisante de la littérature scientifique étrangère et surtout de la littérature allemande, nous a permis de ne laisser échapper aucune des découvertes récentes dues à nos laborieux voisins et de mettre la partie théorique de ce livre à la hauteur de la science moderne française et étrangère. C'est dire que nous avons mis largement à contribution les travaux de J. Cruveilhier, Velpeau, Coste, Sappey, Ludovic Hirschfeld, Jarjavay, Giraldès, Rouget, C. Morel, J. Villemin, Panas, Périer, Polaillon, B. Anger, Gimbert, etc., en France, et ceux de Henle, Luschka, Kölliker, Bischoff, Ecker, en Allemagne, Sharpey, de Londres, et de tant d'autres à l'étranger.

La partie pratique a été l'objet de soins non moins attentifs. Toujours des dissections sérieuses ont précédé la description, et ce n'est qu'après le contrôle cadavérique que nous avons pris la plume pour la rédaction. Écrit en grande partie le scalpel à la main, ce livre peut être lu de même par l'étudiant auquel il servira de Manuel de dissection. Aussi, partout où il est nécessaire, avons-nous indiqué en tête des chapitres les procédés spéciaux de préparation, afin que le commençant puisse au besoin se retrouver facilement seul et sans maître dans le cours de ses dissections. Des instructions détaillées sur les modes généraux de préparation précèdent du reste chacune des grandes divisions, ostéologie, arthrologie, myologie, angéiologie, etc.

L'ouvrage est divisé en neuf livres et commence par une introduction résumant aussi brièvement que possible les notions élémentaires d'anatomie et d'histologie générales. Chaque livre est à son tour accompagné de considérations préliminaires, dont l'ensemble, réuni à l'introduction, constitue un véritable traité abrégé d'anatomie générale. Une attention particulière a été donnée à ces notions trop souvent écourtées dans les traités élémentaires, négligées à tort par les élèves, et cependant indispensables pour l'étude approfondie des parties spéciales.

Quelques innovations ont été introduites dans ces *Éléments* et seront, nous l'espérons, favorablement accueillies par le lecteur. La physiologie des articulations, cette partie si importante des études anatomiques, a reçu beaucoup de développement, et on a cherché à lui donner plus de rigueur et de précision ; un tableau complet des anomalies musculaires a été placé à la fin de la myologie, etc. ; les insertions musculaires ont été indiquées en lignes ponctuées sur les figures d'ostéologie ; enfin, des figures d'ensemble qui résument pour ainsi dire les diverses parties de l'anatomie, et un grand nombre de figures schématiques se rencontrent dans le courant de l'ouvrage.

Autant que possible, et sachant combien il est difficile de changer les habitudes prises, nous avons suivi dans nos descriptions la marche classique ; cependant, dans certains cas, nous nous sommes crus obligés de rompre avec la tradition, mais nous ne l'avons fait qu'avec réserve et appuyés sur l'autorité des faits et sur les recherches scientifiques modernes. Toutes les questions importantes à l'ordre du jour, et en particulier les questions de structure, ont été, non pas traitées à fond (le cadre de l'ouvrage ne le permettait pas), mais du moins indiquées ; pour des sujets si délicats, nous avons dû souvent rester dans le doute en présence des résultats contradictoires obtenus par les observateurs ; souvent aussi nous avons tranché certaines questions dans un sens plutôt que dans l'autre, sans pouvoir toujours, faute de place, expliquer suffisamment les motifs de notre choix.

Pour ne pas augmenter outre mesure le volume de l'ouvrage, les éditeurs ont choisi une disposition typographique qui nous a permis de traiter complétement le sujet et de ne rien sacrifier d'important. Deux variétés de texte ont été adoptées. Les caractères les plus gros sont consacrés à ce qu'on peut appeler l'*anatomie d'amphithéâtre*, c'est-à-dire à tout ce qui exige pour l'étude le secours du scalpel et de la pince. Le petit texte a été réservé pour les généralités, l'embryologie, la physiologie anatomique et l'histologie générale et spéciale, pour toutes les choses, en un mot, dont l'étude peut être faite en grande partie en dehors de l'amphithéâtre.

Les figures intercalées dans le texte ont été en majeure partie exécutées sous nos yeux, d'après nos préparations, au moyen de la chambre claire, ce qui leur assure un grand degré d'authenticité et d'exactitude. La plupart d'entre elles ont été dessinées par M. Schweitzer et gravées par M. Lévy ; nous leur adressons tous nos remerciements pour les soins qu'ils ont apportés à leur exécution. Un certain nombre de figures, surtout pour la splanchnologie, les organes des sens

et l'embryologie, ont été empruntées aux meilleures sources originales, dans les ouvrages français et étrangers.

Tel qu'il était conçu, ce livre exigeait un travail de plusieurs années. D'ailleurs la science anatomique offre aujourd'hui un champ
tellement vaste qu'il est bien difficile à un seul homme de l'embras-
ser dans sa totalité, et encore plus difficile peut-être de la réduire
aux proportions nécessaires. Aussi avons-nous associé nos efforts
pour le but commun et nous sommes-nous partagé les différents sujets suivant la direction habituelle de nos travaux. La répartition des
différents livres de l'ouvrage s'est faite de la façon suivante :

Introduction, Ostéologie, Arthrologie, Myologie, par M. Beaunis;
Angéiologie, Névrologie, par M. Bouchard ; *Splanchnologie, Or-
ganes des sens, Du corps humain en général, Embryologie,* par
M. Beaunis.

Mais cette répartition n'ôte rien à l'homogénéité du livre : toujours
un travail de révision, fait en commun, a précédé la remise du ma-
nuscrit, et nous acceptons solidairement la responsabilité pleine et
entière des opinions émises dans tout l'ouvrage.

Strasbourg, septembre 1867.

H. BEAUNIS et A. BOUCHARD.

TABLE DES MATIÈRES

LIVRE TROISIÈME. — MYOLOGIE

LIVRE QUATRIÈME. — ANGÉIOLOGIE

LIVRE CINQUIÈME. — NÉVROLOGIE

LIVRE SIXIÈME. — SPLANCHNOLOGIE

LIVRE SEPTIÈME. — ORGANES DES SENS

LIVRE HUITIÈME. — DU CORPS HUMAIN EN GÉNÉRAL

LIVRE NEUVIÈME. — EMBRYOLOGIE ET DÉVELOPPEMENT DE L'HOMME

jours situé au dehors du canal formé par la dure-mère et à l'entrée du trou de conjugaison ; il n'en est toutefois pas ainsi pour celui de la première paire rachidienne, qui se trouve en deçà du point où les racines postérieures de ce nerf traversent la dure-mère. Le ganglion invertébral est en rapport dans le trou de conjugaison avec les branches veineuses qui font communiquer les plexus intra rachidiens et extra-rachidiens. Dans l'intérieur du canal rachidien, les deux ordres de racines ne communiquent pas entre elles ; mais les filets homologues s'anastomosent assez fréquemment, et cela non-seulement entre racines de la même paire, mais encore entre filets de deux paires voisines.

Les racines postérieures et antérieures, en se rapprochant du trou de conjugaison, sont séparées les unes des autres par les festons du ligament dentelé de la moelle (fig. 173, 1). Outre l'enveloppe que la pie-mère fournit à chaque filet des racines rachidiennes, enveloppe destinée à en devenir le névrilème, l'arachnoïde les entoure d'une gaîne commune, qui les accompagne jusqu'au point où elles perforent la dure-mère.

Les nerfs rachidiens ont été divisés en *huit paires cervicales, douze dorsales, cinq lombaires* et *six sacrées*. Le volume de ces différentes paires nerveuses n'est pas le même et, sans compter les deux derniers nerfs sacrés, qui sont très-grêles, l'on peut dire que les nerfs cervicaux, lombaires et sacrés l'emportent de beaucoup sur les paires dorsales et que, de plus, ceux qui correspondent à l'origine des membres supérieurs et inférieurs et qui prennent par conséquent leur origine sur les renflements brachial et lombaire de la moelle, sont les plus volumineux.

Les racines des différentes paires rachidiennes n'ont pas toutes la même direction ni le même trajet dans l'intérieur du canal rachidien. Celles de la première paire cervicale sont légèrement ascendantes ; les deux suivantes sont transversales et les autres de plus en plus obliques jusqu'à l'extrémité inférieure de la moelle épinière. Cette obliquité est telle que les racines des nerfs cer-

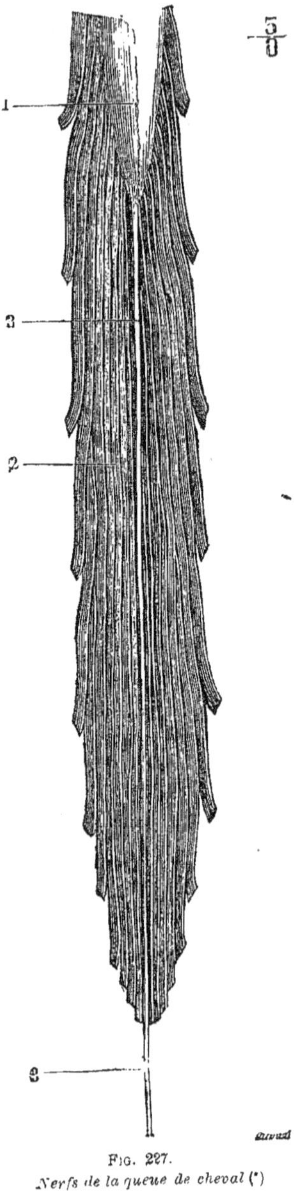

Fig. 227.

Nerfs de la queue de cheval (*)

(*) 1) Sillon médian postérieur de la moelle. — 2) [Nerfs de la queue de cheval. — 3, 3) Filum terminale.

BEAUNIS ET BOUCHARD, 3ᵉ édit. 41

vicaux ont à descendre en moyenne de la hauteur d'une vertèbre avant de gagner leur trou de conjugaison correspondant ; que les nerfs dorsaux descendent d'une hauteur double, et que les nerfs lombaires et sacrés, dont l'origine est groupée d'une manière très-serrée autour de l'extrémité inférieure de la moelle, devenus à peu près verticaux (fig. 227, 2), descendent très-bas pour arriver à leur trou de sortie. Le chevelu très-épais et très-long que forment ces derniers nerfs dans la partie inférieure du canal rachidien au-dessous de la terminaison de la moelle, a pris le nom de *queue de cheval*. Au milieu des éléments de cette queue se trouve le ligament coccygien de la moelle, désigné encore sous le nom de *filum terminale* (fig. 227, 3).

Immédiatement après leur sortie du ganglion intervertébal, les faisceaux des racines postérieures s'unissent à ceux des racines antérieures, pour former les *troncs des nerfs rachidiens*. Ces troncs sont très-courts : ils naissent, en effet, vers le milieu de la longueur des trous de conjugaison, et déjà à leur sortie de ces canaux on les voit se diviser en deux branches, l'une *postérieure*, l'autre *antérieure* [1]. La première, en général beaucoup plus petite que la seconde, ainsi que nous allons le voir dans un instant, est destinée à innerver les muscles et la peau des parties correspondantes des régions postérieures du tronc, de la nuque et de la tête. Les branches antérieures des nerfs rachidiens ont une distribution beaucoup plus compliquée : ils vont innerver les parties latérales et antérieures du tronc et du cou, ainsi que les membres supérieurs et inférieurs.

En raison de la grande simplicité de distribution des branches postérieures et de la simplicité de leurs rapports et de leur trajet, nous commencerons par les décrire.

ARTICLE I. — BRANCHES POSTÉRIEURES DES NERFS RACHIDIENS

Préparation. — Nous nous bornerons à exposer le moyen de préparer les branches sous-occipitales. Il sera très-facile alors de se rendre compte de la manière de préparer les autres. Coucher le cadavre sur le ventre, la tête pendante, de façon à étendre la nuque. Inciser la peau sur la ligne médiane jusque sur le sommet de la tête ; faire tomber sur les extrémités de cette incision deux incisions perpendiculaires, passant, l'une transversalement sur le sinciput et l'autre à la racine du cou. Disséquer soigneusement ces lambeaux de dedans en dehors, en ayant soin de ménager les filets nerveux cutanés. Quand on aura découvert le point où le nerf occipital traverse le grand complexus et le trapèze, sectionner le premier de ces muscles transversalement au-dessous de ce point et préparer le nerf jusqu'au niveau de son émergence. Entre le grand droit postérieur et le grand oblique, on trouvera le passage de la branche postérieure de la première paire. Sur la ligne médiane on verra le rameau ascendant cutané du troisième nerf cervical.

Toutes les *branches postérieures des nerfs rachidiens* sont beaucoup plus petites que les branches antérieures, à l'exception toutefois de la première et surtout de la seconde. Dès leur origine, en dehors du trou de conjugaison, on les voit se porter en arrière vers les masses musculaires de la nuque, du dos et des lombes et vers la peau de ces mêmes régions ; tous leurs rameaux cutanés traversent les insertions des muscles superficiels du dos à peu de distance du

[1] Avant leur division, les troncs des nerfs rachidiens émettent tous un un petit rameau très-fin, qui rentre dans le canal vertébral par le trou de conjugaison et se distribue aux vertèbres et aux sinus rachidiens. C'est à ces rameaux que Luschka a donné le nom de *nerfs sinu-vertébraux*. Il paraît certain que des filets du sympathique se joignent à ces petits cordons nerveux et partagent leur distribution.

sommet des apophyses épineuses. On les a divisées en branches *sous-occipi-tales, cervicales, thoraciques, abdomino-pelviennes.*

Les *branches sous-occipitales* sont au nombre de deux.

La *première* sort entre l'occipital et l'atlas, se dirige en arrière, donne immédiatement un rameau qui se porte en bas en entourant la face postérieure de l'apophyse transverse de l'atlas pour s'anastomoser avec une branche analogue venue du grand nerf occipital. Elle se divise ensuite en branches multiples, qui vont se perdre dans les muscles grand et petit droits postérieurs et grand et petit obliques de la tête.

La *deuxième branche sous-occipitale* est très-volumineuse, comparée à la branche antérieure ; on lui a donné le nom de *grand nerf occipital* (fig. 228, 3). Elle sort entre l'atlas et l'axis, passe au-dessous du muscle grand oblique de la tête, se réfléchit en haut et en dedans, se place entre la face postérieure de ce muscle et le grand complexus et traverse la partie supérieure de ce dernier et du trapèze. Ce nerf se dirige alors en haut et en dehors vers la partie postérieure et supérieure du cuir chevelu, dans laquelle il se perd en s'anastomosant par ses filets les plus externes avec la branche occipitale du plexus cervical.

Le grand nerf occipital fournit : 1° aussitôt après avoir passé entre l'atlas et

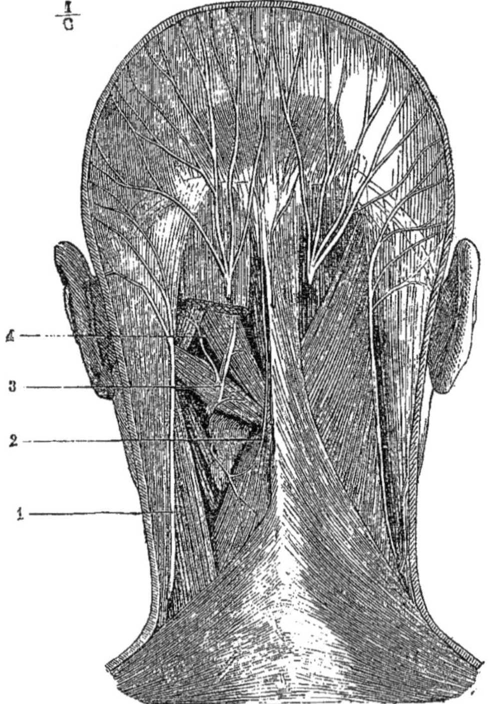

FIG. 228. — Grand nerf occipital (*).

(*) 1) Branche occipitale du plexus cervical.—2 Rameau ascendant de la branche postérieure de la troisième paire cervicale. — 3) Grand nerf occipital. — 4) Branche postérieure de la première paire cervicale au moment où elle forme une arcade avec l'anastomose du grand nerf occipital.

l'axis, une branche anastomotique, qui contourne de bas en haut la face postérieure de l'apophyse transverse de l'atlas et qui s'unit à une branche analogue
venue de la première branche sous-occipitale ; 2° au même niveau une seconde
branche anastomotique, qui contourne de haut en bas l'apophyse transverse de
l'axis pour s'unir à la branche postérieure de la troisième paire rachidienne.
C'est à l'ensemble de ces arcades nerveuses que Cruveilhier a donné le nom de
plexus cervical postérieur ; 3° des rameaux musculaires qui se perdent
dans le grand complexus, le petit complexus, le splénius, le transversaire épineux et la partie supérieure du trapèze ; quelques-uns de ces rameaux musculaires, au lieu de provenir directement du nerf occipital, tirent leur origine du
plexus cervical postérieur.

Les *branches cervicales* sont au nombre de sept : six venues des derniers
nerfs cervicaux et une émanée du premier nerf dorsal. La distribution de
toutes ces branches est identique. Elles cheminent d'abord entre le grand
complexus et le transversaire épineux et traversent ensuite les insertions du
splénius et du trapèze, pour se répandre dans la peau de la nuque. Leurs
rameaux musculaires sont destinés au grand complexus, au transversaire du
cou et au transversaire épineux.

La branche postérieure du troisième nerf cervical présente seule une parti-
cularité digne d'être remarquée. Elle fournit : 1° une branche anastomotique
ascendante, qui forme une arcade autour de la partie postérieure de l'axis en
s'unissant avec une branche descendante du grand nerf occipital ; 2° un rameau qui traverse le trapèze (fig. 228, 2), remonte près de la ligne médiane
et vient se terminer dans la peau de la partie moyenne et postérieure de la
nuque.

Les *branches thoraciques* tirent leur origine des nerfs dorsaux depuis le
deuxième jusques et y compris le huitième. Elles se divisent aussitôt : 1° en
rameau musculaire, destiné aux muscles sacro-lombaire et long dorsal entre
lesquels il chemine ; 2° un *rameau cutané*, qui passe entre le long dorsal et
le transversaire épineux, traverse les insertions du trapèze ou du grand dorsal
et se termine dans la peau du dos; quelques-uns des filets terminaux de ces
rameaux cutanés, après avoir traversé les insertions du trapèze, se dirigent
de dedans en dehors et atteignent la partie postérieure de l'épaule.

Les *branches abdomino-pelviennes* comprennent les branches postérieures
des quatre derniers nerfs dorsaux, des nerfs lombaires et des nerfs sacrés.
Elles passent entre le sacro-lombaire et le long dorsal, fournissent des filets
à ces muscles, au transversaire épineux et plus bas à leur masse musculaire
commune, traversent les aponévroses postérieures de l'abdomen et se distribuent à la peau de la région lombaire, à celle des régions sacrée et coccygienne. Les branches lombaires envoient des rameaux descendants, qui croisent la crête iliaque et se répandent dans la peau de la partie postérieure des
fesses. Les branches postérieures des nerfs sacrés sortent par les trous sacrés
postérieurs; les deux dernières sont très-grêles.

ARTICLE II. — BRANCHES ANTÉRIEURES DES NERFS RACHIDIENS

Toutes ces branches se portent en avant et en dehors et sont, sauf les deux
premières, beaucoup plus volumineuses que les branches postérieures. On les
a divisées en *huit branches cervicales, douze dorsales, cinq lombaires* et *six
sacrées*. Leur volume n'est pas égal : ainsi les branches cervicales, très-grêles

pour les deux premières, augmentent de volume jusqu'à la dernière. Les branches dorsales, sauf la première, redeviennent moins volumineuses ; les lombaires, au contraire, sont plus grosses ; les quatre premières branches sacrées ont un volume considérale, qui va en diminuant de la première à la quatrième, et enfin les deux dernières branches sacrées redeviennent très-grêles.

Ces branches diffèrent également par leur disposition. Ainsi les nerfs dorsaux, excepté le premier, cheminent isolément dans l'espace intercostal correspondant pour se distribuer aux parties auxquelles ils sont destinés. Les autres, au contraire, se groupent et s'anastomosent en *plexus*, d'où partent les branches terminales. Les quatre premiers nerfs cervicaux forment, par les anastomoses de leurs branches antérieures, le *plexus cervical*. Les quatre derniers nerfs cervicaux et le premier dorsal forment de la même manière le *plexus brachial.* Les branches antérieures des trois premiers nerfs lombaires, jointes à une grande partie du quatrième, forment le *plexus lombaire*, et enfin le cinquième nerf des lombes et les quatre premiers nerfs sacrés s'unissent pour constituer le *plexus sacré*, tandis que les branches antérieures des deux dernières paires sacrées restent isolées.

Nous allons donc étudier successivement : 1° le *plexus cervical;* 2° le *plexus brachial;* 3° les *nerfs intercostaux;* 4° le *plexus lombaire;* 5° le *plexus sacré;* et 6° les *branches antérieures des deux derniers nerfs sacrés.*

§ I. — Plexus cervical (fig. 229).

Préparation. — Le cadavre étant disposé de manière que la peau du cou soit tendue, faire une incision verticale sur la ligne médiane et en pratiquer deux autres transversales,

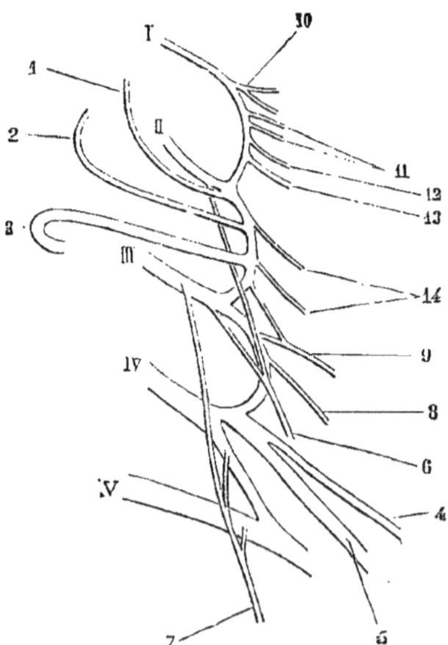

Fig. 229. — *Figure schématique du plexus cervical* (*).

(*) I, II, III, IV, V. Branches antérieures des cinq premières paires cervicales. — 1) Branche mastoïdienne. — 2) Branche auriculaire. — 3) Branche transverse cervicale. — 4) Branche sus-clavicu.

l'une le long du menton, l'autre à la partie supérieure du thorax. Disséquer bien soigneusement ce lambeau cutané de manière à respecter les filets cutanés terminaux. Inciser ensuite transversalement le muscle peaucier vers sa partie moyenne et préparer, au-dessous de lui, les branches superficielles. Après les avoir étudiées, sectionner le sterno-mastoïdien dans ses insertions inférieures et le rejeter en haut et en arrière; on trouvera aussitôt en dessous et en arrière de lui les branches profondes. Ouvrir alors le thorax et poursuivre le nerf phrénique jusqu'au niveau du diaphragme.

Les branches antérieures des quatre premiers nerfs cervicaux, aussitôt après être sorties de la gouttière que leur présente la face supérieure de l'apophyse transverse de la vertèbre située au-dessous, se dirigent en bas et forment des arcades par leurs anastomoses successives. Le premier nerf cervical se porte en bas et s'anastomose avec une branche du deuxième; celui-ci s'unit avec le premier par une branche ascendante, et par une branche descendante avec le troisième; le quatrième s'anastomose avec le troisième et envoie de plus une branche d'union au cinquième, qui fait partie du plexus brachial. L'ensemble de ces anses ou arcades a pris le nom de *plexus cervical*. La première arcade embrasse la face antérieure de l'apophyse transverse de l'atlas ; toutes les autres, et le plexus brachial par conséquent, sont situées au devant des apophyses transverses des vertèbres correspondantes, dont les séparent les muscles prévertébraux. Le plexus cervical se trouve en arrière de la carotide et de la jugulaire internes, des nerfs pneumogastrique et sympathique ; il répond au bord postérieur du sterno-mastoïdien.

Le plexus cervical émet un grand nombre de branches, divisées en cinq superficielles et dix profondes. Les premières sont toutes destinées à la peau, les secondes sont musculaires.

I° Branches superficielles

1° *Branche mastoïdienne* (fig. 230, 3). — Elle tire son origine, soit directement du deuxième nerf cervical, soit de l'arcade que forme ce nerf en s'unissant au troisième, se réfléchit au niveau du bord postérieur du sterno-mastoïdien, remonte en haut et un peu en arrière en longeant le bord de ce muscle, et se divise en rameaux destinés à la peau de la région mastoïdienne et en rameaux beaucoup plus longs qui remontent sur les parois latérales du crâne et arrivent jusqu'au sommet de la tête. Cette branche donne des divisions qui s'anastomosent avec le rameau auriculaire interne du plexus cervical, et d'autres qui s'unissent aux filets terminaux du grand nerf occipital.

Entre la branche auriculaire et la branche mastoïdienne se voit souvent une petite branche accessoire, *petite mastoïdienne* (fig. 230, 2), qui se termine dans la peau au niveau des insertions supérieures du muscle sterno-mastoïdien.

2° *Branche auriculaire* (fig. 230, 1). — Cette branche naît de l'arcade formée par l'anastomose du deuxième et du troisième nerf cervical ; elle est arrondie, se porte en bas et en dehors, gagne le bord postérieur du sterno-mastoïdien et se réfléchit de bas en haut sur la face externe de ce muscle. Arrivée vers l'angle de la mâchoire, elle émet quelques *filets parotidiens*, dont les uns

laire. — 5) Branche sus-acromiale. — 6) Branche descendante interne. — 7) Nerf phrénique. — 8) Branche du trapèze. — 9) Branche du sterno-mastoïdien. 10) Tronc commun du petit droit antérieur et du droit latéral. — 11) Filets anastomotiques avec l'hypoglosse. — 12) Filet anastomotique avec le ganglion cervical supérieur. — 13) Branche du grand droit antérieur. — 14) Branches du long du cou.

semblent se perdre dans cette glande, dont d'autres vont s'anastomoser avec des filets de la branche cervico-faciale du nerf de la septième paire, et dont d'autres traversent la glande pour se terminer dans la peau de la région. Un peu au-dessus de ce point, la branche auriculaire se divise en deux rameaux destinés à l'oreille ; l'un, le *rameau auriculaire externe*, gagne le pavillon, traverse le tissu fibreux qui unit l'extrémité du cartilage de l'hélix à celui de la conque et se termine par des filets destinés aux téguments qui recouvrent la conque, l'hélix et l'anthélix. Le *rameau auriculaire interne* gagne la face interne ou crânienne du pavillon, s'anastomose avec des filets de la branche auriculaire du facial et se termine dans la peau de cette partie du pavillon, ainsi que dans celle de la portion voisine de la région mastoïdienne.

3° *Branche eervicale transverse* (fig. 230, 4). — Elle provient de l'arcade des deuxième et troisième nerfs cervicaux, se porte d'abord en arrière et en dehors

FIG. 230. — *Branches superficielles du plexus cervical* (*).

jusqu'au niveau du bord postérieur du muscle sterno-mastoïdien, se recourbe en formant une anse à concavité antérieure, pour se diriger alors d'arrière en avant, de dehors en dedans et un peu de bas en haut sur la face externe de ce muscle. Elle est recouverte par le peaucier et croise la face profonde de la veine jugulaire externe. La branche cervicale transverse se divise en *rameaux ascendants* et en *rameaux descendants*. Les premiers traversent le peaucier

(*) 1) Branche auriculaire. — 2) Branche petite mastoïdienne. — 3) Branche mastoïdienne. — 4) Branches trapéziennes du plexus cervical. — 5) Branche cervicale transverse. — 6 et 7) Branches sus-acromiales. — 8) Branches sus-claviculaires. — 9) Branches sus-sternales. — 10) Nerf phrénique. — 11) Branche externe du spinal. — 12) Nerfs du plexus brachial,

et vont aboutir à la peau de la région sus-hyoïdienne, depuis l'angle de la mâchoire jusqu'au menton ; il en est quelques-uns qui s'unissent à des filets du facial. Les rameaux descendants sont destinés à la peau de la partie antérieure et moyenne du cou depuis le menton jusqu'au sternum.

4° *Branche sus-claviculaire* (fig. 230, 8). — Cette branche tire son origine de la partie inférieure de l'arcade formée par les troisième et quatrième nerfs cervicaux, quelquefois par un tronc commun avec la branche sus-acromiale, qui naît toujours très-près d'elle. La branche sus-claviculaire se dégage en dessous du bord postérieur du sterno-mastoïdien et se dirige obliquement en bas et en dehors vers la peau de la partie supérieure du thorax. Elle traverse bientôt le peaucier et se divise en *rameaux sus-sternaux* et en *rameaux sus-claviculaires*. Les premiers se distribuent à la peau qui recouvre la partie supérieure du sternum et la partie interne de la clavicule ; les seconds fournissent des filets aux téguments du creux sus-claviculaire, croisent la partie moyenne de la clavicule et se répandent dans la peau qui recouvre le grand pectoral juqu'à quelque distance au-dessus du mamelon.

5° *Branche sus-acromiale* (fig. 230, 7). — Née au voisinage de la précédente ou par un tronc commun avec elle, cette branche se porte également en bas et en dehors, se dégage au niveau du bord postérieur du sterno-mastoïdien, traverse le peaucier, se divise en filets qui croisent l'extrémité externe de la clavicule et qui se distribuent à la peau de la partie antérieure et externe de l'épaule et à celle qui recouvre l'extrémité externe de la clavicule.

2° Branches profondes

1° et 2° *Branches des muscles petit droit antérieur et droit latéral.* — Elles naisssent d'ordinaire par un tronc commun de l'extrémité du premier nerf cervical ou de l'arcade qu'il forme avec le second, se dirigent en haut et se perdent dans les petits muscles auxquels elles sont destinées.

3° *Branches du muscle grand droit antérieur.* — Ordinairement multiples, ces branches naissent à différentes hauteurs, se dirigent en dedans et vont se perdre dans les faisceaux de ce muscle.

4° *Branches du muscle long du cou.* — Multiples également, elles se portent en dedans et abordent le muscle long du cou par sa face profonde.

5° *Branche du sterno-mastoïdien.* — Cette branche, plus volumineuse que les précédentes, naît par deux racines des arcades formées, d'une part, par les deuxième et troisième, et, d'autre part, par les troisième et quatrième nerfs cervicaux, se dirige en dehors vers la face profonde du muscle sterno-mastoïdien, et s'anastomose en plexus avec la branche que le spinal fournit à ce muscle. C'est vers l'union du tiers supérieur avec les deux tiers inférieurs du sterno-mastoïdien que la branche du plexus cervical aborde ce muscle.

6° *Branche du trapèze* (fig. 231, 7). — Ordinairement double, elle naît du troisième nerf cervical ou de son anastomose avec le quatrième, se porte en bas, en dehors et en arrière, traverse le creux sus-claviculaire et s'engage sous le bord antérieur du trapèze. Cette branche s'anastomose avec la branche trapézienne du spinal et forme une sorte de plexus, dont les filets terminaux se répandent dans le muscle.

7° *Branche descendante interne* (fig. 231, 5). — Elle naît par deux ou trois

racines ; dans le premier cas, elle tire son origine des deuxième et troisième
nerfs cervicaux ; dans le second, on voit à ces deux filets s'en joindre un troisième qui provient de l'arcade des deux premiers nerfs cervicaux. Ces racines

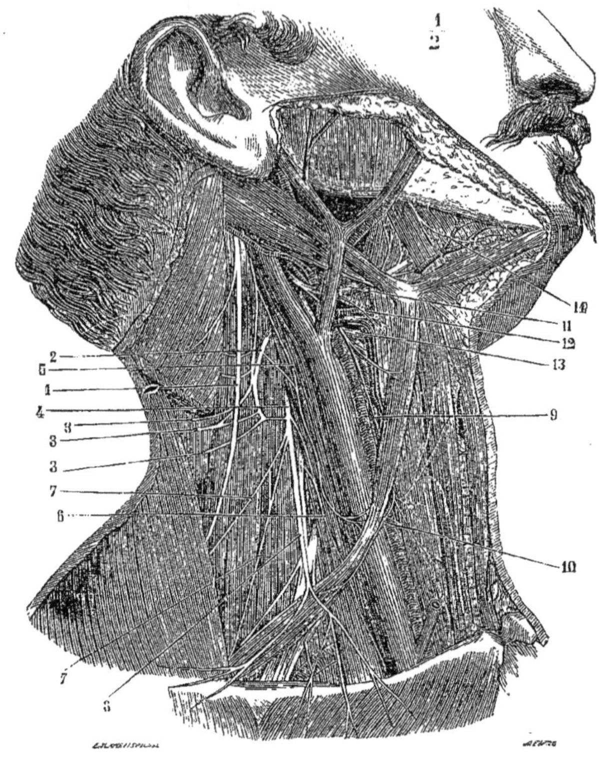

Fig. 231.

Branches profondes du plexus cervical (les vaisseaux artériels et veineux sont conservés) (*).

se réunissent et forment la branche descendante interne, qui se dirige en bas
et un peu en avant, passe sur la face antérieure de la veine jugulaire interne
et s'anastomose, au niveau de la portion moyenne du muscle omo-hyoïdien,
avec la branche descendante du grand hypoglosse.

La branche descendante interne se divise à ce niveau en deux filets, dont l'un
plus volumineux, prend part au petit plexus d'où partent les rameaux destinés
aux muscles sous-hyoïdien, et dont l'autre, plus grêle, remonte le long de la
branche descendante de l'hypoglosse pour aller se perdre dans le tronc de ce nerf.

(*) 1) Branche externe du spinal. — 2) Arcade anastomotique des deuxième et troisième nerfs cervicaux. — 3, 3, 3) Branches superficielles du plexus cervical, sectionnées au moment où elles contournent le sterno-mastoïdien.—4) Troisième nerf cervical.—5) Branche descendante interne.—6) Nerf
phrénique. — 7. 7) Branches trapéziennes. — 8) Branche sus-claviculaire. — 9) Branche descendante
du grand hypoglosse. — 10) Plexus formé par cette branche et la branche descendante interne du
plexus cervical. — 11) Portion horizontale du grand hypoglosse. — 12) Rameau thyro-hyoïdien. —
13) Nerf laryngé externe. — 14) Rameau mylo-hyoïdien.

8° *Nerf phrénique ou diaphragmatique.* — Ce nerf respirateur si important naît par plusieurs racines, dont l'une part du troisième, une autre du quatrième et la dernière du cinquième nerf cervical (on voit quelquefois un filet venu du troisième nerf cervical se joindre aux précédents). Le petit tronc formé par la réunion angulaire de ces différentes racines croise la face antérieure du scalène antérieur, longe ensuite le bord interne de ce muscle et pénètre dans la poitrine en passant à droite entre l'artère et la veine sous-clavière, en dehors du pneumogastrique et du sympathique, tandis qu'à gauche, il passe en arrière du tronc nerveux brachio-céphalique, tout en restant parallèle à l'artère sous-clavière. Puis le phrénique se place entre la plèvre et le péricarde, croise la crosse de l'aorte à gauche, longe parallèlement la veine cave supérieure à droite, descend verticalement au-devant de la racine des poumons et arrive à la face supérieure du diaphragme.

Ce nerf se divise alors en : 1° des *rameaux sous-pleuraux*, qui rampent sur la face correspondante du diaphragme ; 2° des *rameaux sous-péritonéaux*, qui traversent le centre phrénique et se distribuent sur la face inférieure du muscle : les uns, les plus internes, s'anastomosent avec des filets du côté opposé, d'autres vont aux piliers du diaphragme, quelques-uns se terminent dans les capsules surrénales, et d'autres enfin, venus surtout du phrénique droit, se rendent au plexus solaire. Sappey décrit, en outre, des filets que le phrénique droit enverrait au foie et qui, d'après lui, longeraient la veine cave ; ces filets nous ont toujours paru venir du plexus solaire.

Dans ce long trajet, le nerf phrénique reçoit : 1° un filet anastomotique du nerf du muscle sous-clavier ; ce petit filet se porte en bas et en dedans, croise la veine sous-clavière et aboutit au diaphragmatique ; 2° un rameau qui part du ganglion cervical inférieur, et qui forme une anse embrassant la face inférieure de l'artère sous-clavière. D'après Valentin, dont l'opinion est adoptée par L. Hirschfeld, le phrénique recevrait encore une anastomose de l'anse formée par l'hypoglosse et la branche descendante interne du plexus cervical ; cette anastomose, si elle existe, n'est certes pas constante et n'est surtout pas aussi volumineuse que l'a dit Valentin [2].

Ainsi que l'a démontré Luschka, le nerf phrénique donne des rameaux collatéraux à la plèvre, au péricarde et à la partie sus-ombilicale du péritoine.

9° *Branche de l'angulaire.* — Elle est très-petite, vient du troisième et plus souvent du quatrième nerf cervical, se dégage en-dessous du bord postérieur du sterno-mastoïdien, se dirige en bas et en arrière et se termine dans le muscle angulaire de l'omoplate.

10° *Branche du rhomboïde.* — Née à peu près de la même origine que la précédente, elle suit un trajet analogue et se termine dans le bord supérieur du muscle rhomboïde.

Ces deux dernières branches proviennent très-souvent du cinquième nerf cervical et par conséquent du plexus brachial.

Anastomoses du plexus cervical. — Ce plexus s'anastomose : 1° par l'arcade formée par les branches antérieures des deux premiers nerfs cervicaux,

---

[1] Les anastomoses que Valentin a décrites entre le phrénique et les plexus pulmonaire et cardiaque n'existent pas non plus ; mais ce nerf reçoit toujours, d'après Luschka, de petits filets, que lui envoient les rameaux sympathiques qui accompagnent l'artère mammaire interne.

a) avec le pneumo-gastrique au niveau du plexus gangliforme par un ou deux filets assez grêles ; *b*) avec le grand hypoglosse au moment où le nerf de la douzième paire croise en spirale le pneumo-gastrique et la carotide interne ; *c*) avec le ganglion cervical supérieur par des filets très-grêles, qui vont les uns à ce ganglion, tandis que d'autres en proviennent pour se perdre avec les nerfs émanés du plexus ; 2° par les arcades que forment les autres racines du plexus, avec le cordon du grand sympathique et avec le ganglion cervical : 3° par la branche descendante, avec la branche descendante interne du grand hypoglosse ; 4° par les branches trapéziennes et sterno-mastoïdiennes, avec les branches que le spinal fournit à ces muscles ; 5° par une branche du quatrième nerf cervical, avec le plexus brachial, et plus spécialement avec la branche antérieure du cinquième nerf cervical.

§ II. — Plexus brachial

Préparation. — Inciser la peau sur la partie médiane du sternum et du cou jusque vers le menton ; limiter le lambeau en haut par une incision transversale au-dessous du menton, et en bas par une incision passant au-dessous du bord inférieur du tendon du grand pectoral. Détacher le sterno-mastoïdien à ses insertions inférieures, le rejeter en haut ou l'enlever. Sectionner transversalement les muscles grand et petit pectoral à peu de distance de leurs insertions au thorax, les rejeter en dehors vers le sommet de l'épaule. Scier la clavicule vers sa partie moyenne, ce qui permettra de porter le membre supérieur en dehors et de se donner du jour, et préparer alors les cordons nerveux, en procédant de l'origine du plexus jusqu'à sa terminaison. Il faudra user de précautions pour disséquer les filets du sous-clavier et des muscles pectoraux.

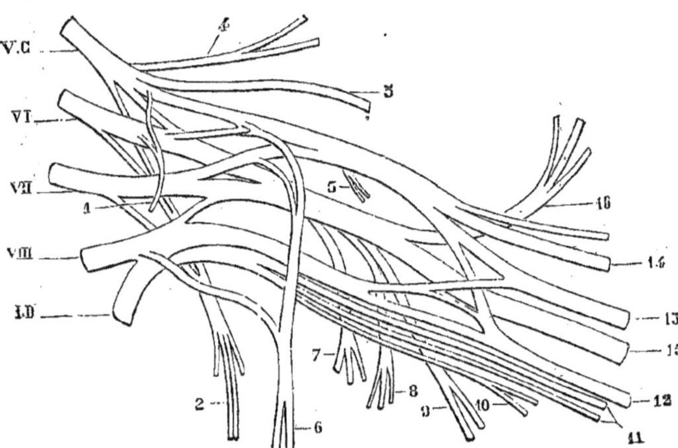

FIG. 232. — *Figure schématique du plexus brachial*, d'après Ludovic Hirschfeld (*).

Le *plexus brachial* (fig. 232) est formé par les anastomoses des branches antérieures des quatre derniers nerfs cervicaux et du premier dorsal.

(*) V, VII, VIII. Branches antérieures des quatre derniers nerfs cervicaux. — I. D. Branche antérieure du premier dorsal. — 1) Rameau du muscle sous-clavier. — 2) Nerf du grand dentelé. — 3) Nerf sus-scapulaire. — 4) Nerf des muscles angulaire et rhomboïde. — 5) Branches supérieures du muscle sous-scapulaire. — 6) Nerfs thoraciques antérieurs. — 7) Branche inférieure du sous-scapulaire. — 8) Nerf du grand dorsal. — 9) Nerf du grand rond. — 10) Nerf accessoire du brachial cutané interne, — 11) Nerf cutané interne. — 12) Nerf cubital. — 13) Nerf médian. — 14) Nerf musculo-cutané. — 15) Nerf radial. — 16) Nerf axillaire.

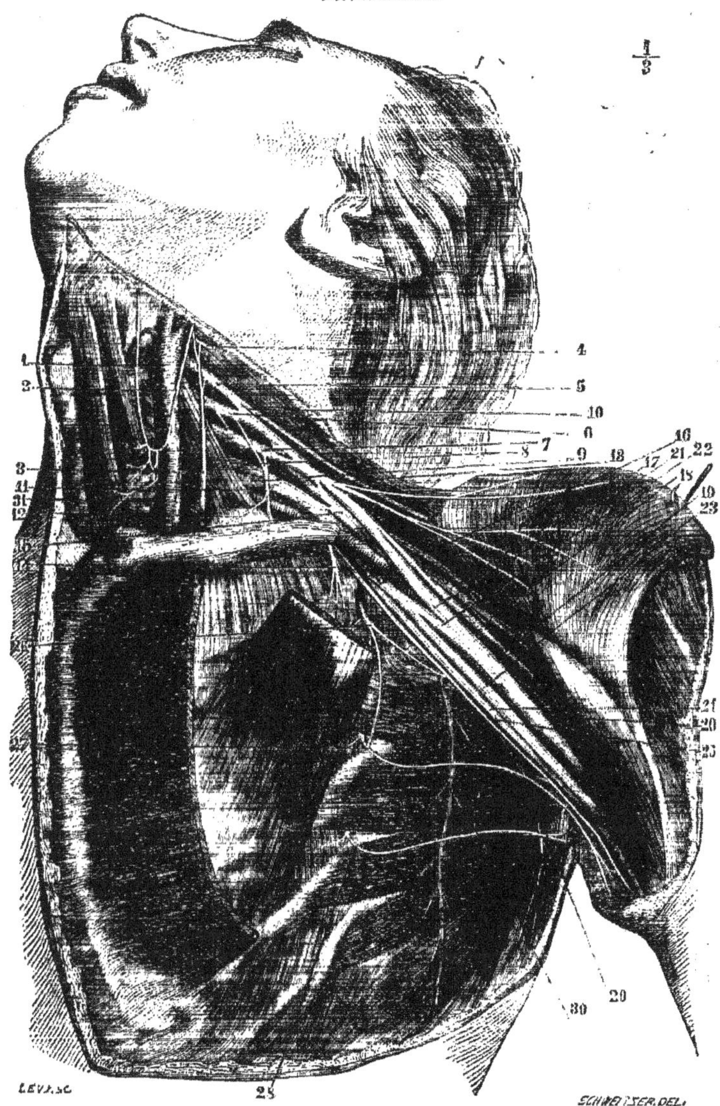

$\frac{1}{3}$

FIG. 233. — *Plexus brachial* (*).

(*) 1 et 2) Anse anastomotique de la branche de l'hypoglosse et du plexus cervical. — 3) Nerf phrénique. — 4) Quatrième paire cervicale sectionnée. — 5) Cinquième paire cervicale. — 6) Sixième
paire cervicale. — 7) Septième paire cervicale. — 8) Huitième paire cervicale. — 9) Première paire
dorsale. — 10) Nerf sous-scapulaire. — 11) Branche du sous-clavier. — 12) Filet anastomotique qu'il
envoie au phrénique. — 13) Nerf du grand pectoral. — 14) Nerf du petit pectoral. — 15) Nerf radial. —
16) Branche du sous-scapulaire. — 17) Nerf axillaire. — 18) Branche du petit rond. — 19) Musculo-
cutané. — 20) Radial se dirigeant vers la coulisse de torsion de l'humérus. — 21) Racine externe du mé-

Le cinquième nerf cervical, après être sorti de la gouttière de l'apophyse transverse, reçoit l'anastomose que lui fournit le plexus cervical et se dirige obliquement en bas et en dehors ; il rencontre bientôt le sixième nerf cervical, qui marche dans la même direction, mais moins obliquement. Ces deux nerfs s'unissent et forment un tronc, qui bientôt se bifurque. — Le huitième nerf cervical est à peu près transversalement dirigé en dehors et rencontre le premier nerf dorsal, qui est légèrement ascendant. Ces deux nerfs s'unissent aussi et, comme les précédents, forment un tronc, qui se divise bientôt en deux branches ; le septième nerf cervical est d'abord isolé et chemine entre les deux troncs que nous venons de décrire ; puis il se bifurque à son tour à peu près au niveau de la première côte, et ses deux branches vont se réunir, l'une à la branche inférieure de division du tronc commun des cinquième et sixième nerfs, et l'autre à la branche supérieure du huitième et du premier dorsaux.

Rapports. — Les quatre derniers nerfs cervicaux, en sortant des trous de conjugaison et des gouttières que leur présentent les apophyses transverses des vertèbres cervicales, se trouvent dans l'espace angulaire des muscles scalènes, au-dessus de l'artère sous-clavière. Ils traversent ensuite obliquement le creux sus-claviculaire et sont recouverts : par l'aponévrose cervicale, qui les sépare des divisions inférieures du plexus cervical, par le muscle omo-hyoïdien, par le peaucier, par le chef externe ou claviculaire du sterno-mastoïdien et par la peau. L'artère cervicale transverse chemine entre les cordons nerveux qui forment le plexus, ou en dehors d'eux. Le plexus brachial passe ensuite sous la clavicule et répond : en avant, au muscle sous-clavier, à l'artère et à la veine sous-clavière ; en arrière, au faisceau supérieur du muscle grand dentelé, à la première côte et au premier espace intercostal. Au-dessous de la clavicule, il répond : en avant, au grand et au petit pectoral ; en arrière, au sous-scapulaire, au grand dentelé et au grand rond ; en dehors, au tendon du sous-scapulaire, qui le sépare de l'articulation de l'épaule, et en dedans, à l'aponévrose axillaire.

L'artère, la veine sous-clavière et le plexus brachial, séparés à leur partie supérieure, se rapprochent dans le creux de l'aisselle ; leur ensemble peut être comparé à un triangle dont la base serait à l'espace compris entre les scalènes et le sommet à l'articulation scapulo-humérale. En haut, entre les scalènes, l'artère est au-dessous et en avant des nerfs du plexus ; plus bas, elle s'en rapproche et leur devient antérieure, et, enfin, dans le creux de l'aisselle, elle passe au milieu d'eux. La veine sous-clavière, qui est située au devant du scalène antérieur, n'a donc aucun rapport immédiat avec la partie supérieure du plexus, dont plus bas elle est toujours séparée par l'artère correspondante.

Anastomoses. — Le plexus brachial s'anastomose : 1° avec le plexus cervical par une branche qu'il reçoit du quatrième nerf cervical ; 2° avec le grand sympathique : a) par un filet qui va au ganglion cervical moyen ou, quand celui-ci fait défaut, au cordon de réunion des ganglions cervicaux supérieur et inférieur ; b) par des filets destinés au nerf vertébral émané du ganglion cervical inférieur (voy. *Grand sympathique*).

dian. — 23) Nerf cubital. — 24) Nerf brachial cutané interne. — 25) Accessoire du brachial cutané interne. — 26) Deuxième nerf intercostal. — 27) Troisième nerf intercostal. — 28) Quatrième nerf intercostal. — 29) Nerf du grand rond et du grand dorsal. — 30) Nerf du grand dentelé. — 31) Pneumo-gastrique.

Le plexus brachial fournit des branches collatérales et des branches terminales. Les premières vont toutes, sauf une seule, aux muscles qui entourent le creux axillaire ; les dernières sont destinées aux téguments et aux muscles du membre supérieur.

1° Branches collatérales

Outre un certain nombre de petits filets qui vont innerver les muscles intertransversaires du cou, scalène antérieur et scalène postérieur, les branches collatérales du plexus brachial sont au nombre de douze. Elles naissent : les six premières au-dessus de la clavicule, les trois suivantes au moment où le plexus passe sous cet os, et les trois dernières dans la portion sous-claviculaire.

1° *Branche du sous-clavier* (fig. 233, 11). Ce petit nerf naît des cinquième et sixième nerfs cervicaux, se dirige en bas, au-devant des troncs nerveux du plexus et se termine dans le muscle sous-clavier, après avoir fourni un filet, qui se porte en dedans au-devant du muscle scalène antérieur et qui s'anastomose avec le phrénique (fig. 233, 12).

2° *Nerf de l'angulaire.*—Il naît tantôt du quatrième et tantôt du cinquième nerf cervical, se porte un peu en arrière, en passant au-devant du scalène postérieur et va se perdre par des rameaux nombreux dans la face profonde du muscle angulaire de l'omoplate.

3° *Nerf du rhomboïde.* — On le voit partir soit du quatrième, soit du cinquième nerf cervical et souvent par un tronc commun avec le précédent ; puis il se dirige en dedans et en arrière d'abord au devant du scalène postérieur, puis entre ce muscle et le rhomboïde, et va enfin se perdre dans la face profonde de ce dernier muscle,

4° *Nerf sus-scapulaire* ou *des muscles sus et sous-épineux.* — Ce nerf est assez gros et provient du cinquième ou du sixième cervical (fig. 233, 10). Il se porte en arrière, parallèlement à l'extrémité externe de la clavicule, s'engage sous le bord antérieur du trapèze, passe sous l'omo-hyoïdien, traverse l'échancrure coracoïdienne, en passant au-dessus du petit ligament qui la convertit en trou, pénètre dans la fosse sus-épineuse, abandonne des rameaux au muscle de ce nom, contourne le bord externe de l'épine de l'omoplate, arrive dans la fosse sous-épineuse et s'épuise en filets destinés au muscle sous-épineux.

5° *Nerf du grand dentelé* ou *thoracique postérieur.*— Cette branche volumineuse tire son origine de la partie postérieure des cinquième, sixième et septième nerfs cervicaux presque immédiatement après leur sortie des gouttières des apophyses transverses, se dirige en bas, passe au-devant du scalène postérieur et gagne la face externe du muscle grand dentelé (fig. 233, 30). Ce nerf abandonne un filet à chaque digitation de ce muscle, se réduit ainsi successivement de haut en bas et se perd enfin dans la digitation la plus inférieure du grand dentelé.

6° et 7° *Branches du muscle sous-scapulaire.* — Le muscle sous-scapulaire reçoit toujours deux branches : 1° l'une, *supérieure*, assez petite, qui provient du tronc formé par la réunion des divisions des cinquième, sixième et septième nerfs cervicaux ; elle se porte en bas et en dehors pour se terminer dans la partie supérieure du muscle ; 2° l'autre, *inférieure* (fig. 233, 16), qui naît du tronc d'origine des nerfs radial et axillaire ; elle se dirige vers la partie inférieure du sous-scapulaire. Ces branches présentent diverses variétés sous le rapport du nombre et de l'origine.

8° *Nerf du grand pectoral* ou *grand thoracique antérieur*.—Il naît d'ordinaire de la sixième paire cervicale, se porte en bas et en dedans, passe au-devant de la veine sous-clavière et vient se jeter dans la face profonde du muscle grand pectoral, en se divisant en rameaux très-nombreux, que l'on peut poursuivre dans presque toute l'étendue du muscle (fig. 233, 13). Ce nerf fournit toujours un filet d'anastomose au nerf du petit pectoral, filet qui se porte en arrière, en embrassant dans une anse à concavité supérieure la face inférieure des vaisseaux sous-claviers.

9° *Nerf du petit pectoral* ou *petit thoracique antérieur*. — D'une origine très-variable, ce nerf se dirige en bas en passant en arrière de l'artère sous-clavière, reçoit l'anastomose que lui envoie le nerf du grand pectoral et se divise en rameaux nombreux, destinés les uns au grand pectoral et les autres au petit pectoral.

10° *Nerf accessoire du brachial cutané interne*. — Ce nerf est la seule branche collatérale du plexus brachial qui ne soit pas destinée à des muscles. Il est très-long, assez grêle et tire son origine de l'union de la dernière paire cervicale avec la première dorsale. Il longe le bord inférieur du plexus brachial, est situé en arrière des vaisseaux axillaires et en avant des tendons du grand rond et du grand dorsal, traverse la partie supérieure de l'aponévrose brachiale et chemine entre cette aponévrose et la peau, jusque auprès du coude, en donnant des ramifications très-fines, qui se perdent dans les téguments de la partie interne du bras. Le nerf accessoire du brachial cutané interne s'anastomose, à peu de distance de son origine, avec les rameaux perforants latéraux des deuxième et troisième nerfs intercostaux (fig. 233, 25) et, à son extrémité inférieure, avec le nerf brachial cutané interne.

11° *Nerf du grand dorsal.* — Il naît d'ordinaire du tronc d'origine du radial et de l'axillaire, et quelquefois de ce dernier nerf lui-même, se porte en bas au-devant du muscle sous-scapulaire, en arrière du grand dentelé, et vient se terminer dans la face profonde du muscle grand dorsal (fig. 233, 29).

12° *Nerf du grand rond.* — Son origine est toujours très-rapprochée de celle du nerf précédent ; il descend d'abord au-devant du sous-scapulaire, dont il contourne ensuite le bord inférieur, pour arriver dans le muscle rond et s'y terminer en rameaux divergents.

2° Branches terminales

Les branches terminales du plexus brachial peuvent se grouper de la manière suivante : d'un tronc commun interne naissent la racine interne du médian, le brachial cutané interne et le cubital ; d'un tronc commun externe naissent la racine externe du médian et le musculo-cutané, et enfin d'un tronc commun situé plus profondément partent le radial et l'axillaire.

L'artère axillaire s'engageant entre les deux branches d'origine du médian (fig. 233, 21, 22) a donc au-devant d'elle ce nerf ; en dedans d'elle la branche d'origine interne du médian, le cubital et le brachial cutané interne ; en dehors d'elle la branche d'origine externe du médian et le musculo-cutané, et en arrière le radial et l'axillaire, dont elle cache l'origine.

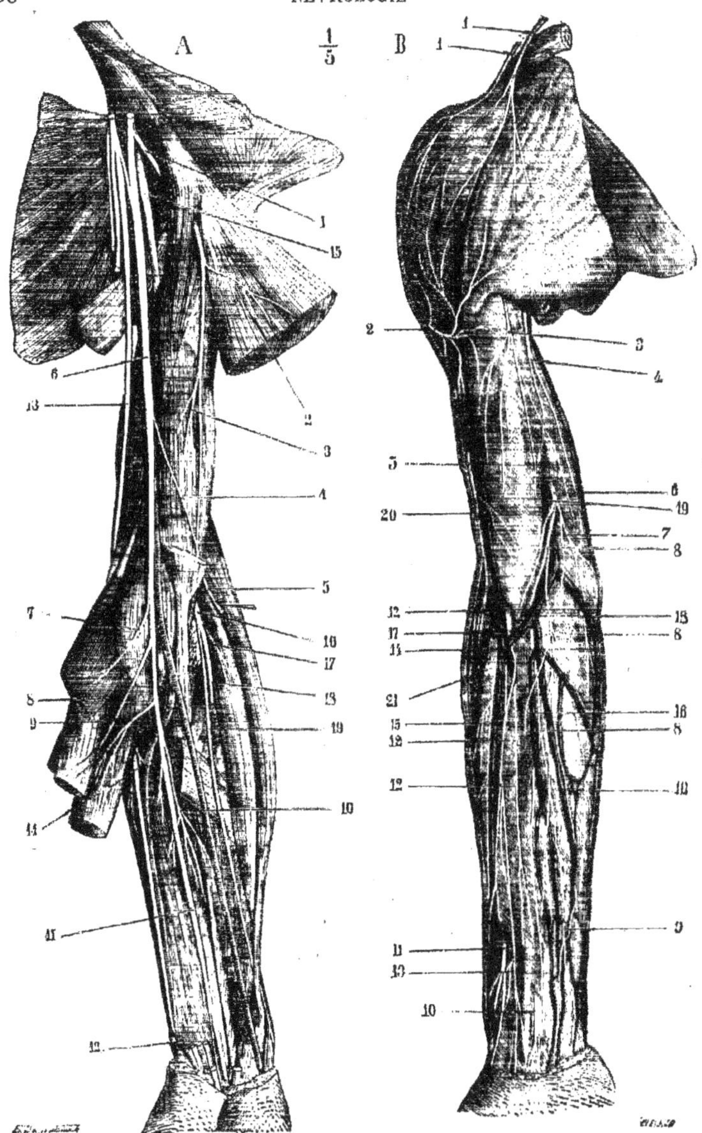

FIG. 234. — *Nerfs superficiels et profonds de la fac. an'érieure du bras et de l'avant-bras.
En B, les veines superficie'les et les aponévroses sont conservées (*).*

(*) A. 1) Nerf musculo-cutané traversant le coraco-brachial. — 2) Branches qu'il donne au biceps. — 3) Branche pour le brachial antérieur. — 4) Anastomose qu'il reçoit du médian. — 5) Section du musculo-cutané au moment où il traverse l'aponévrose. — 6) Nerf médian. — 7) Branche de ce nerf pour le rond pronateur. — 8) Branche pour le grand palmaire. — 9) Branche pour le fléchisseur su-

A. NERF BRACHIAL CUTANÉ INTERNE

Ce nerf, situé d'abord en dedans et un peu en arrière de l'artère et en dedans du nerf cubital, se porte en bas et un peu en avant, et traverse l'aponévrose brachiale en même temps que la veine basilique (fig. 234, B, 6), au niveau du tiers supérieur du bras.

Avant de devenir sous-cutané, il fournit toujours une petite branche qui traverse aussitôt la partie supérieure de l'aponévrose brachiale, s'anastomose avec le rameau perforant du troisième nerf intercostal et se répand dans la peau de la partie interne du bras (fig. 234, B, 4).

Devenu sous-cutané, le *nerf brachial cutané interne* longe la veine basilique et se divise en deux branches, à une hauteur variable, au-dessus du coude.

La *branche antérieure* continue la direction primitive du tronc nerveux et se partage au niveau du coude en rameaux nombreux (fig. 234, B, 8), dont les uns passent au-devant, les autres en arrière de la veine médiane basilique. Ces rameaux, qui peuvent être poursuivis jusqu'au carpe, fournissent des filets à la partie interne et antérieure de la peau de l'avant-bras. Ils s'anastomosent dans leur trajet avec des divisions du musculo-cutané, et au-dessus du poignet avec un rameau perforant du cubital (fig. 234, B. 9).

La *branche postérieure* ou *épitrochléenne* est plus petite que la précédente (fig. 234, B, 7); elle se porte brusquement en arrière en contournant l'épitrochlée, s'anastomose avec les filets terminaux de l'accessoire du brachial cutané, et s'épuise par des rameaux destinés à la peau de la partie interne et postérieure de l'avant-bras.

B. NERF MUSCULO-CUTANÉ

Un peu plus volumineux que le précédent, ce nerf naît d'un tronc qui lui est commun avec la racine externe du médian, se porte de suite en bas, en dehors et un peu en avant, traverse le muscle coraco-brachial (fig. 234, A, 1), d'où son nom de *perforant de Cassérius*, lui abandonne des filets, se place entre la face antérieure du brachial antérieur et la face profonde du biceps, fournit des rameaux nombreux à ces deux muscles (fig. 234, A, 2, 3), reçoit une anastomose du médian (4), contourne le bord externe du tendon du biceps et traverse l'aponévrose brachiale à peu près au niveau de la veine médiane céphalique (fig. 234, B, 12). Le *nerf musculo-cutané* se divise alors en plu-

perficiel. — 10) Branches aux muscles profonds. — 11) Tronc du médian à l'avant-bras. — 12) Son rameau palmaire cutané. — 13) Nerf cubital. — 14) Ce nerf à l'avant-bras au moment où il rejoint l'artère cubitale et où il fournit les branches du muscle cubital antérieur et des deux faisceaux internes du fléchisseur profond. — 15) Nerf radial, vu dans la profondeur de l'aisselle au moment où il gagne la coulisse de torsion de l'humérus. — 16) Moment où il apparaît entre le long supinateur et le brachial antérieur. — 17) Son rameau au muscle premier radial externe. — 18) Branche postérieure du radial traversant le muscle court supinateur. — 19) Branche antérieure du radial.

B. 1, 1) Branches sus-acromiale et sus-claviculaire du plexus cervical. — 2) Rameau cutané de l'épaule venu de l'axillaire. — 3) Accessoire du brachial cutané interne. — 4) Rameau supérieur du brachial cutané interne. — 5) Rameau cutané externe du radial. — 6) Nerf brachial cutané interne traversant l'aponévrose. — 7) Sa branche épitrochléenne. — 8, 8, 8) Sa branche antérieure avec ses divisions. — 9) Rameau perforant du radial. — 12, 12, 12) Nerf musculo-cutané et ses divisions. — 13) Anastomose d'une des divisions de ce nerf avec le rameau perforant du radial. — 14) Veines radiales. — 15) Veine médiane. — 16) Veines cubitales. — 17) Veine médiane céphalique. — 18) Veine médiane basilique. — 19) Veine basilique. — 20) Veine céphalique. — 21.) Anastomose de la médiane avec les veines profondes.

sieurs branches, dont les principales passent en arrière de cette veine ; les rameaux les plus externes contournent le bord radial de l'avant-bras et vont se perdre dans la peau de sa partie externe et postérieure ; les rameaux les plus antérieurs, au contraire, longent la face correspondante et externe de l'avant-bras. Ces derniers s'anastomosent avec des filets du brachial cutané interne et, au-dessus du poignet, avec un rameau perforant du radial (fig. 234, B, 13). Les branches antibrachiales du nerf musculo-cutané se terminent toutes dans la peau de la moitié externe de l'avant-bras et peuvent être poursuivies jusqu'au niveau de l'éminence thénar.

C. NERF AXILLAIRE

Le *nerf axillaire* part d'un tronc commun avec le nerf radial ; il croise d'abord le tendon du muscle sous-scapulaire, qu'il contourne ensuite (fig. 233, 17), passe entre l'humérus et le long chef du triceps en croisant obliquement le petit rond qui est au-dessus de lui et le grand rond qui est au-dessous, accompagne l'artère circonflexe postérieure et arrive à la face profonde du deltoïde (fig. 238, 15). Il se réfléchit alors autour du col chirurgical de l'humérus, en décrivant une arcade en dedans et en haut et embrasse la moitié postérieure de ce col osseux (fig. 238, 17), pour se diviser en rameaux nombreux et divergents qui se perdent dans le muscle deltoïde et dans l'articulation scapulo-humérale.

Au moment où le nerf axillaire arrive sous le deltoïde, il fournit : 1° un filet, *nerf du petit rond*, qui va innerver le muscle de ce nom, et 2° un rameau, *rameau cutané de l'épaule*, qui contourne le bord postérieur du deltoïde (fig. 238, 16), se dirige en haut et en avant, se courbe à angle presque droit et se divise en rameaux destinés à la peau de la partie antérieure du moignon de l'épaule, à celle qui recouvre le deltoïde et à celle de la partie supérieure et externe du bras (fig. 234, B, 2).

D. NERF MÉDIAN

Le *médian* naît par deux branches d'origine : l'une interne (fig. 233, 22), l'autre externe (21) ; la première est moins volumineuse que la seconde et longe d'abord le bord interne de l'artère axillaire, dont elle croise ensuite le côté antérieur pour s'unir à la branche externe. Ainsi que nous l'avons déjà dit, cette dernière provient d'un tronc qui lui est commun avec le musculo-cutané, tandis que la branche interne naît d'un tronc commun avec le cubital et le brachial cutané interne.

Le nerf médian s'étend du plexus brachial à l'extrémité de la face palmaire des trois premiers doigts et de la moitié externe du quatrième. Dans sa partie supérieure ou brachiale, il accompagne l'artère humérale et répond d'abord à son bord externe, puis à sa face antérieure et, au-dessus du pli du coude, à son côté interne ; cette différence de rapports tient à ce que le nerf gagne directement la partie moyenne du pli du coude, tandis que l'artère décrit une courbe pour y arriver (fig. 234, A, 6). Comme ce vaisseau, le médian longe le bord interne du biceps et répond en dedans à l'aponévrose brachiale qui le sépare de la peau, et en dehors à l'interstice du biceps et du brachial antérieur. Au pli du coude, le nerf passe entre les deux chefs d'insertion du muscle rond pronateur, croise la face profonde de ce muscle et se place entre les deux mus- .

cles fléchisseurs des doigts, de telle manière qu'il répond à la face antérieure
du fléchisseur profond et qu'il est recouvert par le fléchisseur superficiel ; il
croise alors l'artère cubitale en passant verticalement au-devant de sa portion
oblique. Le médian continue à cheminer entre les couches musculaires jusqu'au
niveau du point d'origine des tendons du fléchisseur sublime, devient superficiel, descend entre le tendon du grand palmaire qui est en dehors, et celui du
petit palmaire qui est en dedans, et n'est plus recouvert que par l'aponévrose.
Il passe ensuite sous le ligament annulaire du carpe, au-devant des tendons
fléchisseurs qu'il accompagne. Arrivé dans la paume de la main, le nerf médian
se trouve un peu plus rapproché de l'éminence thénar que de l'éminence hypothénar, s'aplatit légèrement et est recouvert par l'arcade palmaire superficielle,
au niveau de laquelle il se divise en branches terminales. L'artère interosseuse antérieure fournit d'habitude une artériole, *artère du nerf médian*,
qui accompagne le tronc nerveux. Ce petit vaisseau peut, dans quelques cas
d'anomalies, présenter un volume assez considérable.

Nous décrirons d'abord les *branches collatérales* du nerf médian, puis ses
branches terminales.

1° *Branches collatérales du médian*. — Dans sa portion brachiale, le médian ne fournit qu'un seul filet, qui se porte obliquement en dehors et en bas
au-dessous du biceps, pour s'anastomoser avec le musculo-cutané.

Dans sa portion antibrachiale, il donne des rameaux musculaires nombreux
et variables. Le premier nait au niveau du pli du coude et va au muscle rond
pronateur, dans la face profonde duquel il se perd (fig. 234, A, 7) après avoir
donné quelques ramuscules à l'articulation du coude. Tous les autres rameaux
qui partent de la face antérieure du médian sont destinés aux muscles de la
couche superficielle et antérieure de l'avant-bras ; ils se dirigent tous en bas et
se perdent dans la face profonde du rond pronateur, du grand palmaire (fig.
234, A, 8), du petit palmaire et du fléchisseur sublime (9) ; les rameaux qui
naissent de la face postérieure du nerf (10), se portent également en bas et se
jettent dans la face antérieure du muscle long fléchisseur du pouce et des deux
faisceaux les plus externes du fléchisseur profond des doigts.

A une petite distance au-dessous du pli du coude, on voit partir de la face
postérieure du médian un petit rameau, *rameau du carré pronateur* ou *nerf
interosseux*, qui longe la face antérieure de la membrane interosseuse,
s'engage sous la face profonde du muscle carré pronateur, lui fournit quelques filets et se termine par des ramuscules destinés aux articulations carpiennes.

Avant de s'engager au-dessous du ligament annulaire du carpe, le médian
émet par sa face antérieure une petite branche, *rameau palmaire cutané*,
(fig. 234, B, 10), qui traverse presque aussitôt l'aponévrose antibrachiale,
se dirige en bas entre les tendons des deux muscles palmaires et se perd dans
les téguments de la partie supérieure et externe du talon de la main.

2° *Branches terminales du médian*. — Ces branches sont : *a)* un rameau
anastomotique avec le cubital, qui se dirige plus ou moins obliquement en bas
et en dedans (fig. 235, 7) ; on le voit naitre souvent de la branche terminale
la plus interne du médian ; *b)* une branche musculaire pour l'éminence thénar
(fig. 235, 13, 14) ; elle se porte en dehors et un peu en haut, se divise en deux
rameaux, qui se jettent, le premier dans le court abducteur, le second dans
l'opposant et le court fléchisseur ; *c) la branche collatérale externe du pouce*

(12), qui se dirige en dehors et en bas, croise le tendon du long fléchisseur propre et l'articulation métacarpo-phalangienne du pouce pour gagner le côté externe de la face palmaire de ce doigt, côté qu'elle suit jusqu'à son extrémité ; d) un rameau (11) qui descend un peu obliquement en bas et en dehors, en longeant le bord externe du premier lombrical et qui, après avoir donné un filet très-grêle à ce petit muscle, se divise en deux branches, dont l'une forme la *collatérale interne du pouce* et l'autre la *collatérale externe de l'index*. Fréquemment ces deux branches proviennent isolément du nerf médian, et

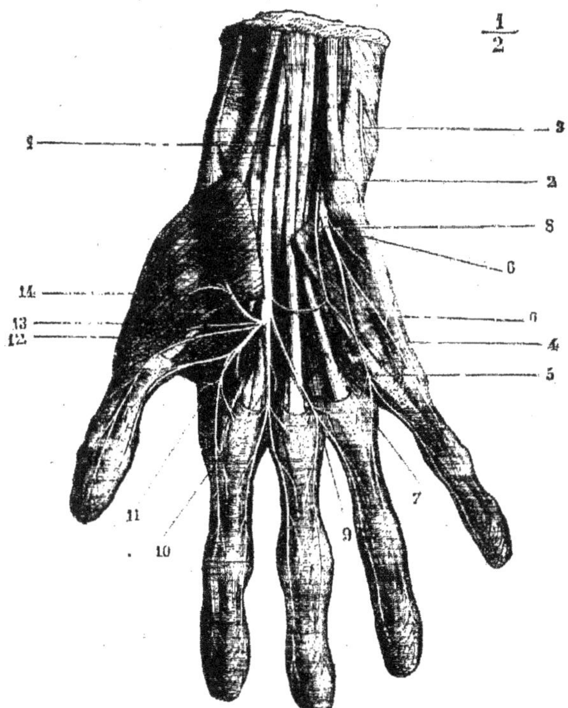

Fig. 235. — *Nerfs de la paume de la main* (*).

c'est alors la dernière qui fournit le filet du lombrical ; e) un rameau analogue au précédent, que l'on voit se porter presque verticalement en bas, au devant des tendons fléchisseurs de l'index (10), et qui, à l'extrémité du deuxième espace interosseux, se divise en branche *collatérale interne de l'index* et

(*) 1 Nerf médian. — 2) Nerf cubital. — 3) Branche postérieure du cubital au moment où elle traverse l'aponévrose. — 4) Branche collatérale interne du petit doigt. — 5) Branche interosseuse du cubital fournissant les collatérales externe du petit doigt et interne de l'annulaire. — 6, 6) Rameaux de muscles de l'éminence hypothénar. — 7) Anastomose du médian et du cubital. — 8) Branche profonde du cubital. — 9) Branche interosseuse du troisième espace fournissant les collatérales externe de l'annulaire et interne du médius. — 10) Branche du deuxième espace se divisant en collatérales externe du médius et interne de l'index. — 11) Branche du premier espace donnant les collatérales externe de l'index et interne du pouce. — 12) Branche collatérale externe du pouce. — 13) Rameau de l'opposant et du court fléchisseur du pouce. — 14) Rameau du court abducteur du pouce.

branche *collatérale externe du médius ;* ce rameau fournit toujours un filet au deuxième lombrical ; *f*) une dernière branche (9), qui se dirige obliquement en bas et en dedans, en croisant la face antérieure des tendons fléchisseurs du médius ; elle se divise à l'extrémité du troisième espace interosseux en *collatérale interne du médius* et *collatérale externe de l'annulaire.*

Tous les nerfs collatéraux palmaires des doigts, qu'ils viennent du médian ou du cubital, longent ces extrémités, en donnant des filets aux téguments de l'espace interdigital et à la face antéro-latérale des doigts. Un peu plus haut que l'articulation de la troisième phalange, on les voit se diviser en deux rameaux, dont l'un, *rameau sous-unguéal,* se porte vers la face dorsale du doigt et se ramifie dans le derme sous-unguéal, tandis que le second se divise en filets très-nombreux qui se terminent dans la pulpe de la peau de la phalangette en s'anastomosant avec ceux du nerf du côté opposé.

Tous les muscles de la région antérieure de l'avant-bras, sauf le cubital antérieur et les deux faisceaux internes du fléchisseur profond des doigts ; tous les muscles du pouce, sauf l'adducteur, reçoivent leur excitation motrice du nerf médian ; il en est de même des deux premiers lombricaux. La peau de la moitié externe de la paume de la main, celle de la face antérieure des trois premiers doigts, ainsi que celle de la moitié externe du quatrième est innervée par ce nerf.

E. NERF CUBITAL

Le *cubital* s'étend du plexus brachial à l'extrémité des derniers doigts. Il naît d'un tronc qui lui est commun avec la branche interne d'origine du médian et avec le brachial cutané interne, et se trouve immédiatement en arrière et en dedans de l'artère axillaire (fig. 233, 23). Il s'en écarte bientôt en s'inclinant un peu en arrière, et chemine presque aussitôt dans l'épaisseur même du vaste interne, en arrière de la cloison intermusculaire interne qui le sépare du muscle brachial antérieur, de l'artère humérale et du nerf médian (fig. 234, A, 13). Arrivé au niveau de l'épitrochlée, le nerf cubital passe sous une arcade formée par les insertions épitrochléenne et olécrânienne du cubital antérieur, chemine le long de la face profonde de ce muscle et rencontre l'artère cubitale au moment où ce vaisseau passe de sa direction oblique à la direction verticale (fig. 234, A, 14). Il longe ensuite le bord interne de ce vaisseau et le bord externe du tendon du cubital antérieur, qui le recouvre toujours un peu, passe verticalement au-devant des insertions cubitales du carré pronateur, et se divise, à peu de distance au-dessus de l'extrémité inférieure du cubitus, en deux branches terminales, *dorsale* et *palmaire.*

1° *Branches collatérales du cubital.* — Au bras, le nerf cubital ne fournit aucun rameau collatéral ; à l'avant-bras, outre des filets très-grêles pour l'articulation du coude, il donne : des rameaux, variables de nombre et d'origine, au cubital antérieur et aux deux faisceaux internes du fléchisseur profond des doigts, et enfin un *rameau perforant,* qui naît au niveau du tiers de l'avant-bras, et qui traverse l'aponévrose antibrachiale pour se diviser en deux ou trois filets anastomosés avec des rameaux du brachial cutané interne (fig. 234, B, 9).

2° *Branches terminales du cubital.* — 1°) *Branche dorsale.* — Elle se porte en arrière et en bas, passe en dessous du muscle cubital antérieur, arrive sur la face dorsale à peu près au niveau de la tête du cubitus et se divise en

deux rameaux (fig. 236, 6). Le *rameau interne* se dirige presque verticalement en bas en longeant le bord interne du cinquième métacarpien et du petit
doigt, dont il forme la *branche dorsale collatérale interne* (fig. 236, 7). Le
rameau externe se porte un peu obliquement en dedans et en bas, et se divise
bientôt lui-même en deux branches, dont l'une, presque verticale, gagne la
racine des doigts et se divise en *branche collatérale dorsale externe du
petit doigt* et *branche collatérale dorsale interne de l'annulaire ;* tandis
que l'autre, après un trajet analogue, va former les *branches collatérales
externe de l'annulaire* et *interne du médius.* Ce rameau externe reçoit une
anastomose qui lui vient du radial (fig. 236, 5).

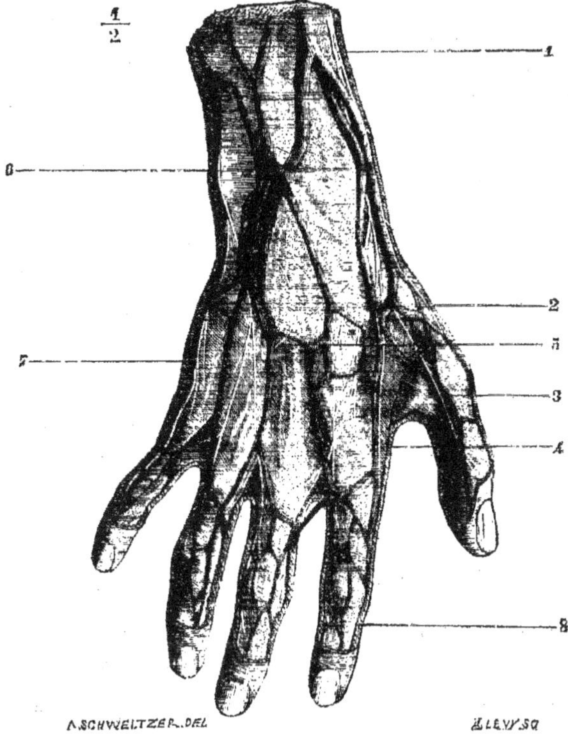

Fig. 236. — *Nerfs du dos de la main (les veines sont conservées)* (*).

Tous les nerfs collatéraux dorsaux sont beaucoup plus grêles que leurs correspondants de la face palmaire ; ils fournissent des rameaux analogues à ceux
qui proviennent de ces derniers, mais ils se terminent avant d'arriver à l'extrémité des doigts. Nous avons vu, en effet, que le derme sous-unguéal est innervé par un rameau des collatéraux palmaires.

(*) 1) Nerf radial. — 2) Collatéral dorsal externe du pouce. — 3) Collatéral dorsal interne du pouce.
— 4) Collatéral dorsal externe de l'index. — 5) Anastomose entre le radial et le cubital. — 7) Collatéral dorsal interne du petit doigt. —8) Rameau sous-unguéal venu du collatéral palmaire.

3° *Branche palmaire*. — Plus volumineuse que la précédente, elle descend, en longeant le bord interne de l'artère cubitale, au-devant du ligament annulaire du carpe, en dehors du pisiforme. Elle est recouverte par une lamelle cellulo-fibreuse et par la peau. Presque immédiatement au-dessous du pisiforme, on la voit se diviser en deux branches, l'une superficielle, l'autre profonde.

a) Branche palmaire superficielle. — Tout près de son origine, elle fournit des filets qui vont se perdre dans les muscles palmaire cutané et adducteur du petit doigt (fig. 235, 6); puis elle se partage en deux rameaux, dont le plus externe, plus volumineux, reçoit l'anastomose du médian, descend verticalement et se termine au niveau de l'extrémité inférieure du quatrième espace intermétacarpien, en donnant les *branches collatérales palmaires interne de l'annulaire et externe du petit doigt* (fig. 235, 5); le rameau le plus interne se porte obliquement en bas et en dedans, croise la face antérieure du muscle adducteur du petit doigt et va former la *branche collatérale interne du petit doigt* (fig. 235, 4).

b) Branche palmaire profonde. — Elle passe entre les insertions de l'adducteur et celles du court fléchisseur du petit doigt (fig. 235, 8 et 237, 2), donne des filets à ce dernier muscle et à l'opposant du petit doigt, et s'infléchit en dehors en formant une courbure à concavité supérieure et externe, située immédiatement au devant des muscles interosseux. Par la convexité de sa courbure, elle émet des ramuscules destinés à tous les muscles interosseux et aux deux derniers lombricaux. La branche palmaire profonde vient enfin se terminer dans le muscle adducteur du pouce (fig. 237, 6) et le premier interosseux dorsal.

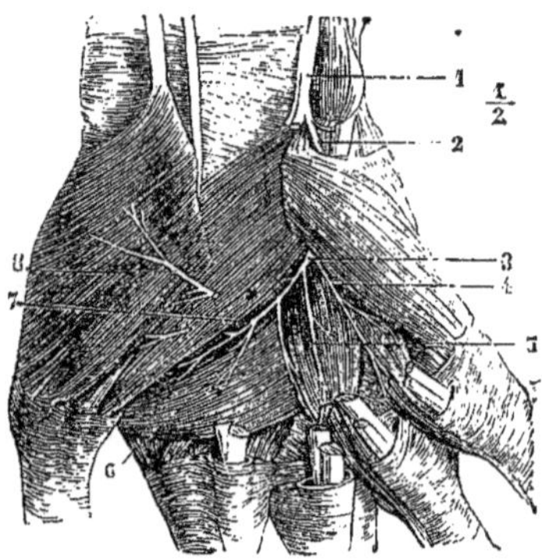

Fig. 237.

Branche palmaire profonde du cubital (*).

Le nerf cubital donne des filets moteurs au muscle cubital antérieur et aux deux faisceaux internes du fléchisseur profond des doigts, aux muscles de l'éminence hypothénar, aux interosseux, à l'adducteur du pouce et aux derniers lombricaux. Les branches sensitives qu'il fournit vont innerver la peau de la face palmaire du petit doigt et de la moitié interne de l'annulaire, celle de la partie interne de la paume de la main, celle de la moitié correspondante de la face dorsale et celle du dos des deux derniers doigts et de la moitié interne du troisième.

F. NERF RADIAL

Le *nerf radial* naît d'un tronc qui lui est commun avec le nerf axillaire, tronc qui est placé à la partie postérieure du plexus brachial. Le radial des-

(*) 1) Nerf cubital. — 2) Branche profonde. — 3) Point où cette branche se dégage de dessous les muscles de l'éminence hypothénar. — 4) Filet du quatrième lombrical donnant un ramuscule à un interosseux. — 5) Filet du troisième lombrical. — 6) Rameau du muscle abducteur du pouce. — 7) Rameau des interosseux. — 8) Rameau du médian pour l'opposant du pouce; ce filet est sectionné à son origine.

cend ensuite en arrière de l'artère axillaire (fig. 233, 15), au-devant des tendons du grand dorsal et du grand rond, dont il croise presque perpendiculairement la face antérieure, gagne la gouttière de torsion de l'humérus et la
parcourt dans toute son étendue entre le vaste interne et le vaste externe,
recouvert par la longue portion du triceps (fig. 238, 3). Il est accompagné
dans ce trajet par l'artère humérale profonde et arrive au bord externe de
l'humérus, au niveau du tiers inférieur de cet os. Puis le tronc du radial chemine dans l'interstice qui sépare le brachial antérieur d'avec le long supinateur et le premier radial externe (fig. 234, A, 16), passe sur le côté antéro-
externe de l'articulation du coude et se divise en deux branches terminales,
antérieure et *postérieure*.

1° *Branches collatérales du radial.* — Au bras le radial fournit : 1° au
moment où il pénètre dans la coulisse de torsion de l'humérus un *rameau
cutané interne*, qui traverse l'aponévrose brachiale et va se distribuer à la
peau de la partie postérieure et interne du bras jusque auprès du coude ; 2° dans
la longueur de cette coulisse : *a*) des rameaux au muscle triceps, entre lesquels on distingue ceux de la longue portion (fig. 238, 2), ceux du vaste interne
et ceux du vaste externe; parmi ces derniers, il en est qui vont jusqu'au muscle
anconé, qu'ils innervent ; *b)* un *rameau cutané externe*, qui longe le tronc
du radial dans la coulisse de torsion (fig. 238, 4), traverse l'aponévrose et se
répand dans la peau de la partie postérieure et externe de l'avant-bras
(fig. 234, B, 5); 3° dans l'interstice qui sépare le brachial antérieur d'avec le
long supinateur, des filets qui vont se jeter dans la face profonde de ce dernier
muscle et du premier radial externe (fig. 238, 5, 6).

2° *Branches terminales du radial.*—1°) *Branche antérieure.*—Elle descend sur la face antérieure de l'avant-bras, entre les radiaux externes et l'artère radiale (fig. 234, A, 19), au-devant du court supinateur, du rond pronateur et du fléchisseur du pouce.— Au niveau du tiers inférieur du radius, elle
s'infléchit en arrière, passe sous le tendon du long supinateur, contourne le
bord externe du radius, arrive à la région postérieure, traverse l'aponévrose
et se divise au niveau des articulations du carpe en trois rameaux (fig. 236, 1).
Le plus externe d'entre eux longe le bord externe du premier métacarpien et
forme le *collatéral dorsal externe du pouce* (fig. 236, 2); le second descend
sur le premier espace intermétacarpien et se divise en *collatéral dorsal
interne du pouce* et *collatéral dorsal externe de l'index* (fig. 236, 3, 4); le
troisième arrive jusqu'au niveau du second espace interdigital pour former le
collatéral dorsal interne de l'index et le *collatéral dorsal externe du médius*. Ce dernier rameau s'anastomose toujours avec le cubital ; tantôt le filet
anastomotique tire son origine du radial et se dirige obliquement en dedans
et en bas vers le cubital (fig. 236, 5), tantôt il provient de ce dernier nerf et
se porte en dehors et en bas pour gagner le radial.

2°) *Branche postérieure.* — Elle est toujours plus volumineuse que la précédente et lui est d'abord parallèle (fig. 234, A, 18). Cette branche nerveuse
traverse ensuite le muscle court supinateur, contourne le radius de haut en
bas, de dehors en dedans et d'avant en arrière, et arive à la face postérieure
de l'avant-bras entre les couches musculaires superficielle et profonde de cette
région (fig. 238, 8). Elle fournit, avant de se réfléchir, un rameau au second
radial externe (fig. 238, 9) et un autre au court supinateur pendant qu'elle
traverse ce muscle (10). Dans la région postérieure de l'avant-bras, la branche

postérieure du radial donne des rameaux
à tous les muscles superficiels et profonds
de cette région, sauf à l'anconé (11, 12,
18) devient assez grêle, se place sur la
face correspondante du ligament interosseux (15) et se termine par des filets
très-ténus dans les articulations radio-
carpiennes et carpiennes.

Le nerf radial innerve le triceps, l'anconé et les muscles des régions externe et
postérieure de l'avant-bras. Il préside
donc aux mouvements de supination et
d'extension. Il donne la sensibilité à la
peau de la partie interne du bras, à celle
de la face postérieure et externe de
l'avant-bras, à celle de la moitié externe
du dos de la main et aux téguments qui
recouvrent la face dorsale du pouce, de
l'index et de la moitié externe du médius.

§ III. — Nerfs intercostaux

Les branches antérieures des paires
dorsales forment les *nerfs intercostaux*.
Ils se ressemblent beaucoup par leur trajet et leur distribution, ce qui peut y faire
décrire des caractères généraux ou communs, sauf à revenir sur les caractères
particuliers qu'ils présentent.

A. *Caractères communs.* — A leur
sortie du trou de conjugaison, les nerfs
dorsaux se divisent, comme tous les nerfs
rachidiens, en branches antérieures et
branches postérieures; le point de cette
bifurcation correspond au ligament cer-
vico-transversaire supérieur. Leur branche antérieure, ou nerf intercostal, après
avoir fourni un ou deux filets anastomotiques au ganglion correspondant du grand
sympathique, *rami communicantes* (fig.
230, 2), gagne l'espace intercostal situé à
son niveau, et chemine d'abord entre le
muscle intercostal externe et une petite
lamelle fibreuse qui le sépare du feuillet
pariétal de la plèvre. Le nerf glisse bientôt entre les deux muscles intercostaux
en se rapprochant de la côte supérieure et
en accompagnant l'artère qui est toujours

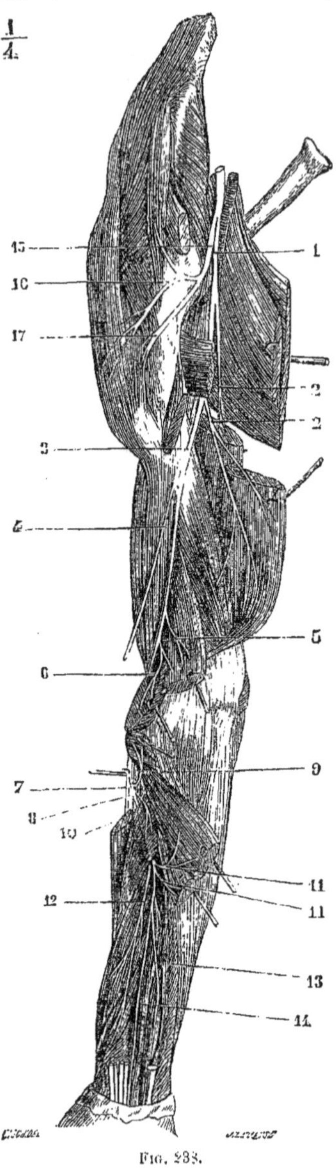

Fig. 233.

*Nerf radial à la face postérieure du bras
et de l'avant-bras (*).*

(*) 1) Nerf radial. — 2) Rameaux du triceps. — 3) Radial dans la gouttière de torsion de l'humérus.
— 4) Rameau cutané externe du radial, sectionné. — 5) Rameau du long supinateur. — 6) Rameau
du premier radial. — 7) Branche antérieure du radial. — 8) Branche postérieure traversant le court

au-dessus de lui et logée dans la gouttière costale. Vers le milieu de l'espace intercostal, le tronc nerveux s'écarte un peu de la côte supérieure et fournit un rameau qui longe pendant quelque temps le bord supérieur de la côte située au-dessous et qui s'épuise dans les muscles. Le nerf continue à cheminer entre les deux muscles de l'espace intercostal et, tout à fait en avant, entre l'intercostal interne et une lamelle fibreuse analogue à celle qui le séparait de la plèvre en arrière. Arrivé au bord latéral du sternum, il s'épuise en rameaux cutanés qui traversent les insertions costales et sternales du grand pectoral. Ces rameaux, *rameaux perforants antérieurs*, se divisent en filets dirigés vers la ligne médiane et en filets plus longs, qui se portent en arrière à la rencontre des divisions antérieures des rameaux perforants latéraux. Ils sont tous destinés à la peau de la partie correspondante.

Dans leur trajet, les nerfs intercostaux fournissent tous des rameaux nombreux, très-ténus, aux muscles intercostaux, ainsi que des filets qui contournent la face interne dés côtes pour s'anastomoser avec le nerf de l'espace situé au-dessus. Outre ces filets peu importants, ils émettent chacun un *rameau perforant latéral*. Ce rameau, toujours assez considérable, nait de la partie moyenne de l'espace intercostal, perfore le muscle intercostal externe et gagne l'angle antérieur des côtes au niveau de l'extrémité des digitations du grand dentelé et du grand oblique. Devenu alors superficiel, il se divise aussitôt en deux branches, l'une antérieure, qui se porte vers le sternum, et l'autre postérieure, qui se dirige en arrière (fig. 233, 8). Toutes les deux longent le bord latéral du thorax et s'épuisent dans les téguments. Comme on l'a fait remarquer, la série des différents rameaux perforants se trouve sur une ligne verticale qui part de la partie moyenne du creux de l'aisselle pour rejoindre la crête iliaque, à l'union du quart antérieur avec les trois quarts postérieurs de cette crête.

B. *Caractères particuliers.* — *Premier nerf dorsal.* — La branche antérieure de ce nerf est beaucoup plus volumineuse que celle des autres nerfs dorsaux ; elle se divise en deux parties, dont l'une ascendante, passe sur le col de la première côte et se rend dans le plexus brachial, tandis que l'autre forme le premier nerf intercostal, qui ne fournit jamais de rameau perforant latéral.

Deuxième et troisième nerfs intercostaux. — Ces deux nerfs donnent un *rameau perforant latéral*, divisé en rameau antérieur dirigé vers le sternum, et en rameau postérieur, qui va s'anastomoser avec l'accessoire du brachial cutané interne et se distribuer à la peau de la partie postérieure et interne du bras (fig. 233, 26, 27).

Quatrième et cinquième nerfs intercostaux. — Les *rameaux perforants latéraux* fournissent des filets assez volumineux à la mamelle et au mamelon. Leur *rameau perforant antérieur*, outre les filets cutanés antérieurs, donne des divisions au muscle triangulaire du sternum.

Sixième et septième nerfs intercostaux. — Ce qui les distingue des autres,

<hr>

supinateur. — 9) Rameau du deuxième radial. — 10) Rameau du court supinateur. — 11, 11) Rameaux des muscles postérieurs et superficiels. — 12) Rameau des muscles court extenseur du pouce et long abducteur du pouce. — 13) Rameau des muscles long extenseur de l'index. — 14) Rameau terminal de la branche postérieure du radial. — 15) Nerf axillaire. — 16) Rameau cutané externe du radial. — 17) Branche terminale de l'axillaire contournant le col chirurgical de l'humérus.

c'est qu'ils donnent plusieurs filets à la partie supérieure des muscles grand droit et grand oblique de l'abdomen.

Huitième, neuvième, dixième et onzième nerfs intercostaux. — Leur trajet entre les fausses côtes est analogue à celui des précédents, mais comme ces espaces intercostaux s'étendent beaucoup moins en avant, ces nerfs croisent la face interne du cartilage costal, traversent les insertions du diaphragme et cheminent entre les muscles transverse et petit oblique. Après avoir fourni des filets à ces muscles, ils arrivent au bord externe du grand droit, pénètrent entre ses fibres, donnent un premier *rameau perforant antérieur*, traversent ce muscle de dehors en dedans, lui abandonnent des filets et gagnent son bord interne en se terminant par un *second rameau perforant antérieur*. Les deux séries de rameaux perforants antérieurs sont situées le long des bords interne et externe du muscle grand droit de l'abdomen. — Le *rameau perforant latéral* de ces nerfs traverse le muscle grand oblique avant d'arriver à la peau, et suit une direction de plus en plus oblique de haut en bas et d'arrière en avant.

Douzième nerf intercostal. — La paire rachidienne qui le fournit sort entre la douzième vertèbre dorsale et la première lombaire. Ce nerf intercostal s'anastomose avec la première lombaire par un filet descendant, longe le bord inférieur de la dernière côte en croisant la face antérieure du muscle carré des lombes, chemine entre le transverse et le petit oblique, puis entre ce dernier et le grand oblique et se termine, comme les précédents, par *deux rameaux perforants antérieurs* situés sur les bords interne et externe du muscle grand droit. Son *rameau perforant latéral* est assez volumineux ; il se porte à peu près verticalement sous la peau, vers la crête iliaque, qu'il croise, et se termine dans la peau de la partie supérieure des fesses.

§ IV. — Plexus lombaire

Préparation. — Inciser crucialement les parois abdominales, enlever avec précaution le paquet intestinal et détacher le feuillet pariétal du péritoine. On trouvera sur les bords du psoas toutes les branches du plexus. D'un côté, on conservera le muscle pour étudier le passage des différents nerfs. Du côté opposé, on enlèvera avec soin toutes les fibres musculaires, ce qui permettra de voir les anastomoses des branches antérieures des paires lombaires et leur division. Pour les branches abdomino-génitales on décollera, dans les lambeaux inférieurs, les trois muscles des parois abdominales, entre lesquels on trouvera les filets nerveux. — Pour le nerf crural, enlever la peau de la face antérieure de la cuisse et la partie supérieure et interne de l'aponévrose crurale. On préparera d'abord les nerfs cutanés, puis les branches profondes, et l'on poursuivra le saphène interne jusqu'à son extrémité. Il n'y a guère de difficulté que pour la préparation de la branche de la gaîne des vaisseaux.

Ce plexus (fig. 239) est formé par les anastomoses des branches antérieures des cinq nerfs lombaires. La première de ces branches sort entre la première et la deuxième vertèbre des lombes; la dernière entre la cinquième lombaire et la base du sacrum. Leur volume augmente de la première à la dernière.

L'intrication des faisceaux du plexus lombaire n'est pas aussi compliquée que celle du plexus brachial. Tous les nerfs qui le forment sont unis entre eux par des branches qui vont obliquement en bas, du nerf situé au-dessus à celui qui est au-dessous.

Le *premier nerf lombaire* (branche antérieure) reçoit la branche anastomotique que lui envoie le douzième dorsal, en donne une autre qui descend pour s'unir au deuxième nerf des lombes, et se termine en se bifurquant en *grande* et en *petite branches abdomino-scrotales*.

Le *deuxième nerf lombaire* reçoit l'anastomose du premier, donne deux branches antérieures, *fémoro-cutanée* et *génito-crurale*, et une division volumineuse qui va rejoindre le troisième nerf lombaire.

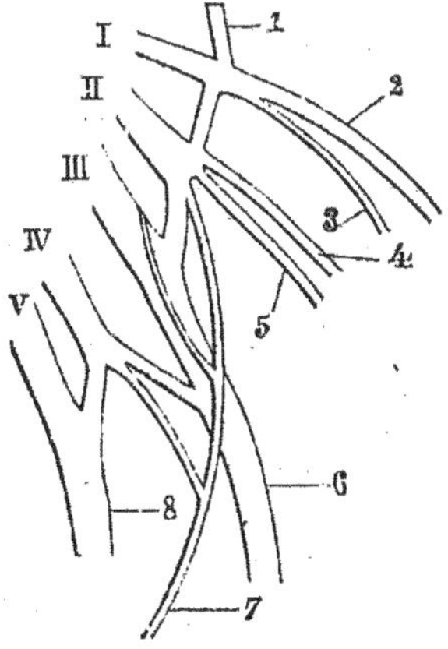

FIG. 239.

Figure schématique du plexus lombaire (*).

Le *troisième nerf lombaire* reçoit l'anastomose du précédent et donne le *nerf crural*.

Le *quatrième nerf lombaire* se partage en trois branches, dont l'une va s'anastomoser avec le troisième, et dont la seconde forme une des racines du nerf obturateur, tandis que la dernière va rejoindre le cinquième nerf lombaire. Les deux autres racines du *nerf obturateur* partent, l'une de l'anastomose qui unit les deuxième et troisième nerfs des lombes, tandis que la seconde tire son origine directement de la branche antérieure du troisième nerf lombaire, avant son union avec le tronc anastomotique venu du deuxième.

Le *cinquième nerf lombaire*, uni à l'anastomose que lui donne le quatrième, forme le *tronc lombo-sacré*, qui se jette dans le plexus sacré (fig. 239.)

Le plexus lombaire est situé au-devant des apophyses transverses des vertèbres lombaires et des muscles intertransversaires des lombes; il se trouve logé, en grande partie, au milieu des fibres du muscle grand psoas. Toutes les branches antérieures des nerfs lombaires qui le constituent par leurs anastomoses, sont unies aux ganglions du grand sympathique par les *rami communicantes* (fig. 248, 30).

Le plexus lombaire fournit quatre branches collatérales et trois branches terminales.

A. Branches collatérales

1° Branche grande abdomino-scrotale (*grande abdominale* de Cruveilhier, *abdomino-génitale supérieure* de Sappey, *iléo-scrotale* de Chaussier, *musculo-cutanée supérieure* de Bichat). Elle naît du premier nerf lombaire, se dirige en dehors et en bas, émerge de la partie supérieure du grand psoas (fig. 240, 1), passe transversalement entre la face antérieure du carré des lombes, auquel elle donne un filet, et la face postérieure du rein, s'engage entre le transverse et le petit oblique un peu au-dessus de la crête iliaque, reste parallèle à cette crête et se divise, au niveau de l'épine iliaque antérieure et supérieure, en deux rameaux, *abdominal* et *génital*.

a) Le *rameau abdominal* chemine d'abord entre le petit oblique et le transverse, puis entre les deux obliques, donne des rameaux à ces muscles, fournit,

---

(*) I, II, III, IV, V. Branches antérieures des nerfs lombaires. — 1) Branche anastomotique du douzième nerf dorsal. — 2) Grande abdomino-scrotale. — 3) Petite abdomino-scrotale. — 4) Nerf fémoro-cutané. —5) Nerf génito-crural. — 6) Nerf crural. — 7) Nerf obturateur. — 8) Tronc lombo-sacré.

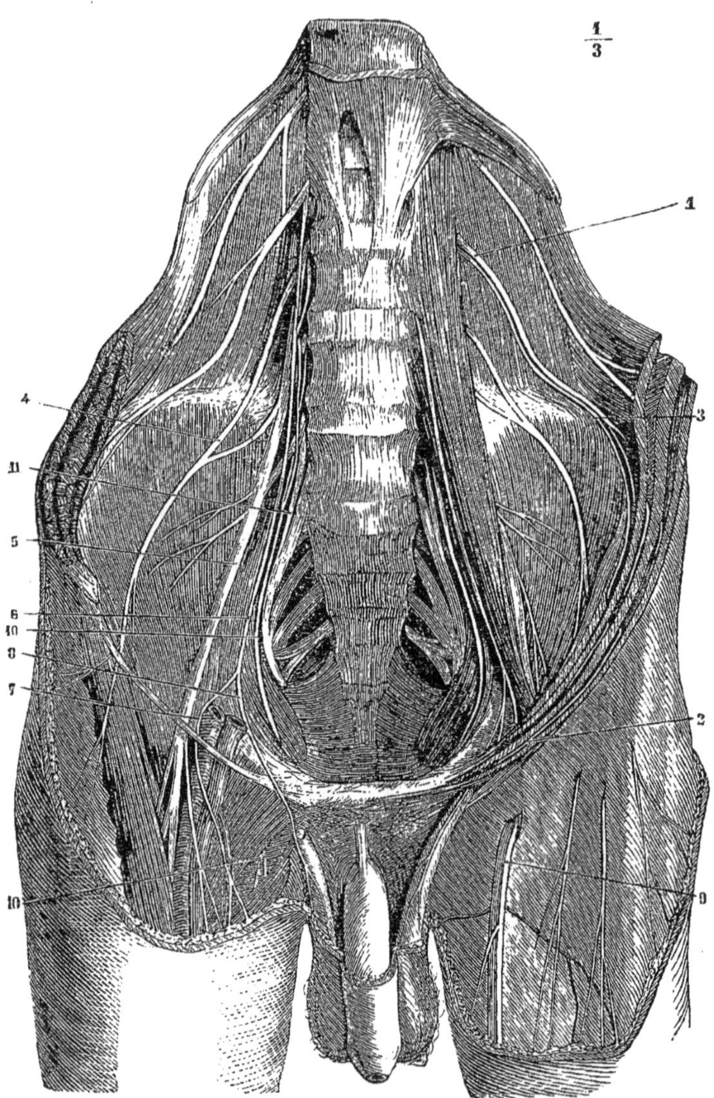

$$\frac{1}{3}$$

Fig. 240. — *Plexus lombaire (à droite, le psoas est enlevé, ainsi que la partie supérieure de l'aponévrose crurale* (*).

(*) 1) Branche grande abdomino-scrotale. — 2) Son rameau génital. — 3) Branche petite abdomino-scrotale. — 4) Nerf fémoro-cutané. — 5) Nerf crural. — 6) Nerf génito-crural. — 7) Sa branche crurale. — 8) Sa branche génitale. — 9) Branche crurale du génito-crural traversant l'aponévrose fémorale. — 10, 10) Nerf obturateur. — 11) Tronc lombo-sacré.

au niveau du bord externe du grand droit, un premier rameau perforant antérieur, continue son trajet, donne des filets au grand droit et s'épuise par un
second rameau perforant antérieur, qui traverse l'aponévrose au niveau du
bord interne de ce muscle. On voit que ce rameau abdominal est l'analogue des
derniers nerfs intercostaux et que ces rameaux perforants continuent les deux
séries qui se trouvent sur les bords du muscle grand droit de l'abdomen.

b) Le rameau génital traverse le muscle petit oblique et gagne le canal inguinal après s'être anastomosé avec la branche petite abdomino-scrotale. Ce
rameau longe la face supérieure du cordon jusqu'au niveau de l'orifice externe
du canal inguinal (fig. 240, 2), et se divise en filets transversaux destinés à la
peau du pubis, et en filets descendants qui vont se perdre dans la partie supérieure des grandes lèvres chez la femme et du scrotum chez l'homme.

2° BRANCHE PETITE ABDOMINO-SCROTALE *(petite abdominale* de Cruveilhier,
abdomino-génitale inférieure de Sappey, *musculo-cutanée moyenne* de
Bichat). — Cette branche, beaucoup moins volumineuse que la précédente,
naît comme elle, du premier nerf lombaire. Elle chemine parallèlement à la précédente, le long de la crête iliaque (fig. 240, 3), mais ne perfore le transverse
de l'abdomen, auquel elle abandonne des filets, qu'au niveau de l'épine iliaque
antéro-supérieure. Elle envoie toujours une anastomose au rameau génital de
la grande abdomino-génitale, et s'unit quelquefois en entier à ce rameau. Elle
marche ensuite entre le bord inférieur du muscle transverse et celui du petit
oblique, traverse le canal inguinal jusqu'à son orifice externe et se répand dans
la peau de la partie supérieure du scrotum et des grandes lèvres. On voit que
cette branche est l'analogue de la précédente, sauf le rameau abdominal, qui
lui fait défaut.

3° NERF FÉMORO-CUTANÉ *(inguinal externe* de Cruveilhier, *fémoral-
cutané externe* du Lud. Hirschfeld, *inguino-cutané* de Chaussier, *musculo-
cutané inférieur* de Bichat). — Il naît du deuxième nerf lombaire, traverse
la partie supérieure du grand psoas, au niveau du bord externe du petit psoas,
et longe la face interne du muscle iliaque, sur lequel il est appliqué par le fascia
iliaca (fig. 240, 4). Il passe alors sous le ligament de Fallope, sort du bassin
par l'échancrure qui se trouve entre les deux épines iliaques antérieures et se
divise en deux rameaux :

a) Rameau fémoral. — On le voit traverser le fascia lata à peu de distance
au-dessous de l'arcade crurale et se partager en branches cutanées, qui innervent la peau de la moitié externe et antérieure de la cuisse, jusqu'au voisinage
du genou (fig. 241, A, 1).

b) Rameau fessier. — Immédiatement au-dessous de l'épine antéro-inférieure, ce rameau se porte en arrière en décrivant une courbure à concavité
supérieure, qui croise le tenseur du fascia lata, perfore l'aponévrose et se répand dans la peau de la fesse et dans celle de la partie supérieure de la face
postérieure de la cuisse.

4° NERF GÉNITO-CRURAL *(inguinal interne* de Cruveilhier, *fémoro-géni-
tal* de Sappey, *sus-pubien* de Chaussier). — Comme le précédent, il tire son
origine du deuxième nerf des lombes, se porte en bas et en avant et vient
émerger vers le bord interne du psoas très-près des insertions de ce muscle.

Il devient alors presque vertical, gagne l'artère iliaque externe, dont il longe le côté antérieur, et se divise en deux rameaux, *externe* et *interne*, à une distance variable en deçà du ligament de Fallope (fig. 240, 6).

a) Rameau externe ou *crural*.— Il se dirige vers le bord externe de l'anneau crural, qu'il traverse avec les vaisseaux (fig. 240, 7), contourne un peu l'artère fémorale pour se placer au-devant d'elle et devient bientôt sous-cutané en passant au travers d'une des ouvertures du fascia cribriformis, très-souvent avec la veine saphène interne (fig. 240, 9). Ce rameau descend au-devant de l'aponévrose crurale et se divise en filets assez nombreux, qui vont innerver la peau de la partie antéro-interne de la cuisse.

b) Rameau génital ou *interne*. — Il pénètre dans le canal inguinal, qu'il traverse dans toute sa longueur, placé au-dessous du cordon spermatique, donne des filets très-grêles au crémaster et sort par l'orifice externe de ce canal (fig. 240, 8). Les branches terminales vont se perdre dans la peau de la partie supérieure et postérieure du scrotum chez l'homme, et des grandes lèvres chez la femme ; il en est d'autres qui sont destinées à la peau de la partie supérieure et interne de la cuisse.

On remarquera que le cordon est longé, dans le canal inguinal : 1° par le rameau génital de la branche grande abdomino-scrotale, qui est situé au-dessus de lui, et 2° par le rameau génital du nerf génito-crural, qui est situé au-dessous.

B. Branches terminales

1° **Nerf obturateur.** — Ce nerf naît, ainsi que nous l'avons dit plus haut, par trois racines, qui proviennent des deuxième, troisième et quatrième nerfs lombaires. Il descend presque verticalement dans l'épaisseur du muscle psoas et émerge sur le bord interne de ce muscle vers le niveau de l'articulation sacro-iliaque, au-dessus et en dehors du tronc lombo-sacré. Le nerf obturateur chemine alors au-dessous du détroit supérieur et parallèlement à cette ligne osseuse, jusqu'au trou sous-pubien. Il accompagne l'artère obturatrice et se trouve placé entre le pectiné et l'obturateur externe et fournit plusieurs branches (fig. 241 B, 2) : *a)* une première pour le muscle obturateur externe ; *b)* une seconde pour le droit interne ; elle se porte en dedans et en bas entre le pectiné et le petit adducteur, et, plus loin, entre le moyen adducteur et le grand adducteur ; *c)* une troisième est destinée au moyen adducteur ; avant de se perdre dans ce muscle, elle donne souvent un filet, qui descend le long de la face interne de la cuisse et va s'anastomoser avec le nerf saphène interne (fig. 241 B, 6) ; *d)* une quatrième branche de l'obturateur va innerver le muscle petit adducteur ; *e)* une cinquième, plus volumineuse, va au grand adducteur ; *f)* et enfin des rameaux grêles et peu nombreux qui terminent le nerf obturateur, vont se perdre dans la peau de la partie inférieure et interne de la cuisse.

2° **Nerf crural.** — Ce nerf volumineux est formé par le troisième nerf lombaire et par les anastomoses que lui envoient le quatrième et le deuxième ; il traverse le psoas, apparaît sur le bord externe de ce muscle à peu près au niveau de l'articulation sacro-vertébrale, et se loge ensuite dans la gouttière qui sépare le psoas et le muscle iliaque. Il est placé au-dessous du fascia iliaca et passe sous le ligament de Fallope en dehors de l'anneau crural, dont le sépare la bandelette iléo-pectinée, dépendance du fascia iliaca.

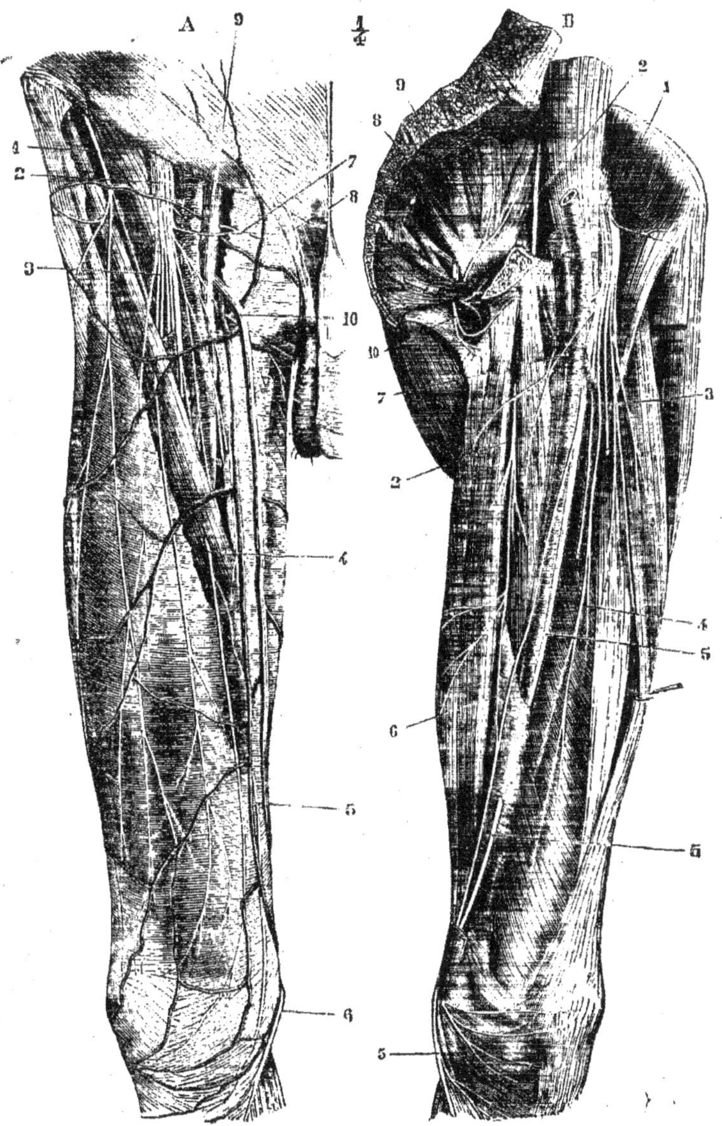

FIG. 241. *Nerf crural* (*).

(*) A. *Branches superficielles du nerf crural.* — 1) Nerf fémoro-cutané. — 2) Nerf crural. — 3) Branche perforante supérieure. — 4) Branche perforante moyenne. — 5) Branche perforante inférieure. — 6) Nerf saphène interne. — 7) Nerf musculo-cutané interne. — 8) Rameau génital de la branche grande abdomino-scrotale. — 9) Veine crurale. — 10) Veine saphène interne.

B. *Branches profondes du nerf crural.* — (Les rameaux perforants sont sectionnés au niveau du

Les branches collatérales qu'il fournit sont destinées aux muscles psoas et iliaque.

A peu de distance au-dessous du ligament de Fallope, le nerf crural traverse l'aponévrose du psoas iliaque et se partage en branches terminales, dont deux sont *antérieures* et deux *postérieures*. Les deux branches antérieures sont *musculo-cutanées* et se divisent en *musculo-cutanée externe*, très-considérable, et en *musculo-cutanée interne*, très-petite. Les deux branches postérieures sont l'une *externe*, musculaire, *nerf du triceps fémoral*, l'autre *interne*, cutanée, *nerf saphène interne*.

1º *Nerf musculo-cutané externe.* — Ce nerf est superficiel et assez volumineux; son tronc est court et se divise bientôt en branches musculaires, petites et peu nombreuses, destinées au couturier, et en trois branches cutanées ou perforantes.

Les branches cutanées traversent toutes les trois le muscle couturier et, en raison même de la direction de ce muscle, oblique de haut en bas et de dehors en dedans; la branche la plus externe le perfore plus haut que la moyenne, et celle-ci plus haut que la troisième.

a) La *branche perforante supérieure* ou *externe* traverse le tiers supérieur du couturier (fig. 241 A, 3), puis un peu plus bas, l'aponévrose fémorale, devient sous-cutanée et se répand dans la peau de la face antérieure de la cuisse jusqu'au voisinage du genou. Ses rameaux sont situés plus en dedans que ceux du nerf fémoro-cutané, auxquels ils sont à peu près parallèles.

b) La *branche perforante moyenne* se porte en bas, traverse le couturier vers la partie moyenne de ce muscle (fig. 241 A, 4) perfore un peu plus loin l'aponévrose crurale et se termine par des filets destinés à la peau de la partie antérieure et inférieure de la cuisse jusqu'au côté interne du genou.

c) La *branche perforante interne* ou *inférieure* se dirige en bas et un peu en dedans, gagne la face postérieure du couturier vers le tiers inférieur de la cuisse, traverse ce muscle, puis l'aponévrose, donne des filets à la peau de la partie inférieure et interne de la cuisse (fig. 241 A, 5) et des ramuscules qui vont s'anastomoser avec le nerf saphène interne. Cette branche, à peu de distance de son origine, émet un rameau peu considérable, *branche accessoire du nerf saphène interne* de Cruveilhier, qui perfore la gaîne des vaisseaux et croise la face antérieure de l'artère fémorale, qu'elle longe jusqu'à l'anneau du troisième adducteur. A ce niveau, ce rameau devient sous-cutané et s'épuise en filets destinés à la peau et en filets anastomosés avec le nerf saphène interne et avec la terminaison du nerf obturateur.

2º *Nerf musculo-cutané interne (petite branche musculo-cutanée* de Sappey; *branche de la gaîne des vaisseaux fémoraux* de Cruveilhier). — Cette petite branche nerveuse, dont la disposition est très-variable, se dirige en dedans et se partage aussitôt en plusieurs rameaux, qui perforent tous la gaîne des vaisseaux fémoraux et passent au-devant et en arrière de la veine et de l'artère. Ils sortent de cette gaîne et vont les uns dans les muscles pectiné et moyen adducteur, tandis que les autres, continuant le trajet primitif, se

<hr>

point où ils pénètrent dans le couturier.) 1) Nerf crural. — 2, 2) Nerf obturateur. — 3) Branche du droit antérieur. — 4) Branche du vaste interne. — 5. 5, 5) Nerf saphène interne. — 6) Anastomose de l'obturateur avec le saphène interne. — 7) Nerf musculo-cutané interne. — 8) Nerfs sacrés formant le plexus sacré. — 9) Nerf du muscle obturateur interne. — 10) Nerf honteux interne.

portent en bas et en dedans pour se perdre dans la peau de la partie supérieure
et interne de la cuisse (fig. 241 A, 7 et B, 7).

3° *Nerf du triceps fémoral.* — Tantôt ce nerf est constitué par un tronc
commun, qui se divise plus loin, tantôt et plus souvent il naît par trois branches isolées destinées aux trois portions du muscle triceps.

a) La *branche du droit antérieur* se porte en bas, s'engage sous la face
profonde de ce muscle (fig. 241 B, 3) et se partage en rameaux ascendants et
en rameaux descendants.

b) La *branche du vaste externe* passe d'abord sous le droit antérieur, puis
sous le bord du vaste externe et se perd dans ce dernier muscle.

c) La *branche du vaste interne* se partage bientôt en plusieurs rameaux,
qui vont se perdre à différentes hauteurs dans ce muscle. Il en est que l'on
peut suivre assez loin jusqu'au devant de l'anneau du troisième adducteur
(fig. 241 B, 4). Cette branche fournit aussi des rameaux à la partie supérieure
de l'articulation du genou.

4° *Nerf saphène interne.* — Ce nerf est exclusivement cutané; il se porte,
aussitôt après son origine, en bas et en dedans, vers la gaîne des vaisseaux
fémoraux, traverse cette gaîne, longe la face antérieure et externe de l'artère
crurale jusque dans l'anneau du troisième adducteur, perfore la paroi antérieure de cette gaîne fibreuse (fig. 241 B, 5, 5) et se place entre le tendon du
couturier et celui du grand adducteur, puis entre le premier et celui du droit
interne. Il contourne alors le condyle interne du fémur et se divise en deux
branches.

a) *Branche rotulienne* ou *transversale.* — Elle traverse l'aponévrose, se
dirige vers la rotule de dedans en dehors et d'arrière en avant, en décrivant
une courbure à concavité supérieure (fig. 241 A, 6 et B, 5) et se divise en rameaux, dont les uns gagnent la base, les autres le sommet de la rotule, pour
se perdre dans la peau des parties supérieure, antérieure, inférieure et interne
du genou.

b) *Branche jambière* ou *descendante.* — Cette branche, toujours plus volumineuse que la branche rotulienne, traverse l'aponévrose et rejoint la veine
saphène interne, qu'elle accompagne, sans toutefois affecter de rapports fixes
avec elle, en raison de la variabilité de position de ce vaisseau. Elle descend
ensuite verticalement jusqu'à la malléole interne, donne des rameaux nombreux à la peau de la moitié interne de la jambe (fig. 244 A, 9), et se termine, au devant de cette malléole (fig. 245, 16) par des divisions destinées
aux téguments de la partie interne du pied et aux articulations tarsiennes
(fig. 245 B, 16).

Vers le tiers inférieur de la cuisse, le nerf saphène interne reçoit une anastomose du nerf obturateur (fig. 241 B, 6) et fournit quelques filets à la peau
de la partie postérieure, inférieure et interne de la cuisse et à celle qui recouvre le creux poplité.

3° Tronc lombo-sacré. — Ce tronc nerveux, fourni par le cinquième nerf
lombaire et l'anastomose du quatrième, se porte verticalement en bas, croise
l'articulation sacro-iliaque, reste appliqué contre le bord du sacrum, dont il
suit la courbure et se jette dans le bord supérieur du plexus sacré. A sa partie
supérieure, le tronc lombo-sacré est situé en dedans du nerf obturateur, auquel il est parallèle (fig. 240, 11).

§ V. — Plexus sacré

Préparation. — Enlever les viscères abdominaux suivant les procédés ordinaires, mais en laissant la partie inférieure du rectum ; détacher le péritoine et préparer le plexus sacré, que l'on trouvera au-devant du muscle pyramidal. — Pour le nerf honteux interne, faire la préparation indiquée pour l'artère du même nom. — Pour le petit sciatique, détacher le muscle grand fessier à ses insertions au sacrum et le rejeter en dehors; on trouvera en dessous le petit et le grand sciatiques. — La préparation du grand sciatique ne présente guère de difficultés, si ce n'est pour les nerfs du pied ; mais avec un peu de soin et d'habitude des dissections, on arrivera à bien isoler tous les filets, en ayant la précaution de les préparer du tronc vers les extrémités.

Le *plexus sacré* est formé par les branches antérieures des trois premiers nerfs sacrés, auxquelles se joignent en haut le tronc lombo-sacré et en bas une division de la branche antérieure du qua-trième nerf sacré (fig. 241, B, 8). Ces branches, d'autant plus volumineuses qu'elles sont plus supérieures, sortent toutes par les trous sacrés antérieurs, s'anastomosent par les *rami communi-cantes* avec les ganglions sympathiques (fig. 248, 4) et se portent en dehors. La *première* est très oblique de haut en bas et de dedans en dehors, et répond au bord supérieur du muscle pyramidal; c'est elle qui reçoit le tronc lombo-sacré. La *deuxième*, un peu moins oblique que la précédente, répond à la face antérieure du muscle pyramidal. La *troisième* est à peu près horizontale et située au voisinage du bord inférieur du même muscle. La *quatrième*, assez petite, se divise, pres-que aussitôt après sa sortie du dernier

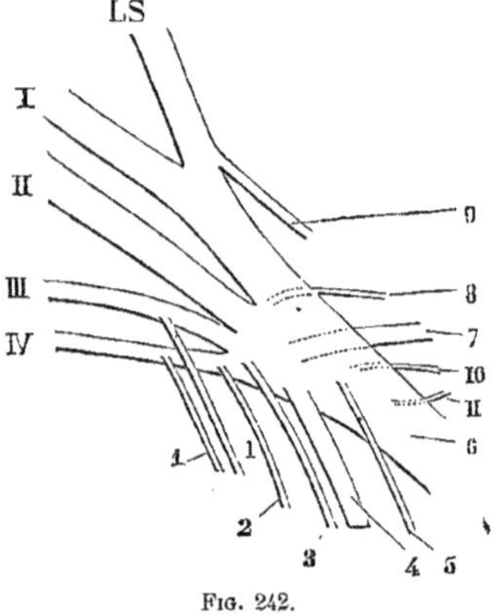

Fig. 242.

Figure schématique du plexus sacré (*).

trou sacré antérieur, en trois rameaux, dont le supérieur va se jeter dans le plexus sacré, le moyen dans le plexus hypogastrique et l'inférieur dans le muscle ischio-coccygien et la peau de la région correspondante.

Toutes ces branches se réunissent par leurs bords et forment par leur fusion le plexus sacré. En raison de la direction des nerfs sacrés et de leur conver-gence en un tronc unique, ce plexus présente la forme d'un triangle dont la base est au sacrum dans toute l'étendue de la face antérieure de cet os et dont le sommet répond au bord inférieur de la grande échancrure sciatique. La face antérieure du plexus sacré est recouverte par l'aponévrose pelvienne, qui le sépare de l'artère et de la veine hypogastriques, ainsi que du péritoine et du rectum ; sa face postérieure répond à la face antérieure du muscle pyramidal. Le plexus sacré fournit des branches collatérales au nombre de dix et une seule branche terminale.

(*) LS. Tronc lombo-sacré. — I, II, III, Branches antérieures des trois premiers nerfs sacrés. — IV. Rameau supérieur de la branche antérieure du quatrième. — 1, 1) Branches viscérales du plexus sacré — 2) Nerf du releveur de l'anus. — 3) Nerf hémorrhoïdal. — 4) Nerf honteux interne. —5) Nerf du muscle obturateur interne. — 6) Grand nerf sciatique. —7) Nerf petit sciatique ou fessier inférieur. — 8) Nerf du muscle pyramidal. — 9) Nerf fessier supérieur. — 10) Nerf du jumeau supérieur. = 11) Nerf du jumeau inférieur et du carré crural.

1º BRANCHES COLLATÉRALES

Elles peuvent être divisées en cinq branches intrapelviennes et cinq branches extrapelviennes ; les premières naissent sur la face antérieure du plexus et sont destinées aux muscles de la paroi interne du bassin, à ceux du périnée et à la peau de cette dernière région. Les secondes prennent leur origine sur la face postérieure du plexus et se rendent dans les muscles de la paroi externe du bassin et dans la peau de la face postérieure de la cuisse.

1º BRANCHES VISCÉRALES. — Ces branches nerveuses sont petites et multiples ; elles naissent du troisième et du quatrième nerfs sacrés et se portent d'arrière en avant, sur les côtés du rectum, pour se perdre dans le plexus hypogastrique (voy. *grand Sympathique*).

2º NERF DU RELEVEUR DE L'ANUS. — Il se compose d'ordinaire de deux rameaux distincts, qui proviennent du point de réunion de la branche du quatrième nerf sacré avec le troisième. Ces deux rameaux vont se perdre dans la face supérieure du muscle releveur de l'anus.

3º NERF HÉMORRHOÏDAL OU ANAL. — Ce nerf, d'un volume assez grêle, naît du bord inférieur du plexus sacré, sort du bassin par la partie inférieure de la grande échancrure sciatique, croise la face externe de l'épine sciatique, se dirige en dedans (fig. 243, A, 6), chemine dans le tissu cellulo-graisseux de la fosse ischio-rectale et se termine par des filets destinés au muscle sphincter externe de l'anus ainsi qu'à la peau du pourtour de cet orifice.

4º NERF DE L'OBTURATEUR INTERNE. — Son origine se trouve près du sommet du plexus sacré (fig. 241, B, 9). Il sort presque aussitôt du bassin par le bord inférieur de la grande échancrure sciatique, contourne l'épine sciatique, rentre dans l'excavation par la petite échancrure, traverse l'aponévrose qui recouvre l'obturateur interne et va se perdre dans ce muscle.

5º NERF HONTEUX INTERNE. — Ce nerf important provient du sommet du plexus sacré, au voisinage du nerf anal, sort du bassin par la grande échancrure sciatique avec l'artère honteuse interne (fig. 243, A, 7), qu'il accompagne, contourne l'épine sciatique (fig. 241, B, 10), rentre dans le bassin par la petite échancrure sciatique, s'applique sur la face interne de la tubérosité de l'ischion, sur laquelle il est fixé par une lamelle fibreuse, et se divise en deux branches, *supérieure* ou *pénienne* et *inférieure* ou *périnéale*.

a) Branche inférieure ou *périnéale*. — Elle donne d'abord des filets au sphincter externe de l'anus et un rameau plus considérable à la peau du pli fémoro-périnéal, descend ensuite en arrière du muscle transverse du périnée, contourne ce muscle et se partage à son tour en deux rameaux, l'un superficiel, l'autre profond. 1º Le *rameau superficiel du périnée* accompagne l'artère de ce nom, chemine entre l'aponévrose superficielle du périnée et le fascia superficialis, donne des filets à la peau de la région et se perd dans les téguments des bourses et de la face inférieure de la verge ; 2º le *rameau profond* se porte d'arrière en avant en traversant le muscle transverse du périnée, passe dans le tissu cellulaire qui se trouve dans le triangle ischio-uréthral et se termine par des branches destinées aux muscles tranverse, ischio-caverneux et bulbo-caverneux. Ce rameau fournit aussi un filet qui passe au travers du bulbe pour se perdre dans la muqueuse de l'urèthre.

b) Branche supérieure, pénienne ou *dorsale de la verge*. — Elle continue le trajet du tronc du nerf honteux interne, longe la face interne des branches ascendante de l'ischion et descendante du pubis, passe sur le côté du ligament suspenseur de la verge et chemine, avec l'artère dorsale, sur la partie moyenne de la face supérieure du pénis, dans le sillon qui résulte de l'adossement des deux corps caverneux. Dans ce trajet, elle donne des filets à la peau des parties supérieure et latérale de la verge, ainsi que des ramuscules très-ténus, qui vont de haut en bas à travers le corps spongieux de l'urèthre jusque dans la muqueuse de ce canal. Arrivée à la base du gland, elle s'épuise en filets destinés à la muqueuse de cet organe et au prépuce.

Chez la femme, la branche supérieure se termine dans le clitoris, et la branche inférieure dans la peau et la muqueuse de la grande lèvre.

6° Nerf fessier supérieur. — Ce nerf tire son origine du bord supérieur du plexus sacré et plus spécialement du tronc lombo-sacré; il se porte aussitôt en dehors, passe par la partie supérieure de la grande échancrure sciatique au-dessus du pyramidal et se divise en deux rameaux, qui cheminent tous deux entre les muscles petit et grand fessiers. Ils fournissent des filets à ces muscles et au tenseur du fascia lata.

7° Nerf du pyramidal. — Il est très-court et peu volumineux, tire son origine de la face postérieure du plexus sacré et se jette dans le muscle pyramidal, qu'il innerve.

8° Nerf du jumeau supérieur. — Comme le précédent, il tire son origine de la face postérieure du plexus sacré et va se perdre dans le muscle jumeau supérieur.

9° Nerf du jumeau inférieur et du carré crural. — Il naît à côté du précédent, sort du bassin par le bord inférieur de la grande échancrure sciatique, passe au-dessous du jumeau supérieur et du tendon de l'obturateur interne et se termine dans les muscles jumeau inférieur et carré crural.

10° Nerf petit sciatique ou fessier inférieur. — Beaucoup plus volumineux que toutes les autres branches collatérales postérieures, ce nerf tire son origine du sommet du plexus sacré, sort du bassin par le bord inférieur de la grande échancrure sciatique, se dirige verticalement en bas sous la face profonde du muscle grand fessier et se divise en deux branches : *génitale* et *fémorale*. Dans son trajet, il donne au grand fessier des rameaux, dont les uns se perdent dans la face profonde de ce muscle (fig. 243, A, 2), tandis que les autres contournent son bord inférieur en remontant de bas en haut pour se jeter dans sa face cutanée (fig. 243, B, 2).

a) La *branche génitale* part du tronc du petit sciatique au-dessous du grand fessier ou au niveau du bord inférieur de ce muscle, se dirige en dedans et en bas, contourne la tubérosité sciatique et arrive, en décrivant une courbe à concavité supérieure, dans le pli fémoro-périnéal, où elle devient sous-cutanée (fig. 243, A, 5 et B, 3). Elle est plus superficielle que le rameau périnéal du honteux interne, donne des filets à la peau avoisinante et se termine dans la partie postérieure du scrotum ou de la grande lèvre.

b) La *branche fémorale*, plus volumineuse que la précédente, descend verticalement sur la tubérosité sciatique et longe, au-dessous de l'aponévrose crurale, la partie médiane de la face postérieure de la cuisse jusqu'au creux poplité (fig. 243, B, 1). Elle fournit dans ce trajet des rameaux qui partent des deux côtés de son tronc, traversent l'aponévrose et vont se perdre dans les téguments des parties interne et externe de la face postérieure de la cuisse. Au niveau du creux poplité, le tronc de ce nerf devenu très-grêle traverse l'aponévrose jambière, suit la veine saphène externe et s'épuise dans la peau de la partie supérieure et postérieure de la jambe (fig. 243, B, 4).

2° GRAND NERF SCIATIQUE (BRANCHE TERMINALE DU PLEXUS SACRÉ)

Le *grand nerf sciatique*, le plus long et le plus volumineux des nerfs du corps humain, est destiné aux muscles postérieurs de la cuisse, aux muscles et aux téguments de toute la jambe et du pied. Il continue le plexus sacré, dont toutes les branches d'origine semblent converger pour le former. Aplati à son origine, il tend à s'arrondir de plus en plus en se rapprochant du creux poplité, au niveau de l'angle supérieur duquel il se divise en deux branches : le *nerf sciatique poplité interne* et le *nerf sciatique poplité externe*.

Le grand sciatique sort du bassin par le bord inférieur de la grande échancrure sciatique au-dessous du pyramidal, en dehors des artères ischiatique et honteuse interne, avec lesquelles il croise la face postérieure de l'épine sciatique, descend ensuite verticalement derrière le carré crural entre la tubérosité de l'ischion et le grand trochanter, longe la face postérieure du grand adducteur et plus bas la courte portion du biceps. Il est recouvert en haut par le muscle grand fessier et un peu plus bas par la longue portion du biceps, qui le croise obliquement de haut en bas et de dedans en dehors. Dans la partie inférieure de la cuisse, ce nerf n'est recouvert que par la peau, l'aponévrose et du tissu cellulo-graisseux. En dedans, il est en rapport avec le bord externe des muscles demi-tendineux et demi-membraneux. Le petit sciatique, surtout sa branche fémorale, est à peu près parallèle au tronc du grand sciatique et est situé plus superficiellement que lui. Une branche artérielle, venue de l'artère ischiatique, longe le tronc de ce nerf, auquel elle est destinée.

Dans son trajet à la cuisse, le grand sciatique fournit des rameaux collatéraux, qui se rendent tous obliquement dans les muscles postérieurs de ce segment du membre inférieur. Ce sont : *a)* le *rameau de la longue portion du biceps*, long et grêle (fig. 243 A, 8); *b)* le *rameau du demi-tendineux* (9); *c)* le *rameau du demi-membraneux*, souvent double 10); *d)* le *rameau du grand adducteur*, plus grêle que les branches que ce muscle reçoit du nerf obturateur; *e)* le *rameau de la courte portion du biceps* (11).

1° NERF SCIATIQUE POPLITÉ EXTERNE. — Moins volumineux que le sciatique poplité interne, ce nerf tire son origine de la bifurcation du grand sciatique, et se porte aussitôt obliquement de haut en bas et de dedans en dehors, pour contourner par un demi-tour d'hélice la face postérieure du condyle externe du fémur, la tête du péroné et le col de cet os (fig. 243, A, 12 et 244 B, 1). Il pénètre ensuite dans l'épaisseur du muscle long péronier latéral et se divise en deux branches terminales : *nerf musculo-cutané* et *nerf tibial antérieur*. Dans son trajet oblique, le sciatique poplité externe longe le bord interne du biceps et le tendon de ce muscle.

Avant sa division, il fournit les branches collatérales suivantes :

1° Le *nerf saphène péronier* ou *branche accessoire du nerf saphène externe*. — Ce nerf part de la partie supérieure du sciatique poplité externe,

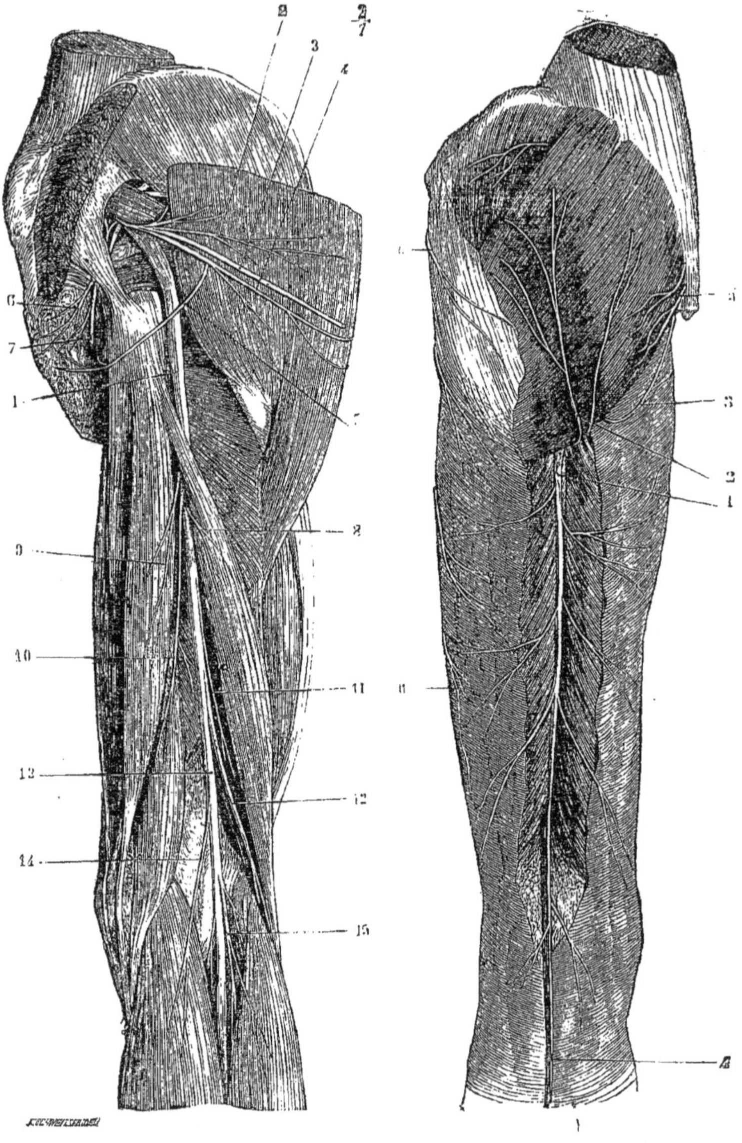

Fig. 243. — A. *Nerf grand sciatique (le muscle grand fessier est sectionné près de ses insertions au sacrum et renversé en dehors).* — B. *Nerf petit sciatique* (*).

(*) A. 1) Grand nerf sciatique. — 2) Branches fessières du petit sciatique. — 3) Branche fémorale du petit sciatique. — 4) Branche fessière du petit sciatique, qui se réfléchit sur le bord inférieur du muscle grand fessier (c'est celle qu'on retrouve en B 2). — 5) Branche génitale du petit sciatique, —

quelquefois par un tronc commun avec la branche cutanée péronière, longe la face postérieure du muscle jumeau externe (fig. 244, A, 3), traverse l'aponévrose jambière vers le milieu de la jambe et se dirige un peu en dedans vers le saphène externe auquel il s'unit à une distance variable au-dessus de la malléole externe (fig. 244, A, 7). D'autres fois il n'envoie qu'un filet anastomotique au saphène externe et se distribue isolément à la peau du tiers inférieur et interne de la jambe et à celle de la face externe du talon.

2° La *branche cutanée péronière.* — Née au-dessous de la précédente ou par un tronc commun avec elle, cette branche se porte en bas, devient presque aussitôt sous-cutanée (fig. 244, A, 2), et se divise en filets qui vont se perdre dans la peau de la face externe de la jambe depuis la partie inférieure du genou jusqu'aux environs de la malléole externe.

3° Des *rameaux musculaires.* —Ils sont au nombre de deux, partent du tronc du sciatique poplité externe un peu au-dessus de sa bifurcation, se dirigent en dedans et vont se jeter dans l'extrémité supérieure du muscle jambier antérieur.

Nerf musculo-cutané. —Ce nerf, plus externe et un peu plus volumineux que le tibial antérieur, descend verticalement au milieu des fibres du long péronier latéral, puis entre ce muscle et l'extenseur commun des orteils (fig. 244, B, 3, 4), traverse l'aponévrose et devient sous-cutané vers le tiers inférieur de la jambe. Il gagne ensuite le dos du pied en se dirigeant un peu obliquement de haut en bas et de dehors en dedans (fig. 245, 10) et se divise en deux branches : 1° l'une interne, plus petite, se porte obliquement vers le côté interne du gros orteil (11), dont elle forme le *rameau collatéral dorsal interne ;* 2° la deuxième, plus volumineuse, descend à peu près verticalement et se divise en trois branches, qui gagnent l'extrémité inférieure de l'espace intermétatarsien, pour former : la première (12), les rameaux *collatéral dorsal externe du gros orteil* et *collatéral dorsal interne du deuxième orteil ;* la seconde (13), les rameaux *collatéral dorsal externe du deuxième* et *collatéral interne du troisième,* et enfin la dernière (14), les rameaux *collatéral externe du troisième* et *collatéral dorsal interne du quatrième.*

Dans son trajet, le nerf musculo-cutané fournit les branches collatérales suivantes : 1° des filets musculaires aux deux péroniers latéraux ; 2° un rameau cutané, qui naît immédiatement après que le nerf a traversé l'aponévrose et qui se perd dans la peau de la partie inférieure de la jambe ; 3° une branche anastomotique au nerf saphène externe ; cette branche, variable dans sa disposition et son origine, se trouve toujours sur le dos du pied et se dirige de haut en bas et de dedans en dehors (fig. 245, 9).

Nerf tibial antérieur. — Ce nerf continue d'abord la direction du tronc du sciatique poplité externe, traverse la partie supérieure du muscle extenseur commun des orteils, gagne le ligament interosseux et l'artère tibiale an-

---

6) Nerf hémorrhoïdal. — 7) Nerf honteux interne. — 8) Branche du grand sciatique pour la longue portion du biceps. — 9) Branche du demi-tendineux. — 10) Branche du demi-membraneux. — 11) Branche de la courte portion du biceps. — 12) Nerf sciatique poplité externe. — 13) Nerf sciatique poplité interne. — 14) Branche du jumeau interne. — 15) Branche du jumeau externe.

(*) B. 1) Branche fémorale du petit sciatique. — 2) Branches du muscle grand fessier réfléchies sur le bord inférieur de ce muscle. — 3) Branche génitale du petit sciatique. — 4) Rameau terminal de ce nerf longeant la veine saphène externe. — 5) Branches postérieures des derniers nerfs sacrés. — 6, 6) Rameaux du nerf fémoro-cutané.

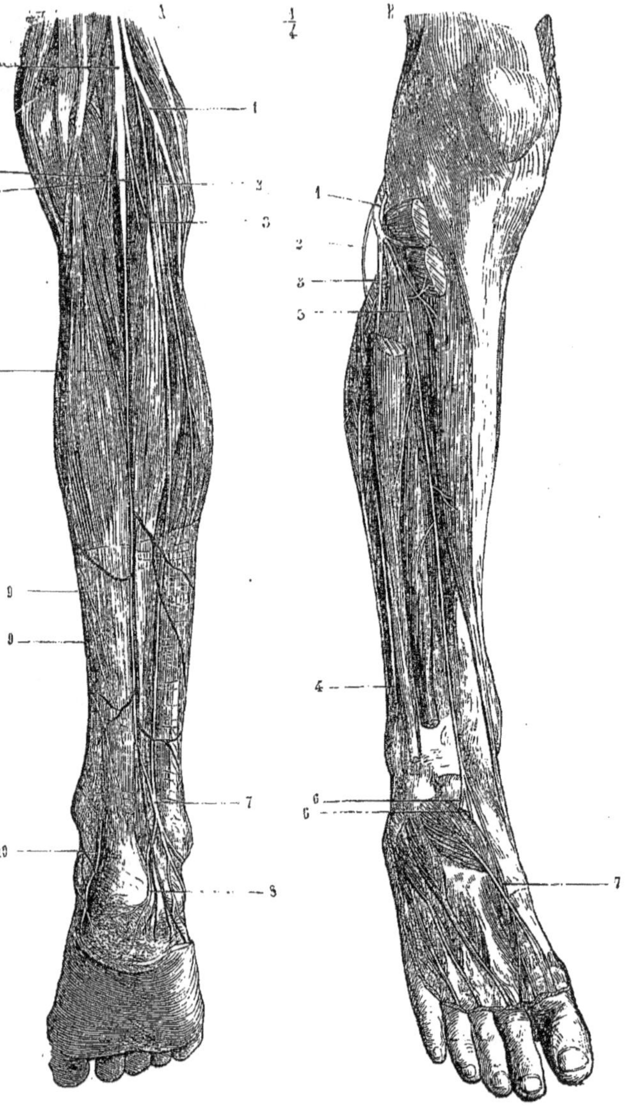

Fig. 244. — A. *Nerf saphène externe.* — B. *Nerf tibial antérieur* (*).

(*) A. 1) Nerf sciatique poplité externe. — 2) Branche cutanée péronière. — 3) Nerf saphène péro- nier. — 4) Nerf sciatique poplité interne. — 5, 5) Branches des jumeaux. — 6) Nerf saphène externe. — 7) Sa réunion avec le saphène péronier. — 8) Branches calcanéennes. — 9, 9) Rameaux jambiers du saphène interne. — 10) Rameau perforant calcanéen du nerf tibial postérieur.

(*) B. 1) Nerf sciatique poplité externe. — 2) Branche cutanée péronière. — 3) Nerf musculo-cutané — 4) Ce nerf sectionné au moment où il traverse l'aponévrose. — 5) Nerf tibial antérieur. — 6, 6) Rameaux qu'il fournit au muscle pédieux. — 7) Nerf profond du dos du pied.

térieure, qu'il accompagne jusque sur le dos du pied (fig. 244, B, 5). Il croise
cette artère de telle sorte que, situé en haut à son côté interne, il passe vers
le milieu de la jambe au-devant d'elle et lui devient externe à quelque distance

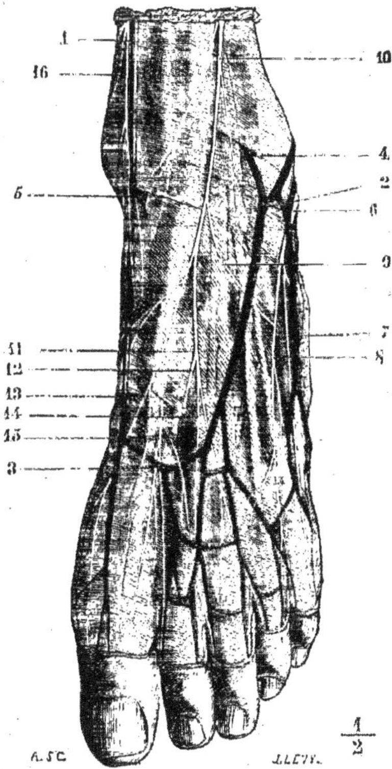

Fig. 245. — *Nerfs et veines du dos du pied* (enfant de quatorze ans) (*).

au-dessus du cou-de-pied. Dans sa partie jambière le nerf tibial antérieur
donne des rameaux aux muscles jambier antérieur, extenseur commun des
orteils et extenseur propre du gros orteil.

Arrivé au niveau du ligament annulaire du tarse, le nerf tibial antérieur
passe sous cette bande fibreuse dans une gaîne qui lui est commune avec l'ar-

(*) 1) Veine saphène interne. — 2) Veine saphène externe. — 3) Arcade veineuse dorsale du pied. —
4) Anastomose de la veine saphène externe avec les veines profondes. — 5) Anastomose de la veine
saphène interne avec les veines profondes. — 6) Nerf saphène externe. — 7) Collatéral dorsal externe
du petit orteil. — 8) Branche qui fournit les collatéraux dorsaux interne du petit orteil et externe du
quatrième. — 9) Anastomose du nerf saphène externe et du musculo-cutané. — 10) Nerf musculo-cutané. — 11) Collatéral dorsal interne du gros orteil. — 12) Branche qui fournissait les collatéraux externe
du gros orteil et interne du deuxième (elle est sectionnée pour montrer le nerf profond du dos du
pied). — 13) Branche qui fournit les collatéraux dorsaux externe du troisième orteil et interne du
quatrième. — 14) Branche qui fournit les collatéraux dorsaux externe du deuxième et interne du
troisième. — 15) Nerf profond du dos du pied donnant les collatéraux profonds interne du deuxième et
externe du premier orteil. — 16) Terminaison du nerf saphène interne.

tère pédieuse, et qui se trouve en dedans de celle de l'extenseur commun des orteils ; il se divise aussitôt en *deux branches terminales.*

La *branche externe* (fig. 244, B, 6) se dirige en bas et en dehors, passe sous le bord postérieur du pédieux et se ramifie dans la face profonde de ce muscle.

La *branche interne* (fig. 245, B, 7) continue le trajet primitif du bord tibial, prend le nom de *nerf profond du dos du pied*, chemine entre le tendon du long extenseur propre du gros orteil et le premier chef du pédieux, passe au-dessous du tendon de ce faisceau musculaire, longe le côté interne du premier interosseux dorsal et, au niveau du premier espace interdigital, se divise en deux rameaux qui forment les branches *collatérales dorsales profondes externe du premier orteil* et *interne du second* (fig. 245, 15).

Sur la face dorsale du pied, ce nerf est recouvert par les aponévroses et maintenu fixé sur la face supérieure du tarse. Ce n'est qu'au moment où il se divise en branches collatérales qu'il est situé sous la peau des faces latérales des orteils.

2° NERF SCIATIQUE POPLITÉ INTERNE. — Le nerf sciatique poplité interne, plus volumineux que l'externe, continue le trajet du tronc du grand nerf sciatique (fig. 244, A, 4) ; il naît au niveau de l'angle supérieur du creux poplité, descend verticalement dans cet espace, s'engage entre les deux muscles jumeaux, arrive à l'arcade du soléaire, qu'il traverse, et prend le nom de *nerf tibial postérieur.* Il répond dans ce trajet : en arrière, à une couche de tissu cellulo-graisseux, qui le sépare de l'aponévrose poplitée ; en avant, à la veine poplitée, qui est située elle-même en arrière et un peu en dehors de l'artère ; le paquet vasculo-nerveux est appliqué dans la partie inférieure du creux poplité sur le muscle poplité, dont il croise la face postérieure.

Le nerf sciatique poplité interne fournit des branches collatérales, qui sont :

1° Le *nerf saphène externe* ou *saphène tibial.* Né vers le milieu de l'espace poplité, ce nerf se porte en bas et un peu en arrière, chemine en dessous de l'aponévrose, dans l'interstice qui sépare les muscles jumeaux (fig. 244, A, 6), se loge plus loin dans l'épaisseur même de l'aponévrose jambière, qu'il traverse vers le milieu de la jambe, accompagne la veine saphène externe et reçoit l'anastomose du saphène péronier (7). Il se place ensuite sur le bord externe du tendon d'Achille, fournit un rameau aux téguments du côté externe du talon (8), passe au-dessous de la malléole péronéale, qu'il contourne (fig. 245, 6), longe le bord correspondant du pied et se termine en formant le nerf collatéral dorsal externe du petit orteil. Dans la moitié des cas environ, on le voit fournir encore les collatéraux dorsaux interne du petit orteil et externe du quatrième (fig. 245, 7, 8).

2° Des *branches musculaires.* — Les unes, les plus supérieures, sont destinées aux jumeaux (fig. 244, A, 5,5) ; d'autres vont au soléaire, au plantaire grêle et au poplité ; ces derniers naissent assez souvent par un tronc commun.

3° Un *petit nerf articulaire.* — Il naît au niveau de l'espace intercondylien, accompagne l'artère articulaire moyenne et se répand dans l'articulation du genou.

3° NERF TIBIAL POSTÉRIEUR. — Ce nerf continue le sciatique poplité interne à partir de l'anneau du soléaire, chemine avec l'artère et les veines entre les deux couches musculaires superficielle et profonde de la face postérieure de la jambe, longe plus bas le bord interne du tendon d'Achille, contourne la malléole interne, traverse le canal calcanéen et arrive à l'extrémité postérieure de la plante, où il se divise en *nerf plantaire interne* et *nerf plantaire externe*.

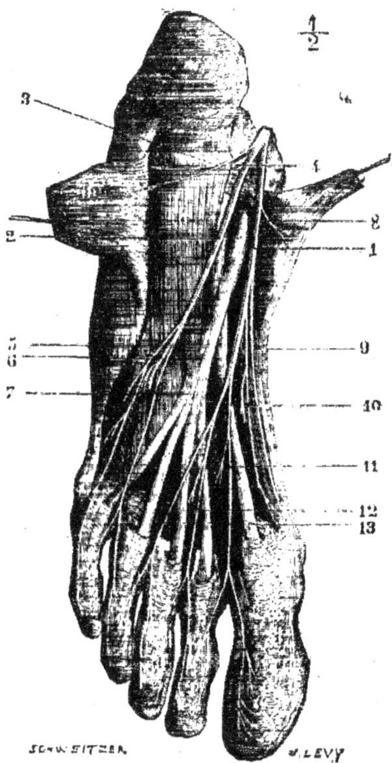

Fig. 246. — *Nerfs de la plante du pied* (enfant de quatorze ans) (*).

Dans sa partie supérieure, le nerf tibial postérieur se trouve au côté externe de l'artère, il passe en arrière d'elle vers le milieu de la jambe et, tout à fait en bas, il est situé à son côté interne.

Les branches collatérales du nerf tibial sont :

1° Des rameaux au jambier postérieur ; 2° des rameaux pour les muscles fléchisseur commun des orteils et fléchisseur propre du gros orteil ; ce dernier

(*) 1) Nerf plantaire interne. — 2) Nerf plantaire externe. — 3) Rameau de l'abducteur du petit orteil. — 4) Rameau de l'accessoire du long fléchisseur commun. — 5) Branche collatérale externe du petit orteil donnant le rameau du court fléchisseur du petit orteil. — 6) Branche plantaire profonde. — 7) Branche qui fournit les collatéraux interne du petit orteil et externe du quatrième. — 8) Rameau de l'abducteur du gros orteil. — 9) Collatéral interne du gros orteil. — 10) Rameau du court extenseur du gros orteil. — 11) Branche qui fournit les collatéraux externe du gros orteil et interne du deuxième (elle donne aussi un rameau au premier lombrical). — 12) Branche qui se divise en collatéraux externe du deuxième orteil et interne du troisième. On la voit fournir un rameau pour le deuxième lombrical. — 13) Branche d'où naissent les collatéraux externe du troisième orteil et interne du quatrième.

accompagne l'artère péronière ; 3° une *branche cutanée perforante*, qui traverse l'aponévrose un peu au-dessus de la malléole (fig. 244, A, 10), fournit des rameaux à la face interne du talon et s'épuise en filets destinés à la peau de la partie postérieure et interne de la plante du pied jusque vers le métatarse.

Branches terminales du nerf tibial postérieur. — 1° *Nerf plantaire interne.* — Cette branche terminale est plus volumineuse que le nerf plantaire externe. Elle se dirige en avant, croise la face inférieure du tendon du long fléchisseur commun et chemine au-dessus du muscle adducteur du gros orteil, qui la sépare de la plante du pied, puis entre le bord externe du court fléchisseur de cet orteil et le bord interne du court fléchisseur commun (fig. 246, 1). Le nerf plantaire interne se divise en quatre branches, qui sont échelonnées de telle sorte que la première, la plus interne, est en même temps la plus longue, tandis que la dernière est la plus courte et la plus externe. Avant sa division, ce nerf fournit : *a*) des rameaux musculaires à l'adducteur du gros orteil et au court fléchisseur commun (8) ; *b*) des rameaux cutanés qui se perdent dans la peau du bord interne du pied.

La *première branche de division du plantaire externe* se porte en avant, longe le court fléchisseur du gros orteil, lui abandonne des filets et vient former le *collatéral interne du gros orteil* (9, 10).

La *deuxième* longe le premier espace interosseux, donne un filet au premier lombrical et se bifurque en formant le *collatéral externe du gros orteil* et le *collatéral interne du second* (11).

La *troisième* croise le premier tendon du long fléchisseur commun des orteils, longe le second espace interosseux et forme le *collatéral externe du second orteil* et le *collatéral interne du troisième*. Elle donne un rameau au second lombrical (12).

Le *quatrième* suit une marche analogue et fournit le *collatéral externe du troisième orteil* et le *collatéral interne du quatrième* (13).

2° *Nerf plantaire externe.* — Il se dirige d'arrière en avant et de dedans en dehors, en passant entre le court fléchisseur commun des orteils et l'accessoire du long fléchisseur (fig. 246, 2) et arrive au niveau de la tête du cinquième métatarsien, où il se divise en trois branches, *deux superficielles* et *une profonde*. Dans son trajet, ce nerf accompagne l'artère plantaire externe et fournit à peu de distance de son origine des rameaux à l'abducteur du petit orteil (3) et à l'accessoire du long fléchisseur commun (4).

a) Les *deux branches superficielles* se dirigent en avant et un peu en dehors. La plus externe donne un filet au muscle court fléchisseur du petit orteil et va former le *collatéral externe* de cet orteil (5). La plus interne longe le quatrième espace interosseux, croise le tendon le plus externe du long fléchisseur commun et se divise en *collatéral interne du cinquième orteil* et *collatéral externe du quatrième* (7).

b) La *branche profonde* se réfléchit, aussitôt après son origine, sur le bord externe du muscle accessoire du long fléchisseur commun des orteils (fig. 246, 6), glisse entre la face profonde de l'abducteur oblique et les interosseux et se porte de dehors en dedans et d'arrière en avant, en décrivant une courbe dont la concavité regarde en arrière et en dedans.

La branche profonde du nerf plantaire externe accompagne l'arcade artérielle plantaire; elle diminue successivement de volume et s'épuise dans les muscles interosseux du premier espace.

Elle fournit : un filet à l'abducteur oblique du gros orteil (fig. 247, 5), des filets pour les deux derniers lombricaux (7), des filets à l'abducteur transverse (8, 8), des filets à chaque interosseux plantaire ou dorsal (6, 9) et enfin des ramuscules d'une très-grande ténuité pour les articulations tarso-métatarsiennes.

§ VI. — Branches antérieures des derniers nerfs sacrés

La *branche antérieure du quatrième nerf sacré*, après sa sortie du quatrième trou sacré, se partage immédiatement en trois divisions, dont l'une, que

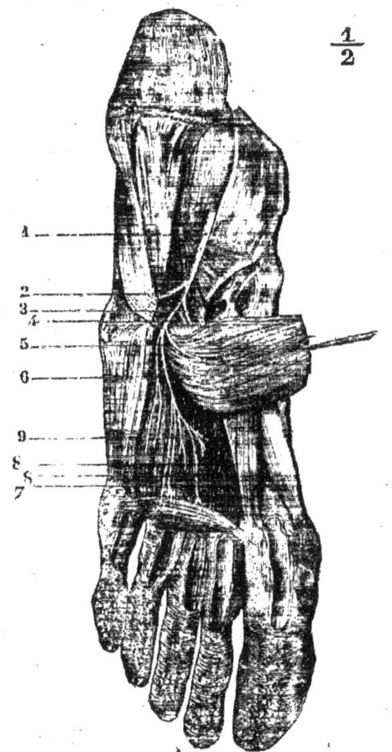

FIG. 247. — *Branche profonde du nerf plantaire externe* (enfant de quatorze ans) (*).

nous avons décrite plus haut, se jette dans le plexus sacré, dont la seconde se porte en avant et aboutit au plexus hypogastrique, et dont la dernière, dirigée

(*) 1) Plantaire externe. — 2) Branche collatérale externe du petit orteil sectionnée. — 3) Deuxième branche superficielle du plantaire externe sectionnée. — 4) Branche profonde. — 5) Rameau de l'abducteur oblique (ce muscle est détaché à ses insertions inférieures et rejeté en arrière et en dedans). — 6) Rameaux destinés aux interosseux. — 7) Rameau du dernier lombrical. — 8, 8) Rameaux de l'abducteur transverse. — 9) Rameaux terminaux destinés aux interosseux.

en arrière, traverse le muscle ischio-coccygien, lui abandonne des filets et se perd dans les téguments de la région coccygienne.

La *branche antérieure du cinquième nerf sacré* est fort petite. Elle sort entre le sacrum et le coccyx et se bifurque aussitôt; l'une de ses divisions se réunit à celle que le quatrième nerf sacré envoie au plexus hypogastrique, tandis que la seconde va se joindre à la branche antérieure du sixième nerf sacré.

La *branche antérieure du sixième nerf sacré,* très-grêle, sort par la même ouverture que la précédente, se réunit à la division inférieure de celle-ci et se partage en deux filets, qui traversent tous deux le muscle ischio-coccygien. L'un de ces filets, le plus interne, passe au travers du grand ligament sacro-sciatique et se distribue à la peau de la région coccygienne; l'autre, le plus externe, traverse le même ligament et va se jeter dans le grand fessier au niveau des insertions de ce muscle au bord du sacrum et du coccyx.

TROISIÈME SECTION

NERF GRAND SYMPATHIQUE

CHAPITRE PREMIER

CONSIDÉRATIONS GÉNÉRALES

Le *grand sympathique, système nerveux de la vie organique de Bichat,* a été considéré comme un système nerveux spécial, n'ayant que des connexions avec le système cérébro-spinal, mais en différant par sa structure et ses fonctions. Les recherches physiologiques modernes, de même que les découvertes anatomiques, obligent, ainsi que nous le verrons par l'étude de l'origine de ce nerf, à renoncer à cette manière de voir, et ne permettent plus de l'envisager que comme une dépendance du système cérébro-spinal.

Le tronc du grand sympathique est constitué par une *chaîne ganglionnaire* située de chaque côté de la colonne vertébrale. De chaque ganglion part un rameau qui l'unit aux renflements situés au-dessus et au-dessous. Ce cordon de réunion peut être simple, comme on le voit d'habitude dans les régions lombaire et dorsale, ou double et triple, comme à la région cervicale. Le nombre des ganglions est en général égal à celui des nerfs rachidiens; il en existe d'ordinaire douze au dos, cinq aux lombes et six au sacrum; mais au cou l'on n'en trouve que trois et même deux. Les éléments ganglionnaires semblent s'être réunis, s'être groupés de manière à former deux masses plus volumineuses suppléant par leur volume à leur infériorité numérique. Dans le crâne, la chaîne ganglionnaire se continue et les différents renflements, que nous avons décrits plus haut sous les noms de *ganglion ophthalmique, ganglion de Meckel, ganglion otique, ganglion géniculé,* ne sont en réalité que les correspondants des ganglions sympathiques. A la partie inférieure du sacrum, au devant du coccyx, les deux troncs du sympathique se rapprochent et s'unissent sur la ligne médiane de manière à constituer une arcade à concavité supérieure. Là ne serait cependant pas, d'après Luschka, la terminaison inférieure du sympathique. De cette arcade partiraient, d'après lui, des rameaux qui se porteraient en bas, en longeant les branches de l'artère sacrée moyenne

et qui aboutiraient à la glande coccygienne, dont les éléments seraient des cellules nerveuses. Son opinion, adoptée assez généralement, a été battue en brèche par
J. Arnold ; cet auteur ne voit dans les éléments de la glande coccygienne que des dilatations des rameaux de l'artère sacrée moyenne et non des cellules nerveuses, de telle
sorte que les fibres nerveuses qui s'y rendent ne seraient que des branches efférentes
de la partie terminale du grand sympathique, et, par suite, des vaso-moteurs de ces
rameaux artériels. — On a dit qu'à la partie supérieure, dans le crâne, les deux sympathiques s'anastomosent de la même manière ; ainsi formulée, cette proposition n'est pas
exacte, car les deux troncs ne s'unissent pas sur la ligne médiane ; mais comme leurs
branches efférentes, ainsi que nous le verrons plus loin, accompagnent les vaisseaux
artériels qu'ils enlacent, et comme l'artère communicante antérieure unit largement les
deux artères cérébrales antérieures, il en résulte que les rameaux des deux sympathiques s'anastomosent sur la ligne médiane en accompagnant l'artère communicante.

Les ganglions qui font partie du tronc du sympathique sont tous d'une couleur gris
rougeâtre ; ils sont la plupart fusiformes et allongés ; quelques-uns sont comme bifur-
qués à leur extrémité ; d'autres ont l'aspect d'un croissant à bords déchiquetés (ganglion cervical inférieur). Ils sont situés sur le côté latéral de la colonne vertébrale, les
uns au niveau du trou de conjugaison par lequel sortent les branches antérieures des
nerfs rachidiens correspondants, les autres dans l'intervalle compris entre deux trous
de conjugaison.

Le cordon nerveux qui réunit ces différents ganglions est d'une couleur grisâtre ; il
descend à peu près verticalement. Dans la région dorsale le tronc du sympathique est
situé tout à fait sur la partie latérale des corps vertébraux, à peu de distance du trou de
conjugaison ; dans les régions lombaire et sacrée, il se rapproche davantage du plan
médian et est plus éloigné de ces trous.

Le tronc du sympathique répond au cou ; en arrière, aux muscles prévertébraux et
à l'aponévrose qui les recouvre ; en avant, à la veine jugulaire interne ; en dedans, au
pneumogastrique et à l'artère carotide. Au thorax, celui du côté droit passe entre l'artère et la veine sous clavière, et contourne le col de la première côte ; celui du côté
gauche est parallèle à l'artère sous-clavière gauche et gagne bientôt l'aorte, dont il longe
la face postérieure. Les deux troncs du sympathique croisent verticalement les nerfs et
les vaisseaux intercostaux, en passant au-devant d'eux, et sont fixés sur la tête des côtes
par le feuillet pariétal des plèvres ; dans ce trajet, ils répondent au côté postérieur des
veines azygos. Ces nerfs passent plus bas à travers le diaphragme pour arriver dans
l'abdomen ; celui du côté droit accompagne souvent l'aorte dans son passage à travers ce
muscle ; celui du côté gauche en traverse le pilier correspondant. Dans l'abdomen, le
grand sympathique est situé en arrière du péritoine ; il suit le bord antérieur du psoas
et accompagne l'aorte et la veine cave inférieure. Dans le bassin, il passe au-devant du
plexus sacré et croise par conséquent la face antérieure du muscle pyramidal, en longeant les deux côtés du rectum et en se rapprochant de plus en plus de l'artère sacrée
moyenne.

Chaque ganglion du grand sympathique reçoit des branches afférentes et émet des
branches efférentes.

Racines du sympathique (branches afférentes des ganglions). — Les branches
afférentes des ganglions, *rami communicantes* (fig. 248), forment les racines du sympathique. Elles partent de la moelle, du bulbe et du prolongement cérébral de l'axe rachidien. Toutes les branches antérieures des nerfs rachidiens fournissent un rameau
nerveux qui se jette dans le ganglion correspondant, et donnent de plus une division au
ganglion situé au-dessus, de telle manière que chaque paire rachidienne est en connexion
avec deux ganglions sympathiques. Dans la région cervicale, où les ganglions sont
moins nombreux, les racines se groupent de telle sorte que les quatre premières paires
cervicales envoient leurs *rami communicantes* au ganglion cervical supérieur, les deux
dernières au ganglion cervical inférieur et les cinquième et sixième au ganglion cervical moyen quand il existe, ou au cordon de réunion quand ce ganglion fait défaut.

Les rameaux de communication des paires crâniennes (sauf les nerfs sensoriels, olfactif, optique,
acoustique) se dirigent vers les rameaux ascendants du sympathique; leurs fibres descendent
ensuite le long de ceux-ci pour gagner le ganglion
cervical supérieur. On avait dit, jusque dans ces
derniers temps, que jamais les racines du sympathique ne peuvent naître isolément de la moelle et
du bulbe et qu'elles proviennent toujours d'un
tronc nerveux émané de ces centres; mais cette
proposition nous semble devoir être abandonnée
depuis que les expériences physiologiques de
Cl. Bernard ont démontré que le nerf de Wrisberg
est une de ces racines dont le ganglion géniculé
forme le renflement ganglionnaire. Les *rami
communicantes* des nerfs crâniens (fig. 248) ne
sont autre chose que les anastomoses de ces nerfs
avec les branches du sympathique, soit dans le
voisinage du sinus caverneux pour les nerfs moteurs oculaires et ophthalmiques de Willis, soit
par le ganglion de Gasser pour les autres branches
du trijumeau, soit au niveau du trou déchiré postérieur pour les troncs qui sortent par cette ouverture. Il est aujourd'hui démontré que les *rami
communicantes* ne sont pas formés uniquement
par des filets se rendant des nerfs cérébro-rachi-
diens aux ganglions du sympathique, mais que,
de plus, ils renferment des fibres qui partent des
ganglions et vont se jeter dans les nerfs rachidiens
avec lesquels ils se distribuent.

*Branches efférentes des ganglions sympathi-
ques.* — Les ganglions sympathiques émettent
des branches efférentes nombreuses. La plupart
d'entre elles gagnent les vaisseaux artériels sur
lesquels elles s'appliquent; elles les enlacent et
les accompagnent jusqu'à leurs divisions les plus
fines. Il en est d'autres, au contraire, qui par un
trajet assez direct se portent vers de nouveaux
amas ganglionnaires désignés sous le nom de
ganglions médians du sympathique. De ces derniers renflements (ganglion de Wrisberg, ganglion semi-lunaire) sortent de nombreux filaments
nerveux, multipliés presque à l'infini, qui vont
constituer des plexus entourant les vaisseaux artériels, et accompagnent leurs divisions les plus fines
jusque dans l'intimité des organes. Les branches
efférentes des ganglions sympathiques ne sont pas
uniquement formées de fibres nerveuses nées dans
les cellules de ces ganglions ou de fibres rachidiennes qui s'y sont amorties; il est d'autres fibres,
provenues de la moelle, qui ne font que traverser

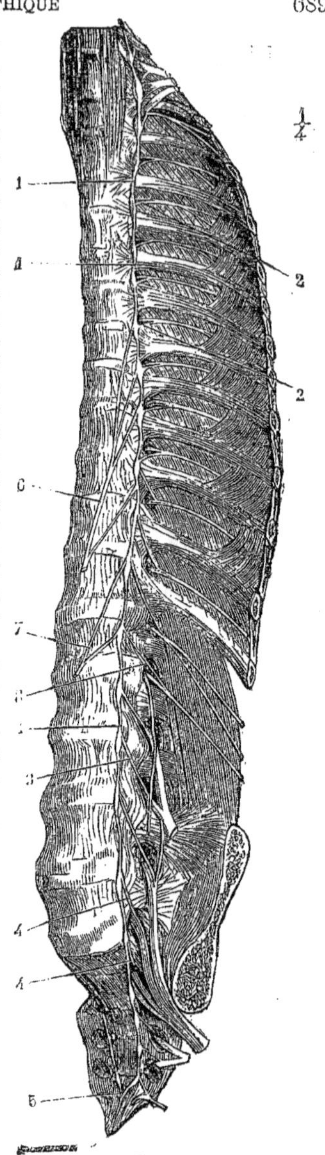

Fig. 248.

*Tronc du sympathique gauche avec les
rami communicantes* (*).

(*) 1, 1, 1) Tronc du sympathique avec ses ganglions. — 2, 2) Rami communicantes au dos. — 3, 3)
Rami communicantes aux lombes. — 4, 4) Rami communicantes à la région sacrée. — 5) Arcade de
réunion de la partie inférieure des deux sympathiques. — 6) Grand splanchnique avec ses différentes
racines. — 7) Petit splanchnique.

le ganglion et qui atteignent les organes en partageant le trajet des filets sympathiques ; ce fait paraît surtout se vérifier pour les nerfs splanchniques.

Structure. — Les *ganglions* du sympathique sont entourés d'une enveloppe de tissu connectif pénétrant dans leur intérieur et formant des cloisonnements extrêmement fins, entre lesquels se trouvent les cellules et les fibres nerveuses. Les cellules sont en général un peu plus petites que celle des ganglions des nerfs rachidiens. Elles sont variables de forme : les unes, bipolaires, sont les plus nombreuses, d'autres sont unipolaires, et enfin il s'y trouve aussi des cellules apolaires. Très-rares dans la plupart des ganglions sympathiques, les cellules apolaires sont cependant, d'après Luschka, beaucoup plus nombreuses dans le ganglion intercarotidien. Les cellules unipolaires donnent évidemment naissance à des éléments spéciaux sans connexion préalable avec la moelle. Quant aux cellules bipolaires, on dirait que la fibre nerveuse rachidienne y pénètre par une extrémité pour en ressortir par le pôle opposé. La plus grande difficulté de l'étude de ces ganglions réside précisément dans la connaissance des rapports des fibres avec les cellules nerveuses.

Les *branches efférentes des ganglions sympathiques, nerfs du sympathique,* ont été désignées sous le nom de *nerfs gris* à cause de leur couleur ; on leur a encore donné le nom de *nerfs mous,* quoique cependant leur consistance ne soit pas inférieure à celle des nerfs rachidiens. Il sont formés d'éléments identiques à ceux qui constituent ces derniers, mais contiennent de plus des fibres particulières, pâles, presque amorphes, munies d'un certain nombre de noyaux ovales, *fibres de Remak.* Ce ne sont pas là, ainsi que l'a cru le savant anatomiste dont ils portent le nom, des éléments nerveux spéciaux au sympathique : ce ne sont, comme le dit Morel, que des dépendances du tissu connectif nucléolé qui forme la gangue des ganglions nerveux.

CHAPITRE II

DESCRIPTION DU GRAND SYMPATHIQUE

Le grand sympathique a été divisé, au point de vue de sa description, en quatre portions : *cervicale, dorsale, abdominale* et *pelvienne.*

ARTICLE I. — PORTION CERVICALE DU GRAND SYMPATHIQUE

Cette portion ne présente que trois ganglions et s'étend depuis la base du crâne, ou mieux, depuis les divisions de la carotide interne, jusqu'au niveau du thorax. Son extrémité supérieure reçoit les racines crâniennes du sympathique et se relie aux ganglions situés sur les branches du trijumeau et sur le tronc du facial. Son extrémité inférieure pénètre dans la poitrine en se continuant avec la portion thoracique. Nous avons indiqué plus haut les rapports du tronc du sympathique, nous n'y reviendrons pas.

§ I. — Ganglion cervical supérieur

Préparation. — Commencer par faire les incisions cutanées que nous avons recommandées pour la préparation de la portion cervicale du pneumogastrique, enlever ensuite avec précaution la veine jugulaire interne, désarticuler la mâchoire, exciser les muscles styliens et les muscles ptérygoïdiens ; détacher complétement l'apophyse zygomatique. On trouvera alors le ganglion cervical supérieur au-devant du corps de l'axis, en arrière de la carotide interne. Préparer ensuite les branches inférieures du ganglion, en évitant d'enlever les vaisseaux artériels, chercher les rameaux pharyngiens, le rameau cardiaque supérieur et les rameaux intercarotidiens. En usant de précautions, on trouvera toujours le ganglion inter-

carotidien, soit au niveau de la bifurcation de la carotide primitive sur la face interne de ce
vaisseau, soit au milieu de l'espace compris entre ses deux divisions. Suivre avec ménagements le rameau carotidien le long de l'artère carotide interne ; ouvrir avec soin la face externe du canal inflexe du rocher, voir la division de ce rameau nerveux, et le poursuivre
dans le plexus caverneux, où l'on préparera ses anastomoses avec les nerfs moteurs oculaires et la branche ophthalmique de Willis. Cette dernière partie de la préparation, de même
que celle qui consiste à poursuivre le rameau sympathique du ganglion de Meckel et l'anastomose avec le nerf de Jacobson, sont fort délicates et exigent une grande habitude de la dissection.

Le *ganglion cervical supérieur* est un renflement de couleur grisâtre,
fusiforme, bifide à son extrémité inférieure, par laquelle il fournit deux filets
qui le réunissent au ganglion cervical moyen et qui font partie du tronc du
sympathique. Il est situé sur le côté latéral de la face antérieure des corps de
la deuxième et de la troisième vertèbre cervicale, au-devant de l'aponévrose
prévertébrale, en arrière et un peu en dehors du pneumogastrique et de l'artère carotide interne, qui le recouvrent (fig. 224, 8).

Ses branches sont très-nombreuses et ont été divisées en : 1° *branches supérieures* ou *intracrâniennes ;* 2° *externes* ou *anastomotiques avec les quatre premiers nerfs rachidiens ;* 3° *internes* ou *viscérales ;* 4° *antérieures*
ou *carotidiennes externes*, et enfin 5° *postérieures* ou *musculaires et
osseuses.* On y ajoute d'ordinaire des branches inférieures, qui ne sont
autres que les deux filets qui l'unissent au ganglion cervical moyen et qui forment le tronc même du sympathique. Il est très important de remarquer ici
que les fibres nerveuses formant ces rameaux ne partent pas toutes du ganglion,
mais qu'il en est un grand nombre qui proviennent des nerfs crâniens et
rachidiens pour constituer les racines du sympathique. Ces rameaux sont donc
mixtes.

A. Branches supérieures ou intracrâniennes du ganglion cervical supérieur

Elles sont au nombre de deux : l'une *postérieure*, l'autre *antérieure.*

1° La *branche postérieure* est grêle; elle se dirige vers le trou déchiré
postérieur et se divise bientôt en plusieurs filets, dont deux ou trois vont se
jeter dans le plexus gangliforme du pneumogastrique, un autre dans le tronc
du glosso-pharyngien, un troisième dans celui de l'hypoglosse ; d'autres enfin,
très-grêles, vont aboutir aux ganglions jugulaire et d'Andersch.

2° La *branche antérieure* ou *carotidienne* est beaucoup plus importante ;
elle s'accole aussitôt au tronc de la carotide interne et remonte avec ce vaisseau dans le canal carotidien ; on la voit alors se diviser en deux rameaux,
qui longent les faces externe et interne de l'artère et s'envoient des ramifications nombreuses, entourant le vaisseau formant le *plexus carotidien* (fig.
215, 5). En pénétrant dans le sinus caverneux, ces rameaux se divisent tous
deux en un certain nombre de filets, qui enlacent la carotide interne et s'en-
tremêlent à un grand nombre de fines ramifications artérielles et à des trabécules de tissu connectif, de manière à constituer le *plexus caverneux* ou
plexus artérioso-nerveux de Walther. De ce plexus partent des divisions
très-fines, sur lesquelles nous reviendrons plus loin.

Dans son trajet, depuis son origine jusqu'au plexus caverneux, la branche
carotidienne fournit : *a)* un filet qui naît au niveau de la partie moyenne du

canal inflexe du rocher, traverse la paroi supérieure de ce canal et gagne à travers la substance osseuse la caisse du tympan pour s'anastomoser avec le rameau de Jacobson ; *b*) un deuxième filet, qui prend son origine au moment où l'artère carotide sort du sommet du rocher et qui va s'unir au grand nerf pétreux superficiel pour constituer le nerf vidien. Ce filet traverse la substance fibro-cartilagineuse du trou déchiré antérieur ; il est désigné sous le nom de *filet carotidien du nerf vidien*.

Du plexus caverneux partent des filets très-nombreux : les uns établissent des communications avec les nerfs crâniens, les autres accompagnent les divi-sions de la carotide interne, tandis que les derniers vont à des organes voisins. Ce sont : *a*) deux ou trois filets qui se rendent au tronc de l'oculo-moteur externe, en se portant de dedans en dehors ; *b*) un filet très-court pour l'oculo-moteur commun ; *c*) un filet plus petit pour le pathétique ; *d*) plusieurs ramuscules qui vont au ganglion de Gasser, dans la face profonde duquel ils se jettent ; *e*) deux ou trois ramuscules destinés à la branche ophthalmique de Willis ; *f*) un filet qui constitue la racine sympathique du ganglion ophthalmique. Il pénètre dans l'orbite avec le nerf nasal, en passant entre les deux tendons d'insertion du muscle droit externe et aboutit au bord postérieur du ganglion ; *g*) des rameaux qui accompagnent toutes les branches de l'artère carotide interne et se répandent sur toutes leurs divisions. On en trouve donc autour de l'artère ophthalmique et de ses branches, autour de la cérébrale antérieure, autour de la cérébrale moyenne et de la communicante postérieure. Les filets qui entourent cette dernière s'anastomosent avec ceux qui accompagnent les divisions du tronc basilaire et qui viennent par le nerf vertébral du ganglion cervical inférieur ; ceux qui se trouvent sur la communicante antérieure s'anastomosent avec leurs homologues du côté opposé et établissent ainsi une union entre les branches des deux sympathiques. On a donné aux rameaux nerveux qui accompagnent les artères cérébrales le nom de *nervi nervorum ;* sans nier qu'il se trouve là des nerfs trophiques chargés de présider à la nutrition des centres nerveux, nous croyons cependant qu'ils jouent beaucoup plutôt le rôle de nerfs vaso-moteurs ; *h*) des ramuscules très-grêles qui se rendent à la glande pituitaire, à la dure-mère de la gouttière basilaire et à la muqueuse des sinus sphénoïdaux, en traversant la paroi osseuse de ces sinus (?).

B. Branches externes du ganglion cervical supérieur

Ces branches unissent le ganglion cervical supérieur aux quatre premières paires rachidiennes. De nombre variable, les premières sont à peu près horizontales, très-courtes et se rendent à l'arcade des deux premiers nerfs rachidiens ; les autres, plus ou moins obliques de haut en bas, s'unissent au troisième ou au quatrième nerf cervical et sont plus grêles que les précédentes.

C. Branches internes ou viscérales

Elles sont assez nombreuses et descendent de haut en bas et d'arrière en avant, en dedans de l'artère carotide interne. Les différents filets qui les forment sont divisés en filets pharyngiens, laryngiens et cardiaques.

a) Les *filets pharyngiens* gagnent la face latérale du pharynx (fig. 224, 19) et s'anastomosent avec les branches de même nom émanées du glosso-pharyngien et du pneumogastrique. Il en résulte un plexus très-remarquable situé sur la face latérale et postérieure du pharynx, *plexus pharyngien*, duquel partent des filets terminaux qui se répandent dans les différentes couches de ce canal musculo-membraneux.

b) Les *filets laryngiens*, moins nombreux et plus grêles que les précédents, passent en dedans de la carotide, s'anastomosent avec des ramuscules du nerf laryngé supérieur et constituent le *plexus laryngé;* de ce plexus partent des divisions nombreuses, très-fines, destinées au larynx, au corps thyroïde et à la partie supérieure de l'œsophage.

c) Les *filets cardiaques*, peu après leur origine, se réunissent en formant un rameau unique, dirigé de haut en bas et un peu de dehors en dedans. C'est le nerf *cardiaque supérieur*, qui pénètre dans la poitrine pour gagner le cœur. Nous le décrirons plus loin avec les autres nerfs cardiaques.

D. Branches antérieures ou carotidiennes externes

Au nombre de trois à cinq, ces branches se dirigent de haut en bas et d'arrière en avant, vers la bifurcation de la carotide primitive. A peu de distance au-dessus de ce point, elles rencontrent les rameaux intercarotidiens du glosso-pharyngien et du pneumo-gastrique; leurs anastomoses forment un plexus remarquable, *plexus intercarotidien*, au milieu duquel se rencontre toujours un ganglion déjà signalé par Arnold, mais mieux décrit depuis par Luschka.

Le *ganglion intercarotidien* se trouve tantôt, comme dans la fig. 223 (11), situé entre l'origine des deux branches de la carotide primitive, tantôt il est appliqué un peu plus bas, sur la face interne de cette artère au moment où elle va se diviser. Son volume est celui d'un grain de blé, sa couleur est gris rougeâtre.

Du plexus intercarotidien et du ganglion de ce nom partent des rameaux qui enlacent l'artère carotide externe, et jouent par rapport à celle-ci et à ses branches le même rôle que les branches ascendantes du ganglion cervical supérieur jouent par rapport à la carotide interne. Ces rameaux accompagnent les différentes divisions de la carotide externe et forment autant de plexus secondaires, qui sont: 1° un *plexus thyroïdien supérieur ;* 2° un *plexus lingual* dont les ramuscules terminaux s'anastomoseraient, d'après Hirschfeld, avec des filets des nerfs lingual et hypoglosse(?); 3° un *plexus facial* dont un rameau va se jeter dans le ganglion sous-maxillaire; 4° un *plexus auriculaire postérieur;* 5° un *plexus occipital;* 6° un *plexus pharyngien inférieur;* 7° un *plexus temporal superficiel;* 8° un *plexus maxillaire interne*, qui se subdivise en autant de petits plexus que cette artère fournit de branches; celui qui accompagne l'artère méningée moyenne donne la racine sympathique du ganglion otique. Les différents plexus que nous venons d'énumérer accompagnent toutes les ramifications artérielles jusque dans l'intimité des tissus.

E. Branches postérieures ou musculaires et osseuses

Ces filets ont été indiqués par Froment; ils sont peu nombreux et très-grêles, se dirigent en dedans et vont se terminer les uns dans les muscles longs du cou et grand droit antérieur de la tête, tandis que les autres traver-

sent le grand surtout ligamenteux antérieur près de la ligne médiane et pénètrent dans le corps des deuxième, troisième et quatrième vertèbres cervicales.
Ils accompagnent les ramifications vasculaires et sont probablement des vaso-
moteurs.

§ II. — Ganglion cervical moyen

Ce ganglion est très-variable de position et de forme; mais toujours, lorsqu'il existe, il est d'un volume plus petit que celui des deux autres ganglions
cervicaux. D'habitude il se trouve au niveau de la face latérale et antérieure
des corps des cinquième ou sixième vertèbres cervicales, en arrière de l'artère
thyroïdienne inférieure; mais on peut le voir encore plus bas et tellement
rapproché du ganglion cervical inférieur qu'il semble, au premier abord, n'en
être qu'une partie accessoire. Aussi, quoique sans doute il n'existe pas cons-
tamment, ne pensons-nous pas que le ganglion cervical moyen fasse défaut
aussi souvent qu'on l'a dit.

Ce ganglion est relié au ganglion cervical supérieur par un ou deux filets;
il s'unit au ganglion cervical inférieur par deux rameaux, dont l'un croise
l'artère sous-clavière en passant au-devant d'elle, tandis que le second passe
en arrière de ce vaisseau.

Les rameaux qu'il fournit sont : a) *externes*, qui le relient aux cinquième
et sixième nerfs cervicaux; b) *internes*, dont les uns forment autour de l'artère thyroïdienne inférieure un plexus accompagnant les divisions de ce vaisseau, dont d'autres se réunissent en un petit tronc, *nerf cardiaque moyen*, qui
se porte vers le cœur et que nous décrirons plus loin, et dont enfin les derniers
aboutissent au nerf récurrent, avec lequel ils s'anastomosent.

§ III. — Ganglion cervical inférieur

Situé au-devant du col de la première côte, ce ganglion se trouve au-dessous
et en arrière de l'artère sous-clavière; il a la forme d'un croissant à concavité
supérieure et reçoit par ses extrémités les deux filets qui le réunissent au ganglion cervical moyen et qui passent, ainsi que nous l'avons dit, l'un au-devant,
l'autre en arrière de l'artère sous-clavière, en formant ainsi autour de ce vaisseau une anse à convexité inférieure.

Les rameaux qui partent de ce ganglion peuvent être divisés en externes,
ascendants et internes.

a) Les *rameaux externes* se répandent sur l'artère sous-clavière et ses
branches; ils accompagnent les vaisseaux du membre supérieur jusqu'à leur
terminaison. Un autre rameau externe unit le ganglion au premier nerf
dorsal.

b) Le *rameau ascendant*, *nerf vertébral*, naît de la partie supérieure et
postérieure du ganglion cervical inférieur. Il gagne bientôt l'artère vertébrale,
s'engage avec elle dans le canal des apophyses transverses, où il s'unit aux
trois derniers nerfs cervicaux par des rameaux qui constituent des racines du
sympathique et continue à cheminer sur le vaisseau artériel autour duquel il
forme un véritable plexus. En remontant, ses filets deviennent de plus en plus
grêles; mais on peut cependant, à l'aide d'instruments grossissants, les poursuivre jusque sur le tronc basilaire, où les deux nerfs vertébraux se réunissent

et jusque sur l'artère communicante postérieure, où ils s'anastomosent avec les filets terminaux des rameaux carotidiens.

c) Les *rameaux internes* ou *viscéraux* se portent en dedans ; les uns vont s'unir au nerf cardiaque moyen ; d'autres s'anastomosent avec le nef récurrent ; les derniers, plus importants, se réunissent et constituent le nerf cardiaque inférieur.

Le ganglion cervical inférieur est uni au premier ganglion dorsal par un rameau assez gros, mais très-court ; de telle manière que souvent, au premier abord, l'on peut croire à une soudure entre ces deux ganglions.

NERFS CARDIAQUES

Les *nerfs du cœur* ou *nerfs cardiaques* tirent leur origine du pneumogastrique et du grand sympathique. Ces deux troncs nerveux fournissent chacun, de chaque côté du corps, trois rameaux cardiaques qui viennent tous se réunir et former au-dessous de la crosse aortique un plexus impair et médian, d'où partent les rameaux terminaux.

Les *rameaux cardiaques du pneumogastrique* ont été décrits plus haut : nous nous bornerons à rappeler ici que ceux du côté droit croisent le tronc brachio-céphalique en se dirigeant en bas et en dedans, et passent entre la crosse aortique et la trachée pour aboutir au plexus cardiaque ; que ceux du côté gauche, au contraire, croisent la face antérieure de la crosse de l'aorte et aboutissent au même plexus.

Les *rameaux cardiaques du grand sympathique* sont, comme les précédents, au nombre de trois de chaque côté ; ils sont désignés, comme les ganglions cervicaux dont ils émanent, sous les noms de *nerfs cardiaques supérieur, moyen* et *inférieur*. Les nerfs cardiaques sympathiques du *côté droit* cheminent profondément et croisent la face postérieure de l'artère carotide primitive et du tronc brachio-céphalique, passent entre la crosse de l'aorte et la trachée et se terminent dans le plexus cardiaque. Ceux du *côté gauche* longent parallèlement le côté externe de la carotide primitive, croisent la face antérieure de la crosse aortique et aboutissent au même plexus (fig. 226, 7, 8, 9). Dans leur trajet, tous les nerfs d'un côté communiquent : entre eux par des filets anastomotiques fréquents ; avec les rameaux cardiaques du pneumogastrique et par quelques filets très-grêles avec le nerf récurrent. Il n'est pas rare de voir le nerf cardiaque sympathique inférieur divisé en deux rameaux qui marchent isolément jusqu'au niveau de la base du cœur.

Le *plexus cardiaque*, formé par les anastomoses de tous les différents nerfs cardiaques, est situé dans la concavité de la crosse aortique, à droite du cordon du canal artériel, au-devant de la bifurcation de la trachée et au-dessus de la branche droite de l'artère pulmonaire. Au milieu de ce plexus se voit toujours un ganglion gris rougeâtre, du volume d'une lentille, *ganglion de Wrisberg* (fig. 226, 10).

Du plexus cardiaque et du ganglion de Wrisberg partent : *a)* des filets qui s'anastomosent avec le plexus pulmonaire des pneumogastriques, et *b)* des rameaux très-nombreux, dont les uns descendent sur la face antérieure de la partie ascendante de l'aorte, dont d'autres passent entre l'aorte et l'artère pulmonaire, tandis que les derniers cheminent entre la face postérieure de ce dernier vaisseau et la face antérieure des oreillettes. Tous ces rameaux s'anastomosent entre eux et forment auprès de la naissance de l'aorte deux plexus secondaires, qui entourent les artères coronaires antérieure et postérieure et fournissent des filets accompagnant les divisions de ces vaisseaux jusque dans la substance du cœur. C'est sur ces ramuscules terminaux que l'on trouve de très-petits ganglions, décrits dans ces derniers temps par Remak, Bidder et Ludwig, ganglions auxquels le cœur est redevable de ses mouvements spéciaux. Pour leur étude, nous renvoyons au chapitre du cœur, où nous les avons décrits.

ARTICLE II. — PORTION THORACIQUE DU GRAND SYMPATHIQUE

Les ganglions thoraciques du sympathique sont au nombre de douze. Le premier semble quelquefois soudé au ganglion cervical inférieur, en raison de la brièveté du rameau qui unit ces deux renflements ; son volume l'emporte également sur celui, peu considérable, des autres ganglions dorsaux. Nous avons déjà indiqué plus haut leur position par rapport aux trous de conjugaison et à la plèvre qui les recouvre.

Tous les ganglions dorsaux sont réunis entre eux par le tronc même du sympathique ; tous aussi sont en relation avec les nerfs intercostaux par les *rami communicantes* (fig. 248, 2) ; ces anastomoses se font de telle manière que chaque nerf rachidien envoie un filet au ganglion correspondant et un autre au renflement sympathique situé au-dessus. Les *rami communiçantes* sont mixtes et comprennent des fibres émanées de la moelle et des fibres qui partent des ganglions pour se jeter dans les paires rachidiennes et se distribuer avec elles.

Des ganglions thoraciques partent : 1° des *branches externes*, qui se rendent sur les artères intercostales et les accompagnent dans leur distribution ; 2° des *branches internes* ou *viscérales*, parmi lesquelles on distingue : *a)* des filets œsophagiens, qui s'unissent aux ramuscules du pneumogastrique et vont aboutir à l'œsophage ; *b)* des filets aortiques, très-grêles, qui accompagnent ce vaisseau ; *c)* des filets pulmonaires, peu nombreux, que l'on voit se jeter dans le plexus pulmonaire ; *d)* des filets trachéens et bronchiques, qui tirent principalement leur origine des deux premiers ganglions dorsaux.

Les six ou sept derniers ganglions thoraciques fournissent encore des rameaux remarquables par leur couleur plus blanche que celle des autres branches du sympathique ; ils se portent en bas et en dedans pour constituer les deux *nerfs splanchniques*. Ces nerfs passent à travers le diaphragme, arrivent dans l'abdomen et se jettent auprès de la ligne médiane dans de nouveaux renflements ganglionnaires, *ganglions semi-lunaires*, desquels partent à leur tour des branches très-multipliées, qui s'anastomosent entre elles et avec d'autres filets nerveux pour donner naissance à un grand plexus, *plexus solaire*, subdivisé à son tour en plexus secondaires très-nombreux. En raison de leur couleur blanche, les deux nerfs splanchniques semblent surtout formés par des fibres venues de la moelle, fibres qui ne font peut-être que traverser les ganglions thoraciques sans entrer en connexion avec leurs cellules nerveuses.

Grand nerf splanchnique

Les rameaux partis des sixième, septième, huitième et neuvième ganglions thoraciques (fig. 248, 6), se portent en bas et un peu en dedans, le premier presque verticalement, les autres d'autant plus obliquement qu'ils sont plus inférieurs, et se réunissent successivement en un seul tronc, *nerf grand splanchnique*. Ce nerf traverse le pilier correspondant du diaphragme par une ouverture spéciale et vient se jeter, en s'aplatissant un peu, dans l'angle externe du ganglion semi-lunaire correspondant (fig. 249, 5).

Petit nerf splanchnique

Le *petit splanchnique* est formé par des rameaux partis des dixième, onzième et douzième ganglions thoraciques (fig. 248, 7). Presque aussitôt après leur réunion, le petit tronc nerveux qui en résulte traverse le pilier du diaphragme par une ouverture particulière située entre le grand splanchnique qui est en dedans et le tronc du sympathique qui est en dehors. Dans l'abdomen il se divise en trois branches, dont l'une s'anastomose avec le grand splanchnique, tandis que l'autre se rend au plexus solaire et que la dernière se jette dans le plexus rénal (fig. 249, 8). Il a nous toujours semblé que cette dernière branche est la plus considérable et que quelquefois même elle existe seule.

Ganglions semi-lunaires

Ces ganglions, d'un volume comparable à celui d'un haricot, ont la forme d'un croissant à concavité dirigée en dedans et en haut (fig. 249, 6). Ils sont situés un peu en dehors de la ligne médiane sur la face antérieure du corps de la première vertèbre lombaire, dont les séparent les piliers du diaphragme, au-dessus du bord supérieur du pancréas entre le tronc cœliaque et le bord interne de la capsule surrénale.

Par leur extrémité externe ils reçoivent le tronc du grand nerf splanchnique et quelques filets du petit splanchnique. Par leur extrémité interne ils émettent des rameaux très-nombreux qui se rendent vers la ligne médiane, au-devant de l'aorte, et s'anastomosent avec ceux du côté opposé pour constituer le *plexus solaire*. Le ganglion semi-lunaire droit reçoit de plus par son extrémité interne la terminaison du nerf pneumogastrique droit (fig. 249, 3). Ce nerf, le ganglion et le grand splanchnique, forment par leur réunion une arcade à concavité supérieure connue sous le nom d'*anse mémorable de Wrisberg*.

Les nerfs phréniques, surtout celui du côté droit, fournissent dans l'abdomen quelques filets, qui tantôt aboutissent aux ganglions semi-lunaires et tantôt se jettent directement dans le plexus solaire.

On voit fréquemment au milieu même des mailles du plexus solaire un certain nombre de petits ganglions accessoires, *ganglions solaires*, plus ou moins indépendants des ganglions semi-lunaires.

PLEXUS SOLAIRE

Préparation. — Après avoir ouvert crucialement l'abdomen, on détachera d'un côté du corps les insertions costales du diaphragme, on rejettera ce muscle en haut ; puis on soulèvera le foie, qu'on renversera à droite, on rejettera l'estomac de bas en haut et on trouvera le plexus solaire et les ganglions semi-lunaires au-devant de l'aorte et du tronc cœliaque. Il faudra user de ménagements pour enlever le tissu cellulaire qui entoure les filets nerveux et les ganglions. Les glandes lymphatiques sus-aortiques gênent toujours la dissection : il faudra les enlever avec soin.

Les ganglions semi-lunaires reçoivent, ainsi que nous venons de le dire, les nerfs grands splanchniques, une partie des petits splanchniques et des filets des nerfs phréniques; celui du côté droit reçoit, en outre, la partie terminale

$\frac{1}{2}$

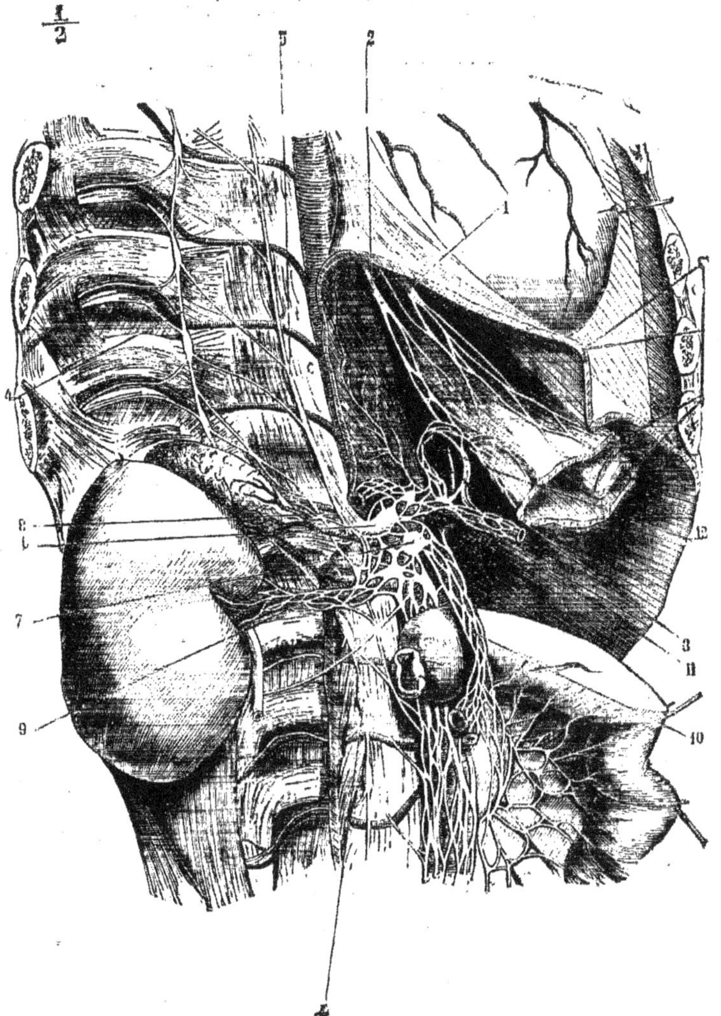

Fig. 249. — *Ganglion semi-lunaire droit et plexus solaire* (*).

(*) 1) Nerf pneumogastrique gauche. — 2) Nerf pneumogastrique droit. — 3) Branche terminale du pneumogastrique droit se rendant au ganglion semi-lunaire droit. — 4, 4) Tronc et ganglions du grand sympathique. — 5) Grand nerf splanchnique. — 6) Ganglion semi-lunaire droit. — 7) Ganglion accessoire. — 8) Petit nerf splanchnique. — 9) Plexus rénal. — 10) Plexus mésentérique supérieur. — 11) Plexus splénique (le plexus hépatique est au-dessus). — 12) Plexus coronaire stomachique. (D'après Bourgery et Manec.)

du pneumogastrique droit. Ces ganglions émettent des rameaux très-nombreux, plexiformes dès leur origine, se portant en dedans vers la ligne médiane, au-devant de l'aorte, et entourant l'origine du tronc cœliaque et de l'artère mésentérique supérieure. C'est à l'entrelacement presque inextricable de tous ces filets nerveux que l'on a donné le nom de *plexus solaire;* au milieu de lui se trouvent les ganglions accessoires que nous avons mentionnés plus haut.

Du plexus solaire, comme d'un centre, partent des branches très-nombreuses qui se jettent sur les artères de la région, les enlacent de leurs anastomoses sans nombre et les accompagnent jusqu'à leurs ramifications les plus fines. Toutes ces divisions du plexus solaire forment autant de plexus secondaires, qui prennent le nom des vaisseaux artériels qu'ils accompagnent.

Il existe donc : *a)* De petits *plexus lombaires*, qui suivent toutes les artères de ce nom et sont destinés aux-vaisseaux eux-mêmes et peut-être aux tissus des parois du tronc.

b) Deux *plexus diaphragmatiques inférieurs* (un pour chaque côté). Les filets qui les forment sont assez grêles et accompagnent les artères correspondantes. Ils fournissent des divisions *capsulaires supérieures*, d'un volume assez important relativement à la petite artériole qu'elles entourent, et des ramuscules beaucoup plus ténus à la partie inférieure de l'œsophage.

c) Un *plexus coronaire stomachique* (fig. 249, 12), qui accompagne l'artère de ce nom, fournit des rameaux au cardia, aux deux faces de l'estomac, et se termine en s'anastomosant avec les filets du petit plexus pylorique.

d) Un *plexus hépatique.* Il est formé par quelques branches assez volumineuses que l'on peut diviser elles-mêmes en *plexus de l'artère hépatique* et *plexus de la veine porte.* Ce dernier longe la face antérieure de cette veine et pénètre avec elle dans l'intimité du foie. Le plexus de l'artère hépatique accompagne cette artère et se subdivise en autant de petits plexus qu'elle émet de branches collatérales : c'est ainsi que l'on trouve un *plexus pylorique,* un *plexus cystique,* un *plexus gastro-épiploïque droit,* fournissant lui-même un *plexus pancréatico-duodénal.* Décrire le trajet de toutes ces branches artérielles, c'est décrire le trajet et la distribution de ses différents plexus nerveux.

e) Un *plexus splénique* (fig. 249, 11). Les rameaux assez nombreux qui le constituent longent l'artère splénique, sans toutefois l'accompagner dans toutes les inflexions qu'elle décrit ; il en résulte que sur certains points les nerfs ne sont pas appliqués sur les parois du vaisseau, mais le rejoignent plus loin, et suivent, en un mot, la corde de toutes les courbures artérielles. Le plexus splénique fournit : un *plexus gastro-épiploïque gauche;* des filets qui accompagnent les artérioles pancréatiques ainsi que les vaisseaux courts ; le plexus splénique pénètre enfin avec les divisions de l'artère splénique dans l'intérieur de la rate.

f) Un *plexus mésentérique supérieur* (fig. 249, 10). Ses rameaux sont très-nombreux et enlacent l'artère mésentérique supérieure, qu'ils accompagnent. Il en est qui suivent les artères coliques droites et vont au gros intestin ; d'autres, plus nombreux, sont destinés à l'intestin grêle. Ces derniers ne forment pas des arcades comme les divisions artérielles, mais s'anastomosent sous des angles plus ou moins aigus et se subdivisent en ramifications très-nombreuses, qui s'anastomosent une seconde fois, elles-mêmes, au niveau des arcades artérielles de deuxième ordre, et gagnent alors les parois de l'intestin. Le plexus mésentérique supérieur fournit encore au niveau du bord inférieur de la tête du pancréas un petit *plexus pancréatico-duodénal.*

g) Deux *plexus surrénaux* (un de chaque côté). Considérable par rapport au volume de l'artère capsulaire moyenne qu'il accompagne, ce plexus se dirige en dehors, s'anastomose avec le plexus capsulaire supérieur et le plexus capsulaire inférieur, reçoit des filets du petit nerf splanchnique et de la terminaison du phrénique et se termine dans la capsule surrénale [1].

h) Deux *plexus rénaux* (un de chaque côté). Les branches nerveuses qui forment le plexus rénal enlacent l'artère émulgente et gagnent le hile du rein. Une division importante du nerf petit splanchnique vient toujours se jeter directement dans ce plexus.

Il fournit un petit *plexus capsulaire inférieur* et des rameaux assez grêles, qui aboutissent au plexus spermatique chez l'homme et au plexus utéro-ovarique chez la femme.

i) Deux *plexus spermatiques* (un de chaque côté). Ce plexus accompagne l'artère spermatique. Il reçoit, très-près de son origine, des filets du plexus rénal, plus bas des filets du plexus lombo-aortique, et au niveau de l'ouverture interne du canal inguinal, des filets du plexus hypogastrique. Il continue son trajet avec l'artère, qu'il entoure, et se termine dans l'épididyme et dans la glande séminale.

Chez la femme, le plexus *utéro-ovarique* accompagne l'artère de ce nom et se termine dans l'ovaire, la trompe et la partie supérieure du corps de l'utérus.

j) La partie la plus inférieure du plexus solaire longe la face antérieure de l'aorte et s'unit aux filets émanés des ganglions lombaires du sympathique pour former le *plexus lombo-aortique.*

ARTICLE III. — PORTION LOMBAIRE DU GRAND SYMPATHIQUE

Les ganglions lombaires sont au nombre de quatre ou cinq; le dernier se soude très-souvent au premier ganglion sacré. Leur volume est assez variable et leur forme olivaire. Ils ne sont plus situés au niveau du trou de conjugaison, mais se trouvent rejetés sur la face antérolatérale des corps vertébraux beaucoup plus près de la ligne médiane. Ils sont tous reliés entre eux par le cordon du sympathique. Le filet qui unit le ganglion thoracique inférieur au premier ganglion lombaire est très-grêle; aussi a-t-on cru pendant longtemps, mais à tort, à une interruption du tronc du sympathique en cet endroit.

Tous les ganglions lombaires reçoivent des *rami communicantes*, que leur envoient les paires rachidiennes de la région (fig. 248, 3). Ces rameaux sont tous obliques, se rendent à deux ganglions, comme nous l'avons vu pour ceux de la portion thoracique du sympathique, et passent sous les arcades fibreuses d'insertion du psoas. De même que tous les autres *rami communicantes*, ceux de la région lombaire sont mixtes.

Les rameaux émanés des ganglions lombaires se portent en dedans, passent, à droite en arrière de la veine cave, et se rendent sur la face antérieure de

[2] Voy. *Splanchnologie.*

l'aorte ; arrivés en ce point, ils s'unissent aux dernières ramifications du plexus solaire et forment le *plexus lombo-aortique*, au milieu des mailles duquel se trouvent quelques petits ganglions.

Ce plexus fournit des branches assez nombreuses, qui se jettent sur l'artère mésentérique inférieure, s'unissent à des rameaux venus directement du plexus solaire et forment le *plexus mésentérique inférieur*, dont les branches accompagnent les divisions artérielles coliques gauches pour se distribuer au côlon transverse, au côlon descendant, à l'S iliaque et au rectum. Les filets qui enlacent les artères hémorrhoïdales supérieures vont aboutir au plexus hypogastrique.

Les ramifications terminales du plexus lombo-aortique arrivent jusqu'à la division de l'aorte, gagnent l'excavation pelvienne et s'unissent au plexus hypogastrique, dont elles forment une des origines.

ARTICLE IV. — PORTION PELVIENNE DU GRAND SYMPATHIQUE

Au niveau du bord interne des trous sacrés antérieurs se trouvent les quatre ganglions sacrés dont le volume diminue de haut en bas. Le tronc du sympathique les unit entre eux ; le premier ganglion sacré est souvent soudé au dernier ganglion lombaire ou y est relié par un filet très-court. Au-devant du coccyx, les deux nerfs sympathiques s'unissent en formant une arcade à convexité inférieure, de laquelle partent des rameaux terminaux, qui accompagnent les divisions ultimes de l'artère sacrée moyenne et aboutissent à la glande coccygienne. D'après Luschka, ces rameaux se relient à des corpuscules de nature nerveuse, que l'on trouverait dans ce petit organe; d'après J. Arnold, ces éléments ne seraient que des dilatations vasculaires par rapport auxquelles les filaments sympathiques joueraient le rôle de vaso-moteurs.

Les nerfs rachidiens sacrés envoient aux ganglions sacrés des *rami communicantes* dirigés de dehors en dedans et de haut en bas (fig. 248, 4). Ces ganglions émettent : 1° des rameaux qui se portent sur les artères sacrée latérale, sacrée moyenne et iléo-lombaire, dont ils accompagnent les divisions ; 2° des rameaux beaucoup plus nombreux, qui se dirigent en avant et un peu en dehors pour concourir à la formation du plexus hypogastrique.

PLEXUS HYPOGASTRIQUE

Dans l'excavation pelvienne, au-dessous du péritoine, sur les côtés du rectum et de la vessie chez l'homme, sur les côtés du rectum, du vagin et de la vessie chez la femme, se trouvent les deux *plexus hypogastriques*. Leurs fibres sont entremêlées d'une quantité assez considérable de tissu connectif, ce qui rend leur dissection et leur étude des plus difficiles.

Les éléments nerveux qui entrent dans la composition du plexus hypogastrique proviennent : 1° des ganglions sacrés ; 2° des branches antérieures des derniers nerfs sacrés ; 3° des rameaux terminaux du plexus lombo-aortique, et 4° des ramifications du plexus mésentérique supérieur qui accompagnent l'artère hémorrhoïdale supérieure.

De ce plexus partent des divisions nombreuses entourant les branches de l'artère hypogastrique et formant les plexus secondaires suivants :

a) Le *plexus hémorrhoïdal moyen*, qui s'applique sur l'artère de ce nom, se divise comme elle, arrive au rectum, s'anastomose en haut avec le plexus hémorrhoïdal supérieur, en bas avec des rameaux du nerf honteux interne et du nerf anal, et se termine dans les tuniques musculeuse et muqueuse du rectum.

b) Le *plexus vésical.* — Il gagne le bas-fond de la vessie, communique avec le plexus vésico-prostatique, dont il est impossible de l'isoler en arrière, fournit des divisions à la partie inférieure du réservoir urinaire, et d'autres filets plus longs qui se répandent sur les faces postérieure, latérale et antérieure de ce réservoir.

c) Le *plexus vésico-prostatique.* Uni au précédent en arrière, ce plexus s'en sépare au niveau des vésicules séminales, donne des rameaux à ces vésicules, d'autres branches plus nombreuses à la prostate et à la racine des corps caverneux, et se termine par des ramifications très-longues et déliées, qui forment le *plexus déférentiel.* Ce plexus secondaire accompagne le canal déférent jusqu'à l'anneau inguinal interne, où ses éléments se mélangent au plexus spermatique pour gagner le testicule.

Chez la femme, le plexus vésico-prostatique est remplacé par les deux plexus vaginal et utérin.

d) Le *plexus vaginal* est formé par un certain nombre de filets nerveux, qui s'écartent les uns des autres et gagnent les faces latérales du vagin pour s'épuiser dans les parois de ce conduit.

e) Le *plexus utérin* chemine entre les deux feuillets du ligament large; les filets les plus supérieurs s'anastomosent avec le plexus ovarique, les moyens se distribuent aux faces antérieure et postérieure de la moitié inférieure du corps de l'utérus, tandis que les derniers, très-rares et très-grêles, s'anastomosent avec quelques ramifications du plexus vaginal et se perdent dans le col de la matrice.

Usages du grand sympathique. — La physiologie de ce nerf laisse encore beaucoup à désirer, malgré les expériences de Cl. Bernard et les recherches de Schiff. Ce nerf contient des éléments sensitifs et moteurs; mais la sensibilité que conduisent ses filets est normalement très-obtuse, bien que dans les cas pathologiques elle puisse s'exagérer considérablement. Quant à la motricité que le sympathique transmet aux muscles lisses, elle a comme caractère spécial d'être lente à se produire et lente à disparaître. Par cette propriété motrice le sympathique agit sur les vaisseaux; c'est en excitant leur contractilité qu'il modifie la calorification, et c'est peut-être là aussi qu'il faut chercher le secret de son action sur les sécrétions glandulaires. Mais, ainsi que nous l'avons vu, c'est dans la moelle qu'il prend ses racines, c'est donc à elle qu'il faut rapporter la cause première de toutes ses actions si diverses. On est parvenu à localiser, physiologiquement, dans quelques parties de la moelle, des centres destinés à présider, par l'intermédiaire du sympathique, au fonctionnement de certains organes, *centre cilio-spinal* de Budge et Waller, *centre génito-spinal* de Budge; mais ce que nous ignorons encore, c'est l'action spéciale que les ganglions du sympathique peuvent exercer soit sur les fibres nerveuses d'origine médullaire qui les traversent, soit en donnant eux-mêmes directement naissance à de nouvelles fibres nerveuses.

Schiff a pu déterminer l'origine des nerfs vaso-moteurs dans la moelle, au moins de ceux qui se rendent aux vaisseaux des extrémités. Il a vu que les vaso-moteurs du pied et de la jambe naissent dans la région lombaire et qu'une grande partie d'entre eux se distribuent avec le crural et le sciatique, tandis que d'autres se rendent directement sur les vaisseaux. Ceux de la cuisse, du bassin et de l'abdomen proviennent de la fin de la moelle dorsale. Ceux de la main et de l'extrémité inférieure de l'avant-bras cheminent avec les branches du plexus brachial. Ceux du bras et de l'épaule gagnent l'artère sous-clavière par le cordon du sympathique et tirent leur origine de la partie de la moelle qui donne naissance aux troisième, quatrième, cinquième et sixième nerfs dorsaux.

Mais, de plus, Virchow le premier et Schiff après lui ont établi que les nerfs vaso-moteurs sont de deux sortes, que les uns président à la contraction des vaisseaux, tandis que d'autres agissent en produisant leur dilatation et jouent ainsi le rôle de nerfs d'arrêt.

Indépendamment de tous ces filets, le sympathique contient-il des nerfs trophiques, comme le veut Samuël? Nous nous rangeons à l'opinion de cet auteur, tout en avouant que l'existence de ces filets n'est pas encore démontrée d'une manière absolue et que peut-être la nutrition des parties est uniquement sous la dépendance des modifications circulatoires.

QUATRIÈME SECTION

ANOMALIES DES NERFS

Jusque dans ces derniers temps les anomalies des nerfs étaient très-peu connues. On les croyait très-rares, et leur étude, plus difficile que celle des anomalies artérielles, n'avait jamais été faite d'une manière systématique. Quelques faits isolés signalés par les auteurs n'étaient connus que de ceux qui font de l'anatomie le but spécial de leurs études, quand en 1869 parut un travail de W. Krause et J. Telgmann qui résumait tout ce qui avait été publié à ce sujet.

Les nerfs n'étant que des faisceaux de conducteurs isolés et indépendants, il n'est pas étonnant que parfois un filet émané d'un nerf puisse s'accoler à un tronc nerveux voisin et que dans ce cas la constitution intime de ce dernier ne soit pas toujours la même; on comprend dès lors que des filets d'une paire crânienne ou rachidienne peuvent quelquefois se juxtaposer à ceux d'une autre paire plus ou moins rapprochée pour gagner leur destination ultime. Les fibres nerveuses primitives n'en accompliront pas moins chacune leur rôle physiologique spécial; mais la manière dont elles gagnent l'organe auquel elles sont destinées peut varier. C'est ainsi sans nul doute que peuvent s'expliquer les résultats différents et contradictoires que les physiologistes ont obtenus par la section des troncs nerveux.

Sans entrer dans des détails que ne comporte pas le plan de notre ouvrage, voici les principales anomalies nerveuses signalées jusqu'ici.

§ I. — Nerfs crâniens

1° Nerf olfactif

D'après Patruban, il manque souvent chez les individus atteints de bec-de-lièvre.

2° Nerf optique

Le chiasma peut être remplacé par un rameau transversal; dans d'autres cas il manque et les nerfs restent isolés.

3° Nerf oculo-moteur commun

On voit souvent un rameau de ce nerf s'unir au moteur oculaire externe. La branche supérieure s'anastomose quelquefois avec le nasal. Arnold cite un cas dans lequel le rameau du petit oblique traversait le ganglion ophthalmique. Wolkmann a vu un filet pénétrer dans le grand oblique, et Bock a décrit un filet de la troisième paire qui pénétrait jusque dans l'iris.

4° Nerf pathétique

Il naît souvent par deux racines très-rapprochées et dans certains cas cette division se prolonge plus ou moins loin. On l'a vu fournir une racine accessoire au ganglion ophthalmique.

5° Nerf trijumeau

A. *Ophthalmique de Willis*. — Il se divise parfois en deux rameaux seulement, dont l'un, interne, se partage plus loin en nasal et en frontal. Cette division peut se faire dès la naissance de l'ophthalmique, qui paraît alors double.

a. Lacrymal. — On l'a vu se diviser en branches multiples qui forment en ce cas un véritable plexus. Il donne quelquefois un nerf ciliaire long qui reste isolé ou qui s'anastomose avec un nerf ciliaire proprement dit. Voigt l'a vu très-volumineux remplacer en partie le sus-orbitaire.

b. Frontal. — Sa division en frontal interne et frontal externe peut se faire dès son entrée dans l'orbite. Il envoie quelquefois une anastomose au lacrymal. Longet signale un rameau du frontal pénétrant dans l'intérieur de l'os frontal.

c. Nasal. — Switzer a vu le nerf nasal émettre peu après sa naissance un rameau récurrent qui s'anastomosait avec les moteurs oculaires commun et externe. On a vu ce nerf fournir un filet au droit externe et plusieurs rameaux à l'élévateur de la paupière supérieure.

Ganglion ophthalmique. — Hallet a décrit un cas où le ganglion ophthalmique faisait entièrement défaut et était remplacé par une anse nerveuse à concavité interne. Les rameaux ciliaires partaient de la convexité de l'anse ; dans quelques cas assez rares on a trouvé deux ganglions ophthalmiques. On a vu la *longue racine* manquer ; dans d'autres cas elle naissait irrégulièrement soit du maxillaire inférieur, soit du frontal, soit de l'oculo-moteur commun en même temps que la courte racine, soit du ganglion de Gasser, soit de l'oculo-moteur externe. Il peut se faire encore que la racine longue donne un rameau au lacrymal ou aux muscles élévateurs de la paupière et droit supérieur, ou encore un nerf ciliaire direct. On trouve quelquefois des racines longues accessoires venues du lacrymal ou du nasal ; elles se réunissent souvent en plexus avant d'atteindre le ganglion. Hidemann a signalé l'existence anormale d'une racine venue du ganglion sphéno-palatin. La *racine courte* peut manquer. D'autres fois elle est double ou multiple, mais ces racines accessoires proviennent toujours du nerf occulo-moteur commun ou d'une de ses branches de division. Dans quelques cas très-rares il semblait que la racine courte provenait de l'oculo-moteur externe, mais ces cas incomplétement décrits nous semblent être un simple accolement de fibres parties originairement de l'oculo-moteur commun. La *racine sympathique* est quelquefois constituée par plusieurs filets. Valentin a vu un filet sympathique parti du plexus caverneux gagner directement le globe oculaire en accompagnant les nerfs ciliaires et en s'anastomosant par un petit filet avec le ganglion ophthalmique.

B. Maxillaire supérieur. *a. Rameau malaire*. — Voigt l'a vu manquer et être remplacé par des rameaux du sous-orbitaire. Il émet quelquefois un nerf frontal accessoire.

b. Rameaux dentaires. — Les rameaux postérieurs peuvent être plus ou moins nombreux et se remplacer les uns les autres ; on les a vu fournir des filets aux muscles ptérygoïdiens.

Ganglion sphéno-palatin. — Dans les anomalies de la voûte palatine le nerf naso-palatin est accompagné par des filets dentaires antérieurs. Les nerfs palatins, au lieu de tirer leur origine du ganglion, proviennent quelquefois du tronc même du maxillaire supérieur.

·C. Maxillaire inférieur. — Il n'est pas très-rare de voir les nerfs temporaux profonds présenter des anomalies d'origine. Le massétérin peut en fournir deux, et d'autres fois l'on ne trouve que le temporal profond moyen.

a. Buccal. — Gaillet a vu le buccal naître directement du ganglion de Gasser sans avoir aucune communication avec la racine motrice du trijumeau. Turner l'a vu provenir du maxillaire supérieur dans la fosse sphéno-maxillaire. Dans ces deux cas ce nerf est donc complétement sensitif.

b. Nerfs ptérygoïdiens. — Le nerf du ptérygoïdien externe peut provenir du lingual au lieu d'être fourni par le buccal.

c. Lingual. — Il donne quelquefois des rameaux au ptérygoïdien interne et au pharyngo-glosse. Quant au trajet récurrent du lingual rapporté par Columbus, cette observation unique ne nous paraît pas assez concluante pour que nous nous y arrêtions.

d. Dentaire inférieur. — Sur la figure 217, que nous avons fait dessiner d'après nature, l'on peut voir une anastomose transversale entre le dentaire inférieur et le lingual. Gaillet a signalé en 1856 une anomalie remarquable du nerf *mylo-hyoïdien*; ce rameau était très-volumineux, donnait comme d'ordinaire des filets au muscle mylo-hyoïdien et au ventre antérieur du digastrique, mais il envoyait en outre un gros filet au lingual. C'est ce filet, qui dans ce cas était considérable, que Sappey considère comme normal et constant.

Ganglion otique. — Arnold a trouvé ce ganglion très-développé et de forme semi-lunaire chez un idiot. Le petit pétreux superficiel est quelquefois renforcé par des filets qu'il reçoit du plexus méningé. C. Krause a vu le nerf ptérygoïdien interne envoyer un filet anastomotique au rameau du muscle du marteau. Faesebeck a vu un filet parti du ganglion otique aller jusqu'au muscle péristaphylin externe.

6° Nerf oculo-moteur externe

On a vu l'oculo-moteur externe faire défaut du côté gauche et être remplacé par une branche de l'oculo-moteur commun; dans d'autres cas on a signalé une anastomose directe entre les deux nerfs. W. Krause a vu le nerf nasal provenir de l'oculo-moteur externe.

7° Nerf facial

Chez les sourds-muets le facial paraît être assez souvent soudé à l'auditif, il s'en détache au moment de pénétrer dans l'aqueduc de Fallope. La *corde du tympan* est souvent reliée par un filet avec le plexus tympanique. On a vu ce nerf rester isolé du lingual, auquel il n'envoyait en ce cas que deux rameaux anastomotiques.

8° Nerf auditif

Valsava a vu quelquefois le nerf du limaçon et le limaçon lui-même faire complétement défaut, et cependant les individus entendaient distinctement et différenciaient les sons.

9° Nerf glosso-pharyngien

On ne connaît jusqu'à présent que quelques anomalies de division du *rameau de Jacobson*.

10° Nerf pneumo-gastrique

Le pneumo-gastrique peut dans quelques cas se trouver dans l'angle curviligne antérieur formé par la carotide et la jugulaire, au lieu d'être dans leur angle postérieur.

Longet dit qu'il n'est pas rare de voir le pneumo-gastrique au cou en union intime avec le ganglion cervical supérieur : d'après lui, il pourrait même y avoir fusion à ce niveau.

Le *laryngé supérieur* passe quelquefois en dehors de la carotide interne, il envoie souvent un filet au ganglion cervical supérieur ou au nerf cardiaque supérieur. Il fournit quelquefois des filets aux muscles sterno-hyoïdien et thyro-hyoïdien ; d'autres fois il innerve le crico-arythénoïdien latéral.

Le *laryngé inférieur* doit se recourber autour de la crosse de l'aorte quand cette crosse est dirigée à droite. Toutes les fois que l'artère sous-clavière droite naît de la partie supérieure de l'aorte thoracique et passe en arrière de l'œsophage, le nerf récurrent droit ne se recourbe pas au-dessous de la sous-clavière et va directement du tronc du pneumo-gastrique au larynx.

11° Nerf spinal

Il n'est pas très-rare de le voir s'anastomoser avec la deuxième paire cervicale. Nous avons vu plus haut que Huber avait décrit un ganglion au niveau de l'anastomose entre le premier nerf cervical et le spinal ; Hyrtl, Asch, etc., disent l'avoir constaté quelquefois. La branche externe du spinal s'anastomose quelquefois par des filets avec la branche descendante de l'hypoglosse.

12° Nerf grand hypoglosse

Vulpian a signalé sur quelques racines du grand hypoglosse un petit ganglion. On a signalé une anastomose entre les hypoglosses des deux côtés, dans l'intérieur du muscle génio-hyoïdien, ou entre ce muscle et le génio-glosse. Hyrtl dit avoir constaté cette anastomose une fois sur dix. — La *branche descendante* est souvent unie au pneumo-gastrique et semble provenir de ce nerf ; quand elle est anastomosée avec la dixième paire, elle émet quelquefois un rameau cardiaque. Dans quelques cas on voit la branche descendante s'anastomoser par un filet avec le nerf phrénique. Valentin a même considéré, à tort, ce filet comme constant.

§ II. — Nerfs rachidiens

A. Plexus cervical

1) *Branches sus-claviculaires.* — Bock et Gruber ont vu des rameaux de ces branches traverser la clavicule.

2) *Nerf phrénique.* — Il reçoit souvent un filet de la deuxième paire cervicale ; il en reçoit souvent aussi du ganglion cervical supérieur. Quelquefois on le voit anastomosé par un filet avec la branche descendante de l'hypoglosse ou avec le tronc de ce nerf lui-même. On a vu, bien rarement, il est vrai, un nerf phrénique accessoire qui tirait son origine des cinquième et sixième nerfs cervicaux et qui se réunissait dans la poitrine avec le tronc du phrénique. Il n'est pas très-rare de voir le phrénique passer au-devant de la veine sous-clavière. Longet a cité un cas où ce nerf traversait cette veine.

B. Plexus brachial

Ce plexus passe quelquefois en partie entre les scalènes et en partie au-devant du scalène antérieur ; Demarquay a signalé un cas où un faisceau du plexus traversait ce dernier muscle. Il n'est pas très-rare de voir le plexus passer en totalité au-dessus de l'artère axillaire, qui reste alors isolée.

1) *Nerf du grand pectoral.* — Il donne quelquefois une branche à la portion claviculaire du deltoïde.

2) *Nerf musculo-cutané.* — Dans un grand nombre de cas il ne traverse pas le

muscle coraco-brachial qui reçoit alors directement un rameau du plexus. On voit quelquefois une division du musculo-cutané suivre le médian, gagner le pli du coude et innerver le rond pronateur. Gruber a cité deux cas dans lesquels le musculo-cutané était très-fort, le médian très-faible au contraire; le premier se divisait en deux branches aussitôt après avoir perforé le muscle; l'une de ses branches constituait le nerf musculo-cutané normal, tandis que l'autre gagnait le médian, avec lequel il se confondait au pli du coude. Hyrtl a vu un cas à peu près semblable, seulement le musculo-cutané innervait le rond pronateur et se continuait par le nerf interosseux jusqu'au carré pronateur. — Quand le biceps présente un chef supplémentaire, le nerf musculo-cutané lui envoie des filets, mais il le traverse très-rarement.

3) *Nerf circonflexe.* — Il ne donne pas toujours un filet au muscle petit rond.

4) *Nerf médian.* — Souvent le médian, au lieu de passer au-devant de l'artère humérale, passe au-dessous d'elle. On le voit quelquefois émettre un rameau qui suit l'artère cubitale et va se jeter dans le nerf cubital. Gruber cite des cas où le médian était plus gros que normalement et donnait un rameau qui longeait l'artère jusqu'au coude, et remplaçait dans sa distribution le nerf musculo-cutané. Dumas a vu le médian innerver les muscles antérieurs du bras en suppléant ainsi le musculo-cutané, qui faisait défaut.

5) *Nerf cubital.* — Quelquefois ce nerf, au lieu d'innerver le muscle cubital antérieur et les deux faisceaux internes du fléchisseur profond, envoie des filets au fléchisseur superficiel. L'anastomose entre le cubital et le médian peut manquer dans la paume de la main.

6) *Nerf radial.* — Le rameau cutané externe du radial se prolonge très-souvent au delà de son cercle de distribution normal en longeant le côté interne de la veine céphalique ou à la face antérieure de celle-ci. La branche terminale antérieure du radial est quelquefois double, la branche surnuméraire s'accole alors à l'artère radiale et se réunit ensuite à la branche antérieure au moment où celle-ci se porte sur le dos de la main. — Le radial innerve quelquefois le quatrième doigt.

C. **Nerfs intercostaux**

Ils se divisent très-fréquemment en deux rameaux qui au bout d'un certain temps se réunissent de nouveau et continuent leur trajet régulier. Il n'est pas très-rare de voir deux nerfs intercostaux anastomosés par des branches de communication.

D. **Plexus lombaire**

1) *Nerf fémoro-cutané.* Il s'anastomose quelquefois avec le génito-crural; sa branche fessière manque assez fréquemment.

2) *Nerf obturateur.* — On trouve assez souvent un nerf obturateur accessoire qui naît du tronc normal et passe par-dessus la branche horizontale du pubis pour se réunir derrière le pectiné avec le nerf obturateur sorti par le canal sous-pubien. On a vu quelquefois le nerf obturateur, après avoir innervé les deux premiers adducteurs, envoyer une branche anastomotique au nerf génito-crural. Assez fréquemment le nerf obturateur, après avoir innervé le grand adducteur, se prolonge par un filet qui perce la capsule articulaire du genou au-dessus de l'artère poplitée et pénètre ainsi dans cette articulation.

3) *Nerf crural.* — Dubreuil a vu le nerf crural passer à droite entre l'artère et la veine crurale. Il donne souvent un filet au pectiné. — Le *nerf saphène interne*, au lieu de perforer la paroi antérieure de l'anneau du grand adducteur, accompagne quelquefois les vaisseaux jusqu'au creux poplité. Quelquefois ce nerf, au lieu de se terminer au niveau des articulations tarsiennes, se poursuit jusqu'au gros orteil, dont il constitue le collatéral dorsal interne.

E. Plexus sacré

1) *Nerf fessier supérieur*. — Il s'anastomose quelquefois par un rameau profond avec le sciatique.

2) *Nerf petit sciatique*. — Il présente quelquefois un rameau qui traverse le pyramidal et s'anastomose avec le fessier supérieur.

3) *Nerf sciatique*. — Ce nerf se divise quelquefois très-haut et déjà dans l'échancrure sciatique. Valentin a cité des cas où il était divisé dans le bassin et où ses deux divisions isolées sortaient du bassin en perforant le pyramidal.

Le *nerf saphène externe* peut dans quelques cas naître par une branche ; seulement il est alors remplacé en partie sur le dos du pied par le musculo-cutané ; dans d'autres cas, au contraire, le saphène externe est très-volumineux et innerve jusqu'au troisième orteil.

Le *sciatique poplité interne* est quelquefois au côté interne de l'artère poplitée au lieu de répondre à son côté externe.

Les *plantaires interne* et *externe* forment quelquefois une arcade anastomotique dans la plante du pied, et de cette arcade naissent les nerfs collatéraux externe du troisième orteil et interne du quatrième.

§ III. — Grand sympathique

A. *Ganglion cervical supérieur*. — On l'a trouvé quelquefois divisé en deux parties :

1) La *branche carotidienne* est quelquefois double ; d'autres fois elle s'anastomose avec le grand hypoglosse. On l'a vu présenter un renflement dans le canal carotidien.

2) *Nerf cardiaque supérieur*. — Au lieu de tirer son origine du ganglion cervical supérieur, ce nerf naît souvent du tronc même du sympathique ; dans d'autres cas il naît par deux racines dont l'une provient du ganglion tandis que l'autre émane du tronc du nerf. Ces deux racines se réunissent plus ou moins haut et émettent souvent des rameaux pharyngiens. Le cardiaque supérieur peut quelquefois, d'après Murray, pénétrer dans la gaîne même du pneumo-gastrique pour ne se séparer de ce nerf qu'un peu plus bas. Bock a prétendu que le cardiaque supérieur pouvait quelquefois venir du laryngé inférieur ou du glosso-pharyngien. Ce nerf s'anastomose parfois avec le phrénique, ou avec l'hypoglosse, le glosso-pharyngien, ou encore le pneumo-gastrique.

B. *Ganglion cervical moyen*. — Il peut manquer ou être reculé jusque auprès du ganglion cervical inférieur, auquel il se soude.

1) *Nerf cardiaque moyen*. — Quand le ganglion manque, ce nerf naît du tronc du sympathique.

C. *Ganglion cervical inférieur*. — Il envoie quelquefois des filets au nerf phrénique.

1) *Nerf cardiaque inférieur*. — Ce nerf provient quelquefois du premier ganglion thoracique. D'autres fois il est double et même triple.

D. *Ganglions dorsaux*. On a vu les deux premiers ganglions dorsaux soudés entre eux. Haller a vu une fois le tronc du sympathique s'arrêter au niveau de la sixième côte et reprendre à partir du septième nerf dorsal.

1) *Nerf grand splanchnique*. — Il pénètre souvent dans l'abdomen par l'ouverture aortique du diaphragme. Lobstein a vu un ganglion sur le grand splanchnique au moment où ce nerf pénétrait dans l'abdomen.

2) *Petit nerf splanchnique*. — Il envoie souvent deux branches au plexus rénal.

E. *Ganglions sacrés*. — Dans quelques cas on en a trouvé cinq ou six. Il semble,

d'après les descriptions des auteurs, que la glande coccygienne n'existe pas d'une manière
constante, et que dans ces cas le sympathique se termine bien réellement par une anse
anastomosée avec le tronc congénère du côté opposé.

BIBLIOGRAPHIE. — Arnold, *Icones nervorum capitis.* Heidelberg, 1834. — Stilling
et Wallach, *Ueber die Textur des Rückenmarcks.* Erlangen, 1842. — Stilling, *Ueber die
Textur der Medulla oblongata.* Erlangen, 1843. — Stilling, *Ueber den Bau der Va-
rol'schen Brücke.* Iena, 1846. — Leuret et Gratiolet, *Anatomie comparée du système
nerveux.* Paris, 1839-1857. — Bidder et Kupffer, *Untersuchungen über die Textur des
Rückenmarcks.* Leipzig, 1857. — Ludovic Hirschfeld, *Traité de névrologie,* avec atlas.
Paris, 1853.— Schrœder van der Kolk, *Bau und Functionen der Medulla spinalis und
oblongata,* aus dem Hollændischen Uebertragen, von F.-W. Theile. Braunschweig, 1859. —
Kollmann, *Ueber den Verlauf der Lungenmagennerven in der Bauchhöhle.* Leipzig,
1860. — Luschka, *Die Anatomie des Menschen.* Tubingen, 1862-1867. — Frommann, *Untersuchungen über die normale und pathologische Anatomie des Rückenmarcks.* Iena,
1864. — Luys, *Recherches sur le système nerveux cérébro-spinal, sa structure, ses
fonctions et ses maladies,* Paris, 1865, et *Iconographie photographique des centres
nerveux.* Paris, 1872-73, 1 vol. in-4, avec 70 phot. et 70 lith. — Duchenne (de Boulogne),
*Étude microscopique photo-autographiée des ganglions sympathiques cervicaux de
l'homme à l'état normal (Bull. de l'Académie de médecine,* 3 janvier 1865, t. XXX,
p. 249). — W. Krause et J. Telgmann, *Les anomalies dans le parcours des nerfs, chez
l'homme,* traduit par De La Harpe. Paris, 1869. — Henle, *Handbuch der Anatomie des
Menschen* (Nervenlehre). Braunschweig, 1871. — Mathias Duval, article Nerfs du *Nouveau Dictionnaire de médecine et de chirurgie pratiques,* Paris, 1877. — Huguenin,
Anatomie des centres nerveux, Paris, 1879. — Hayem, *Revue des sciences médicales,*
1873-1879.

LIVRE SIXIÈME

SPLANCHNOLOGIE

Préparation. — L'étude des organes splanchniques peut se diviser pratiquement en trois temps, correspondant chacun à des modes spéciaux de préparation. Dans le premier, on étudie l'organe isolé et retiré de sa cavité, abstraction faite de sa situation et de ses rapports ; dans le deuxième, on l'étudie *in situ* dans ses connexions avec les organes voisins et la cavité qui le contient ; dans le troisième, enfin, on s'occupe de sa structure intime : c'est l'étude histologique, qui ne peut se faire qu'à l'aide d'appareils et de procédés particuliers (microscope, injections fines, etc.), et en dehors des ressources usuelles des amphithéâtres ; aussi, pour cette troisième partie, renverrons-nous aux ouvrages spéciaux.

1º *Étude de l'organe isolé.* — L'ablation de l'organe à étudier doit être faite avec précaution et être totale ; ainsi, avec les glandes il faudra enlever le conduit excréteur et la portion de surface muqueuse sur laquelle il vient s'ouvrir ; autant que possible, les artères et les veines devront être injectées et enlevées avec le tronc qui les émet ou les reçoit. Une fois l'organe complètement isolé par la dissection avec ses appendices, on examinera son volume et son poids, sa forme, son aspect extérieur, sa consistance, etc. Des coupes dans divers sens feront apprécier sa coloration et son aspect intérieurs, la quantité de liquides qui l'imprègne ; la déchirure par traction ou par pénétration du doigt ou du manche du scalpel permettra de juger du degré de mollesse ou de friabilité de son tissu ; la dissection par la pince et le scalpel sera poussée aussi loin qu'il est possible à l'œil nu, pour isoler les diverses lames, faisceaux de fibres etc, qui le composent et suivre les vaisseaux ou les canaux glandulaires qui se ramifient dans son intérieur. Certains tissus délicats ou certaines membranes offrent des prolongements filamenteux très-mous, qui seront étudiés sous l'eau, et certaines dissections fines devront du reste être faites de cette façon ; il suffit d'étaler et de fixer la membrane à disséquer sur une lamelle de plomb recouverte d'une plaque de liége et de la placer sous l'eau. La loupe et le microscope simple pourront venir en aide et permettront de pousser plus loin la dissection. Certaines substances, l'alcool, l'acide chromique, les acides dilués, etc., peuvent rendre des services, même en dehors des recherches histologiques, soit pour durcir des organes, soit pour détruire certains éléments, spécialement le tissu connectif, en respectant les autres. Pour les organes creux, des injections d'air, d'eau ou de substances solidifiables en feront apprécier la forme suivant l'état de distension ; la dessiccation, après l'insufflation, donne encore de bons résultats ; il en est de même des moules pris avec des matières solidifiables ; c'est dans ce procédé que rentrent les préparations par corrosion, très-instructives pour la distribution des vaisseaux ou des canaux excréteurs dans l'intérieur des organes ; on les obtient en injectant dans les canaux à conserver une masse résineuse ou un alliage fusible (bismuth 2/3, plomb 1/6, étain 1/6) ; puis on enlève le tissu de l'organe par la macération dans un acide dans le premier cas, ou dans une solution alcaline dans le second, et il ne reste que la substance injectée moulée sur les ramifications des conduits.

2º *Étude des organes en place.* — On ouvre la cavité dans laquelle ils sont contenus, de façon à respecter, autant que possible, les rapports normaux. Les rapports avec les parois de la cavité splanchnique seront l'objet d'une étude spéciale, qui pourra, pour beaucoup d'organes, être précédée avec avantage d'une limitation préalable par la percussion, contrôlée plus tard par l'ouverture de la cavité. Des lames de fleuret enfoncées dans certaines directions et à des profondeurs déterminées pourront fournir des indications utiles. Enfin, quand elles seront possibles, des coupes sur des cadavres congelés donneront la meilleure idée des rapports normaux des organes.

Les organes dont l'étude constitue la splanchnologie, et sous certains rapports on peut y joindre le cœur, le cerveau et les organes des sens, présentent d'infinies variétés de forme et de structure. Cependant, eu égard à leur type fondamental, on peut les rattacher à deux grandes classes, les *organes pleins* et les *organes creux*. Chacune de ces classes offre des caractères généraux communs qu'il est utile de passer en revue avant d'étudier en particulier chaque organe.

Les *organes pleins* sont, sauf quelques exceptions (ex. : corps thyroïde), placés dans les grandes cavités splanchniques à une profondeur plus ou moins considérable. Tantôt simplement plongés dans une atmosphère cellulo-graisseuse (rein), ou dans une loge aponévrotique (parotide) qui les sépare des parties voisines, ils sont d'autres fois enveloppés plus ou moins complétement par une séreuse dont les replis se rattachent aux organes voisins ou aux parois de leur cavité; quelques-uns ont en outre des ligaments fibreux spéciaux. Avec ces moyens de fixité varient et leur mobilité et leur facilité de déplacement. Des rapports plus intimes encore sont ceux qu'ils contractent avec des organes, vaisseaux, nerfs, etc., qui les traversent (ex. : parotide et nerf facial).

Quant au *nombre*, les organes peuvent être impairs, pairs ou multiples. Les organes pairs sont ordinairement symétriques, sans que cette symétrie soit absolue; les organes impairs sont ou bien médians, et alors les deux moitiés sont symétriques (ex. : corps thyroïde), ou latéraux, et alors asymétriques (ex. : foie). Quelquefois à ces organes viennent s'ajouter des masses accessoires de même structure, mais isolées du reste (ex.: rates surnuméraires).

Le *volume* et le *poids* des organes oscillent dans des limites très-étendues, depuis la plus petite granulation glandulaire jusqu'au foie; mais pour un organe donné ils ne s'écartent guère d'une moyenne que l'on peut appeler *physiologique*. Ces variations, indépendamment des variations individuelles ou sexuelles, sont principalement en rapport avec la vascularité de l'organe et dépendent de la quantité de sang qu'il contient à un moment donné. Les organes lymphoïdes, la rate surtout, sont susceptibles des plus grandes variations; les glandes en grappe, au contraire, sont très-limitées sous ce rapport. Dans les poumons ces variations de volume tiennent à la présence de l'air et se reproduisent à des intervalles réguliers. Le *poids spécifique* de tous les organes, sauf celui des poumons qui ont respiré, est supérieur à celui de l'eau; aussi ces derniers seuls surnagent-ils quand on les plonge dans ce liquide.

La *forme* des organes, en général plus ou moins arrondie, est cependant très-variable : tantôt l'organe constitue une seule masse sans trace de divisions; tantôt, au contraire, il est divisé en parties distinctes ou *lobes* par des sillons ou des étranglements. Cette forme, symétrique ou asymétrique, dépend de conditions encore peu connues. Chaque organe a pour ainsi dire une tendance à prendre une forme typique primordiale, essentielle à l'organe même et due probablement à la disposition des éléments qui le composent (vaisseaux, nerfs, éléments propres) et à leur mode de développement; dans quelques organes cette tendance paraît plus faible que dans d'autres : alors ils sont refoulés par ces derniers, dont l'indépendance morphologique est la plus grande et sur lesquels ils semblent se mouler. On n'a qu'à comparer à ce point de vue le testicule, le foie, le cerveau, la parotide, etc.

La *couleur* des organes varie depuis la blancheur mate jusqu'au brun foncé et même au noir. Mais il faut distinguer la couleur extérieure de la couleur propre au tissu de l'organe. La couleur du tissu propre, tantôt uniforme, tantôt nuancée (marbrée, striée, etc.), est due à plusieurs causes, sang, graisse, pigment, éléments propres du tissu, etc. et, suivant la prédominance de tels ou de tels éléments et leur distribution, on aura des aspects divers de coloration; c'est ainsi qu'il arrive souvent qu'un organe n'a pas la même coloration dans sa partie périphérique (substance corticale) et dans sa partie centrale (substance médullaire). Cette coloration est en général plus pâle après la mort que pendant la vie, à cause de la perte d'une certaine quantité de sang; d'autres fois, au contraire, par suite de décompositions cadavériques, cette couleur peut devenir plus foncée et se montrer alors par plaques ou par traînées correspondant en général au trajet des vaisseaux. Cette coloration du tissu propre peut être visible telle quelle à l'extérieur, si l'enveloppe de l'organe est mince et transparente; quand au contraire elle est épaisse et peu vasculaire *(albuginées)*, elle affaiblit ou arrête totalement cette coloration (ex. : testicule).

La *consistance* des organes est tantôt très-faible : l'organe est mou, comme spongieux (poumon); d'autres fois elle est très-considérable et il oppose à la pression une résistance particulière (prostate). Le degré de consistance croît en général avec la quantité de tissu fibreux. Elle dépend en outre des éléments propres de l'organe (foie) et de son contenu (poumon). Certains organes (organes érectiles) ont pour caractère fonctionnel cette propriété physique, qui dérive dans ce cas de la disposition spéciale de leurs éléments.

La *cohésion*, qu'il ne faut pas confondre avec la consistance, s'apprécie par la facilité avec laquelle l'organe se laisse déchirer par la traction ou diviser par la pression du doigt. Un organe peut présenter à la fois une grande consistance et une faible cohésion; ex. : le foie, dont le tissu compacte est très-friable ; inversement le poumon, dont le tissu est très-mou, présente une très-grande cohésion. La cohésion tient en général à la présence du tissu fibreux et surtout du tissu élastique dans un organe. Les sensations tactiles fournies au médecin par les organes sont très-utiles pour lui faire apprécier leur état d'intégrité, car ces propriétés de consistance et de cohésion sont souvent altérées avant toute autre lésion appréciable à l'œil nu.

Au point de vue de la *structure*, les organes comprennent tous une enveloppe fibreuse et un tissu propre. L'enveloppe fibreuse peut présenter tous les degrés d'épaisseur et de résistance ; mais elle a pour caractère commun d'envoyer dans l'intérieur de l'organe des cloisons connectives, qui accompagnent les vaisseaux et les nerfs ; elles sont tantôt très-marquées et divisent le tissu propre en segments (testicule), d'autres fois elles sont à peine démontrables à l'état normal (foie). Ces cloisons sont le point de départ de la trame connective *(stroma)*, ou tissu connectif interstitiel, très-variable en quantité et en délicatesse. C'est dans cette trame connective que sont déposés les éléments du tissu propre de l'organe.

La *distribution vasculaire* dans les différents organes est en rapport et avec leur fonction et avec leur structure. Certains d'entre eux reçoivent leurs artères d'une seule source, d'autres de plusieurs, et il en est de même de la circulation veineuse de retour. La distribution artérielle ne se fait pas toujours de la même façon : tantôt les branches de bifurcation de tout ordre s'anastomosent entre elles, de sorte que par une de ses branches on peut injecter tout le système circulatoire de l'organe ; d'autres fois les rameaux provenant des branches de bifurcation ne s'anastomosent pas entre eux, et l'organe se trouve ainsi divisé en autant de départements circulatoires distincts qu'il y a de branches de bifurcation indépendantes (ex. : rate). Dans quelques cas une artère se divise en plusieurs branches qui se reforment en un seul tronc ramifié ensuite à la manière ordinaire ; c'est ce qu'on appelle un *réseau admirable*. Les dispositions spéciales de la circulation artérielle dans certains organes (rein, etc.) seront décrites avec ces derniers. La direction des artères, en général plus ou moins fluxueuse, le devient énormément dans les viscères destinés à changer de volume (rate, organes érectiles).

L'arrangement des capillaires est subordonné ordinairement à l'arrangement même des éléments propres de l'organe, et leurs mailles se moulent en général, comme forme et comme grandeur, sur la forme et la grandeur de ces éléments. D'autres fois, au contraire, ces capillaires ont leurs caractères particuliers et indépendants du tissu ambiant (plexus choroïdes, etc.) ; on trouve la plus haute expression de cette indépendance dans le tissu érectile.

Les veines donnent lieu aux mêmes considérations générales que les artères. Je ne ferai que mentionner les systèmes *portes*, dont la veine-porte du foie représente le type le plus développé ; dans ces systèmes, une veine, née à la manière ordinaire d'un réseau capillaire, se ramifie comme une artère et donne naissance à un réseau capillaire, d'où part alors le tronc veineux définitif ; on a alors un tronc veineux, une *veine-porte*, située entre deux réseaux capillaires, disposition qui joue un grand rôle au point de vue des conditions mécaniques de la circulation.

Le calibre des vaisseaux déterminant la quantité de sang qui peut arriver à un organe dans un temps donné, il a la plus grande importance pour sa fonction ; on peut comparer à ce sujet l'artère rénale et les artères thyroïdiennes à l'artère spermatique ; les rapports de calibre des artères et des veines et les variations de calibre dont ces vaisseaux sont susceptibles influencent énergiquement la vitesse de la circulation et la pression sanguine; aussi voit-on varier, suivant les organes, la structure des vaisseaux et surtout l'épaisseur de leur tunique musculaire.

Les *lymphatiques* des organes sont ordinairement divisés en superficiels et profonds; dans beaucoup d'entre eux ces lymphatiques forment autour des artères et des capillaires des gaînes plus ou moins distinctes du tissu connectif ambiant.

Les *nerfs* suivent en général les artères; quant à leur terminaison, elle est encore à peu près inconnue. La plupart présentent sur leur trajet de petits ganglions microscopiques.

Les *glandes*, à cause de leurs conduits sécréteurs et excréteurs, offrent des caractères spéciaux. Sauf pour quelques glandes (foie), l'origine des canaux glandulaires est bien connue. Quant à la manière dont les canaux excréteurs partis des culs-de-sac glandulaires se réunissent pour former les canaux excréteurs communs, elle rappelle ordinairement le mode de ramification des artères, surtout pour les glandes en grappe. Dans certains cas, les canaux aboutissant à un canal excréteur commun forment un faisceau distinct, comme dans le rein. Quelques-uns de ces conduits, au lieu de partir de culs-de-sacs sécréteurs, peuvent commencer par des extrémités borgnes non sécrétantes; c'est ce qu'on appelle les *vasa aberrantia*. Les canalicules glandulaires ont un trajet flexueux ou rectiligne, et on peut sur le même organe rencontrer successivement les deux dispositions. Leur calibre peut aussi varier, non-seulement d'un organe à l'autre, mais pour un même organe, suivant les différents points du trajet du canal; ordinairement il s'élargit à mesure qu'il s'éloigne de son origine. La longueur des conduits excréteurs est très-variable : très-faible dans les glandes en grappe, elle peut acquérir dans les glandes en tube une étendue considérable.

La *structure* des canaux excréteurs, très-simple près des culs-de-sacs glandulaires, où elle se réduit à une membrane propre et à un épithélium simple, d'abord polyédrique puis cylindrique, se complique de plus en plus à mesure qu'ils en sont plus éloignés; on y trouve alors à l'état complet trois tuniques : une externe connective, une moyenne musculaire lisse (qui manque souvent) et une interne à épithélium cylindrique; en outre, on peut rencontrer des glandes dans leurs parois. Dans leur parcours, ces canaux sont plus ou moins adhérents au tissu propre de l'organe.

Les conduits excréteurs des glandes s'ouvrent tantôt dans un seul canal excréteur commun (foie), tantôt dans plusieurs (glandes lacrymales); ce ou ces canaux excréteurs peuvent parcourir un trajet assez long à l'intérieur de la glande avant de paraître à l'extérieur (canal pancréatique). Quant à leur calibre, ils sont quelquefois presque capillaires (trompe), d'autres fois très-larges; ce calibre n'est pas du reste toujours uniforme, et beaucoup d'entre eux présentent des dilatations (canaux galactophores), qui peuvent être assez considérables pour constituer de véritables réservoirs (vessie); d'autres fois ces réservoirs, au lieu d'être dans l'axe même du canal excréteur, sont latéraux et comme embranchés sur lui et représentent un diverticule qui se serait plus ou moins dilaté (vésicule séminale, vésicule biliaire). A l'intérieur, ces canaux offrent souvent des replis (trompe), ou des rétrécissements, soit valvulaires (replis de la muqueuse), soit musculaires (sphincters). Quant à leur structure, ils possèdent les trois tuniques mentionnées plus haut, si la moyenne ne manque pas; l'épaisseur de leurs parois est du reste très-variable (canal de Wharton, canal déférent) et moins en rapport avec leur calibre qu'avec les conditions mécaniques de la sécrétion glandulaire. Habituellement à leur ouverture sur la surface des muqueuses se voient des replis ou des saillies diversement conformés; cette ouverture même est tantôt arrondie, tantôt linéaire. Avant de s'ouvrir à la surface d'une muqueuse, les canaux excréteurs en traversent souvent les parois plus ou moins obliquement et quelquefois dans une assez grande étendue.

Les *organes creux*, réservoirs, canal digestif (etc.), empruntent des caractères spéciaux à leur destination; en effet, comme leur fonction nécessite des changements de volume en rapport avec la quantité de matières qu'ils contiennent, ils possèdent une structure et des relations qui rendent leur distension possible. Aussi leur fixité est-elle en général moins grande que celle des organes pleins et ne sont-ils fixés que par quelques points de leur surface.

Leur *aspect*, leur *forme*, leurs *rapports* sont sujets par cela même à des variations considérables. Leur cavité, tapissée par une muqueuse, présente ordinairement des plis qui s'effacent par la distension.

Quant à leur *structure*, ils sont formés de plusieurs tuniques, qui sont, de l'intérieur à l'extérieur : 1° une muqueuse, de structure variable; 2° une tunique musculaire, composée souvent de deux couches : une interne circulaire, une externe longitudinale; dans certains organes, l'utérus surtout, cette tunique acquiert une très-grande complexité et une épaisseur considérable; 3° une tunique séreuse, plus ou moins complète et qui peut manquer.

Quant à la *distribution vasculaire* et *nerveuse*, à part la flexuosité des vaisseaux, elle ne présente rien de spécial. Il en est de même des autres caractères, de coloration, de structure, etc.

CHAPITRE PREMIER

ORGANES DIGESTIFS

Les organes digestifs se composent du canal alimentaire et d'organes annexés à ce canal.

Le *canal alimentaire*, étendu de la bouche à l'anus en avant de la colonne vertébrale, se divise en deux parties : une partie *sus-diaphragmatique* et une partie *sous-diaphragmatique*. La première (*portion ingestive*) comprend la cavité buccale, le pharynx et l'œsophage. La partie sous-diaphragmatique comprend l'estomac, l'intestin grêle, le gros intestin et l'anus. Deux valvules séparent : la première, *valvule pylorique*, l'estomac de l'intestin grêle; la deuxième, *valvule iléo-cæcale*, l'intestin grêle du gros intestin.

D'après Sappey, sa longueur totale chez l'adulte est en moyenne de 11 mètres, dont 37 centimètres seulement appartiennent à la partie sus-diaphragmatique.

Les organes annexés au canal alimentaire sont: 1° les *dents*, 2° des glandes versant leur produit de sécrétion dans son intérieur; ce sont les *glandes salivaires*, le *foie* et le *pancréas*.

ARTICLE I. — CANAL ALIMENTAIRE

§ I. — Cavité buccale

La cavité buccale est constituée par un squelette osseux très-incomplet et par des parties molles. Elle est tapissée à l'intérieur par une muqueuse, à la surface de laquelle de nombreuses glandes, parmi lesquelles les glandes salivaires, versent leur produit de sécrétion. Cette cavité est divisée par les arcades dentaires en deux cavités secondaires : l'une, postérieure, *cavité buccale* proprement dite, remplie presque complétement par la langue dans l'occlusion des mâchoires; l'autre, antérieure, *vestibule de la bouche*, comprise entre la face externe des arcades dentaires et des dents et la face interne des joues et des lèvres; ces deux cavités secondaires communiquent entre elles par l'ouverture interceptée par les arcades dentaires, par les fissures interdentaires, et enfin par un espace situé en arrière des dernières molaires. La cavité buccale communique avec l'extérieur par l'*ouverture buccale*, avec le pharynx par l'*isthme du gosier*.

Les *dimensions* de la cavité buccale varient suivant la position de la mâchoire inférieure. Pendant l'occlusion, cette cavité n'existe guère qu'à l'état virtuel, la langue la
remplissant en totalité. Quand le maxillaire inférieur s'abaisse, son diamètre vertical
s'agrandit peu à peu, jusqu'à 0^m,07 à 0^m,075 ; les autres diamètres, qui ne varient pour
ainsi dire pas, mesurent 0^m,08 à 0^m,09 pour le diamètre antéro-postérieur, 0^m,075 à
0^m,08 pour le transversal. Il y a du reste, sur ce point, des différences individuelles et
des différences de race assez notables.

La muqueuse de la cavité buccale présente des variations d'épaisseur, de résistance,
de structure, qui seront décrites à propos de chacune des régions de cette cavité. Partout
elle est recouverte d'un *épithélium pavimenteux stratifié* et pourvue de *papilles* vas-
culo-nerveuses, qui, sur la langue, prennent un développement considérable.

Les *glandes* de la muqueuse buccale sont toutes des *glandes en grappe* et forment
immédiatement sous la muqueuse une couche presque continue depuis l'orifice buccal
jusqu'au pharynx, sauf en certains points, comme la partie antérieure du dos de la langue. Les unes très-petites (0^m,001 à 0^m,006 d'épaisseur), jaunâtres ou blanchâtres,
donnent naissance à un canal excréteur de moins de 0^m001 de longueur ; les acini de
leurs lobules se composent d'une membrane propre, homogène, tapissée par une couche
simple de cellules glandulaires polygonales ; leurs conduits excréteurs sont formés d'une
membrane connective et d'une couche simple de cellules cylindriques. Sur quelques
points elles sont plus volumineuses, mais conservent toujours la même structure. Elles
s'accumulent en plus grand nombre dans certains endroits autour de l'orifice du canal
de Sténon, en dedans de la dernière molaire inférieure, et ont été divisées d'après leur
situation en glandes labiales, linguales, molaires, palatines, etc. A ces glandes, souvent
appelées *glandes muqueuses*, s'ajoutent les glandes salivaires proprement dites, glandes parotides, sous-maxillaires et sublinguales.

Outre ces glandes en grappe, la muqueuse buccale présente encore à la base de la
langue et près de l'isthme du gosier des *follicules clos* sous forme de *glandes solitaires*.
Cette muqueuse est très-riche en *vaisseaux* et en *nerfs*.

1° Parois de la cavité buccale

Ces parois sont au nombre de cinq : 1° une antérieure, constituée par les
lèvres et présentant l'orifice buccal ; 2° deux latérales, les *joues* ; 3° une
supérieure, formée par la *voûte palatine* et le *voile du palais* ; 4° une inférieure, formée en grande partie par la *langue* ; il n'y a pas de paroi postérieure, ou plutôt elle correspond à la face antérieure du voile du palais et à
l'isthme du gosier.

I. PAROI ANTÉRIEURE. — LÈVRES

Les lèvres sont deux replis musculo-cutanés situés en avant des arcades
dentaires et circonscrivant l'orifice buccal.

Conformation extérieure. — Chaque lèvre présente une face cutanée, une
face muqueuse, un bord adhérent, un bord libre ; les angles de réunion des
deux lèvres portent le nom de *commissures* ; les bords libres des lèvres sont
épais, arrondis, un peu renversés en dehors, et recouverts par un tégument
fin et rosé, continu insensiblement avec la muqueuse et séparé de la peau par
une ligne de démarcation bien tranchée. Chez l'homme adulte leur face cutanée est couverte de poils ; leur face postérieure est tapissée par la muqueuse,
qui se réfléchit sur les mâchoires ; il en résulte un sillon de séparation profond, interrompu seulement sur la ligne médiane par un repli muqueux plus
marqué pour la lèvre supérieure, *frein de la lèvre*. La *lèvre supérieure* est
limitée en haut par la base du nez et le *sillon naso-labial* ; elle offre en son

milieu une gouttière verticale, *gouttière sous-nasale ;* son bord libre décrit au repos une courbe onduleuse aboutissant sur la ligne médiane à un tubercule saillant. La *lèvre inférieure* est séparée du menton par un sillon transversal, *sillon mento-labial ;* son bord libre, plus épais que celui de la lèvre supérieure et plus renversé en dehors, offre une ligne onduleuse à courbures inverses et une petite dépression médiane. *L'orifice buccal* peut subir, sous l'influence des muscles des lèvres et des commissures, les plus grandes varia · tions de forme et de dimensions.

Structure. — Les lèvres sont constituées d'avant en arrière par les couches suivantes : peau, couche musculaire, couche glanduleuse, muqueuse. La *peau*, d'abord dense, s'amincit de plus en plus en approchant du bord libre ; elle est très-adhérente aux muscles sous-jacents et contient des follicules pileux considérables. La *couche musculeuse* a été décrite en myologie. La *couche glanduleuse (glandes labiales)* diminue d'épaisseur vers la ligne médiane et vers les commissures. La *muqueuse* est fine et mince.

Vaisseaux et nerfs. — Les *artères* placées sous la muqueuse sont, pour la lèvre supérieure, la coronaire labiale supérieure et des branches des artères sous-orbitaires, alvéolaires et buccales ; pour la lèvre inférieure, la coronaire labiale inférieure et des branches des artères mentonnières, sous-mentales et transversales de la face. Les *veines* se rendent dans les veines faciales. Les *lymphatiques* vont aux ganglions sous-maxillaires. Les *nerfs* sensitifs viennent du trijumeau, les moteurs du facial.

II. — Parois latérales. — Joues

Extérieurement, les joues, considérées comme parois de la cavité buccale, sont limitées, en haut par la base de l'orbite et la saillie de la pommette, en bas par le bord de la mâchoire inférieure, en avant par le sillon naso-labial, en arrière par la saillie du bord antérieur du masséter. Intérieurement, elles sont limitées par la réflexion de la muqueuse buccale sur les maxillaires.

Les joues comprennent de dehors en dedans les couches suivantes : 1° la *peau*, assez mince, très-vasculaire, recouverte de poils en bas et en arrière ; 2° une *couche adipeuse*, très-épaisse, surtout en arrière, où elle forme en avant du masséter une *boule graisseuse*, qui ne disparaît jamais, même chez les individus émaciés ; 3° la *couche musculaire*, constituée essentiellement par le buccinateur et accessoirement par le peaucier et les grands et petits zygomatiques ; 4° la *couche glanduleuse :* elle se compose de petites glandes, *glandes buccales*, dont les plus grosses pénètrent entre les fibres du buccinateur ; elles sont plus nombreuses autour de l'orifice du canal de Sténon ; quelques-unes, *glandes molaires*, forment une traînée compacte en dedans de la dernière molaire inférieure et soulèvent la muqueuse sous forme de crête ; 5° la *muqueuse,* sur laquelle vient s'ouvrir le canal de Sténon après avoir traversé toutes les couches sous-cutanées.

Vaisseaux et nerfs. — Les *artères* des joues viennent de la maxillaire interne (artères buccales, sous-orbitaires, alvéolaires, mentonnières), de la faciale et de la temporale (transversale de la face). Les *veines* se jettent dans les veines faciales. Les *lymphatiques* vont aux ganglions parotidiens et sous-maxillaires. Les *nerfs* moteurs viennent du facial ; les nerfs sensitifs du trijumeau (nerfs buccal et sous-orbitaire).

III. Paroi supérieure

Elle se compose de deux portions : 1° une antérieure, dure, ostéo-fibreuse, *voûte palatine ;* 2° une postérieure, molle, membraneuse, *voile du palais,*

1. *Voûte palatine.* — Elle est constituée par un squelette osseux et une muqueuse.

a. Squelette. — Formée par l'apophyse palatine des maxillaires supérieurs et la lame horizontale des palatins, la voûte palatine osseuse présente une suture cruciforme et les orifices inférieurs des conduits palatins antérieur et postérieur ; elle est parabolique, plus ou moins excavée suivant les sujets, et se compose d'une partie horizontale ou palatine proprement dite, et d'une partie verticale formée par l'arcade dentaire. Sa surface est rugueuse et inégale, surtout en avant et sur les côtés.

b. Muqueuse. — Cette muqueuse offre sur la ligne médiane un raphé aboutissant quelquefois à un tubercule situé au niveau de l'orifice inférieur du canal incisif ; de ce raphé partent des crêtes transversales rugueuses plus ou moins prononcées ; en se rapprochant du voile du palais, elle devient lisse et unie. Elle est remarquable par sa pâleur, son épaisseur, due tant au chorion qu'à la couche épithéliale, enfin par son adhérence intime au périoste et à l'os ; sa couche glanduleuse (*glandes palatines*) est plus épaisse sur la ligne médiane.

Vaisseaux et nerfs. — Les *artères* viennent des artères palatines postérieures, les *veines* accompagnent les artères ; les *lymphatiques* vont aux ganglions faciaux profonds. Les *nerfs* viennent du grand palatin antérieur et tout à fait en avant du nerf naso-palatin.

2. *Voile du palais.* — Le voile du palais est une lame mobile musculo-membraneuse, qui fait suite à la voûte palatine ; il peut se diviser en deux portions :

a. La partie antérieure ou *orale*, presque horizontale, appartient à la cavité buccale ; de ses régions latérales partent deux replis de la muqueuse allant se perdre sur les côtés de la langue ; ce sont les *piliers antérieurs du voile du palais*, qui circonscrivent l'orifice de communication de la bouche et du pharynx ou *isthme du gosier*.

b. La partie postérieure ou *pharyngienne*, très-mobile, oblique en bas et en arrière, se termine par un appendice ou *luette* (*uvula*) libre dans le pharynx ; des bords de la luette partent deux replis, *piliers postérieurs du voile du palais*, qui se portent en bas et en arrière et se perdent sur les parties latérales du pharynx ; ils circonscrivent l'*isthme pharyngo-nasal* ou l'orifice de communication du pharynx avec l'arrière-cavité des fosses nasales. Ces piliers sont plus rapprochés l'un de l'autre que les piliers antérieurs ; aussi les débordent-ils de chaque côté, de façon qu'en examinant le fond de la cavité buccale, on voit les quatre piliers. Le pilier antérieur et le pilier postérieur du même côté, très-rapprochés en haut, s'écartent à mesure qu'ils descendent et circonscrivent une excavation triangulaire qui loge l'amygdale. La face supérieure du voile du palais est convexe et correspond à l'arrière-cavité des fosses nasales. La face antéro-inférieure concave, lisse, continue sans ligne de démarcation avec la muqueuse de la voûte palatine, présente un raphé médian, qui fait suite au raphé de cette dernière.

Le voile du palais se compose d'une charpente musculaire et d'une muqueuse.

A. Muscles du voile du palais

Préparation. — Il suffit, après avoir fait la coupe du pharynx, d'inciser la paroi postérieure du pharynx pour avoir en vue la face postérieure du voile du palais. On enlèvera alors la muqueuse du voile avec précaution pour mettre à nu successivement chacun des muscles.

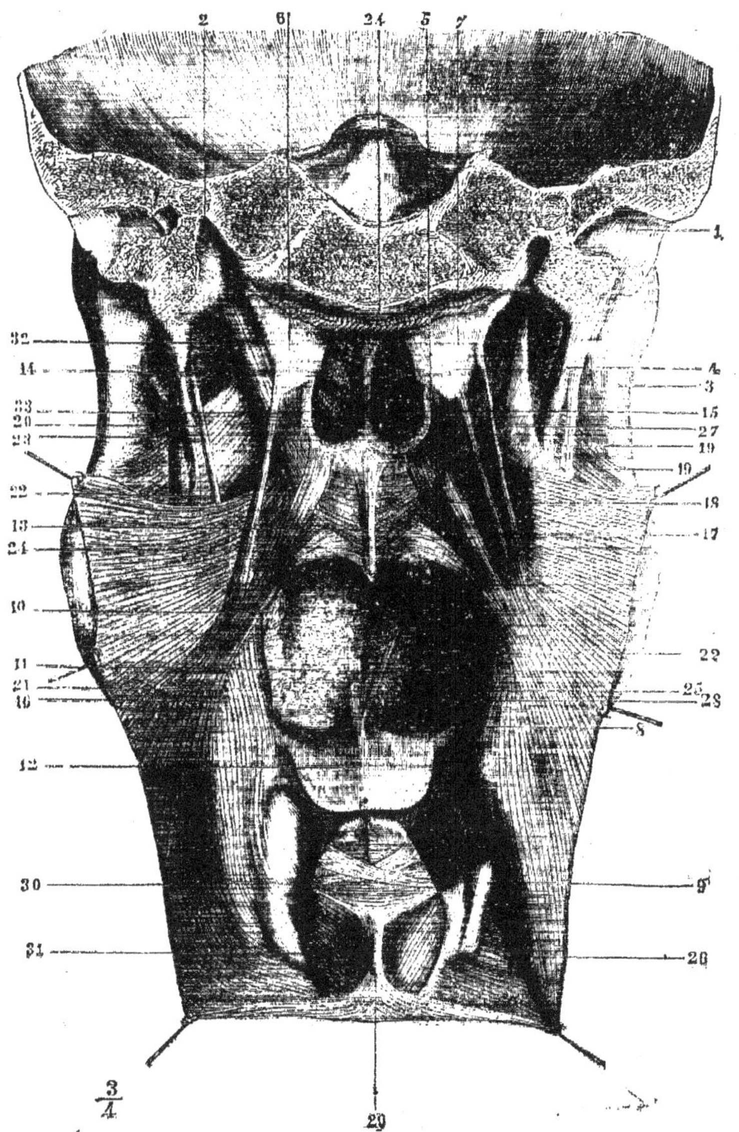

Fig 250. — *Mus les superficiels du voile du palais* (*).

(*) 1) Conduit auditif externe. — 2) Canal carotidien. — 3) Bord postérieur de la branche montante
du maxillaire. — 4) Apophyse styloïde. — 5) Aile interne de l'apophyse ptérygoïde. — 6, 7) Trompe
d'Eustache. — 8) Saillie de la grande corne de l'os hyoïde. — 9) Bord postérieur du cartilage thyroïde.
— 10) Amygdale. — 11) Langue. — 12) Épiglotte abaissée. — 13) Palato-staphylin. — 14) Pérista-

Ce muscles sont au nombre de cinq de chaque côté; ce sont : 1° un destiné à la luette, le palato-staphylin; 2° deux supérieurs, les péristaphylins interne et externe; 3° deux inférieurs, le glosso-staphylin et le pharyngo-staphylin.

1° *Palato-staphylin* (fig. 250, 13). — Ce petit muscle, situé immédiatement sous la muqueuse de la face postérieure du voile, s'étend de l'*épine nasale postérieure* à la pointe de la luette. Les deux muscles de droite et de gauche sont souvent réunis en un seul faisceau (*azygos uvulæ*).

Nerfs. — Il est innervé par des filets pharyngiens du pneumo-gastrique et par le grand nerf pétreux superficiel.

Action. — Il est releveur de la luette.

2° *Péristaphylin interne* [1] (fig. 250, 14). — Ce muscle naît par un tendon de la *face inférieure du rocher en avant du canal carotidien* (fig. 14, J) et du *bord inférieur de l'extrémité postéro-externe du cartilage de la trompe d'Eustache*. De là il se porte en bas, en avant et en dedans, dans une gouttière que lui offre le cartilage de la trompe, puis derrière le péristaphylin externe, s'aplatit peu à peu en s'élargissant, et se termine en éventail dans toute la hauteur du voile, en se continuant sur la ligne médiane avec celui du côté opposé; ses faisceaux s'entre-croisent avec des fibres du pharyngo-staphylin.

Nerfs. — Il est innervé par le nerf palatin postérieur (filets du grand nerf pétreux superficiel) et par des filets pharyngiens du pneumogastrique.

Action. — Il élève le voile du palais.

3° *Péristaphylin externe* [2] (fig 251, 10, 11). — Ce muscle s'attache : 1° à la *fossette scaphoïde de l'apophyse ptérygoïde* et à la partie voisine de la *grande aile du sphénoïde* suivant une ligne oblique en avant et en dedans (fig. 14, E); 2° *au tiers externe de la paroi membraneuse de la trompe d'Eustache*, à laquelle il est soudé intimement à son bord postérieur. Il constitue un faisceau aplati, situé en dedans du ptérygoïdien interne, et qui descend verticalement le long de l'aile interne de l'apophyse ptérygoïde (10). Il donne bientôt naissance à un tendon, qui, au niveau du crochet de cette aile interne, change de direction, se réfléchit (11) dans la concavité de ce crochet accompagné par une bourse séreuse de glissement, s'épanouit en une aponévrose (12) étalée dans le voile du palais, dont elle forme la charpente fibreuse, et se fixe en avant à une crête transversale située en arrière du canal postérieur. Une partie de ses fibres se perd en dehors dans l'aponévrose du pharynx.

Nerfs. — Il est innervé par le nerf du ptérygoïdien externe du maxillaire inférieur.

Action. — Il est tenseur du voile du palais et surtout de sa partie orale; il agit dans le temps qui précède immédiatement la déglutition. Il est en même temps dilatateur de la trompe, et c'est grâce à lui que la trompe s'ouvre à chaque mouvement de déglutition.

phylin interne. — 15) Péristaphylin externe. — 16) Pharyngo-staphylin. — 17) Ses faisceaux profonds. — 18) Ses faisceaux superficiels. — 19) Ses faisceaux accessoires. — 20) Stylo-pharyngien. — 21) Faisceau hyoïdien des stylo-pharyngien et constricteur moyen. — 22) Stylo-glosse. — 23) Stylo-hyoïdien. — 24) Constricteur supérieur. — 25) Constricteur moyen. — 26) Constricteur inférieur. — 27) Aponévrose pharyngienne. — 28) Lingual supérieur. — 29) Attache des fibres circulaires de l'œsophage. — 30) Aryténoïdien postérieur. — 31) Crico-aryténoïdien externe. — 32) Ptérygoïdien externe. — 33) Ptérygoïdien interne.

[1] Pétro-salpingo-staphylin.
[2] Sphéno-staphylin.

4° *Glosso-staphylin.*—Ce muscle, mince, situé dans l'épaisseur des piliers antérieurs du voile du palais, se continue en bas avec les fibres transversales du dos de la langue sous le lingual supérieur, et en haut se perd dans le voile du palais et sur la face antérieure de la luette.

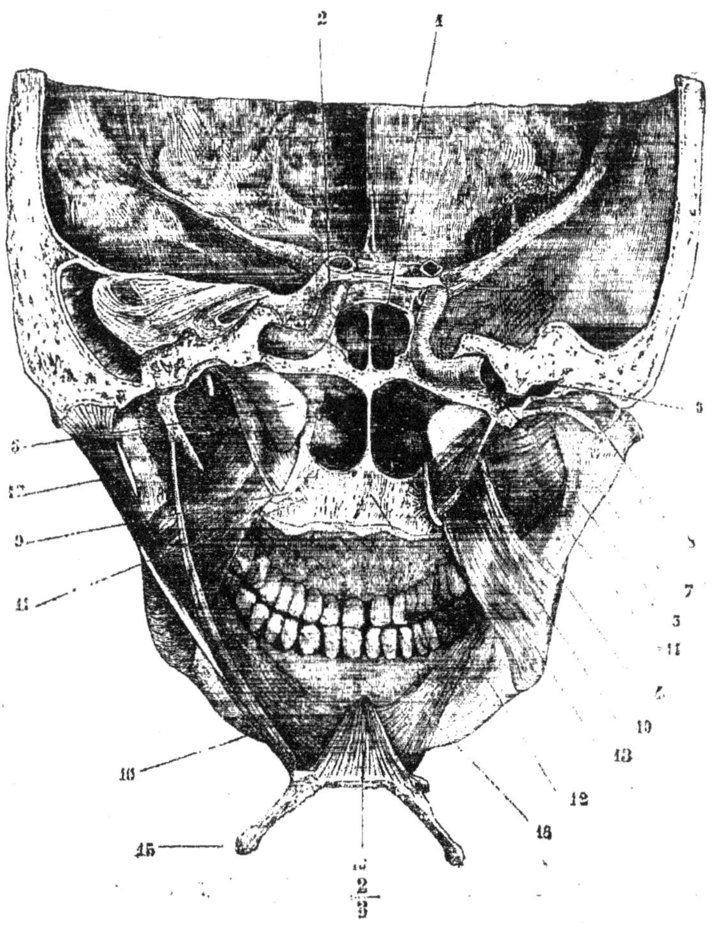

Fig. 251. — *Muscles profonds du voile du palais* (¹).

Nerfs. — Il est innervé par le glosso-pharyngien (probablement par une anastomose provenant du facial).

Action. — Il est constricteur de l'isthme du gosier.

(¹) 1) Sinus sphénoïdal. — 2) Artère carotide interne. — 3) Trompe d'Eustache. — 4) Trompe d'Eustache du côté droit, ouverte. — 5) Partie osseuse de la trompe débouchant dans la 6) Caisse du tympan. — 7) Membrane du tympan. — 8) Conduit auditif externe ouvert. — 9) Crochet de l'aile interne de l'apophyse ptérygoïde. — 10) Partie verticale du péristaphylin externe. — 11) Sa portion réfléchie.

5° *Pharyngo-staphylin* (fig. 250, 16). — Ce muscle, situé dans l'épaisseur des piliers postérieurs du voile du palais, est large et membraneux. Ses insertions supérieures, multiples, se font : 1° par divers faisceaux entre-croisés avec ceux du péristaphylin interne aux *bords de la luette* et à l'*aponévrose du voile du palais* (18); 2° au *tendon du péristaphylin externe ;* 3° au *bord inférieur de l'ouverture postérieure des fosses nasales ;* 4° au *cartilage de la trompe* (19). De là ses fibres se portent : 1° les unes, celles qui proviennent des points fixes, à la *ligne médiane du pharynx*, depuis le bord inférieur du constricteur supérieur jusqu'à la hauteur des cartilages aryténoïdes ; 2° les autres, celles qui proviennent des points mobiles (luette et voile) au *bord postérieur* et à la grande corne du cartilage thyroïde.

Nerfs. — Il est innervé par le glosso-pharyngien (filets anastomotiques du facial) et peut-être par les filets pharyngiens du pneumogastrique.

Action. — On peut considérer ce muscle comme composé de deux ordres de fibres ; les premières, ayant leur point fixe en haut, constituent une anse musculaire dont la convexité correspond à la paroi postérieure du pharynx, et les extrémités aux parties latérales de l'ouverture des fosses nasales ; elles élèvent le pharynx ; les secondes représentent une anse musculaire dont la convexité répond au voile du palais et les extrémités fixes aux bords du cartilage thyroïde ; elles abaissent le voile du palais. Toutes les deux ont pour action commune de rapprocher l'un de l'autre les piliers postérieurs et de fermer l'isthme pharyngo-nasal.

B. Muqueuse du voile du palais

Cette muqueuse, lisse et unie, a des caractères différents sur les deux faces du voile. Sur la face postérieure, elle a les caractères de la muqueuse nasale ; elle est mince, peu adhérente ; son épithélium est *vibratile.* Sur la face antérieure, où elle continue la muqueuse palatine, elle est épaisse, adhérente et recouverte d'un *épithélium pavimenteux stratifié.* Sur les bords du voile, à la pointe de la luette, et sur les piliers antérieurs, elle est unie aux parties sous-jacentes par un tissu cellulaire très lâche.

Glandes. — Des *glandes en grappe*, continuant celles de la voûte palatine, forment sous la muqueuse de la face antérieure une couche épaisse (jusqu'à 0m006) qui diminue vers les bords libres du voile ; sur la face postérieure, elles sont très-clair-semées. On trouve sur cette face quelques *follicules clos* faisant saillie sous la muqueuse.

Vaisseaux et nerfs. — Les *artères* viennent des palatines supérieure et inférieure ; les artères linguale et pharyngienne fournissent quelques branches aux piliers. Les *veines* de la face postérieure se jettent dans le plexus ptérygoïdien ; celles de la face antérieure, plus nombreuses, dans la veine pharyngienne. Les *lymphatiques*, disposés aussi en deux réseaux, vont aux ganglions qui occupent la bifurcation de la carotide primitive. Les *nerfs* de la muqueuse et des glandes sont fournis par les nerfs palatins postérieurs et par des filets du pneumo-gastrique et du glosso-pharyngien.

IV. — Paroi inférieure du plancher de la cavité buccale

Cette paroi peut se diviser en deux étages :

1° Un étage inférieur, constitué par un plan musculaire tendu de la ligne mylo-hyoïdienne du maxillaire inférieur à l'os hyoïde (mylo-hyoïdien et génio-

---

— 12) Aponévrose du voile du palais. — 13) Ptérygoïdien interne. — 14) Ptérygoïdien externe. — 15) Os hyoïde. — 16) Stylo-hyoïdien. — 17) Digastrique. — 18) Mylo-hyoïdien. — 19) Génio-hyoïdien. (*Nota.* La coupe du côté droit est sur un plan antérieur à celle du côté gauche.)

hyoïdien), plan doublé à l'extérieur par le ventre antérieur du digastrique, l'aponévrose cervicale et la peau ;

2° Un étage supérieur formé par la langue.

2° Langue

Préparation. — Pour étudier la muqueuse, extraire la langue avec l'os hyoïde, le larynx et la partie médiane du maxillaire inférieur. Pour les muscles, enlever tout un côté du maxillaire inférieur, en respectant les insertions du génio-glosse, et isoler chaque muscle jusqu'à son entrée dans la langue. La dissection des fibres musculaires dans l'intérieur de la langue est très-difficile et ne peut être faite que sur des langues durcies par la coction, l'alcool, etc. Des coupes en divers sens sont très-utiles pour étudier la direction des fibres musculaires.

La langue est un organe à la fois de motilité (articulation des sons), de mastication, etc. et de sensibilité soit générale (tactile), soit spéciale (gustative). Fixée par sa base à l'os hyoïde et au maxillaire inférieur, elle est libre dans la cavité buccale par sa face supérieure, ses bords et son extrémité antérieure.

Conformation extérieure. — La langue a deux faces, deux bords, une base et un sommet ou pointe.

1° *Face supérieure ou dorsale.*—Elle est horizontale dans sa moitié antérieure; dans sa moitié postérieure elle descend presque verticalement (fig. 252) pour rejoindre le corps de l'os hyoïde et l'épiglotte, à laquelle elle est rattachée par trois *replis glosso-épiglottiques*, un médian et deux latéraux interceptant deux petites fossettes. Dans le rapprochement des mâchoires, cette face est en contact avec la voûte palatine et le voile du palais, et la cavité buccale est à peu près réduite à 0. Elle est divisée en deux portions par deux rangées de saillies formant par leur réunion un V ouvert en avant; c'est le V *lingual;* la pointe du V située à la réunion du quart postérieur et des trois quarts antérieurs de la langue correspond à un cul-de-sac assez large, *foramen cæcum* ou *de Morgagni ;* la partie postérieure au V lingual est inégale et présente des saillies aplaties et volumineuses pourvues d'un orifice; la partie antérieure au V a un aspect villeux dû à des papilles nombreuses, qui seront décrites plus loin ; un sillon médian la divise en deux moitiés.

2° *Face inférieure.*—Elle n'est libre que dans son tiers antérieur; un sillon médian continu à celui de la face dorsale la divise et se prolonge en arrière dans un repli muqueux, *frein* ou *filet ;* de chaque côté du filet se trouve une saillie mamelonnée, sur laquelle s'ouvre le canal de Wharton et plus en dehors la saillie bleuâtre des veines ranines.

3° Les *bords* de la langue s'amincissent d'arrière en avant.

4° La *base* est rattachée à l'épiglotte par les replis glosso-épiglottiques, et au voile du palais par les piliers antérieurs.

5° La *pointe*, partie la plus mince de la langue, offre par la réunion des deux sillons supérieur et inférieur un vestige de bifidité.

Conformation intérieure. — La langue se compose d'une charpente musculaire et d'un revêtement muqueux, auxquels s'adjoignent des vaisseaux et des nerfs.

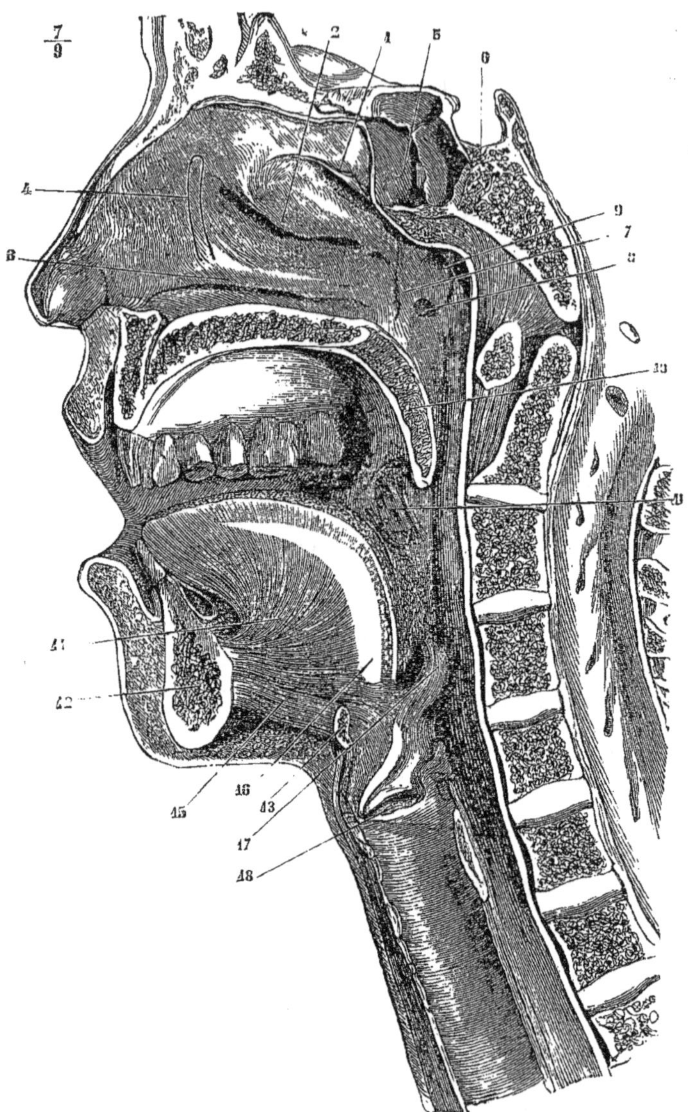

Fig. 252. — *Coupe médiane antéro-postérieure de la face* (*).

(*) 1) **Cornet** supérieur. — 2) Cornet moyen. — 3) Cornet inférieur. — 4) Ligne ponctuée indiquant la situation du canal nasal. — 5) Sinus sphénoïdal. — 6) Selle turcique. — 7) Saillie limitant en arrière les fosses nasales. — 8) Ouverture de la trompe d'Eustache. — 9) Dépression de la muqueuse du pharynx au-dessus de cet orifice. — 10) Coupe du voile du palais. — 11) Amygdales. — 12) Coupe du maxillaire inférieur. — 13) Coupe de l'os hyoïde. — 14) Coupe de la langue. — 15) Muscle génio-hyoïdien. — 16) Septum lingual. — 17) Épiglotte. — 18) Orifice du ventricule droit du larynx.

I. Muscles de la langue

Ces muscles s'attachent en partie aux os (os hyoïde, maxillaire inférieur, apophyse styloïde), en partie aux organes ambiants (voile du palais, pharynx); de là ils se rendent à la face profonde de la muqueuse; enfin quelques-uns s'attachent uniquement à la muqueuse. Dans l'épaisseur de la langue se trouve une cloison fibreuse médiane, *septum lingual* (fig. 252, 10, et 254, 9), qui donne insertion à des fibres musculaires; ce septum, haut de $0^m,011$, a une forme semi-lunaire; son bord inférieur concave répond à l'entre-croisement des génio-glosses, son bord inférieur convexe est parallèle au dos de la langue; sa base s'attache à l'os hyoïde, sa pointe se perd dans le tissu même de la langue. Tous les muscles de la langue, sauf le lingual vertical, sont pairs.

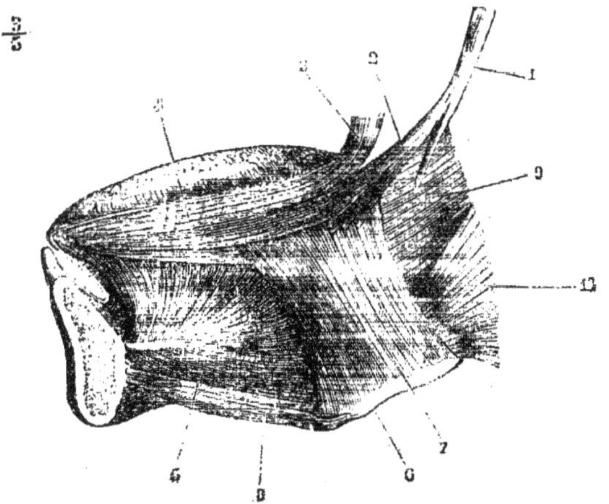

FIG. 252. — *Muscles de la langue* (*).

1° *Stylo-glossse* (fig. 253, 2). — Ce muscle, grêle, fusiforme, s'attache en haut à la *base* et à la *partie antérieure de l'apophyse styloïde*, et descend d'abord verticalement, puis un peu en dedans en se tordant sur lui-même de façon que sa face antérieure devient externe. Il atteint la langue en arrière du pilier antérieur et se divise en deux faisceaux, l'un, *inférieur*, qui longe le bord de la langue et va jusqu'à la pointe se continuer avec celui du côté opposé, après avoir abandonné quelques fibres au génio-glosse, l'autre, *supérieur*, plus faible, qui va s'unir aux fibres de l'hyo-glosse et aux fibres transversales de la langue.

Nerfs. — Il est innervé par le rameau lingual du facial.

Action. — Ils portent la langue en haut et en arrière, élargissent sa base et la pressent contre le voile du palais dans la déglutition.

2° *Hyo-glosse* (fig. 253, 7). — Ce musle, aplati, quadrilatère, s'attache au *bord supérieur de la grande corne de l'os hyoïde (cérato-glosse)* et à la

(*) 1) Apophyse styloïde. — 2) Stylo-glosse. — 3) Glosso staphylin. — 4) Lingual inférieur. — 5) Génio-glosse. — 6) Os hyoïde. — 7) Hyo-glosse. — 8) Génio-hyoïdien. — 9) Pharyngo-glosse. — 10) Constricteur moyen du pharynx.

partie voisine du *corps* de l'os (*basio-glosse*); il est enveloppé à ses insertions,
en avant par le génio-hyoïdien, en arrière par le constricteur moyen. De là ses
fibres antérieures pénètrent dans la langue entre le stylo-glosse et le lingual
inférieur pour devenir antéro-postérieures sur le dos de la langue, tandis que
les fibres postérieures, après avoir passé entre le stylo-glosse et le génio-
glosse, s'épanouissent en éventail avec une direction prédominante transversale.

Action. — Ils rapprochent la langue de l'os hyoïde et la compriment transversalement.

3° *Glosso-staphylin*. — Ce muscle a été décrit avec les muscles du voile du
palais.

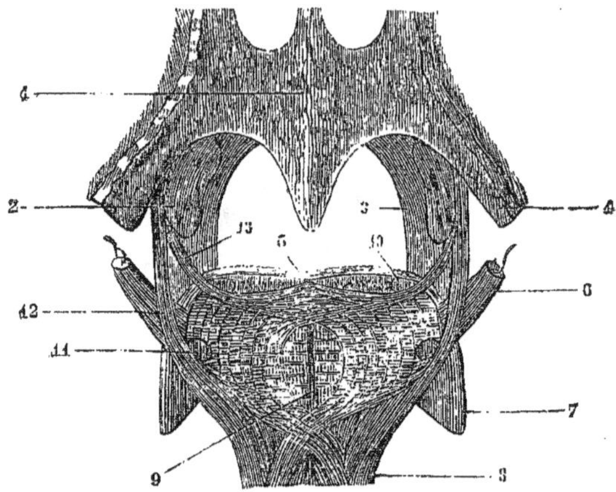

FIG. 254. — *Coupe de la base de la langue au niveau de l'isthme du gosier* (*).

4° *Lingual supérieur* (fig. 254, 10). — Ce petit muscle, aplati, situé immédiatement sous la muqueuse du dos de la langue, naît de la *base de la petite
corne de l'os hyoïde* (*chondro-glosse*) et de la partie voisine du corps, et se
porte en avant sur le dos de la langue. Un faisceau médian (*muscle glosso-
épiglottique*) part du repli médian glosso-épiglottique.

Action. — Il raccourcit la face supérieure de la langue et porte sa pointe en haut.

5° *Pharyngo-glosse* (fig. 253, 9). — Ce muscle se compose de faisceaux
minces provenant du constricteur supérieur du pharynx. Les supérieurs longent superficiellement les bords de la langue entre le stylo-glosse en bas et le
glosso-staphylin en haut; les inférieurs passent sous l'hyo-glosse et se confondent avec le lingual inférieur et le génio-glosse.

6° *Lingual inférieur* (fig. 253, 4; fig. 254, 11). — Ce muscle est situé à la
face inférieure de la langue au-dessous du stylo-glosse, entre le génio-glosse
et l'hyo-glosse. Il s'insère en avant à la muqueuse de la pointe de la langue;

(*) 1) Face postérieure du voile du palais. — 2) Amygdale. — 3) Pilier antérieur. — 4) Pilier postérieur.
— 5) Muqueuse linguale. — 6) Stylo-glosse. — 7) Hyo-glosse. — 8) Génio-glosse. — 9) Septum lingual. — 10) Coupe du lingual supérieur. — 11) Coupe du lingual inférieur. — 12) Pharyngo-glosse.
— 13) Amygdalo-glosse. — (D'après Bonamy et Beau).

en arrière, ses fibres se perdent, en partie en s'entre-croisant avec celles du génio-glosse, en partie en se continuant avec quelques fibres du stylo-glosse et du pharyngo-glosse.

Action. — Il rétracte la pointe de la langue et la porte en bas.

7° *Amygdalo-glosse* (fig. 254, 13). — Ce petit muscle, très-mince, situé sous la muqueuse entre le bord inférieur de l'amygdale et le bord de la langue, naît en haut de l'aponévrose pharyngienne, s'applique sur la face externe de l'amygdale, et, arrivé au bord de la langue, s'engage sous le lingual supérieur, et se porte transversalement vers la ligne médiane (Broca).

Action. — Il soulève la base de la langue et rétrécit la partie correspondante du pharynx.

8° *Génio-glosse* (fig. 253, 5). — Ce muscle, épais, triangulaire, rayonné, accolé à celui du côté opposé sur la ligne médiane, s'insère par un fort tendon à l'*apophyse géni-supérieure;* de là il donne naissance à une série de feuillets divergents, dont les antérieurs, verticaux, s'attachent à la pointe de la langue, les postérieurs, horizontaux, à sa base et au corps de l'os hyoïde, de façon que le muscle dans sa totalité représente un triangle dont la pointe est à l'apophyse géni et dont la base curviligne est mesurée par toute la longueur de la face dorsale de la langue (fig. 252, 14). Au-dessous du septum lingual les faisceaux internes du génio-glosse d'un côté, s'entre-croisent avec ceux du muscle du côté opposé (fig. 254). Quelques fibres internes de ce muscle se rendent à l'épiglotte (*levator epiglottidis*). Le génio-glosse forme la masse charnue de la langue et est reçu, comme dans une coque musculaire, dans une gouttière ouverte en bas, constituée par la plupart des muscles précédents.

Action. — Les fibres hyoïdiennes tirent en avant l'os hyoïde; les fibres antérieures portent la langue en arrière et la font rentrer dans la cavité buccale. Si les deux muscles se contractent en totalité, la langue est abaissée et comprimée dans le sens vertical.

9° *Lingual transverse* (fig. 254). — Ce sont des fibres transversales naissant des deux faces du septum lingual et se portant à la muqueuse des bords de la langue.

Action. — Il effile la langue, l'allonge et fait sortir sa pointe de la bouche.

10° *Lingual vertical.* — Ces fibres, qui n'existent guère que dans la pointe et vers les bords, vont de la face inférieure à la face supérieure de la langue.

Disposition des fibres musculaires dans l'intérieur de la langue. — Toutes ces fibres, une fois arrivées dans l'intérieur de la langue, sont très-difficiles à suivre à cause de leur intrication. On peut cependant distinguer trois directions principales : 1° des fibres *verticales*, provenant du génio-glosse et du lingual vertical; 2° des fibres *transversales*, provenant superficiellement de l'hyo-glosse, du faisceau supérieur du stylo-glosse, du glosso-staphylin et de l'amygdalo-glosse, et profondément du transverse ; 3° des fibres *longitudinales*, fournies par les linguaux supérieur et inférieur, le stylo-glosse, les faisceaux antérieurs de l'hyo-glosse, et à la pointe de la langue par les fibres antérieures du génio-glosse.

Les fibres musculaires de la langue sont des fibres striées, mais offrant des ramifications et des anastomoses et s'entre-croisant fréquemment les unes avec les autres. Elles se terminent à la face profonde de la muqueuse ou de la couche glandulaire sous-muqueuse, là où celle-ci existe.

Nerfs. — Les muscles de la langue sont innervés par l'hypoglosse, à l'exception du sty-lo-glosse et du glosso-staphylin, innervés par le rameau lingual du facial et du pharyngo-glosse, innervé lui-même par le plexus pharyngien. La langue reçoit, en outre, un ra-meau de la corde du tympan.

Mouvements de la langue. — La langue à l'état de repos est large, molle et remplit complètement la cavité buccale. Les mouvements qu'elle exécute sont de deux espèces : *extrinsèques* et *intrinsèques*.

1° *Mouvements extrinsèques.* — Ce sont des déplacements en totalité de l'organe, amenés en grande partie par des déplacements correspondants de l'os hyoïde. Ces mou-vements, au nombre de quatre, sont accomplis par les muscles suivants : 1° *élévation :* stylo-hyoïdien, digastrique, constricteur moyen, mylo-hyoïdien, stylo-glosse, glosso-staphylin; 2° *abaissement :* muscles sous-hyoïdien et hyo-glosse ; l'excursion du mou-vement de haut en bas est de 0m,035 environ ; 3° *mouvement en avant :* génio-hyoï-dien, génio-glosse, mylo-hyoïdien, ventre antérieur du digastrique ; 4° *mouvement en arrière :* constricteur moyen, omo-hyoïdien, ventre postérieur du digastrique et tous les muscles élévateurs, sauf le mylo-hyoïdien ; l'excursion du mouvement d'avant en arrière a un peu plus de 0m,01.

2° *Mouvements intrinsèques.* — Ils consistent en des changements de forme et sont produits par les muscles suivants : 1° *allongement :* lingual transverse ; 2° *raccour-cissement :* fibres longitudinales ; 3° *aplatissement* et *élargissement dans le sens trans-versal :* fibres verticales; 4° *rétrécissement dans le sens transversal :* fibres trans-verses ; 5° *mouvements de latéralité :* stylo-glosse et fibres longitudinales d'un seul côté; 6° *excavation de la face dorsale de la langue s'incurvant en gouttière :* action combinée des fibres internes des génio-glosses qui fixent la partie médiane de la langue et des stylo-glosse, lingual supérieur et glosso-staphylin, qui relèvent ses bords. On pour-rait multiplier presque à l'infini ces mouvements partiels, dont l'analyse est souvent très-difficile et parfois impossible. Parmi ces mouvements intrinsèques, il en est dans lesquels la langue prend un point fixe et s'arc-boute contre des parties solides de la ca-vité buccale (ex. : déglutition, production de consonnes explosives, etc.).

II. — M U Q U E U S E   L I N G U A L E

Sur la face inférieure de la langue, la muqueuse ne présente pas de caractè-res particuliers ; il n'en est pas de même sur la face dorsale : là toute la partie antérieure au V lingual est couverte de papilles particulières ; le V lingual lui-même en est formé. Ces papilles sont de trois espèces : les unes, très-petites, *papilles filiformes,* les plus nombreuses, sont éparses sur toute la surface de la muqueuse et lui donnent un aspect velouté; les secondes, de grandeur moyenne, *papilles fungiformes,* sont parsemées au milieu des pré-cédentes en nombre variable ; les dernières et les plus volumineuses, *papilles caliciformes,* constituent par leur réunion le V lingual. On a décrit encore (Albinus, quelques auteurs modernes) une quatrième espèce de papilles, *papilles foliiformes,* situées sur les côtés de la racine de la langue, en avant de l'origine des piliers antérieurs du voile du palais.

Structure des papilles linguales. — 1° *Papilles filiformes* (fig. 255, A). — Elles ont la forme de cylindres huit à dix fois plus hauts que larges (leur hauteur varie entre 0m,004 et 0m,0016) et dont la pointe est dirigée en avant. Elles se composent d'un axe solide continu au derme de la muqueuse et supportant des papilles secondaires et d'un revêtement épithélial donnant naissance à des prolongements filiformes plus ou moins longs ; habituellement, même en état de santé, on trouve mêlés à la couche épithéliale des champignons microscopiques *(leptothrix buccalis* de Ch. Robin, fig. 256). Cette couche est souvent le siège d'une hypertrophie considérable, et ce sont ces variations d'épaisseur qui déterminent les variétés de coloration jaunâtre, blanchâtre ou rosée de la langue.

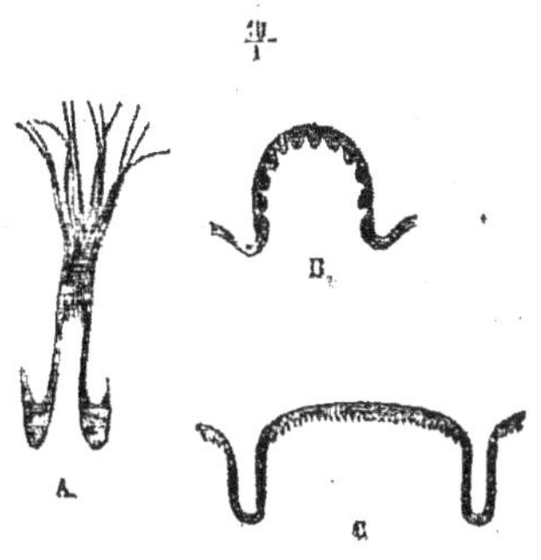

Fig. 255 — *Papilles linguales* (*).

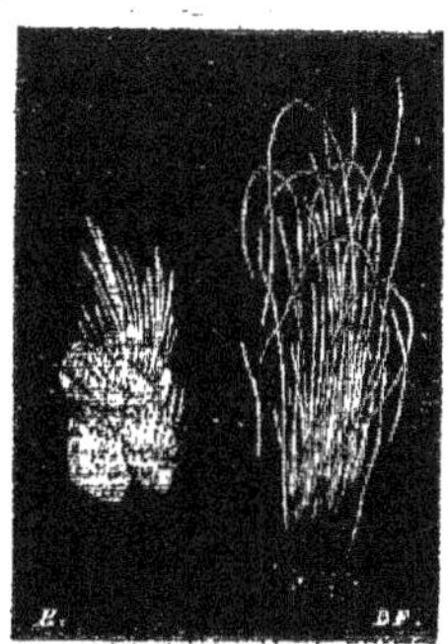

Fig. 256. — *Leptothrix buccalis*.

2° *Papilles fungiformes* (fig. 255, B). — Ce sont de petites saillies arrondies en forme de massue. Elles sont constituées par un renflement du derme portant de petites papilles secondaires et revêtu par une couche épithéliale mince et lisse à sa surface. Leur couleur rouge tranche sur la couleur blanchâtre des papilles filiformes qu'elles dépassent, ou au milieu desquelles elles sont enfouies, suivant la longueur de ces dernières. On les rencontre surtout aux environs des papilles caliciformes, sur les bords et à la pointe de la langue.

3° *Papilles caliciformes* (fig. 255, C). — Elles sont au nombre de seize à vingt. La plus volumineuse, située à la pointe du V lingual, occupe le *foramen cæcum*. Elles sont analogues comme forme aux papilles fungiformes, mais plus développées, et, au lieu de faire saillie sur la muqueuse, elles sont enfouies dans une dépression de cette dernière, de façon que leur base est entourée d'une rigole circulaire.

Entre ces trois espèces de papilles on trouve des formes de transition. Toutes, sans exception, contiennent au moins une anse vasculaire; elles possèdent en outre des filets nerveux nombreux et superficiels qui, d'après des recherches récentes (Michael), formeraient des plexus pourvus de cellules ganglionnaires et présenteraient à leurs extrémités des renflements terminaux spéciaux.

Au point de vue de leurs fonctions, les papilles caliciformes paraissent affectées au sens du goût, les fungiformes au sens du tact ; quant aux filiformes, leur rôle paraît être plutôt un rôle mécanique de division et de mélange des parcelles alimentaires ramollies par les liquides buccaux.

Glandes linguales. — Ce sont des glandes en grappe. Elles existent à la base et sur les bords de la langue. Sur la base de la langue elles forment une couche épaisse de 0m,006 sous la muqueuse en arrière du V lingual. Sur les bords elles constituent une traînée allant de la base à la pointe et s'agglomérant surtout en deux endroits : en avant, c'est la *glande de Blandin* ou *de Nuhn*, située vers la pointe, sur les côtés de la ligne médiane et s'ouvrant par quatre ou cinq conduits excréteurs sur la face inférieure de la langue ; en arrière, ce sont les *glandes de Weber*, placées sur les bords au niveau des extrémités antérieures du V lingual et s'ouvrant par plusieurs orifices sur le bord de la langue. A la base de la langue, en arrière du V lingual, se trouvent des *follicules clos* (glandes solitaires).

Vaisseaux et nerfs de la langue. — Les artères viennent de la linguale. La muqueuse

(*) A. Papilles filiformes. — B. Papilles fungiformes. — C. Papilles caliciformes. — (D'après Todd et Bowmann).

linguale est très vasculaire et ses capillaires ne communiquent pas sur la ligne médiane de façon qu'une injection par une des artères linguales s'arrête sur le milieu du dos de la langue. Les *reines* vont aux veines linguales. Les *lymphatiques*, très-nombreux dans la muqueuse et le tissu sous-muqueux, se rendent aux ganglions profonds de la région sous-hyoïdienne. Les *nerfs* sensitifs proviennent du lingual (partie antérieure au V lingual), du glosso-pharyngien (V lingual et partie postérieure) et d'un filet du laryngé supérieur. Le lingual et le glosso-pharyngien présentent sur le trajet de leurs ramifications de petits ganglions microscopiques. Des rameaux sympathiques accompagnent les artères. Les nerfs moteurs ont été mentionnés à propos des muscles.

D'après des recherches récentes de G. Schwalbe, Loven, Th.-W. Engelmann, Sertoli, etc., la terminaison des nerfs gustatifs se ferait de la façon suivante. Les parties latérales de la rigole circulaire des papilles caliciformes contiennent des corpuscules particuliers, *corpuscules gustatifs*. Ces corpuscules, en forme de bouteille à ventre renflé, sont enfouis dans les couches profondes de l'épithélium des papilles et s'ouvrent par un orifice étroit, *pore gustatif*, dans la cavité de la rigole circulaire. Ces corpuscules sont constitués par deux espèces de cellules ; les unes plus antérieures, *cellules de recouvrement*, ne sont que des cellules épithéliales plus ou moins modifiées ; elles sont fusiformes, à noyau ovale et s'accolent un peu à la façon de côtes de melon, mais en constituant plusieurs couches ; les autres, *cellules gustatives*, sont situées dans l'axe du corpuscule ; leur corps est formé par un noyau volumineux et présente un prolongement périphérique plus large dirigé vers le pore gustatif, et un prolongement central très-fin et probablement en rapport avec les fibres nerveuses terminales.

Ces corpuscules gustatifs se rencontrent aussi sur les papilles fungiformes, mais en bien plus faible quantité (voir : *Lannegrace : terminaisons nerveuses dans les muscles de la langue et sa membrane muqueuse. Paris. 1878*).

§ II. — Pharynx

Préparation. — *Coupe du pharynx.* Diviser transversalement les parties molles du cou au-dessus du sternum jusqu'à la colonne vertébrale ; détacher les parties molles des muscles prévertébraux et séparer de bas en haut la face du crâne par un trait de scie transversal passant en arrière des apophyses styloïdes. Par ce procédé on est exposé à léser des organes importants ; aussi vaut-il mieux enlever le rachis en désarticulant dans l'articulation occipito-atloïdienne. Pour étudier le pharynx par ses parties latérales, on enlèvera d'un côté la branche montante du maxillaire inférieur (voy. fig. 258).

Le pharynx est un conduit musculo-membraneux étendu de l'apophyse basilaire à la cinquième vertèbre cervicale, entre le rachis en arrière et les fosses nasales, la bouche et le larynx en avant. Sa longueur, sujette à des variations considérables ($0^m,07$ à $0^m,17$), est en moyenne de $0^m,13$. Sa largeur, de $0^m,04$ en haut, diminue peu à peu, sauf un élargissement au niveau de l'os hyoïde. Sa profondeur, d'abord de $0^m,02$, se réduit graduellement de haut en bas et arrive à 0° au niveau du cartilage cricoïde, où ses deux parois s'accolent.

I. *Conformation extérieure* (fig. 257 et 258). — Prismatique et triangulaire en haut, le pharynx s'aplatit en bas d'arrière en avant. En haut et en avant, il ne se laisse pas isoler des parties voisines et, par suite, il ne présente comme faces libres qu'une face postérieure et deux faces latérales. Sa *face postérieure*, à peu près plane, est séparée des muscles prévertébraux par un tissu cellulaire lamelleux, qui contient, surtout au niveau de la deuxième vertèbre cervicale, quelques ganglions lymphatiques. Ses *faces latérales* sont séparées du ptérygoïdien interne par un espace triangulaire, dans lequel on trouve les artères carotides interne et externe ; la veine jugulaire interne, les nerfs glosso-pharyngien, pneumo-gastrique, spinal, grand hypoglosse, grand

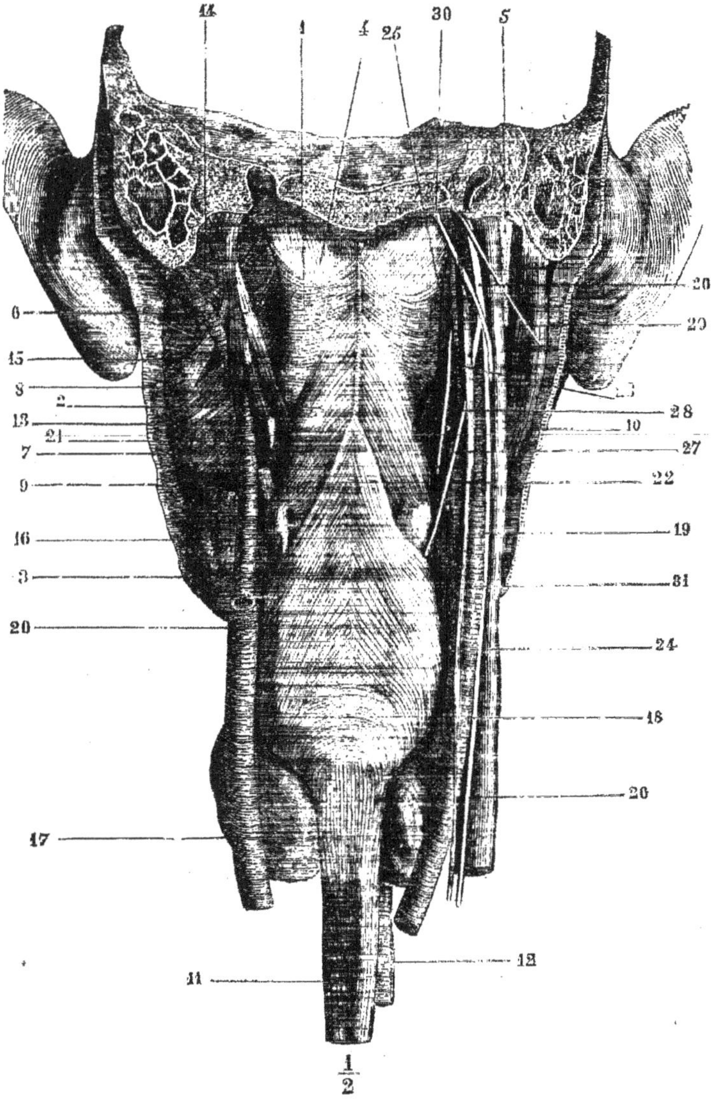

Fig. 257. — *Face postérieure du pharynx* (*).

(*) 1) Constricteur supérieur. — 2) Constricteur moyen. — 3) Constricteur inférieur. — 4) Aponévrose céphalo-pharyngienne recouvrant le péristaphylin interne. — 5) Apophyse styloïde. — 6) Stylo-pharyngien. — 7) Stylo-glosse. — 8) Stylo-hyoïdien. — 9) Tendon du digastrique coupé. — 10) Digastrique. — 11) Œsophage. — 12) Trachée. — 13) Ptérygoïdien interne. — 14) Ptérygoïdien externe. — 15) Ligament stylo-maxillaire. — 16) Glande sous-maxillaire. — 17) Glande thyroïde. — 18) Artère carotide primitive. — 19) Artère carotide interne. — 20) Carotide interne, coupée à son origine. — 21)

sympathique, les muscles styliens et un prolongement de la parotide s'accolent à cette face. Le bord antérieur des faces latérales répond de haut en bas à l'aile interne de l'apophyse ptérygoïde et au péristaphylin interne, au bord postérieur du buccinateur, à la racine de la langue, à la grande corne de l'os hyoïde, aux cartilages thyroïde et cricoïde.

II. *Conformation intérieure* (fig. 250 et 252). — La cavité du pharynx a une voûte et quatre parois, dont l'antérieure surtout est très-importante à cause des ouvertures qui la font communiquer avec les cavités nasale, buccale et laryngienne. Ces ouvertures occupant presque toute cette paroi antérieure, on a pu comparer le pharynx à une gouttière à concavité antérieure, aussi bien qu'à un canal complet.

La *voûte* offre des saillies et des dépressions qui lui donnent l'aspect d'un tissu à mailles réticulées rappelant l'amygdale. Une de ces dépressions forme souvent au centre de cette voûte un cul-de-sac profond.

La *paroi postérieure* est plane et lisse.

Les *parois latérales* présentent en haut l'*orifice* évasé de la *trompe d'Eustache* (fig. 252, 8) ; cet orifice est situé à la hauteur de l'extrémité postérieure du cornet inférieur, en arrière de l'ouverture postérieure des fosses nasales, à 0^m,055 environ de l'extrémité postérieure de l'ouverture nasale antérieure ; il en part une gouttière qui se porte en bas, en avant et en dedans à la partie supérieure du bord adhérent du voile du palais ; entre la trompe et la voûte du pharynx est une excavation assez profonde. En descendant sur la face latérale, on trouve l'excavation amygdalienne avec l'amygdale et le pilier postérieur du voile du palais, et plus bas encore le *repli pharyngo-épiglottique* dirigé en bas et en arrière des bords de l'épiglotte aux parties latérales du pharynx.

La *face antérieure* (fig. 250) présente de haut en bas trois ouvertures : 1° l'*ouverture postérieure des fosses nasales*, séparée en deux ouvertures quadrilatères par la cloison médiane ; au-dessous d'elle est la face postérieure du voile du palais ; 2° l'*isthme du gosier*, circonscrit par le voile du palais, les piliers antérieurs et la base de la langue rattachée à l'épiglotte par les replis glosso-épiglottiques ; 3° l'*ouverture supérieure du larynx* (fig. 259), ovalaire, à plan oblique en bas et en arrière, et circonscrite en avant par l'épiglotte, sur les côtés par les replis aryténo-épiglottiques, en arrière par les sommets des cartilages aryténoïdes, que sépare une petite échancrure ; sur les côtés de cet orifice se voient deux *gouttières* triangulaires, larges en haut, étroites en bas, comprises entre les muscles thyro-aryténoïdiens et crico-aryténoïdiens latéraux en dedans et la face interne du cartilage thyroïde en dehors ; elles sont quelquefois traversées obliquement par un pli dû au soulèvement de la muqueuse par le nerf laryngé supérieur ; ces gouttières et la saillie médiane qui les sépare, saillie due aux cartilages cricoïde et aryténoïde, représentent seules la paroi antérieure du pharynx.

La cavité pharyngienne peut être divisée, eu égard à ses connexions et à ses fonctions, en trois parties : 1° la première, partie nasale ou *arrière-cavité des fosses nasales*, est à peu près invariable comme forme et comme dimensions et sert au passage de l'air ; 2° la deuxième, partie buccale ou *gutturale*,

Carotide externe s'engageant entre les muscles styliens. — 22) Carotide externe. — 23) Artère pharyngienne inférieure. — 24) Veine jugulaire interne. — 25) Veine pharyngienne. — 26) Nerf pneumogastrique. — 27) Nerf laryngé supérieur. — 28) Nerf glosso-pharyngien. — 29) Nerf spinal coupé. — 30) Nerf grand hypoglosse, — 31) Grand sympathique,

est susceptible des plus grandes variations de forme, de dimensions et de situation ; elle représente une sorte de carrefour commun au tube laryngo-nasal ou aérien d'une part, et au tube bucco-œsophagien ou alimentaire de l'autre ; cette cavité centrale communique avec l'arrière-cavité des fosses nasales par l'isthme pharyngo-nasal, avec le larynx par l'ouverture supérieure du larynx, avec la bouche par l'isthme du gosier, et chacun de ces orifices peut se fermer ou s'ouvrir pour laisser passer l'air ou les substances alimentaires ; 3° la troisième, ou portion *œsophagienne*, est située au-dessous de l'orifice supérieur du larynx ; elle ne peut subir que des variations de calibre ou des déplacements de totalité dus au déplacement même du larynx et sert exclusivement au passage des substances alimentaires.

III. *Structure*. — Le pharynx comprend une charpente musculaire, une muqueuse, des vaisseaux et des nerfs.

I. MUSCLES DU PHARYNX

Ces muscles sont compris entre deux lames-celluleuses. La lame externe, très-mince, reçoit de l'apophyse styloïde et de l'aponévrose des muscles styliens quelques faisceaux qui maintiennent l'angle formé par la réunion des faces latérales et de la face postérieure du pharynx ; elle se continue avec l'aponévrose buccinato-pharyngienne. La lame interne, *aponévrose pharyngienne*, s'attache en haut à l'apophyse basilaire, en avant du long du cou, et au tubercule pharyngien (*aponévrose-céphalo-pharyngienne*), à la face inférieure du rocher en avant du trou carotidien, à la suture pétro-sphénoïdale en dehors et en avant de la trompe d'Eustache *(aponévrose pétro-pharyngienne); puis elle descend entre la muqueuse et les muscles et prend quelques insertions à la partie postérieure de la ligne mylo-hyoïdienne ; elle diminue d'épaisseur de haut en bas.

Les muscles du pharynx se divisent en muscles constricteurs et muscles élévateurs.

A. *Muscles constricteurs du pharynx*. — Ils sont au nombre de trois, appelés, suivant leur position, *supérieur, moyen* et *inférieur;* ils s'engagent les uns dans les autres comme des cornets, de façon que le bord supérieur du constricteur moyen recouvre le bord inférieur du constricteur supérieur, tandis que son bord inférieur est recouvert par le bord supérieur du constricteur inférieur. Chacun d'eux se compose de deux moitiés, qui se réunissent en arrière sur la ligne médiane, en s'insérant à un raphé aponévrotique très-marqué dans le tiers supérieur du pharynx ou en s'entre-croisant pour aller se fixer à l'aponévrose pharyngienne.

1° *Constricteur inférieur* (fig. 257, 3 ; fig. 258, 7). — Ce muscle a la forme d'un losange, dont l'angle inférieur serait arrondi et l'angle supérieur très-aigu. Il s'attache par deux digitations : 1° à l'*arcade fibreuse*, qui réunit les *deux tubercules du cartilage thyroïde (muscle thyro-pharyngien);* 2° au *bord inférieur du cartilage cricoïde* sous l'articulation crico-thyroïdienne (*muscle crico-pharyngien*). De là ses fibres se portent obliquement en haut et en dedans dans les trois quarts supérieurs du muscle et s'entre-croisent sur la ligne médiane avec celles du côté opposé, tandis que les fibres inférieures se continuent sans interruption d'un côté à l'autre et forment un

demi-anneau de fibres circulaires à la partie inférieure du pharynx. Son angle
supérieur recouvre l'angle inférieur du constricteur moyen.

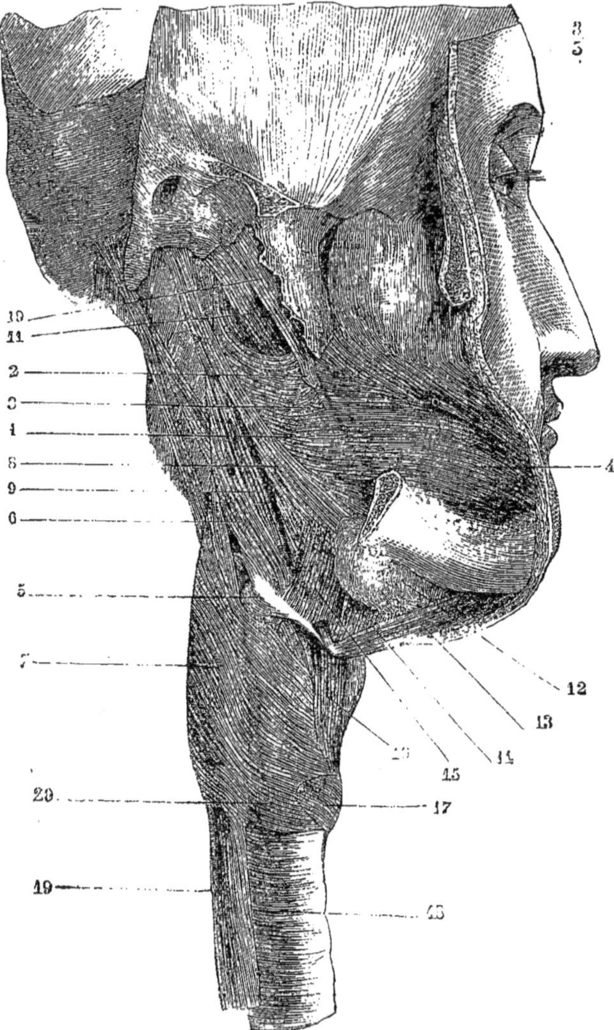

Fig. 258. — *Face latérale du pharynx* (*).

(*) 1) Constricteur supérieur. — 2) Crochet de l'aile interne de l'apophyse ptérygoïde. — 3) Aponévrose buccinato-pharyngienne. — 4) Buccinateur. — 5) Os hyoïde. — 6) Constricteur moyen. — 7)
Constricteur inférieur. — 8) Son insertion au cartilage cricoïde. — 9) Stylo-pharyngien. — 10) Péristaphylin externe. — 11) Péristaphylin interne. — 12) Glande sous-maxillaire. — 13) Ventre antérieur
du digastrique. — 14) Mylo-hyoïdien. — 15) Hyo-glosse. — 16) Thyro-hyoïdien. — 17) Crico-thyroïdien. — 18) Trachée. — 19) Œsophage.

2° *Constricteur moyen* (fig. 257, 2 ; fig. 258, 6). — Ce muscle, losangique, s'attache au *bord supérieur de la grande corne* et au *bord externe de la petite corne de l'os hyoïde*, et de là s'irradie en éventail vers le raphé médian, de façon que les fibres supérieures sont obliques en haut et en dedans, les inférieures en bas et en dedans, les moyennes transversales. L'angle supérieur très-aigu du losange empiète sur la face postérieure du constricteur supérieur ; l'angle inférieur obtus est caché par le constricteur inférieur. Le stylo-pharyngien s'engage sous son bord supérieur.

3° *Constricteur supérieur* (fig. 257, 1 ; fig. 258, 1). — Ce muscle, rectangulaire, s'attache de haut en bas : au *bord postérieur* et au *crochet de l'aile interne de l'apophyse ptérygoïde* (et, d'après Sappey, à l'aponévrose terminale du péristaphylin externe ; *muscle occipito-staphylin)*, à la partie voisine de l'*os palatin*, à l'*aponévrose buccinato-pharyngienne*, qui le sépare du buccinateur, à la *partie externe de la ligne mylo-hyoïdienne ;* enfin une partie de ses fibres se jette dans la langue *(muscle pharyngo-glosse)*. De ces insertions, ses fibres se dirigent transversalement vers le raphé médian du pharynx.

Il sépare le péristaphylin interne de l'externe et forme par son bord supérieur une double arcade, à concavité supérieure, au-dessus de laquelle l'aponévrose céphalo-pharyngienne est à nu.

B. *Muscles élévateurs.* — 1° *Stylo-pharyngien* (fig. 258, 9). — Ce muscle s'attache à la *partie antérieure et interne de l'apophyse styloïde*, et donne naissance à un faisceau aplati, qui se porte en dedans et en bas et pénètre entre le constricteur supérieur et le moyen. Alors ses fibres se perdent en partie dans l'*aponévrose* en s'étalant sur les parois latérales du pharynx en avant du pharyngo-staphylin, tandis que les autres vont aux *bords de l'épiglotte* et au *repli pharyngo-épiglottique (muscle pharyngo-épiglottique)*, ainsi qu'au *bord supérieur* et à la *grande corne du cartilage thyroïde*.

Il répond en dehors au stylo-glosse et à la carotide externe, en dedans à la carotide interne et à la jugulaire interne. Le nerf glosso-pharyngien longe son côté externe.

2° *Pharyngo-staphylin.* — Ce muscle a été décrit avec les muscles du voile du palais.

II. Muqueuse du pharynx

La muqueuse du pharynx ne présente pas une teinte uniforme ; elle est d'un rouge grisâtre parsemé de taches rouges irrégulières. Sur la voûte elle est très-inégale ; partout ailleurs elle est lisse et soulevée seulement çà et là par quelques saillies glandulaires. Son adhérence aux parties sous-jacentes est très-lâche et se fait au moyen d'un tissu cellulaire lamelleux facilement infiltrable.

Sa *structure* ne diffère pas essentiellement dans les *parties gutturale et œsophagienne* de celle de la muqueuse buccale; elle a comme elle un *épithélium pavimenteux stratifié*, seulement elle n'a que très-peu ou pas de papilles. La *partie nasale*, au contraire, se rapproche de la muqueuse nasale en ce qu'on y trouve un *épithélium vibratile* (voûte du pharynx, pourtour de l'orifice des fosses nasales et de la trompe d'Eustache).

Les *glandes* sont des *glandes en grappe ;* très-nombreuses dans les parties supérieures (voûte et parois latérales), où elles forment une couche de plusieurs millimètres d'épaisseur, elles diminuent peu à peu de haut en bas et on ne les rencontre plus que par places (taches rouges de la muqueuse).

Les *follicules clos* du pharynx se présentent sous deux· formes : 1º isolés ou réunis en petit nombre *(follicules composés)*, ils se disséminent autour des orifices des fosses nasales et de la trompe, et çà et là sur les parois latérales : on trouve souvent sur la ligne médiane de la paroi postérieure, et très-près de la voûte, un amas de follicules clos *(amygdale pharyngienne)*; 2º *agminés*, les follicules clos constituent les *amygdales*.

Amygdales ou tonsilles (fig. 252, 11).

Les amygdales, au nombre de deux, sont situées de chaque côté du pharynx dans l'excavation triangulaire comprise entre les piliers du même côté, à la hauteur du trou dentaire. Leur forme est celle d'une amande à grand axe vertical ; elles ont $0^m,02$ environ de longueur sur $0^m,015$ de largeur et $0^m,01$ d'épaisseur. Leur *face externe* ou profonde, lisse, blanchâtre, répond à l'aponévrose pharyngienne, au constricteur supérieur et à l'amygdalo-glosse ; elle est assez éloignée de la carotide interne. Leur *face interne* ou libre est inégale et offre des saillies et des dépressions conduisant dans des lacunes, qui ne sont autre chose que les culs-de-sac des follicules composés, au nombre de dix à vingt, dont la réunion constitue l'amygdale. Leur structure doit être étudiée chez de jeunes sujets. Chez l'adulte elles sont presque toujours le siège d'altérations pathologiques qui en modifient la structure.

Les *vaisseaux* de l'amygdale sont très-nombreux. Les *artères* proviennent de la pharyngienne inférieure et des palatines. Les *veines* forment à sa face externe un *plexus tonsillaire*. Les *lymphatiques* se jettent dans les ganglions sous-maxillaires.

Vaisseaux et nerfs du pharynx. — Les *artères* viennent de la pharyngienne inférieure par huit à dix rameaux, qui se détachent de sa partie interne; l'artère ptérygopalatine fournit à la voûte; en outre quelques filets sont donnés par les artères thyroïdienne, vidienne, palatine ascendante et palatine postérieure. Les *veines* forment, surtout sur la paroi postérieure, un plexus à larges mailles, d'où partent une ou deux veines accompagnant l'artère pharyngienne inférieure et se jetant dans la veine jugulaire. Les *lymphatiques* vont aux ganglions rétro-pharyngiens ou péricarotidiens. Les *nerfs* viennent du plexus pharyngien ; la muqueuse de la voûte reçoit le rameau ptérygo-palatin. Les ramifications du plexus pharyngien présentent de petits ganglions microscopiques.

§ III. — Œsophage

L'œsophage (οἴσω, je porte ; φάγω, je mange) est un conduit allant du pharynx à l'estomac. Il a une longueur de $0^m,24$ à $0^m,28$ et s'étend de la cinquième vertèbre cervicale à la onzième vertèbre dorsale. Il a la forme d'un cylindre aplati et, hors le moment du passage des aliments, il donne la sensation d'un cordon plein à cause de la rétraction de sa tunique musculaire, qui fait disparaitre la lumière de son canal.

Son calibre varie dans les divers points de son trajet. Étroit à son origine ($0^m,014$), il s'élargit ensuite en formant un renflement olivaire, se rétrécit de nouveau au niveau de la troisième vertèbre dorsale, s'élargit encore une fois pour se rétrécir encore ($0^m,012$) avant d'arriver au cardia. Sauf à son origine qui ne peut dépasser $0^m,018$, il est très-dilatable et peut suivant ses divers points acquérir par la distension des dimensions allant de $0^m,019$ à $0^m,035$ (*Mouton*, Thèse de Paris, 1874.)

Sa direction est rectiligne, à part quelques inflexions légères; d'abord sur la ligne médiane, il s'incline un peu à gauche, puis à la partie supérieure du thorax se porte à droite, et se replace enfin sur la ligne médiane pour subir une dernière inflexion à gauche avant de traverser le diaphragme.

Rapports. — 1° *Au cou*, il est en rapport en avant avec la trachée et à gauche avec le nerf récurrent, le corps thyroïde et l'artère thyroïdienne inférieure; en arrière avec le rachis, sur les côtés avec l'artère carotide primitive et la veine jugulaire interne. 2° *Dans le thorax*, il est situé dans le médiastin postérieur et répond, en avant, à la trachée, à la bronche gauche, à la crosse de l'aorte, au péricarde et médiatement à l'oreillette gauche; en arrière, au rachis jusqu'à la quatrième vertèbre dorsale, puis à l'aorte, qui est placée d'abord à sa gauche, puis en arrière de lui; sur les côtés, il répond, à droite au médiastin postérieur dans toute sa hauteur, à gauche à l'aorte et à la partie inférieure du médiastin postérieur. Les nerfs pneumo-gastriques, situés d'abord sur ses parties latérales, se placent, le gauche en avant, le droit en arrière de l'œsophage. Il traverse enfin l'orifice œsophagien du diaphragme, auquel il adhère par des fibres musculaires et des tractus celluleux, et presque immédiatement au-dessous, se continue avec l'estomac. Un tissu cellulaire lâche le rattache aux parties voisines.

Conformation intérieure. — Ses parois, épaisses d'environ 0^m,002, se composent de deux tuniques, lâchement unies entre elles, une tunique musculaire et une muqueuse. Cette dernière, de couleur blanchâtre, présente des plis longitudinaux, qui donnent à la lumière du canal, sur une section transversale, l'apparence étoilée.

La *muqueuse* possède un *épithélium pavimenteux stratifié* et quelques *glandes en grappe* très-clair-semées, sauf au cardia, où elles forment un anneau serré. La partie profonde de la muqueuse possède une couche longitudinale de fibres lisses.

La *tunique musculaire*, qui forme les trois quarts de l'épaisseur totale des parois, comprend deux couches, une couche externe de fibres longitudinales, une couche interne de fibres annulaires. Les fibres longitudinales proviennent en grande partie d'une membrane élastique attachée à la crête postérieure du cartilage cricoïde. Ces fibres reçoivent deux faisceaux de renforcement: le premier, long de 0^m,01 sur 0^m,001 de large, naît de la bronche gauche *(muscle broncho-œsophagien)*, le second, long de 0^m,02 sur 0^m,005 de large, du feuillet gauche et, suivant Gillette, des deux feuillets du médiastin postérieur *(muscle broncho-œsophagien)*. Il en reçoit en outre de très-fins de la paroi postérieure de la trachée, de l'arc de l'aorte, du diaphragme *(Gillette*, description et structure de la tunique musculaire de l'œsophage; *Journal de l'anatomie*, 1872). Les fibres musculaires de l'œsophage sont striées dans la partie cervicale, lisses dans la moitié inférieure de la partie thoracique; dans le milieu on trouve un mélange des deux espèces de fibres. Les muscles pleuro- et broncho-œsophagiens sont des muscles lisses.

Vaisseaux et nerfs. — Les *artères* viennent: au cou, de la thyroïdienne inférieure; dans le thorax, de l'aorte (artères œsophagiennes), des bronchiques et des intercostales; au-dessous du diaphragme, de la diaphragmatique inférieure et de la coronaire stomachique. Les *veines* vont dans les veines correspondantes et dans la veine azygos. Les *lymphatiques* se jettent dans les ganglions profonds et inférieurs du cou et dans ceux du médiastin postérieur. Les *nerfs* viennent du nerf récurrent et du pneumo-gastrique et forment un plexus qui enlace l'œsophage.

§ IV. — Estomac

L'estomac, *ventriculus,* représente une dilatation du canal alimentaire intermédiaire à l'œsophage et à l'intestin, et située dans l'hypochondre gauche et la région épigastrique (voy. fig. 271, 41). Sa forme est celle d'un ovoïde dont la grosse extrémité serait tournée en haut et à gauche. Sa direction n'est pas transversale, mais fortement oblique en bas, à droite et en arrière. Comme conformation extérieure (fig. 259, A), examiné à l'état de distension modérée, il présente : 1° deux faces, l'une antéro-supérieure, l'autre postéro-inférieure ; 2° deux extrémités par lesquelles il se continue avec le reste de l'intestin, l'une œsophagienne, *cardia* (2), l'autre duodénale, *pylore* (4) ; 3° deux bords, correspondant aux vaisseaux de l'organe et aux replis péritonéaux qui le rattachent aux parties voisines : un bord supérieur, *petite courbure* (6), à concavité supérieure et droite, allant directement du cardia au pylore ; un bord inférieur, *grande courbure* (7), convexe, beaucoup plus étendu. Toute la partie de l'estomac située à gauche du cardia porte le nom de *grosse tubérosité* ou *grand cul-de-sac* (8) ; la partie qui avoisine le pylore offre ordinairement une dilatation, *petite tubérosité, petit cul-de-sac,* ou *antre du pylore* (5), séparée souvent du reste par un étranglement circulaire.

Les dimensions de l'estomac sont très-variables : à l'état de vacuité il est contracté et représente un cylindre dépassant à peine le diamètre du gros intestin ; à mesure qu'il se remplit, sa dilatation se produit, mais elle se fait surtout aux dépens de la grande courbure et du grand cul-de-sac, tandis que la petite courbure ne varie pas. La distance du cardia au pylore est d'environ $0^m,12$; la longueur totale de l'estomac, à l'état de distension, est de $0^m,30$ à $0^m,35$; sa capacité, plus grande chez les hommes que chez les femmes, varie dans des limites impossibles à préciser.

Rapports (fig. 271). — Les cinq sixièmes de l'estomac sont placés à gauche, et le sixième restant (région pylorique) à droite de la ligne médiane ; le grand cul-de-sac et la plus grande partie du corps sont situés dans l'hypochondre gauche, le reste du corps et un petit segment de la région pylorique dans l'épigastre. Le cardia répond à l'extrémité interne des cinquième et sixième cartilages costaux gauches et à la onzième vertèbre dorsale ; le pylore se trouve à la hauteur du corps de la première vertèbre lombaire, mais le grand cul-de-sac d'une part, et le petit de l'autre, dépassent l'un en haut, l'autre en bas ces deux niveaux. La face antérieure est en rapport avec le diaphragme, et, par une petite étendue plus large à gauche, avec la paroi abdominale ; la face postérieure recouvre le pancréas et les vaisseaux spléniques, la troisième portion du duodénum, l'artère et la veine mésentériques supérieures et le côlon transverse. Le grand cul-de-sac répond à la rate, à la partie supérieure du rein gauche et au diaphragme ; la petite courbure embrasse le lobe de Spigel ; la grande, surtout dans l'état de distension, s'accole à la paroi abdominale antérieure et au diaphragme. Les rapports des deux faces, du grand cul-de-sac, et de la grande courbure, sont du reste plus ou moins étendus suivant l'état de distension de l'organe, qui, en même temps qu'il se dilate, se redresse en tournant de bas en haut autour d'un axe fictif allant du cardia au pylore. L'estomac est rattaché aux parties voisines par des replis péritonéaux, qui seront décrits avec le péritoine.

Conformation intérieure. — L'épaisseur des parois de l'estomac est d'environ 0^m003 ; mais cette épaisseur n'est pas uniforme ; au minimum à la grosse tubérosité, elle augmente à mesure qu'on se rapproche du pylore. Ces parois se composent de trois tuniques isolables par la dissection et qui sont de dehors en dedans : 1° une tunique *séreuse*, dépendance du péritoine, et qui manque

au niveau des deux courbures; elle adhère intimement à la couche suivante;
2° une tunique *musculaire* ; 3° une *muqueuse* lâchement unie à la précédente.

Examinée à l'intérieur, la muqueuse stomacale a une couleur blanc-grisâtre,
qui devient rosée ou rouge vif au moment de la digestion, sauf dans la région
pylorique, et un aspect velouté. Elle présente des plis flexueux irréguliers effa-
cés dans l'état de distension, et des sillons qui circonscrivent des espaces poly-
gonaux de 0ᵐ,002 à 0ᵐ,008 de largeur; c'est l'*état mamelonné* pris longtemps
pour un état pathologique. Au cardia la limite des deux muqueuses est indiquée par une ligne dentelée; au pylore elle est formée par un repli, *valvule
pylorique*, à peu près circulaire, plus abrupte du côté de l'intestin grêle et
dont l'orifice est ordinairement central. La muqueuse stomacale est toujours
recouverte d'une matière grisâtre, filante (mucus), composée de cellules à
pepsine et de débris épithéliaux. Sa consistance, assez ferme à l'état normal,
s'altère très-vite après la mort.

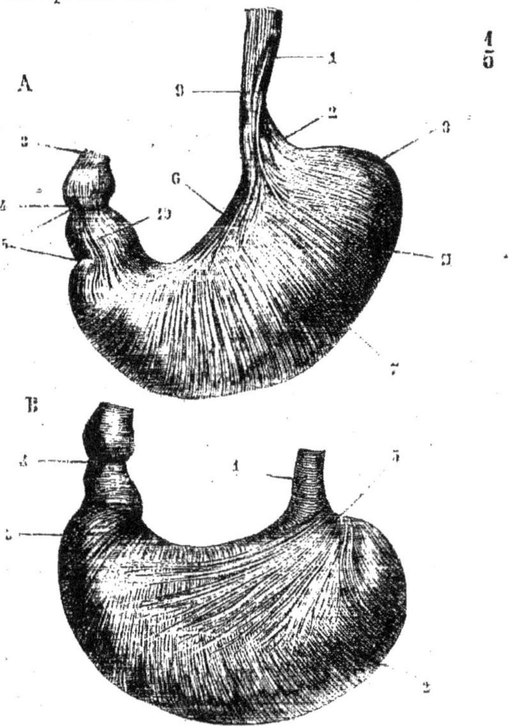

FIG. 259. — *Fibres musculaires de l'estomac* (*).

(*) A. *Fibres longitudinales et circulaires* (la séreuse a été enlevée). — 1) Œsophage. — 2) Cardia.
— 3) Duodénum. — 4) Pylore. — 5) Antre du pylore. — 6) Petite courbure et fibres longitudinales.
— 7) Grande courbure. — 8) Grand cul-de-sac. — 9) Fibres longitudinales de l'œsophage. — 10) Fibres longitudinales du pylore. — 11) Fibres circulaires de l'estomac.

B. *Fibres obliques* (l'estomac a été retourné et la muqueuse enlevée). — 1) Fibres circulaires de
l'œsophage. — 2. 3) Fibres circulaires de l'estomac. — 4) Sphincter pylorique. — 5) Fibres obliques
— (D'après Luschka.)

Structure. — *Tunique musculaire* (fig. 259). — Elle se compose de trois plans de fibres qui sont, en allant de l'extérieur vers l'intérieur, des fibres longitudinales, des fibres annulaires et des fibres obliques. Les deux premières sont les analogues de celles qu'on rencontre dans les autres parties du tube intestinal; les troisièmes sont spéciales à l'estomac. Toutes sont des fibres lisses.

1° *Fibres longitudinales* (fig. 259, A). — Elles proviennent des fibres longitudinales de l'œsophage et s'irradient dans toutes les directions en se perdant bientôt sur les deux faces de l'estomac; une partie de ces fibres forme un faisceau épais, qui suit la petite courbure(6). Près du pylore les fibres longitudinales reparaissent et forment une couche continue (10). A ce niveau on trouve sous la séreuse et intimement unies à elle des bandelettes fibreuses, *ligaments pyloriques*, agents de l'étranglement qui sépare l'antre du pylore du reste de l'estomac. Les fibres longitudinales ouvrent le pylore et le cardia.

2° *Fibres circulaires* (fig. 259, B, 2, 3). — Elles forment une couche non interrompue sur toute l'étendue de l'estomac. Au pylore elles s'accumulent en un véritable sphincter, *sphincter pylorique* (4) contenu dans la valvule du même nom. Le cardia n'a pas de sphincter.

3° *Fibres obliques* (fig. 259, B, 5). — Celles-ci, situées immédiatement sous la muqueuse, forment une anse, dont la concavité embrasse le côté gauche du cardia, et dont les branches se portent obliquement et à droite vers la grande courbure sur les deux faces de l'estomac. Ces fibres, par leur contraction, peuvent partager l'estomac en deux parties : 1° une partie inférieure et gauche, correspondant au grand cul-de-sac, réservoir où s'accumulent les matières alimentaires; 2° une partie supérieure, constituant un canal qui longe la petite courbure et permet aux liquides de passer directement de l'œsophage dans le duodénum sans séjourner dans l'estomac. Il en est de même des liquides (bile, etc.) qui refluent du duodénum dans l'œsophage.

Muqueuse. — La muqueuse stomacale (fig. 260), épaisse d'environ 0m,004, se compose de trois couches : une couche glanduleuse, une couche musculeuse, une couche fibreuse.

1° *Couche glanduleuse.*— C'est la plus superficielle et la plus épaisse, puisqu'elle a près de 0m,001. Si, après avoir débarrassé la muqueuse du mucus qui la recouvre, on l'examine à la loupe, on aperçoit de petites *fossettes* qui lui donnent un aspect criblé, fossettes séparées par des saillies ou crêtes, qui près du pylore prennent un développement assez considérable, *villosités lamelleuses pyloriques*. Dans chaque fossette on trouve deux à huit orifices glandulaires.

Les *glandes* de l'estomac (fig. 261), sauf quelques petites glandes en grappe situées près du pylore, sont toutes des *glandes en tube*. Ces tubes sont ordinairement simples, rectilignes, parallèles, serrés étroitement les uns contre les autres ; ils se composent d'une membrane propre et d'un épithélium. Il en est de deux espèces, des *glandes à suc gastrique* et des *glandes mucipares*.

1° Les *glandes à suc gastrique* (fig. 261, B) existent sur toute la surface de l'estomac, sauf la région pylorique; elles contiennent des *cellules dites à*

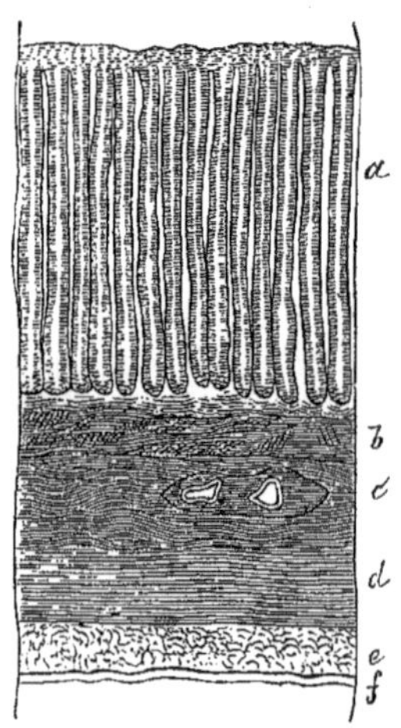

Fig. 260. — *Section transversale et verticale des tuniques de l'estomac du porc. près du pylore* (*).

(*) *a*) Glandes. — *b*) Couche musculaire de la muqueuse. — *c*) Tissu sous-muqueux traversé par des vaisseaux coupés en travers. — *d*) Fibres musculaires circulaires. — *e*) Fibres longitudinales coupées en travers. — *f*) Péritoine. — Grossissement = 50 diamètres (Kölliker).

pepsine, arrondies, volumineuses (0^m,014), avec un noyau évident et un contenu granulé, qui remplissent presque entièrement la lumière du canal; la partie du tube voisine de la surface de la muqueuse est seule tapissée d'épithélium cylindrique. Autour du cardia elles sont plutôt composées, c'est-à-dire formées par plusieurs tubes débouchant dans un canal excréteur commun. 2° Les *glandes mucipares* (fig. 261, A) ne se rencontrent que dans l'antre du pylore; elles sont tapissées dans toute l'étendue du canal par un épithélium cylindrique.

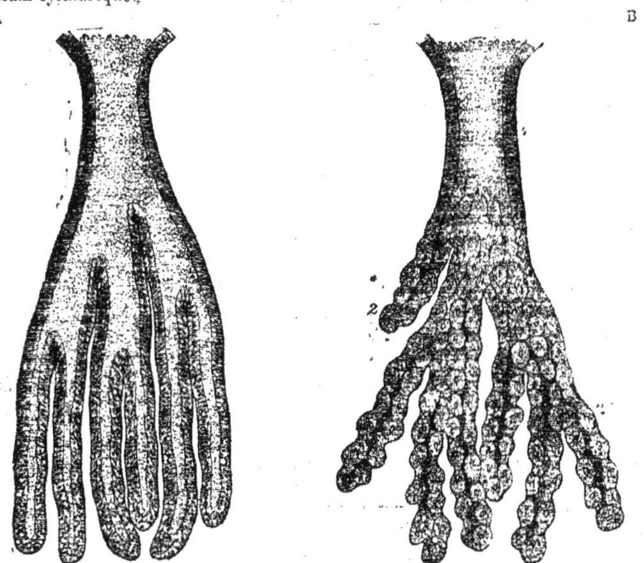

Fig. 261. — *Glandes composées de l'estomac de l'homme* (*).

Les recherches récentes de Rollett, Heidenhain, etc., ont montré que ces glandes contiennent deux espèces de cellules : 1° des cellules volumineuses accolées à la membrane propre du tube glandulaire qu'elles soulèvent; ce sont les cellules à pepsine des auteurs (*cellules de revêtement* d'Heidenhain, *cellules délomorphes* de Rollett); 2° des cellules plus petites, intérieures aux précédentes (*cellules principales* d'Heidenhain, *cellules adélomorphes* de Rollett).

D'après Frey, les glandes à suc gastrique se composent de quatre segments qui présentent les caractères suivants, en allant de l'embouchure vers le cul-de-sac glandulaire : 1° l'embouchure, *stomach-cell* des Anglais, fossette stomacale des Allemands, dépression tapissée par l'épithélium cylindrique simple; 2° une portion dans laquelle les cellules sont plus larges, plus basses, plus granuleuses ; 3° un segment tapissé par une couche continue de cellules à pepsine ; 4° le cul-de-sac glandulaire dans lequel se trouvent alors les deux espèces de cellules, cellules principales d'Heidenhain et cellules à pepsine, dans la situation décrite plus haut.

L'épithélium qui tapisse la muqueuse dans l'intervalle des orifices glandulaires est un *épithélium cylindrique simple*.

Le *tissu interstitiel*, intermédiaire aux glandes ou constituant les saillies et les villosités, est formé par une substance connective homogène ou fibreuse, prenant souvent le

(*) A) Glande muqueuse de la partie pylorique. — B) Glande à suc gastrique de la région pylorique. — Grossissement = 100 diamètres (Kölliker).

caractère du tissu connectif réticulé. On y trouve des *follicules clos*, disséminés très-irrégulièrement et soulevant la muqueuse comme de petites granulations arrondies.

2° *Couche musculaire.* — Elle est très-mince et composée de fibres lisses transversales (internes) et longitudinales (externes) accolées immédiatement aux culs-de-sac glandulaires.

3° *Couche fibreuse.* — C'est une couche de tissu connectif (tissu sous-muqueux) reliant la muqueuse à la tunique musculaire; elle sert de support aux vaisseaux et aux nerfs.

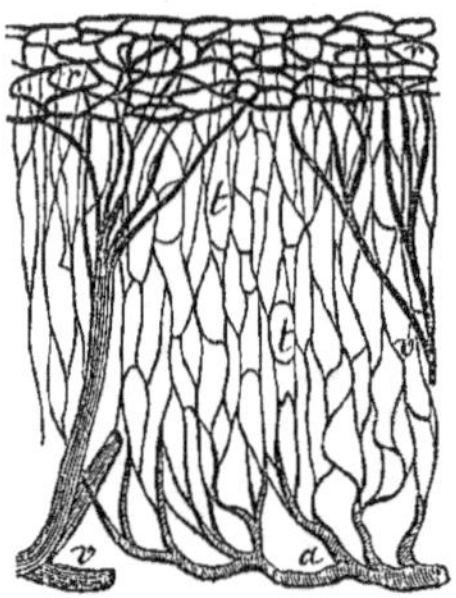

Fig. 262. — *Vaisseaux de la muqueuse de l'estomac sur une section verticale* (*).

Fig. 263. — *Capillaires superficiels de la muqueuse stomacale* (**).

Vaisseaux et nerfs. — Les *artères* (fig. 262 et 263), viennent des artères coronaire stomachique, pylorique, gastro-épiploïques et des vaisseaux courts. Elles donnent naissance à un réseau qui se distribue dans la couche fibreuse et d'où partent des rameaux allant d'une part à la tunique musculaire, de l'autre à la muqueuse. Les glandes sont entourées par deux réseaux capillaires très-fins communiquant entre eux, l'un profond correspondant aux culs-de-sac, l'autre superficiel aux orifices glandulaires. C'est de ce dernier seul que partent les *radicules veineuses* pour se rendre à un réseau veineux à mailles lâches placé dans la couche sous-muqueuse et qui donne naissance aux veines satellites des artères. Les *lymphatiques* constituent, outre le réseau sous-séreux, deux réseaux, l'un superficiel, situé à la base de la couche glandulaire entre elle et la couche musculaire de la muqueuse, l'autre profond dans le tissu sous-muqueux. D'après Loven, ce réseau enverrait des irradiations en cul-de-sac jusqu'à la partie superficielle de la muqueuse. Les vaisseaux se rendent à de petits ganglions situés le long de la petite et de la grande courbure. Les *nerfs* viennent du pneumo-gastrique et du grand sympathique et forment dans le tissu sous-muqueux un plexus pourvu de ganglions microscopiques; leur terminaison est inconnue.

§ V. — Intestin grêle

L'intestin grêle représente un tube cylindrique ou plutôt un cône très-allongé à base supérieure allant du pylore au gros intestin, dont le sépare la valvule iléo-cæcale. Il se divise en deux portions, le *duodénum* et l'*intestin grêle* proprement dit, divisé souvent lui-même en *jéjunum* et *iléum*, distinction tout à fait inutile.

(*) *a*) Petite artère du plexus dans le tissu sous-muqueux. — *t*) Capillaires formant un réseau autour des glandes en tube — *r*) Capillaires plus volumineux formant un réseau superficiel autour des orifices des glandes. — Grossissement = 30 diamètres (Brinton.)

(**) Les capillaires ont été injectés. — Grossissement = 60 diamètres (Brinton),

1° Duodénum

Le *duodénum* (*duodeni*, douze, douze travers de doigt) commence au pylore et se termine à gauche de la deuxième vertèbre lombaire. Il a 0^m,20 à 0^m,30 de longueur sur 0^m,037 de largeur; son calibre du reste n'est pas égal partout, et il présente à son origine une dilatation sacciforme. Il se compose de trois parties formant un fer à cheval à concavité gauche, qui embrasse la tête du pancréas. La *première portion* (fig. 271), située à la hauteur de la première vertèbre lombaire, se porte horizontalement à droite et en arrière, à droite du rachis et de la veine cave inférieure et est couverte par le foie et la partie postérieure de la vésicule biliaire. La *deuxième* descend obliquement en dedans et à droite des deuxième et troisième vertèbres lombaires, en avant du rein droit; elle reçoit les canaux cholédoque et pancréatique. La *troisième portion* se dirige de droite à gauche en avant du corps de la troisième lombaire, de la veine cave inférieure et de l'aorte, en montant obliquement de façon à atteindre presque la hauteur de la première vertèbre lombaire.

Le duodénum a une très-grande fixité, due d'abord aux replis péritonéaux qui le rattachent au foie (*ligament hépato-duodénal*), puis au tissu cellulaire qui l'unit intimement à la veine cave inférieure et à l'aorte, enfin à un petit muscle lisse, *muscle suspenseur du duodénum*. C'est un faisceau mince naissant du tissu cellulaire qui entoure le tronc cœliaque et qui se perd dans les fibres longitudinales de la troisième portion du duodénum (Treitz). Le péritoine ne recouvre que la partie antérieure du duodénum.

2° Intestin grêle ou jéjuno-iléon

L'intestin grêle se compose d'*anses* ou *circonvolutions* très-mobiles les unes sur les autres; elles forment une masse flottante qui occupe tout l'espace de la cavité abdominale laissé libre par les organes plus fixes, et en particulier la partie moyenne et l'excavation du petit bassin. Ces anses sont rattachées à la paroi abdominale postérieure par le mésentère, repli du péritoine qui contient les vaisseaux et les nerfs de l'intestin; sauf la ligne d'insertion du mésentère, *hile* ou *bord concave* de l'intestin, toute la périphérie de ce tube est libre et lisse. L'iléon, qui constitue la partie la plus déclive de l'intestin grêle, se termine dans la fosse iliaque droite en s'abouchant dans le cæcum.

La longueur de l'intestin grêle oscille dans des limites très-étendues (4 à 8 mètres); son diamètre, qui décroit régulièrement de haut en bas, est de 0^m,03 en moyenne.

On trouve quelquefois à 0^m,5 de l'extrémité inférieure un diverticule, *diverticule de l'iléon*, sorte d'appendice ou cul-de-sac plus ou moins long, vestige du conduit existant dans la vie embryonnaire entre l'intestin et la vésicule ombilicale.

Conformation intérieure. — Les parois de l'intestin grêle, dont l'épaisseur ne dépasse pas 0^m,001, se composent, en allant de l'extérieur vers l'intérieur, des tuniques suivantes : tunique séreuse, tunique musculeuse et muqueuse.

1° La *séreuse*, très-mince (0^{mm},07), formée par le péritoine, est très-incomplète sur le duodénum; elle entoure à peu près complétement sa première portion, mais elle ne recouvre la deuxième qu'en avant et en dehors, et la troisième en avant seulement; pour l'intestin grêle proprement dit, elle tapisse toute sa surface, sauf l'insertion du mésentère. Elle est intimement soudée à la tunique musculaire.

2° La *tunique musculaire*, composée de fibres lisses, diminue d'épaisseur du pylore au gros intestin; elle comprend une couche externe de fibres longitudinales, et une couche interne plus épaisse de fibres circulaires.

3° La *muqueuse*, molle, délicate, se déchirant facilement, a une *couleur* gris-rosé pâle qui devient rouge dans la digestion; cette rougeur est ordinairement plus prononcée autour des follicules solitaires et des plaques de Payer. Elle présente sur sa face libre des replis transversaux, *valvules conniventes;* des filaments très-fins, bien visibles sous l'eau, et qui lui donnent un aspect velouté, *villosités;* des soulèvements légers, sous forme de grains ou de plaques, visibles surtout par transparence et dus à des follicules clos (*follicules solitaires* et *plaques de Payer*); enfin une multitude d'*orifices glandulaires* à peu près invisibles à l'œil nu.

Les *valvules conniventes* commencent dans la deuxième portion du duodénum, sont d'abord très-nombreuses, puis diminuent peu à peu et cessent enfin tout à fait à 0ᵐ,50 environ de la terminaison de l'intestin grêle. Ce sont des replis transversaux perpendiculaires à l'axe de l'intestin; ils forment rarement un anneau complet et n'occupent d'ordinaire que la moitié ou les deux tiers de sa périphérie. Ils ont donc la forme d'un croissant, dont les deux extrémités se terminent en pointe, dont le bord convexe est adhérent à l'intestin, et le bord concave libre dans sa cavité; la hauteur de leur partie moyenne ne dépasse pas 0ᵐ,004 à 0ᵐ,005; beaucoup de ces replis sont obliques et communiquent par des prolongements. Quand l'intestin est affaissé, ils se recouvrent en s'imbriquant; quand il est turgescent, ils se redressent et interceptent les gouttières transversales. Ces valvules sont constituées par la muqueuse repliée sur elle-même, et ont par suite la même structure que celle-ci.

Les *follicules solitaires* se présentent à l'œil nu sous l'aspect de grains arrondis, mous, blanchâtres, de 0ᵐ,0005 à 0ᵐ,004, disséminés très-irrégulièrement dans toute l'étendue de la muqueuse et en nombre très-variable. Quand ils sont très-volumineux, ils débordent la muqueuse et arrivent jusque dans le tissu cellulaire sous-muqueux; ordinairement, à leur niveau, la face libre de la muqueuse offre l'aspect d'un orifice ombiliqué dû simplement à la saillie des villosités autour du follicule clos.

Les *plaques de Payer* dont le nombre, très-variable, est de vingt à vingt-cinq en moyenne, n'existent que dans la partie inférieure de l'intestin grêle, et sont d'autant plus nombreuses et plus volumineuses qu'on se rapproche de la valvule iléo-cæcale. Elles sont arrondies ou elliptiques et alors trois ou quatre fois plus longues que larges, et leur grand axe est dans ce cas parallèle au grand axe de l'intestin; elles peuvent atteindre 0ᵐ,05 de longueur et même plus. Elles sont toujours situées du côté de l'intestin opposé au mésentère. Leur surface n'est pas lisse, mais a un aspect criblé (*plaques gaufrées*) et dépasse à peine le niveau de la muqueuse.

Structure de la muqueuse (fig. 264). — La muqueuse intestinale se compose de quatre couches qui sont, de dedans en dehors : une couche épithéliale, le dermo muqueux, une couche musculaire, une couche cellulaire ou sous-muqueuse.

A. *Couche épithéliale*. — Moulée sur les inégalités du derme muqueux, elle est formée par une couche simple de *cellules épithéliales cylindriques*. Ces cellules présentent à leur face libre un épaississement, de sorte que l'épithélium paraît recouvert d'une membrane mince (fig. 1, XV, B). Cette membrane offre des stries allant de la face libre à la face épithéliale, stries sur la nature desquelles on n'est pas encore fixé (pores canaliculés?).

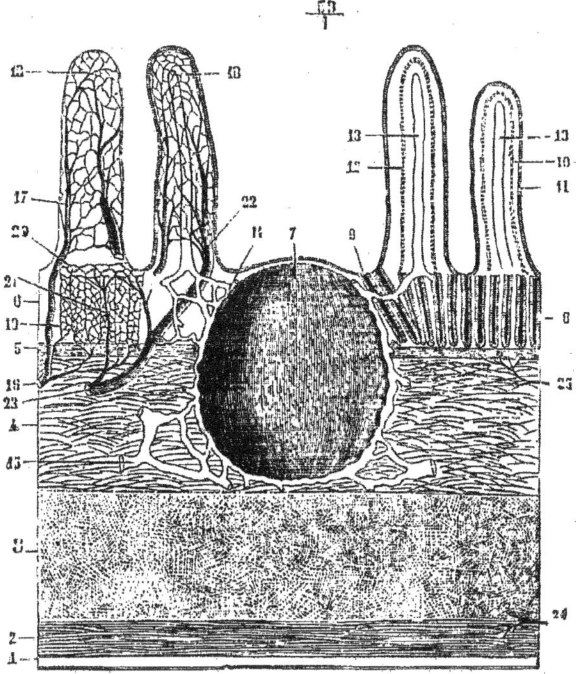

FIG. 264. — *Structure de l'intestin grêle* (*).

B. *Derme muqueux*. — Cette couche, très-importante et très-complexe, est formée par une charpente de *tissu connectif réticulé* plus ou moins infiltré de globules blancs et présente comme détails de structure : 1° des saillies ou villosités; 2° des glandes, glandes de Lieberkühn et de Brunner; 3° des follicules clos, follicules solitaires et plaques de Payer.

a) *Villosités* (fig. 264, 10). — Elles occupent toute l'étendue de l'intestin grêle, mais sont beaucoup plus nombreuses dans la partie supérieure. Ce sont de petits prolongements filamenteux de la muqueuse, dont la longueur varie entre 0mm,5 et 0mm,7, et dont la forme, lamelleuse dans le duodénum, est pyramidale, conique, cylindrique ou

(*) *Coupe longitudinale et verticale de la muqueuse intestinale* (demi-schématique). — 1) Séreuse. — 2) Fibres musculaires longitudinales. — 3) Fibres circulaires. — 4) Tissu sous-muqueux. —5) Couche musculaire de la muqueuse. — 6) Couche glandulaire. — 7) Follicule clos. — 8) Glandes de Lieberkühn. — 9) *Corona tubulorum*. — 10) Villosité. — 11) Revêtement épithélial. — 12) Fibres lisses de la villosité. — 13) Chylifère central. — 14) Réseau lymphatique de la muqueuse. — 15) Réseau lymphatique sous-muqueux. — 16) Artère. — 17) Branche artérielle de la villosité. — 18) Réseau capillaire de la villosité. — 19) Réseau capillaire entourant les glandes. — 20) Réseau périglandulaire superficiel. — 21) Veine qui en part. — 22) Veine de la villosité. — 23) Tronc veineux. — 24) Plexus nerveux myentérique. — 25) Nerfs de la muqueuse,

en massue dans le reste de l'intestin. Comme texture, elles sont formées comme le derme muqueux par du *tissu réticulé*, dans lequel on trouve des *fibres lisses* longitudinales qui leur donnent leur contractilité, et recouvertes par l'épithélium intestinal. A leur centre est un canal lymphatique (13), *chylifère central*, terminé supérieurement en cul-de-sac et allant s'ouvrir en bas dans le réseau lymphatique de la base des villosités. A la périphérie de la villosité, immédiatement sous l'épithélium, est un riche *réseau capillaire sanguin*.

Letzeric avait décrit entre les cellules épithéliales des villosités des organes particuliers, déjà entrevus par Gruby et Delafond ; c'étaient des *vacuoles inter-épithéliales*, ouvertes du côté de la cavité intestinale et communiquant à l'autre extrémité avec un réseau aboutissant au chylifère central. Il expliquait ainsi l'absorption de la graisse dans l'intestin. D'après les recherches plus récentes de E. Schultze, etc., ces organes ne sont autre chose que des cellules, *cellules caliciformes*, (fig. 265), ouvertes du côté de l'intestin ; leur fond est tapissé par une couche de protoplasma granuleux entourant un noyau ; le corps de la cellule contient une masse muqueuse colloïde, qui se déverse dans la cavité de l'intestin.

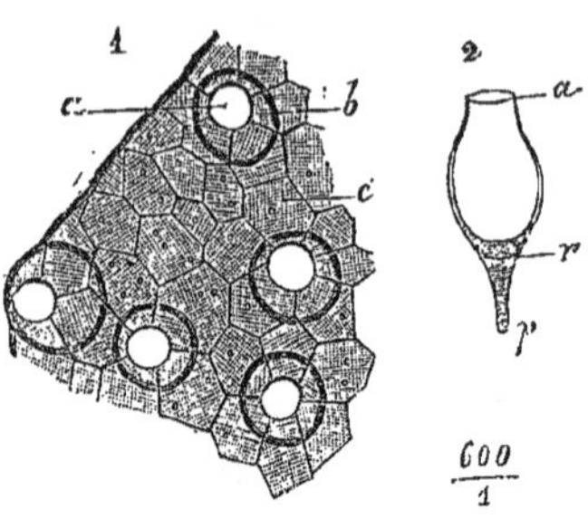

Fig. 265. — *Cellules caliciformes* (*).

b) *Glandes*. — 1₀ *Glandes de Lieberkühn* (fig. 264, 8) : elles existent dans toute l'étendue de l'intestin grêle ; ce sont des *glandes en tube* simples, dont la hauteur est mesurée par l'épaisseur du derme muqueux à partir de la base des villosités. Elles sont disposées parallèlement les unes à côté des autres et tellement rapprochées qu'il ne reste guère que la place des vaisseaux. Elles s'ouvrent à la surface de la muqueuse dans l'intervalle des villosités ; autour des follicules solitaires elles se disposent circulairement en forme de couronne, *corona tubulorum*. Elles se composent d'une membrane propre mince, homogène, et d'un épithélium cylindrique. Elles sécrètent le suc intestinal. 2° *Glandes de Brunner* : ces glandes n'existent que dans le duodénum ; très-nombreuses dans la première portion, elles diminuent peu à peu pour cesser tout à fait à la fin de la troisième. Elles sont situées dans la couche cellulaire sous-muqueuse. Ce sont des *glandes en grappe* ayant la même structure que les glandes de la cavité buccale ; elles sécrètent un liquide alcalin. D'après des recherches récentes, elles se rapprocheraient comme structure des glandes pyloriques.

c) *Follicules clos* (fig. 264, 7). — Le tissu connectif réticulé de la muqueuse contient à l'état normal une certaine quantité de globules blancs ; ces globules peuvent augmenter de nombre et former alors une véritable infiltration diffuse ; mais ordinairement ils s'accumulent en plus grande quantité en certains endroits ; ces infiltrations partielles circonscrites donnent naissance à des granulations arrondies plus ou moins distinctes à leur périphérie du tissu réticulé ambiant ; ce sont les follicules clos ; isolés, ils constituent les follicules solitaires ; agminés, les plaques de Payer. Dans l'intervalle des follicules clos des plaques de Payer on trouve des villosités et des glandes de Lieberkühn.

C. *Couche musculaire de la muqueuse* (fig. 264, 5). — Son épaisseur est très-faible ; elle se compose de fibres lisses longitudinales.

D. *Couche cellulaire sous-muqueuse* (fig. 264, 4). — Cette couche, qui réunit la muqueuse à la tunique musculaire, est formée par un tissu connectif fibrillaire lâche servant de support aux vaisseaux et aux nerfs.

(*) *Cellules caliciformes de l'intestin grêle du chat*. — 1. *Revêtement épithélial*. — a) Ouverture des cellules caliciformes. — b) Contour des cellules caliciformes. — c) La face libre des cellules cylindriques ordinaires.

2. — *Cellule caliciforme isolée*. — a) Ouverture. — r) Noyau. — p) Prolongement. — (Ranvier.)

Vaisseaux et nerfs. — Les *artères* viennent de l'hépatique (duodénum) et de la mésentérique supérieure. Elles constituent dans le tissu sous-muqueux un réseau, d'où partent des artérioles d'une part pour la muqueuse, de l'autre pour les tuniques musculaire et séreuse. Les glandes de Lieberkühn sont entourées d'un réseau capillaire serré analogue à celui des glandes stomacales. Dans les follicules clos les capillaires forment des anses, dont la convexité correspond au centre du follicule. Les *veines* suivent les artères; elles ont la même disposition que dans la muqueuse stomacale.

Lymphatiques. — Les follicules clos sont entourés par un réseau lymphatique, comme un ballon par son filet; les chylifères des villosités s'ouvrent dans un réseau situé à la base des villosités autour des orifices glandulaires; un autre réseau très-fin se trouve entre la partie profonde de la couche glandulaire et la couche musculaire de la muqueuse; les vaisseaux émergents de ces divers points se rendent tous dans un réseau à larges mailles et à vaisseaux volumineux situé dans le tissu sous-muqueux. Les lymphatiques qui en partent se rendent aux troncs situés à l'insertion du mésentère, soit directement, en traversant la tunique musculaire, soit médiatement par l'intermédiaire d'un réseau lymphatique placé entre la couche des fibres annulaires et la couche des fibres longitudinales (Auerbach). Le chyle aurait donc deux voies différentes d'écoulement, suivant l'état de contraction de la tunique musculaire de l'intestin.

Les *nerfs* proviennent du plexus solaire. Ils constituent deux plexus : l'un, situé dans le tissu sous-muqueux et destiné surtout à la muqueuse; l'autre, plus mince, situé entre les fibres circulaires et les fibres longitudinales et destiné à la tunique musculaire (*plexus myentérique d'Auerbach*); tous deux contiennent de petits ganglions microscopiques.

§ VI. — Gros intestin

Le gros intestin s'étend de la valvule iléo-cæcale à l'anus. Il monte d'abord verticalement depuis la fosse iliaque droite jusqu'à la face inférieure du foie, là il se recourbe (courbure hépatique) pour se porter transversalement à gauche; arrivé au-dessous de la rate, il se recourbe de nouveau (courbure splénique), descend verticalement vers la fosse iliaque gauche, s'y infléchit en S (S iliaque), puis se porte en bas et à droite en s'enfonçant dans le bassin en avant du sacrum et du coccyx, et se termine enfin à l'anus. Il décrit ainsi une ligne courbe comparée à un point d'interrogation (?) et circonscrit en partie l'intestin grêle. Ce dernier ne se continue pas canal à canal avec le gros intestin, mais il vient se jeter sur lui perpendiculairement ou plutôt un peu obliquement et à une petite distance de son origine; il en résulte un cul-de-sac situé au-dessous de l'insertion de l'intestin grêle et faisant avec lui un angle aigu; c'est le *cæcum*. La partie qui fait suite au cæcum ou *côlon* se divise en *côlon ascendant, côlon transverse* et *côlon descendant*, et se termine en bas, après avoir formé l'S iliaque, au niveau de l'articulation sacro-iliaque gauche; enfin la dernière partie du gros intestin est le *rectum*.

La longueur totale du gros intestin est de 1^m,50 environ; son calibre, plus considérable que celui de l'intestin grêle, n'est pas uniforme dans les diverses parties de son trajet; la plus grande largeur (0^m,08) correspond au cæcum; il diminue ensuite jusqu'à la partie supérieure du rectum, se dilate de nouveau (ampoule rectale) pour se rétrécir enfin près de l'anus.

1 Cæcum

Le cæcum a une longueur de 0^m,025 à 0^{m}09. Sa forme n'est pas régulièrement cylindrique, mais il présente des bosselures analogues à celles qui se trouvent sur le côlon ; on y voit aussi le commencement des trois ligaments du côlon. Il est légèrement oblique de haut en bas et de droite à gauche. Placé dans la fosse iliaque droite, il est en rapport en avant avec la paroi abdominale, en arrière avec le fascia iliaca. Sa partie postérieure, inférieure et gauche donne attache à un diverticule creux, *appendice iléo-cœcal* ou *vermiculaire*, long de 0ᵐ,05 à 0ᵐ,08, flexueux ou tordu en spirale. Il est plus ou moins complétement enveloppé par le péritoine.

2° Côlon

Le côlon (κωλύω, j'empêche) offre des *bosselures* disposées sur trois séries longitudinales et séparées par trois bandes ou rubans musculaires longitudinaux, *ligaments du côlon ;* les bosselures de chaque série sont séparées par des sillons transversaux ; sur le côlon descendant, il n'y a plus que deux séries de bosselures et deux ligaments ; à la fin de l'S iliaque, elles disparaissent tout à fait.

Les *rapports* du côlon varient pour ses différentes portions : 1° le *côlon ascendant* répond en arrière au carré des lombes et au bord externe du rein droit, en dehors et en avant à la paroi abdominale ; 2° le *côlon transverse* forme un arc faiblement convexe en bas, *arc du côlon*, situé sous la grande courbure de l'estomac et séparé de la paroi abdominale par le grand épiploon, 3° le *côlon descendant*, plus long que le côlon ascendant, a du reste les mêmes rapports. Le côlon transverse est seul enveloppé par le péritoine, qui ne fait que recouvrir les deux tiers antérieurs des deux autres parties. La fixité de ces deux dernières est par suite beaucoup plus grande que celle du côlon transverse et de l'S iliaque.

3° Rectum

Le rectum a une longueur de 0ₘ,25 environ. Il commence à l'articulation sacro-iliaque gauche, se porte en bas et à droite jusqu'à la troisième vertèbre sacrée, puis suit la courbure du sacrum en se portant d'abord un peu à gauche, puis à droite ; il revient ensuite sur la ligne médiane et, arrivé à la pointe du coccyx, se porte en arrière pour se terminer à l'anus. Il est donc infléchi dans le sens latéral et dans le sens antéro-postérieur. Jusqu'à la deuxième vertèbre sacrée, il est enveloppé par le péritoine, qui lui forme un *mésorectum ;* dans sa deuxième portion, jusqu'à la deuxième vertèbre sacrée, le péritoine ne fait que le recouvrir en avant et sur les côtés ; enfin, dans le reste de son étendue, il est tout à fait libre.

Rapports. — 1° La *troisième portion* répond, chez l'homme (fig. 312), au bas-fond de la vessie et à la prostate, dont le sépare un tissu cellulaire lâche ; plus bas, comme elle se porte en arrière, elle s'écarte de la partie membraneuse de l'urètre (*triangle recto-urétral*). Chez la femme (fig. 333), elle répond au vagin, auquel elle est soudée intimement pour former la *cloison recto-vaginale*, puis s'en éloigne (*triangle recto-vaginal*) ; 2° la *deuxième portion* est séparée de la vessie chez l'homme, de l'utérus et du vagin chez la femme, par le cul-de-sac qui résulte de la réflexion du péritoine sur ces organes, cul-de-sac où viennent se placer les circonvolutions de l'intestin grêle.

Conformation intérieure du gros intestin. — Les parois du gros intestin ont 0ᵐ,0015 d'épaisseur au niveau des ligaments du côlon, 0ᵐ,001 au niveau

des bosselures. Elles se composent, comme l'intestin grêle, de trois tuniques :
la séreuse, la tunique musculaire et la muqueuse.

1° La *séreuse*, beaucoup plus incomplète que sur l'intestin grêle, sera décrite
avec le péritoine.

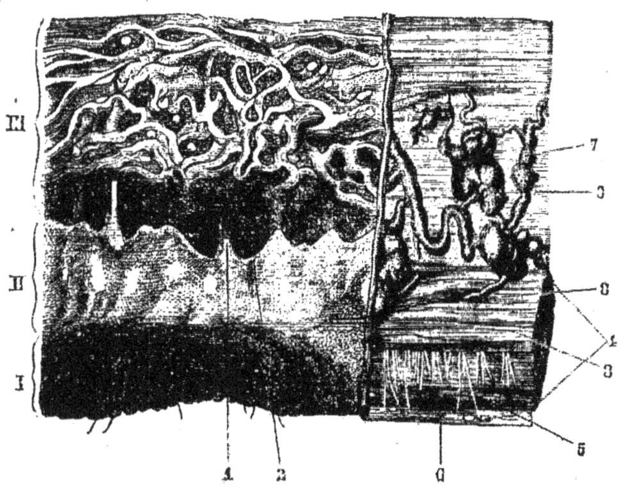

Fig. 266. — *Partie inférieure du rectum et de l'anus, incisée longitudinalement* (*).

2° La *tunique musculaire* offre deux couches : des fibres longitudinales et
des fibres circulaires. 1° *Fibres longitudinales*. Ces fibres, sur le cæcum, le
côlon ascendant et le côlon transverse, sont accumulées en trois bandes longitudinales, et il n'en reste plus que quelques-unes très-clair-semées au niveau
des bosselures ; ces bandes sont plus courtes que la longueur du gros intestin ;
au niveau du côlon descendant elles se réduisent à deux ; enfin, sur le rectum,
elles entourent toute la périphérie de l'intestin, tout en laissant çà et là quelques lacunes. Quant à leur terminaison, elles se perdent en partie dans l'aponévrose pelvienne, en partie par de petits tendons élastiques (fig. 266, 5) qui
traversent le sphincter externe pour se rendre dans le tissu cellulaire sous-cutané de l'anus (Luschka). Une partie de ces fibres rectales va former deux
faisceaux aplatis, larges de 0^m,004, situés sous le releveur de l'anus, et qui se
rendent à la face antérieure du coccyx (*muscle recto-coccygien* de Treitz).
2° *Fibres circulaires*. Elles s'accumulent à la partie inférieure du rectum et
constituent là un sphincter, *sphincter interne* (fig. 266, 3), haut de 0^m,03 et
épais de 0^m,007.

3° *Muqueuse*. — La muqueuse du gros intestin a une couleur jaune rou-

<hr>

(*) (La muqueuse a été enlevée à droite). — I. Peau de l'anus. — II. Partie anale de la muqueuse.
III. Muqueuse du rectum. — 1) Colonnes du rectum. — 2) Valvules et lacunes de Morgagni. — 3)
Sphincter interne de l'anus. — 4) Sphincter externe. — 5) Tendons terminaux des fibres longitudinales. — 6) Tissu cellulaire sous-cutané du pourtour de l'anus. — 7) Plexus veineux sous-muqueux avec
ses dilatations. — 8) Branches de communication des plexus sous-muqueux et des plexus veineux
périrectaux (D'après Luschka).

geâtre pâle. Elle présente des plis irréguliers, qui s'effacent par la distension ; dans le cæcum et le côlon, elle offre des saillies longitudinales qui répondent au ligament du côlon, et des replis falciformes qui répondent aux sillons transversaux de la face externe ; ces replis circonscrivent des enfoncements, *cellules du gros intestin*, qui peuvent par la distension former de véritables poches. Cette face interne, dépourvue de villosités et de valvules conniventes, a surtout sur le rectum, un aspect criblé dû à des orifices glandulaires.

Valvule iléo-cæcale ou *de Bauhin*. — Cette valvule, examinée du côté du cæcum, offre deux lèvres saillantes : l'une supérieure, falciforme, plus longue, l'autre inférieure, demi-circulaire, plus courte ; elles interceptent une boutonnière à bords minces dirigée transversalement d'avant en arrière et dont les extrémités ou commissures donnent naissance à deux replis ou *freins*, appartenant surtout à la lèvre supérieure et se perdant sur les parois du gros intestin. Du côté de l'intestin grêle, cette valvule représente une sorte d'entonnoir dirigé en haut et à droite. Elle permet le passage des matières de l'intestin grêle dans le gros intestin et s'oppose au passage des matières du gros intestin dans l'intestin grêle, à moins que la pression ne soit trop forte. Elle est formée par une invagination de l'intestin grêle dans le gros intestin, mais seulement d'une partie de ses tuniques ; chaque lèvre est formée par un repli de la muqueuse et par les fibres circulaires ; les fibres longitudinales et la séreuse n'y prennent pas part.

Muqueuse du rectum. — La surface interne du rectum ne présente plus les cellules et les replis de la muqueuse du côlon ; mais on trouve à sa partie supérieure un plissement analogue à celui de l'estomac, et au niveau du sphincter interne des plis longitudinaux réguliers, donnant à la coupe de l'intestin un aspect étoilé. A la réunion du tiers moyen et du tiers inférieur se voit un pli transversal falciforme de la muqueuse, *valvule de Houston*.

Structure de la muqueuse du gros intestin. — La muqueuse du gros intestin comprend les mêmes couches que celle de l'intestin grêle : 1° l'*épithélium* est cylindrique ; 2° le *derme muqueux* ne présente pas de villosités ; cependant çà et là, surtout à la partie supérieure, on trouve quelques papilles. Les *glandes tubuleuses* y sont aussi nombreuses que dans l'intestin grêle, mais beaucoup plus volumineuses. Les *follicules clos* y sont plus nombreux ; on les trouve surtout accumulés en très grande quantité dans le cæcum et l'appendice iléo-cæcal, mais ils n'y présentent pas la forme de plaques de Payer ; 3° la *couche musculaire de la muqueuse*, et 4° le *tissu cellulaire sous-muqueux* n'offrent rien de particulier.

Vaisseaux et nerfs du gros intestin. — Les *artères* viennent pour le cæcum, le côlon ascendant et la moitié droite du côlon transverse, de la mésentérique supérieure ; pour la moitié gauche du côlon transverse, le côlon descendant et le rectum, de la mésentérique inférieure. Elles ont du reste la même disposition que dans l'intestin grêle. Les *veines* suivent les artères. Les *lymphatiques* ont la même disposition que dans l'intestin grêle, sauf leur développement moins considérable. Les *nerfs* viennent du grand sympathique, et pour le rectum, en outre, du plexus sacré. Ils présentent, comme pour l'intestin grêle, les deux plexus sous-muqueux et myentérique avec leurs ganglions.

§ VII. — Anus

L'anus, orifice inférieur du canal alimentaire, est une ouverture circulaire située à 0^m,03 en avant et au-dessous du coccyx sur la ligne médiane. A l'état d'occlusion, elle a des plis radiés qui s'effacent par la distension. La peau,

pourvue de poils chez l'homme, s'enfonce par cette ouverture pour se continuer
avec la muqueuse jusqu'à une hauteur de $0^m,008$ à $0^m,015$ au-dessus de l'orifice anal; elle a des caractères particuliers (*muqueuse anale*, fig. 266, 11); à
ce niveau elle est séparée de la muqueuse rectale par une ligne formée par des
replis à concavité supérieure, qui interceptent de petits culs-de-sacs ouverts
en haut, *sinus de Morgagni* (2); de cette ligne descendent sept ou huit saillies
rugueuses, verticales, qui se perdent au-dessus de l'anus, colonnes du rectum (1). Cette muqueuse anale est mince, humide, molle, de couleur bleuâtre
ou rouge vif; cependant elle n'a pas tout à fait l'aspect d'une muqueuse et elle
reste toujours plus sèche et plus dure que la muqueuse rectale. En effet, ce
n'est que la peau légèrement modifiée, comme le prouve sa structure: elle a un
épithélium pavimenteux; elle possède des papilles, de grosses glandes sébacées et est tout à fait dépourvue de glandes de Lieberkühn.

Vaisseaux et nerfs. — Les *artères* de l'anus viennent des artères hémorrhoïdales.
Les *veines* forment un plexus interne sous-muqueux à mailles longitudinales (fig. 266, 7)
et un plexus externe situé dans le tissu cellulaire qui entoure le sphincter externe. Ces
deux plexus, qui présentent à l'état normal des dilatations et des étranglements, communiquent par des branches anastomotiques (8) qui traversent les fibres du sphincter.
De ces deux plexus partent des veines qui suivent les artères et dont les anastomoses font
communiquer le système de la veine porte et le système veineux général. Les *lymphatiques* profonds vont aux ganglions pelviens, ceux du réseau sous-cutané aux ganglions
inguinaux. Les *nerfs* viennent du plexus sacré et du grand sympathique.

A la partie inférieure du rectum et à l'anus vient s'annexer un appareil musculaire strié, composé de deux muscles : le sphincter externe et le releveur de
l'anus; ces deux muscles seront décrits avec les muscles du périnée.

ARTICLE II. — ANNEXES DU CANAL ALIMENTAIRE

§ I. — Dents

Les dents sont au nombre de seize pour chaque mâchoire chez l'adulte (*dents
permanentes*); dans le jeune âge, il n'en existe que dix à chaque mâchoire
(*dents temporaires*). Ce nombre est sujet à varier, soit en plus, soit en moins,
dans les cas d'anomalie.

Caractères généraux (fig. 267). — Chaque dent se compose de deux parties : 1° une partie implantée presque en totalité dans l'alvéole du maxillaire,
racine de la dent ; 2° une partie libre, qui déborde l'alvéole, *couronne* de la
dent ; un rétrécissement, *collet* de la dent (D), sépare la couronne de la racine. La racine peut être simple ou multiple. Le centre de la dent est occupé
par une cavité, *cavité dentaire* (C), qui reproduit la forme même de la dent et
s'ouvre par un canal à l'extrémité de la racine; cette cavité contient une substance molle, la *pulpe dentaire*, continue avec le périoste qui tapisse l'alvéole ;
ce périoste *alvéolo-dentaire*, à partir du bord alvéolaire, prend des caractères particuliers et constitue, en s'unissant à la muqueuse buccale, un repli
fibro-muqueux, la *gencive*, qui s'applique étroitement sur le collet de la dent
et sur les parties voisines de la couronne et de la racine, de telle façon que
pour chaque dent le bord libre de la gencive est concave.

Conformation extérieure. — On divise les dents, d'après leur forme, en incisives, canines, petites et grosses molaires, et la *formule dentaire* [1] de l'homme peut être représentée ainsi :

$$32 = \frac{3 \text{ gr. M.}}{3 \text{ gr. M.}} + \frac{2 \text{ p. M.}}{2 \text{ p. M.}} + \frac{1 \text{ C.}}{1 \text{ C.}}$$

$$+ \frac{4 \text{ I.}}{4 \text{ I.}} + \frac{1 \text{ C.}}{1 \text{ C.}} + \frac{2 \text{ p. M.}}{2 \text{ p. M.}} + \frac{3 \text{ gr. M.}}{3 \text{ gr. M.}}$$

A. *Incisives*. — La *couronne* est cunéiforme, vue de profil ; de face elle a la forme d'un ciseau à cause de la plus grande largeur de son bord libre ; ce bord libre est tranchant et présente, quand il n'est pas usé, trois dentelures, dont la moyenne est la plus saillante ; la face antérieure est convexe, la postérieure concave ; sur chacune d'elles le collet a sa convexité tournée du côté de la racine ; les faces latérales sont triangulaires. La *racine* est simple, conique, comprimée latéralement, et quelquefois on y trouve de chaque côté un sillon vertical, trace de la bifidité que présente parfois son sommet. Sa longueur est à la hauteur de la couronne :: 3 : 2. Les incisives sont dirigées obliquement en avant par leur bord tranchant. Les incisives supérieures moyennes sont les plus larges ; après elles viennent par ordre de décroissance les incisives supérieures latérales, les incisives inférieures latérales et les incisives inférieures moyennes, qui sont les plus petites. Le bord libre des incisives latérales est ordinairement plus arrondi que celui des incisives moyennes.

B. *Canines* (*laniaires*, *unicuspidées*). — La *couronne*, très-épaisse d'avant en arrière, a une forme pyramidale et se termine par une pointe mousse ; le collet se comporte comme pour les incisives. La *racine* est simple, conique, comprimée latéralement et pourvue de deux sillons latéraux ; elle a au moins le double de la hauteur de la couronne. Les canines sup.-

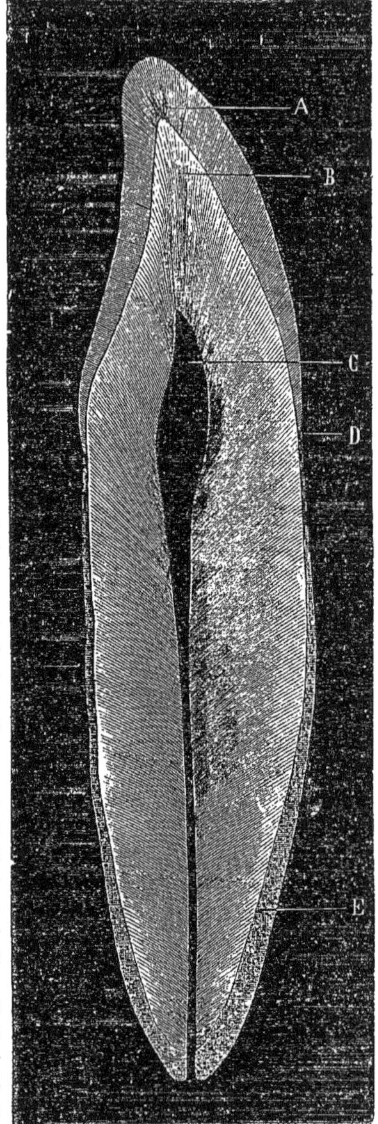

Fig. 207.

Coupe longitudinale d'une dent incisive (*).

(1) On appelle *formule dentaire* l'expression abrégée du nombre et de la répartition des dents.

(*) A. Émail. — B. Ivoire. — C. Cavité dentaire. — D. Collet de la dent. — E. Cément. — (D'après E. Magitot).

rieures sont plus longues ; les inférieures ont la pointe plus saillante et quelquefois une racine demi-bifide.

C. *Petites molaires* (*bicuspidées*.) — La *couronne* est un peu comprimée
latéralement ; leur surface triturante est pourvue de deux tubercules, dont
l'externe est plus considérable ; le collet est horizontal. La *racine* est conique,
en général simple, mais creusée de chaque côté d'un sillon profond et souvent bifide à son extrémité. Leur longueur n'atteint jamais le double de la
hauteur de la couronne. Dans les petites molaires supérieures la séparation
des deux tubercules est plus profonde ; la deuxième a souvent deux racines.

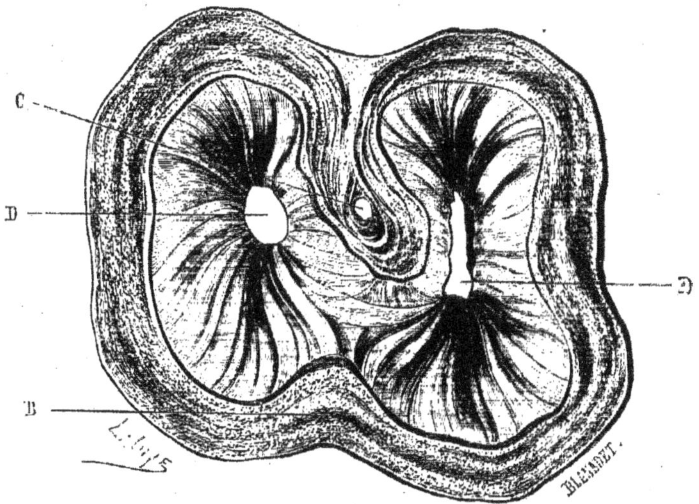

Fig. 208. — *Coupe transversale d'une molaire* (*).

D. *Grosses molaires* (*multicuspidées*). — La *couronne* est épaisse, cubi-
que ; la surface triturante est large et présente quatre tubercules (et quelquefois cinq), séparés par un sillon crucial. Le collet est horizontal. La *racine*,
multiple, est double ou triple, et la direction de ses branches varie ; tantôt
leurs extrémités s'écartent, d'autres fois elles se rapprochent (*dents barrées*).
La longueur des racines ne dépasse guère la hauteur de la couronne. A la
mâchoire supérieure les grosses molaires diminuent de grosseur de la première
à la troisième ; la première est la plus forte de toutes. A la mâchoire inférieure les racines sont souvent au nombre de deux seulement.

Arcades dentaires. — Les dents forment par leur réunion deux rangées,
arcades dentaires, correspondant aux bords alvéolaires des deux mâchoires.
Ces arcades n'ont pas toutes les deux la même courbure, les incisives supérieures dépassant en avant les inférieures. Chaque arcade présente une face
antérieure convexe et une face postérieure concave ; sur ses deux faces se
voient les fissures interdentaires, plus ou moins larges suivant les individus ;

(*) B. Émail. — C. D. Cavité dentaire. — (D'après E. Magitot).

le bord adhérent ou alvéolaire est festonné, aspect dû à la disposition du bord libre des gencives ; le bord libre, simple en avant jusqu'à la canine, est double sur les côtés et se compose de deux lèvres, une lèvre externe, plus tranchante en haut, une lèvre interne, plus tranchante en bas, séparées par une gouttière dont la partie la plus large correspond à la première grosse molaire. Les arcades s'engrènent de façon que les tubercules de la lèvre externe de l'arcade supérieure sont reçus dans la gouttière de l'arcade inférieure.

Structure. — Les dents se composent de parties dures et de parties molles.

A. *Parties dures.* — Ce sont l'ivoire, l'émail et le cément.

1° *Ivoire* ou *dentine* (fig. 267, B). — L'ivoire forme la masse principale de la dent et occupe aussi bien la couronne que la racine ; c'est dans son centre qu'est creusée la cavité dentaire. C'est une substance blanc jaunâtre, translucide, plus dure que le tissu osseux compacte. Il présente quelquefois une sorte de stratification, indiquée par des lignes courbes parallèles aux contours de la couronne et visibles sur des coupes transversales.

L'ivoire se compose d'une *substance fondamentale* homogène parcourue par des canalicules, *canalicules dentaires*. Ceux-ci, larges de 0mm,002 en moyenne, vont de la face interne à la face externe de l'ivoire, en suivant un trajet légèrement onduleux, tout en restant parallèles les uns avec les autres. Nés d'un orifice qui s'ouvre sur la paroi de la cavité dentaire, ils se bifurquent un certain nombre de fois, de sorte que d'un seul canalicule primitif il peut en naître jusqu'à dix ou seize. Ces canalicules secondaires, arrivés à la périphérie de l'ivoire, se ramifient de nouveau et s'anastomosent, pour se terminer enfin, soit dans l'intérieur de l'émail et du cément de la façon qui sera décrite plus loin, soit dans la *couche interglobulaire* de l'ivoire. Cette couche, située à la périphérie de l'ivoire, présente des cavités irrégulières limitées par des prolongements globulaires de l'ivoire ; ce sont les *espaces interglobulaires de Czermak*. Ces cavités, très-variables comme grandeur et comme forme suivant les individus, sont en général plus petites dans la racine que dans la couronne. Les canalicules dentaires ont une mince paroi propre, distincte de la substance fondamentale ambiante. Ils contiennent des fibres particulières, fines et molles, *fibres dentaires*, prolongements des cellules dentaires, et très-probablement en connexion avec les tubes nerveux terminaux de la pulpe. Dans les espaces interglobulaires se trouve une substance molle, sur la nature de laquelle on n'est pas encore fixé, mais qui pourrait bien être de nature nerveuse, car cette couche périphérique de l'ivoire jouit d'une sensibilité extrême.

2° *Émail* (fig. 268, A). — L'émail revêt toute la partie de l'ivoire qui correspond à la couronne ; très-épais au niveau de la surface triturante, il s'amincit assez brusquement pour s'arrêter au collet de la dent par un bord souvent dentelé. C'est une substance blanc bleuâtre, excessivement dure, à cassure fibreuse ; sa surface, qui paraît lisse à l'œil nu, est en réalité couverte d'aspérités fines, linéaires.

L'émail se compose de fibres, à quatre, cinq ou six pans, *prismes de l'émail*, de 0mm,004 de largeur environ. Ces prismes, probablement pleins, sont dentelés et offrent des stries transversales et des varicosités ; ils sont intimement soudés les uns avec les autres et forment ainsi des couches dont les fibres sont parallèles, tandis que les couches elles-mêmes s'entre-croisent à angle aigu. La coupe de l'émail a un aspect strié, dû à ce que les fibres sont vues, tantôt suivant leur longueur, tantôt suivant leur épaisseur.

L'émail présente à sa partie la plus rapprochée de l'ivoire des *cavités* allongées, irrégulières, dans lesquelles viennent se terminer une partie des canalicules dentaires. D'autres cavités existent encore dans l'émail, mais ne sont que de simples fentes existant entre les prismes et qui n'ont aucune communication avec les canalicules dentaires. L'émail est recouvert à sa surface par une membrane amorphe très-mince ($0^{mm},001$), *cuticule de l'émail*, à peu près inattaquable par tous les réactifs.

3° *Cément* (fig. 267, E). Le cément ou *substance ostéoïde* revêt toute la racine de la dent, dont il forme même seul le sommet ; du côté de la couronne il recouvre un peu l'origine de l'émail. Sa face externe, inégale, est en rapport avec le périoste alvéolo-dentaire et la gencive ; sa face interne est intimement unie à l'ivoire.

Il a essentiellement la structure de l'os. Il se compose d'une substance osseuse fondamentale, dans laquelle se trouvent des corpuscules osseux un peu plus volumineux que les corpuscules osseux ordinaires. Il ne contient qu'exceptionnellement des canalicules de Havers et des vaisseaux.

Composition chimique des dents. — Sauf l'émail, qui est une production épithéliale, les dents peuvent être rapprochées des os. Le cément a la même composition ; quant à l'ivoire, s'il est plus pauvre en matière organique, cela tient sans doute à la faible quantité de parties molles qu'il contient. L'*émail* ne contient que des traces d'eau et à peine 4 0/0 de substance organique, ne donnant pas de colle. Les cendres contiennent 4 à 9 0/0 de carbonate de chaux, 81 à 90 0/0 de phosphate de chaux, 4 0/0 de fluorure de calcium 1 à 2 0/0 de phosphate de magnésie.

B. *Parties molles.* — Ce sont le périoste alvéolo-dentaire, la pulpe dentaire et les gencives.

1° Le *périoste alvéolo-dentaire* adhère intimement à la racine ; sauf sa mollesse plus grande, il ressemble au périoste ordinaire.

2° *Pulpe* ou *bulbe dentaire.* — C'est un petit bourgeon qui remplit complétement la cavité dentaire et qu'un pédicule mince, traversant le canal de la racine, rattache au périoste alvéolo-dentaire. Sa substance, molle, rougeâtre, intimement adhérente à la face interne de l'ivoire, se compose d'un tissu fondamental fibrillaire rapproché du tissu connectif embryonnaire. Sa surface est tapissée par plusieurs couches de cellules cylindriques ; les plus superficielles, *cellules dentaires* ou *odontoblastes*, envoient dans les canalicules de l'ivoire des prolongements fins, qui constituent les *fibres dentaires*.

Les *vaisseaux* de la pulpe dentaire sont nombreux et forment un réseau de capillaires dans toute la masse du bulbe. Les lymphatiques y sont inconnus. Les *nerfs* y sont très-nombreux ; arrivés dans la pulpe, ils se ramifient en un plexus serré, d'où partent des fibres dont la terminaison est encore inconnue.

3° *Gencives.* — Les gencives représentent cette portion de la muqueuse buccale qui revêt le bord alvéolaire des mâchoires et entoure le collet des dents. Leur tissu, rougeâtre, vasculaire, paraît dur au toucher à cause de la résistance des parties sous-jacentes. A leur niveau, le derme de la muqueuse porte de grosses papilles et est tapissé par un épithélium pavimenteux ; elles sont dépourvues de glandes.

Pour la dentition temporaire et le développement des dents, voy. *Développement.*

§ II. — Glandes salivaires

On décrit, sous le nom commun de *glandes salivaires*, trois glandes ou masses glanduleuses paires, la parotide, la sous-maxillaire et la sublinguale.

Toutes ces glandes sont des *glandes en grappe* composées ; leurs lobules sont consti-

tués par des culs-de-sac ou *acini* présentant une membrane propre et un épithélium
glandulaire polygonal ; les conduits excréteurs sont tapissés par un épithélium cylindrique. Toutes ces glandes reçoivent des filets nerveux sympathiques provenant des plexus
qui accompagnent les artères ; on trouve sur leur trajet de petits ganglions microscopiques [1].

I. PAROTIDE (fig. 269, A, 1).

La parotide ($\pi\alpha\rho\acute{\alpha}$, auprès ; $o\tilde{\upsilon}\varsigma$, $\grave{\omega}\tau\acute{o}\varsigma$, oreille) est située en arrière de la
branche de la mâchoire inférieure, en avant et au-dessous du conduit auditif
externe, en avant de l'apophyse mastoïde et du bord antérieur du sterno-mastoïdien. Elle atteint en haut l'arcade zygomatique ; en bas elle dépasse de
0m,02 l'angle de la mâchoire ; en avant elle empiète sur le masséter. Sa
hauteur est de 0m,065 environ sur 0m,025 d'épaisseur. Son poids est de 25
grammes en moyenne. Elle a la forme d'un coin à base quadrangulaire un peu
convexe et dont le sommet s'enfonce dans une excavation, *excavation parotidienne* ou *fosse rétro-maxillaire*, sur laquelle elle se moule.

Rapports. — Sa face externe est recouverte par l'aponévrose parotidienne.
En arrière elle répond au conduit auditif externe cartilagineux, à l'apophyse
styloïde et au bord antérieur de l'apophyse mastoïde, enfin au ventre postérieur du digastrique et au sterno-mastoïdien, entre lesquels elle envoie souvent un prolongement. En avant, elle embrasse le bord postérieur du masséter
ter et de la branche de la mâchoire ; plus profondément elle répond au muscle
stylo-pharyngien, au ligament stylo-maxillaire et à une lame fibreuse qui la
sépare de l'artère carotide interne et de la veine jugulaire interne. En dedans
elle est creusée d'une gouttière et souvent d'un canal complet pour l'artère
carotide externe ; les branches fournies dans ce trajet par cette artère sont
donc plus ou moins complétement enclavées dans le tissu de la glande. Il en est
de même du nerf facial, qui traverse la glande ainsi que le nerf temporal
superficiel du maxillaire inférieur. On trouve en outre dans l'épaisseur de la
glande, mais superficiellement, de petits ganglions lymphatiques, qui se distinguent des lobules glandulaires par leur couleur rouge.

La parotide est enveloppée par une capsule fibreuse résistante, qui envoie
des cloisons entre les lobules et les lobes. Sa substance a une couleur gris rosé.
Les cellules glandulaires de ses acini ne contiennent pas de mucine, à l'inverse
des deux autres glandes salivaires.

[1] Pflüger a décrit la terminaison des nerfs dans les glandes salivaires. D'après lui, les
fibrilles nerveuses terminales se continueraient avec la cellule épithéliale glandulaire (noyau
et protoplasma), qui serait en quelque sorte une véritable formation nerveuse. Les résultats
de Pflüger sont niés par la plupart des histologistes.

Des recherches récentes de Pflüger, Gianuzzi, Heidenhain, Ranvier, faites principalement
sur la glande sous-maxillaire, ont montré que les cellules glandulaires des acini sont de deux
espèces. Les unes, *cellules muqueuses*, ont un contenu homogène clair, fortement réfringent ; les autres, *cellules à protoplasma*, ont un contenu granuleux foncé, qui masque en partie
les contours et le noyau de la cellule. Quand la glande est restée à l'état de repos, les acini
sont remplis de cellules muqueuses et les cellules à protoplasma paraissent refoulées à la
périphérie de l'acinus sous forme d'un croissant *(demi-lune* de Gianuzzi) ; lorsque la glande
a été excitée (excitation de la corde du tympan), les cellules muqueuses disparaissent, et les
acini sont remplis de cellules à protoplasma. Il est probable que ces deux aspects correspondent simplement à des états fonctionnels différents des mêmes cellules glandulaires.

On a décrit dans ces derniers temps, pour les glandes salivaires, des canalicules secréteurs
capillaires analogues à ceux qui ont été trouvés dans le foie et dans le pancréas.

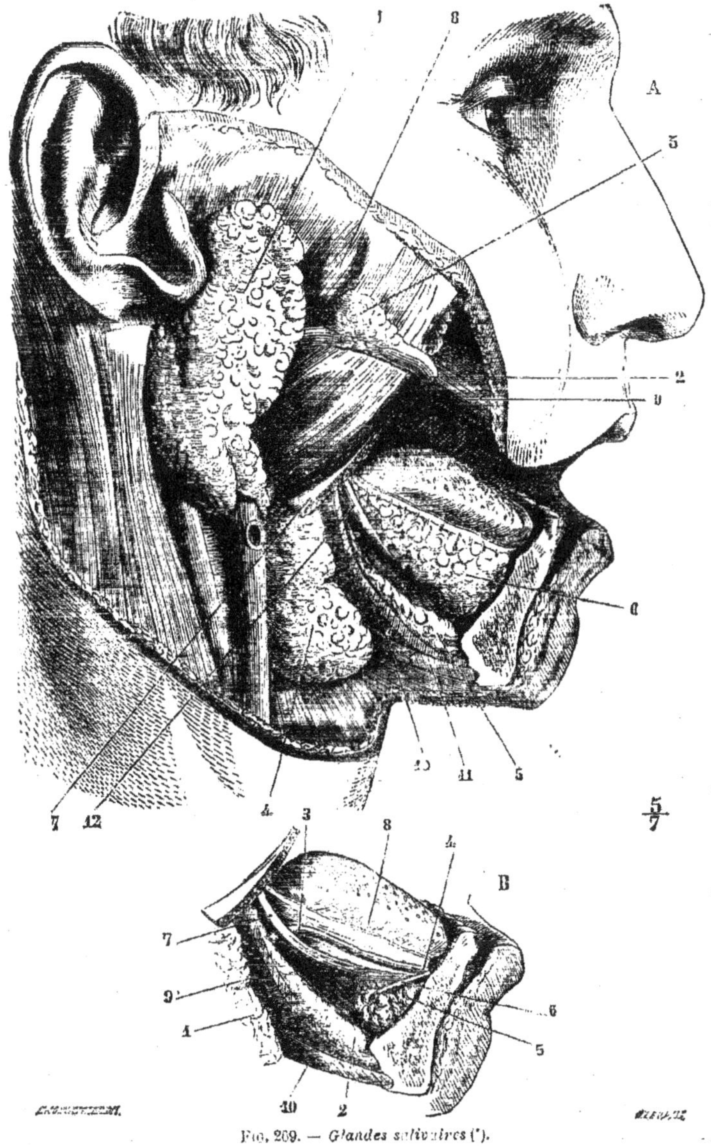

Fig. 269. — *Glandes salivaires* (*).

(*) A, 1) Parotide. — 2) Canal de Sténon. — 3) Parotide accessoire. — 4) Glande sous-maxillaire. — 5) Son prolongement antérieur. — 6) Glandes sublinguales. — 7) Maxillaire inférieur coupé en avant du masséter. — 8) Masséter. — 9) Buccinateur, enlevé en partie. — 10) Mylo-hyoïdien. — 11) Digastrique. — 12) Nerf lingual.

B. (La glande sous-maxillaire a été en partie enlevée). — 1) Glande sous-maxillaire. — 2) Son pro-

Canal de Sténon (fig. 269, A, 2). — Le canal excréteur de la carotide part
de son bord antérieur à la réunion du tiers supérieur et du tiers moyen ; il
marche ensuite tranversalement à un travers de doigt au-dessous de l'arcade
zygomatique sur la face externe du masséter et, arrivé au bord antérieur du
muscle, s'enfonce en traversant la graisse de la joue et le buccinateur, et s'ouvre sur la muqueuse, à la hauteur de la troisième molaire supérieure, par un
orifice très-étroit. Des lobules glandulaires isolés (*parotide accessoire*, 3)
accompagnent souvent le canal de Sténon.

Ce canal a un diamètre d'environ 0m,006, et ses parois ont une épaisseur d'à peu près
0m,001. Elles se composent des couches suivantes en allant de dehors en dedans : 1° une
tunique adventice, fibreuse, qui se perd dans l'aponévrose du buccinateur ; 2° une tunique
fibreuse propre ; 3° une couche annulaire de fibres élastiques ; 4° une membrane propre
tapissée d'un épithélium cylindrique.

Vaisseaux et nerfs. — Les *artères* viennent de la carotide externe et de ses branches.
Les *veines* n'offrent rien de particulier. Les *lymphatiques* vont les uns aux glanglions
parotidiens, les autres aux ganglions sous-maxillaires. Les *nerfs* sont fournis par l'auriculaire antérieur du plexus cervical, par des filets du facial et par des branches sympathiques accompagnant les artères.

II. GLANDE SOUS-MAXILLAIRE (fig. 269, A, 4).

Cette glande est située dans la région sus-hyoïdienne. Sa forme est assez
irrégulière ; son poids est d'environ 8 grammes.

Rapports. — Elle est recouverte par la peau, le peaucier et l'aponévrose
cervicale et, en haut, cachée en partie par le maxillaire inférieur. Elle repose
sur le muscle hyo-glosse, dans la concavité du digastrique ; elle dépasse ordinairement en avant le bord postérieur du mylo-hyoïdien, et envoie entre ce
muscle et l'hyo-glosse un prolongement volumineux, très-variable comme
forme, *glande salivaire interne* (fig. 269, A, 4). Sappey décrit aussi un prolongement postérieur qui se dirige vers la dernière grosse molaire inférieure.
L'artère faciale se creuse une gouttière à sa partie postérieure et quelquefois
même est contenue dans son tissu ; la veine faciale est en avant de la glande et
sur sa face externe. Superficiellement elle est en rapport avec de nombreux
ganglions lymphatiques. Une loge aponévrotique l'entoure complétement et
l'isole en arrière de la parotide.

Canal de Wharton (fig. 269, B, 3). — Les lobules de la glande sous-maxillaire sont plus gros et plus lâchement unis que ceux de la parotide. Ils donnent naissance à un canal excréteur long de 0m,065 environ sur un diamètre
de près de 0m,002. Ce canal passe entre le mylo-hyoïdien et l'hyo-glosse,
longe la face interne de la mâchoire, croise l'anse formée par le nerf lingual,
passe en dedans de la glande sublinguale, et va s'ouvrir sur les côtés du frein
de la langue par un orifice étroit, situé au centre d'une petite saillie ombili-
quée de la muqueuse (*ostiolum umbilicale*).

Le canal de Wharton est très-extensible et ses parois sont très-minces, de sorte qu'il a
une forme aplatie. Elles se composent, de dehors en dedans, des couches suivantes : 1° une
tunique externe fibreuse de tissu connectif ordinaire ; 2° une couche de fibres musculai-

longement. — 3) Canal de Wharton. — 4) Son embouchure. — 5) Partie antérieure de la glande sublinguale. — 6) Canal de Bartholin. — 7) Nerf lingual. — 8) Coupe de la muqueuse linguale. — 9) Mylo-hyoïdien. — 10) Digastrique.

res lisses longitudinales (elles ne sont pas admises par tous les auteurs); 3° une couche de fibres élastiques longitudinales; 4° enfin un épithélium cylindrique reposant sur une membrane propre.

Vaisseaux et nerfs. — Les *artères* et les *veines* sont des branches de l'artère et de la veine faciale. Les *lymphatiques* vont aux ganglions voisins. Les *nerfs* viennent du lingual et du ganglion sous-maxillaire; la glande en reçoit donc de trois sources, de la corde du tympan, du trijumeau et du grand sympathique.

III. GLANDES SUBLINGUALES (fig. 269, A, 6).

Les glandes sublinguales sont situées tout à fait superficiellement sous la muqueuse du plancher buccal, sous les bords de la langue, dans la fossette sublinguale du maxillaire inférieur. C'est une agglomération de glandes et non une glande unique. La partie antérieure seule forme une glande de la grosseur d'une amande (fig. 269, B, 5), d'où part un conduit assez volumineux de $0^m,02$ de longueur qui va s'ouvrir près du canal de Wharton et en dehors de lui; c'est le *canal de Bartholin* (fig. 269, B, 6). Derrière cette glande antérieure on trouve une véritable chaîne glandulaire, continue en arrière jusqu'aux glandules du voile du palais et dont les conduits excréteurs, très-courts, verticaux, *conduits de Rivinus*, au nombre de 25 à 30, s'ouvrent sur la muqueuse du plancher buccal (*Tillaux*, comptes rendus de la Société de biologie, 1858). D'après certains auteurs, quelques-uns de ces conduits viendraient s'aboucher dans le canal de Wharton.

Vaisseaux et nerfs. — Les *artères* viennent de la sublinguale et de la sous-mentale. Les *veines* suivent les artères. Les *nerfs* proviennent du nerf lingual et du ganglion sublingual.

§ III. — Foie

Le foie est un organe impair, asymétrique, destiné à la sécrétion de la bile, qu'il verse dans le duodénum par le canal cholédoque. Il remplit la moitié droite de l'excavation du diaphragme, empiète même un peu à gauche de la ligne médiane et est fixé dans cette situation par des replis qui seront décrits avec le péritoine. D'après Sappey, son poids moyen est d'environ 2 kilogrammes [1].

Conformation extérieure. — Sa *forme* est celle d'un segment d'ovoïde comprenant la grosse extrémité de l'ovoïde et la moitié supérieure de la petite. Cette forme du reste est sujette à varier, le foie ayant une très-faible indépendance morphologique et se moulant avec la plus grande facilité sur les organes qui l'entourent; c'est ainsi qu'on la trouve si souvent altérée chez les femmes par l'usage du corset.

Le foie présente deux faces, deux bords et deux extrémités.

A. La *face supérieure* est convexe et divisée par le *ligament falciforme* en deux parties, une droite, plus considérable, *lobe droit*, une gauche, moins étendue, *lobe gauche;* cette division du foie en deux lobes est purement nominale.

[1] Le foie pris sur le cadavre ne pèse en réalité que 1450 grammes en moyenne *(poids cadavérique)*, mais il a perdu ainsi une certaine quantité de sang; en tenant compte de cette quantité de sang, on arrive au poids de 2 kilogrammes; c'est là ce que Sappey appelle le *poids physiologique* du foie,

B. La *face inférieure* (fig. 270), légèrement concave, présente trois sillons, deux longitudinaux, antéro-postérieurs, et un transversal, disposés de façon à rappeler un H majuscule. 1° Le sillon transversal (*sillon transverse, hile du foie*) est dirigé de droite à gauche et situé à égale distance du bord antérieur et du bord postérieur du foie; il a 0^m,05 de longueur et loge la veine porte (13), l'artère hépatique (19) et les canaux hépatiques. 2° Le *sillon longitudinal gauche* va du bord antérieur au bord postérieur du foie; il contient dans sa moitié antérieure le cordon fibreux, qui remplace chez l'adulte la veine ombilicale du fœtus (18), cordon fibreux enveloppé dans le repli falciforme, et dans sa moitié postérieure le cordon fibreux qui résulte de l'oblitération du canal veineux (17). 3° Le *sillon longitudinal droit* n'existe en général que dans la partie antérieure au sillon transverse et a la forme d'une dépression assez large, *fossette de la vésicule biliaire ;* en arrière du hile,

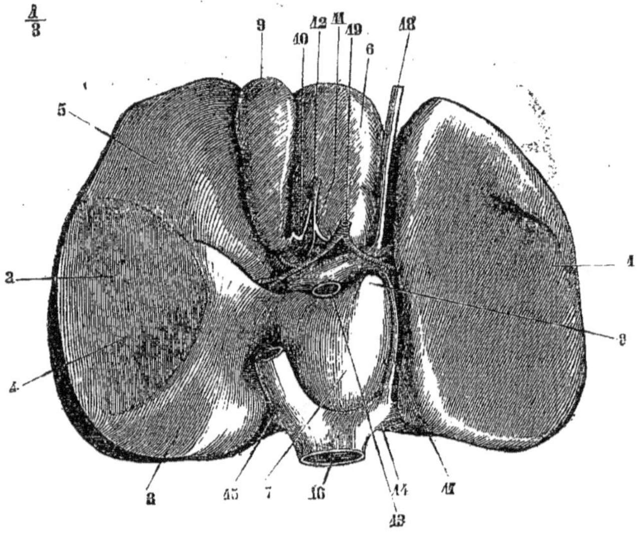

FIG. 270. — *Face inférieure du foie* (*).

ce sillon est interrompu, puis il reparaît près du bord postérieur du foie pour loger la veine cave inférieure. La partie de la face inférieure du foie située à gauche de l'H appartient au lobe gauche; celle qui est située à droite appartient au lobe droit ; cette dernière présente trois dépressions correspondant à des organes voisins : l'antérieure, *empreinte colique* (3), est très-légère et répond à la courbure droite du côlon ; la moyenne, *empreinte rénale* (4), est beaucoup plus étendue; la postérieure, peu marquée, répond à la capsule surrénale. Entre le sillon transverse et la partie antérieure des deux sillons lon-

<hr>

(*) 1) Lobe gauche. — 2) Lobe droit. — 3) Empreinte de la capsule surrénale droite. — 4) Empreinte rénale. — 5) Empreinte colique. — 6) Lobe carré. — 7) Lobe de Spigel. — 8) Son prolongement antérieur. — 9). Vésicule biliaire. — 10) Canal cystique. — 11) Canal hépatique. — 12) Canal cholédoque. — 13) Veine porte. — 14) Veine sus-hépatique gauche. — 15) Veine sus-hépatique droite. — 16) Veine cave inférieure. — 17) Canal veineux. — 18) Cordon de la veine ombilicale. — 19) Artère hépatique.

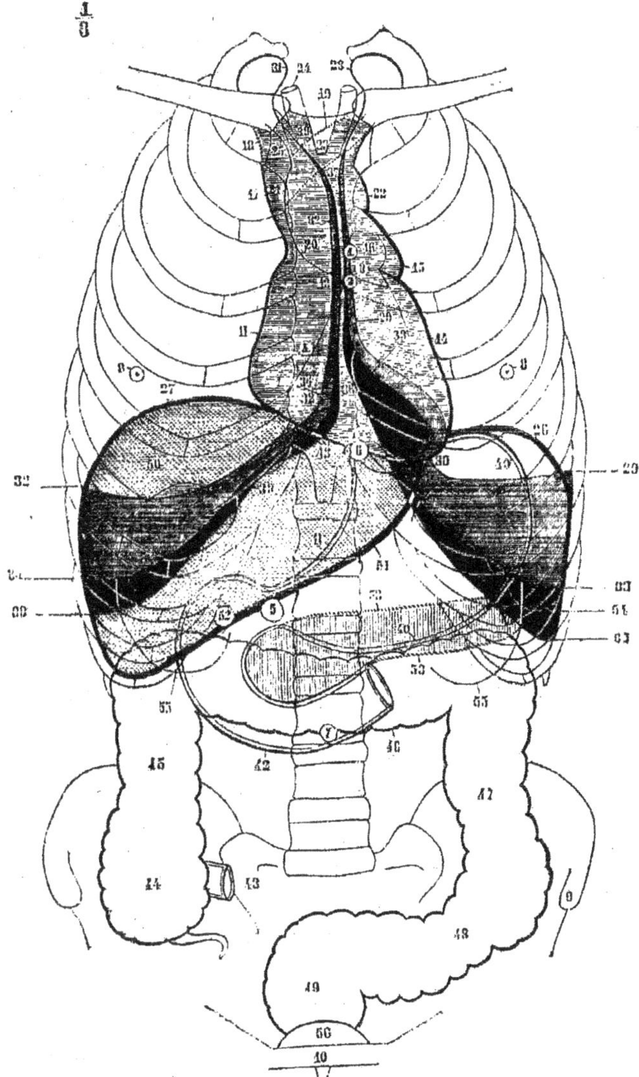

FIG. 271. — *Rapports des viscères abdominaux et thoraciques* (figure schématique (*).

(*) 1) Situation de l'orifice de l'artère pulmonaire. — 2) Orifice de l'aorte. — 3) Orifice auriculo-ventriculaire gauche. — 4) Orifice auriculo-ventriculaire droit. — 5) Pylore. — 6) Position du cardia. — 7) Ombilic. — 8) Mamelon. — 9) Épine iliaque antérieure et supérieure. — 10) Symphyse du pubis. — 11) Oreillette droite. — 12) Auricule droite. — 13) Bord droit du cœur. — 14) Bord gauche du cœur. — 15) Auricule gauche. — 16) Artère pulmonaire. — 17) Veine cave supérieure. — 18) Tronc veineux brachio-céphalique droit. — 19) Tronc veineux brachio-céphalique gauche. — 20, 21) Aorte ascendante. — 22) Aorte descendante. — 23) Crosse de l'aorte. — 24) Carotide primitive droite. — 25) Artère sous-

gitudinaux, se trouve le *lobe carré* ou *éminence porte antérieure* (6); en arrière du sillon transverse est le *lobe de Spigel, éminence-porte postérieure* (7), rattachée au lobe droit du foie par un pont de substance hépatique qui interrompt le sillon longitudinal droit. La face inférieure du foie peut offrir en outre des incisures plus ou moins profondes (*rimæ cœcæ*) et quelquefois des lobes accessoires.

C. Le *bord antérieur* est mince et tranchant et offre deux échancrures correspondant aux extrémités antérieures des deux sillons longitudinaux.

D. Le *bord postérieur*, très-épais, mousse, arrondi, donne attache au ligament coronaire. Au niveau du lobe de Spigel il est creusé d'une échancrure, quelquefois convertie en canal complet, et qui loge la veine cave inférieure.

E. L'*extrémité droite* est mousse et arrondie.

F. L'*extrémité gauche* est mince et triangulaire.

Le *poids* moyen du foie est de 1400 à 1500 grammes ; ce poids varie du reste suivant l'état de réplétion de ses vaisseaux. Son poids spécifique, comparé à celui de l'eau, est comme 15 est à 10. Sa surface est lisse partout où il est revêtu par le péritoine, grenue dans les endroits où il en est dépourvu. Cette surface a une couleur rouge brun, plus ou moins foncée, et présente un aspect marbré dû aux lobules hépatiques.

Rapports (fig. 271). — Les trois quarts de la masse du foie (lobe droit, lobe de Spigel, lobe carré) sont situés dans la moitié droite de l'abdomen. Sa face convexe répond à la concavité du diaphragme, sur laquelle elle se moule exactement; son point culminant remonte, dans l'*expiration complète*, comme sur le cadavre, presque à la hauteur de la quatrième côte. Sa face inférieure, inclinée en bas et en avant, recouvre à droite la capsule surrénale, le tiers supérieur du rein droit et la courbure droite du côlon ; le lobe de Spigel, situé à droite du cardia à la hauteur de la douzième vertèbre dorsale, répond au pilier droit du diaphragme ; le lobe carré répond à la première partie du duodenum, et l'extrémité gauche recouvre une partie de la face antérieure de l'estomac. Le bord inférieur, oblique en haut et à gauche, va du cartilage de la huitième côte droite à celui de la septième côte gauche, et masque la petite courbure de l'estomac.

Conformation intérieure. — Le foie est enveloppé par une membrane fibreuse très-mince, *capsule de Glisson*, recouverte par le péritoine, sauf au niveau des sillons de la face inférieure et des parties qui donnent attache à des replis péritonéaux. De sa face profonde partent des tractus celluleux fins

clavière droite. — 26) Limite supérieure du diaphragme à gauche, dans l'état d'expiration complète. — 27) Sa limite à droite. — 28) Cul-de-sac supérieur gauche de la plèvre. — 29) Limite atteinte par le bord antérieur et le bord inférieur du poumon gauche dans l'expiration complète. — 30) Prolongement cardiaque du poumon gauche. — 31) Cul-de-sac supérieur du poumon droit. — 32) Limite atteinte par le poumon droit dans l'expiration complète. — 33) Limite atteinte par le poumon gauche dans l'inspiration. — 34) Limite atteinte par le poumon droit dans l'inspiration. — 35, 36, 37) Limites de la plèvre gauche. — 38, 39) Limites de la plèvre droite. — 40) Grande courbure de l'estomac. — 41) Petite courbure. — 42) Duodénum. — 43) Terminaison de l'intestin grêle. — 44) Cæcum. — 45) Côlon ascendant. — 46 Côlon transverse. — 47) Côlon descendant. — 48) S iliaque. — 49) Rectum. — 50) Foie. — 51) Bord antérieur du foie. — 52) Vésicule biliaire. — 53) Pancréas. — 54) Limite inférieure de la rate. — 55) Limite inférieure du rein. — 56) Vessie. — NOTA. L'espace compris entre 29 et 33 à gauche, et 32 et 34 à droite, espace rempli par des lignes obliques en bas et à droite, indique l'étendue dans laquelle se fait la locomotion des poumons entre l'expiration et l'inspiration forcées. L'espace noir compris entre 33 et 35 à gauche, et 34 et 38 à droite, indique l'espace occupé par la plèvre, mais dans lequel n'arrivent pas les poumons, même dans l'inspiration forcée.

pénétrant dans la substance hépatique, dont on peut cependant la détacher facilement. Au niveau du sillon transverse, elle accompagne les divisions de la veine porte, de l'artère hépatique et des canaux hépatiques, en leur fournissant des gaînes qui sont très-adhérentes au tissu du foie, et rattachées au contraire aux parois des vaisseaux qu'elles contiennent par un tissu cellulaire très-lâche.

Le foie a une consistance très-ferme, mais il se laisse déchirer très-facilement. Sa cassure est grenue, et par la déchirure il se laisse diviser en granulations, *lobules hépatiques*, ayant une longueur de $0^m,004$ à $0^m,006$, supportées comme des feuilles sur une tige par de fines ramifications vasculaires, *veines hépatiques interlobulaires*. La partie centrale et la partie périphérique du lobule n'ont pas habituellement la même coloration; d'ordinaire la partie centrale est rouge sombre et la partie périphérique jaune clair; et il en résulte un aspect marbré, visible à l'extérieur, et caractérisé par des granulations sombres, circonscrites par des lignes réticulées jaunes clair; au centre de chaque granulation sombre se voit un point plus foncé, qui correspond à la veine hépatique intralobulaire. D'autres fois, au contraire, c'est la partie centrale qui est claire et la partie corticale foncée; cet aspect est dû alors à la congestion des rameaux de la veine porte qui occupent la périphérie du lobule.

Les coupes pratiquées sur le foie dans différentes directions montrent deux ordres de vaisseaux; les uns restent béants et adhèrent par leurs parois au tissu hépatique : ce sont les veines hépatiques; les autres s'affaissent : ce sont les branches de la veine porte; cette apparence est due à la présence de la capsule de Glisson sur les dernières, à son absence sur les autres.

Structure. — Le foie se composant d'une accumulation de lobules, il suffit de connaître la structure d'un lobule hépatique pour connaître la structure du foie. Chaque

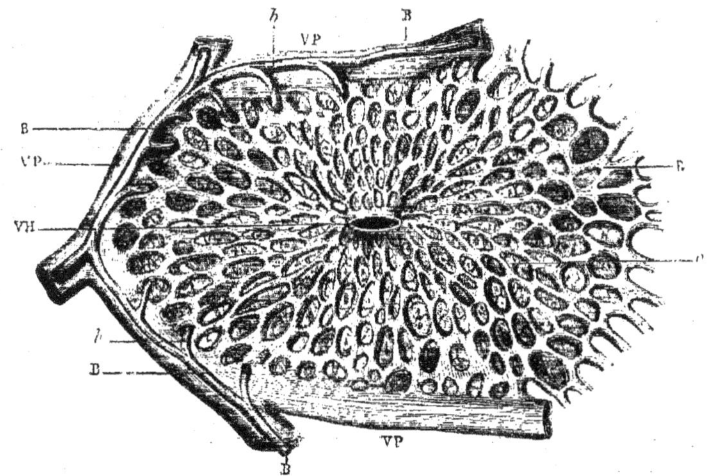

Fig. 272. — *Coupe d'un lobule hépatique* (*).

(*) VH) Veine hépatique intralobulaire. — VP) Branche interlobulaire de la veine porte. — R) Mailles du réseau capillaire du lobule. — C) Cellules hépatiques. — B) Canalicules biliaires, — b) Leur origine dans le lobule, — (D'après Cl. Bernard.)

lobule comprend : 1º une substance propre constituée par les *cellules hépatiques;* 2° des conduits excréteurs, *canalicules biliaires ;* 3° des vaisseaux afférents, *veine porte* et *artère hépatique;* 4º un réseau capillaire ; 5° une veine efférente, *veine hépatique;*

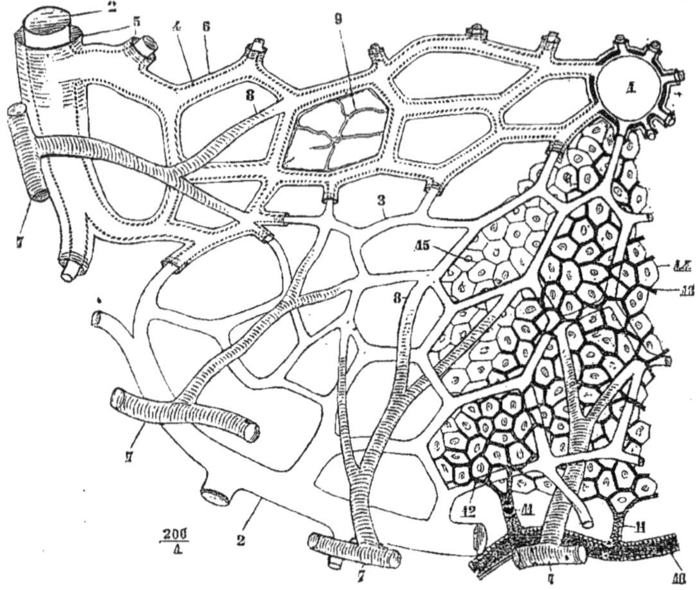

Fig. 273. — *Structure d'un lobule hépatique* (figure schématique (*).

6º des *lymphatiques ;* 7° du *tissu connectif.* Ces divers éléments ont la disposition générale suivante (fig. 272). Les cellules hépatiques forment une sorte de réseau dans toute l'étendue du lobule, réseau situé dans les mailles des capillaires sanguins; les vaisseaux afférents, veine porte et artère hépatique, sont situés à la périphérie du lobule, ainsi que les canalicules biliaires; la veine hépatique, au contraire, est centrale; cette disposition se voit bien sur les coupes transversales portant sur le centre d'un lobule.

1° *Cellules hépatiques.* — Ces cellules sont interposées dans les mailles du réseau capillaire du lobule et forment ainsi un réseau plein enchevêtré étroitement avec ce réseau capillaire; sur une coupe transversale elles sont rangées suivant une direction radiée de la périphérie au centre. Ces cellules isolées sont arrondies ou polygonales, d'un diamètre moyen de 0ᵐᵐ,016, et contiennent, outre un noyau arrondi, une masse molle finement granulée [1], et des molécules graisseuses. Ce contenu se comporte avec l'acide nitrique comme la matière colorante de la bile. Par une alimentation grasse, ces cellules

[1] Schiff considérait ces granulations comme de l'amidon animal. Bock et Hoffmann ont prouvé que la matière glycogène se trouve à l'état diffus dans les cellules hépatiques.

(*) 1) Veine hépatique intralobulaire. — 2) Veine porte. — 3, 4) Réseau capillaire du lobule. — 5,6) Gaines lymphatiques entourant les capillaires du réseau. — 7) Artère hépatique. — 8) Ses branches se réunissant au réseau capillaire du lobule. — 9) Trabécules connectives. — 10) Canalicule biliaire interlobulaire. — 11) Canalicule biliaire intralobulaire. — 12, 13) Réseau des canalicules biliaires capillaires distendu par l'injection. — 14) Cellules hépatiques séparées les unes des autres par l'injection des canalicules biliaires capillaires. — 15) Cellules hépatiques dans la partie du lobule où l'injection n'a pas pénétré.

deviennent granuleuses et plus foncées. L'existence d'une membrane d'enveloppe sur les cellules hépatiques est douteuse.

2° *Canalicules biliaires* (fig. 272, B). — Les canalicules biliaires paraissent naître de la partie périphérique des lobules hépatiques par de petits culs-de-sac (b) qu'on ne peut suivre très-profondément dans l'intérieur du lobule. On verra plus bas quel est leur mode d'origine réel. Ces culs-de-sac se jettent dans les canalicules (B) de 0mm,02 à 0mm,03, *canalicules biliaires interlobulaires*, qui marchent autour des lobules avec les branches de la veine porte et de l'artère hépatique. Ces canalicules forment, en se réunissant à ceux des lobules voisins, les *conduits hépatiques*, dont le trajet sera décrit plus loin. Les canalicules biliaires *intra* et *interlobulaires* sont constitués par une membrane propre amorphe, et un épithélium polygonal dont les cellules sont beaucoup plus petites que les cellules hépatiques.

Origines des canalicules biliaires et rapports de ces canalicules avec les cellules hépatiques. — Cette question, une des plus difficiles de l'histologie, est aujourd'hui tranchée définitivement. Si on fait une injection fine dans les conduits hépatiques, on voit (fig. 273), non-seulement que l'injection pénètre dans les culs-de-sac de la périphérie du lobule, mais qu'elle pénètre plus profondément dans l'intérieur du lobule entre les cellules hépatiques; il en résulte un réseau canaliculé très-fin (fig. 273, 12), dont les mailles polygonales circonscrivent les cellules hépatiques. On a donc là un véritable réseau de *canalicules biliaires capillaires*, occupant toute l'épaisseur du lobule et indépendant du réseau capillaire sanguin. Ces canalicules paraissent avoir une paroi propre, niée cependant par quelques auteurs; d'après les recherches de Legros, confirmées par Asp, cette paroi serait constituée par des cellules épithéliales aplaties, analogues à celles des capillaires sanguins et bien visibles par les injections de nitrate d'argent.

3° *Vaisseaux afférents.* — a) *Veine porte* (fig. 273, 2). Arrivées dans les espaces interlobulaires, les branches de la veine porte, *veines interlobulaires*, circonscrivent le lobule et se distribuent de telle façon qu'une branche veineuse terminale se distribue à plusieurs lobules et qu'un seul lobule reçoit des rameaux de plusieurs veines interlobulaires qui ne s'anastomosent pas entre elles. Ces rameaux vont former le réseau capillaire des lobules.

b) *Artère hépatique* (fig. 273, 7). — Une partie des branches terminales de l'artère hépatique fournit aussi des rameaux qui pénètrent dans les lobules et contribuent à la formation du réseau capillaire.

4° Le *réseau capillaire du lobule hépatique* (fig. 273, R) est enchevêtré dans les mailles du réseau des cellules hépatiques, de manière qu'une maille de ce réseau ne contient guère plus de deux à quatre cellules hépatiques. Les capillaires qui le constituent sont assez larges et ont 0mm,011 à 0mm,009 de diamètre. La direction de ces capillaires est en général rayonnée de la périphérie au centre. Les capillaires sanguins ne paraissent pas être en contact immédiat avec les canalicules biliaires capillaires et en être séparés par l'épaisseur d'une cellule hépatique.

5° *Veine hépatique* (fig. 272, VH). — Les branches d'origine des veines hépatiques naissent au centre même de chaque lobule du réseau capillaire formé par la veine porte et l'artère hépatique *(veines intralobulaires)*. Leur diamètre est de 0mm,027 à 0mm,07. Il ne part jamais d'un lobule qu'une seule voie intralobulaire.

6° *Lymphatiques* (fig. 273, 5). — Les capillaires du lobule hépatique sont entourés d'une gaîne lymphatique analogue à celle qui a été décrite autour des capillaires du cerveau. La paroi externe de cette gaîne répond aux cellules hépatiques et au tissu connectif interstitiel et les sépare de la paroi des capillaires sanguins.

7° *Tissu connectif.* — Le tissu connectif interstitiel du lobule est à peine apparent et se réduit à quelques trabécules fines (fig. 273, 9), confondues et soudées en grande partie avec la gaîne lymphatique des capillaires sanguins. Entre les lobules, le tissu connectif est aussi très-peu développé chez l'homme et se continue avec les cloisons qui partent de la face profonde de la capsule de Glisson et avec les prolongements de cette capsule qui accompagnent les branches de la veine porte.

Appareil excréteur. — Cet appareil se compose : 1º des *canaux biliaires*, s'abouchant dans le *canal hépatique* ; 2º d'un réservoir, la *vésicule biliaire*, pourvu d'un canal excréteur, *canal cystique* ; 3º d'un canal commun, *canal cholédoque*, formé par la réunion des deux canaux cystique et hépatique.

1º *Canaux biliaires* et *canal hépatique.* — Des canalicules biliaires interlobulaires partent des conduits, *canaux biliaires*, qui prennent un calibre de plus en plus considérable à mesure qu'ils reçoivent de nouvelles branches. Ces canaux aboutissent enfin à deux conduits de 0^m,004 à 0^m,005 de diamètre, l'un droit, l'autre gauche, qui sortent du sillon transverse, en avant de la veine porte, et forment alors le *canal hépatique* (Fig. 270, 11). Ce canal, long de 0^m,02, sur une largeur de 0^m,006, se réunit bientôt au canal cystique pour former le canal cholédoque. Si on ouvre les canaux biliaires et le canal hépatique, on trouve sur leur face interne des *dépressions* ou *fossettes*, disséminées sans ordre pour le canal hépatique, disposées, au contraire, en deux séries linéaires pour les deux branches et pour les gros canaux biliaires. On retrouve ces fossettes jusque sur les branches de 0^{mm}, 8 de diamètre. Ces fossettes donnent à ces conduits l'aspect d'un crible. Des anastomoses, niées par plusieurs anatomistes, existent entre les conduits interlobulaires.

Les canalicules biliaires les plus fins se composent d'un *épithélium cylindrique* simple et d'une *membrane fibreuse.* Dans les canaux plus volumineux et dans le canal hépatique, cette tunique connective est plus épaisse, et sa couche interne est constituée par un réseau serré de fibres élastiques fines.

Le canal hépatique présente *des glandes en grappe*, lenticulaires, s'ouvrant à la surface de la muqueuse par des orifices ponctués. Ces glandes en grappe se rencontrent aussi dans les ramifications des canaux biliaires et jusque sur des rameaux de 0^{mm},7, mais elles diminuent à mesure qu'on se rapproche des lobules. Ce sont de petites dépressions en cul-de-sac isolées ou par groupes et rattachées à la paroi du canal par un pédicule étroit. Elles sont quelquefois tellement nombreuses qu'elles cachent complétement les parois du canal qui les supporte. C'est à ces glandes, autour desquelles se distribue un réseau capillaire très-serré provenant de l'artère hépatique, que plusieurs auteurs attribuent la sécrétion de la bile, ce qui s'accorderait avec leur nombre extraordinaire, et avec ce fait qu'elles manquent dans la vésicule biliaire ; mais, d'autre part, leur variété qui s'accorde peu avec la constance de la sécrétion biliaire, leur développement en rapport avec celui des cellules hépatiques (elles sont rudimentaires dans les *vasa aberrantia*), parlent contre cette hypothèse, en dehors des idées émises plus haut à propos des fonctions du lobule hépatique. Elles nous paraissent plutôt être en rapport avec la résorption des parties liquides de la bile.

Vasa aberrantia. — Le tissu connectif qui se trouve au niveau du ligament triangulaire gauche du foie, du sillon antéro-postérieur et de la veine cave inférieure, présente des canaux biliaires qui ne sont pas entourés par de la substance hépatique. Ces canaux, *vasa aberrantia*, commencent par des culs-de-sac légèrement renflés et ont la même structure que les canalicules biliaires ordinaires ; seulement leurs glandes sont moins développées. Leur signification est encore indécise ; cependant ils paraissent tenir au mode de développement de la glande comme les *vasa aberrantia* du testicule.

2º *Vésicule biliaire.* — La vésicule biliaire (Fig. 270, 9) est située dans la fossette antérieure du sillon longitudinal droit et maintenue dans sa position par le péritoine, qui ne recouvre ordinairement que la moitié ou les deux tiers de sa surface. Elle est pyriforme et présente : 1º un *fond* tourné vers le bord antérieur du foie qu'il déborde et qui répond à l'union des cartilages des huitième et neuvième côtes droites ; 2° un *corps*, et 3° un *col* recourbé en S et séparé du corps et du canal cystique par des étranglements. Sa capacité moyenne est de 30 grammes de liquide. La vésicule biliaire peut manquer dans quelques cas d'anomalie.

Le *canal cystique* (Fig. 270, 10), qui fait suite au col de la vésicule, est situé dans l'épiploon gastro-hépatique ; il se dirige en bas et à gauche, et après un trajet de 0ᵐ,03 va se réunir à angle aigu au canal hépatique. Il est un peu moins volumineux que ce dernier.

L'épaisseur des parois de la vésicule est de 0ᵐ,001 à 0ᵐ,002. A l'intérieur, sa muqueuse, d'une couleur gris pâle à l'état normal, est ordinairement colorée sur le cadavre en jaune ou en vert par la bile. Elle offre des *plis* très-fins et nombreux, qui dessinent à sa surface un treillis élégant et ne disparaissent pas par la distention. Ce treillis disparaît dans le canal cystique ; mais en revanche on y trouve des plis transversaux et obliques valvulaires, en nombre variable ; un repli plus considérable, *valvule de Heister*, simple ou double, transversal ou spiralé, sépare le canal cystique du col de la vésicule.

La vésicule biliaire comprend de dedans en dehors les tuniques suivantes : 1° un épithélium formé par une couche simple de *cellules épithéliales cylindriques* très-allongées et présentant à leur face libre un rebord épaissi et strié comme celui des cellules cylindriques de l'intestin grêle ; 2° le *derme* de la muqueuse, formé de couches alternatives de *tissu connectif* et de *fibres lisses* entre-croisées, qui constituent près du col une sorte de *sphincter* ; 3° une tunique *fibreuse* rattachant la vésicule au tissu hépatique ou au péritoine ; c'est dans cette couche que Luschka a trouvé des tubes en cæcum anastomosés qui sont probablement des restes de l'état fœtal ; 4° la tunique *péritonéale* sur la face libre de la vésicule. Le canal cystique a la structure du canal hépatique. On trouve dans la vésicule quelques glandes en grappe.

3° *Canal cholédoque.* — Ce canal, constitué par la réunion des canaux cystique et hépatique, semble plutôt continuer ce dernier, dont il a le calibre. Il se dirige en bas, à droite et en arrière dans l'épaisseur de l'épiploon gastro-hépatique, en avant de la veine porte, passe en arrière du duodénum, puis entre sa deuxième portion et le pancréas ; après un trajet de 0ᵐ,06 en moyenne, il s'accole au canal pancréatique, traverse obliquement avec lui les parois du duodénum dans une longueur de 0ᵐ,015 et vient s'ouvrir sur l'ampoule de Vater, à la partie inférieure et interne de la deuxième portion. Le canal cholédoque ne présente à son intérieur ni plis ni valvules, mais une très-grande quantité de *fossettes* analogues à celles du canal hépatique. A la réunion des canaux cystique et hépatique, la muqueuse de ces conduits forme une sorte d'*éperon* plus ou moins long, faisant saillie du côté du canal cholédoque.

Ce canal a la même structure que le canal hépatique. Des *fibres lisses* sont admises par plusieurs anatomistes dans les canaux cholédoque et cystique.

Vaisseaux et nerfs. — L'*artère hépatique*, très-grêle eu égard au volume du foie, est située dans le sillon transverse, en arrière de la veine porte (fig. 270, 19). Ses divisions accompagnent les branches de la veine porte avec les canaux biliaires. Outre les *rameaux lobulaires*, déjà vus à propos des lobules hépatiques, l'artère hépatique fournit : 1° des rameaux excessivement nombreux aux parois et aux glandes des canalicules biliaires, *rameaux canaliculaires* ; 2° des rameaux flexueux à la séreuse, *rameaux capsulaires*, anastomosés avec les vaisseaux voisins (artères mammaires, phréniques, etc.) ; 3° des rameaux aux parois de la veine porte, *rameaux vasculaires*.

La *veine porte*, après sa division en deux branches dans le sillon transverse, se ramifie dichotomiquement dans le tissu du foie (fig. 274, VP), accompagnée par le prolongement de la capsule de Glisson. La direction transversale de ses branches et leur affaissement après la section les font distinguer immédiatement des veines hépatiques. Elles n'ont pas de valvules. Leurs rameaux de terminaison, veines interlobulaires, ont été décrites avec les lobules hépatiques. Sappey a décrit, sous le nom de *veines portes accessoires*, cinq groupes de veinules provenant : 1º de l'épiploon gastro-hépatique et de la petite courbure de l'estomac ; 2º du fond de la vésicule biliaire; 3º des parois de la veine porte, des canaux biliaires et de la capsule de Glisson (?); 4º du diaphragme par le ligament suspenseur; 5º de la paroi abdominale antérieure par le même ligament. Toutes ces veinules iraient se jeter dans le réseau capillaire des lobules les plus voisins.

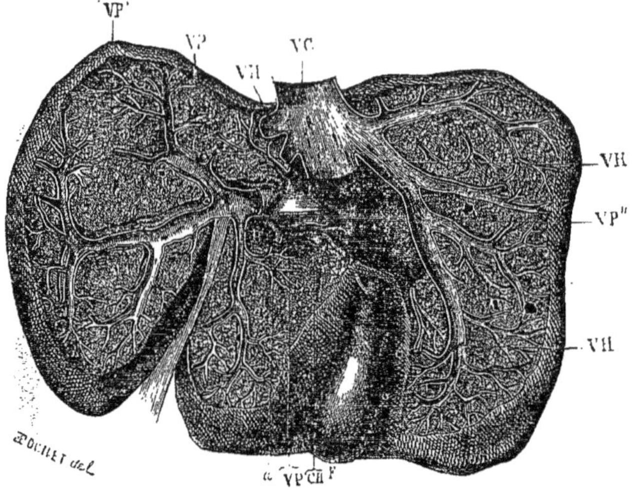

Fig. 274. — *Vaisseaux du foie* (*).

Les veines *hépatiques* ou *sus-hépatiques* (fig. 274, VH) naissent des veines centrales intralobulaires et forment deux troncs, l'un droit, l'autre gauche, qui se jettent dans la veine cave inférieure au niveau du bord postérieur du foie; leur trajet extra-hépatique est donc à peu près nul. Leur direction antéro-postérieure et surtout leur béance et leur adhérence au tissu du foie, due à l'absence de la capsule de Glisson, font distinguer leurs branches de celles de la veine porte. En outre leur ramification n'est pas dichotomique et régulière; les gros troncs reçoivent des rameaux de tout calibre, ce qui donne à leur surface interne un aspect particulier. Quelques petites veines hépatiques s'ouvrent isolément dans la partie de la veine cave accolée au foie. Les veines hépatiques reçoivent, outre les veines intralobulaires, une partie des veines provenant du réseau qui entoure les canalicules biliaires et leurs glandes; l'autre partie va se ramifier dans les lobules (Luschka).

Les *lymphatiques* se divisent en superficiels et profonds. Ceux-ci, partis du réseau lymphatique intralobulaire décrit avec les lobules, suivent le trajet des veines interlobulaires et des branches de la veine porte pour arriver avec elles au sillon transverse.

Les *nerfs* proviennent du pneumo-gastrique et surtout du grand sympathique (plexus cœliaque); quelques filets viennent des nerfs spinaux : phrénique droit (plexus diaphra-

(*) VP) Tronc de la veine porte coupée à son entrée dans le foie. — VP' VP'') Ses branches droite et gauche. — VH) Veines hépatiques. — VG) Veine cave inférieure. — F) Vésicule biliaire. — CH) Conduits hépatiques. — a) Artère hépatique. — (D'après Cl. Bernard).

gnatique) et nerfs splanchniques (plexus cœliaque). Ils accompagnent les branches de l'artère hépatique et de la veine porte par des ramifications plexiformes dépourvues de ganglions (Kölliker). D'après M. Nesterowsky, ils se termineraient en réseaux entourant les capillaires et n'auraient aucune connexion avec les cellules hépatiques. Pflüger, au contraire, les fait aboutir aux cellules hépatiques.

§ IV. — Pancréas

Le pancréas (fig. 275) est une glande en grappe étendue transversalement dans la cavité abdominale, derrière l'estomac, entre la rate et le duodénum (fig. 271, 53).

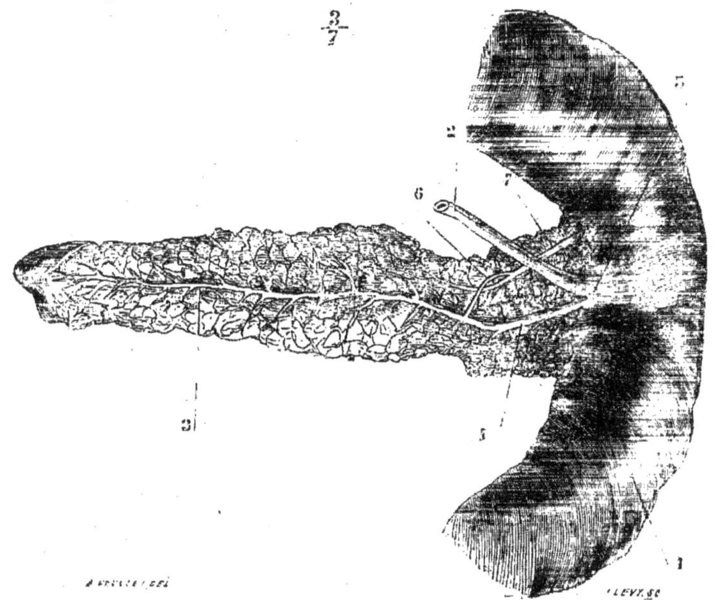

Fig. 275. — *Face postérieure du pancréas* (*).

Sa *forme*, comparée à celle d'un marteau, est caractéristique ; allongé dans le sens transversal, il est un peu aplati d'avant en arrière et se divise en trois portions, une tête, un corps et une queue. 1° La *tête*, située à son extrémité droite, est renflée et présente un lobe supérieur soudé au duodénum, et un lobe inférieur muni souvent d'un prolongement *(petit pancréas)*, qui constitue avec le corps une gouttière pour la veine mésentérique supérieure. 2° Le *corps* est prismatique et offre trois faces, une antérieure, convexe, une supérieure et une inférieure, creusées toutes les deux d'un sillon, la première pour l'artère, la deuxième pour la veine splénique ; les angles qui limitent ces faces sont arrondis et pourvus quelquefois de saillies lobulées.

(*) 1) Duodénum. — 2) Canal cholédoque. — 3, 4) Canal pancréatique. — 5) Accolement des deux canaux pour pénétrer dans le duodénum. — 6) Anastomose du grand canal pancréatique et du 7) Canal pancréatique accessoire.

La *longueur* de la glande est environ 0^m,15 à 0^m,16. Son *poids* est de 70 grammes. Sa *consistance* est plus ferme que celle des glandes salivaires. Sa *couleur* est blanc grisâtre et devient un peu rose au moment de la sécrétion.

Rapports (fig. 271). — La partie antérieure du pancréas, tapissée par le péritoine, répond à l'estomac, dont le sépare l'arrière-cavité des épiploons. Sa tête est logée dans la concavité du duodénum et creusée en arrière d'une gouttière pour le canal cholédoque, qui se trouve plus bas entouré par la substance glandulaire. Le corps est appliqué contre la colonne vertébrale à la hauteur de la première et de la deuxième vertèbre lombaire. A gauche, sa queue répond au rein gauche et à la rate. Ses rapports avec la péritoine seront étudiés à propos de ce dernier.

Structure. — Le pancréas est une glande en grappe tout à fait comparable aux glandes salivaires. Les vésicules glandulaires ou *acini*, larges de 0^mm,03, se groupent et constituent des lobules de la grosseur d'un grain de millet, et la réunion de ces lobules constitue des lobes plus facilement isolables que ceux des glandes salivaires.

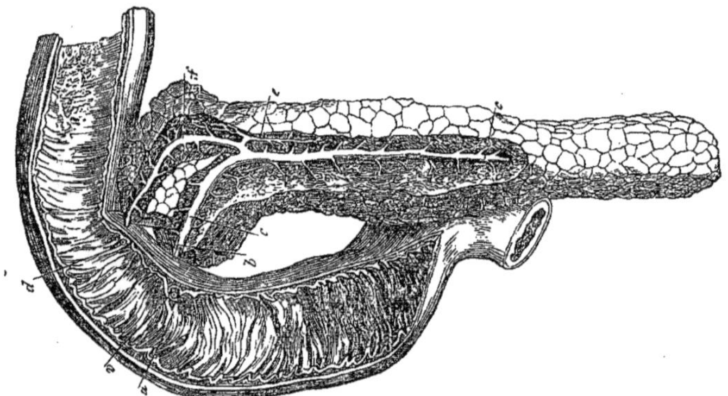

Fig. 270. — *Conduits pancréatiques chez l'homme, vue antérieure* (*).

Les culs-de-sac glandulaires sont tapissés par des cellules cubiques qui présentent deux zones : 1° une zone interne, granuleuse ; 2° une zone externe, homogène, hyaline ; le noyau se trouve à la limite des deux zones. Dans la première période de la digestion, la zone externe s'agrandit aux dépens de la zone interne ; puis quand la digestion est terminée et que la secrétion cesse, la zone externe se réduit de plus en plus (Heidenhain).

Les cellules glandulaires des acini sont comme pour le foie, séparées par un réseau de *canalicules sécréteurs capillaires* continus avec les canaux excréteurs (Langerhans, Saviotti).

Les conduits excréteurs des lobes aboutissent à un canal excréteur commun, *canal pancréatique* ou *de Wirsung* (fig. 275, 3), qui parcourt la glande dans toute son étendue de la queue à la tête. Dans ce trajet, il est situé dans l'axe

---

(*) *a)* Face interne du duodenum. — *v)* Abouchement du grand canal pancréatique. — *b)* Canal cholédoque. — *c)* Canal pancréatique. — *f)* Petit canal pancréatique. — *d)* Son abouchement dans le duodénum — *e)* Canal accessoire s'abouchant dans le petit canal. — (D'après Cl. Bernard).

même du pancréas et entouré par conséquent de tous côtés par la substance glandulaire ; au niveau de la tête il acquiert le calibre d'une petite plume d'oie. A ce moment, il s'infléchit en bas (fig. 276, *c*), s'accole au canal cholédoque situé au-dessus de lui et traverse avec lui la paroi postéro-interne du duodénum pour s'ouvrir dans son intérieur.

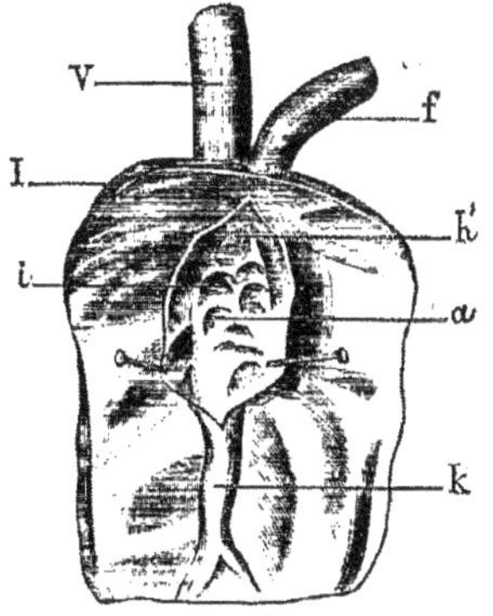

Fig. 277.
Ampoule de Vater ouverte (*).

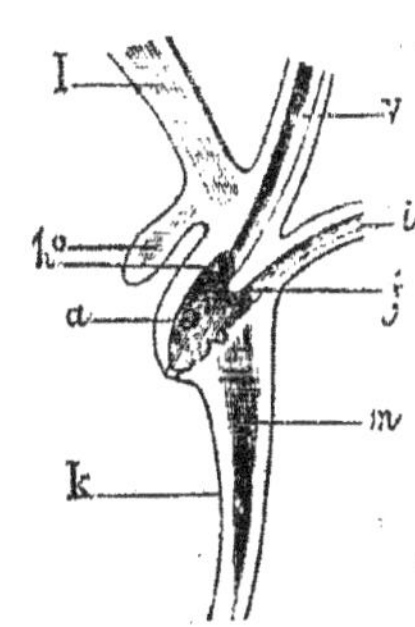

Fig. 278.
Coupe des parois de l'intestin au niveau de l'ampoule de Vater (**).

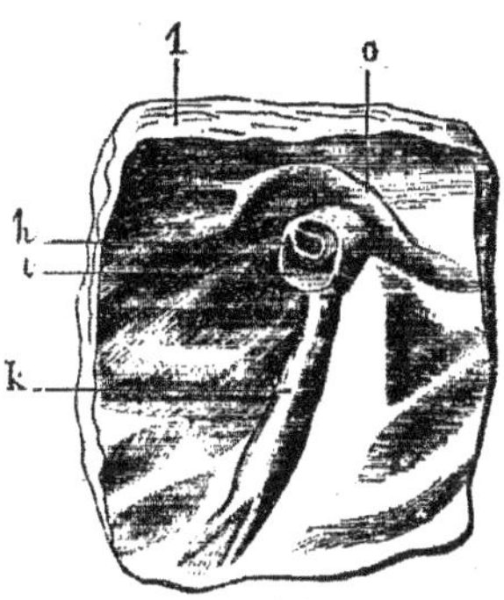

Fig. 279.
Orifice des conduits biliaire et pancréatique dans le duodénum (***).

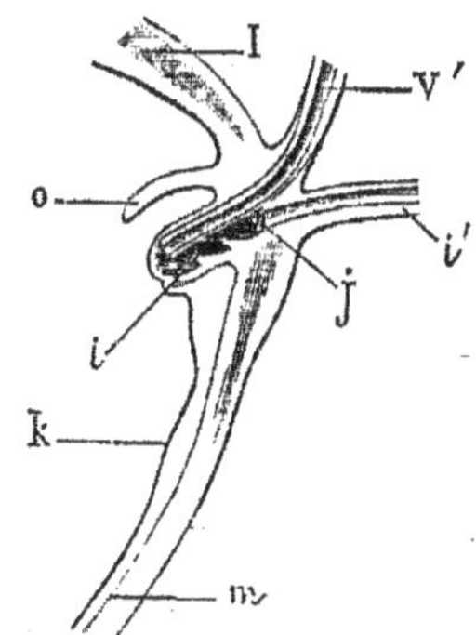

Fig. 280.
Coupe de l'intestin (même sujet que la figure précédente (****).

L'embouchure des deux canaux cholédoque et pancréatique se fait ordinairement dans une sorte d'ampoule, *ampoule de Vater* (fig. 277 et 278). Cette

(*) V) Canal cholédoque. — *h)* Son embouchure dans l'ampoule de Vater. — *f)* Canal pancréatique. — *i)* Son embouchure dans l'ampoule de Vater. — *a*) Replis muqueux valvulaires existant dans l'ampoule. — *k)* Pli de Vater. — *l)* Intestin. — (D'après Cl. Bernard.)

(**) V) Canal cholédoque. — *h)* Son embouchure dans l'ampoule de Vater. — *i)* Canal pancréatique. — *j)* Son embouchure dans l'ampoule. — *a)* Ampoule de Vater — *m)* Pli de Vater. — *o)* Pli supérieur. — *l, k)* Intestin. — (D'après Cl. Bernard.)

(***) *h)* Ouverture du canal cholédoque. — *i)* Ouverture du canal pancréatique qui forme l'ampoule — *k)* Pli de Vater. — *o)* Repli transversal supérieur — *l)* Intestin. — (D'après Cl. Bernard.)

(****) V') Canal cholédoque. — *i')* Canal pancréatique. — *j)* Son embouchure. — *i)* Ampoule de Vater avec ses plis valvulaires. — *k)* Pli de Vater. — *o)* Pli transversal supérieur. — *l, m)* Intestin — D'après Cl. Bernard.)

ampoule, située à la partie interne et postérieure de la seconde partie du duo-

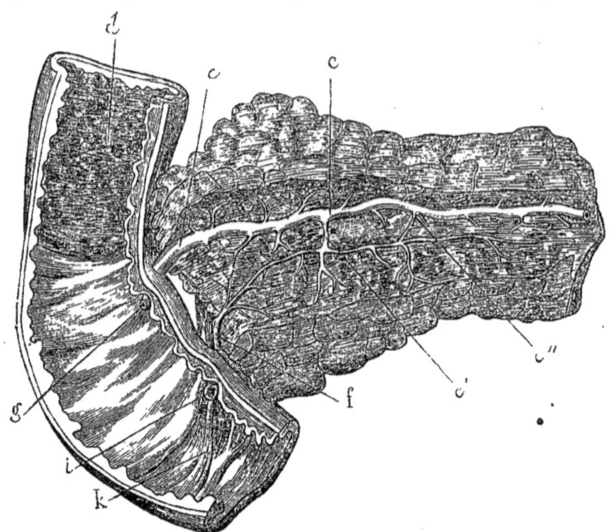

FIG. 281. — *Portion du pancréas et du duodénum* (*).

dénum, a une longueur de $0^m,007$ à $0^m,008$. Les deux canaux s'ouvrent à sa partie supérieure, le canal cholédoque en avant et au-dessus du canal pancréa-

tique ; un repli en éperon sépare les deux orifices ; l'orifice même de l'ampoule est
elliptique, et de son angle
inférieur part un repli vertical, *pli de Vater* (fig. 277,
k). Un *repli transversal* de
la muqueuse (fig. 278, *o*) recouvre la partie supérieure
de l'ampoule. On trouve quelquefois une autre disposition,
dont les figures 279 et 280
peuvent donner une idée sans
qu'il soit besoin d'une description spéciale.

Le pancréas présente cons-
tamment, outre le canal de
Wirsung, un *canal acces-
soire*, *canal azygos* (fig.
276, *f*), limité à la tête de la
glande. Ce canal embranché
sur le canal principal par

FIG. 282. — *Vaisseaux du pancréas chez le lapin*
(grossissement = 45 diamètres (Kölliker).

(*) *d)* Intestin. — *c, e)* Canal pancréatique supérieur. — *g)* Son embouchure. — *f*) Canal pancréatique inférieur. — *i)* Son embouchure avec le canal cholédoque. — *k)* Pli de Vater. — *c, c')* Anastomose entre les deux conduits. — (D'après Cl. Bernard.)

son extrémité gauche, s'ouvre par son extrémité droite dans le duodénum à près de 0^m,02 environ au-dessus de l'ampoule de Vater. Il représente en réalité un deuxième canal (fig. 275, 7), supérieur au canal de Wirsung, et réuni à ce dernier par une anastomose qui peut devenir considérable. On observe quel·quefois une inversion dans le volume des deux conduits supérieur et inférieur (fig. 281). Parfois le canal supérieur se termine en cul-de-sac près de l'intestin.

Vaisseaux et nerfs. — Les *artères* du pancréas (fig. 282) viennent des artères hépatique (pancréatico-duodénale de la gastro-épiploïque droite), splénique et mésentérique supérieure. Les *veines* vont dans les veines splénique et mésaraïque supérieure. Les *lymphatiques* se rendent à de petits ganglions situés le long de l'artère splénique et à la racine de la mésentérique supérieure. Les *nerfs* viennent du plexus solaire et suivent les artères.

CHAPITRE II

ORGANES DE LA RESPIRATION

Les organes de la respiration forment un conduit qui, partant de l'orifice antérieur des fosses nasales, descend jusque dans la cavité thoracique, où il se ramifie en constituant ce qu'on appelle l'*arbre aérien*, pour se terminer par des culs-de-sac analogues aux culs-de-sac glandulaires des glandes en grappes, et dont l'agglomération constitue les poumons. Ce conduit, très-modifié dans sa forme suivant les différents points de son trajet pour s'approprier à des fonctions supplémentaires, comprend de haut en bas : 1° les *fosses nasales*, qui servent en même temps à l'olfaction et qui seront décrites avec les organes des sens ; 2° l'*arrière-cavité des fosses nasales* et la *partie gutturale du pharynx*, décrites avec ce dernier ; 3° un appareil à la fois respiratoire et vocal, le *larynx* ; 4° un tube membraneux qui lui fait suite, la *trachée* (fig. 283, 10) ; 5° les deux branches de bifurcation de ce conduit ou les *bronches*, enfin 6° les *poumons*.

ARTICLE I. — LARYNX

Le larynx est situé à la partie antérieure et supérieure du cou, en avant du pharynx, au-dessous de l'os hyoïde, dont il suit les mouvements, et au-dessus de la trachée. Il répond au corps des quatrième et cinquième vertèbres cervicales. Quoique recouvert par les muscles sous-hyoïdiens, il est placé superficiellement et fait saillie à la partie antérieure et médiane du cou (*pomme d'Adam*).

Les parties constituantes du larynx, qu'il est utile de connaître avant d'étudier sa conformation extérieure et ses rapports, sont : 1° une *charpente cartilagineuse* ; 2° des *ligaments*, réunissant entre eux les différents cartilages ; 3° des *muscles* ; 4° une *muqueuse* tapissant sa cavité ; 5° des *vaisseaux* et des *nerfs*.

1. Cartilages du larynx

Les cartilages du larynx sont au nombre de quatre, deux impairs, les cartilages *cricoïde* et *thyroïde*, et deux pairs, les cartilages *aryténoïdes*. A ces cartilages fondamentaux viennent s'annexer de petits cartilages accessoires pairs, cartilages de *Santorini* et de *Wrisberg*. Enfin on y trouve encore un fibro-cartilage impair, l'*épiglotte*.

1° *Cartilage cricoïde* (fig. 285, 2; fig. 286, 4). — Le cartilage cricoïde (κρίκος, anneau) constitue la base du larynx et supporte les cartilages thyroïde et aryténoïde. Il a la forme d'un anneau dont la partie antérieure ou *arc* est étroite et mince, la partie postérieure au contraire (fig. 285, 2) beaucoup plus haute (*chaton du cartilage cricoïde*). La face postérieure du chaton présente deux fossettes séparées par une crête médiane verticale; sur les parties latérales de la face externe du cartilage cricoïde se voit de chaque côté une courte apophyse mousse, qui supporte une petite *facette* circulaire articulée avec les petites cornes du cartilage thyroïde. Le bord inférieur de ce cartilage est mince, horizontal, et pourvu latéralement de deux saillies légères pour l'insertion du constricteur inférieur du pharynx; le bord supérieur, transversal en avant, monte obliquement en arrière et de chaque côté pour aller retrouver le bord supérieur du chaton; à l'union de cette partie transversale et des parties obliques existent deux facettes elliptiques, *facettes aryténoïdiennes*.

2° *Cartilage thyroïde* (fig. 285, 1; fig. 286. 1). — Le cartilage thyroïde (θυρεός, bouclier) se compose de deux lames quadrangulaires qui se réunissent par leur bord antérieur sous un angle de 90° et forment ainsi une saillie oblique en bas et en arrière (*pomme d'Adam*). Chaque lame offre : 1° une *face externe* lisse, pourvue de deux *tubercules* réunis par une arcade fibreuse, l'un supérieur et postérieur, l'autre inférieur et antérieur, qui empiète un peu sur le bord inférieur; 2° une *face interne*, qui fait avec celle du côté opposé un angle rentrant; 3° un *bord postérieur*, qui se continue en haut et en bas avec deux prolongements : le supérieur, *corne supérieure* (fig. 286, 2) ou *grande corne*, de hauteur variable, est d'abord aplati, puis cylindrique et souvent infléchi en divers sens; l'inférieur, *corne inférieure* ou *petite corne*, très-court, se recourbe en avant et en dedans et porte à son sommet une facette convexe articulée avec la facette latérale du cartilage cricoïde; 4° un *bord antérieur* uni à celui du côté opposé; 5° un *bord supérieur*, infléchi en S et circonscrivant avec celui du côté opposé au-dessus de l'angle saillant du cartilage thyroïde une *échancrure* plus ou moins profonde et arrondie; 6° un *bord inférieur*, mince, à peu près horizontal.

3° *Cartilages aryténoïdes* (fig. 285, 4). — Les cartilages aryténoïdes (ἀρύταινα, entonnoir) ont la forme d'une pyramide triangulaire, irrégulière, et présentent une base, trois faces, trois bords et un sommet.

La *base*, dont le plan est oblique en bas et en dehors, offre dans sa moitié postérieure une *facette* elliptique à grand axe antéro-postérieur, et profondément excavée, articulée avec la facette supérieure du cartilage cricoïde; elle se termine par deux apophyses, l'une antérieure, *apophyse vocale*, l'autre postérieure et externe, large, *apophyse musculaire*.

Des trois faces, l'*interne*, antéro-postérieure, n'occupe que la moitié inférieure du cartilage; la *postérieure*, concave, est dirigée en dedans; l'*antérieure*, externe, est excavée dans sa moitié inférieure, et offre là une fossette limitée en haut et en bas par deux crêtes saillantes. Le *bord interne* et postérieur est mousse; les deux autres sont tranchants.

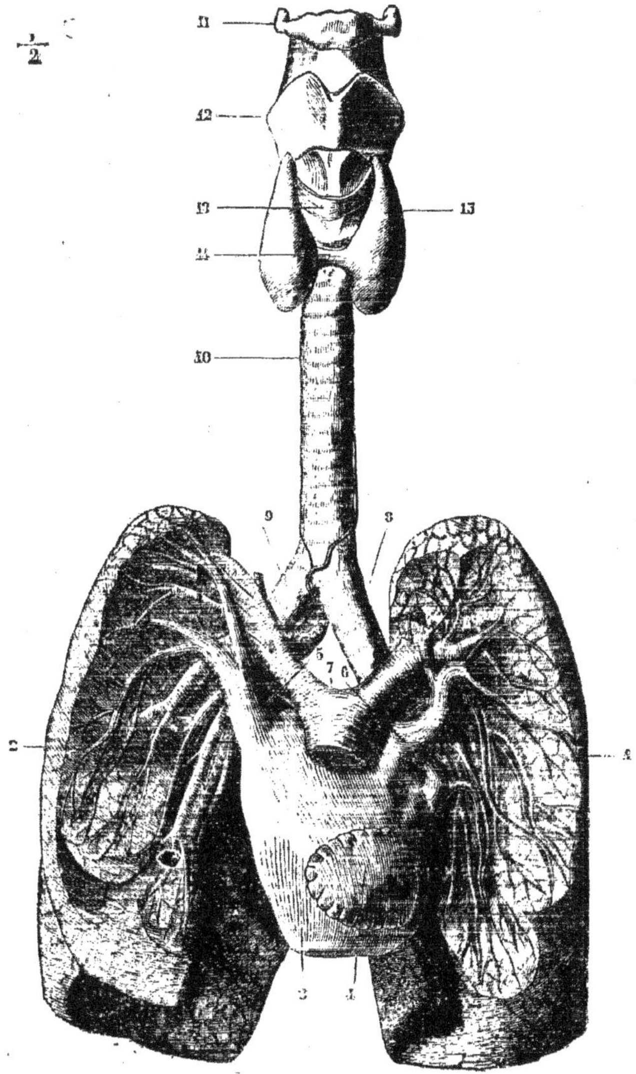

FIG. 283. — *Appareil respiratoire (vue antérieure* (*).

(*) 1) Poumon gauche. — 2) Poumon droit. — 3) Oreillette gauche gonflée par l'injection. — 4) Auricule gauche. — 5) Veine pulmonaire antérieure droite. — 6) Veine pulmonaire antérieure gauche. — 7) Artère pulmonaire. — 8) Bronche gauche. — 9) Bronche droite. — 10) Trachée. — 11) Os hyoïde. — 12) Cartilage thyroïde. — 13) Cartilage cricoïde. — 14) Isthme du corps thyroïde. — 15) Lobe latéral du corps thyroïde. — (NOTA. Les poumons ont été disséqués pour montrer le trajet des grosses branches aériennes, artérielles et veineuses.)

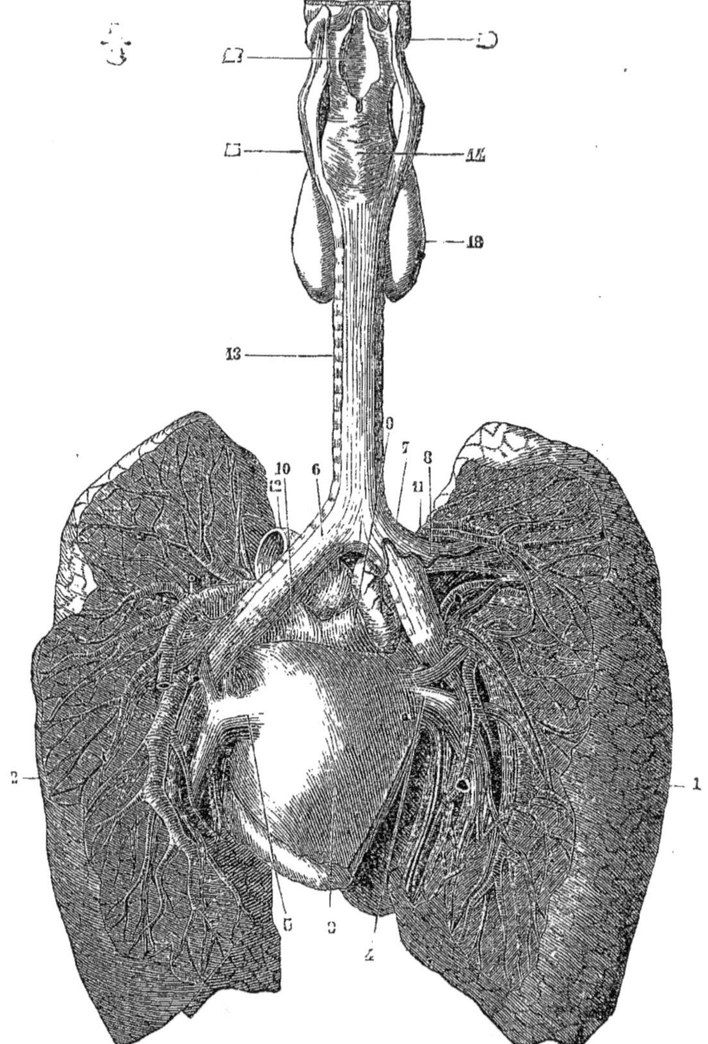

Fig. 234. — *Appareil respiratoire (vue postérieure (*).*

(*) 1) Poumon droit. — 2) Poumon gauche. — 3) Oreillette gauche. — 4) Veine pulmonaire postérieure droite. — 5) Veine pulmonaire postérieure gauche. — 6) Bronche gauche. — 7) Bronche droite
— 8) Bifurcation supérieure de la bronche droite.— 9) Branche droite de l'artère pulmonaire. — '
branche gauche. — 11) Branche de l'artère pulmonaire. — 12) Aorte. — 13) Trachée
postérieure du cartilage cricoïde. — 15) Cartilage thyroïde, — 16) Os hyoïde. — 17) (
du larynx. — 18) Corps thyroïde.

Le *sommet*, recourbé en dedans et en arrière, est toujours surmonté d'un petit noyau cartilagineux unique, qui se recourbe en crochet, *cartilage de Santorini* ou *corniculé* (fig. 285, 5).

En avant du bord antérieur des cartilages aryténoïdes, près de leur sommet, se trouve un petit fibro-cartilage, épais de 0m,002 et de longueur variable (fig. 285, 6), *cartilage de Wrisberg*. Un autre petit fibro-cartilage, beaucoup moins constant, *fibro-cartilage sésamoïde*, se rencontre quelquefois le long du bord externe du cartilage aryténoïde.

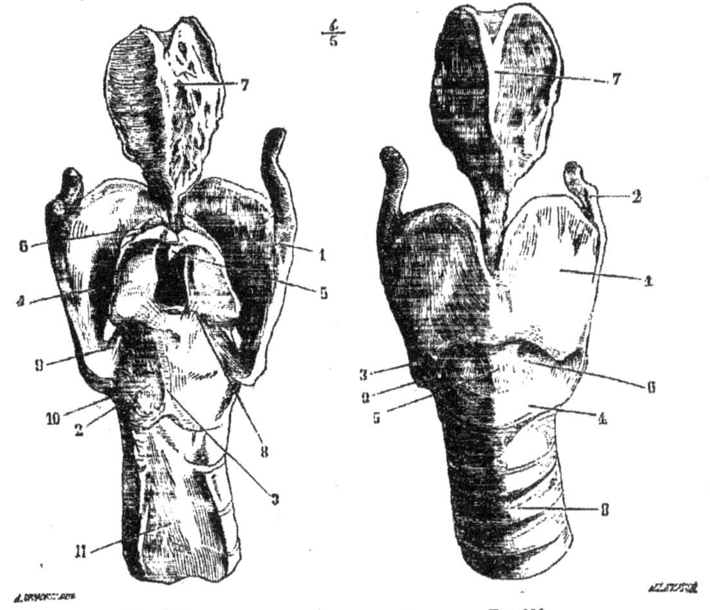

Fig. 285.
Cartilages du larynx (vue postérieure (*).

Fig. 286.
Cartilages du larynx (vue antérieure (*).

4° *Épiglotte* (fig. 285, 7 ; fig. 286, 7). — L'épiglotte (ἐπὶ, sur ; γλωττὶς, glotte) est une lame mince, souple, membraneuse, située en avant de l'orifice supérieur du larynx, derrière la base de la langue (fig. 252, 17). Elle a une forme triangulaire comparée à celle d'une feuille de pourpier et présente : 1° une *base* supérieure, un peu échancrée; 2° un *sommet*, s'allongeant en pétiole pour aller s'attacher à la partie supérieure de l'angle rentrant du carti-lage thyroïde; 3° deux *bords* minces et irrégulièrement dentelés ; 4° une *face antéro-supérieure*, concave de haut en bas, convexe transversalement ; 5° une

(*) 1) Cartilage thyroïde. — 2) Chaton du cartilage cricoïde. — 3) Sa crête médiane. — 4) Face pos-térieure des cartilages aryténoïdes. — 5) Cartilage de Santorini. — 6) Cartilages de Wrisberg. — 7) Épiglotte. — 8) Ligament triquètre. — 9) Ligament crico-thyroïdien postérieur et supérieur. — 10) Ligament crico-thyroïdien postérieur et inférieur. — 11) Partie postérieure de la trachée.

(**) 1) Cartilage thyroïde. — 2) Sa grande corne. — 3) Sa petite corne. — 4) Cartilage cricoïde. — 5) Membrane crico-thyroïdienne. — 6) Ses parties latérales. — 7) Épiglotte. — 8) Trachée — 9) Liga ment crico-thyroïdien antérieur.

face postérieure pourvue d'une saillie médiane verticale et criblée, sur ses parties latérales, de fossettes plus ou moins profondes et irrégulières.

Structure des cartilages du larynx. — Les cartilages cricoïde, thyroïde et la plus grande partie des aryténoïdes sont formés de tissu cartilagineux hyalin. Ces cartilages sont très-disposés à l'ossification ; elle débute en général chez l'homme entre trente et quarante ans, et les envahit peu à peu en commençant pour le cartilage thyroïde, par le bord inférieur, pour le cricoïde par la partie qui avoisine les facettes aryténoïdiennes, pour l'aryténoïde par sa base et l'apophyse musculaire. L'épiglotte, les cartilages accessoires et l'apophyse vocale des cartilages aryténoïdes, qui se distingue par sa couleur jaunâtre, sont composés de cartilage réticulé. Tous ces cartilages sont enveloppés d'un périchondre.

Les deux lames du cartilage thyroïde sont unies entre elles sur la ligne médiane par une *lamelle médiane* étroite, losangique, plus flexible et de couleur plus mate que le reste.

II. LIGAMENTS DU LARYNX

1° *Ligaments extrinsèques.* — Ils sont au nombre de trois : le premier, *membrane thyro-hyoïdienne*, s'étend du bord supérieur du cartilage thyroïde à l'os hyoïde ; le second, *membrane trachéo-cricoïdienne*, rattache le bord inférieur du cartilage cricoïde au premier anneau de la trachée ; le troisième, *ligament hyo-épiglottique*, unit l'épiglotte à l'os hyoïde.

Le premier mérite seul une description spéciale.

Membrane thyro-hyoïdienne. — Cette membrane, recouverte sur les côtés par le muscle thyro-hyoïdien, comprend : 1° une partie médiane (*ligament thyro-hyoïdien moyen*), mince, élastique, séparée, en avant de la face postérieure du corps de l'os hyoïde, par une bourse séreuse quelquefois double *bourse séreuse hyoïdienne*, en arrière par un coussinet graisseux assez épais de la face antérieure de l'épiglotte; 2° deux parties latérales, s'épaississant tout à fait en arrière en deux cordons fibreux, qui vont de la grande corne du cartilage à l'extrémité postérieure de la grande corne de l'os hyoïde et contiennent dans leur intérieur deux petits nodules fibro-cartilagineux, *cartilages triticés* (fig. 288, 2).

2° *Ligament intrinsèques.* — Les cartilages du larynx sont rattachés les uns aux autres par des articulations diarthrodiales ou par des ligaments à distance.

a. Diarthroses du larynx. — Elles sont au nombre de deux, l'articulation crico-thyroïdienne et l'articulation crico-aryténoïdienne.

1° *Articulation crico-thyroïdienne.* — C'est une *énarthrose*. La surface articulaire convexe et très-peu bombée de la petite corne du cartilage thyroïde est reçue dans la concavité de la facette cricoïdienne. Une petite synoviale, doublée d'une capsule fibreuse orbiculaire épaisse en dehors, facilite les mouvements. Deux ligaments postérieurs, l'un supérieur (fig. 285, 9), l'autre inférieur (10), et un ligament antérieur (fig. 286, 3), renforcent la capsule. Ces ligaments permettent des déplacements du cartilage thyroïde en bas, en haut, en avant et en arrière.

2° *Articulation crico-aryténoïdienne.* — Elle se rapproche des articulations en selle. Les surfaces articulaires sont elliptiques et leurs grands diamètres se croisent à angle droit. C'est lorsque le cartilage aryténoïde est en rap port avec la partie externe déclive de la facette cricoïdienne que les surfaces concordent le plus exactement. On trouve comme moyens de glissement et d'union une synoviale et une capsule fibreuse mince, renforcée en dedans et en arrière par un ligament, *ligament crico-aryténoïdien inférieur* ou *triquètre* (fig. 285, 8), qui va en éventail d'un cartilage à l'autre.

Ce ligament est tendu dans la rotation du cartilage aryténoïde en dehors (abduction).

Dans cette articulation, le cartilage aryténoïde est dans une sorte d'équilibre instable sur la facette cricoïdienne; ausi possède-t-il une mobilité extrême, comme on peut s'en assurer directement par l'examen laryngoscopique. Les mouvements de cette articulation se font autour d'un axe à peu près vertical, de façon que les deux apophyses vocale et musculaire qui terminent l'espèce de levier coudé formé par la base de l'aryténoïde, se portent en sens contraire; quand l'apophyse musculaire se meut en arrière (fig. 291, C) l'apophyse vocale se porte en dehors *(abduction)* et inversement. L'adduction peut être poussée jusqu'au contact des apophyses vocale des deux cartilages aryténoïdes. Un autre genre de mouvements consiste en un déplacement en totalité du cartilage aryténoïde qui monte ou descend en glissant sur la facette cricoïdienne. Ce déplacement amène le rapprochement ou un écartement total des deux cartilages. Enfin il y a de légers mouvements d'abaissement et d'élévation de l'apophyse vocale.

b. Ligaments à distance. — Ces ligaments peuvent être considérés pour la plupart comme des épaississements et des dépendances d'une membrane élastique (*membrane élastique du larynx de Lauth*) qui double la face interne de la muqueuse. Quand on enlève la muqueuse, on enlève habituellement avec elle les parties les plus minces de cette membrane élastique, tandis que ses parties épaissies sont respectées et décrites alors comme ligaments distincts. Ces ligaments sont : la membrane crico-thyroïdienne, le ligament crico-aryténoïdien moyen ou en Y, les ligaments aryténo-épiglottiques, les ligaments thyro-aryténoïdiens et le ligament thyro-épiglottique.

1° *Membrane crico-thyroïdienne* (fig. 286, 5). — Cette membrane, forte, élastique, comprend trois parties : 1° une partie médiane, épaisse, conoïde (*ligament conoïde*, 5), criblée de trous vasculaires; 2° deux parties latérales (6) cachées par les muscles et beaucoup plus minces.

2° *Ligament crico-aryténoïdien moyen ou en Y.* — Ce ligament, situé en arrière sous la muqueuse du pharynx, a la forme d'un Y, dont la branche inférieure, forte, s'attache au bord supérieur du chaton du cartilage cricoïde, et dont les deux branches supérieures s'écartent pour aller se fixer au sommet des cartilages aryténoïdes ou plutôt aux cartilages de Santorini. Au point d'intersection de ses trois branches, il contracte des adhérences avec la muqueuse du pharynx.

3° *Ligaments aryténo-épiglottiques.* — Ces ligaments s'étendent de la face antérieure des cartilages aryténoïdes aux bords latéraux de l'épiglotte.

4° *Ligaments thyro-aryténoïdiens.* — Ces ligaments, au nombre de deux de chaque côté, sont contenus dans les replis de la muqueuse, qui constituent les cordes vocales supérieures et inférieures.

a) Les *ligaments thyro-aryténoïdiens supérieurs (cordes vocales supérieures)* vont de la partie moyenne du bord antérieur des cartilages aryténoïdes à l'angle rentrant du cartilage thyroïde un peu au-dessous de l'échancrure médiane.

b) Les *ligaments thyro-aryténoïdiens inférieurs (cordes vocales inférieures)* naissent de la face interne de l'apophyse vocale des cartilages aryténoïdes, et se portent à la partie moyenne de l'angle rentrant du cartilage thyroïde où leur insertion se fait à côté l'un de l'autre par un petit nodule cylindrique, qui reçoit le pinceau des fibres élastiques, constituant ces ligaments.
L'insertion de ces ligaments, ainsi que celle des supérieurs, se fait sur la lamelle médiane du cartilage thyroïde.

5° *Ligament thyro-épiglottique.* — Ce ligament, impair, médian, forme un
cordon aplati, qui va de l'angle inférieur de l'épiglotte à l'angle rentrant du
cartilage thyroïde au-dessus des ligaments thyro-aryténoïdiens supérieurs.

III. MUSCLES DU LARYNX

Préparation. — Les muscles latéraux du larynx, crico-aryténoïdien latéral et thyro-aryténoïdien, nécessitent seuls une préparation spéciale. On peut les préparer de deux façons : ou
bien par la face externe du larynx (fig. 290), en enlevant une des lames latérales du cartilage
thyroïde, ou bien par la face interne (fig. 289), après avoir fait une coupe médiane antéro-
postérieure du larynx. Ce dernier procédé est indispensable pour avoir une idée nette des
rapports du thyro-aryténoïdien interne avec la corde vocale inférieure.

Les muscles du larynx sont au nombre de neuf; de ces neuf muscles un
seul, l'aryténoïdien, est impair. Il vient s'y ajouter de plus un certain nombre
de faisceaux accessoires variables; ces muscles sont du reste sujets à des anomalies très-fréquentes suivant les individus. Au point de vue de leur situation les uns sont placés à la partie antérieure du larynx, ce sont les crico-
thyroïdiens; les autres à la partie postérieure, muscles aryténoïdien et crico-
aryténoïdien postérieur, les derniers enfin sur les parties latérales, en dedans
du cartilage thyroïde; ce sont le crico-aryténoïdien latéral et le thyro-aryténoïdien. Tous ces muscles, à l'exception du crico-thyroïdien, innervé par le
laryngé supérieur, sont innervés par le nerf récurrent.

1° *Crico-thyroïdien* (287, 7, 8). — Ce petit muscle, épais, triangulaire,
s'attache en bas à la partie antérieure et externe du cartilage cricoïde sur les
côtés de la ligne médiane et se porte en éventail vers le bord inférieur du cartilage thyroïde, la partie des deux faces voisines de ce bord et le bord antérieur de la petite corne. Les fibres antérieures sont presque verticales, les postérieures à peu près horizontales, et le muscle même se divise en deux faisceaux distincts, un antérieur (7) vertical et un postérieur (8) oblique. Entre
les deux muscles de chaque côté se voit le ligament conoïde.

2° *Aryténoïdien postérieur* (fig. 288, 6, 7). — Ce muscle épais, quadrangulaire, s'insère à la face postérieure et au bord externe des cartilages aryténoïdes et s'étend transversalement d'un cartilage à l'autre (*aryténoïdien
transverse*, 6). Les fibres les plus superficielles forment deux faisceaux entre-
croisés, allant de la base d'un cartilage aryténoïde au sommet de celui du
côté opposé (*aryténoïdien oblique*, 7). Souvent ces fibres dépassent ce sommet et se perdent dans les replis ary-épiglottiques en se continuant quelquefois
jusqu'à l'épiglotte (*muscle ary-épiglottique*, fig. 290, 5).

3° *Crico-aryténoïdien postérieur* (fig. 288, 8). — Ce muscle s'attache en
bas dans la fossette latérale postérieure du chaton du cartilage cricoïde; de là
ses fibres se ramassent et se portent, les supérieures horizontalement, les inférieures presque verticalement, pour s'insérer à l'apophyse musculaire du
cartilage aryténoïde (fig. 290, 3).

4° *Crico-aryténoïdien latéral* (fig. 289 et 290. — Ce muscle triangulaire, caché par la lame correspondante du cartilage thyroïde, qu'il faut enlever pour l'apercevoir (fig. 290, 6), s'attache en bas à toute la largeur de la partie oblique du bord supérieur du cartilage cricoïde, et en haut à l'apophyse musculaire du cartilage aryténoïde. Les fibres supérieures se confondent souvent avec les fibres inférieures du thyro-aryténoïdien.

5° *Thyro-aryténoïdien* (fig. 289 et 290). — Ce muscle, situé au-dessus du précédent, se compose de deux faisceaux, l'un, externe, l'autre, interne, compris dans l'épaisseur de la corde vocale inférieure.

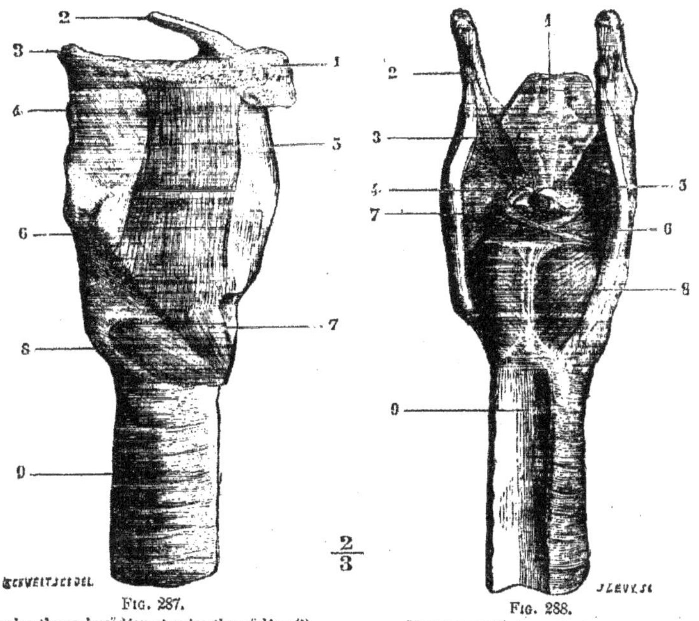

Fig. 287.
Muscles thyro-hyoïdien et crico-thyroïdien (*).

Fig. 288.
Muscles postérieurs du larynx (**).

Le faisceau externe (fig. 290, 4), *thyro-aryténoïdien externe*, s'insère à la moitié inférieure de l'angle rentrant du cartilage thyroïde, et de là se porte à l'apophyse musculaire et au bord externe du cartilage aryténoïde. Ses fibres inférieures, confondues avec le bord supérieur du crico-aryténoïdien latéral, sont presque horizontales ; ses fibres supérieures, plus obliques, répondent aux cordes vocales supérieures et se perdent souvent en affectant diverses directions dans la membrane élastique du larynx, soit au niveau de ces cordes (fig. 289, 8), soit plus haut dans les replis aryténo-épiglottiques et jusques à

(*) 1 Corps de l'os hyoïde. — 2) Sa petite corne. — 3) Sa grande corne. — 4) Membrane thyro-hyoïdienne. — 5) Muscle thyro-hyoïdien. — 6) Tubercule supérieur de la ligne oblique du cartilage thyroïde. — 7) Faisceau antérieur du crico-thyroïdien. — 8) Son faisceau postérieur. — 9) Trachée.

(**) 1) Épiglotte. — 2) Cartilage tritice. — 3) Membrane thyro-hyoïdienne. — 4) Sommet du cartilage aryténoïde. — 5) Glandes aryténoïdiennes. — 6) Muscle aryténoïdien transverse. — 7) Muscle aryténoïdien oblique. — 8) Muscle crico-aryténoïdien latéral. — 9) Trachée.

l'épiglotte (*muscle thyro-épiglottique*). C'est à ces fibres que viennent s'ajouter des faisceaux accessoires, dont la disposition est très variable et dont le plus constant est représenté dans la figure 290, 5.

Le faisceau interne (fig. 289, 7), *thyro-aryténoïdien interne*, a la forme d'un prisme triangulaire et remplit complètement la corde vocale inférieure (fig. 292, 9). Sa face externe répond à la partie interne du faisceau précédent, dont il est quelquefois difficile de l'isoler; son bord interne répond au bord libre de la corde vocale. Il va de l'angle rentrant du cartilage thyroïde à l'apophyse vocale du cartilage aryténoïde. Un grand nombre de ces faisceaux se terminent isolément dans le tissu élastique des cordes vocales.

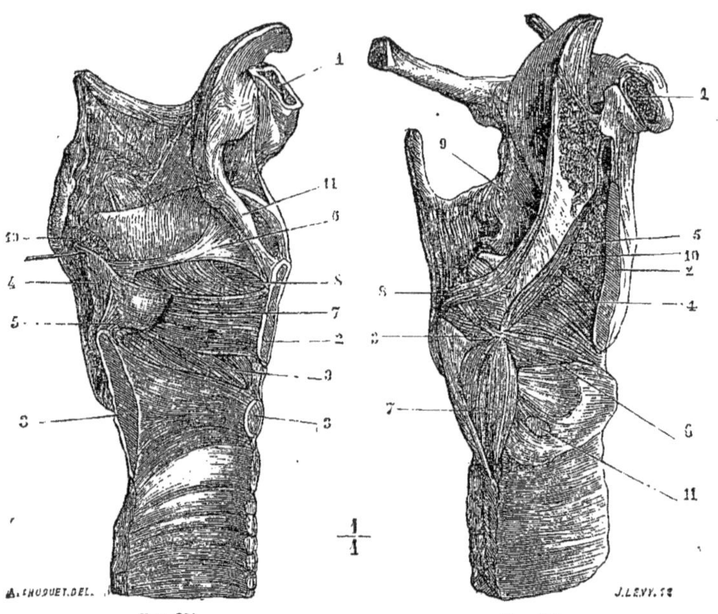

<table>
<tr><td>Fig. 289.</td><td>Fig. 290.</td></tr>
<tr><td>Muscles latéraux du larynx (vue interne (*).</td><td>Muscles latéraux du larynx (vue externe (**).</td></tr>
</table>

Variétés. — On rencontre souvent (une fois sur huit) un petit muscle allant de la partie postérieure de la petite corne du cartilage thyroïde au cartilage cricoïde (*muscle kérato-cricoïdien*). Ses variétés plus rares sont : un *muscle crico-corniculé* allant du bord supérieur du cartilage cricoïde au sommet des cartilages de Santorini; un *muscle thyroïdien transverse*, étendu en avant du bord inférieur du cartilage thyroïde; un *muscle thyro-trachéal*, allant du cartilage thyroïde à la trachée.

(*) 1) Coupe du corps de l'os hyoïde. — 2) Coupe du cartilage thyroïde. — 3) Coupe du cartilage cricoïde. — 4) Cartilage aryténoïde. — 5) Ligament triquètre. — 6) Membrane élastique du larynx et corde vocale supérieure. — 7) Muscle thyro-aryténoïdien interne. — 8) Thyro-aryténoïdien externe. — 9) Crico-aryténoïdien latéral. — 10) Glandes aryténoïdiennes. — 11) Ligament thyro-épiglottique.

(**) 1) Coupe de l'os hyoïde. — 2) Coupe du cartilage thyroïde. — 3) Apophyse musculaire du cartilage aryténoïde. — 4) Muscle thyro-aryténoïdien externe. — 5) Faisceau anormal — 6) Crico-aryténoïdien latéral — 7) Crico-aryténoïdien postérieur. — 8) Aryténoïdien oblique. — 9) Ary-épiglottique. — 10) Masse adipeuse glanduliforme. — 1') Facette thyroïdienne du cartilage cricoïde.

Action des muscles du larynx (fig 291). — Tous ces muscles agissent sur les cordes vocales inférieures pour modifier leur longueur, leur tension et leur degré d'écartement. Les deux points d'attache de ces cordes au cartilage thyroïde et aux apophyses vocales sont mobiles ; mais la mobilité de l'insertion postérieure ou aryténoïdienne l'emporte de beaucoup. Aussi, en général, dans la phonation, l'insertion antérieure peut-elle être considérée comme à peu près fixe, et les variations de longueur, de tension et d'écartement des cordes vocales sont-elles dues surtout aux mouvements des cartilages aryténoïdes.

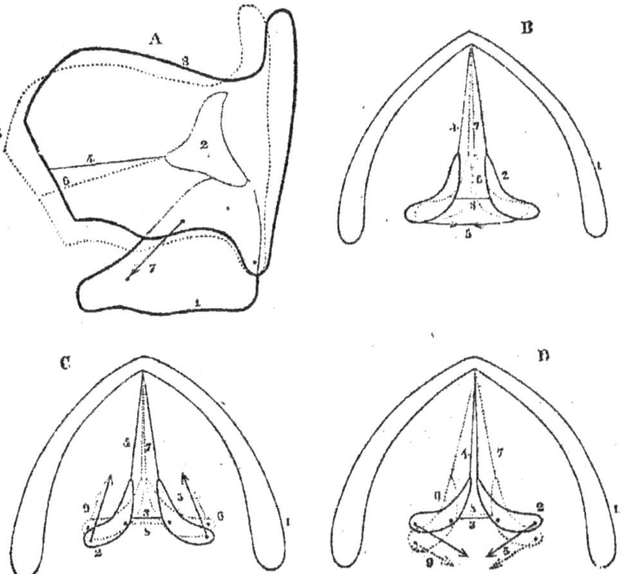

Fig. 291. — *Action des muscles du larynx (figure schématique* (*).

Cette fixité de l'attache inférieure des cordes vocales, si utile dans la phonation, est produite en grande partie par le crico-thyroïdien. Ce muscle peut en outre (fig. 291, A) abaisser l'angle antérieur du cartilage thyroïde et par suite allonger et tendre les cordes vocales, qui se rapprochent en même temps. Le muscle *aryténoïdien postérieur* rapproche directement l'un de l'autre les deux cartilages aryténoïdes (fig. 291 B). Le *crico-aryténoïdien* et le *thyro-aryténoïdien* portent les apophyses vocales dans l'adduction (fig. 291 C). La partie interne de ce dernier muscle comprise dans l'épaisseur des cordes vocales inférieures, ou *thyro-aryténoïdien interne*, a une action spéciale : d'abord, par sa contraction, il tend à rapprocher les deux insertions des cordes vocales et par suite

(*) A. *Action du crico-thyroïdien.* (Les lignes ponctuées, ici comme pour les figures suivantes, indiquent la position nouvelle prise par le cartilage et les cordes vocales par l'action du muscle ; les flèches indiquent la direction moyenne dans laquelle s'exerce la traction des fibres musculaires. — 1) Cartilage cricoïde. — 2) Cartilage aryténoïde. — 3) Cartilage thyroïde. — 4) Corde vocale inférieure — 5) Cartilage thyroïde (nouvelle position). — 6) Corde vocale (id.). — 7) Direction du muscle.

B. *Action de l'aryténoïdien postérieur.* — 1) Coupe du cartilage thyroïde. — 2) Cartilage aryténoïde. — 3) Bord postérieur de la glotte. — 4) Corde vocale. — 5) Direction des fibres musculaires. — 6) Cartilage aryténoïde (nouvelle position). — 7) Cordes vocales (id.).

C. *Action du crico-aryténoïdien latéral.* — Même signification des chiffres. — 9) Direction des fibres musculaires dans la nouvelle position.

D. *Action du crico-aryténoïdien postérieur.* — Même signification des chiffres.

à les raccourcir ; mais il leur imprime surtout différents degrés de tension, qui jouent certainement un grand rôle dans la production des sons ; en outre, il transforme en ligne droite la courbe légère que décrit le bord de la corde vocale ; enfin, par les fibres qui vont s'attacher à la membrane élastique sous-muqueuse en divers points de son étendue, fibres qui peuvent se contracter isolément, il peut partager la corde vocale en un certain nombre de parties vibrantes distinctes, de façon que dans certains cas ce seront seulement ou une partie de leur longueur ou leur bord libre qui entreront en vibration; ce muscle peut donc être considéré comme le *muscle vocal* par excellence.

Le *crico-aryténoïdien postérieur* (fig. 291, D) porte les apophyses vocales dans l'abduction et est par conséquent antagoniste des trois derniers muscles. Il est le seul dilatateur de la glotte et, par suite, c'est un muscle essentiellement *respirateur*.

IV. MUQUEUSE DU LARYNX

La muqueuse du larynx est rose pâle, lisse, et d'une épaisseur de $0^{mm},1$ à $0^{mm},2$. Elle est rattachée à la membrane élastique sous-jacente par un tissu cellulaire lamelleux.

Cette muqueuse est tapissée par un *épithélium vibratile stratifié*, sauf sur le bord des cordes vocales inférieures, et sur l'épiglotte, où on trouve un *épithélium pavimenteux* épais. Le derme de ces régions porte des papilles assez saillantes, surtout à la partie antérieure des cordes vocales inférieures. Ce derme est formé par du tissu réticulé, infiltré de globules blancs, qui en certains endroits, au niveau des ventricules par exemple, constituent de véritables *follicules clos* (Coyne).

Les *glandes* du larynx, dont les orifices punctiformes sont visibles à l'œil nu, sont des *glandes en grappe*. Les unes sont disséminées ; les autres forment plusieurs groupes, *glandes épiglottiques*, logées dans les trous de l'épiglotte, *glandes aryténoïdiennes* (fig. 288, 5), situées en avant des cartilages aryténoïdes, *glandes des ventricules*, des *replis ary-épiglottiques* et des *cordes vocales supérieures*. Les cordes vocales inférieures en sont tout à fait dépourvues sur leur bord libre.

Vaisseaux et nerfs. — Les *artères* du larynx viennent des artères thyroïdiennes supérieures et inférieures. Leurs branches terminales forment des ramifications arborescentes tranchant sur la couleur pâle de la muqueuse. Les *veines* suivent les artères. Les *lymphatiques* sont nombreux et constituent deux réseaux : un réseau superficiel sous-épithélial et un réseau profond sous-muqueux. Ils se rendent dans les ganglions péricarotidiens. Les *nerfs* viennent, pour tous les muscles, à l'exception du crico-thyroïdien, des nerfs récurrents ; pour le crico-thyroïdien et la muqueuse, des nerfs laryngés supérieurs. Les branches sensitives du laryngé supérieur présentent de petits ganglions microscopiques.

Conformation extérieure. — Les *dimensions* du larynx varient chez l'homme et chez la femme. Les mensurations de Sappey donnent les moyennes suivantes:

	Homme	Femme
Diamètre vertical (1).	$0^m,044$	$0^m,036$
Diamètre transversal (2).	$0^m,043$	$0^m,041$
Diamètre antéro-postérieur (3).	$0^m,036$	$0^m,026$

Le larynx de la femme est plus arrondi, moins anguleux ; ses cartilages se laissent beaucoup plus lentement envahir par l'ossification. Les différences

---

(1) Du bord supérieur du cartilage thyroïde (non compris les grandes cornes) au bord inférieur du cartilage cricoïde.

(2) Au niveau du plus grand écartement des bords postérieurs du cartilage thyroïde.

(3) De la partie la plus saillante du cartilage thyroïde à une ligne transversale rasant les bords postérieurs de ce cartilage.

individuelles sont beaucoup moins connues dans leurs rapports avec la voix. Ce qu'on peut dire de plus général, c'est que le larynx du ténor se rapproche du larynx féminin ; que le larynx de la basse offre au contraire des caractères plus accentués. Les dimensions du larynx paraissent tout à fait indépendantes de la stature.

La *région antérieure* du larynx présente l'angle saillant du cartilage thyroïde, la membrane crico-thyroïdienne et la partie antérieure de l'anneau cricoïdien avec le muscle crico-thyroïdien.

Les *faces latérales* (fig. 287), recouvertes par les muscles sous-hyoïdiens, offrent les lames latérales du cartilage thyroïde, l'articulation crico-thyroïdienne et le muscle crico-thyroïdien.

La *face postérieure*, saillante (fig. 288), déjà décrite à propos du pharynx, présente la partie supérieure du chaton du cartilage cricoïde et la face postérieure des cartilages aryténoïdes recouvertes par les muscles aryténoïdien et crico-aryténoïdien postérieurs et par la muqueuse du pharynx ; c'est sur cette face qu'on trouve en haut l'orifice supérieur du larynx. De chaque côté de la saillie du cricoïde se voient les gouttières latérales du pharynx.

Conformation intérieure. — La cavité du larynx, qui commence à l'*orifice supérieur du larynx*, est divisée en deux cavités secondaires, cavités *sus*-et *sous-glottique*, par une fente comprise entre les cordes vocales inférieures, la *glotte*. Nous étudierons successivement l'orifice supérieur du larynx, la cavité sus-glottique, la glotte, la cavité sous-glottique (fig. 292).

1° *Orifice supérieur* ou *orifice laryngo-pharyngien*. — Cet orifice, triangulaire sur le cadavre, est dans un plan oblique en bas et en arrière ; sur le vivant il présente des formes très-variables, suivant les mouvements de l'épiglotte et des cartilages aryténoïdes (fig. 295, A à F). Il est limité en avant par l'épiglotte, sur les côtés par les *replis ary-épiglottiques*, qui vont des bords latéraux de l'épiglotte au sommet des cartilages de Santorini, et qui sont formés par la continuation de la muqueuse pharyngienne avec celle du larynx ; à la partie postérieure de ces replis se trouvent deux et quelquefois trois renflements saillants ; le postérieur (fig. 295, 8) répond aux cartilages de Santorini, les antérieurs (9) aux cartilages de Wrisberg et aux glandes aryténoïdiennes ; à la partie postérieure de l'ouverture supérieure du larynx se trouve une échancrure très-variable de forme, comprise entre les deux sommets des cartilages aryténoïdes et qui se prolonge en bas jusqu'à la partie interaryténoïdienne de la glotte.

2° *Cavité sus-glottique* (fig. 292). — Cette cavité, comprise entre l'orifice supérieur du larynx et la glotte, est séparée par la fente interceptée entre les deux cordes vocales supérieures (fente qu'il ne faut pas confondre avec la glotte et qui n'a pas de nom particulier) en deux portions, l'une supérieure, *vestibule du larynx*, l'autre, inférieure, *portion interventriculaire*, comprise entre les cordes vocales supérieures et inférieures ; la portion interventriculaire offre de chaque côté un orifice elliptique circonscrit par les cordes vocales supérieures et inférieures du même côté (fig. 293 et 294), *orifice du ventricule ;* il conduit dans un cul-de-sac de la muqueuse, *ventricule du larynx* ou *de Morgagni* (fig. 292, 8), qui remonte plus ou moins haut en dehors de la corde vocale supérieure, entre les deux lames du repli ary-épiglottique et atteint quelquefois le bord supérieur du cartilage thyroïde. Quand ce cul-de-sac n'est pas dilaté par l'air, ses parois s'accolent. De l'extrémité postérieure de l'orifice du ventricule part une gouttière oblique en haut et en arrière, *filtre du ventricule*, limité en arrière par la saillie du bord antérieur du cartilage aryténoïde, en avant par celle des glandes aryténoïdiennes et du cartilage de Wrisberg. La partie antérieure de la cavité sus-glottique, formée par la face postérieure de l'épiglotte, offre en bas une saillie médiane, *bourrelet de l'épiglotte* (fig. 292, 5). Ce bourrelet, très saillant, rougeâtre, recouvre immédiatement l'insertion antérieure des cordes vocales, et la masque plus ou moins complètement (fig. 295, E, 2). Les quatre cordes vocales convergeant à leur insertion antérieure, la portion interventriculaire se termine en avant par une sorte de petite fossette, *fossette centrale*, point de réunion antérieur des deux orifices ventriculaires. En arrière, la cavité sus-glottique s'ouvre dans l'échancrure interaryténoïdienne.

Les *cordes vocales supérieures* sont simplement formées par un repli de la muqueuse et par les ligaments thyro-aryténoïdiens supérieurs, et présentent deux faces : l'une, interne et supérieure, l'autre, inférieure et externe (fig. 292, 6).

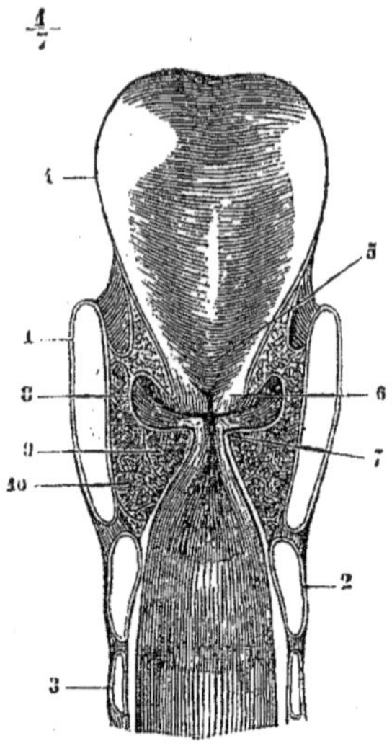

Fig. 292.

Coupe transversale du larynx (*).

La partie sus-glottique du larynx est susceptible des plus grandes variations de hauteur, grâce à la mobilité de l'épiglotte et des apophyses vocales ; dans les sons très-aigus (fig. 295, E), elle peut même se trouver à peu près réduite à 0 par le rapprochement au contact des cordes vocales et des replis ary-épiglottiques.

3° *Glotte*. — La glotte est l'ouverture circonscrite en avant par les cordes vocales inférieures (*glotte ligamenteuse* ou *vocale*), en arrière, par la face interne des cartilages aryténoïdes (*glotte cartilagineuse*, appelée à tort *respiratoire*).

Les *cordes vocales inférieures* sont constituées par le muscle thyro-aryténoïdien interne (fig. 292, 7, 9), les ligaments thyro-aryténoïdiens inférieurs et la muqueuse. Un épithélium pavimenteux, la présence de papilles, l'absence de glandes, l'adhérence de la muqueuse à la membrane élastique sous-jacente et la terminaison dans cette dernière de faisceaux du muscle, caractérisent leur structure. Comme forme, elles présentent une face supérieure, une face inférieure, qui regarde en bas et en dedans, et un bord mousse légèrement concave sur le cadavre. La longueur des cordes vocales est de 0m,024 environ chez l'homme. Deux taches jaunâtres, visibles à travers la muqueuse, se trouvent à leurs points d'insertion antérieur et postérieur, et peuvent, la dernière du

(*) 1) Cartilage thyroïde. — 2) Cartilage cricoïde. — 3) Premier anneau de la trachée. — 4) Épiglotte — 5) Son bourrelet médian. — 6) Cordes vocales supérieures. — 7) Cordes vocales inférieures. — 8) Ventricules de Morgagni. — 9) Muscle thyro-aryténoïdien. — 10) Muscle crico-aryténoïdien latéral.

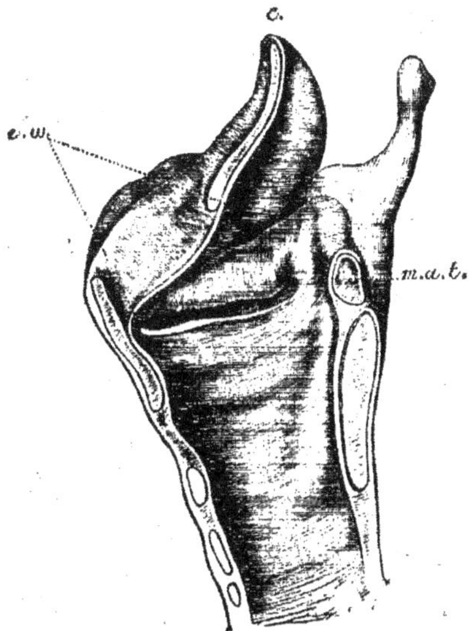

FIG. 293. — *Larynx divisé sur la ligne médiane* (*).

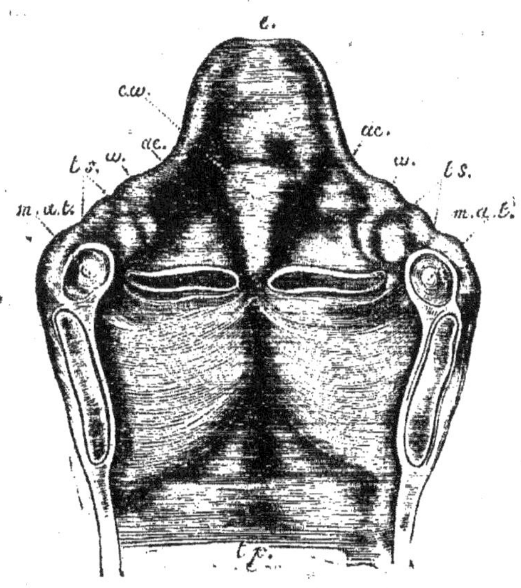

FIG. 294. — *Bourrelet de l'épiglotte (vu de face* (**).

moins, servir de point de repère dans l'examen laryngoscopique.

La *glotte* est la partie la plus étroite du larynx, ce qui permet de l'apercevoir à travers l'orifice supérieur du larynx et l'ouverture des cordes vocales supérieures. Elle a sur le cadavre la forme d'un triangle allongé (*glotte ligamenteuse*), appuyé par sa base à un rectangle (*glotte cartilagineuse*). Pendant la vie elle prend les formes les plus diverses, triangulaire, losangique, en sablier, elliptique, linéaire, etc., et cela avec la plus grande rapidité. Dans l'inspiration (fig. 295, A et B), la glotte est largement ouverte ; elle se rétrécit dans l'expiration et surtout dans l'émission des sons, de telle façon qu'elle est d'autant plus étroite que les sons sont plus aigus (E). Il n'y a du reste qu'à jeter un regard sur la fig. 295 pour se faire une idée des formes les plus fréquentes qu'elle présente et de l'aspect offert à l'examen direct par les parties supérieures du larynx. La longeur de la glotte est de 0^m,023 environ chez l'homme.

4° *Partie sous-glottique.* — Au-dessous de

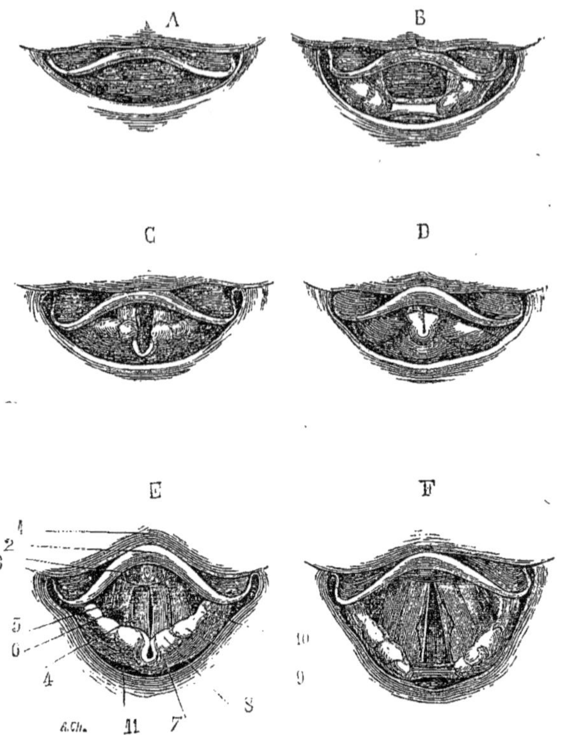

Fig. 295. — *Vue du larynx, à l'examen laryngoscopique*, d'après Czermak (*).

la glotte, la cavité du larynx s'élargit rapidement et se continue sans ligne de démarcation avec la cavité de la trachée.

ARTICLE II. — TRACHÉE

La trachée est un tube élastique étendu verticalement entre le larynx et les bronches, de la cinquième vertèbre cervicale à la face inférieure de la troisième dorsale. Sa longueur est de $0^m,12$ environ ; sa largeur, de $0^m,02$ en moyenne, augmente à sa partie inférieure. Sa forme est celle d'un cylindre un peu comprimé latéralement dont on aurait enlevé le quart postérieur. Sa face postérieure est plane ; le reste de sa surface est convexe et présente des saillies transversales dues aux cerceaux cartilagineux qui entrent dans ses parois. Un tissu cellulaire lamelleux l'isole des parties voisines et lui permet une certaine

(*) A. État du larynx dans la respiration tranquille. — B. Id., l'épiglotte soulevée. — C. État du larynx dans l'expiration (souffle léger). — D. Larynx dans l'émission des sons graves. — E. Id., dans l'émission des sons très-aigus. — F. Retour à l'inspiration ordinaire après l'émission d'un son.
1) Base de la langue. — 2) Épiglotte. — 3) Bourrelet de l'épiglotte. — 4) Cordes vocales infé-rieures. — 5) Cordes vocales supérieures. — 6) Ventricules de Morgagni. — 7) Cartilages aryténoï-des. — 8) Cartilages de Santorini. — 9) Cartilage de Wrisberg. — 10) Replis ary-épiglottiques. — 11) Pharynx.

mobilité. Les deux tiers supérieurs, situés sur la ligne médiane, appartiennent à la région cervicale ; dans son tiers inférieur elle est contenue dans la cavité thoracique et s'incline un peu à droite.

Rapports. — Sa *portion cervicale* répond en avant et de haut en bas à l'isthme de la glande thyroïde, au plexus veineux thyroïdien et au tronc brachio-céphalique ; latéralement elle est embrassée par les lobes latéraux de la thyroïde et plus bas côtoyée par la carotide primitive et le nerf pneumo-gastrique ; en arrière elle répond à l'œsophage et au nerf récurrent droit ; le gauche est dans le sillon qui sépare la trachée de l'œsophage. Sa *partie thoracique* est recouverte en avant et de haut en bas par le thymus, la partie interne de la veine innominée gauche, l'artère brachio-céphalique, la crosse de l'aorte et la branche droite de l'artère pulmonaire ; en arrière on retrouve l'œsophage ; sur les côtés on rencontre la plèvre médiastine et les nerfs récurrents ; elle est entourée de toutes parts par des ganglions lymphatiques.

La *surface interne*, continue sans ligne de démarcation avec celle de la partie sous-glottique du larynx, est lisse, jaune rosé et présente de petits orifices glandulaires. La saillie des cerceaux cartilagineux y est plus sensible qu'à la face externe.

Structure. — Les parois, épaisses de $0^m,0025$ à $0^m,003$, se composent de dehors en dedans des couches suivantes : une charpente fibro-cartilagineuse, une couche musculaire, une muqueuse.

1° *Charpente fibro-cartilagineuse.* — Elle se compose de dix-huit à vingt cerceaux cartilagineux en forme de C ouvert en arrière et qui manquent par conséquent à la face postérieure. Ils sont réunis par une membrane fibreuse qui leur sert de périchondre et forment en arrière la tunique externe de la trachée. Leur hauteur est d'environ $0^m,004$, sur $0^m,002$ d'épaisseur, et chacun d'eux offre une face externe convexe, une face interne concave, deux bords amincis et deux extrémités ; l'intervalle qui les sépare les uns des autres est de $0^m,002$ à $0^m,003$. Souvent deux cerceaux voisins communiquent par une anastomose médiane ou oblique. Le premier cerceau est plus haut que les suivants, et souvent soudé au cartilage cricoïde ; le dernier présente à sa partie inférieure sur la ligne médiane une sorte d'*éperon* correspondant à l'angle de bifurcation des bronches. Ils sont formés par du cartilage hyalin. On trouve quelquefois dans la paroi postérieure de petits cartilages intercalaires.

2° La *tunique musculaire*, épaisse de $0^{mm},6$, n'existe qu'à la partie postérieure de la trachée, et se compose de fibres lisses, transversales, attachées à la face interne des cerceaux près de leur extrémité, et dans l'intervalle des cartilages à la membrane fibreuse qui les réunit.

3° *Muqueuse.* — Le derme muqueux, très-adhérent aux parties sous-jacentes, surtout au niveau des cerceaux cartilagineux, est constitué par des fibres élastiques, qui forment à la paroi postérieure des faisceaux longitudinaux saillants et jaunâtres ; il est dépourvu de papilles. L'épithélium est un *épithélium vibratile stratifié ;* les mouvements des cils, dirigés de bas en haut, peuvent persister trente à cinquante heures après la mort.

Les *glandes* constituent une couche continue à la paroi postérieure et manquent seulement au niveau de la partie la plus bombée des cerceaux cartilagineux ; elles sont situées dans le tissu sous-muqueux. Ce sont des *glandes en grappe*, plus volumineuses en arrière, où elles peuvent atteindre la grosseur d'une lentille.

Vaisseaux et nerfs. Les *artères* viennent des thyroïdiennes ; on trouve ordinairement une anse anastomotique pour chaque espace intercartilagineux. Les *veines* vont à la veine thyroïdienne inférieure et à la veine azygos. Les *lymphatiques*, très-nombreux, forment dans la muqueuse un réseau superficiel de vaisseaux très-fins, longitudinaux, et un réseau profond sous-muqueux de vaisseaux transversaux plus larges ; ils se rendent aux ganglions bronchiques et à de petites glandes situées à la partie postérieure de la trachée. Les *nerfs*, très-multipliés, viennent du grand sympathique et du nerf récurrent ; on trouve sur leur trajet quelques ganglions microscopiques.

ARTICLE III. — BRONCHES

Les bronches, divisées en droite et gauche, se rendent de l'extrémité inférieure de la trachée au hile des poumons, pour s'enfoncer en se ramifiant dans cet organe. Semblables à la trachée comme aspect et comme forme, les deux bronches ne présentent pas la même disposition et les mêmes rapports.

La *droite*, longue de $0^m 024$ sur $0^m,020$ de diamètre, a une direction presque horizontale et pénètre dans le poumon droit au niveau de la quatrième vertèbre dorsale. La *gauche*, plus longue et moins large, pénètre dans le poumon gauche au niveau de la cinquième vertèbre.

Rapports. —1° La *bronche droite* est placée en partie au-dessus, en partie en arrière de la branche droite de l'artère pulmonaire et de la veine cave supérieure ; la veine azygos, après avoir passé derrière elle, contourne sa partie supérieure pour se jeter dans la veine cave. 2° Quant à la *bronche gauche*, son bord supérieur est longé par la branche gauche de l'artère pulmonaire ; sur ce bord supérieur se recourbe la crosse de l'aorte, qui descend ensuite en arrière ; elle est croisée à son origine par l'œsophage. Sa partie antérieure est en rapport avec la veine pulmonaire gauche supérieure et une petite portion de l'oreillette gauche et croisée par l'origine de la branche droite de l'artère pulmonaire. Elles sont entourées par les ganglions bronchiques.

La conformation intérieure et la structure des bronches sont les mêmes que pour la trachée. La bronche droite a six à huit cerceaux cartilagineux, la gauche neuf à douze.

Vaisseaux et nerfs. — Les *artères* viennent des artères bronchiques. Les *veines* se rendent, celles de droite dans l'azygos, celles de gauche dans l'intercostale supérieure. Les *lymphatiques* vont aux ganglions bronchiques. Les *nerfs* viennent du grand sympathique et du pneumogastrique.

Variétés. — On a observé dans quelques cas une bronche surnuméraire naissant au-dessus de la bifurcation et allant à la partie postérieure du lobe supérieur du poumon droit.

ARTICLE IV. — POUMONS

Les poumons, au nombre de deux, sont situés dans les parties latérales de la cavité thoracique ; une membrane séreuse, la *plèvre*, enveloppe chaque poumon, à l'exception du hile, et facilite son glissement contre la paroi thoracique correspondante.

Le *volume* des poumons, variable pour chaque individu suivant le moment de la respiration, est lié à la quantité d'air qu'ils contiennent. La quantité d'air contenue par les poumons peut être évaluée à environ 4400 centimètres cubes (*capacité absolue* des poumons). Il ne faut pas confondre cette capacité absolue avec la *capacité vitale*, qui s'évalue par la quantité d'air introduite dans les poumons par l'inspiration la plus profonde possible; celle-ci est de 3200 centimètres cubes en moyenne.

Le poumon droit est un peu plus volumineux que le poumon gauche (dans le rapport de 11 à 10). Le *poids* des poumons chez l'adulte est de 1200 grammes en moyenne chez l'homme, de 950 grammes chez la femme. Leur *poids spécifique* est de 0,3429, par conséquent inférieur à celui de l'eau; aussi surnagent-ils quand on les plonge dans ce liquide. Au contraire s'ils sont privés d'air (poumons qui n'ont pas respiré, hépatisation de la pneumonie), ils tombent au fond de l'eau.

Le tissu des poumons est mou, spongieux, et cède sous la pression du doigt en donnant une sensation spéciale de crépitation; puis, la pression disparue, il revient par son élasticité à sa forme primitive. L'élasticité des poumons est très-grande et leur permet de suivre les mouvements d'expansion et de resserrement de la cage thoracique dans la respiration, mais leur limite d'élasticité n'est pas atteinte aussi vite que celle du thorax; aussi voit-on, lorsqu'on ouvre le thorax et que la pression de l'air extérieur vient équilibrer la pression de l'air intrapulmonaire, le poumon se rétracter et s'écarter des parois de la cavité thoracique pour atteindre sa limite d'élasticité. La *ténacité* du tissu pulmonaire est assez considérable; aussi l'insufflation pulmonaire n'amène-t-elle que difficilement des déchirures.

La surface des poumons est lisse et humide et présente des divisions ou lobules de 0^m,005 à 0^m,01, limités chez l'adulte par des stries vasculaires ou pigmentaires, mais peu isolables les uns des autres. Leur couleur, variable comme intensité suivant la quantité de sang qu'ils renferment, est rosée jusqu'à l'adolescence, et devient gris rosé chez l'adulte; puis, à mesure qu'on avance en âge, elle offre des stries ou des taches pigmentaires, situées ordinairement dans les interstices des lobules, et plus prononcées dans les endroits du poumon qui correspondent aux côtes.

Forme et rapports. — Les poumons ont une forme conique, et possèdent une base, un sommet, deux faces et deux bords. Une scissure profonde, *scissure interlobaire*, dirigée de haut en bas et d'arrière en avant, occupe leur face externe. Cette scissure, simple pour le poumon gauche qui se compose de deux lobes (fig. 296, B), se bifurque en avant pour le poumon droit, qui se divise en trois lobes (fig. 296, A). Le nombre des lobes pulmonaires peut varier en plus ou en moins; on rencontre aussi quelquefois des lobules accessoires tenant aux bronches et tout à fait distincts du reste des poumons. Le plus important est celui qui existe dans certains cas à la base du poumon droit et qui est l'analogue du *lobe impair* des mammifères (Pozzi).

Le *sommet* des poumons est arrondi. Sur une coupe transversale sa forme est ovalaire. Son point culminant dépasse de 0^m,01 à 0^m,015 la partie moyenne de la première côte. Il est embrassé par la concavité de l'artère sous-clavière, qui trace un sillon sur sa face interne.

Sa *base* ou face inférieure, concave, répond au diaphragme et représente un plan incliné qui regarde en avant et en bas; elle a la forme d'un fer à cheval, dont le bord interne, concave, s'enfonce dans l'angle rentrant qui résulte de la réunion du péricarde au diaphragme, dont le bord externe, convexe, mince, se place entre le diaphragme et la paroi costale et descend plus bas en arrière qu'en avant. Dans l'expiration ou sur le cadavre, il suit la direction d'une ligne

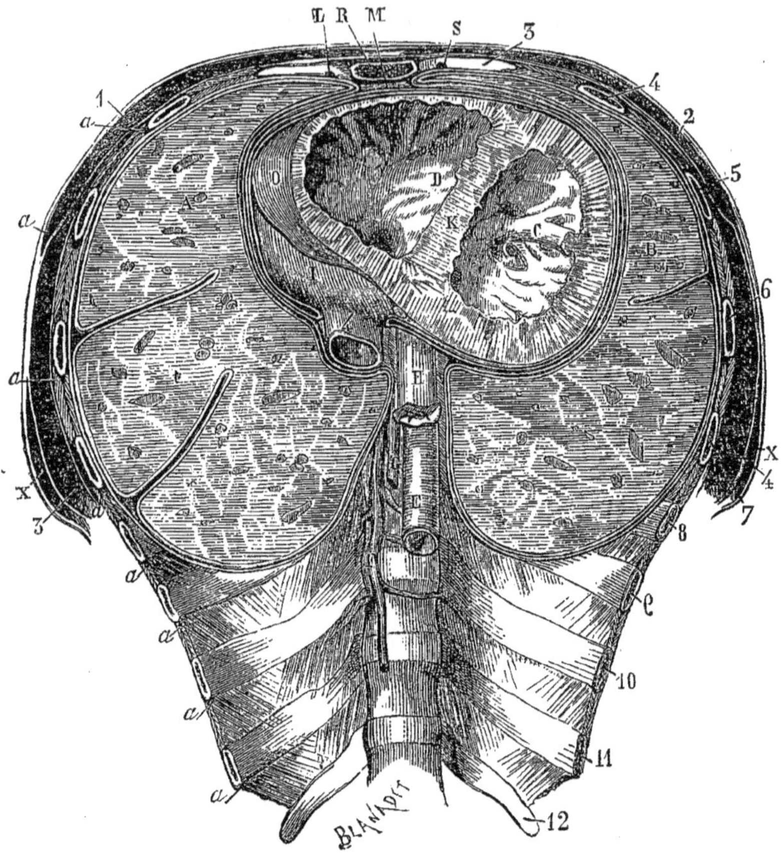

Fig. 296 — *Coupe de la poitrine*, d'après Benjamin Auger (*).

qui, partant du milieu de l'appendice xiphoïde, irait, en contournant le thorax, aboutir à la deuxième côte. Dans l'inspiration, le bord externe descend plus ou moins sans jamais atteindre le sinus costo-diaphragmatique (fig. 271).

(*) La coupe du thorax passe au-dessous du cartilage de la troisième côte. La coupe des poumons forme un plan oblique en bas et en arrière. — A. Poumon droit. — B. Poumon gauche. — C. Cavité du ventricule gauche. — D. Cavité du ventricule droit. — K. Cloison interventriculaire. — O. Bord droit du cœur. — I. Oreillette droite. — H. Œsophage. — E. Aorte. — G. Canal thoracique. — F. Veine azygos. — R. Coupe du sternum. — M. Tissu cellulaire du médiastin antérieur. — S L. Artères mammaires internes. — X X. Coupe du grand dorsal. — a, a, a, a) Artères intercostales. — 1, 2) Coupes des grands pectoraux droit et gauche. — 3, 4) Coupes des grands dentelés droit et gauche. Les côtes du côté gauche portent leur numéro d'ordre depuis la troisième jusqu'à la douzième.

Sa *face externe* convexe répond à la face interne des côtes et des espaces intercostaux, et en arrière aux parties latérales du rachis [1].

La face *interne* ou *cardiaque* est divisée en deux portions par le *hile* de l'organe; ce hile, haut de 0m,08 sur 0m,055 de largeur, est plus rapproché du bord postérieur et du sommet du poumon ; il constitue la racine et la partie la plus fixe de l'organe. La région postérieure au hile, très-étroite, offre une gouttière verticale pour l'aorte à gauche, la veine azygos à droite ; la région antérieure, plus large, est creusée d'une excavation, plus profonde sur le poumon gauche, pour loger le cœur.

Le *bord antérieur*, mince et tranchant, présente à gauche une échancrure semi-lunaire, qui répond à la pointe du cœur, *incisure cardiaque*, et au-dessous de laquelle le poumon envoie souvent un prolongement en languette, contournant la pointe du cœur. Ce bord antérieur a des rapports différents à droite et à gauche avec la paroi thoracique antérieure.

Pendant l'expiration. 1° *A droite*, il suit une ligne (fig. 271, 32) qui, partant de l'échancrure claviculaire droite, croise obliquement le manche du sternum, puis descend verticalement derrière cet os en se rapprochant plus ou moins de la ligne médiane et, arrivé à la base de l'appendice xiphoïde, se continue avec la circonférence externe de la base du poumon; *à gauche* (29), il part de l'échancrure claviculaire gauche, descend en longeant le bord gauche du sternum jusqu'au quatrième cartilage costal, se porte alors en dehors et en bas, en laissant une partie du cœur à nu, et, arrivé au-dessous du cartilage de la sixième côte, se continue, après avoir détaché la languette cardiaque, avec la circonférence externe de la base du poumon gauche. Dans l'inspiration profonde, les bords des poumons peuvent atteindre les sinus de la plèvre.

Le *bord postérieur* forme une petite crête plus ou moins saillante, située à peu de distance du hile. En haut, elle se continue en arrière du sillon de l'artère sous-clavière, en bas elle se perd insensiblement avant d'atteindre le base du poumon.

Conformation intérieure. — Incisé, le poumon laisse écouler un liquide rouge, spumeux (sang mélangé d'air) ; la coupe a un aspect spongieux et présente çà et là les ouvertures circulaires béantes et plus ou moins larges des canaux bronchiques. Si on suit par la dissection ces divisions bronchiques depuis le hile jusqu'à la périphérie, on voit qu'elles se terminent aux lobules visibles sur la face externe de l'organe. Avec les bronches pénètrent par le hile dans l'intérieur du poumon des artères (branches de l'artère pulmonaire et artères bronchiques), accompagnées par des filets nerveux; il en sort aussi des veines (veines pulmonaires et bronchiques).

Le parenchyme pulmonaire se compose, outre les vaisseaux et les nerfs, de deux parties, les divisions bronchiques et les lobules pulmonaires.

1° *Divisions bronchiques.* — Vers le hile du poumon (fig. 283 et 284) on trouve : 1° sur un plan postérieur, les bronches, et au-dessous d'elles les veines pulmonaires postérieures droite et gauche ; 2° sur un plan antérieur, les deux branches de l'artère pulmonaire et au-dessous d'elles les deux veines pulmonaires antérieures. La division des bronches droite et gauche se fait en dehors du hile. La *bronche droite* donne deux rameaux inégaux ; le supérieur, presque horizontal, se recourbe au-dessus de la branche supérieure de l'artère

---

[1] La portion du poumon logée dans les gouttières latérales du thorax de chaque côté du rachis, est souvent désignée sous le nom de *bord postérieur*.

pulmonaire droite et, après un très-court trajet (0^m,008), se divise en deux canaux, l'un antérieur, l'autre postérieur, qui se rendent au lobe supérieur. La division inférieure, beaucoup plus volumineuse (0^m,018), se partage en plusieurs branches, dont l'une, antérieure, va au lobe moyen, et les autres au lobe inférieur. La *bronche gauche* se divise en deux branches à peu près égales ; la supérieure se recourbe directement en avant au-dessous de la concavité de l'artère pulmonaire gauche et va au lobe supérieur ; l'inférieure continue le trajet primitif de la bronche et passe entre les deux veines pulmonaires pour se rendre au lobe inférieur.

La division des bronches se fait ainsi successivement, d'abord à angle aigu, puis, en se rapprochant des lobules pulmonaires, à angle droit ; ces divisions se détachent du reste, tantôt en alternant, tantôt en suivant une ligne spirale ; elles diminuent graduellement de volume, de façon qu'en arrivant aux lobules elles ont moins de 0^{mm},5. Jusqu'à 0^m,004 de diamètre, les divisions bronchiques sont assez résistantes et facilement isolables, entourées qu'elles sont par un tissu cellulaire lamelleux ; puis, en s'amincissant, elles deviennent de plus en plus adhérentes au tissu pulmonaire et leurs parois sont moins résistantes ; enfin, quand elles ont atteint le diamètre de 0^m,001, elles deviennent purement membraneuses. Les divisions bronchiques sont accompagnées par les branches de l'artère pulmonaire, les artères et les veines bronchiques, des nerfs et des lymphatiques ; les rameaux des veines pulmonaires présentent toujours une certaine indépendance.

2° *Lobules pulmonaires*. — Les lobules pulmonaires se dessinent à l'extérieur sous forme d'espaces losangiques de 0^m,01 en moyenne ; isolés, ce qui présente une certaine difficulté chez l'adulte, à cause de leur adhérence réciproque, ils constituent une pyramide, dont la base répond au losange superficiel et le sommet à une division bronchique terminale. Si on examine le losange superficiel qui en forme la base, on voit qu'il est divisé par des lignes très-fines en losanges plus petits correspondant aux infundibula.

Structure. — 1° *Bronches*. — La structure des divisions bronchiques se modifie avec leur calibre. D'abord analogue à celle des grosses bronches, elle offre, dès qu'elles ont atteint 0^m,004 de diamètre, des différences importantes. Les cartilages, au lieu d'être disposés régulièrement sous forme de cerceaux, sont disposés sans ordre et par fragments irréguliers dans la membrane fibreuse, et finissent par disparaître quand la bronche atteint un calibre de 0^m,001 ; la couche musculaire lisse devient continue et forme même un véritable sphincter à l'entrée des petites bronches dans les infundibula ; l'épithélium vibratile est simple au lieu de rester stratifié ; les glandes disparaissent ; enfin sur les bronches terminales (au-dessous de 0^{mm},3) l'épithélium vibratile est remplacé par un épithélium pavimenteux, et on remarque sur leurs parois des dépressions en cul-de-sac *(vésicules pariétales)*.

Ces différences de structure sont résumées dans le tableau suivant :

	BRONCHES PRIMAIRES jusqu'à 0^m,004	BRONCHES SECONDAIRES 0^m,004 à 0^m,001	BRONCHES TERTIAIRES 0^m,001 à 0^m,0003	BRONCHES TERMINALES au-dessous de 0^m,0003
Cartilages.	Cerceaux réguliers	Fragments irrégul.	Pas de cartilages.	Pas de cartilages.
Couche musculaire. . .	Discontinue.	Presque continue.	Continue.	Continue.
Épithélium.	Vibratile stratifié.	Vibratile simple.	Vibratile simple.	Paviment. simple.
Glandes.	Glandes.	Glandes.	Pas de glandes.	Pas de glandes.

2° *Lobules pulmonaires*.— Arrivées au sommet des lobules, les bronches terminales

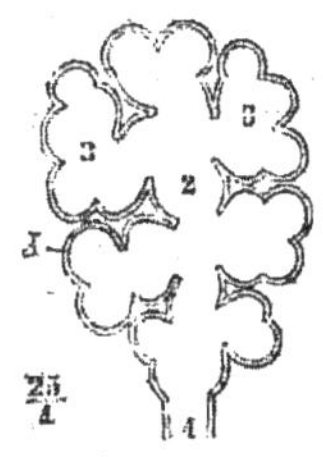

Fig. 297.
Lobule pulmonaire
(fig. schémat. (*)

(fig. 297, 1) s'élargissent pour constituer la cavité du lobule pulmonaire (2). Ce lobule est formé par des cavités secondaires, *infundibula* (3), s'ouvrant dans la cavité centrale et répondant aux petits losanges secondaires de 0m,0005 à 0m,0015, visibles à la surface du poumon. Les parois dès infundibula sont couvertes de dépressions hémisphériques en cul-de-sac, *vésicules pulmonaires* (4), qui s'ouvrent dans la cavité de l'infundibulum par un large orifice. Les faces contiguës des vésicules voisines sont souvent soudées et forment alors des *cloisons* intervésiculaires, dont le bord tranchant fait saillie vers la cavité du lobule ; ces cloisons peuvent même disparaître en partie et rester à l'état de trabécules traversant cette cavité. Quelquefois une communication peut s'établir entre deux infundibula voisins par destruction des cloisons intervésiculaires. Le diamètre des vésicules pulmonaires, qui augmente avec l'âge, est en moyenne chez l'adulte de 0mm,2 sur un poumon insufflé et desséché.

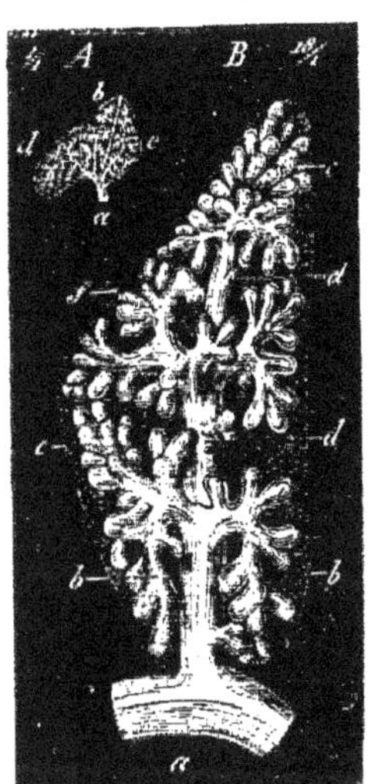

Fig. 298.
Lobule pulmonaire, d'après le
Dict. de médecine de Littré et
Charles Robin (**)

Fig. 299.
Moule d'un groupe de culs-de-sac respiratoires,
d'après le *Dict. de médecine* de Littré et de
Charles Robin (***).

Tous les auteurs ne décrivent pas la structure d'un lobule de la même façon. D'après plusieurs d'entre eux (fig. 298 et 299), chaque ramuscule bronchique terminal aboutirait à un cul-de-sac respiratoire indépendant ; la structure du poumon serait assimilable à celle d'une glande en grappe. La première description nous paraît plus rapprochée de la vérité.

(*) 1) Bronche terminale. — 2) Cavité du lobule. — 3) Infundibulum. — 4) Vésicule pulmonaire.

(**) A. Groupe de lobules pulmonaires, *b, c, d*, s'ouvrant dans la bronche *a*. — B. Lobule *b* grossi. — *a)* Bronche. — *b, c, e, f)* Culs-de-sac respiratoires. — *d)* Vésicules pulmonaires latérales.

(***) *a)* Bronche. — *b, c, d)* Subdivisions bronchiques terminales. — *g)* Canal commun à trois culs-de-sac respiratoires. — *e, f, h, i, j, k)* Culs-de-sacs respiratoires.

3° *Vésicules pulmonaires* (fig. 300). — Les vésicules pulmonaires se composent :
1° d'une membrane fondamentale connective ; 2° d'un réseau capillaire ; 3° d'une couche
épithéliale, niée par les uns, admise par les autres ; 4° des fibres musculaires existeraient
aussi d'après certains auteurs dans les parois de la vésicule. Enfin un tissu connectif
interstitiel, très-riche en fibres élastiques, sépare les vésicules les unes des autres.

A. La *membrane fondamentale* (12), continuation de la membrane fibreuse des
bronches, est mince, homogène et parsemée de noyaux (13), qui deviennent visibles par
certains réactifs. L'existence de cette membrane fondamentale est niée par quelques auteurs (Cadiat).

B. Le *réseau capillaire* (5, 6, 7) provient de l'artère pulmonaire ; il est excessivement
serré, de façon que ses mailles sont très-étroites, surtout lorsque les capillaires sont
distendus par l'injection ; ils paraissent être situés dans l'épaisseur même de la membrane fondamentale, ou plutôt celle-ci acquiert une telle minceur à leur niveau qu'elle
est comme soudée à la paroi propre des capillaires et qu'elle semble n'occuper que les
mailles qu'ils interceptent. Les noyaux de la membrane fondamentale n'existant qu'au
niveau de ces mailles, ils peuvent être pris pour des noyaux de cellule qui seraient circonscrites par les capillaires sanguins (7). Ces capillaires forment souvent des anses saillantes vers la cavité de la vésicule, ou passent d'une vésicule à une voisine en débordant
le bord libre de la cloison intervésiculaire (8, 9).

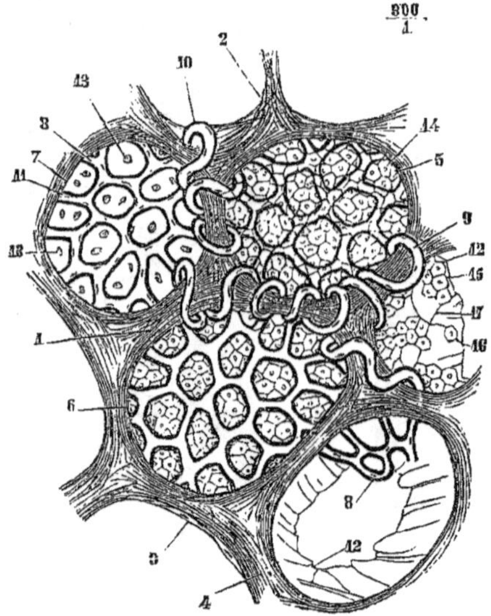

Fig. 300. — *Structure des vésicules pulmonaires (figure schémati que* (*).

C. L'existence d'un *épithélium* à la surface interne des vésicules pulmonaires est une
des questions les plus controversées de l'histologie moderne. Deux opinions sont en présence : les uns (Rainey, Henle, Luschka, Villemin, etc.) le nient absolument ; les autres

(*) 1) Trabécules séparant les vésicules. — 2) Fibres élastiques des trabécules. — 3) Fibres musculaires lisses (?). — 4) Noyaux des fibres lisses (?). — 5) Vésicules avec un épithélium continu. — 6)
Vésicule dont l'épithélium a disparu au niveau des vaisseaux. — 7 Vésicule dont l'épithélium a
disparu. — 8) Anses des capillaires. — 9, 10) Anses allant d'une vésicule à l'autre. — 11) Noyaux des
capillaires. — 12) Membrane amorphe de la vésicule déchirée en partie. — 13) Noyaux de cette membrane. — 14) Cellules épithéliales. — 15) Groupes de cellules épithéliales. — 16) Cellule épithéliale
isolée. — 17) Lignes, vestiges des contours des cellules épithéliales qui ont disparu.

l'admettent, mais avec des divergences de description qu'on peut rattacher aux trois opinions suivantes :

a) L'*épithélium des vésicules pulmonaires est discontinu* et n'existe que dans l'intervalle des capillaires. Nous croyons qu'il y a là une erreur, dont une des causes a été expliquée plus haut.

b) L'*épithélium est continu, mais il subit au niveau des capillaires une modification spéciale* (Colberg, Elenz, Schmidt). — Les cellules épithéliales s'aplatiraient et se souderaient entre elles pour former ou une membrane continue ou des lamelles larges recouvrant les vaisseaux. Nous croyons que cet aspect de lames épithéliales tient à une chute partielle de plusieurs cellules ayant encore laissé çà et là sur la membrane fondamentale des traces de leurs contours; cela est surtout visible sur les préparations au nitrate d'argent (14, 15, 16, 17).

c) L'*épithélium est continu* (5). — Cette opinion nous paraît la vraie. Il se compose de petites cellules polygonales, aplaties, régulières et pourvues d'un noyau. Elles sont facilement démontrables chez le fœtus, plus difficilement au contraire chez l'adulte, soit parce qu'elles disparaissent très-vite après la mort, soit plutôt parce qu'elles se soudent en une membrane continue dont les noyaux seuls persistent (Cadiat). Les procédés de préparation les détruisent avec une très-grande rapidité, surtout au niveau des capillaires distendus par l'injection (6) [1].

4° Les *fibres lisses* des vésicules, démontrées chez les animaux, sont encore niées par beaucoup d'anatomistes dans l'espèce humaine.

Nous voyons d'après la description précédente qu'on peut trouver dans la paroi de la vésicule pulmonaire quatre espèces d'éléments cellulaires ou nucléaires, ayant une signification physiologique et pathologique différente : noyaux de la membrane fondamentale, noyaux des capillaires sanguins, noyaux des fibres musculaires lisses (?) et cellules épithéliales, à quoi il faut ajouter les cellules plasmatiques du tissu interstitiel des cloisons intervésiculaires.

Tissu connectif interstitiel. — Ce tissu isole les uns des autres les lobules pulmonaires et les infundibula; il est en plus grande quantité autour des divisions bronchiques les plus volumineuses, où il peut même se charger de graisse. Il se compose de tissu connectif ordinaire et de fibres élastiques ; celles-ci existent surtout dans l'intérieur des lobules et dans les cloisons intervésiculaires où l'on ne rencontre plus guère que des fibres élastiques et du tissu amorphe. On y trouve aussi des cellules et des noyaux plasmatiques.

Pigment (anthracosis, matière noire du poumon). — Dans le tissu connectif se déposent des granulations pigmentaires, tantôt isolées, tantôt réunies en amas irréguliers ou arrondis, rarement contenues dans les cellules plasmatiques. Ce pigment se dépose principalement autour des petites artères. Il provient de la matière colorante du sang,

---

[1] Sur la question de l'épithélium pulmonaire, on pourra consulter : Deichler, *Zur Frage ob die Lungenbläschen ein Epithelium besitzen, oder nicht (Zeitschrift für rat. Med.* 3te Reihe, Bd X. — P. Munk, *Ueber das Epithel der Lungenalveolen (Archiv für pathol. Anat. u. Physiol.,* Bd XXIV). — Remak, *Ueber das Epithel der Lungenbläschen (Deutsche Klinik.* 1862, n° 20). — C.-J. Eberth, *Der Streit über das Epithel der Lungenbläschen (Archir für pathol. Anat. u. Phys.,* Bd XXIV). — J. Arnold, *Vorläufige Mittheilung über das Epithel der Lungenalveolen (Archiv für pathol. Anat. u. Phys.,* Bd XXVI). — A. Colberg, *Observationes de penitiori pulmonum structura.* Halis, 1853. — N. Chrzonszcewsky, *Ueber das Epithel der Lungenbläschen (Würzb. med. Zeitschrift.* Bd IV). — E. Elenz, *Ueber das Lungenepithel (Würzb. naturwiss. Zeitsch.* Bd V). — C.-J. Eberth, *Zu den Controversen über das Lungenepithel, id.* — T. Bakody, *Der Streit über das Epithel der Lungenbläschen (Archiv für pathol. Anat. u. Phys.* Bd XXXIII). — J. Villemin, *Recherches sur la structure de la vésicule pulmonaire et sur l'emphysème (Journal de l'anatomie,* 1866). — C. Schmidt, *De l'épithélium pulmonaire* (Thèse de Strasbourg, 1866). — Küttner, *Ueber das Lungenepithel* (Virchow's Archiv, B. LXVI). — Cadiat, *Journal de l'anatomie,* 1877).

mais il peut aussi provenir des poussières de charbon introduites du dehors. On en trouve déjà chez le nouveau-né et il augmente peu à peu de quantité avec l'âge.

Vaisseaux. — Les poumons possèdent deux systèmes de vaisseaux : les vaisseaux bronchiques, destinés à la nutrition de l'organe *(vasa privata)*, et les vaisseaux pulmonaires, en rapport avec l'hématose *(vasa publica)*. Les capillaires des deux systèmes communiquent à la limite des petites bronches terminales.

A. *Vaisseaux bronchiques.* — 1° *Artères bronchiques.* — Elles se distribuent : 1° aux divisions bronchiques, à l'exception des bronches terminales fournies par l'artère pulmonaire; elles forment un réseau superficiel très-fin pour la muqueuse et un réseau plus lâche pour la couche musculaire; 2° à la plèvre viscérale; 3° aux parois des vaisseaux et principalement de l'artère pulmonaire, qui possède un réseau très-riche ; 4° aux glandes lymphatiques de la racine du poumon. D'après Lefort, elles s'anastomosent avec les veines pulmonaires. Cependant, d'après d'autres auteurs, il y aurait indépendance absolue entre les deux systèmes, bronchique et pulmonaire.

2° *Veines bronchiques.* — Elles rapportent le sang : 1° des grosses divisions des bronches; 2° de la partie de la plèvre qui avoisine le hile du poumon ; 3° des ganglions bronchiques. Leur distribution ne correspond donc pas à celle des artères bronchiques et est beaucoup moins étendue.

B. *Vaisseaux pulmonaires.* — 1° *Artère pulmonaire.* — Ses branches accompagnent les ramifications bronchiques, mais leur division est plus rapide. Elles fournissent : 1° aux bronches terminales ; 2° aux lobules pulmonaires (*réseau interlobulaire, infundibulaire et vésiculaire*); 3° elles donnent en outre quelques branches à la plèvre viscérale. Ses branches terminales ne s'anastomosent pas entre elles.

2° *Veines pulmonaires.* — Elles proviennent de trois sources distinctes : 1° du réseau capillaire des vésicules pulmonaires (*veines pulmonaires proprement dites*); 2° du réseau capillaire des petites bronches (*veines broncho-pulmonaires*); elles s'anastomosent avec les veines bronchiques; 3° du réseau capillaire de la plèvre (*veines pleuro-pulmonaires*). Elles proviennent donc non-seulement du réseau capillaire fourni par l'artère pulmonaire, mais encore d'une partie du réseau fourni par les artères bronchiques. Dans leur trajet vers le hile du poumon, elles ont une marche indépendante et suivent moins régulièrement les bronches que les autres vaisseaux.

Lymphatiques. — Ils se divisent en superficiels et en profonds. Les *superficiels* forment sous la plèvre un réseau serré, d'où partent des troncs qui pénètrent dans la profondeur de l'organe; les lymphatiques *profonds* entourent les lobules de leurs réseaux (¹). Les troncs lymphatiques qui en naissent se réunissent à ceux qui proviennent des réseaux superficiels, et marchent vers le hile en accompagnant les vaisseaux et surtout les veines pulmonaires. Arrivés au hile, ils se jettent dans les ganglions pulmonaires et bronchiques; les premiers, de la grosseur d'une lentille à un pois, sont situés au niveau du hile; les seconds, de volume très-variable, sont réunis autour des grosses bronches et de la trachée. Ces ganglions ont une coloration noire, due à du pigment déposé en molécules isolées ou en amas dans une capsule fibreuse, dans les parois des alvéoles de la substance corticale et dans la substance médullaire le long de la paroi des vaisseaux.

Nerfs. — Ils proviennent du grand sympathique (surtout des trois premiers gan-

____

(¹) D'après Wywodzoff, il faudrait chercher plus loin l'origine des radicules lymphatiques; la lymphe se rassemblerait dans des espaces sans paroi propre de la membrane de la vésicule, espaces ne suivant pas exclusivement le trajet des artères, mais occupant souvent leurs mailles.

Grancher a décrit trois réseaux, un réseau périlobulaire, un réseau périinfundibulaire et un réseau périalvéolaire. Nothnagel et quelques autres auteurs admettent une communication des radicules lymphatiques avec la cavité des alvéoles pulmonaires et des bronches.

glions thoraciques) et du pneumo-gastrique. Leurs filets accompagnent les vaisseaux et surtout l'artère pulmonaire et les bronches; ces derniers filets présentent de petits ganglions microscopiques (Remak).

ARTICLE V. — PLÈVRES

Les *plèvres*, au nombre de deux, une pour chaque poumon, sont des sacs sans ouverture et présentent : 1° une face interne, lisse, libre, tournée vers la cavité du sac ; 2° une face externe, rugueuse, adhérente dans la plus grande partie de son étendue, soit à la surface du poumon, *plèvre viscérale*, soit aux parois du thorax, *plèvre pariétale ;* une partie de ce dernier feuillet (*plèvre médiastine*) est libre et intercepte avec celui du côté opposé une cavité, *cavité des médiastins*.

A. *Plèvre viscérale*. — Elle tapisse la surface du poumon, à l'exception du hile.

B. *Plèvre pariétale*. — Après avoir tapissé la face interne des côtes et des espaces intercostaux (*plèvre costale*) et les parties latérales de la convexité du diaphragme (*plèvre diaphragmatique*), la plèvre pariétale abandonne la paroi thoracique, se réfléchit vers le hile du poumon pour se continuer avec la plèvre viscérale et constitue ainsi la plèvre médiastine. Dans les points où la plèvre se réfléchit des parois costales sur le diaphragme et de ces deux endroits vers le hile du poumon, existent des culs-de-sac ou *sinus,* dont il est important de connaître les rapports avec les parois thoraciques, puisqu'ils indiquent les limites des cavités pleurales droite et gauche, limites qui ne coïncident pas avec celles de la cavité thoracique. Au delà de ces sinus, les parois thoraciques ne sont plus en rapport avec la plèvre.

Ces sinus sont au nombre de cinq :

1° *Sinus costo-médiastinique* ou *antérieur* ou *ligne de réflexion de la plèvre costale pour former le médiastin antérieur*. — Il ne suit pas la même direction à droite qu'à gauche, la plèvre costale étant moins étendue de ce côté.

a) A droite (fig. 271, 38, 39), il suit une ligne qui, partant de l'échancrure sternale droite, se porterait obliquement derrière le manche du sternum en dépassant la ligne médiane ; puis il descend derrière le corps du sternum près de son bord gauche jusqu'à la base de l'appendice xiphoïde et là se continue avec le sinus costo-diaphragmatique.

b) A gauche (fig. 271, 35, 36, 37), il part de l'échancrure gauche du sternum, descend derrière le manche en se réunissant à angle aigu avec celui du côté droit ; là les deux culs-de-sac pleuraux sont accolés et séparés seulement par un tissu cellulaire lamelleux jusqu'à la hauteur du cinquième cartilage costal ; à ce niveau, il se porte à gauche, en abandonnant le sternum et en s'écartant de plus en plus du bord sternal gauche jusqu'au sinus costo-diaphragmatique.

2° *Sinus costo-médiastinique postérieur*. — Il répond à la réunion de la face latérale et de la face antérieure des corps vertébraux depuis la première jusqu'à la deuxième vertèbre dorsale.

3° *Sinus costo-diaphragmatique*. — *a) A droite* (fig. 271, 38), il part de l'appendice xiphoïde, se porte obliquement en bas et à droite, en suivant le bord inférieur du cartilage de la sixième côte jusqu'à la ligne du mamelon, puis se porte obliquement en bas et en arrière jusqu'au milieu de la douzième côte, en croisant les côtes et en laissant libres leurs cartilages et une partie de plus en plus grande de leur arc osseux ; enfin, du milieu de la douzième côte, il se porte en dedans et un peu en haut vers la partie latérale de la douzième vertèbre dorsale, pour se continuer avec le sinus costo-médiastinique postérieur.

b) A gauche (fig. 271, 35), il part du bord gauche du sternum au niveau du cinquième cartilage costal et se porte obliquement en bas, en croisant les cartilages des cinquième, sixième et septième côtes [1]; à partir de là, il suit la même disposition qu'à droite, sauf qu'il descend un peu plus bas.

4° *Sinus phrénico-péricardique.* — Ce sinus occupe la rainure qui résulte de l'union du diaphragme avec la base du péricarde.

5° *Sinus pleural supérieur* ou *sus-costal* (fig. 271, 28, 31). — Ce sinus coiffe le sommet du poumon et dépasse, comme lui, la première côte.

On voit que certaines régions de la cage thoracique ne sont pas tapissées par les plèvres. Ces régions sont : 1° *en arrière*, la face antérieure du rachis ; 2° *en avant*, un espace triangulaire à base supérieure, correspondant au manche du sternum et empiétant sur le côté gauche ; ce triangle se continue en bas avec un interstice cellulaire à peine sensible, qui longe le bord gauche de l'os et au niveau du cinquième cartilage costal, s'élargit en un triangle situé au niveau de la partie gauche du sternum, de l'appendice xiphoïde et de la partie interne des cartilages des cinquième, sixième et septième côtes et des espaces intercostaux correspondants. C'est dans cet espace, et surtout entre le bord gauche du sternum et les cartilages des cinquième et sixième côtes, que le péricarde est en contact immédiat avec les parois thoraciques ; 3° *en bas*, l'espace compris entre les insertions costales du diaphragme et le sinus costo-diaphragmatique ; 4° plusieurs régions du diaphragme, au niveau, en avant et en arrière du péricarde, et enfin au-dessous du sinus costo-diaphragmatique.

C. *Plèvre médiastine.* — Elle forme de chaque côté de la ligne médiane une cloison allant de la paroi antérieure à la paroi postérieure du thorax ; au niveau du hile, elle se continue avec la plèvre viscérale ; au-dessus du hile, elle va sans interruption d'une paroi à l'autre, en constituant la paroi interne du sinus sus-costal. Au-dessous du hile, elle présente en arrière une disposition spéciale ; au lieu de se porter directement vers le hile, elle forme avec la plèvre costale un repli triangulaire à base inférieure très-courte, dont le bord postérieur répond au rachis et le bord antérieur au bord postérieur du poumon. En avant du hile, elle tapisse, en y adhérant assez intimement, la face externe du péricarde.

Les deux plèvres médiastines, droite et gauche, interceptent une cavité, divisée par le cœur et le péricarde en deux cavités secondaires : l'une antérieure, *cavité médiastine antérieure* ou *médiastin antérieur ;* l'autre postérieure, *médiastin postérieur.*

La *cavité médiastine antérieure* [2], très-étroite, a la forme d'un sablier

______

(1) Les distances moyennes de ce sinus au bord gauche du sternum sont : à la hauteur de l'extrémité sternale du cinquième cartilage costal de 0^m,015 ; à celle du sixième 0^m,02 ; à celle du septième 0^m,038 (Luschka).

(2) Beaucoup d'auteurs placent le cœur dans la cavité médiastine antérieure.

allongé, compris entre le péricarde et les parois thoraciques. Elle contient dans sa partie supérieure le thymus ou la graisse qui le remplace, l'artère innominée, etc., et du tissu cellulaire lamelleux.

La *cavité médiastine postérieure* contient l'aorte, l'œsophage, la veine azygos, les pneumo-gastriques, les grands sympathiques, le canal thoracique, etc.

Structure. — La plèvre se compose d'une charpente connective riche en fibres élastiques et d'un épithélium pavimenteux simple. Elle présente des prolongements microscopiques simples ou lobulés (*villosités pleurales*), formés par une substance homogène ou fibrillaire, quelquefois pigmentée, couverte ou non d'épithélium et contenant souvent des anses vasculaires; on les rencontre surtout sur les replis adipeux des sinus pleuraux et le long du bord antérieur des poumons.

La plèvre est unie aux parties sous-jacentes par le tissu cellulaire sous-pleural, très-adhérent pour la plèvre pulmonaire et complétement dépourvu de graisse.

Les *vaisseaux* de la plèvre, plus nombreux pour le feuillet viscéral, forment un réseau sous-séreux à mailles larges, et un réseau plus fin sous-épithélial. Ses nerfs, très-peu nombreux, proviennent du grand sympathique, du phrénique, du pneumo-gastrique et probablement des intercostaux; les filets du feuillet viscéral présentent des cellules ganglionnaires (Kölliker).

CHAPITRE III

ORGANES URINAIRES

Les organes urinaires se composent de deux glandes : les *reins*, d'où partent deux conduits excréteurs, les *uretères*, qui s'ouvrent dans un réservoir commun, la *vessie*. A la vessie fait suite un canal, l'*urèthre*, qui débouche à l'extérieur. L'urèthre de l'homme sera décrit avec les organes génitaux (fig. 301).

ARTICLE I. — REINS

Les reins sont des organes pairs, situés dans la cavité abdominale, de chaque côté de la colonne vertébrale.

Leur *forme* est celle d'un haricot dont le hile serait tourné en dedans. Ils présentent deux faces convexes (l'antérieure plus que la postérieure), deux extrémités arrondies, dont la supérieure est plus large, et deux bords; l'externe est épais, convexe; l'interne, concave dans son tiers moyen, offre là un sillon, *hile du rein*, limité par deux lèvres, dont la postérieure est ordinairement plus saillante. Quelquefois les extrémités supérieures des deux reins sont unies par une partie médiane *(reins en fer à cheval)*.

Le *volume* du rein varie peu. Son *poids* est de 90 grammes en moyenne. Sa longueur est de 0m,11 sur 0m,05 de largeur et 0,045 d'épaisseur. Le rein gauche est habituellement plus long et plus épais que le droit.

Rapports (fig. 271 et fig. 68). — Les reins sont situés symétriquement de chaque côté du rachis, à la hauteur de la première et de la deuxième vertèbre lombaire; leurs extrémités supérieures, distantes de 0m,085, sont plus rappro-

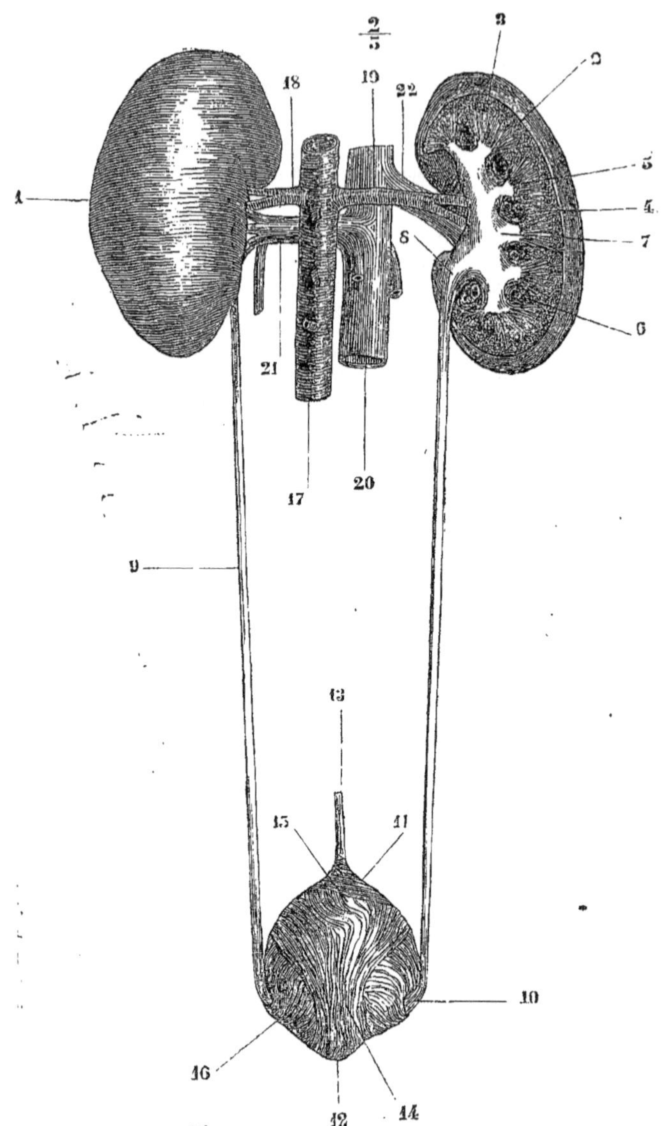

FIG. 301. — *Appareil urinaire de la femme vue postérieure* (*).

(*) 1) Rein gauche. — 2) Coupe du rein droit. — 3) Substance corticale. — 4) Colonnes de Bertin.
5) Pyramides de Malpighi. — 6) Vaisseaux. — 7) Calices distendus par l'urine. — 8) Bassinet. .— 9)
Uretère. — 10) Pénétration de l'uretère dans les parois de la vessie. — 11) Sommet de la vessie. —
12) Bas-fond de la vessie. — 13) Ouraque. — 14, 15) Fibres longitudinales de la vessie. — 16) Fibres
transversales. — 17) Aorte. — 18) Artère rénale gauche. — 19) Artère rénale droite. — 20) Veine cave
inférieure. — 21) Veine rénale gauche. — 22) Veine rénale droite.

chées que les inférieures, qui le sont de 0^m,11 environ. Leur face postérieure
répond au diaphragme, à la dernière côte et au carré des lombes que dépasse
leur bord convexe; leur bord concave est tourné vers le psoas. Leur face antérieure, qui regarde un peu en dehors, répond dans son tiers moyen à l'angle
du côlon, et dans son tiers supérieur, à droite au foie, à gauche à la rate, au
pancréas et à la face postérieure de l'estomac. Les capsules surrénales s'appliquent en dedans sur leur extrémité supérieure. Le rein droit est un peu
plus bas que le rein gauche. Le rein est enveloppé par une *capsule adipeuse*
quelquefois très-épaisse et recouvert en avant seulement par le péritoine. Ses
déplacements (*reins flottants*) sont assez fréquents et peuvent être congéni-
taux ou accidentels.

Conformation intérieure. — Le rein est lisse, à sa surface, sauf quelques
bosselures, très-peu prononcées chez l'adulte, vestiges de sa division en lobules. Sa couleur est comparable à celle de la chair musculaire. Il est enveloppé par une *tunique propre*, mince, transparente, assez résistante, qui se
laisse facilement détacher de l'organe jusqu'au hile, où elle adhère aux vaisseaux.

Le *parenchyme rénal* compacte, friable, présente deux aspects différents
bien visibles sur une coupe (fig. 301, 2), et qui l'ont fait diviser en substance
médullaire et substance corticale.

1° La *substance médullaire* (5), plus pâle, a un aspect fibreux, dû à des
stries alternativement claires et sombres; ces stries forment des faisceaux
coniques, *pyramides de Malpighi* (au nombre de 8 à 15) dont la base est tournée vers la périphérie de l'organe et le sommet vers le hile. Chaque pyramide
est enveloppée par une coque de substance corticale, à l'exception du sommet ;
ce sommet ou *papille rénale*, qui fait saillie dans la cavité des calices, offre
une surface lisse sur laquelle on remarque quinze à vingt orifices, de 0^{mm},5
de diamètre, *lacunes papillaires*, orifices des canaux urinifères. Vers leur
base, le tissu des pyramides change un peu d'aspect (*substance limitante*);
il est rouge sombre et présente sur une coupe longitudinale des stries foncées
radiées (paquets vasculaires), et des points foncés sur une coupe transversale.

2° La *substance corticale* (3) est grenue, plus foncée, plus vasculaire, un
peu jaunâtre ; elle est parsemée de points rouges (*corpuscules de Malpighi*),
disséminés régulièrement par petites traînées que séparent de fins faisceaux
(0^{mm},3) d'aspect fibreux, prolongements des faisceaux fibreux des pyramides et
qui constituent les pyramides de Ferrein. Chaque pyramide de Ferrein est
donc enveloppée, comme les pyramides de Malpighi, par une petite coque de
substance corticale pure. Les prolongements de la substance corticale entre
deux pyramides voisines portent le nom de *colonnes de Bertin* (4).

Chaque pyramide de Malpighi, avec sa coque de substance corticale, représente un lobule rénal. Ces lobules rénaux (au nombre de 12 à 16), primitivement distincts, se soudent peu à peu, de façon à ne plus laisser à l'extérieur
trace de leur séparation. Il suffira de décrire la structure d'un lobule pour
connaître la structure du rein.

Structure des lobules du rein (fig. 302). — Les *canalicules urinifères*, ou *canalicules de Bellini*, vont des corpuscules de Malpighi de la substance corticale au sommet
de la papille, où ils débouchent dans les lacunes papillaires et par elles dans les calices.

Dans leur trajet assez compliqué, ils sont tantôt rectilignes, tantôt contournés, et se réunissent à plusieurs reprises à angle aigu, de façon qu'un seul canal papillaire donne

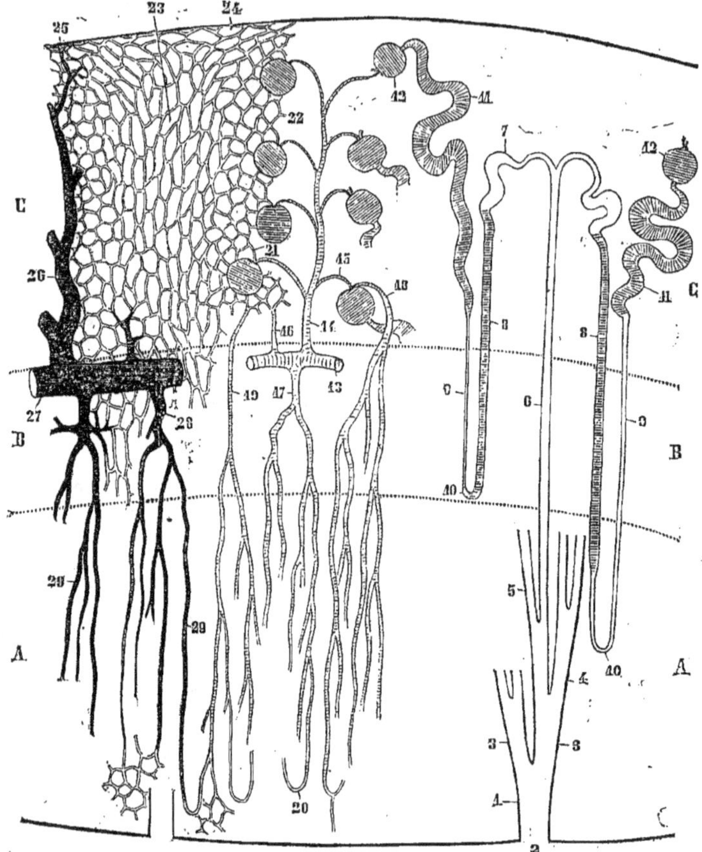

Fig. 302. — *Structure du rein (figure schématique* (*).

naissance, par une série de bifurcations (douze en moyenne), à un faisceau de canalicules secondaires, dont le groupe constitue une pyramide de Ferrein. Leur diamètre présente

(*) A. Substance médullaire. — B. Substance limitante. — C. Substance corticale. — 1) Canal papillaire. — 2) Son embouchure sur la papille rénale. — 3) Première branche de bifurcation. — 4) Deuxième branche de bifurcation. — 5) Troisième branche de bifurcation. — 6) Canal droit ou de Bellini. — 7) Canal d'union. — 8) Partie ascendante de l'anse de Heule. — 9) Sa partie descendante. — 10) Anse de Henle. — 11) Canal contourné. — 12) Corpuscule de Malpighi. — 13) Artère rénale. — 14) Branche supportant les glomérules. — 15) Rameau afférent des glomérules. — 16) Rameau allant directement aux capillaires. — 17) Artérioles droites venant directement de l'artère rénale. — 18) Artériole droite venant du rameau afférent du glomérule. — 19) Artériole droite venant du réseau capillaire. — 20) Anse vasculaire des pyramides. — 21) Branche afférente du glomérule allant au réseau capillaire. — 22) Réseau capillaire de la partie glomérulaire de la substance corticale. — 23) Réseau capillaire des pyramides de Ferrein. — 24) Réseau capillaire cortical du rein. — 25) Étoile de Verheyen. — 26) Veine revenant des capillaires de l'écorce. — 27) Tronc veineux. — 28) Veine recevant les veines droites. — 29) Veines droites. — Nota. La partie ombrée des canalicules urinifères représente les parties dans lesquelles l'épithélium est grenu et d'aspect glandulaire.

de très-grandes variations, surtout dans la première partie de leur parcours. Si on suit ces canalicules depuis les corpuscules de Malpighi jusqu'à la papille, c'est-à-dire en suivant la même marche que le liquide sécrété, on trouve la disposition suivante : d'abord le canalicule est flexueux (*canaux contournés*, 11), puis il envoie une anse qui descend plus ou moins dans la substance médullaire pour remonter ensuite dans la substance corticale (*canaux en anse de Henle*, 8, 9, 10); arrivé là, il s'infléchit de nouveau (*canal d'union*, 7) et se jette dans les *canaux droits* (6), qui par leur réunion forment un *canal commun* ou *canal papillaire* (1) ouvert dans la lacune papillaire. La longueur totale d'un canalicule urinifère peut être évaluée à 0^m,052 (Schweigger-Seidel). Quant à leur structure, ils se composent d'une membrane propre et d'un épithélium simple, qui varie pour les divers segments du tube. Nous aurons donc à décrire successivement les corpuscules de Malpighi, les canaux contournés, les canaux en anse, les canaux d'union, les canaux droits et les canaux excréteurs communs.

1° *Corpuscules de Malpighi* (12). — Ces corpuscules, au nombre de cinq environ par millimètre cube (porc), ont une largeur de 0^{mm},2 et sont situés exclusivement dans la partie grenue de la substance corticale. Ils sont formés par une ampoule en cul-de-sac du canal contourné, ampoule contenant un glomérule vasculaire, *glomérule rénal*, qui sera décrit avec l'artère rénale. La face interne de l'ampoule ou de la capsule de Malpighi est tapissée par un épithélium pavimenteux. Cette capsule est percée d'un trou, qui laisse passer les vaisseaux du glomérule.

2° *Canaux contournés* (11). — Ils forment des replis très-nombreux dans la partie grenue de la substance corticale; leur épithélium est trouble, granuleux; les limites des cellules sont peu distinctes. Leur calibre, assez large, peu uniforme, varie de 0^{mm},03 à 0^{mm},04. Un étranglement les sépare du corpuscule de Malpighi.

3° *Canaux en anse de Henle* (8, 9, 10). — Après un certain parcours, les canaux contournés s'amincissent jusqu'à 0^{mm},01 de diamètre, deviennent rectilignes et descendent dans la substance médullaire des pyramides (8); arrivés à une distance variable, ils remontent vers la substance corticale (9), en s'élargissant subitement (0^{mm},025), sans jamais atteindre le diamètre des canaux contournés. La partie descendante de l'anse (9) offre un épithélium clair, la partie ascendante (8) un épithélium trouble et granuleux. Ces anses peuvent s'arrêter dans la substance limitante ou descendre jusque près de la papille.

4° *Canaux d'union* (7). — Arrivée dans la substance corticale, la branche ascendante de l'anse s'infléchit de nouveau en présentant une grande irrégularité de diamètre et va se jeter, en se rétrécissant un peu, dans un canal droit. L'épithélium des canaux d'union est clair et transparent.

5° *Canaux droits* (6). — Ces canaux, situés pour la substance corticale dans les pyramides de Ferrein, reçoivent chacun plusieurs canaux d'union et marchent dans une direction à peu près rectiligne jusqu'au canal excréteur commun. Leur calibre est de 0^{mm},05; leur épithélium, clair et transparent, est d'abord pavimenteux ou plutôt polygonal, puis cylindrique en se rapprochant de la papille. Les canalicules plus rapprochés de la papille et formés par la réunion successive des canaux droits ont un diamètre plus considérable jusqu'à 0^{mm},1 à 0^{mm},2.

6° *Canaux excréteurs communs* ou *papillaires* (1). — Ces canaux, ordinairement très-courts, ont un diamètre de 0^{mm},2 à 0^{mm},3, et s'ouvrent chacun dans une lacune papillaire. Leur paroi propre, finement fibrillaire, se confond avec le tissu du rein; leur épithélium est clair et cylindrique.

On voit que les canaux urinifères présentent, au point de vue de leur épithélium, des caractères différents dans les divers points de leur trajet. Il est grenu, trouble et rappelle l'épithélium glandulaire dans les canaux contournés et la branche ascendante des canaux en anse qui représenteraient la partie sécrétante des tubes; il est clair et transparent au contraire dans la branche descendante de l'anse, les canaux d'union et les canaux droits et papillaires, et se rapproche là de l'épithélium des conduits excréteurs.

La description donnée ci-dessus du trajet des canalicules urinifères s'éloigne de la
description classique par l'addition des tubes en anse découverts par Henle. L'existence
de canaux urinifères en anse est aujourd'hui incontestable [1].

La question de savoir si les canaux de l'écorce présentent des anastomoses n'est pas
encore tout à fait résolue, au moins pour les canaux contournés. Pour les canaux d'union,
leur existence est certaine.

Tissu connectif interstitiel. — Ce tissu se réduit au minimum dans l'écorce, où il est
tout à fait analogue au tissu réticulé. Dans la moelle il est en plus grande quantité, surtout près des papilles.

Vaisseaux et nerfs du rein. — 1° *Artères.* Les branches de l'artère rénale, après
sa division dans le rein, marchent à la limite de l'écorce et de la moelle en constituant
des demi-arcades (fig. 302. 13) et sans s'anastomoser entre elles. De ces arcades partent des branches qui se rendent dans la substance corticale et dans la substance médullaire.

a) *Dans la substance corticale* on voit naître de la convexité des arcades, et à des
distances régulières, des branches, *branches glomérulaires* (14), d'où se détachent à
angle droit de petits rameaux de 0mm,03 à 0mm,04, *vaisseaux afférents du glomérule*
(15) qui pénètrent dans les corpuscules de Malpighi à l'opposite du canalicule urinifère. Arrivé dans le corpuscule de Malpighi, le vaisseau afférent se divise en deux
troncs ou plus qui se ramifient indépendamment l'un de l'autre, en se pelotonnant sur
eux-mêmes (fig. 303), et constituent ainsi une petite granulation de 0mm,1, *glomérule
rénal*, contenue dans la capsule du corpuscule de Malpighi. Les divisions du vaisseau
afférent (qui ont la structure et le calibre de capillaires) se reforment ensuite d'après le
mode des *réseaux admirables bipolaires*, en un seul tronc, *vaisseau efférent, plus
petit que le vaisseau afférent* (fig. 303, C), à côté duquel il se détache du glomérule.
Le vaisseau efférent, *qui a la structure et la signification d'une artère,* se jette dans
le réseau capillaire de la substance corticale (fig. 303, C, E). Les glomérules ne sont
pas à nu dans le corpuscule de Malpighi; mais ils sont recouverts d'un épithélium distinct de l'épithélium pavimenteux qui tapisse la paroi interne de la capsule de Malpighi [2]. Tous les vaisseaux efférents ne se jettent pas dans le réseau capillaire cortical.
Quelques-uns (fig. 302, 18) vont fournir des *artérioles droites* dans la substance médullaire. Outre les branches glomérulaires, les arcades donnent quelques rameaux qui
se rendent directement dans le réseau capillaire cortical, de sorte qu'on ne peut pas dire
d'une façon absolue, que *tout le sang qui coule dans les capillaires de l'écorce doit
passer par les glomérules.*

b) *Dans la substance médullaire* les arcades envoient des branches à direction à
peu près rectiligne, *artérioles droites* (fig. 302, 17), qui, après un certain trajet, se divisent en un pinceau de capillaires (réseau capillaire des pyramides). Beaucoup de ces
vaisseaux forment des anses qui descendent jusque près du sommet de la papille (20),
et qui pourraient être confondues avec les canaux en anse de Henle. Quelques artérioles

---

[1] Henle donnait à ces anses une signification que les recherches ultérieures n'ont pas con-
firmée. Il en faisait un système de canaux fermés aboutissant aux corpuscules de Malpighi
et sans connexion avec les canaux droits. La discussion de cette opinion et des autres opinions émises sur cette question nous entraînerait trop loin. Outre le *Traité* de Henle, on
pourra consulter sur ce sujet les travaux suivants : C. Ludwig et Zawarykin, *Zur Anatomie der Niere,* 1864. — N. Chrzonszczewsky, *Zur Anatomie der Niere (Archiv für
pathol. Anat. und Phys.* Bd XXXI. — M. Roth, *Untersuchung über die Drüsensub-
stanz der Niere.* Bern, 1864. — S. Th. Stein, *Zur Anatomie der Niere (Medicin. Cen-
tralblatt,* 1864). — F. Schweigger-Seidel, *Die Niere des Menschen u. der Säugethiere.*
Halle, 1865. — Gross, *Essai sur la structure microscopique du rein.* Strasbourg, 1867.
— R. Heidenhain, *Mikr. Beiträge zur Anat. und Physiol. d. Nieren (Archiv für mikr,
Anat.,* t. X).

[2] Cette couche épithéliale n'est pas admise par tous les auteurs,

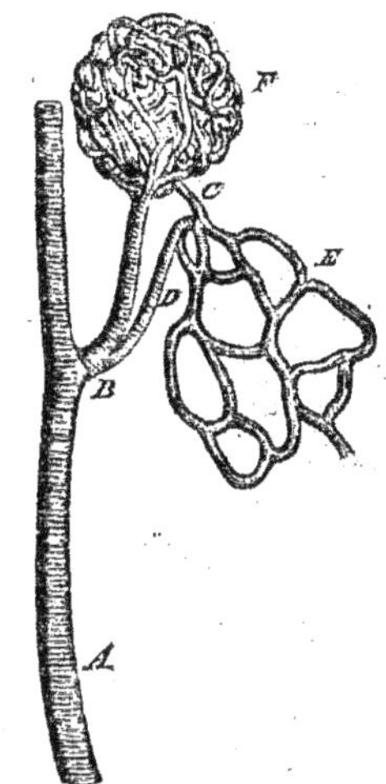

Fig. 303. — *Glomérule rénal avec ses vaisseaux afférents et efférents* (*).

droites naissent en outre du réseau capillaire de la substance corticale (19) et des vaisseaux efférents des glomérules (18). Les réseaux capillaires de l'écorce et de la moelle communiquent entre eux. La forme de leurs mailles, polygonale dans la partie glomérulaire de l'écorce, est allongée en général dans le reste du tissu rénal et correspond à la disposition même des tubes urinifères.

2° Les *veines* provenant du réseau capillaire de l'écorce et de la moelle se jettent dans des arcades veineuses, analogues aux arcades artérielles, mais qui en diffèrent en ce qu'elles s'anastomosent entre elles. Des veines droites (29) correspondent aux artérioles droites. Les veines du réseau capillaire périphérique de l'écorce (24) s'unissent en groupes étoilés, à cinq ou six branches, *étoiles de Verheyen* (25), et s'ouvrent dans un tronc veineux central qui s'enfonce immédiatement dans la substance du rein. Un réseau veineux entoure les lacunes papillaires. Les branches veineuses du rein n'ont pas de valvules.

3° *Lymphatiques.* — Les superficiels forment un réseau à larges mailles sous l'enveloppe fibreuse ; quant aux profonds, larges et facilement injectables dans la partie glomérulaire de la substance corticale, ils sont très-fins au contraire dans les pyramides de Ferrein et la substance médullaire (Ludwig et Zawarykin).

4° Les *nerfs* proviennent du plexus rénal. Leur terminaison est inconnue. On trouve çà et là sur leurs filets de petits ganglions microscopiques.

ARTICLE II. — URETÈRES (fig. 301, 8, 9)

A leur partie supérieure, les conduits excréteurs des reins présentent une disposition particulière pour recevoir l'urine, qui arrive par les conduits papillaires. Chaque papille est entourée par un petit cône membraneux, ou *calice*, dont la base répond à la papille et dont le sommet tronqué s'ouvre dans une cavité plus grande, *grand calice*. Les grands calices, au nombre de trois, s'ouvrent dans une poche, le *bassinet* (fig. 301, 8), située à la partie postérieure du hile et qui constitue la partie supérieure évasée de l'uretère.

L'*uretère* (9), long de 0^m,27 environ, est un tube cylindrique, offrant quelquefois des renflements fusiformes, étendu du bassinet au bas-fond de la vessie. Il descend en avant du psoas, de l'artère iliaque primitive à gauche, iliaque externe à droite, est croisé par les vaisseaux spermatiques qui passent en avant de lui, pénètre dans le petit bassin et arrive à la vessie. A ce moment les deux uretères sont situés à 0^m,06 l'un de l'autre ; ils traversent obliquement ses parois en se rapprochant, et après un trajet de 0^m,02, viennent s'ouvrir aux deux angles postérieurs du trigone vésical.

Les parois des calices, du bassinet et des uretères sont minces et dilatables. Leur surface interne est blanche, lisse, et offre des plis longitudinaux qui s'effacent par la distension.

(*) A. Artère glomérulaire. — B. Branche fournissant le vaisseau afférent du glomérule. — C. Vaisseau efférent du glomérule. — D. Artère allant directement dans le réseau capillaire de la substance corticale. — E. Réseau capillaire. — F. Glomérule.

Structure. — Leurs parois, épaisses de $0^{mm},001$, se composent de trois tuniques :
1° une *tunique externe*, fibreuse, riche en fibres élastiques, et qui, à la base des papilles, se continue avec la capsule fibreuse du rein ; 2° une *tunique musculaire*, très-
épaisse ($0^{mm},5$), formée par une couche externe circulaire qui s'épaissit au niveau de
la base de la papille et constitue là un vrai *sphincter papillaire*, et par une couche
interne longitudinale plus épaisse ; 3° une *muqueuse*, mince et facilement isolable ; son
épithélium est pavimenteux, stratifié ; les formes de ses cellules sont très-variables ;
les plus superficielles présentent à leur face profonde des dépressions en godet, dans
lesquelles s'enfoncent les bases des cellules coniques plus profondément situées. La
muqueuse se réfléchit à la surface des papilles, où elle est très-mince et très-adhérente.

Variétés. — On rencontre souvent des uretères doubles, mais rarement ils s'ouvrent
dans la vessie par des orifices distincts.

ARTICLE III. — VESSIE (fig. 301)

La vessie est un réservoir musculo-membraneux situé derrière le pubis et
intermédiaire aux uretères et à l'urèthre.

Sa *forme*, assez difficile à bien apprécier, est très-variable, suivant son état
de vacuité ou de distension. Vide, elle est ramassée sur elle-même et n'a pas
plus de $0^m,03$ de diamètre. Modérément distendue, elle a la forme d'un ovoïde
souvent asymétrique, surtout chez les femmes, et dont le grand axe est dirigé
en bas et en arrière. La petite extrémité de l'ovoïde est supérieure et constitue
son *sommet* arrondi ou acuminé. La grosse extrémité, ou *fond* de la vessie,
forme un plan triangulaire incliné en bas et en avant et se continue en avant
avec l'urèthre [1] ; c'est là, dans la station droite, le point le plus déclive de la
vessie. La paroi postérieure, inclinée en bas et en arrière, est convexe, surtout
en bas ; la paroi antérieure n'offre rien de particulier ; les parois latérales con -
vexes sont quelquefois le siége de dilatations. La vessie est en général plus
aplatie chez la femme. La *capacité* de la vessie, variable comme ses dimensions, peut être évaluée en moyenne à 500 ou 600 centimètres cubes.

Situation et rapport. — Vide, la vessie est cachée derrière la symphyse ; à
l'état de réplétion, elle se dilate peu à peu, dépasse la symphyse et peut atteindre la réunion du tiers inférieur et du tiers moyen de la distance qui sépare le
pubis de l'ombilic et même au delà. La partie la plus fixe est l'orifice uréthral, qui reste toujours à la même hauteur (plan horizontal passant par la
réunion du tiers inférieur et du tiers moyen de la symphyse). Dans cet état,
sa paroi postérieure répond chez l'homme au rectum et aux vésicules séminales, chez la femme au col de l'utérus et au vagin. Ses rapports avec le péritoine seront décrits à propos de cette séreuse.

Les moyens de fixité de la vessie, indépendamment des replis péritonéaux
qui seront décrits plus loin, sont des ligaments antérieurs et des ligaments
supérieurs. 1° Les *ligaments antérieurs, ligaments pubo-prostatiques*

[1] On a donné le nom de *bas-fond de la vessie* et de *col vésical* à des parties de la
vessie sur lesquelles il est utile de s'expliquer. On a appelé bas-fond de la vessie tantôt la
région de l'orifice uréthral, tantôt le trigone, tantôt la région postérieure au trigone qui,
dans l'état de distension extrême ou dans certains cas pathologiques, s'abaisse au-dessous du
niveau de l'orifice uréthral. Mais, en réalité, le vrai bas-fond de la vessie ou la partie la plus
déclive est constituée par l'orifice uréthral même. C'est à cet orifice uréthral que doit s'ap-
pliquer le nom de *col vésical*, improprement attribué par quelques chirurgiens à la région
prostatique de l'urèthre.

(homme) ou *pubo-vésicaux* (femme) sont deux cordons fibreux allant des parties latérales de la vessie et de la prostate vers le milieu de la symphyse ; entre la vessie et la symphyse ils interceptent une dépression quadrangulaire tapissée par une lame fibreuse, *ligament pubo-vésical médian.* 2° Les *ligaments supérieurs (ligaments suspenseurs de la vessie)* sont au nombre de trois, un médian et deux latéraux ; tous les trois se réunissent vers l'ombilic et sont des restes de l'état fœtal. Le *ligament moyen, ouraque,* part du sommet de la vessie ; c'est un reste du canal allantoïdien ; il se compose, de l'extérieur à l'intérieur, d'une gaîne de fibres élastiques longitudinales continues aux fibres longitudinales de la vessie dont elles représentent un des tendons ; d'un axe formé par les vestiges du canal allantoïdien ; c'est un canal plus ou moins long, offrant çà et là des dilatations et des étranglements et remplacé dans une partie de son trajet par un pédicule plein ; ce canal est quelquefois ouvert jusque près de l'ombilic. C'est un prolongement tubuliforme de la muqueuse vésicale ; seulement la plupart du temps l'orifice de communication est oblitéré. Il contient un détritus de cellules épithéliales ayant subi les dégénérescences graisseuse et amyloïde. Les *ligaments latéraux* partent des côtés de la vessie et sont constitués par la partie oblitérée des artères ombilicales.

Conformation intérieure. — La muqueuse vésicale est pâle, lisse, et a l'aspect d'une séreuse. Quand la vessie est contractée, elle forme des plis qui disparaissent par la distension. Il arrive souvent qu'elle est soulevée par les faisceaux musculaires sous-jacents *(vessie à colonnes),* ou qu'elle s'enfonce en forme de diverticulums dans les mailles de ces fibres *(vessie à cellules).*

La partie inférieure de la vessie présente trois ouvertures ; en avant l'*orifice uréthral,* dont la forme est celle d'un croissant à concavité postérieure ; en arrière et de chaque côté les *orifices des uretères* (fig. 313, 14), situés à 0m,027 l'un de l'autre. Ce sont des fentes obliques en dedans et en avant, limitées en haut par un repli mince, comme valvulaire, et se terminant en bas par une gouttière. Ces trois orifices constituent les trois angles d'un triangle, *trigone vésical* ou *de Lieutaud* (fig. 213, 15), dont les trois côtés sont concaves. A ce niveau la muqueuse est soulevée, surtout en arrière, où elle forme à la base du triangle une crête transversale qui réunit les orifices des uretères, et en avant, où elle constitue à l'orifice uréthral une saillie longitudinale (13), *luette vésicale.*

Structure. — Les parois de la vessie, dont l'épaisseur varie suivant l'état de distension de l'organe (0,003 à 0,015 et plus), sont constituées de dehors en dedans par une séreuse, très-incomplète (voy. *Péritoine*), une tunique musculaire et une muqueuse unie très-lâchement à la précédente par un tissu cellulaire sous-muqueux.

1° *Tunique musculaire.* — Elle se compose de trois couches, qui sont, en allant de dehors en dedans, des fibres longitudinales, des fibres transversales et des fibres réticulées.

Les *fibres longitudinales* (Fig. 301, 14, 15), superficielles, n'existent pas sur les parties latérales et forment deux bandes longitudinales sur les deux faces antérieure et postérieure de l'organe. En bas elles se perdent dans la région du col vésical, au milieu des fibres du sphincter uréthral (voy. *Urèthre* et *Prostate*) ; une partie de ces fibres vont à l'aponévrose pelvienne et à la symphyse (*muscle pubo-vésical*). En haut, les unes se perdent dans l'ouraque ; d'autres vont sans interruption d'une face à l'autre et forment des anses embrassant le grand axe de la vessie ; quelques-unes des fibres de la face antérieure se recourbent en anse derrière l'ouraque (11).

Les *fibres moyennes* sont *transversales* et vont depuis le sommet de la vessie jusqu'à l'orifice uréthral, mais sans former de sphincter vésical; au niveau des uretères elles décrivent une sorte de tourbillon spiralé.

Les *fibres réticulées*, contiguës à la muqueuse, constituent un réseau de mailles irrégulières, à direction générale verticale et très-visibles sur les vessies hypertrophiées. Au niveau du trigone viennent s'ajouter des fibres provenant des fibres longitudinales des uretères ; elles forment une bande transversale d'un uretère à l'autre, et deux bandes obliques convergeant vers l'orifice uréthral.

Toutes ces fibres, sans exception, ont pour action de vider la vessie (*m. detrusor urinæ*). Les fibres transversales les plus inférieures, au lieu de former, comme on le décrit souvent, un sphincter au col vésical, et d'opposer une barrière à la sortie de l'urine, servent à en expulser les dernières portions. Le vrai sphincter de la vessie existe dans la région uréthrale. Les fibres musculaires de la vessie sont des fibres lisses, sur lesquelles la volonté n'a aucune influence. Elle ne peut intervenir pour vider la vessie que par la contraction des muscles abdominaux (¹).

2° *Muqueuse.* — Elle est très-mince (0,002), et est ordinairement dépourvue de papilles, sauf à l'orifice uréthral. Elle n'a pas de glandes, excepté quelques glandes tubuleuses situées dans la même région. Son épithélium pavimenteux stratifié présente les mêmes formes singulières que celui des uretères.

Vaisseaux et nerfs. — Les *artères* viennent de l'hypogastrique. Les *veines* forment un plexus, très-marqué surtout vers le fond de la vessie et qui se jette dans les veines hypogastriques ; il communique avec les plexus hémorrhoïdal et utérin. Les *lymphatiques* sont plus nombreux et plus forts au niveau du trigone ; ils vont aux ganglions hypogastriques ; d'après Gillette, la muqueuse vésicale ne contient pas de vaisseaux lymphatiques. Les *nerfs* proviennent du plexus hypogastrique et des branches antérieures des troisième et quatrième nerfs sacrés ; les nerfs moteurs sont d'origine mixte, sympathique et spinale. La sensibilité de la vessie est assez obtuse, sauf au voisinage des orifices des uretères et de l'urèthre, où elle est très-vive.

ARTICLE IV. — URÈTHRE CHEZ LA FEMME

Sa *longueur* est de 0ᵐ,03. Sa direction, dans la station droite, est presque verticale (fig. 333) avec une légère obliquité en bas et en avant. Son orifice supérieur, situé à 0ᵐ,015 de la face postérieure de la symphyse, se trouve sur une ligne allant de son bord inférieur à l'union de la troisième et de la quatrième vertèbre sacrée. Son orifice inférieur est situé à 0ᵐ,01 au-dessous de la symphyse pubienne et dans le prolongement de son axe longitudinal.

Il n'est complétement isolé que dans son quart supérieur ; dans le reste de son étendue il est soudé à la paroi antérieure du vagin, et il en résulte une cloison, *cloison uréthro-vaginale*, très-résistante, dont l'épaisseur atteint 0ᵐ,012 dans la partie moyenne.

Les parois sont accolées à l'état ordinaire et l'urèthre présente alors la forme d'une fente transversale pour sa partie la plus rapprochée de la vessie, étoilée vers le milieu, verticale pour sa partie externe. Son calibre, quand il est dilaté par le passage de l'urine, mesure 0ᵐ,006 à 0ᵐ,008. Son orifice extérieur représente une fente verticale, de 0ᵐ,005 de long, entourée d'une saillie plus ou moins prononcée de la muqueuse, saillie verticale au-dessus de l'orifice, transversale au-dessous ; ses bords sont souvent frangés. Cet orifice est situé à un

---

(¹) Voy. sur les fibres musculaires de la vessie : A. Mercier, *Recherches anat., pathol. et chir. sur les maladies des organes urinaires et génitaux.* Paris, 1841. — A. Sabatier, *Recherches anat. et physiol. sur les appareils musculaires correspondants à la vessie et à la prostate*, Montpellier, 1861.

travers de doigt en arrière du gland du clitoris, au-dessus de l'entrée du vagin.

La muqueuse de l'urèthre est rose vif et offre des trous (*lacunes uréthrales*) disposés en séries longitudinales. Cette muqueuse est plissée quand le canal est fermé. On trouve sur sa paroi postérieure une saillie longitudinale médiane, continuation de l'angle antérieur du trigone.

Structure. — Les parois de l'urèthre se composent de deux tuniques, une tunique externe musculaire et une muqueuse.

A. *Tunique musculaire.* — Elle comprend deux couches : 1° La *couche externe, striée*, forme un *sphincter uréthral soumis à la volonté ;* ce sphincter est plus développé et complet dans le quart supérieur de l'urèthre ; dans la partie de l'urèthre soudée au vagin, il est incomplet et n'existe que sur les parties antérieures et latérales. Quelques fibres striées longitudinales existent en arrière sur les côtés de la ligne médiane. 2° La *couche interne, lisse,* se rencontre dans toute l'étendue du canal ; les fibres externes, annulaires sont plus épaisses et forment un *sphincter uréthral lisse*, qui se continue en haut avec les fibres transversales de la vessie ; ces fibres annulaires se confondent sans ligne de démarcation avec les fibres circulaires du vagin dans la cloison uréthro-vaginale. Les fibres internes longitudinales sont situées immédiatement sous la muqueuse. Toutes ces fibres sont entrecoupées de fibres élastiques et il en résulte un tissu très-résistant, de couleur jaunâtre. Elles sont en outre traversées par des plexus veineux très-riches, qui en font une sorte de tissu caverneux, dont les mailles sont surtout prononcées dans la couche sous-muqueuse.

B. *Muqueuse.* — Elle est pourvue de papilles vasculaires et recouverte d'un *épithélium parimenteux stratifié.* Elle contient des *glandes en grappe* (glandes de Littre), visibles à l'œil nu sous forme de points blanchâtres et offrant souvent des concrétions analogues aux concrétions prostatiques.

Vaisseaux et nerfs. — Les *artères* proviennent des vésicales et d'une branche de la honteuse interne, répondant à la bulbo-uréthrale. Les *veines*, très-développées, vont aux plexus vésicaux et pubien. Les *lymphatiques*, volumineux, se rendent aux ganglions pelviens. Les *nerfs* viennent en partie du honteux interne, en partie du grand sympathique.

L'urèthre de l'homme sera décrit avec les organes génitaux.

CHAPITRE IV

ORGANES GÉNITAUX

ARTICLE I. — ORGANES GÉNITAUX DE L'HOMME

Les organes génitaux de l'homme se composent de deux appareils, un appareil sécréteur et un appareil érectile.

L'*appareil sécréteur*, affecté à la sécrétion et à l'excrétion du sperme, comprend : 1° deux glandes, les *testicules ;* 2° deux conduits excréteurs, les *canaux déférents*, auxquels sont annexés deux réservoirs, *vésicules séminales*, à partir desquelles ils prennent le nom de *conduits éjaculateurs ;* 3° un canal excréteur commun, l'*urèthre*, dans lequel viennent s'ouvrir les deux conduits éjaculateurs.

L'*appareil érectile*, constitué par la *verge* ou *pénis*, se compose des *corps caverneux de la verge*, et d'un corps érectile annexé à la partie pénienne de l'urèthre.

§ I. — Appareil sécréteur

I. Testicule et ses enveloppes

1° ENVELOPPES DU TESTICULE

Les enveloppes du testicule (*bourses*) situées entre les cuisses, au-dessous de la verge, proviennent en partie des différentes couches des parois abdominales refoulées par le testicule dans sa descente (*voyez Développement*). Ce sont de l'extérieur à l'intérieur: 1° le *scrotum*, qui répond à la peau; 2° le *dartos*, constitué par un développement considérable du tissu musculaire lisse de la face profonde de la peau; 3° la *tunique fibreuse*, formée par deux lames celluleuses, entre lesquelles se trouve un muscle strié, le *crémaster*, et qui se continuent, les lames celluleuses avec l'aponévrose du grand oblique et le fascia transversalis, le crémaster avec les fibres du petit oblique et du transverse; 4° la *tunique vaginale*, dépendance du péritoine. Les deux premières enveloppes se détachent facilement des autres sans le secours du scalpel; les autres suivent le testicule. Le scrotum forme seul une enveloppe commune pour les deux testicules; toutes les autres sont doubles et n'enveloppent qu'un seul testicule.

A. *Scrotum.*—Le *scrotum* (*scrotum*, sac) se distingue de la peau des autres régions du corps par sa couleur brune, sa minceur, sa laxité et ses alternatives de contraction et de relâchement. Il présente des poils très-clairsemés et de nombreuses glandes sudoripares. Il est divisé en deux par une crête médiane, *raphé scrotal*, trace de la soudure de ses deux moitiés. Son tissu est riche en fibres lisses.

B. *Dartos.* — Le *dartos* (δέρω, peler, dépouiller) est intimement adhérent au scrotum. Il est divisé en deux loges par une *cloison* médiane, qui s'attache en haut au tissu cellulaire recouvrant le bulbo-caverneux et le corps spongieux de l'urèthre; l'ouverture supérieure de ces deux sacs correspond à l'anneau inguinal. Son tissu, rouge pâle, filamenteux, est constitué par des fibres musculaires lisses dont la direction générale est verticale, sauf dans la cloison, où elle est antéro-postérieure. En avant elles se continuent avec la couche musculaire lisse sous-cutanée de la verge, et vont s'attacher en haut par des tendons élastiques à la symphyse, à l'arcade pubienne et à la partie interne de l'arcade crurale. Le dartos est très-contractile, surtout sous l'influence du froid et de l'orgasme vénérien; c'est lui qui détermine le plissement et la corrugation du scrotum.

Il est séparé de la tunique fibreuse, sauf quelques adhérences à la partie inférieure, par un tissu cellulaire lâche très-infiltrable, qui contient en arrière et en dedans de la graisse continue à celle de la région sus-pubienne.

C. *Tunique fibreuse ou tunique vaginale commune.* — Trois feuillets la composent: 1° l'*externe*, celluleux, très-mince, se continue avec l'aponévrose du grand oblique; 2° le *moyen*, musculaire, est formé par le crémaster; 3° l'*interne*, fibreux, peut être suivi à travers le canal inguinal jusqu'au fascia transvorsalis, très-lâche au niveau du cordon, il devient plus résistant en bas, et se soude au feuillet externe et au feuillet pariétal de la tunique vaginale. C'est à sa surface que s'épanouit le crémaster.

Le *crémaster* (κρεμάω, je suspends) ou *tunique erythroïde* (ἐρυθρός, rouge) ne forme pas une tunique continue. Il se compose en partie de fibres provenant du petit oblique (fig. 69, 15) et en très-petite quantité du transverse, en partie de fibres propres naissant de l'épine du pubis en dedans, de l'arcade crurale en dehors. De ces fibres, les unes dessinent des anses sur le cordon (fig. 67, 10, 11); les autres s'irradient sur la lame interne de la tunique fibreuse, en se soudant intimement à elle au niveau du testicule. Par sa contraction, il soulève le testicule et le rapproche de l'anneau.

D. *Tunique vaginale*. — La tunique vaginale, comme toutes les séreuses, présente un feuillet pariétal et un feuillet viscéral.

Le *feuillet pariétal* tapisse la face interne de la tunique fibreuse, mais seulement dans sa partie testiculaire ; il ne remonte pas plus haut que l'endroit où les parties constituantes du cordon s'accolent au dos du testicule (fig. 306) et à la partie interne de l'épididyme, et ne recouvre que la partie testiculaire du cordon; il remonte sur le canal déférent un peu plus haut en dehors qu'en dedans. De son extrémité supérieure part un cordon mince, *ligament vaginal*, dû à l'oblitération du canal qui faisait communiquer le péritoine et la séreuse vaginale.

Le *feuillet viscéral* tapisse toute la surface du testicule, auquel il est intimement soudé, excepté l'extrémité inférieure et la partie correspondante à l'épididyme. Sur l'épididyme, il revêt toutes les parties qui ne sont pas en contact immédiat avec le testicule et enveloppe complètement le corps de l'épididyme, qu'il rattache au bord correspondant du testicule par un repli en forme de sac ouvert en dehors, *sac de l'épididyme*.

La tunique vaginale a la même structure que le péritoine.

Vaisseaux et nerfs des enveloppes du testicule. — Les *artères* viennent des honteuses externes et de la périnéale superficielle. Les *veines* suivent les artères. Les *lymphatiques*, qui forment un très-riche réseau sur le scrotum, vont aux ganglions inguinaux les plus internes. Les *nerfs* viennent des branches abdomino-scrotales et génitocrurales, du plexus lombaire et du nerf honteux interne.

2° T E S T I C U L E S

Les testicules sont deux glandes ovoïdes situées dans les bourses de chaque côté de la ligne médiane; ils sont obliques, de telle façon que leurs grands axes convergent en bas et en arrière ; leur extrémité supérieure est dirigée en avant et en dehors; leur bord antérieur regarde en bas. Le testicule gauche descend un peu plus bas que le droit.

Leur forme est celle d'un ovoïde un peu comprimé latéralement; ils ont deux extrémités, deux faces et deux bords ; le bord antérieur et inférieur est libre, lisse, convexe; le supérieur et postérieur est rectiligne (*hile* ou *dos du testicule*).

A. *Épididyme*. — Au testicule est annexé un organe allongé, couché sur son bord droit et empiétant un peu sur sa face externe, l'épididyme (ἐπί, sur; διδυμός, testicule). L'épididyme a une face concave tournée vers le dos du testicule et une face convexe, libre; en dedans elles se continuent insensiblement l'une avec l'autre. La partie antérieure, *tête de l'épididyme*, renflée, arrondie (fig. 306, 25), adhère intimement au testicule ; son extrémité inférieure, *queue de l'épididyme*, y adhère aussi, mais sans continuité de tissu, puis se recourbe en formant un angle ouvert en haut pour se continuer avec le canal déférent. La partie intermédiaire, *corps de l'épididyme*, est rattachée lâchement au dos du testicule par un repli de la tunique vaginale.

Le volume du testicule est susceptible de varier, mais dans des limites assez restreintes. Le gauche est un peu plus volumineux que le droit. Sa longueur est de 0^{m},05 environ sur 0^{m},03 de largeur et 0^{m},025 d'épaisseur. Son *poids*, y compris l'épididyme, est de 21 grammes en moyenne. Sa *consistance* est caractéristique et donne au toucher une sensation spéciale de rénitence. L'épididyme présente une plus grande mollesse.

Les testicules peuvent manquer dans les bourses, soit d'un côté (*monorchidie*) soit des deux (*cryptorchidie*) ; cette absence est due à un arrêt dans leur descente ; on les re-

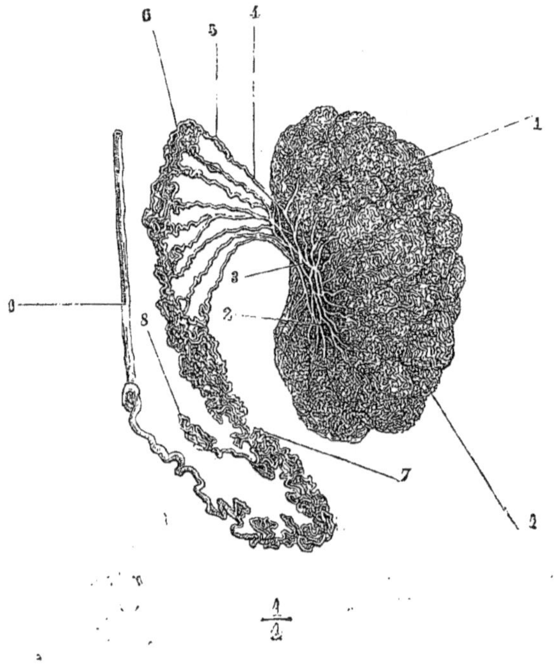

FIG. 304. — *Testicule, épididyme et origine du canal déférent* (*).

trouve alors dans la cavité abdominale, le canal inguinal, etc. Ils peuvent suivre de fausses directions, et on peut les trouver au pli de l'aine, au périnée, etc., (*ectopies du*

(*) 1) Lobules testiculaires. — 2) Canalicules droits. — 3) Réseau de Haller. — 4) Partie rectiligne des canaux efférents. — 5) Partie contournée des mêmes canaux et cônes vasculaires de Haller. — 6) Tête de l'épididyme. — 7) Canal de l'épididyme enroulé. — 8) Vaisseau aberrant. — 9) Canal déférent.—L'albuginée du testicule a été enlevée avec la séreuse et les canaux séminifères isolés. (D'après Ecker.)

testicule). L'*anorchidie* ou absence complète d'un ou des deux testicules est excessivement rare. L'épididyme, au lieu d'occuper le dos du testicule, peut occuper son bord inférieur (*inversion du testicule*) [1].

B. *Appendices testiculaires*. — Aux testicules sont annexés des appendices variables, restes d'organes transitoires qui ont disparu chez l'adulte. Ce sont l'hydatide de Morgagni, l'hydatide non pédiculée, les vaisseaux aberrants et le corps innominé de Giraldès.

1o *Hydatide pédiculée de Morgagni*. — C'est une petite saillie, longue de quelques millimètres, qui naît de la partie convexe de la tête de l'épididyme. Son extrémité libre renflée renferme une cavité remplie d'un liquide séreux et qui ne communique jamais avec les canaux séminifères. C'est un reste du conduit de Müller.

2o *Hydatide non pédiculée*. — C'est une masse blanchâtre, molle, qui naît sur le testicule à quelque distance de la tête de l'épididyme; elle renferme une cavité tapissée d'épithélium vibratile, et qui communique quelquefois avec le canal de l'épididyme. C'est un reste des culs-de-sac supérieurs du corps de Wolff. D'après Waldeyer, elle serait l'analogue du pavillon de la trompe.

3o *Vaisseaux aberrants*. — Ce sont des culs-de-sac, au nombre de un à trois, plus ou moins allongés, qui partent de la queue de l'épididyme et communiquent avec son canal (fig. 304, 8) : on trouve quelquefois un canal de plusieurs centimètres, *vas aberrans de Haller*, qui remonte dans le cordon. Ils proviennent des culs-de-sac inférieurs du corps de Wolff.

4o *Corps innominé de Giraldès*. — C'est un petit corps, long de quelques millimètres, situé à la partie interne de la tête de l'épididyme, dans le tissu cellulaire qui l'unit au cordon; il est formé par de petits noyaux jaunâtres composés de tubes ramifiés. Il provient d'une dégénérescence des culs-de-sac supérieurs des corps de Wolff, et est comparable à l'organe de Rosenmüller chez la femme.

Structure du testicule. — Le testicule se compose d'une enveloppe et d'un parenchyme.

1o *L'enveloppe du testicule* ou *albuginée* est blanche, fibreuse, très-résistante, inextensible et a une épaisseur de $0^m,001$. Sa face externe est lisse dans les points où la séreuse la recouvre, rugueuse et criblée de trous dans les points où elle manque. Elle présente, au niveau de la partie moyenne du bord droit du testicule, un renflement cunéiforme, *corps d'Highmore* haut de $0^m,01$ environ, épais de $0^m,004$ à $0^m,005$; du sommet de ce renflement, dirigé vers l'intérieur de la glande, partent des cloisons qui rayonnent vers la périphérie et divisent l'intérieur du testicule en loges qui contiennent les lobules testiculaires.

L'albuginée ne se prolonge pas sur l'épididyme ; on trouve seulement sous la séreuse qui enveloppe ce dernier une couche mince de tissu cellulaire lâche.

2o *Parenchyme testiculaire*. — Il est formé par une masse filamenteuse, molle, pulpeuse, jaunâtre. Cette masse est divisée par les cloisons de l'albuginée en *lobules*, au nombre de 150 à 200, dont la base correspond à la périphérie de la glande et le sommet au corps d'Highmore (fig. 304).

Ces lobules se composent de filaments blanchâtres, cylindriques, de $0^{mm},16$, les *canalicules séminifères*. Les canalicules, au nombre de un à trois par

____

(1) Voir sur ce sujet : E. Godard, *Études sur la monorchidie et la cryptorchidie chez l'homme (Mém. de la Société de biologie*, t. III, année 1836). Paris, 1857. — Lecomte, *Des ectopies congénitales*. Thèse de Paris, 1851. — Royet, *De l'inversion des testicules*. Thèse de Paris, 1859.

lobule, sont contournés sur eux-mêmes. Ils commencent par un cul-de-sac dans la profondeur du lobule, et après un trajet de 0^m,75, à 0^m,80, pendant lequel ils présentent des anastomoses avec les canalicules voisins et des prolongements en cæcum, ils arrivent au sommet des lobules ; là ils deviennent rectilignes, *canalicules droits* (fig. 304, 2), et pénètrent dans l'épaisseur du corps d'Highmore. Ils forment là un réseau anastomotique à mailles irrégulières et dont les canaux ont un calibre très variable, *réseau de Haller, rete vasculosum testis* (fig. 304, 3). De ce réseau partent des *canaux efférents* (4), au nombre de dix à quinze, qui sortent du testicule pour pénétrer dans l'épididyme ; ces canaux, longs de 0^m,20, larges de 0^m,0005 en moyenne, ne s'anastomosent pas entre eux ; d'abord droits (4) à leur sortie du corps d'Highmore, ils se contournent bientôt en formant des lobules, *cônes vasculaires de Haller* (5), de 0^m,008 de longueur, dont la base est tournée vers la tête de l'épididyme (6) ; ils se rendent successivement dans un canal unique, *canal de l'épididyme* (7). Ce dernier, long de 6 mètres environ, a un calibre de 0^m,0005. Il offre des inflexions nombreuses, qu'on peut rattacher à quatre ordres (Lauth) ; les premières forment un cordon arrondi de 0^m,001 d'épaisseur ; ce cordon, en se repliant, forme un cordon plus épais qui se contourne pour constituer une bandelette aplatie, s'infléchissant alternativement en dedans et en dehors. A la queue de l'épididyme, le canal se continue avec le *canal déférent* (9).

Structure des conduits séminifères. — Les parois des canalicules séminifères se composent d'une membrane fibreuse extérieure, d'une membrane propre, amorphe, très-résistante, et d'un épithélium qui remplit presque complètement la lumière du canal. Dans le réseau de Haller, la membrane propre est soudée à l'albuginée et les canaux semblent creusés dans le corps d'Highmore et dépourvus de paroi propre ; dans les canaux efférents et dans le canal de l'épididyme, entre la membrane amorphe et la tunique fibreuse, s'interpose une couche de fibres lisses ; en même temps l'épithélium devient vibratile. Le tableau suivant résume les caractères différentiels de structure de ces canaux.

CANAUX SÉMINIFÈRES	RÉSEAU DE HALLER	CANAUX EFFÉRENTS	CANAL DE L'ÉPIDIDYME
Épithélium polygonal. Membrane propre. Tunique fibreuse.	Épithélium polygonal.	Épithélium vibratile. Membrane propre. Fibres lisses circulaires. Tunique fibreuse.	Epith. vibratile stratifié. Membrane propre. Fibres lisses circulaires. Fibres lisses longitudin. Tunique fibreuse.

Contenu des canalicules séminifères. Spermatozoïdes. — Chez l'adulte les canalicules contiennent de nombreuses cellules arrondies, transparentes, pouvant atteindre 0^mm,06, avec un à dix noyaux et plus. D'après les recherches de Kölliker, chaque noyau deviendrait un spermatozoïde de la façon suivante : le noyau s'allonge et présente un prolongement cilié, qui s'agrandit peu à peu. Les filaments spermatiques ainsi formés restent en général enfermés dans la *cellule-mère* jusqu'au réseau de Haller, puis sont peu à peu mis en liberté par la rupture de son enveloppe. Dans l'épididyme et le canal déférent les cellules séminifères ont à peu près disparu, et il ne reste plus que des spermatozoïdes.

De nombreuses recherches ont été faites dans ces dernières années sur le contenu des canaux séminifères et la formation des spermatozoïdes. Malheureusement l'accord est loin d'exister entre les histologistes. D'après Ebner, dont les résultats ont été confirmés sur les points essentiels par Neumann et quelques autres auteurs, les spermatozoïdes se formeraient dans des cellules spéciales ou *spermatoblastes*. Ces cellules présentent une base élargie pentagonale appliquée contre la paroi interne du canalicule séminifère, et contenant un noyau ovoïde ; puis la cellule se rétrécit et se termine par plusieurs prolongements fins dirigés vers l'axe du canalicule. C'est dans les interstices de ces prolongements que se trouvent les autres cellules, cellules testiculaires dont la signification a été très discutée. Chaque prolongement du spermatoblaste donnerait naissance à un spermatozoïde, ce qui ferait environ huit à douze spermatozoïdes par spermatoblaste. La tête du zoosperme serait formée par un renflement (ou par un noyau) occupant la partie du prolongement attenant au corps même de la cellule. Merkel et Sertoli n'admettent pas les résultats d'Ebner ; pour eux les spermatoblastes ne prennent aucune part à la genèse des spermatozoïdes. La Valette Saint-Georges les considère même comme un produit artificiel. Pour eux, ce sont les cellules testiculaires qui donnent naissance aux zoospermes par une série de modifications pour le détail desquelles nous renvoyons aux mémoires originaux.

Balbiani, dans des recherches récentes, est arrivé à des conclusions qui sur beaucoup de points s'écartent des opinions admises par les histologistes qui l'ont précédé. Pour lui, le testicule contiendrait deux sortes d'éléments, des éléments femelles, ovules primitifs, des éléments mâles, cellules épithéliales ; l'élément femelle, l'ovule primitif, est une cellule arrondie, volumineuse, qui est entourée par les éléments mâles ou les cellules épithéliales ; il en résulte une sorte d'ampoule dont l'ovule testiculaire occupe le centre. A un moment donné, cet ovule bourgeonne et forme ainsi un certain nombre de cellules-filles qui vont se mettre en contact avec les cellules épithéliales qui l'entou-

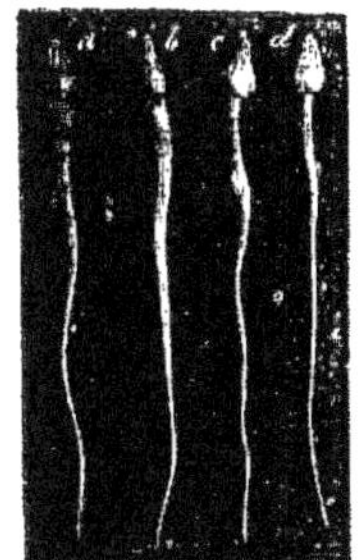

Fig. 30₄₂.
Spermatozoïdes (*).

rent. Alors ces cellules épithéliales se mettent aussi à bourgeonner et donnent naissance à un certain nombre de cellules-filles aux dépens desquelles se forment les spermatozoïdes. La tête du spermatozoïde est constituée non par le noyau de ces cellules-filles, mais par un petit corps réfringent, *globule céphalique*, qui apparaît à côté du noyau.

A l'état de développement complet (fig. 305), les *spermatozoïdes (zoospermes, filaments spermatiques)*, ont $0^{mm},05$ de longueur. Ils se composent : 1° d'un renflement antérieur, *tête*, pyriforme, aplati, à pointe tournée en avant ; 2° d'un appendice filiforme ou *queue*, d'abord un peu renflé, puis aplati, et se terminant en pointe à peine visible. Ils sont formés d'une substance homogène réfringente. Ils sont doués de mouvements rapides (ils parcourent $0^m,004$ par minute) comme spontanés, dus aux ondulations de la queue, et assez puissants pour déplacer des cristaux calcaires dix fois plus gros qu'eux. Ces mouvements persistent sept à huit jours dans les organes génitaux de la femme ; on les retrouve encore sur le cadavre dix-huit à vingt-quatre heures après la mort ; ils sont favorisés par les solutions alcalines modérément concentrées, et détruits par l'eau et les liquides acides.

Le *sperme pur*, tel qu'on le rencontre dans le canal de l'épididyme par exemple, est composé presque uniquement de spermatozoïdes et d'une très-petite quantité de liquide ; c'est une liqueur blanchâtre, homogène, filante, *inodore*, neutre ou alcaline. Le *sperme éjaculé* est un liquide mixte composé de sperme pur auquel viennent s'adjoindre les sécrétions des vésicules séminales, de la prostate, des glandes de Cooper ; il est alors assez fortement alcalin, et acquiert une odeur *sui generis*.

Vaisseaux et nerfs. — Les *artères* viennent des artères spermatiques ; après avoir perforé l'albuginée par trois ou quatre rameaux, elles se placent à la face interne de cette membrane et forment dans les cloisons inter et intralobulaires des réseaux à larges mailles de capillaires tortueux. L'épididyme reçoit en outre quelques branches de l'artère déférentielle. Les *veines*, sauf celles de la queue de l'épididyme, vont aux veines spermatiques ; les veines de la queue de l'épididyme vont aux veines funiculaires (fig. 306). Les *lymphatiques* naissent d'un système de lacunes situées entre les cana-

(*) *a, b)* Spermatozoïdes recueillis dans le testicule. — *c)* Dans le canal déférent. — *d)* Dans les vésicules séminales.

licules séminifères et les vaisseaux et dans les cloisons interlobulaires; ils vont à un réseau serré sous-jacent à l'albuginée et qui communique avec un autre réseau situé à la face externe de l'albuginée sous la séreuse (Ludwig et Tomsa); les troncs qui en partent vont aux ganglions lombaires. Les *nerfs* viennent du plexus spermatique.

I. Appareil excréteur

1° Canal déférent

Ce canal, long de 0^m,40 à 0^m,50 environ, pelotonné sur lui-même dans son quart inférieur, représente un cordon cylindrique, d'une dureté caractéristique,

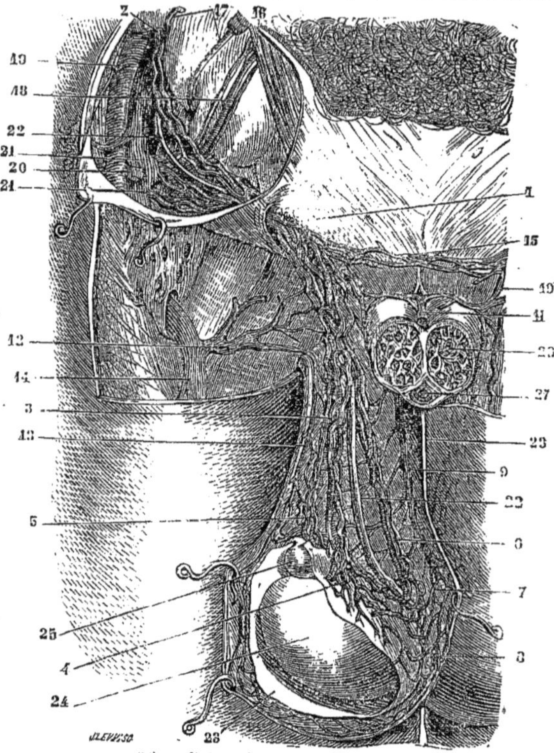

Fig. 346. — *Veines du cordon spermatique* (*).

(*) 1) Veines du cordon à leur entrée dans le canal inguinal. — 2) Veines spermatiques remontant à la veine cave. — 3) Veines spermatiques se divisant en deux faisceaux 4 et 5. — 4) Faisceau de veines émergeant du corps d'Highmore. — 5) Faisceau émergeant de la tête de l'épididyme. — 6) Veines funiculaires venant de la queue de l'épididyme. — 7) Anastomoses des veines de la cloison du scrotum avec le faisceau précédent. — 8) Anastomoses des veines du scrotum avec les veines venant du corps d'Highmore. — 9) Veine de la cloison du scrotum. — 10) Branche de terminaison de la veine de la cloison, allant se jeter dans les veines du cordon. — 11) Veine dorsale de la verge. — 12) Veine honteuse externe. — 13) Veine de la paroi externe du scrotum. — 14) Veine saphène interne. — 15) Anastomose prépubienne des veines du cordon. — 16) Grand droit. — 17) Crochets relevant le péritoine. — 18) Artères et veines épigastriques. — 19) Artère iliaque externe. — 20) Origine des artères circonflexe et épigastrique; sur cette dernière on voit naître l'artère funiculaire. — 21) Embouchure commune des veines épigastriques et funiculaires. — 22) Canal déférent. — 23) Feuillet pariétal de la tunique vaginale. — 24) Testicule. — 25) Tête de l'épididyme. — 26) Coupe des corps caverneux. — 27) Coupe de l'urèthre. (D'après Charles Périer.)

de 0^m,003 d'épaisseur. Il monte d'abord le long du bord postérieur du testicule (Fig. 306), au côté interne de l'épididyme, dont le séparent les vaisseaux
spermatiques, puis gagne en ligne droite l'anneau inguinal, franchit le canal
inguinal avec les éléments du cordon spermatique, sort par l'orifice interne en
se recourbant sur l'anse de l'artère épigastrique (Fig. 306) et s'enfonce dans
la cavité pelvienne. Là, il se place sur les côtés, puis en arrière de la vessie,
croise l'urèthre, en avant duquel il passe, se rapproche de plus en plus du canal déférent du côté opposé, auquel il finit par s'accoler (Fig. 307) et, arrivé
à la base de la prostate, s'unit à angle aigu au conduit excréteur de la vésicule séminale pour constituer le canal éjaculateur.

Conformation intérieure. — La lumière du canal déférent est très étroite
(0^mm,16)à cause de l'épaisseur de ses parois qui atteint 1^mm,5 ; deux travers de
doigt au-dessus de la prostate, il se dilate en une ampoule fusiforme. La muqueuse est blanche, lisse, plissée longitudinalement; dans l'ampoule, elle est
rugueuse, aréolaire, réticulée et comme criblée de fossettes de 1^mm,0 à 0^mm,1
de largeur.

Structure. — Le canal déférent se compose, de l'extérieur à l'intérieur, de trois tuniques : 1° une *tunique adventice*, fibreuse, assez mince ; 2° une *tunique musculaire
lisse*, de 0^m,001 d'épaisseur, qui lui donne une contractilité très-énergique et très-rapide; elle comprend trois couches : une externe, très-mince, de fibres longitudinales ;
une intermédiaire, trèsé-paisse, circulaire; une interne assez forte, longitudinale ;
3° une *muqueuse*, tapissée d'un *épithélium cylindrique*. Dans l'ampoule et au-dessous
d'elle on trouve de plus quelques glandes tubuleuses.

Vaisseaux et nerfs. — Ses *artères* viennent de la déférentielle. Ses *veines* se rendent en partie dans le plexus vésical, en partie dans le plexus pampiniforme. Ses parois
sont très-riches en *nerfs*, qui proviennent du plexus hypogastrique.

Cordon spermatique (fig. 306). — On donne ce nom à l'ensemble des organes entourant le canal déférent. Il comprend: 1° le canal déférent ; 2° des artères, artères spermatiques, déférentielle et funiculaire ; 3° des veines, veines
spermatiques (plexus pampiniforme) et veines funiculaires ; 4° des lymphatiques ; 5° des nerfs ; plexus spermatique et déférentiel accompagnant les artères, et branches génitales du plexus lombaire ; 6° des fibres musculaires lisses,
restes du gubernaculum testis, qui entourent les vaisseaux et le canal déférent
et se prolongent jusqu'au testicule, *crémaster interne de Henle.* Un tissu cellulaire lâche réunit toutes ces parties. Ordinairement les veines spermatiques
forment avec l'artère un paquet situé en avant du canal déférent ; en arrière
de ce canal sont les deux ou trois veines accompagnant l'artère funiculaire.
Dans le canal inguinal, le canal déférent se place au-dessous des veines spermatiques, au-dessus des veines funiculaires.

2° Vésicules séminales (Fig. 307)

Les vésicules séminales sont deux corps aplatis, ovoïdes, mamelonnés, de
0^m,055 de longueur, 0^m,02 de largeur et 0^m,01 d'épaisseur. Elles sont situées
en dehors des canaux déférents, en arrière de la prostate et dans un plan presque horizontal, quoiqu'un peu incliné en haut et en arrière. Leur bord interne
est accolé à l'ampoule du canal déférent, et leur bord externe au bord supérieur
de la prostate; leur extrémité postérieure et supérieure est épaisse, arrondie
et tournée en dehors; leur extrémité antérieure, amincie, dirigée en bas et en

dedans, s'enfonce dans la prostate pour aller se réunir au canal déférent par
un conduit très-mince et très-court. Leur face antérieure est appliquée sur le
fond de la vessie ; leur face postérieure, tournée vers le rectum, est recouverte,

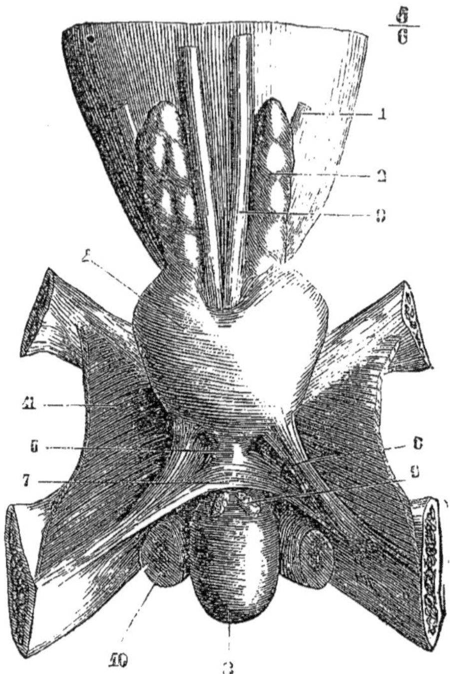

Fig. 307. — *Prostate, vésicules séminales et bulbe de l'urèthre ; vue postérieure* (*).

ainsi que l'espace intermédiaire, par une couche lamelleuse adhérente en bas à
la prostate, en haut au cul-de-sac recto-vésical du péritoine, et formée par
des fibres lisses transversales mélangées de tissu connectif dense ; on la dési-
gne à tort sous le nom d'*aponévrose prostato-péritonéale*.

Conformation intérieure. — A la coupe, la vésicule séminale présente une
cavité irrégulière et des lobes arrondis ; si on isole et si on déplisse ces lobules,
on voit qu'ils sont formés par l'enroulement sur lui-même d'un canal flexueux,
de 0^m,10 à 0^m,14 de longueur, pourvu de nombreux culs-de-sac ramifiés, et
qui représente un véritable diverticulum du canal déférent.

Structure. — Ses parois, épaisses de 0^m,001, se composent de trois tuniques : 1° une
externe, fibreuse ; 2° une moyenne musculaire lisse, formée par des fibres externes

(*) 1) Uretère. — 2) Vésicule séminale. — 3) Canal déférent. — 4) Prostate. — 5) Partie membraneuse
de l'urèthre.— 6) Ligaments ischio-prostatiques.— 7) Aponévrose moyenne du périnée.— 8) Bulbe de
l'urèthre — 9) Glandes de Cowper isolées de l'aponévrose moyenne. — 10) Coupe des corps caverneux. — 11) Obturateur interne.

longitudinales et des fibres internes circulaires ; 3° une muqueuse tapissée par un épithélium polygonal. On y trouve les mêmes glandes que dans le canal déférent. Un tissu cellulaire dense et des fibres lisses réunissent les circonvolutions des vésicules séminales.

Ces organes jouent à la fois le rôle de réservoirs et d'organes sécréteurs. Leur sécrétion, qui se mélange au sperme, consiste en un liquide albumineux, filant, non coagulable par l'acide acétique, et dans lequel on rencontre quelquefois des corpuscules azotés transparents, friables *(sympexions de Robin).*

Vaisseaux et nerfs. — Les *artères* viennent des artères déférentielles et des vésicales inférieures. Les *veines* vont aux plexus vésicaux. Les *lymphatiques* se rendent aux ganglions pelviens. Les *nerfs* viennent du plexus hypogastrique.

3° Canaux éjaculateurs

Ces canaux, longs de 0 ,02, naissent de la réunion à angle aigu du canal déférent et de la vésicule séminale du même côté, et vont s'ouvrir dans la partie prostatique de l'urèthre. D'abord assez larges (0^m,004 d'épaisseur), ils n'ont plus à leur embouchure qu'une lumière très-étroite (0^{mm},5, et 0^m001 d'épaisseur). Ils traversent la prostate en se rapprochant l'un de l'autre, et s'ouvrent de chaque côté de l'utricule prostatique.

Leurs parois ont la même structure que celles du canal déférent ; dans la prostate, elles sont excessivement minces et entourées d'une couche de tissu caverneux, qui les isole de la substance dense de la prostate. Cette couche est niée par Robin et Cadiat.

L'urèthre sera étudié avec l'appareil érectile.

§ II. — Appareil érectile

Préparation. — L'appareil érectile de l'homme peut être injecté, soit par la veine dorsale de la verge, soit par les racines des corps caverneux.

L'appareil érectile de l'homme est constitué en grande partie par la verge ou *pénis.* Le pénis présente des variations notables de consistance, de forme, de position, de volume, etc., suivant qu'il se trouve en état de repos ou en état d'érection. Sa longueur est en moyenne de 0^m,09 dans le premier cas, de 0^m,15 dans le second. A son extrémité libre se trouve un renflement, *le gland,* dont le sommet est percé d'une fente verticale, *méat urinaire,* et dont la base, *couronne du gland,* est séparée du reste par un étranglement circulaire ou *col ;* ce col donne attache à un repli cutané, le *prépuce,* qui recouvre plus ou moins complétement le gland.

Cet appareil érectile se compose des deux corps caverneux et d'un organe érectile *(corps spongieux de l'urèthre)* annexé à la partie pénienne de l'urèthre ; mais pour ne pas scinder l'étude de l'urèthre, nous décrirons ce canal dans sa totalité, quoiqu'une partie de sa longueur appartienne exclusivement aux voies urinaires. A cet appareil érectile sont surajoutés des muscles, *muscles du périnée ;* enfin, la verge est enveloppée par une gaine fibreuse et par une gaine cutanée qui présente des dispositions spéciales.

I. CORPS CAVERNEUX DE LA VERGE (fig. 308, 309, 310, 311)

Les corps caverneux ont la forme de deux cylindres terminés en pointe arrondie à leurs deux extrémités. Ils naissent par deux *racines* (4), longues de

0^m,05, de la lèvre interne de la branche inférieure du pubis, suivant une insertion presque linéaire ; ces racines, après s'être renflées (*bulbes des corps caverneux*), se réunissent sous la symphyse, s'adossent l'une à l'autre sur la ligne médiane en interceptant une gouttière inférieure, qui reçoit l'urèthre, et se terminent enfin en avant par une extrémité arrondie coiffée par le gland.

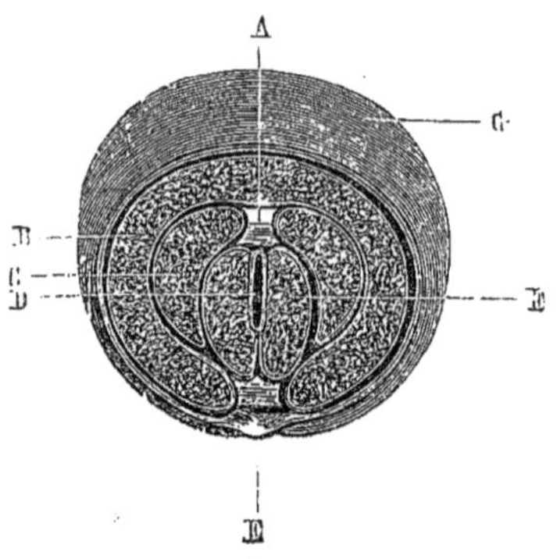

Fig. 308. — *Coupe transversale et perpendiculaire pratiquée au milieu du gland* (*).

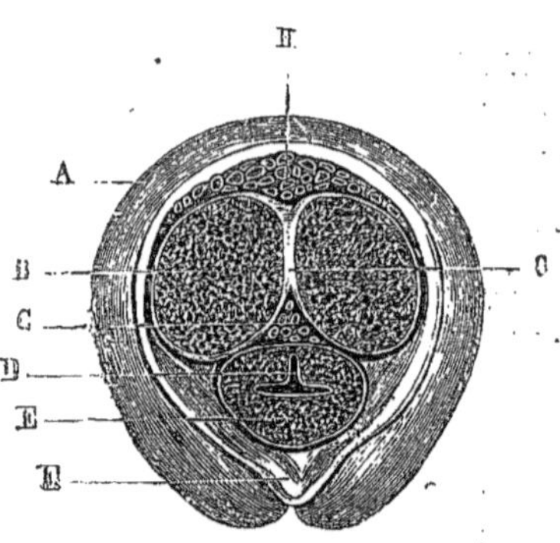

Fig. 309. — *Coupe perpendiculaire du pénis, immédiatement en arrière de la couronne* (**).

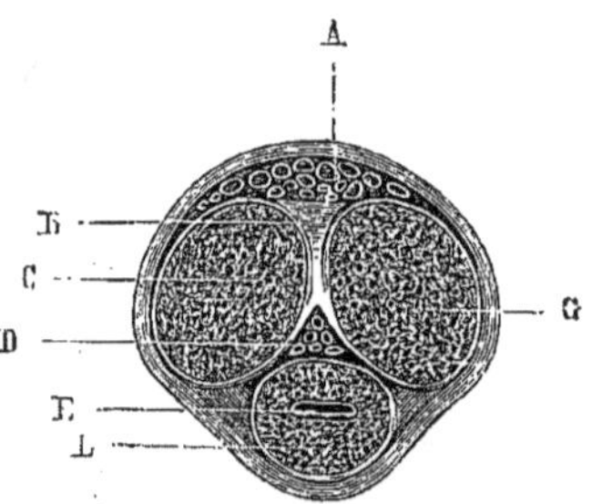

Fig. 310. — *Coupe du pénis pratiquée au milieu de l'espace qui sépare l'angle pré-pubien de la base du gland* (***).

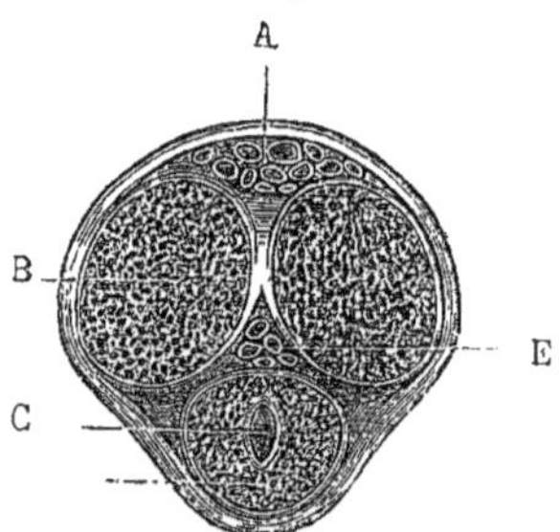

Fig. 311. — *Coupe du pénis pratiquée en avant du pubis* (****).

L'enveloppe des corps caverneux est constituée par une membrane fibreuse albuginée, brillante, qui par l'adossement des deux corps caverneux forme

(*) A. Prolongements fibreux des corps caverneux dans le gland. — B. Faisceaux vasculaires superficiels du gland. — C. Prolongement des corps caverneux dans le gland. — D. Canal représentant une fente verticale. — E. Coupe du frein. — F. Tissu spongieux de l'urèthre. — G. Téguments. — B. Anger.)

(**) A. Téguments. — B. Corps caverneux droit. — C. Coupe du plexus situé entre l'urèthre et les corps caverneux. — D. Forme en J renversé du canal. — E. Tissu de l'urèthre. — F. Repli muqueux qui forme le frein du prépuce. — G. Cloison des corps caverneux. — H. Coupe des plexus situés au-dessus des corps caverneux. — (B. Anger.)

(***) A. Veines dorsales de la verge. — B. Cloison des corps caverneux. — C. Corps caverneux. — D. Plexus veineux situés au-dessus de l'urèthre. — E. Urèthre présentant une fente transversale. — G. Corps caverneux. — L. Tissu spongieux de l'urèthre. — (B. Anger.)

(****) A. Veines dorsales de la verge. — B. Corps caverneux. — C. Urèthre. — D. Tissu spongieux de l'urèthre. — E. Plexus veineux situés au-dessus de l'urèthre. — (B. Anger.)

une cloison médiane (fig. 306) verticale, double en arrière, simple en avant.
Leur tissu appartient aux tissus caverneux ou érectiles. La cloison médiane est
perforée, surtout en avant, d'orifices qui font communiquer les cavités des deux
corps caverneux.

II. Urèthre de l'homme

L'urèthre est un canal qui va de la vessie au méat urinaire. Dans toute la
partie postérieure à l'embouchure des canaux éjaculateurs (*canal urinaire
proprement dit*), il livre passage à l'urine, dans la partie antérieure (*conduit
uro-génital*), à l'urine et au sperme. La première partie représente seule
l'urèthre de la femme.

Conformation extérieure. — Direction (fig. 312). L'urèthre se divise au
point de vue de sa direction en une partie postérieure fixe et une partie anté-

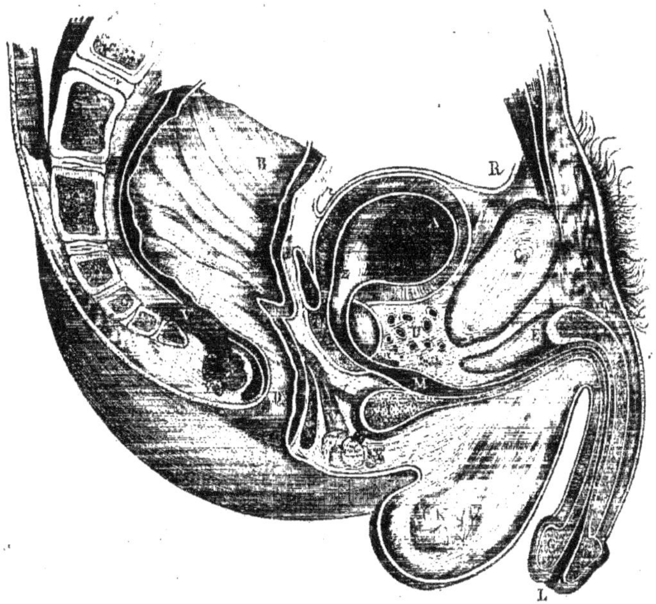

Fig. 312. — *Coupe antéro-postérieure et médiane du bassin chez l'homme* (*).

rieure, mobile, séparées dans l'état de flaccidité de la verge par un angle ouvert
en bas, *angle prépubien*. 1° La *partie fixe* s'étend du col de la vessie à l'an-

(*) A. Vessie. — B. Rectum. — C. Symphyse du pubis. — D. Anus. — E. Corps caverneux. — F. Bulbe
de l'urèthre — G. Gland. — H. Prostate. — I. Vésicule séminale. — K. Testicule. — L. Méat urinaire. — M. Cul-de-sac du bulbe. — O. Coccyx. — R. Péritoine. — S. Pyramidal. — T. Grand droit
antérieur de l'abdomen. — U. Plexus de Santorini. — V. Releveur de l'anus. — X. Sphincter interne
— Y. Sphincter externe. — Z. Col de la vessie. — a) Transverse superficiel du périnée. — b) Transverse profond. — d) Orbiculaire de l'urèthre. — e) Bulbo-caverneux. — g) Tunique musculeuse de la
vessie. — p) Cul-de-sac recto-vésical. — (D'après Legendre.)

gle prépubien. Elle décrit une courbe à concavité antérieure et supérieure, dont le milieu est à 0^m,02 du sommet de l'arcade pubienne. Cette courbure, assez uniforme en avant, présente en arrière une inflexion brusque. L'angle prépubien est situé à 0^m,03 en avant du sommet de l'arcade du pubis dans la direction d'une ligne qui passerait par l'orifice vésical et ce sommet. 2° La *partie mobile* change de direction, suivant l'état de la verge ; tombante, à l'état de repos, elle se redresse dans l'érection ; alors l'angle prépubien disparaît et l'urèthre a dans sa totalité une concavité supérieure.

D'après ses rapports et sa forme extérieure, on a divisé l'urèthre en trois régions, qui sont, d'arrière en avant, la *région prostatique*, la *région membraneuse* et la *région spongieuse*.

La *longueur* totale de l'urèthre, mesuré en place, peut varier de 0^m,14 à 0^m,19, ainsi répartis pour les diverses régions : région prostatique, 0^m,025 à 0^m,030 ; région membraneuse, 0^m,015 ; le reste appartient à la région spongieuse, seule sujette à varier suivant l'état de la verge.

a. Région prostatique. — Cette région est enveloppée par un organe particulier, la *prostate*.

La prostate (προστάτης, πρό. devant ; στάω, je pose) est un corps glandulaire qui entoure la partie prostatique de l'urèthre (fig. 307). Elle a la forme d'une châtaigne ou d'un cône aplati à sa base supérieure et souvent d'aspect bilobé. Son poids est d'environ 10 grammes. Ses limites se confondent en partie en avant, en haut et en arrière avec les tissus ambiants, ce qui rend son isolement difficile. L'urèthre la traverse, non pas suivant son axe et dans son milieu, mais beaucoup plus près de la face supérieure, de façon qu'il ne reste ordinairement en avant du canal qu'une très-petite épaisseur de substance prostatique ; souvent même la glande forme en avant une simple gouttière qui reçoit l'urèthre et dont les bords se rapprochent jusqu'au contact. Les conduits éjaculateurs traversent obliquement la prostate. Ses parties latérales constituent les *lobes latéraux* de la prostate ; on appelle *lobe médian* une saillie médiane qui soulève la muqueuse de la paroi postérieure de l'urèthre (*luette vésicale*) et qui existe vingt fois sur cent chez les sujets qui ont dépassé soixante ans. Le volume de la prostate augmente du reste avec l'âge. Chez l'adulte, les *rayons* de la prostate (mesures prises à partir du centre de l'urèthre) sont les suivants : rayon transverse, 0^m,015 ; rayon inférieur, 0^m,017 ; rayon oblique, 0^m,022.

Rapports. — En avant, elle est séparée de la face postérieure de la symphyse par les plexus de Santorini (fig. 312, U) ; en arrière elle répond au rectum. Elle est enveloppée par une sorte de coque fibreuse ou fibro-musculaire. *capsule prostatique*, et rattachée au pubis par les ligaments pubo-prostatiques, à l'ischion et à la branche inférieure du pubis, par les ligaments ischioprostatiques (fig. 307). Cette capsule se perd dans l'aponévrose pelvienne, l'aponévrose recto-vésicale et le ligament triangulaire de l'urèthre.

La substance de la prostate est gris rougeâtre ou rouge jaunâtre ; son tissu est très-ferme et très-dense.

Structure. — Elle se compose d'une trentaine de *glandes en grappe* éparses dans un stroma de *fibres lisses* à direction générale radiée qui constitue plus de la moitié de la masse de l'organe. Ces glandes s'ouvrent toutes par quinze à trente orifices dans la partie prostatique de l'urèthre sur les côtés du verumontanum.

La prostate sécrète un liquide visqueux, filant, analogue à celui des vésicules séminales. On trouve souvent dans les vésicules glandulaires ou dans les conduits excréteurs des concrétions jaunes ou rouges, à couches concentriques, d'une grosseur de $0^{mm},3$ et plus, et ayant pour base une substance protéique.

Vaisseaux et nerfs. — Les *artères* viennent des vésicales et des rectales ; le réseau capillaire de la prostate se continue avec celui de la muqueuse uréthrale. Les *veines* vont dans les plexus veineux qui entourent l'organe et dans le plexus sous-muqueux de l'urèthre. Les *lymphatiques* se rendent aux ganglions pelviens. Les *nerfs* viennent du plexus hypogastrique.

b. Région membraneuse. — Elle est renfermée en grande partie dans le ligament de Carcassonne, qu'elle traverse obliquement. Elle représente un cordon curviligne à concavité antéro-supérieure, dont la partie postérieure, à cause de la saillie du bulbe, est plus courte que l'antérieure. En avant, elle répond à l'arcade du pubis, dont elle est distante de $0^{m},01$: en arrière, elle est en rapport inférieurement avec le bulbe et les glandes de Cowper, et dans le reste de son étendue, séparée du rectum par un espace triangulaire à base inférieure, *triangle recto-uréthral.*

c. Partie spongieuse. — Beaucoup plus longue que les précédentes, elle enveloppe comme dans une gaîne de tissu caverneux toute la partie pénienne de l'urèthre, qui la traverse, non pas tout à fait dans son axe, mais plus près de sa face dorsale. Elle présente deux renflements, l'un postérieur, *bulbe* (fig. 312, F), l'autre antérieur, *gland*, séparés par une portion moyenne, *corps spongieux de l'urèthre* proprement dit (6).

1° Le *bulbe* (Fig. 313, 4) est un renflement ovoïde, dont la grosse extrémité est dirigée en bas et en arrière au-dessous de la partie membraneuse, et qui se perd insensiblement en avant dans le corps spongieux ; il est divisé en deux lobes par un sillon médian plus ou moins marqué (Fig. 317, 2).

2° Le *corps spongieux* forme un cylindre un peu rétréci à sa partie moyenne, logé dans la gouttière inférieure des corps caverneux.

3° Le *gland* (Fig. 316, 4) est un renflement conoïde, développé aux dépens de la partie supérieure du corps spongieux. Sa face postérieure ou *base* concave (Fig. 313, 1) coiffe l'extrémité antérieure des corps caverneux ; les bords de cette base, dont le plan est oblique vers la face dorsale et la racine de la verge, constituent la *couronne du gland*. A son extrémité se trouve le méat urinaire.

Glandes de Cowper. — A la partie spongieuse de l'urèthre sont annexées deux glandes, *glandes de Cowper* ou *de Méry* (Fig. 307, 9). Ce sont deux petits corps, de la grosseur d'un pois, situés de chaque côté de la ligne médiane dans l'épaisseur du ligament de Carcassonne, entre le bulbe et la partie membraneuse. Ce sont des glandes en grappe, dont les deux conduits excréteurs, partant quelquefois d'une petite cavité centrale, viennent s'ouvrir, après un trajet de $0^{m},03$ et après avoir traversé le bulbe sur la paroi inférieure de l'urèthre, soit à côté, soit en avant l'un de l'autre. Leur sécrétion est un liquide encore peu connu (mucus ?).

Conformation intérieure de l'urèthre. — A l'état ordinaire les parois de l'urèthre sont complétement accolées, et le canal n'existe qu'au moment du passage de l'urine ou d'autres corps écartant ses parois. Dans le premier cas, l'urèthre a, sur des coupes transversales, l'aspect d'une fente variable de forme, suivant la région que l'on considère ; verticale au gland, transversale dans la partie spongieuse, étoilée dans la région membraneuse à cause des plis longitudinaux de la muqueuse, elle prend dans la partie prostatique la forme d'un Λ renversé. Dans le second cas, l'urèthre est à peu près cylindrique ; mais il n'a pas le même *calibre* [1] dans toute sa longueur. Immédiatement derrière le méat se trouve une dilatation ovoïde, *fosse naviculaire;* puis, dans tout le reste de la partie spongieuse, on a un diamètre uniforme de $0^m,008$ environ ; au niveau du bulbe existe une dilatation (Fig. 112, M), tenant en grande partie à une dépression de la partie inférieure ou *cul-de-sac du bulbe* et très-variable suivant les individus ; dans la partie membraneuse, la plus étroite, le diamètre descend à $0^m,006$, puis dans la région prostatique il augmente peu à peu et atteint en moyenne $0^m,011$. Dans l'érection complète la partie spongieuse du canal de l'urèthre est béante, non pas par un simple écartement mécanique des parois dû au passage du sperme, mais par le mécanisme même de l'érection, comme le prouvent les injections artificielles bien réussies.

La muqueuse de l'urèthre, très-mince, transparente, est rouge vif à la partie antérieure du canal, pâle plus profondément. Elle présente dans les régions spongieuse et membraneuse des plis longitudinaux qui s'effacent par la distension. Elle offre çà et là, surtout à la paroi supérieure du canal, des replis valvulaires ; le plus important, *valvule de Guérin,* est situé sur la paroi supérieure, à $0^m,015$ à peu près du méat ; son bord libre regarde en avant et intercepte un cul-de-sac profond de $0^m,004$ à $0^m,006$; elle manque onze fois sur soixante-dix cas (Jarjavay). La paroi supérieure de la région spongieuse est parsemée d'orifices, *lacunes de Morgagni,* qui mènent dans de petits culs-de-sacs ayant quelquefois jusqu'à $0^m,01$; les plus larges sont sur la ligne médiane et peuvent admettre la tête d'une épingle. Elles ne sécrètent aucun liquide. On trouve encore sur cette muqueuse les orifices des glandes prostatiques, des glandes de Cowper et des glandes de Littre, ces derniers à peu près invisibles à l'œil nu.

Dans la région prostatique, la muqueuse a une configuration spéciale (Fig. 313). Sur la paroi postérieure de l'urèthre s'élève une saillie de $0^m,0025$ de hauteur, de $0^m,004$ de largeur à sa base, le *verumontanum* ou *crête uréthrale* (8) ; son extrémité antérieure s'étend en avant dans la partie membraneuse ; son extrémité postérieure se continue souvent par deux replis, *freins* (9), qui se perdent vers l'orifice vésical. A son sommet, le verumontanum offre un cul-de-sac, ouvert en avant, profond de $0^m,01$ environ, *utricule prostatique* ou *utérus mâle* (10), de chaque côté duquel s'ouvrent les conduits éjaculateurs (11) ; tout autour se voient les orifices des canaux prostatiques (12). En arrière du verumontanum se rencontre souvent une dépression due au développement de la saillie antérieure du trigone [2].

---

[1] On peut apprécier ce calibre en injectant une substance solidifiable dans l'urèthre sous une pression modérée ; on mesure ensuite l'épaisseur du moule ainsi obtenu, épaisseur qui varie suivant le degré de dilatabilité des diverses régions.

[2] Voir Ch. Robin et Cadiat. *Constitution des muqueuses de l'utérus mâle,* etc. (*Journal de l'Anatomie,* 1875.)

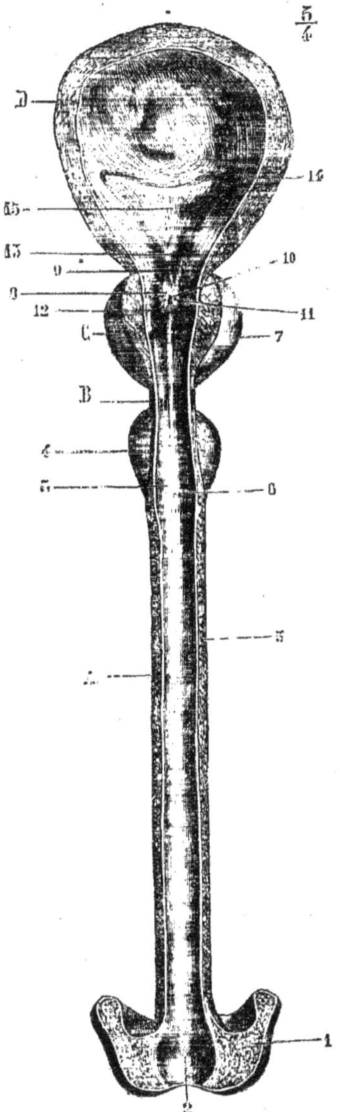

Fig. 3:3.

L'urèthre ouvert par sa paroi supérieure (*).

Structure de l'urèthre. — Les parois de l'urèthre se composent de trois couches, qui sont en allant de dedans en dehors : une muqueuse, une couche sous-muqueuse et une tunique musculaire, à laquelle s'ajoutent pour la région antérieure le corps spongieux de l'urèthre, pour la région membraneuse les muscles profonds du périnée, et pour la région prostatique la prostate.

1° La *muqueuse* est lisse, sauf dans la partie antérieure de l'urèthre ($0^m,04$, à $0^m,05$), où elle est pourvue de papilles. Elle est tapissée par un *épithélium cylindrique stratifié*, qui, dans la partie recouverte de papilles, est remplacé par un épithélium pavimenteux. Dans l'utricule prostatique, l'épithélium est vibratile.

2° La *couche sous-muqueuse* est lâche, excepté dans la région prostatique. Dans cette couche sont disséminées de petites glandes en grappe, *glandes de Littre*, qui, d'après Henle, n'existeraient que dans la région spongieuse. Dans cette couche sous-muqueuse se trouve, aux régions spongieuse et membraneuse, un véritable tissu caverneux.

3° *Tunique musculaire*. — Elle est constituée par des fibres lisses, très-épaisses, surtout dans la région membraneuse et dont la couche interne la plus mince est longitudinale, l'externe circulaire (*sphincter uréthral involontaire*). Dans les régions prostatique et membraneuse existe en dehors de cette tunique une couche épaisse de fibres striées circulaires [1], qui remontent jusqu'à l'orifice vésical et constituent un véritable *sphincter uréthral volontaire*. Ces fibres manquent dans la région spongieuse, où immédiatement en dehors des fibres circulaires lisses se trouve le tissu érectile propre du corps spongieux de l'urèthre.

Le *verumontanum* est formé par une saillie centrale de tissu élastique et musculaire lisse, tapissée par la muqueuse, au-dessous de laquelle existe une couche de tissu caverneux. Cette saillie aurait pour fonction, pendant l'érection, d'obturer le canal de l'urèthre en arrière de l'embouchure des conduits éjaculateurs.

4° Le *corps spongieux de l'urèthre* a la structure des corps caverneux ; seulement ses

[1] Elles se confondent dans la partie membraneuse avec les fibres musculaires décrite sous le nom de *muscle orbiculaire de l'urèthre*.

mailles sont plus fines. Il est divisé en deux par une cloison médiane plus ou moins complète et surtout visible au niveau du bulbe; en avant, cette cloison envoie en bas un prolongement fibreux, qui se continue avec le frein du prépuce. Dans le gland, elle se divise
de façon à envelopper le méat dans une sorte d'anneau ou mieux de boutonnière fibreuse
élastique.

III. Enveloppes du Pénis

Le pénis a deux enveloppes : une fibreuse, *fascia penis*, une cutanée, *four-
reau de la verge*.

1º *Fascia penis*. — C'est une lamelle fibreuse, soudée en avant à l'enveloppe membraneuse du gland, se perdant en arrière dans l'aponévrose superficielle et le fascia superficialis du périnée. En arrière elle est renforcée par
des expansions des ischio et bulbo-caverneux.

A ce fascia se rattachent les ligaments suspenseurs de la verge, au nombre
de deux : un superficiel, un profond. 1º Le *ligament superficiel*, très-élastique, jaunâtre, naît de la ligne blanche au-dessus du pubis et se divise en bas
en deux branches, qui se réunissent sous le pénis et le soutiennent comme une
fronde ; 2º le *ligament profond*, fibreux, naît de la face antérieure de la symphyse et du pilier interne de l'anneau inguinal, et va en s'élargissant s'in -
sérer au fascia du pénis par sa base percée d'un orifice pour la veine dorsale
de la verge.

2º *Enveloppe cutanée*. — La peau de la verge est doublée à sa face profonde d'une couche mince de fibres lisses, continuation de celles du dartos ;
elle contient des glandes sébacées et n'a pas de poils, ou seulement des poils
rudimentaires.

Arrivée à la couronne du gland, cette peau forme un repli, le *prépuce*, qui
coiffe le gland plus ou moins complétement ; ce repli, de longueur très-variable suivant les sujets, présente un orifice dont la largeur doit, pour être normale, permettre complétement la sortie du gland pendant l'érection. La lame
externe du prépuce, très-extensible, a les mêmes caractères que la peau de la
verge ; la lame interne, au contraire, très-peu extensible, mince, rosée, se
rapproche des muqueuses ; elle est rattachée à la partie inférieure et médiane
du gland par un repli, situé au-dessous du méat, *frein du prépuce*. Le derme
de cette lame interne offre des *papilles* allongées, vasculaires et est recouvert
d'un *épithélium pavimenteux stratifié*.

Cette lame interne, en se réfléchissant à la surface du gland, constitue en
arrière de sa couronne une rainure circulaire, où s'accumule le *smegma pré-
putial* (mélange de détritus épithéliaux et de sécrétions sébacées).

C'est dans cette rainure que se trouvent les glandes en grappe, en nombre très-variable, *glandes de Tyson*, existant aussi en moins grand nombre sur la lame interne du
prépuce et la peau du gland. Ce sont des glandes sébacées, mais sans follicules pileux.
L'existence de ces glandes est niée par quelques anatomistes.

La peau du gland est très-mince, très-adhérente; le derme cutané est très-riche en
fibres élastiques et porte des papilles nombreuses disposées en séries longitudinales com-

---

—2) Fosse naviculaire. — 3) Corps spongieux proprement dit. — 4) Bulbe. — 5) Cul-de-sac du bulbe.
— 6) Orifices des glandes de Cowper. — 7) Prostate. — 8) Verumontanum. — 9) Freins du verumontanum. — 10) Utricule prostatique. — 11) Orifices des conduits éjaculateurs. — 12) Orifice des glandes prostatiques. — 13) Luette vésicale. — 14) Orifice de l'urèthre. — 15) Trigone vésical.

vergeant vers le méat. Ces papilles contiennent des corpuscules particuliers, distincts des corpuscules du tact et décrits par Krause comme les terminaisons spéciales des nerfs du sens génital *(corpuscules génitaux terminaux)*. Ce derme est recouvert d'un épithélium pavimenteux stratifié.

Tissu érectile ou caverneux, sa structure. — Le tissu caverneux ne constitue pas un tissu spécial ayant ses éléments caractéristiques. Dans ce tissu, le réseau capillaire intermédiaire aux artères et aux veines est remplacé par un système de lacunes ou cavités communiquant toutes entre elles et pouvant subir des alternatives considérables de dilatation et de resserrement, et par suite se trouver presque exsangues ou gorgées de sang. Les trabécules ou cloisons qui circonscrivent ces cavités, pour se prêter à ces alternatives, doivent être très-élastiques; aussi y trouve-t-on en abondance des fibres musculaires lisses. Dans les organes érectiles, les mailles diminuent de grandeur du centre à la périphérie; les cloisons qui circonscrivent ces mailles sont tapissées par un épithélium pavimenteux, qui manque souvent, surtout dans les cavités centrales. Ce tissu caverneux a deux états : un état de réplétion ou d'érection, et un état de vacuité. Tantôt, comme dans le tissu érectile proprement dit, l'état de vacuité est la règle et l'état de réplétion n'est que temporaire; c'est ce qu'on voit par exemple dans les corps caverneux et spongieux de l'urèthre, où cette réplétion a pour but de donner à la verge la rigidité nécessaire pour le coït. Tantôt, au contraire, l'état de réplétion est la règle et l'état de vacuité l'exception ; c'est ainsi, par exemple, que l'urèthre, dans ses parties membraneuse et spongieuse, les conduits éjaculateurs dans leur trajet à travers la prostate, sont entourés d'une couche de tissu caverneux gorgé de sang à l'état normal et qui accole leurs parois; puis au moment où des liquides (urine, sperme) traversent ces canaux, le sang de ce tissu caverneux s'échappe pour permettre la dilatation du canal; c'est là le *tissu compressible* de Henle, dont la structure est la même que celle du tissu érectile, mais dont la fonction est inverse.

La continuité des dernières ramifications artérielles avec les cavités du tissu caverneux peut se faire de plusieurs façons : 1° les artérioles s'ouvrent directement dans les mailles périphériques les plus petites; c'est là le mode le plus commun; 2° elles s'abouchent en s'élargissant en forme d'entonnoirs dans les grandes cavités centrales; 3° le troisième mode est très-controversé; ce sont les artères dites *hélicines* (fig. 314 et 315):

Fig 314.
Bouquet artériel de la racine du corps caverneux (*).

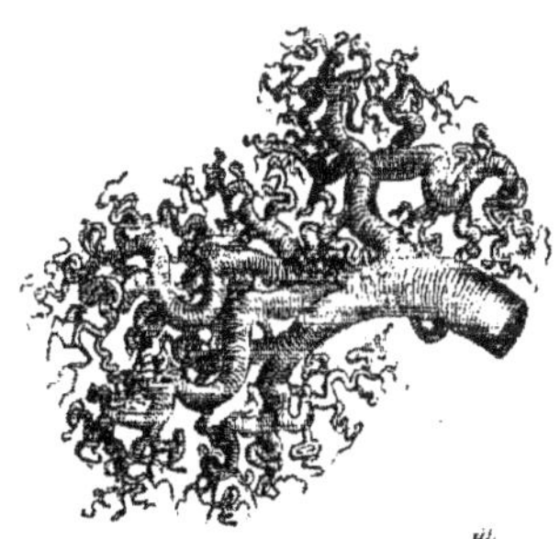

Fig. 315.
Un des rameaux de la figure précédente grossi (*).

d'un pédicule commun se détache un bouquet de vaisseaux qui se tordent en spirale avant de s'ouvrir dans les mailles centrales; on est encore incertain sur la question de savoir si ces artères hélicines ne sont pas un produit de l'art. Ce qui distingue du reste les artères

(*) D'après Rouget,

qui se rendent au tissu caverneux, c'est l'épaisseur considérable de la tunique moyenne
de fibres lisses circulaires.

Des mailles centrales partent des veinules qui traversent les couches périphériques du
tissu caverneux, de façon qu'elles doivent se trouver comprimées lorsque ces mailles périphériques se dilatent dans l'érection.

Vaisseaux de l'appareil érectile (fig. 316 et 317). — Les *corps caverneux de la
verge* reçoivent leurs *artères* de l'artère caverneuse; celle-ci, après avoir fourni un rameau récurrent qui se porte dans la racine du corps caverneux, va d'arrière en avant
le long de la cloison dans l'intérieur des corps caverneux et, à son extrémité antérieure,
s'anastomose en arcade avec celle du côté opposé; les deux artères communiquent, en
outre, par des branches transversales perforant la cloison. Les *veines* du corps caver-

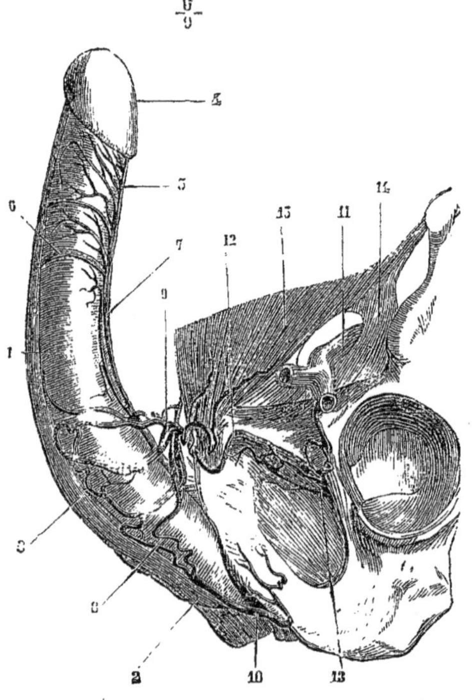

Fig. 316. — *Veines de la verge; vue latérale* (*).

neux vont se jeter, les unes dans la veine dorsale de la verge; ce sont les veines *coronaires* ou *circonflexes de Kohlrausch*, qui proviennent de la partie inférieure des corps

(*) 1) Corps caverneux de la verge. — 2) Bulbe de l'urèthre. — 3) Corps spongieux de l'urèthre. —
4) Gland. — 5) Veines du gland et de la partie antérieure des corps caverneux. — 6) Veines circonflexes. — 7) Veine dorsale de la verge. — 8) Veines du bulbe. — 9) Plexus se jetant dans la veine
dorsale de la verge. — 10) Veines postérieures du bulbe et des corps caverneux allant dans la veine
honteuse interne. — 11) Veine fémorale. — 12) Anastomose avec la veine obturatrice. — 13) Veine
obturatrice. — 14) Fascia iliaca. — 15) Aponévrose du grand oblique.

caverneux et contournent leurs parties latérales (fig. 316, 6 et 317, 11), et les veines *émissaires*, qui proviennent de leur face dorsale; les autres, *veines caverneuses*, vont à la veine honteuse interne, qui reçoit encore une partie des veines des racines des corps caverneux (fig. 316, 10).

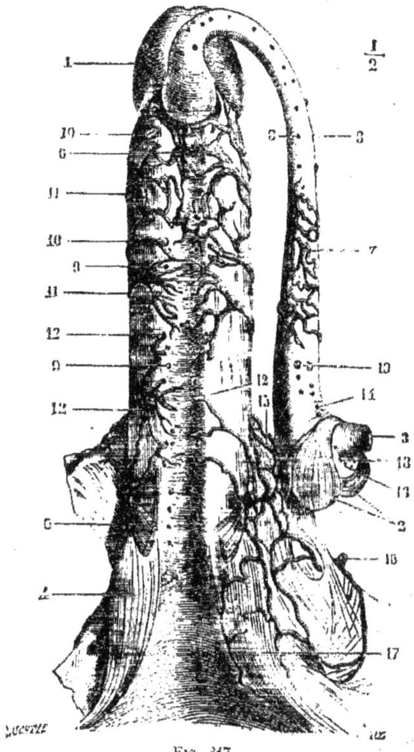

Fig. 317.

Verge vue par sa partie inférieure (*).

Les *artères* du *corps spongieux de l'urèthre*, plus volumineuses, proviennent aussi de la honteuse interne. Ce sont : 1° pour le gland, les artères dorsales de la verge, qui fournit aussi des branches à la peau et quelques filets très-grêles à l'albuginée des corps caverneux; 2° pour les corps spongieux les artères bulbo-uréthrales et des rameaux des artères dorsales, qui suivent les veines coronaires; 3° pour le bulbe, les artères bulbeuses et bulbo-uréthrales. Le tissu érectile de l'urèthre est beaucoup plus riche en artères que les corps caverneux. Les *veines* du gland et du corps spongieux vont se jeter dans un plexus veineux qui occupe la concavité du gland et l'angle de réunion des deux corps caverneux et du corps spongieux de l'urèthre (fig. 317, 6). De ces plexus partent des branches qui vont se jeter dans la veine dorsale de la verge située sur la ligne médiane entre les deux artères. Cette veine dorsale reçoit, en outre, les veines sous-cutanées du pénis (au nombre de une à trois). Les veines bulbo-uréthrales se rendent au plexus de Santorini ; les veines bulbeuses dans les veines honteuses internes et obturatrices (fig. 316, 10, 12). Ces veines s'anastomosent avec les veines sous-cutanées abdominales, les plexus pampiniformes, les veines scrotales et honteuses externes (fig. 306 et 316).

Le corps spongieux de l'urèthre et les corps caverneux communiquent par l'intermé-

(*) Le corps spongieux de l'urèthre est détaché des corps caverneux et récliné sur le côté.— 1) Gland. — 2) Hémisphères droit et gauche du bulbe de l'urèthre recouverts par la partie profonde du bulbo-caverneux (compresseur des hémisphères de Kobelt). — 3) Partie membraneuse de l'urèthre incisée. — 4) Racine des corps caverneux recouvertes par le muscle ischio-caverneux.— 5) Portion antérieure du bulbo-caverneux. — 6) Réseau veineux situé entre le corps spongieux de l'urèthre et les corps caverneux ; lors de la séparation des parties, il est resté dans la gouttière des corps caverneux. — 7) Portion de ce réseau adhérente à la face supérieure du corps spongieux de l'urèthre. — 8, 9) Veines communicantes entre le corps spongieux de l'urèthre et les corps caverneux, et coupées dans la préparation. — 10) Veines provenant du corps spongieux de l'urèthre et allant se jeter dans les veines coronaires. — 11) Veines coronaires. — 12) Veines provenant du corps spongieux de l'urèthre et allant se jeter dans la veine obturatrice. — 13) Veines provenant de la partie médiane du bulbe. — 14) Veines provenant de sa partie dorsale. — 15) Réseau veineux situé sur les parties latérales de la racine de la verge. — 16) Veine obturatrice. — 17) Veine honteuse interne. — 18) Artères bulbeuses coupées. — 19) Artères bulbo-uréthrales coupées. — (D'après Kobelt.)

diaire du plexus veineux interposé entre le gland et le corps spongieux d'une part et les
corps caverneux de l'autre (fig. 317, 6, 7, 8, 9); ces communications ne sont pas cependant pas assez larges pour empêcher dans certains cas la répétition isolée des deux systèmes.

Les *lymphatiques* de l'urèthre sont très-multipliés et forment dans la muqueuse un réseau très-riche, qui communique en arrière avec ceux de la muqueuse vésicale, en avant
avec ceux du gland. Ces derniers, très-multipliés aussi, donnent naissance à des troncs,
qui marchent sur le dos de la verge avec la veine dorsale, reçoivent les rameaux provenant des réseaux cutanés de la verge et se rendent, quelques-uns aux ganglions pelviens,
la plupart aux ganglions inguinaux.

Les *nerfs* du pénis viennent du honteux interne et du grand sympathique (plexus caverneux). Leur terminaison dans le tissu érectile est à peu près inconnue. J'ai mentionné plus haut les corpuscules génitaux de Krause. Luschka a trouvé dans le tissu
sous-muqueux de l'urèthre des filets nerveux pourvus de cellules ganglionnaires.

IV. MUSCLES DU PÉRINÉE

Préparation. — Si on ne peut détacher complétement le bassin du reste du corps, on
disposera le sujet de la façon suivante : les cuisses seront portées dans l'abduction et la
flexion pour tendre la région périnéale (1); les jambes seront fléchies sur les cuisses et les
membres inférieurs fixés par des cordes dans cette situation. On découvrira successivement
les muscles en se guidant sur la description ci-après. Pour le releveur de l'anus, on pourra
le préparer encore, soit par sa face interne, soit par sa face externe, comme dans les fig. 321
et 322.

Les muscles du détroit inférieur se divisent en deux groupes : 1° le groupe
antérieur, *muscles du périnée*, se compose d'une couche superficielle et d'une
couche profonde ; la couche superficielle, affectée surtout à l'appareil érectile,
comprend trois muscles qui interceptent entre eux un triangle de chaque côté
de la ligne médiane; ce sont les muscles ischio-caverneux (Fig. 318, 1) bulbo-
caverneux (2) et transverse superficiel (4). La couche profonde, affectée à la
partie membraneuse de l'urèthre, comprend trois muscles, le transverse profond (9), le muscle de Wilson (Fig. 321) et l'orbiculaire de l'urèthre ; 2° le
groupe postérieur est formé par les *muscles ano-coccygiens*, qui constituent
un diaphragme pour le détroit inférieur et sont annexés à la partie inférieure
du canal alimentaire : ce sont le sphincter externe de l'anus (Fig. 322, 19), le
releveur de l'anus (16) et l'ischio-coccygien (13). A ces muscles s'ajoutent des feuillets aponévrotiques, décrits sous le nom d'*aponévroses du périnée*.

1° Ischio-caverneux (fig. 318, 1).

Ce muscle naît de la *face interne de l'ischion* et de la *lèvre interne des
branches inférieures de l'ischion et du pubis* par des fibres charnues et
aponévrotiques. Ces fibres, insérées à tout le pourtour de l'attache des corps
caverneux, forment avec l'os iliaque un cylindre ostéo-musculaire, puis ostéo-
fibreux, qui engaine la racine des corps caverneux, et se confond en avant
avec leur enveloppe fibreuse. Un de ses faisceaux latéraux gagne souvent le

___

(1) La région périnéale se compose, suivant certains auteurs, de toutes les parties molles
comprises dans l'aire du détroit inférieur. Cette région est divisée par une ligne allant
transversalement d'un ischion à l'autre en deux régions secondaires : une, antérieure, triangulaire, *périnée proprement dit*; une postérieure, *région ano-coccygienne* ou *ischio-
rectale*.

dos de la verge et se réunit à un faisceau semblable du côté oppposé (*muscle de Houston*).

Nerfs. — Il est innervé par une branche du honteux interne.

Action. — Ce muscle comprime les racines du corps caverneux et dans l'érection re foule le sang de ces racines dans les parties antérieures.

$$\frac{7}{8}$$

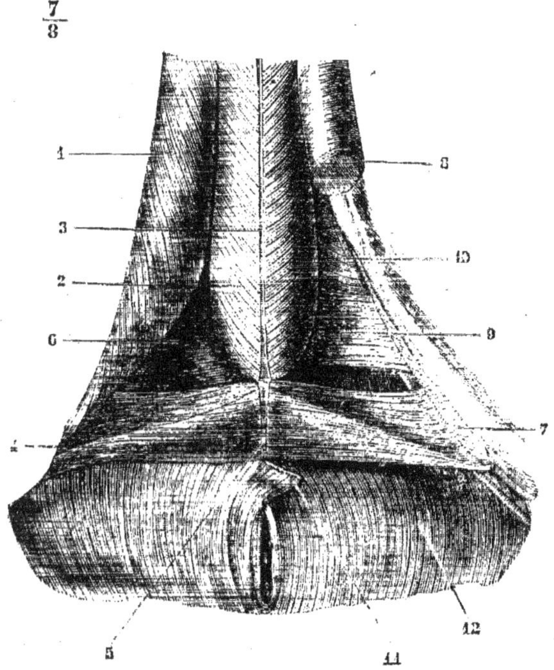

Fig. 318. — *Muscles du périnée (première et deuxième couche)* (*).

2° Bulbo-caverneux (fig. 318, 2).

Les deux bulbo-caverneux peuvent être considérés comme constituant un seul muscle, médian, penniforme, composé de deux moitiés symétriques réunies par un raphé médian. Il s'insère inférieurement au *raphé ano-bulbaire* (Fig. 318, 5) et au *raphé sous-uréthral* (3). De là ses fibres se portent en avant, en haut et en dehors en contournant le bulbe et le corps spongieux de

(*) 1) Ischio-caverneux. — 2) Bulbo-caverneux. — 3) Raphé sous-uréthral. — 4) Transverse superficiel. — 5) Raphé résultant de l'intersection des deux transverses. — 6) Aponévrose moyenne. — 7) Gouttière pour l'insertion de l'ischio-caverneux. — 8) Corps caverneux du côté gauche, dont la racine est enlevée. — 9) Transverse profond. — 10) Artère honteuse interne. — 11) Sphincter externe de l'anus, dont la partie antérieure est rabattue pour laisser voir l'intersection des transverses superficiels. — 12) Releveur de l'anus. — NOTA. Cette figure, ainsi que les fig. 321 et 324, ont été dessinées d'après un sujet mort de mort violente, et dont les muscles du périnée présentaient un développement remarquable.

l'uréthre et se terminent de la façon suivante : les postérieures vont à la face postérieure du bulbe, les moyennes au raphé sous-uréthral ; les antérieures constituent de chaque côté deux faisceaux distincts, qui, abandonnant l'urèthre, contournent les faces latérales des corps caverneux et se rejoignent sur le dos de la verge ; ce sont ces faisceaux qui, d'après Kobelt, comprimeraient la veine dorsale de la verge. Une couche de fibres profondes, limitée à la saillie postérieure du bulbe (Fig. 317,2) l'entoure à la manière d'une fronde ou d'un anneau circulaire.

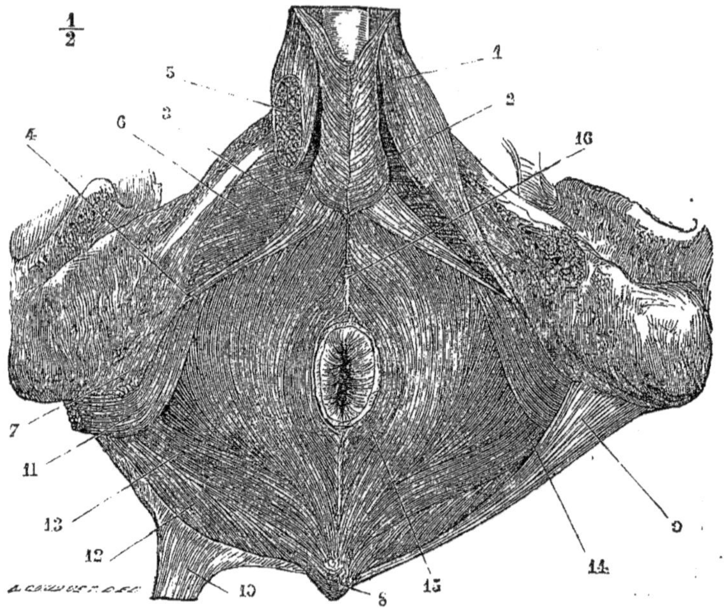

Fig. 319. — *Muscles du détroit inférieur du bassin* (*).

Ce muscle reçoit ordinairement des faisceaux surnuméraires : 1° du transverse superficiel qui, quelquefois, se perd complètement dans son épaisseur (fig. 319, 3); 2° du sphincter de l'anus (fig. 320), avec lequel il semble s'entre-croiser pour constituer le raphé ano-bulbaire; 3° de la partie inférieure du releveur de l'anus, *faisceaux ano-bulbaires* (fig. 324, 10); 4° enfin des faisceaux transversaux, provenant de l'ischion, peuvent se jeter sur la partie postérieure du bulbe et de l'urèthre *(m. retractor urethræ)*. Cruveilhier a rencontré le bulbo-caverneux recouvert par une mince couche de fibres annulaires superficielles.

Nerfs. — Il est innervé par le honteux interne.

(*) 1) Ischio-caverneux. — 2) Bulbo-caverneux. — 3, 4) Transverse superficiel se perdant en totalité sur le bulbe. — 5) Coupe du corps caverneux. — 6) Aponévrose moyenne. — 7) Ischion.— 8) Coccyx. — 9) Grand ligament sacro-sciatique. — 10) Le même, incisé et récliné en arrière. — 11) Obturateur interne. — 12) Ischio-coccygien. — 13) Fibres postérieures du releveur.—14) Ses fibres moyennes. — 15) Sphincter de l'anus. — 16) Sphincter sous-cutané.

Action. — Ce muscle forme un véritable sac contractile, qui pendant l'érection refoule le sang du bulbe dans le gland ; il joue donc pour l'appareil érectile de l'uréthre le même rôle que l'ischio-caverneux pour les corps caverneux. En outre, en comprimant l'uréthre, il expulse les dernières gouttes d'urine et de sperme (*accelerator seminis et urinæ*).

3° Transverse superficiel (fig. 318, 4).

Ce muscle présente de très-grandes variétés. Chez les sujets très-musclés (Fig. 318), sa forme est presque rectangulaire ; son insertion externe, mince, aponévrotique, se fait *au-dessus et en arrière de l'ischio-caverneux* et embrasse l'extrémité postérieure de ce muscle dans une gouttière bien visible après son ablation (7). De là il se porte directement en dedans en présentan

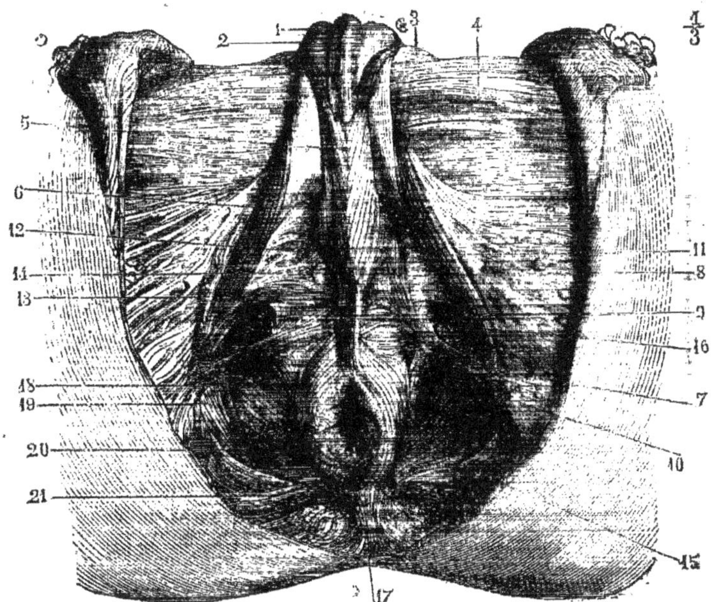

FIG. 320. — *Muscle transverse sous-cutané du périnée* (*).

d'abord une face supérieure et une face inférieure ; puis il subit une sorte de torsion, par laquelle sa face inférieure devient antérieure et sa face supérieure postérieure ; il en résulte que les deux muscles, arrivés sur la ligne médiane,

(*) 1) Urèthre. — 2) Corps caverneux. — 3) Pubis. — 4) Aponévrose crurale. — 5) Bulbo-caverneux. — 6) Ischio-caverneux. — 7) Transverse sous-cutané du périnée. — 8) Ses faisceaux antérieurs allant au bulbo-caverneux. — 9) Faisceaux allant au releveur. — 10) Faisceaux allant en arrière au sphincter externe et au releveur. — 11) Aponévrose moyenne du périnée. — 12) Muscle transverse profond. — 13) Transverse superficiel, confondu ici avec le transverse profond. — 14) Glandes de Cowper. — 15) Sphincter externe. — 16) Ses fibres antérieures cutanées. — 17) Ses insertions postérieures. — 18) Releveur de l'anus. — 19) Obturateur interne — 20) Ischio-coccygien — 21) Bord inférieur du grand fessier.

sont placés de champ, et forment une cloison transversale entre le rectum et
le bulbe. L'union des deux muscles se fait tantôt fibre à fibre, tantôt par un
raphé fibreux (5) médian, supérieur au raphé ano-bulbaire.

Chez les sujets faibles, le transverse naît plus souvent par une extrémité
externe amincie, et sa forme est alors celle d'un triangle dont la base répond à
la ligne médiane.

Nerfs. — Il est innervé par le nerf honteux interne.

Action. — Il forme avec celui du côté opposé une sangle qui comprime la face antérieure du rectum et intervient dans la défécation. Il agit en outre comme tenseur des
aponévroses superficielle et moyenne du périnée. Son action principale nous paraît être
de fixer le bulbe de l'urèthre pendant la contraction du bulbo-caverneux, soit indirec-
tement par la tension de l'aponévrose, soit directement par ses fibres bulbaires, quand
elles existent. En effet, on voit assez souvent le muscle se perdre en totalité sur le
pourtour du bulbe (fig. 319, 3), et dans ce cas il ne peut, en aucune façon, agir sur le
rectum.

Variétés. — Ce muscle offre des variétés considérables, tant au point de vue de ses
insertions externes que de sa terminaison. Il peut recevoir des faisceaux accessoires des
branches inférieures de l'ischion et du pubis en avant de l'ischio-caverneux *(muscle ischio-bulbaire, transverse antérieur et supérieur* des auteurs), de l'ischio-caverneux,
de l'aponévrose obturatrice, de l'aponévrose moyenne du périnée, du releveur de l'anus,
du sphincter externe. Quant à sa terminaison, il peut envoyer des faisceaux (presque
constants) au bulbo-caverneux; quelquefois il se perd en totalité dans son épaisseur
(fig. 321); on en rencontre encore allant au releveur de l'anus, au sphincter externe, à
la peau de la région anale.

Transverse sous-cutané du périnée. — On peut ranger sous ce nom des faisceaux
signalés par Theile, et qui, sans être constants, se rencontrent avec de très-grandes variétés chez un certain nombre de sujets. A l'état de développement complet (fig. 320, 7),
ce muscle part de la masse cellulo-adipeuse qui recouvre l'ischion, et se porte en dedans
pour se perdre dans le raphé ano-bulbaire, le releveur de l'anus et le bulbo-caverneux.
Cette disposition est rare; mais on rencontre souvent des faisceaux musculaires épars au
milieu de la graisse sous-cutanée et de l'excavation ischio-rectale, faisceaux qui se continuent, soit en dedans, soit en dehors, avec les lamelles élastiques blanchâtres du fascia
superficialis. Une partie de ces faisceaux doit du reste être rattachée au sphincter externe et au releveur. Quant à leur variété, elle est si grande qu'on ne peut en donner
une description générale. Leur développement paraît être en raison inverse de celui du
transverse superficiel.

4° Transverse profond ou muscle de Guthrie (fig. 324, 3).

Ce muscle, situé entre les deux lames du ligament de Carcassonne, sur un
plan antérieur et supérieur au transverse superficiel, s'insère en dehors sur la
lèvre interne de l'arcade du pubis, au-dessus des insertions de l'ischio-
caverneux, et va se porter en dedans à la partie inférieure de l'urèthre, au
niveau de la moitié antérieure de la région membraneuse et à la face supérieure du bulbe. Son bord antérieur s'avance plus ou moins vers la symphyse
($0^m,015$ environ) ; son bord postérieur est à peu de distance du bord antérieur
du transverse superficiel. L'artère honteuse interne est située au-dessus de
lui et plus profondément ; les glandes de Cowper sont dans son épaisseur
(Fig. 321, 14). Chez les sujets très-musclés (Fig. 324), ses faisceaux sont

transversaux, parallèles et forment un corps charnu rectangulaire et nettement séparé ; mais la plupart du temps ils sont entrecoupés de veines, surtout à sa partie antérieure (Fig. 320, 12), ce qui rend sa dissection difficile. A ces faisceaux transversaux s'ajoutent souvent des faisceaux obliques. A son insertion pubienne, le transverse profond offre des arcades pour le passage des veines profondes des corps caverneux qui, d'après Henle, pourraient ainsi être comprimées pendant l'érection.

Nerfs. — Il est innervé par le nerf honteux interne.

Action. — Il sert principalement à fixer la partie membraneuse et le bulbe de l'urèthre. En comprimant les glandes de Cowper, il contribue à expulser leur sécrétion.

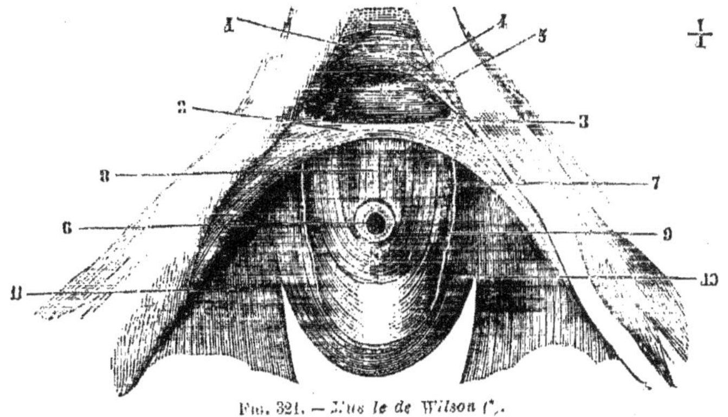

Fig. 321. — Muscle de Wilson (*).

5° Muscle de Wilson (fig. 321, 7).

Ce muscle, décrit d'une façon très-diverse par les auteurs et nié par beaucoup d'anatomistes, offre de très-grandes variétés individuelles. Il correspond à la moitié postérieure de la région membraneuse. Ses fibres latérales (7) s'attachent de chaque côté de la symphyse, et forment une anse dont la concavité embrasse la partie postérieure de l'uréthre et se fixe au raphé sous-uréthral. Ses fibres moyennes se portent directement du ligament transverse (voy. *Aponévrose du périnée*) à la partie supérieure de l'urèthre (8) et forment une masse musculaire comprise entre le plexus pubi-prostatique en haut, l'urèthre en bas, la prostate en arrière et l'angle de réunion des corps caverneux en avant. Le muscle de Wilson est séparé de chaque côté des fibres antérieures du releveur de l'anus par l'aponévrose latérale de la prostate (9).

Pour quelques auteurs le muscle de Wilson est formé par les fibres antérieures du releveur ; en effet, leurs fibres se confondraient si une lamelle aponévrotique ne les sépa-

(*) 1) Ligament sous-pubien. — 2) Ligament transverse. — 3) Section de ce ligament pour mettre à nu le 4) Sinus veineux sous-pubien. — 5) Orifices veineux béants. — 6) Urèthre. — 7) Muscle de Wilson. — 8) Sa partie moyenne. — 9) Aponévrose le séparant des fibres du releveur de l'anus. — 10) Fibres prostatiques du releveur de l'anus. — 11) Releveur de l'anus. — NOTA. Le bulbe de l'urèthre et la moitié antérieure de la partie membraneuse ont été enlevés.

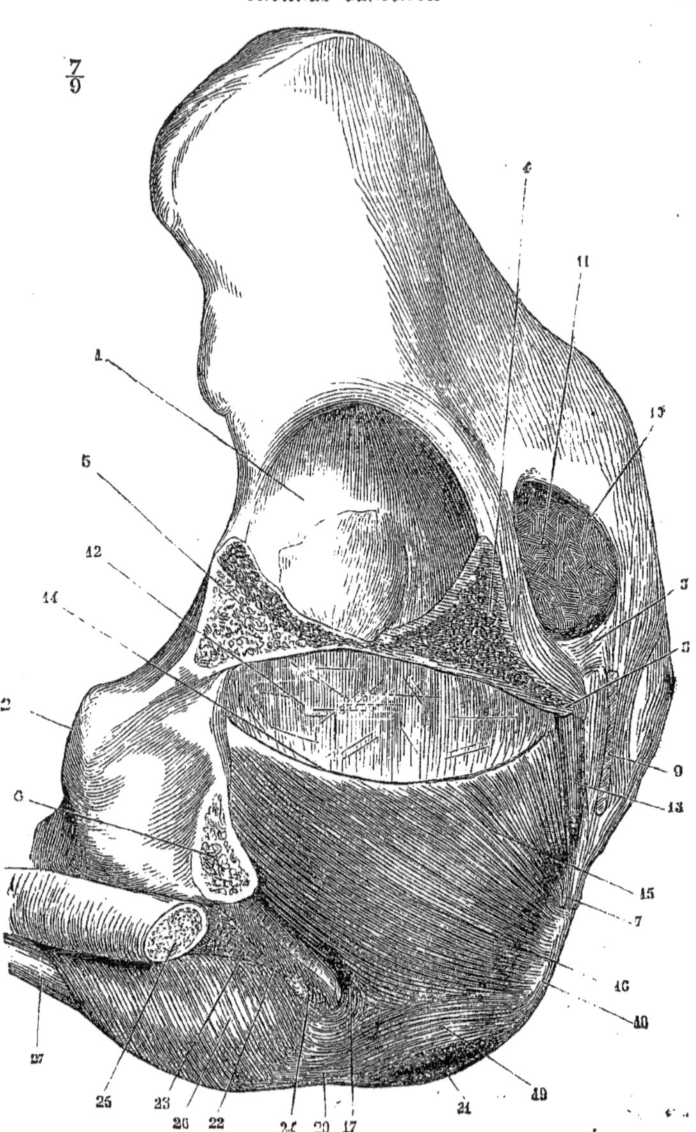

FIG. 322. — *Releveur de l'anus ; face latérale externe* (*).

(*) 1) Cavité cotyloïde. — 2) Symphyse du pubis. — 3) Épine sciatique. — 4) Section de la branche supérieure de l'ischion. — 5) Section de la branche supérieure du pubis. — 6) Section de la branche inférieure du pubis. — 7) Coccyx. — 8) Petit ligament sacro-sciatique.— 9) Section du grand ligament sacro-sciatique. — 10) Grande échancrure sciatique. — 11) Section du pyramidal. — 12) Face externe de l'aponévrose pelvienne. — 13) Muscle isohio-coccygien. — 14) Arcade aponévrotique d'insertion

rait. Pour d'autres, ce n'est que la partie postérieure du transverse profond ; mais les fibres du muscle de Wilson sont situées sur un plan supérieur, n'ont pas la même direction et en sont du reste séparées par une mince lamelle fibreuse. Pour d'autres enfin, ce serait un produit de l'art et il serait formé par les insertions pubiennes des fibres longitudinales de la vessie *(muscle pubo-vésical)* et la partie horizontale du constricteur inférieur de l'urèthre.

Cadiat *(Étude sur les muscles du périnée*, journal de l'Anatomie, 1877), considère le muscle de Wilson comme n'ayant pas d'existence distincte. Ce qu'on appelle ainsi serait simplement une partie des faisceaux qui forment une gaîne circulaire autour de la région membraneuse de l'urèthre. Les recherches de Cadiat ont été faites sur des périnées de nouveau-nés, chez lesquels naturellement les muscles du périnée n'ont pas encore acquis leur développement complet.

Paulet, dans ses intéressantes recherches sur l'*Anatomie comparée du périnée* (Journal de l'Anatomie, 1877), arrive à la même conclusion et nie l'existence du muscle de Wilson.

Nous devons dire que nous avons cherché en vain ce muscle chez beaucoup de sujets, mais sur le sujet qui a servi pour la figure ci-dessus, il était parfaitement distinct. Aussi cette masse musculaire pubio-membraneuse, quoique très variable comme disposition et manquant peut-être dans un certain nombre de cas, nous paraît cependant devoir être admise comme un muscle à part, tout en accordant que le nom de muscle de Wilson n'est pas très-bien choisi. Seulement je ferai une remarque générale sur ce sujet, c'est que si on veut avoir les muscles du périnée à l'état normal, il faut s'adresser à des sujets jeunes, vigoureux, et autant que possible morts de mort violente (suicidés, suppliciés). Les préparations des muscles transverses superficiel et profond et du muscle de Wilson, les descriptions de ces muscles ont été faites dans ces conditions, et les dessins des figures 318, 321 et 324 représentent très-fidèlement ce qui existait chez le sujet en question. Peut-être cependant, après la lecture du travail de Paulet, y aurait-il lieu de faire quelques réserves au sujet des fibres du muscle de Wilson de la figure 321.

Nerfs. — Il est innervé par le nerf honteux interne.

Action. — Le muscle de Wilson tire l'urèthre vers la symphyse et peut comprimer le plexus pubi-prostatique. En outre, il accélère l'émission de l'urine et du sperme.

6 Constricteur ou orbiculaire de l'urèthre

Ce muscle se compose de fibres internes, circulaires, continues en haut avec le sphincter prostatique volontaire, et de fibres externes ; celles-ci comprennent deux plans, l'un antérieur, l'autre postérieur, attachés aux ligaments ischio-prostatiques, et forment une boutonnière autour de l'urèthre (*stratum superius* et *stratum anterius* de Müller). Ces dernières n'existent que dans la moitié postérieure, les premières dans toute l'étendue de la région membraneuse.

7° Sphincter externe de l'anus (fig. 320 et 322).

Ce muscle forme autour de la partie inférieure du rectum un anneau musculaire de 0^m,02 de hauteur sur 0^m,008 d'épaisseur. Ses *fibres superficielles, sphincter sous-cutané* (fig. 319, 16), s'insèrent en avant du coccyx et en

du releveur. — 15) Ses faisceaux pelvi-coccygiens. — 16) Faisceaux pubio-rectaux. — 17) Faisceaux réfléchis se rendant au bulbe. — 18) Raphé ano-coccygien du sphincter externe. — 19) Sphincter externe. — 20) Raphé ano-bulbaire. — 21) Anus. — 22) Section de l'aponévrose moyenne. — 23) Sa face inférieure. — 24) Glandes de Cowper. — 25) Section du corps caverneux. — 27) Corps spongieux de l'urèthre.

arrière du bulbe dans le tissu cellulaire sous-cutané et à la face profonde de la peau. Les *fibres profondes* naissent en arrière de la face externe et de la pointe du coccyx par un raphé, *raphé ano-coccygien ;* en avant, elles se rendent à un raphé fibreux réunissant le bulbo-caverneux au sphincter, *raphé ano-bulbaire,* qui passe au-dessous du raphé des transverses superficiels ; les plus profondes forment une anse, qui passe sans interruption en avant du rectum (fig. 324, 9). Les fibres supérieures se continuent avec les fibres inférieures du releveur (fig. 322), de façon que les deux muscles pourraient être considérés comme un seul muscle en forme d'entonnoir, dont le releveur constituerait la partie évasée et le sphincter le goulot.

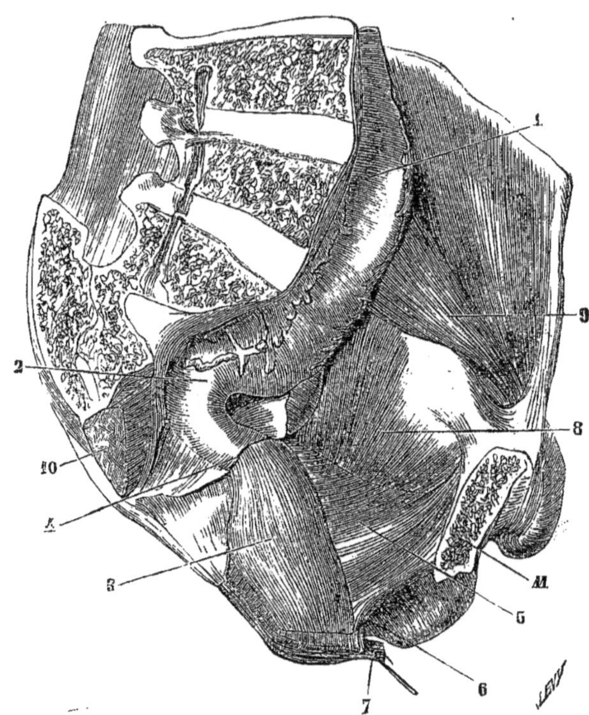

Fig. 324. — *Face interne du releveur de l'anus* (*).

8° Releveur de l'anus (fig. 319, 322, 323).

Ce muscle mince, membraneux et dont les faisceaux sont souvent séparés par des intervalles celluleux, prend ses insertions fixes ; 1° à la face interne

(*) 1) Partie supérieure du rectum. — 2) Partie moyenne du rectum. — 3) Partie inférieure du rectum et fibres musculaires longitudinales. — 4) Section du péritoine. — 5) Face interne du releveur de l'anus. — 6) Son faisceau antérieur passant en avant du rectum. — 7) Sphincter externe de l'anus. — 8) Obturateur interne. — 9) Psoas et iliaque. — 10) Coupe du pyramidal.

de l'*épine sciatique ;* 2° à la *face postérieure du pubis de chaque côté de la symphyse* (fig. 24, K); 3° dans l'intervalle de ces deux points osseux à une *arcade aponévrotique* à concavité supérieure (fig. 322, 14) adhérente à l'aponévrose pelvienne. Des faisceaux additionnels peuvent provenir : des ligaments pubo-vésicaux, de l'ischion. De ces insertions, les fibres du releveur se portent en arrière et passent les unes, le plus petit nombre, en avant, les autres en arrière de l'anus et du rectum.

Les *fibres qui passent en arrière du rectum* se divisent en deux faisceaux : 1° le faisceau postérieur (fig. 321, 15) se rend à la pointe du coccyx; 2° l'anté-

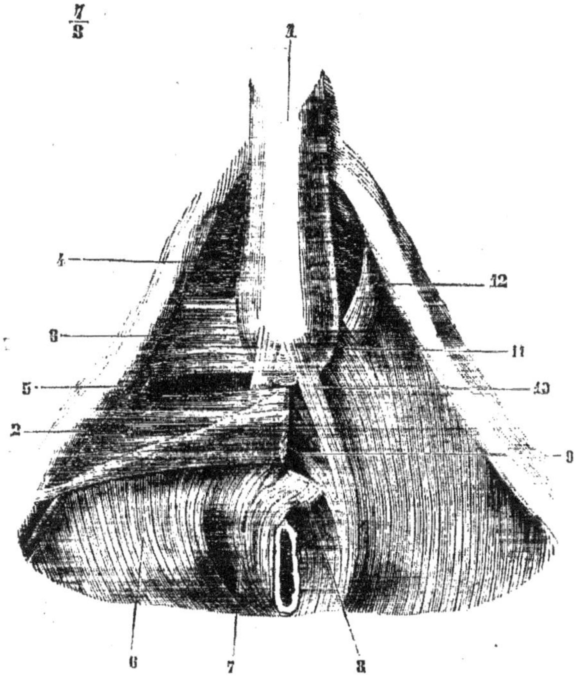

Fig. 324. — *Partie antérieure du releveur de l'anus* (*).

rieur, plus considérable, va au raphé ano-coccygien (10); quelques-unes de ces fibres se continuent même sans interruption d'un côté à l'autre derrière le rectum.

Les *fibres qui passent en avant du rectum* (fig. 321, 10) constituent une anse aplatie, mince, qui embrasse dans sa concavité la partie postérieure de la prostate (*Compresseur ou adducteur de la prostate*).

(*) 1) Bulbe de l'urèthre. — 2) Transverse superficiel. — 3) Transverse profond. — 4) Lame supérieure de l'aponévrose moyenne. — 5) Artère honteuse interne. — 6) Releveur de l'anus. — 7) Sphincter externe. — 8) Insertions antérieures de sa partie superficielle réclinées en arrière. — 9) Sa partie profonde passant sans interruption en avant du rectum. — 10) Faisceaux ano-bulbaires du releveur. — 11) Faisceaux ano-uréthraux. — 12) Muscle adducteur de la prostate.

Au releveur de l'anus se rattachent des faisceaux situés à la limite de ce muscle et du sphincter externe et que par suite on pourrait rattacher aussi à la partie profonde de ce dernier muscle. Ces faisceaux, à peu près constants, sont les faisceaux *ano-bulbaires* et *ano-uréthraux :* 1° les *ano-bulbaires* (fig. 323, 10) sont deux bandelettes minces, aplaties, qui se jettent sur le bulbe au-dessous du bulbo-caverneux ; 2° les faisceaux *ano-uréthraux*, plus profonds (11), vont à la partie membraneuse de l'urèthre et sont cachés par le transverse profond, qu'il faut enlever pour les apercevoir.

Le releveur de l'anus constitue le diaphragme inférieur de l'ovoïde abdominal, diaphragme interrompu pour le passage du rectum et de la partie prostatique de l'urèthre. Entre sa face inférieure et la face interne de l'obturateur interne est une excavation triangulaire à base inférieure, *excavation ischio-rectale.*

Nerfs. — Il est innervé par une branche du plexus sacré.

Action. — Il contribue à rétrécir la cavité abdominale ; en outre, il soulève la paroi postérieure du rectum en haut et en avant, et dirige en arrière l'ouverture anale ; il agit ans la défécation.

9° Ischio-coccygien (fig. 319 et 322, 12).

Ce muscle triangulaire, court, aplati, situé en arrière du bord postérieur du releveur, va de l'*épine sciatique* au *coccyx*. Il adhère en grande partie à la face interne du petit ligament sacro-sciatique. Il complète en arrière le diaphragme musculaire du détroit inférieur.

Nerfs. — Il est innervé par le nerf du releveur de l'anus.

Aponévroses du périnée

Ces aponévroses sont au nombre de trois : une superficielle, une moyenne et une profonde. Les deux premières appartiennent seules au périnée ; la dernière, aponévrose profonde ou pelvienne, tapisse l'excavation du petit bassin.

A. *Aponévrose superficielle* ou *ano-pénienne.* — Cette aponévrose, qu'il ne faut pas confondre avec la lame profonde du fascia superficialis [1], n'est qu'un produit artificiel de la dissection. En réalité, chacun des muscles superficiels du périnée est contenu dans une gaîne fibreuse indépendante ; on a donc deux gaînes postérieures pour les transverses ; deux gaînes externes pour les ischio-caverneux, se réunissant en avant en une seule ; une gaîne médiane pour le bulbo-caverneux et le bulbe ; cette gaîne, double en arrière à cause de l'adhérence de son feuillet superficiel au raphé médian sous-bulbaire, est simple en avant et se continue avec l'enveloppe fibreuse du corps spongieux de l'urèthre ; en dehors la lame superficielle de cette gaîne rejoint la partie interne de la gaîne de l'ischio-caverneux et s'insère avec elle à l'aponévrose moyenne. Les parois profondes de ces cinq gaînes sont formées par l'aponévrose moyenne ; leurs parois superficielles, disséquées de façon à former une lame continue, constituent ce qu'on appelle l'*aponévrose super-*

---

[1] Cette lame, *aponévrose ano-scrotale* de quelques auteurs, blanchâtre, élastique, s'attache en partie au bord externe de l'arcade du pubis, à l'ischion, et en arrière, contracte des adhérences avec la gaîne du transverse ; elle circonscrit avec l'aponévrose superficielle une loge qui communique avec la gaîne du transverse superficiel et contient les vaisseaux et nerfs superficiels du périnée.

ficielle, aponévrose qui, en arrière, se recourberait derrière le transverse superficiel pour se continuer avec l'aponévrose moyenne.

B. *Aponévrose moyenne* ou *ligament de Carcassonne* ou *diaphragme urogénital.* — Cette aponévrose, très-complexe dans sa structure, se compose en réalité de deux lamelles, entre lesquelles sont compris le transverse profond, les glandes de Cowper, les vaisseaux et nerfs honteux internes, etc.

1° La *lame inférieure, ligament triangulaire de l'urèthre,* est mince, nacrée, mais résistante, surtout en avant, où, isolée par la dissection du ligament sous-pubien, et de sa partie postérieure, elle constitue une bandelette fibreuse, décrite souvent comme un ligament à part, *ligament transverse* (fig. 321, 5). Elle se voit dans le triangle intercepté de chaque côté par les trois muscles du périnée, et se voit encore mieux après leur ablation et celle des corps caverneux et des parties spongieuse et bulbeuse de l'urèthre. Elle est traversée par la partie membraneuse de l'urèthre, et en avant, près de la symphyse, donne passage à la veine dorsale et aux artères et nerfs dorsaux de la verge. Elle s'insère à la lèvre interne de l'arcade pubienne au-dessus de l'insertion des racines du corps caverneux, et en avant va jusqu'à la partie antérieure de la symphyse. Elle recouvre le transverse profond, qu'elle sépare du transverse superficiel, et vers la symphyse elle forme la paroi antérieure d'un sinus veineux en arcade, *sinus sous-pubien* (1) (fig. 321, 4), dans lequel se déverse la veine dorsale de la verge [1].

2° La *lame supérieure* du ligament de Carcassonne *(aponévrose inférieure du releveur, aponévrose latérale de la prostate,* etc.), mince, très-étendue, tapisse la face inférieure du releveur de l'anus; dans la partie ano-coccygienne du muscle, elle est ré-

(1) Ce *sinus veineux sous-pubien,* passé sous silence par la plupart des auteurs, me paraît devoir être décrit de la façon suivante. Pour bien le voir, il faut couper le ligament suspenseur de la verge et disséquer la veine dorsale de la verge, les artères dorsales et les nerfs dorsaux ; on les isole ainsi des corps caverneux et on les relève en avant, tandis qu'on rabat en arrière le reste de la verge (urèthre et corps caverneux). On voit alors la veine dorsale s'enfoncer sous l'arcade du pubis en semblant se dilater en une aponévrose fortement tendue. Cette aponévrose (fig. 321, 2) forme une arcade au-dessous du ligament sous-pubien(1) ; si on incise au-dessus de cette arcade, on pénètre dans une cavité (4) en forme de croissant, située entre cette arcade et le ligament sous-pubien, cavité dont les deux cornes se prolongent de chaque côté le long de l'arcade pubienne ; c'est le sinus veineux sous-pubien. Cette cavité, purement aponévrotique, présente : 1° une paroi *antérieure,* qui reçoit la veine dorsale de la verge, paroi insérée en haut à la lèvre externe de l'arcade du pubis et du ligament sous-pubien, et en bas continue avec la lame inférieure du ligament de Carcassonne ; 2° une paroi *postérieure,* concave, formée par le ligament sous-pubien : 3° une paroi *inférieure,* convexe, qui isolée constitue le ligament transverse de Henle ; 4° une paroi *postérieure*(4), qui s'insère en haut à la partie postérieure de la symphyse ; cette paroi est percée d'orifices béants, orifices communiquant avec les plexus veineux pubi-prostatiques, ou laissant passer les veines postérieures de la verge (bulbe et corps caverneux). Cette cavité aponévrotique est tapissée à l'intérieur par une membrane mince, adhérente, mais facilement décollable qui se continue avec la paroi même des veines qui aboutissent à cette cavité. Si on enlève la paroi postérieure de cette cavité (fig. 325), on pénètre dans un espace rempli par un lacis veineux considérable (2), qui n'est autre chose que le *plexus pubi-prostatique* ou de *Santorini,* limité en avant par cette paroi postérieure, en arrière par la prostate, latéralement par les fibres internes du releveur, en haut par le ligament pubo-prostatique, en bas par les fibres moyennes du muscle de Wilson. Ce plexus communique avec le sinus sous-pubien par quelques ouvertures béantes situées surtout sur les parties latérales. Le sinus sous-pubien est incompressible et toujours béant, tandis que les plexus pubi-prostatiques peuvent être comprimés par le rapprochement de la prostate et de l'urèthre contre la symphyse et par la contraction des releveurs. Le mécanisme de l'arrêt de la circulation veineuse dans l'érection doit être cherché au delà du sinus veineux sous-pubien et probablement dans les plexus pubi-prostatiques et vésicaux.

duite à une lamelle celluleuse à peine démontrable ; arrivée au bord postérieur du transverse superficiel, elle se soude à la lame inférieure, s'en sépare ensuite au niveau du transverse profond, au-dessus duquel elle passe et accompagne la face inférieure du releveur jusqu'à ses insertions pubiennes, en se confondant là avec la paroi postérieure du sinus sous-pubien. Au niveau des bords de l'échancrure ovalaire (fig. 321) que présentent les bords internes des deux releveurs pour laisser passer la prostate, elle change de direction et se porte en haut sur les parties latérales de la prostate et du muscle de Wilson (9); elle forme ainsi une lame placée de champ, *aponévrose latérale de la prostate*, qui en haut se continue avec l'aponévrose pelvienne, en avant s'attache sur les côtés de la symphyse, en arrière se perd sur les parties latérales du rectum. Une lame fibreuse, très-riche en fibres lisses, appelée à tort *aponévrose postérieure de la prostate* ou *prostato-péritonéale*, sépare en outre le rectum de la prostate et des vésicules séminales et forme la paroi postérieure de la capsule qui enveloppe la prostate; en haut elle se perd dans le tissu cellulaire sous-péritonéal du cul-de-sac recto-vésical; en bas elle forme, en se réunissant à l'aponévrose latérale de la prostate, deux replis allant jusqu'à l'ischion, *ligaments ischio-prostatiques* (fig. 307).

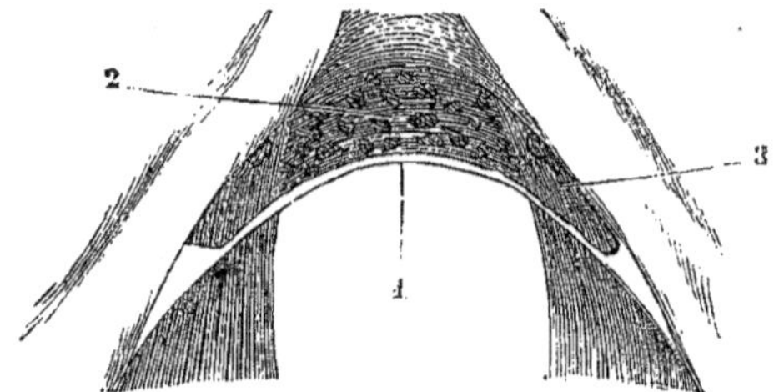

Fig. 325. — *Sinus veineux sous-pubien et plexus pubi-prostatique* (*).

Les deux lamelles de l'aponévrose périnéale moyenne interceptent entre elles un espace qu'on peut diviser en trois loges, une médiane et deux latérales : 1° la loge médiane, plus haute, comprend en arrière la prostate, en avant la partie membraneuse de l'urèthre, le muscle de Wilson et le plexus pubi-prostatique; 2° les loges latérales, très-étroites, contiennent les muscles transverses profonds, les glandes de Cowper, l'artère honteuse interne et, en outre, des fibres lisses éparses au milieu des veines comprises dans leur intérieur.

C. *Aponévrose profonde* ou *pelvienne*. — Les muscles qui tapissent le petit bassin et constituent son plancher musculaire sont, en allant d'arrière en avant, le pyramidal, l'ischio-coccygien et le releveur de l'anus, et sur les côtés la partie supérieure de l'obturateur interne. Ces muscles sont recouverts par une aponévrose dense, nacrée, résistante, qui s'attache en arrière par cinq dentelures dans les intervalles des trous sacrés, en haut au-dessous du détroit inférieur. Celle qui tapisse l'obturateur interne a une certaine indépendance, et se continue jusque dans l'excavation ischio-rectale dont elle forme la paroi externe. Sa réunion à l'aponévrose supérieure du releveur est indiquée par un épaississement fibreux linéaire. En avant l'aponévrose pelvienne constitue de chaque côté de la prostate et de la vessie deux replis qui vont de l'épine sciatique aux côtés de la symphyse; la partie de ces replis antérieurs à la prostate a reçu le nom de *ligaments pubo-prostatiques* (ou *pubo-vésicaux*) *latéraux;* entre les deux ligaments, l'aponévrose s'enfonce et forme une dépression médiane, *ligament pubo-prostatique médian*, qui va de la prostate à la symphyse et recouvre le plexus pubo-prostatique : ces liga-

ments complètent en haut et en avant la loge médiane de l'aponévrose moyenne du périnée. En dedans elle se perd sur les côtés du rectum et de la vessie, et se continue partiellement avec les lames fibreuses qui forment la loge de la prostate, loge qui pourrait
à ce point de vue on être considérée comme une expansion.

ARTICLE II. — ORGANES GÉNITAUX DE LA FEMME

Les organes génitaux de la femme se composent, comme pour l'homme, d'un
appareil sécréteur et d'un appareil érectile; mais on les divise plus communé-
ment en organes génitaux internes et organes génitaux externes.

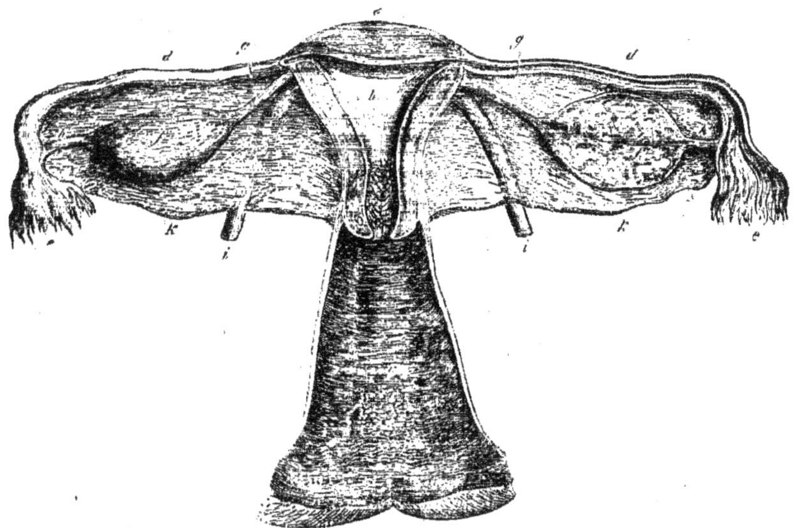

Fig. 326. — *Organes génitaux internes de la femme* (*).

§ I. — Organes génitaux internes

Les organes génitaux internes comprennent : 1° deux glandes, les *ovaires*,
dans lesquelles se produisent les ovules (fig. 326, *f f'*) ; 2° les deux *trompes
utérines* (*d*) ; 3° l'*utérus* (*b*), cavité médiane où se développe l'œuf fécondé ;
4° enfin le *vagin* (*l*), canal qui vient s'ouvrir à la vulve au niveau des organes
génitaux externes et livre passage, dans le coït, au membre viril, dans l'accouchement au fœtus expulsé par l'utérus.

I. Ovaire

L'ovaire a la forme d'un ovoïde légèrement comprimé et présente : deux
faces convexes ; deux bords, l'un antérieur et inférieur, droit, *hile* de la

glande ; l'autre postérieur et supérieur, épais, convexe, libre ; deux extrémités : l'une externe, plus grosse, à laquelle s'attache le ligament de la trompe (fig. 326, *h*) ; l'autre interne, qui fait suite au ligament de l'ovaire (9). Sa sur-

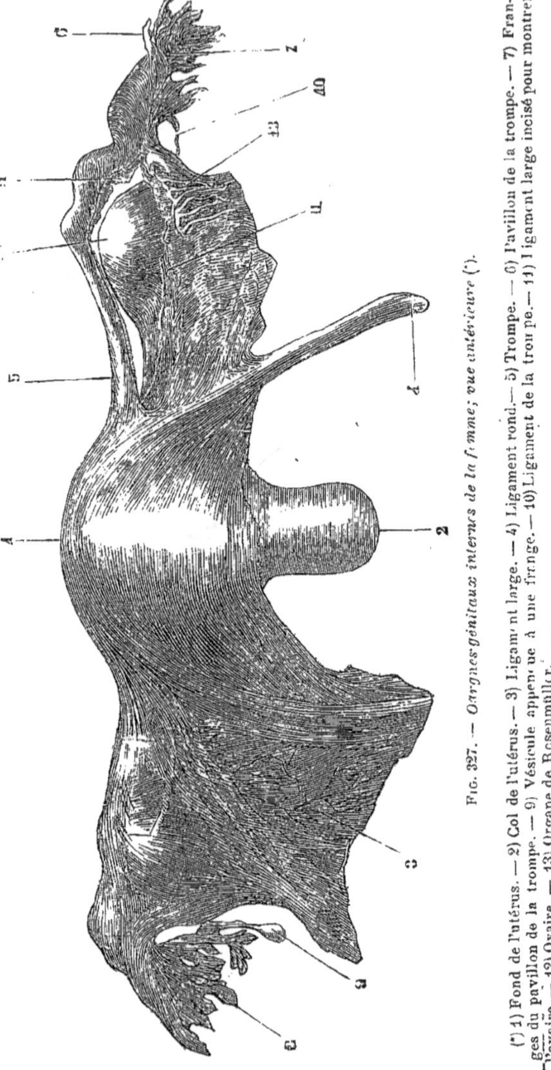

Fig. 327. — *Organes génitaux internes de la femme; vue antérieure* (*).

(*) 1) Fond de l'utérus. — 2) Col de l'utérus. — 3) Ligament large. — 4) Ligament rond. — 5) Trompe. — 6) Pavillon de la trompe. — 7) Franges du pavillon de la trompe. — 9) Vésicule appendue à une frange. — 10) Ligament de la trompe. — 11) Ligament large incisé pour montrer l'ovaire. — 12) Ovaire. — 13) Organe de Rosenmüller.

face, lisse chez la jeune fille, se couvre de cicatrices qui augmentent avec l'âge à partir de la puberté et devient chagrinée dans la vieillesse. Sa longueur est de 0m,038 environ sur 0m,02 de largeur et 0m,015 d'épaisseur ; son volume augmente temporairement à chaque menstruation, son poids est de 6 à 8 grammes.

Situation et moyens de fixité. — L'ovaire est situé dans l'aileron postérieur du ligament large (voy. *Péritoine*) et libre dans ses deux tiers supérieurs (fig. 327, 12). Il est rattaché à l'utérus par un ligament long de 0m,03, *ligament de l'ovaire* (fig. 326, *g*), composé de fibres lisses qui font suite aux fibres superficielles de l'utérus ; des fibres lisses rattachent son extrémité externe au pavillon de la trompe, *ligament de la trompe* (fig. 326, *h*). L'ovaire possède une assez grande mobilité, grâce à la laxité de ces replis ou de ces ligaments.

Conformation intérieure. — Le tissu de l'ovaire est assez ferme, dense et enveloppé par une membrane fibreuse, *albuginée de l'ovaire*, mais qui ne se laisse pas délimiter du tissu propre de l'organe. La face externe de l'albuginée est intimement soudée au péritoine.

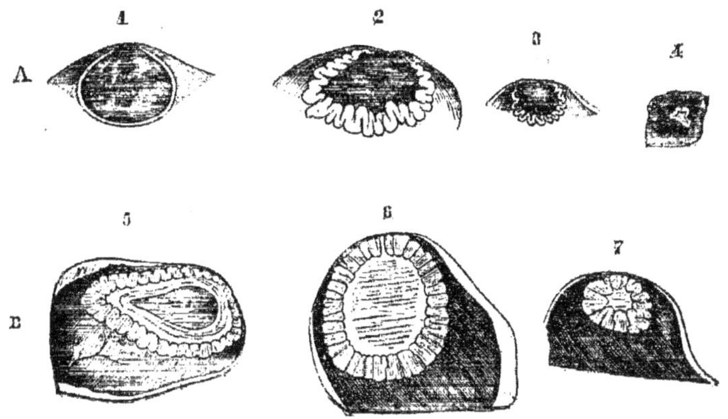

Fig. 328. — *Corps jaunes* (*).

Le parenchyme de l'ovaire peut, sur une coupe, être divisé en deux parties : la partie périphérique, *substance corticale*, est blanche, homogène, dense et a une épaisseur d'environ un millimètre ; la partie centrale, *substance médullaire*, est plus rouge, plus molle et comme spongieuse. La transition entre les deux substances se fait d'une façon insensible, de même que la transition entre la couche corticale et l'albuginée. Après la puberté, la couche corticale de l'ovaire présente des petites vésicules de grandeur variable (depuis une dimension microscopique jusqu'à la grosseur d'une cerise), *ovisacs, follicules*

(*) A. Corps jaunes de la menstruation. — B. Corps jaunes de la grossesse. — 1) Vésicule de Graaf, rompue pendant la menstruation. — 2) Corps jaune, trois semaines après la menstruation. — 3) Idem, quatre semaines après la menstruation. — 4) Idem, neuf semaines après la menstruation. — 5) Corps jaune de la grossesse à la fin du second mois (on voit à son centre une cavité piriforme remplie d'un liquide clair et qui existe dans quelques cas). — 6) Idem, à la fin du quatrième mois. — 7) Idem, au terme de la grossesse. — (D'après Dalton).

ou *vésicules de Graaf;* les plus grosses dépassent la surface de l'ovaire et déterminent une saillie plus ou moins transparente ; la paroi de ces vésicules tranche nettement sur le parenchyme de la glande et peut être énucléée facilement de la cavité qui la contient; à leur incision il s'écoule un liquide transparent, au milieu duquel on peut voir quelquefois nager un point blanc (*ovule enveloppé par le cumulus proligère*).

Outre ces vésicules, l'ovaire présente souvent des corps particuliers, *corps jaunes*, qui ne sont autre chose qu'une évolution particulière des vésicules de Graaf, après que celles-ci sont rompues pour laisser échapper les ovules. Ces corps jaunes ont une évolution assez courte lorsque l'ovule n'a pas été fécondé (*corps jaunes de la menstruation*), plus longue quand il a été fécondé (*corps jaunes de la grossesse*), et il en résulte des modifications dans leur aspect extérieur (Fig. 328).

1° *Corps jaunes de la menstruation* (fig. 328, A). — Après la rupture de la vésicule de Graaf, il reste (1) une cavité remplie d'un caillot sanguin foncé, sans adhérence avec la membrane de la vésicule. Peu à peu ce caillot se contracte, se décolore et devient plus résistant, en même temps que la membrane du follicule s'hypertrophie, se plisse et tend à remplir la cavité du follicule. Trois semaines après la rupture (2) on trouve une tumeur arrondie, solide, faisant saillie à la surface de l'ovaire et présentant là une petite cicatrice qui correspond au point de rupture; incisée, elle se compose d'un caillot solide grisâtre et d'une membrane jaunâtre plissée qui se laisse énucléer facilement du stroma de l'ovaire. A partir de ce moment, le corps jaune diminue. A la quatrième semaine (3), il n'a plus guère que 0m007 de largeur; la couleur jaune de la membrane plissée se prononce de plus en plus; puis cette membrane et la partie centrale se confondent peu à peu en même temps qu'elles diminuent, et à la neuvième semaine (3) il ne reste plus qu'une petite cicatrice jaunâtre, dont les dernières traces ne disparaissent complètement que vers le septième mois.

2· *Corps jaunes de la grossesse* (fig. 328, B). — Dans les trois premières semaines, le développement est le même que précédemment. Mais à partir de ce point, l'évolution hypertrophique progresse au lieu de décroître. A la fin du second mois (5), le corps jaune a environ 0m,02 de largeur, et il conserve ce volume jusqu'à la fin du sixième mois; alors seulement commence la période régressive, et à la fin de la grossesse (7) son volume a beaucoup diminué; à partir de la délivrance, la régression marche rapidement et, huit à neuf semaines après, il ne reste plus qu'une cicatrice peu distincte du tissu ambiant ; cependant elle ne disparaît complètement que huit à neuf mois après. Dans tous les cas, à chaque rupture d'un follicule de Graaf correspond une cicatrice extérieure et persistante.

Structure. — A. *Parenchyme de l'ovaire.* — 1° La *séreuse* est réduite à la couche épithéliale; mais cet épithélium ne peut être assimilé à l'épithélium péritonéal; il est constitué par une couche de cellules cylindriques bien différentes des cellules pavimenteuses qui recouvrent les séreuses ; le péritoine s'arrête en effet au hile de l'organe, et le revêtement épithélial de l'ovaire provient en réalité de l'épithélium germinatif de la cavité pleuro-péritonéale embryonnaire (voir *Embryologie*); 2° l'*albuginée*, constituée par des fibres connectives, ne se laisse pas délimiter de la couche corticale et ne s'en distingue que par l'absence de follicules de Graaf; 3° la *couche corticale* ou *ovigène* (Schrön, Sappey), très-peu vasculaire, est formée par des faisceaux entre-croisés de fibres connectives et des cellules fusiformes; elle contient les vésicules de Graaf; 4° la *couche médullaire*, très-vasculaire, sans follicules, présente un stroma de fibres connectives et de fibres musculaires lisses, qui rayonnent du hile vers la périphérie de la glande.

B. *Follicules de Graaf.* — 1° *Situation* (fig. 329). — Les plus petits, *follicules pri-*

mordiaux [1], se rencontrent dans la partie périphérique de la substance corticale *(zone corticale de His* ou *des follicules primordiaux)*; les follicules plus développés (2, 3, 4, 5) se rencontrent plus profondément *(zone sub-corticale de His)*; enfin les follicules complètement développés (6, 7, 8) sont situés plus profondément encore *(zone des follicules parfaits de His)*; seulement à cause de leur volume, ils empiètent sur les deux zones précédentes et finissent par arriver à la surface de l'ovaire et même à la dépasser à l'état de maturité.

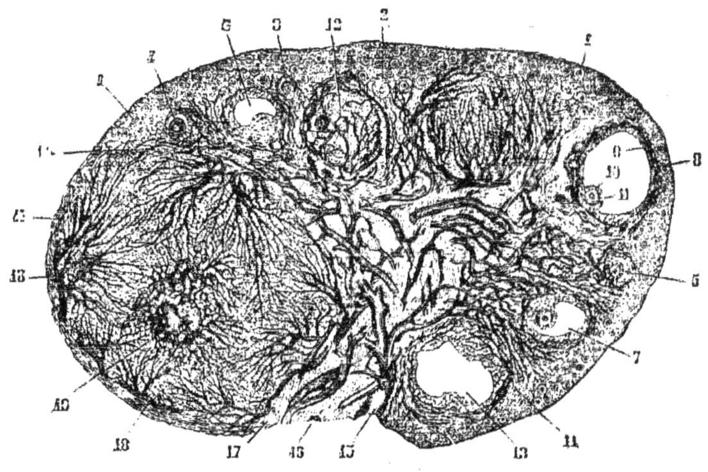

Fig. 329. — *Coupe de l'ovaire* (*).

2° *Structure des vésicules de Graaf à l'état parfait* (fig. 330). — La vésicule de Graaf comprend une enveloppe, un épithélium, dans lequel se trouve l'ovule, et un contenu liquide. 1° L'*enveloppe, membrane externe du follicule*, est fibreuse, vasculaire, contiguë au stroma de l'ovaire, divisée par quelques auteurs en une couche externe (A), dense, blanchâtre, et une couche interne (B), molle, plus rouge. 2° La *couche épithéliale, membrane granuleuse* (C), qui tapisse la paroi interne de l'enveloppe, est formée par des cellules polygonales ou arrondies, granuleuses et pourvues d'un noyau. A la partie la plus profonde du follicule (fig. 329, 6, 7, 8) se trouve une agglomération de ces cellules : c'est le *cumulus proligère* (G), qui contient l'ovule [1]. Dans certains cas (d'après quelques auteurs), on trouverait entre la membrane externe et la membrane granuleuse une membrane amorphe *(membrane propre du follicule)*. 3° Le *contenu* est un liquide analogue au plasma du sang. Le *développement des follicules de Graaf* et l'*ovule* seront décrits à propos du développement.

Le nombre des follicules, aux divers degrés de développement, peut être évalué à

(1) Schrön, His, etc. ont confirmé sous ce rapport l'opinion déjà émise par Pouchet.

(*) 1) Vésicules corticales. — 2) Vésicules plus volumineuses. — 3) Vésicules entourées de la membrane granuleuse. — 4, 5, 6, 7, 8) Follicules à des degrés divers de développement. — 9) Membrane granuleuse. — 10) Ovule. — 11) Cumulus proligère. — 12) Follicule qui n'a pas été ouvert, entouré par un réseau vasculaire. — 13) Follicule dont le contenu s'est échappé en partie. — 14) Stroma de la zone corticale. — 15) Vaisseaux pénétrant par le hile de la glande. — 16) Stroma du hile. — 17) Membrane externe d'un corps jaune. — 18) Artère du corps jaune. — 19) Sa veine centrale. — (D'après Schrœn.)

plus de 30,000 par ovaire (Henle); il est très-rare de rencontrer deux ovules dans le même follicule.

3. *Rupture des follicules de Graaf et chute de l'ovule.* — Depuis la *puberté* (12 a 18 ans en moyenne) jusqu'à la *ménopause* (45 à 50 ans), on observe à la surface de l'ovaire une rupture des follicules de Graaf, qui laissent échapper les ovules. Ces ruptures se succèdent à des intervalles réguliers (tous les vingt-sept jours en moyenne) et s'accompagnent de phénomènes particuliers marqués principalement du côté de l'utérus (écoulement sanguin, etc.), phénomènes dont l'ensemble a reçu le nom de *menstruation*. A chaque menstruation, un ovule se détache de l'ovaire et est reçu par la trompe. Cette rupture des vésicules de Graaf, qui se fait ordinairement vers la fin des règles (Sappey), peut être spontanée ou provoquée (coït, etc.). Cette rupture paraît pouvoir se produire en dehors de la menstruation sous certaines influences encore peu connues.

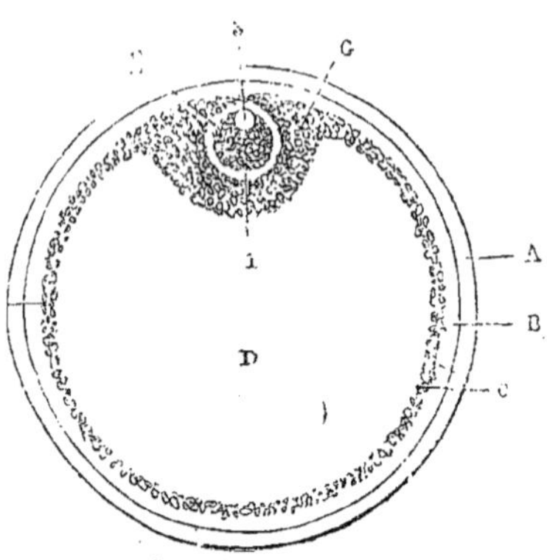

Fig. 33). — *Follicule de Graaf* (*)

Cette rupture se fait par l'amincissement progressif de la paroi du follicule au niveau de sa partie saillante, tandis qu'au contraire les parties profondes s'hypérémient, s'épaississent et deviennent plus vasculaires. Bientôt, sous la pression excentrique du liquide du follicule, une petite fente se déclare sur la partie amincie et l'ovule s'échappe entouré par les cellules du cumulus proligère. Au moment de sa rupture, le follicule a ordinairement 0^m,01 à 0^m,015.

4° *Structure du corps jaune.* — Le corps jaune, dont nous avons étudié les caractères visibles à l'œil nu, a une structure différente dans son stade de progression et dans son stade de régression : 1° le *stade de progression* consiste en une hypertrophie de la tunique fibreuse et de la membrane granuleuse, qui se plisse et présente des cellules fusiformes à granulations graisseuses *(cellules de l'ovariule de Robin);* cette hypertrophie s'accompagne d'un développement vasculaire considérable (fig. 329, 17); les artères (18) forment à la périphérie du follicule un réseau très-riche, d'où part une veine centrale (19) volumineuse ; 2° le *stade de régression* consiste surtout en une dégénérescence graisseuse accompagnée d'une résorption graduelle.

Vaisseaux et veines de l'ovaire. — Les *artères* ovarique et utérine forment une anastomose en arcade (fig. 334, 4), d'où partent huit à dix rameaux flexueux se rendant au hile. Les *veines*, plus volumineuses et plus multipliées que les artères, vont à un lacis très-serré, *bulbe* ou *corps spongieux de l'ovaire* (fig. 331, 2), et de là au plexus sous-ovarique qui communique avec les plexus utérin et pampiniforme. Les *lymphatiques* accompagnent les veines ; His décrit un réseau lymphatique dans la membrane externe des follicules. Les *nerfs* proviennent du plexus ovarique ; leur terminaison est inconnue.

Organe de Rosenmüller (fig. 332), — A l'ovaire est annexé l'organe de Rosenmüller,

---

(1) La masse connective blanchâtre qui remplit le follicule rétracté a été appelé *corpus albidum ;* quelquefois on y trouve de l'hématine transformée *(corpus nigrum).*

(*) A. Membrane externe du follicule. — B. Sa couche interne. — C. Membrane granuleuse. — D. Cavité du follicule. — E. Ovule. — G. Cumulus proligère. — 1) Membrane vitelline. — 2) Vitellus. — 3) Vésicule germinative.

reste des tubes glandulaires moyens du corps de Wolff. C'est un organe aplati, triangulaire, placé dans l'épaisseur du ligament large, entre la trompe et l'ovaire; son sommet est dirigé vers le hile de cet organe.

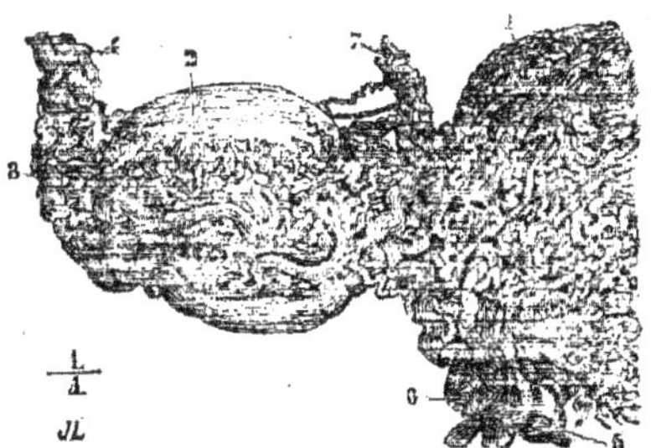

Fig. — 331. — *Bulbe de l'ovaire* (*).

Il se compose de quinze à vingt canaux (c), légèrement onduleux, aboutissant à un canal commun (e), qui occupe la base de l'organe et répond au canal excréteur du corps de Wolff. Leurs parois épaisses sont tapissées par un épithélium vibratile; ils contiennent un liquide jaunâtre.

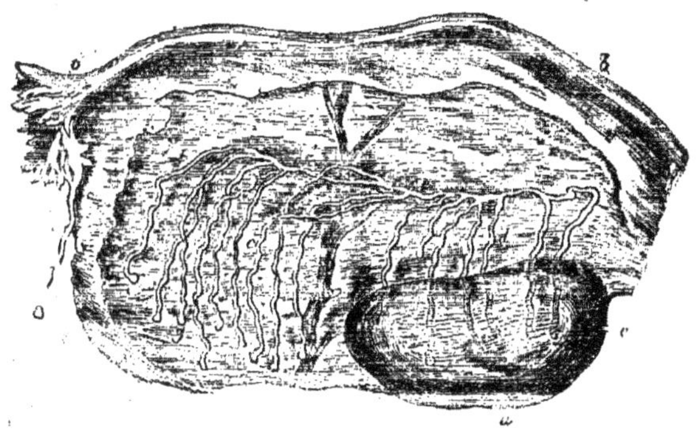

Fig 332. — *Organe de Rosenmüller* (**).

II. TROMPE UTÉRINE OU DE FALLOPE (fig. 326, 3).

La *trompe utérine* (*oviducte*) se divise en deux parties : 1° une *partie interstitielle*, rectiligne, longue de $0^m,007$, cachée dans l'épaisseur des parois de l'utérus ; 2° une *partie extra-utérine* ou *abdominale*, longue de $0^m,010$ à $0^m,015$, onduleuse, surtout en dehors, placée dans l'aileron moyen du ligament large, dont la laxité lui donne une très-grande mobilité. Son épaisseur augmente de dedans ($0^m,003$) en dehors ($0^m,007$). Son extrémité externe, libre,

(*) 1) Corps spongieux de l'utérus. — 2) Bulbe de l'ovaire. — 3) Plexus pampiniforme. — 4) Artère ovarique avec ses veines. — 5) Artère utérine. — 6) Veines utérines. — 7) Vaisseaux du ligament rond.— (D'après Rouget.)

(**) a) Ovaire. — b) Trompe. — c, d) Canaux du corps de Rosenmüller. — e) Canal commun.— f) Vésicule appendue à la trompe. — g) Culs-de-sac des canaux de l'organe — (D'après Follin.)

s'élargit en forme d'entonnoir, *pavillon de la trompe*, large de 0ᵐ,018 à
0ᵐ,020, et présente l'*orifice abdominal de la trompe*. Les bords du pavillon
sont découpés en dix à quinze *franges* déchiquetées, de longueur inégale (jusqu'à 0ᵐ,015) ; une de ces franges, *frange ovarique* ou *ligament de la trompe*
(Fig. 327, 10), rattache le pavillon à l'extrémité externe de l'ovaire. A ce
bord se rattache souvent par un long pédicule une petite vésicule remplie
d'un liquide transparent (Fig. 327, 9). *hydatide de Morgagni*. Quelquefois
(cinq fois sur trente cas, Richard) on trouve des pavillons accessoires et plusieurs ouvertures abdominales.

La trompe est creusée dans toute sa longueur d'un canal qui s'ouvre de
chaque côté à l'angle supérieur de l'utérus par un orifice, *orifice utérin de
la trompe*, de 0ᵐ,001 de diamètre. Ce canal, très-étroit dans la partie interstitielle (0ᵐ,001), s'élargit un peu dans la partie extra-utérine (0ᵐ,002) et
acquiert près du pavillon, 0ᵐ,004 de diamètre (*ampoule*).

Structure. — Les parois de la trompe, plus minces vers le pavillon, ont une épaisseur
moyenne de 0ᵐ,001. Elles se composent de dehors en dedans de trois couches : une séreuse, une tunique musculaire, une muqueuse.

1º La *séreuse* ne présente rien de particulier.

2º La *tunique musculaire*, très-forte, se compose de fibres lisses continues à celles
de l'utérus ; elle comprend deux couches : une couche externe longitudinale, dont un
faisceau se prolonge jusqu'à l'ovaire dans la frange ovarique (*m. attrahens tubæ*); une
couche interne circulaire, plus épaisse du côté de l'utérus.

3º La *muqueuse*, grise ou rosée, offre dans sa partie interne des plis longitudinaux,
qui donnent à sa coupe l'aspect étoilé; dans la partie externe ces plis sont irréguliers
et constituent des lamelles foliacées, arborescentes, interceptant des lacunes de forme
très-variable *(réceptacles des zoospermes)*. Son tissu se rapproche du tissu connectif
réticulé; elle est tapissée par un épithélium vibratile, dont le courant est dirigé vers
l'utérus.

Vaisseaux et nerfs. — Les *artères*, nombreuses, flexueuses, viennent du rameau tu-
baire de l'artère ovarique et, pour la partie interstitielle, de l'artère utérine. Les *veines*
suivent le même trajet. Les *lymphatiques* se réunissent à ceux de l'utérus. Les *nerfs*
viennent des plexus utérin et ovarique.

III. Utérus ou matrice (Fig. 327).

Isolé de ses attaches, l'utérus a la forme d'une gourde fortement aplatie
d'avant en arrière. On le divise en deux parties : le *corps* (1) et le *col* (2). Le
corps est triangulaire et présente deux faces, dont la postérieure est plus convexe que l'antérieure, et trois bords mousses, un supérieur, *fond de l'utérus*,
convexe, et deux latéraux, convexes supérieurement, concaves en bas pour se
réunir au col. Les deux angles supérieurs reçoivent les trompes ; l'angle inférieur se continue avec le col par un étranglement circulaire. Le *col* est fusiforme, un peu aplati d'avant en arrière; son extrémité inférieure (*partie
vaginale du col, museau de tanche*) est libre au fond du vagin et percée
d'une ouverture en forme de fente transversale de 0ᵐ,001 à 0ᵐ,002 de largeur
sur une longueur de 0ᵐ,006 à 0ᵐ,008 ; la lèvre antérieure de cet orifice est
plus épaisse et proéminente. L'utérus a 0ᵐ,070 de longueur et 0ᵐ,032 de lar-

geur au niveau des trompes. La longueur du corps est moins grande que celle
du col chez les vierges ; chez les femmes n'ayant pas eu d'enfants, les deux
longueurs sont à peu près égales (Guyon). L'utérus présente en général à
l'union du corps et du col une légère incurvation (*antéflexion*), due à ce que
l'axe du corps fait avec l'axe du col un angle de 140° ouvert en avant. Il y a
du reste, sous ce rapport, de très-grandes variétés individuelles.

Chez les femmes qui ont eu des enfants, la forme de l'utérus change. Le

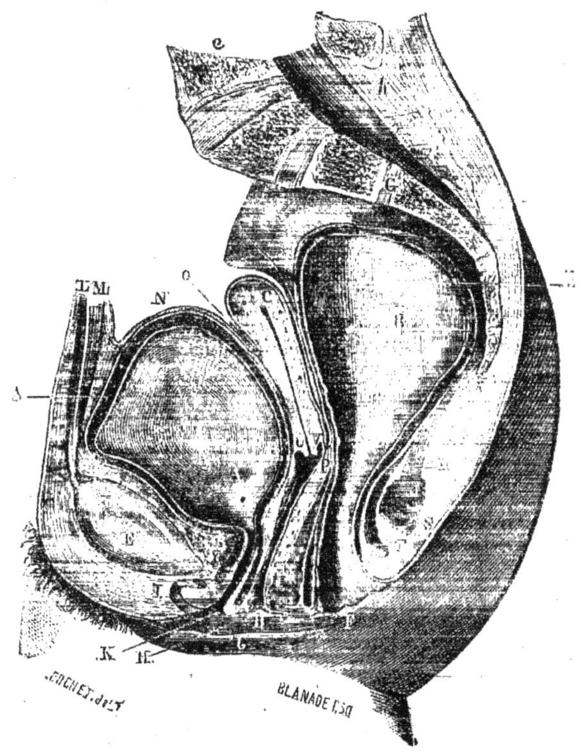

Fig. 333. — *Coupe du bassin de la femme* (*).

corps devient plus long (les trois cinquièmes de la longueur totale) ; la partie
vaginale du corps diminue et peut même presque disparaître ; l'orifice vagi-

(*) A. Vessie. — B. Rectum distendu par des matières fécales. — C. Corps de l'utérus. — D. Ouverture du vagin. — E. Symphyse du pubis. — F. Anus. — G. Sacrum. — H. Petite lèvre droite. — I. Clitoris, racine du corps caverneux coupée. — J. Grande lèvre droite. — K. Méat de l'urèthre. — L. Muscle pyramidal. — M. Grand droit de l'abdomen. — N. Péritoine. — O. Cul-de-sac utéro-vésical. —
P. Cul-de-sac recto-utérin. — R. Releveur de l'anus. — S. Sphincter externe de l'anus — T. Sphincter interne. — U. Lèvre antérieure du col de l'utérus. — V. Lèvre postérieure. — X. Coccyx. —
Y. Plexus veineux de Santorini. — Z. Plexus veineux du vagin. — a) Tunique musculeuse de l'uréthre. — b) Tunique musculeuse du rectum — c) Cinquième vertèbre lombaire. — h) Canal rachidien.
— (D'après Legendre.)

nal s'élargit. Les modifications qu'il subit dans la grossesse seront décrites plus loin.

Le *volume* de l'utérus augmente un peu à chaque menstruation. Son *poids* est de 42 grammes.

Situation et rapports (Fig. 333). — L'utérus est placé dans le petit bassin entre le rectum et la vessie, et incliné en bas et en arrière de façon que son axe longitudinal fait un angle obtus ouvert en avant avec l'axe du vagin, et coupe, si on le prolonge, le plan du détroit supérieur, suivant un angle plus ou moins rapproché de l'angle droit. Cette inclinaison est du reste sujette à varier, grâce à la laxité de ses attaches et par suite des pressions exercées sur lui par le rectum, la vessie, etc. [1]. A cette inclinaison antéro-postérieure s'ajoute ordinairement une légère inclinaison latérale, par laquelle son axe se dirige en bas et à gauche.

Moyens de fixité. — L'utérus est maintenu dans sa situation par des fibres ligamenteuses et musculaires lisses, comprises, comme l'utérus lui même, les ovaires et les trompes, dans l'épaisseur des ligaments larges (voy. *Péritoine*). Ces fibres lisses, continuation des fibres musculaires superficielles de l'utérus (Fig. 334), forment une membrane mince doublée à l'extérieur par la séreuse et qui enveloppe l'utérus et ses annexes. Cette membrane s'épaissit en certains points pour former des ligaments spéciaux : 1° au niveau du *ligament de l'ovaire* (15) ; 2° au niveau de la *frange ovarique ;* 3° entre les côtés de l'utérus et la symphyse sacro iliaque, pour constituer, sous le nom de *ligaments utéro-sacrés* (18), la plus grande partie du feuillet postérieur des ligaments larges ; 4° entre la face postérieure de l'utérus et les parties latérales du rectum, *ligaments recto-utérins* (17) ; 5° des fibres provenant du pavillon de la trompe, de l'ovaire et de l'utérus accompagnent les vaisseaux ovariques, et ont été désignées par Rouget sous le nom de *ligaments ronds supérieurs* ou *lombaires* (12) ; 6° enfin, les plus importantes forment un faisceau partant de toute la face antérieure de l'utérus et se ramassent en un cordon, *ligament rond* proprement dit, épais, aplati, de $0^m,006$ à $0^m,007$ de large (Fig. 314, 20 et 126, *i*) nettement circonscrit. Ce cordon se dirige en bas, en avant et en dehors, s'engage dans le canal inguinal, le parcourt et se termine en se perdant dans le tissu connectif du mont de Vénus et de la grande lèvre. D'après Schiff, ce ligament contiendrait, dans son tiers interne, des fibres lisses continues avec celles de l'utérus, dans son tiers moyen des fibres striées provenant des faisceaux du transverse de l'abdomen ; dans sa partie inguinale les fibres connectives et élastiques existeraient sans mélange de fibres musculaires.

Les rapports de l'utérus avec le péritoine seront décrits avec cette séreuse.

Cavité de l'utérus (Fig. 326). — La cavité de l'utérus, d'une capacité de 3 centimètres cubes environ, est très-étroite ; à l'état normal ses parois s'accolent et sur une coupe transversale elle représente une simple fente. On la divise, comme l'utérus même, en cavité du corps et cavité du col.

---

[1] Les anatomistes sont loin d'être d'accord sur l'inclinaison normale de l'utérus. Il est plus que probable que cette inclinaison varie pendant la vie dans des limites assez étendues, soit chez les différents individus, soit sur le même individu, suivant les différents états des organes ambiants.

1° La *cavité du corps* est triangulaire, à bords convexes ; aux deux angles supérieurs se voient les orifices utérins des trompes, offrant quelquefois un léger étranglement et des plis longitudinaux ; à l'angle inférieur se trouve la

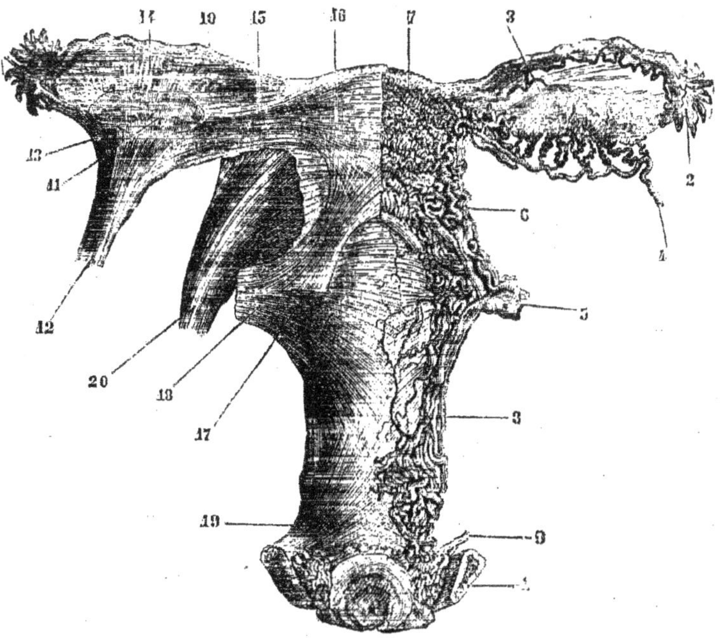

Fig. 334. — *Appareil musculaire et érectile des organes génitaux internes de la femme* (*).

communication avec la cavité du col. *orifice interne du col*. qui peut admettre une plume de corbeau et qui s'allonge quelquefois en un véritable détroit de 0^m,005 à 0^m,006 de longueur (*isthme* de Guyon). Le fond de l'utérus (*partie cératine*) s'élargit d'une façon caractéristique dans les utérus multipares [1]. La surface interne de la cavité utérine est lisse, gris rosé, un peu bombée en avant et en arrière et tapissée habituellement d'une couche mince de muc us alcalin.

[1] F. Guyon, *Étude sur les cavités de l'utérus à l'état de vacuité (Journal de physiologie. 1859).*

(*) L'appareil vasculaire est représenté d'un côté ; l'appareil musculaire de l'autre. — 1) Pubis. — 2) Pavillon de la trompe. — 3) Ovaire. — 4) Artère ovarique. — 5) Artères et veines utérines. — 6) Plexus utérin. — 7) Plexus du corps de l'utérus ou corps spongieux de l'utérus. — 8) Plexus vaginaux. — 9) Veines vaginales. — 10) Trompe. — 11) Ovaire. — 12) Ligament rond supérieur ou lombaire qui enveloppe les vaisseaux ovariques. — 13) Ses faisceaux allant dans la frange ovarique. — 14) Ses faisceaux se prolongeant jusqu'à la trompe. — 15) Fibres lisses du ligament de l'ovaire. — 16) Fibres musculaires superficielles de l'utérus. — 17) Faisceaux recto-utérins. — 18) Faisceaux se rendant au sacrum. — 19) Faisceaux allant au pubis. — 20) Ligament rond pubien. — Les organes sont vus par leur face postérieure. — (D'après Rouget.)

2° La *cavité du col* est fusiforme ; sur ses deux faces, antérieure et postérieure, se voient les *plis palmés ;* ce sont deux crêtes verticales, d'où partent des plis latéraux obliques en haut et en dehors ; les crêtes verticales ne sont pas tout à fait médianes, l'antérieure est un peu à droite, la postérieure à gauche, de façon qu'elles s'emboîtent réciproquement et ferment exactement le col. Entre ces plis existent quelquefois de petites saillies de la grosseur d'une lentille, formées par une vésicule transparente (*œufs de Naboth*) et dues à une altération glandulaire. Cette cavité est remplie par un liquide visqueux, transparent.

La cavité de l'utérus a 0^m,054 de longueur en moyenne chez la femme nullipare (0^m,028 pour le corps et 0^m,26 pour le col). Chez la femme qui a eu des enfants, ces dimensions augmentent pour la cavité du corps (0^m,032) ; elles restent stationnaires ou diminuent au contraire pour la cavité du col.

Structure. — La surface de l'utérus est lisse dans les endroits où elle est recouverte par la séreuse ; l'adhérence entre la séreuse et le tissu sous-jacent est intime, sauf au niveau du col, où on trouve un tissu cellulaire lâche. Les parois de l'utérus, très-épaisses, atteignent leur maximum à la partie postérieure (0^m,012 à 0^m,016) ; leur partie la plus mince correspond à la paroi antérieure du col (0^m,004 à 0^m,009) et à l'insertion des trompes. Son tissu propre, formé de fibres lisses, est gris rougeâtre, très-compacte, d'une dureté presque fibro-cartilagineuse, et il est impossible d'y reconnaître la direction des fibres musculaires. Ce tissu se continue jusqu'au niveau de la face interne de la cavité utérine, sans qu'il soit possible de trouver à l'œil nu une ligne de démarcation entre la couche musculaire et la muqueuse, dont l'existence n'a été par suite bien établie que depuis l'emploi du microscope. La séparation du vagin et de l'utérus est très-difficile, et ce n'est qu'artificiellement qu'on peut les isoler ; en effet, la couche musculaire du col se continue sans interruption avec le tissu même du vagin.

Les deux couches qui constituent les parois de l'utérus, tunique musculaire et muqueuse, ont la structure suivante :

1° *Tunique musculaire.* — Cette tunique, qui forme la plus grande partie de l'épaisseur des parois utérines, se compose de fibres musculaires lisses dont la direction ne peut être bien étudiée que sur les utérus gravides (voyez *Modifications de l'utérus dans la grossesse.*)

2° *Muqueuse.* — La muqueuse, épaisse de 0^m,0005 à 0^m,001, très-adhérente à la couche musculaire sous-jacente, offre à la loupe une très-grande quantité d'orifices

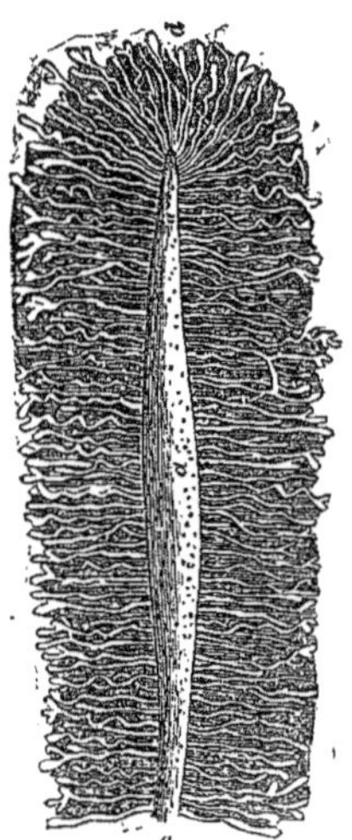

FIG. 335.
Glandes de l'utérus (*).

glandulaires visibles après l'ablation du mucus qui la recouvre, orifices qui lui donnent un aspect poreux. Elle est tapissée par un *épithélium vibratile* et possède des glandes en tube très-nombreuses, simples, quelquefois bifurquées (fig. 335) et formées par une membrane amorphe et un épithélium cylindrique.

(*) *a*) Surface de la muqueuse utérine. — *d*) Culs-de-sac glandulaires.

La muqueuse du col est plus épaisse, pourvue de papilles et tapissée d'un épithélium vibratile simple, qui se transforme en un épithélium pavimenteux stratifié au niveau des lèvres du museau de tanche. Les glandes du col sont les unes des glandes en tubes simples, les autres des glandes composées; dans les intervalles des plis palmés, elles se rapprochent des glandes en grappe [1]. Les *œufs de Naboth* ne sont autre chose que des glandes dont le canal excréteur s'est oblitéré et qui se sont distendues par l'accumulation de leur produit de sécrétion. Elles sont peu nombreuses sur le museau de tanche.

Vaisseaux et nerfs. — Les *artères* proviennent de l'artère utérine et s'anastomosent avec l'artère ovarique et la branche funiculaire de l'épigastrique, qui suit le ligament rond : les artères et les capillaires de l'utérus se distinguent par leurs flexuosités et par l'épaisseur considérable de leurs parois, épaisseur due à leur tunique musculaire. Les *veines*, dépourvues de valvules, vont aux plexus utérins et pampiniformes; elles prennent un développement considérable dans la grossesse. Les *lymphatiques* du col vont aux ganglions du petit bassin, ceux du corps aux ganglions lombaires. Les *nerfs*, excessivement fins sur l'utérus non gravide, proviennent du grand sympathique et du plexus sacré, ils suivent les artères et se rendent pour la plupart au col (Luschka, Kœrner); ils présentent sur leurs filets de petits ganglions microscopiques avant leur pénétration dans le tissu utérin. La muqueuse du col reçoit des filets, niés à tort à cause de son peu de sensibilité.

Modifications de l'utérus dans la menstruation. — Pendant la menstruation l'utérus est le siège d'une fluxion temporaire et de phénomènes particuliers. L'organe augmente de volume en totalité, mais les modifications portent surtout sur la muqueuse : elle perd son aspect lisse et devient tomenteuse et comme macérée ; son épaisseur augmente considérablement (0^m,004 à 0^m,005); ses glandes s'hypertrophient et se recourbent en spirale; les veines, et surtout le volumineux réseau superficiel sous-muqueux, se dilatent et se déchirent pour fournir le sang menstruel; enfin l'épithélium se détache et quelquefois une partie de l'épaisseur de la muqueuse tombe avec lui sous forme de membrane continue *(membrana dysmenorrhoica)*.

Modifications de l'utérus dans la grossesse. — Les modifications de l'utérus dans la grossesse sont beaucoup plus considérables et sont des modifications générales ou des modifications de structure.

A. *Modifications générales.* — Son volume augmente peu à peu jusqu'à devenir cinquante fois plus grand. Sa longueur à la fin de la grossesse atteint 0^m,37, sa largeur maximum 0^m,26, sa circonférence au niveau des trompes 0^m,70. Sa masse est vingt-quatre fois plus considérable. Il y a donc à la fois dilatation et hypertrophie de ses parois. La dilatation augmente jusqu'à la fin de la grossesse; l'hypertrophie des parois, au contraire, ne s'accroît que jusqu'au cinquième mois; elles s'amincissent ensuite à partir de cette époque. La forme de l'utérus change en même temps; le corps devient ovoïde et se continue avec le col sans ligne de démarcation. La partie vaginale du col conserve sa longueur jusqu'au neuvième mois; puis, dans la dernière semaine, elle prend part à la cavité de l'utérus et présente un orifice arrondi à bords amincis. Toute distinction en cavité du corps et cavité du col a disparu, et il ne reste plus qu'une grande cavité ovoïde. Ce développement se fait surtout en haut et dans la direction de l'axe du bassin; le fond de l'utérus dépasse peu à peu le détroit supérieur, l'ombilic et arrive dans l'épigastre, en même temps qu'il s'incline ordinairement un peu du côté droit.

B. *Modifications de structure.* — Elles portent sur la tunique musculaire, la muqueuse et les vaisseaux de l'organe.

[1] V. Cornil, *Recherches sur la structure de la muqueuse du col utérin à l'état normal (Journal de l'anatomie,* 1864).

1° *Tunique musculaire.* — Elle s'hypertrophie considérablement et peut acquérir
une épaisseur de plus de 0m,02. Ce développement est dû à plusieurs causes; il y a
d'abord dans la première moitié de la grossesse une formation nouvelle de fibres lisses;
ensuite les fibres lisses acquièrent des dimensions colossales; enfin le tissu connectif
interstitiel augmente et permet d'isoler les faisceaux musculaires. En outre, les dilatations vasculaires contribuent encore à augmenter l'épaisseur des parois. Le tissu de
l'utérus gravide présente une couleur rouge pâle et est entrecoupé de larges sinus vei-

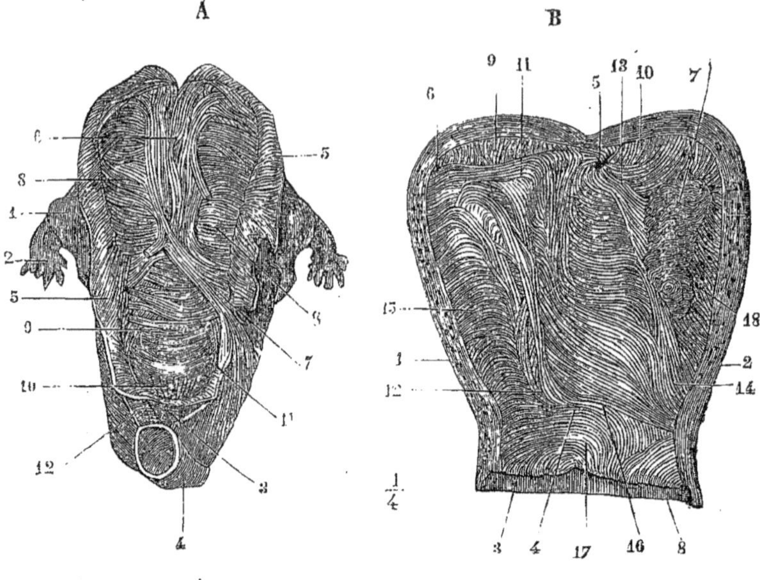

Fig. 336. — *Fibres musculaires de la face
postérieure de l'utérus* (*).

Fig. 337. — *Fibres musculaires de la face
interne de l'utérus* (*).

neux qui lui donnent un aspect caverneux; sa consistance, surtout au col, est plus faible
que celle de l'utérus normal.

Les *fibres musculaires de l'utérus gravide* (¹) se divisent en trois couches, une ex-
ne, une moyenne, une interne.

(¹) Voy. sur ce sujet : Th. Hélie, *Recherches sur la disposition des fibres musculaires de l'utérus,* avec un atlas de dix planches, par M. Chenantais, 1864.

(*) 1) Ovaire. — 2) Trompe. — 3) Vagin. — 4) Rectum. — 5) Fibres transversales superficielles in-
cisées et renversées en dehors. — 6) Fibres profondes du faisceau ansiforme. — 7) Leur continuation
avec les fibres transversales. — 8) Fibres transversales. — 9) Fibres transversales du col. — 10) Partie
postérieure du vagin. — 11) Fibres contribuant à former les faisceaux vagino-rectaux. — 12) Faisceaux vagino-rectaux. — (D'après Hélie.)

(**) 1) Coupe de l'utérus suivant son bord droit; sa paroi postérieure. — 2) Sa paroi antérieure. —
3) Orifice externe du col. — 4) Orifice interne du col. — 5) Orifice utérin de la trompe gauche. —
6) Orifice de la trompe droite. — 7) Insertion du placenta sur la paroi antérieure de la cavité utérine.
— 8) Vagin. — 9) Fibres verticales. — 10) Les mêmes se recourbant sur le fond de l'utérus et sur la
face antérieure. — 11) Faisceau transversal allant d'une trompe à l'autre. — 12) Origine du faisceau
triangulaire de la paroi postérieure. — 13) Portion du faisceau triangulaire de la paroi antérieure. —
14) Son origine. — 15) Fibres transversales. — 16) Fibres transversales au niveau de l'orifice interne
du col. — 17) Fibres du col. — 18) Sinus veineux. — (D'après Hélie.)

a) La *couche externe*, superficielle, très-mince, consiste en fibres généralement transversales (fig. 334, 16) qui vont se continuer dans les différents replis des ligaments larges de la façon décrite plus haut. Ces fibres sont recouvertes sur la ligne médiane par un faisceau, *faisceau ansiforme* d'Hélie, qui descend du fond de l'utérus, sur ses faces antérieure et postérieure; ce faisceau, plus marqué sur le fond de l'utérus, naît au-dessus du col, et par ses parties latérales se continue avec les fibres transversales. Sur la face postérieure, à ces fibres longitudinales superficielles s'ajoute un faisceau plus profond (fig. 336, 6). Les fibres du col sont à peu près transversales.

b) La *couche moyenne*, très-épaisse, se reconnaît facilement sur une coupe aux ouvertures béantes des sinus utérins ; elle se continue sans limite bien nette avec la couche externe et acquiert sa plus grande épaisseur au niveau de l'insertion du placenta. Elle est formée par un réseau de fibres entre-croisées dans toutes les directions; ces faisceaux entourent les sinus utérins de façon à former autour d'eux de véritables anneaux contractiles.

c) *Couche interne* (fig. 337).— Sur chaque paroi existe sous la muqueuse un *faisceau triangulaire*, dont la pointe (12, 14) prend naissance au niveau de l'orifice interne du col et dont la base (11) correspond au fond de l'utérus et est formée par des fibres transversales qui réunissent les orifices des deux trompes. Le reste des fibres internes de l'utérus a une direction transversale. A l'orifice des trompes les fibres forment des anneaux concentriques de grandeur décroissante, en allant de l'utérus vers la trompe et se prolongent sur l'utérus jusque vers la ligne médiane. A l'orifice interne du col se trouve habituellement un anneau musculaire distinct soulevant la muqueuse (16) (sphincter du col utérin).

2° *Muqueuse.* — La muqueuse utérine au moment de la grossesse prend le nom de *caduque*. Avant même l'arrivée de l'ovule dans l'utérus, la muqueuse de la cavité du corps est gonflée, ramollie, rosée; les glandes deviennent très-volumineuses; les vaisseaux se dilatent en même temps qu'il s'en forme de nouveaux; enfin elle acquiert une épaisseur de 0ᵐ,003. Les modifications qu'elle subit seront décrites plus en détail à propos du développement.

3° *Vaisseaux et nerfs.*— L'*artère* utérine double de volume, l'*artère* ovarique triple de volume dans la grossesse; leurs branches forment alors dans la couche musculaire superficielle un réseau flexueux. Les *veines* deviennent énormes; leurs parois s'épaississent et leur tunique externe adhère intimement aux fibres musculaires de la couche moyenne, dans laquelle elles constituent de larges canaux béants *(sinus utérins)*; leur calibre augmente surtout au niveau de l'insertion du placenta. Dans la muqueuse elles se dilatent, s'anastomosent et forment par la confluence de leurs parois un véritable tissu caverneux, auquel prennent part les artères et les capillaires. Les *lymphatiques* participent au développement des autres vaisseaux. Les *nerfs* deviennent plus gros, plus mous, gris rougeâtres ; cette hypertrophie paraît due à une simple augmentation du tissu connectif (1).

Modifications de l'utérus après la délivrance. — Après la délivrance, l'utérus ne revient jamais tout à fait à sa forme primitive : il est plus volumineux; son fond s'élargit, ses faces sont plus bombées; l'orifice externe du col est plus large, et les lèvres en sont moins nettes. Les parois conservent quelque temps encore après la grossesse une épaisseur notable. La diminution de volume de la couche musculaire se fait principalement par dégénérescence graisseuse des fibres musculaires. Quant aux modifications de la muqueuse et au travail de régénération qui se produit, ils seront étudiés à propos du *développement*.

(1) D'après Boulard, il n'y aurait pas d'hypertrophie des nerfs de l'utérus pendant la grossesse.

IV. Vagin

Le vagin s'étend de l'utérus à la vulve. Sa longueur (en place) est de 0^m,08 pour sa paroi postérieure ; sa paroi antérieure est un peu moins longue (0^m,065). A l'état ordinaire ses parois sont accolées et sa coupe représente une fente transversale de 0^m,024 de largeur, un peu concave en arrière et terminée par deux branches verticales.

Situation et rapports. — Il décrit une courbe à concavité antérieure, qu suit l'axe du petit bassin, il est en rapport (Fig. 333) en arrière avec le rectum, avec lequel il est soudé dans ses deux tiers inférieurs pour former une cloison commune riche en veines, *cloison recto-vaginale*. En avant il répond dans sa moitié supérieure au fond de la vessie, dont le sépare un tissu cellulaire lâche ; dans sa moitié inférieure il est soudé à l'urèthre *(cloison uré-thro-vaginale)*. Ses parties latérales sont en rapport avec le releveur de l'anus et en haut avec les uretères.

Sa *partie supérieure* embrasse le col de l'utérus en remontant plus haut en arrière du col qu'en avant ; à ce niveau ses parois se continuent sans interruption avec le tissu musculaire de l'utérus.

L'extrémité inférieure du vagin présente un orifice arrondi, *entrée du vagin*, au-dessus duquel est l'ouverture de l'urèthre. Cette ouverture est fermée en partie chez les vierges par une membrane, l'*hymen*.

Hymen (Fig. 338 et suiv.). — L'hymen est un repli de la muqueuse vaginale percé d'une ouverture variable comme forme et comme diamètre, *ouverture de l'hymen ;* avant la puberté elle ne dépasse guère le calibre d'une plume d'oie ; après la puberté elle admet l'extrémité du petit doigt. La *face vestibulaire* ou *inférieure* de l'hymen est rose pâle, lisse ; la *face vaginale* ou *supérieure* est rose-vermeil, réticulée et pourvue de saillies verruqueuses. Son bord convexe adhère au pourtour de l'entrée du vagin ; son bord libre concave est mince, quelquefois déchiqueté. Il est constitué par une charpente connective recouverte sur les deux faces par une muqueuse tapissée par un épithélium pavimenteux. Cette membrane est assez extensible pour permettre l'introduction de corps volumineux.

On distingue quatre variété principales d'hymen d'après la forme même de la membrane et de l'ouverture qu'elle présente : 1° dans l'*hymen semi-lunaire* (Fig. 338) la membrane a la forme d'un croissant à concavité supérieure, terminé de chaque côté par deux pointes, *cornes de l'hymen ;* quelquefois les cornes remontent jusqu'au méat urinaire, *hymen en fer à cheval* (Fig. 339) ; 2° dans l'*hymen annulaire* (Fig. 340) l'ouverture est habituellement ovalaire et centrale ; dans quelques cas rares, au lieu d'une seule ouverture, on en trouve deux situées de chaque côté de la ligne médiane *(hymen en bride) ;* quelquefois même on trouve plusieurs orifices *(hymen criblé* ou *en pomme d'arrosoir) ;* 3° dans l'*hymen bilabié* (Fig. 341) l'ouverture consiste en une fente linéaire verticale, interceptée par deux lèvres. 4° L'*hymen frangé* (Fig. 342) est très-rare, mais a une très-grande importance médico-légale, parce qu'il pourait être confondu avec une déchirure de l'hymen. La membrane présente à son bord libre des franges qui lui donnent un aspect déchiqueté. Les formes semi-lunaire et annulaire sont les plus fréquentes.

Au premier coït, ou par des causes mécaniques, l'hymen se déchire, ses lambeaux, se rétractent et après huit à quinze jours se présentent sous la forme de petites saillies arrondies ou aplaties de la muqueuse, *caroncules myrtiformes*. Le nombre de ces caroncules dépend du nombre des lambeaux et ar

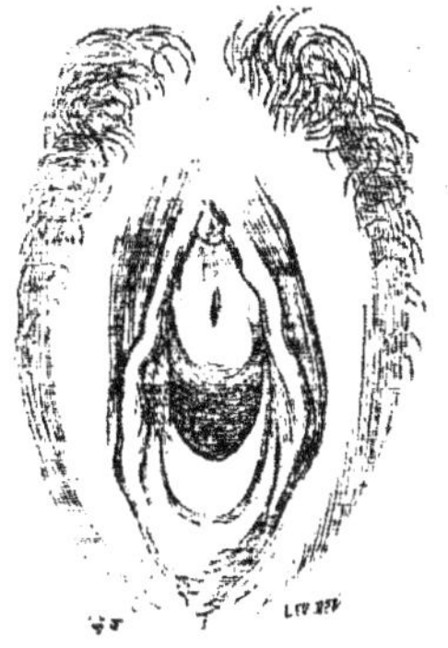

Fig. 338. — *Hymen semi-lunaire* (1).

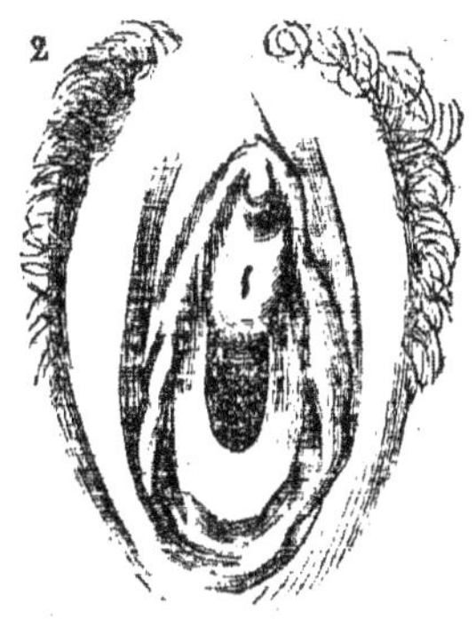

Fig. 339. — *Hymen en fer à cheval.*

suite du mode de déchirure. Dans l'hymen semi-lunaire la déchirure se fait en deux endroits, et il en reste un lambeau triangulaire médian et deux lambeaux latéraux. Dans l'hymen annulaire il se fait quatre et quelquefois cinq lambeaux irréguliers.

Dans certains cas d'anomalie l'hymen peut être tout à fait imperforé. Son absence congénitale est extrêmement rare.

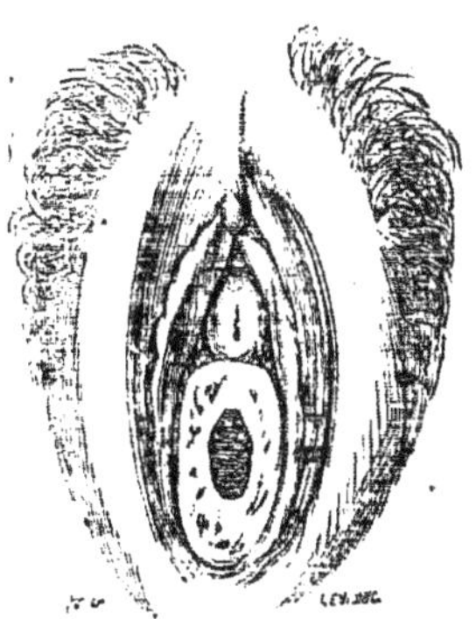

Fig. 340. — *Hymen annulaire.*

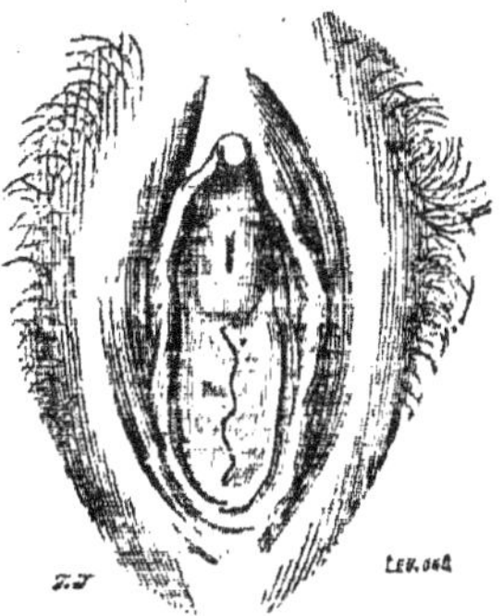

Fig. 341. — *Hymen bilabié.*

Surface interne du vagin. — La surface interne du vagin est rouge pâle, sauf au moment de la menstruation et de la grossesse, où elle est rouge

(1) Les fig. 338 à 341 ont été dessinées d'après Rose. *De l'hymen*, thèse de Strasbourg, 1863.

vif. Elle est tapissée d'une couche mince de mucus acide contenant des détritus épithéliaux et souvent des infusoires. *(Trichomonas vaginalis).* Cette face est inégale et couverte de plis transversaux rugueux ; ces plis aboutissent en avant et en arrière à deux saillies médianes antéro-postérieures, *colonnes du vagin;* la colonne antérieure se termine à sa partie inférieure par un tubercule saillant situé en arrière de l'orifice uréthral.

Structure. — Les parois du vagin, épaisses de 0ᵐ,0025 à 0ᵐ,003, sont très-denses, mais très-extensibles ; elles se composent de trois tuniques, non séparables par le scalpel, mais visibles sur une coupe transversale, une couche externe grisâtre, mal limitée, fibreuse, une couche moyenne rougeâtre, musculeuse et une couche interne blanchâtre formée par la muqueuse.

1º La *couche externe* est constituée par un tissu cellulaire lâche, extensible. Dans son cinquième supérieur la paroi supérieure du vagin est recouverte par le péritoine.

2º La *tunique musculaire*, continue à la couche musculaire de l'utérus, se compose d'une couche externe de fibres longitudinales et d'une couche interne plus mince de fibres circulaires. A ces fibres lisses viennent s'ajouter, a la partie inférieure, un anneau de fibres striées, large de 0,004 à 0,007, situé immédiatement derrière le bulbe du vagin et qui entoure l'extrémité inférieure du vagin et l'urèthre soudés à ce niveau ; c'est le *sphin·ter du vagin*, dépendance du transverse profond du périnée, dont il reçoit quelquefois un faisceau spécial qui monte sur le bulbe du vagin, *muscle ischio-bulbaire* de Jarjavay.

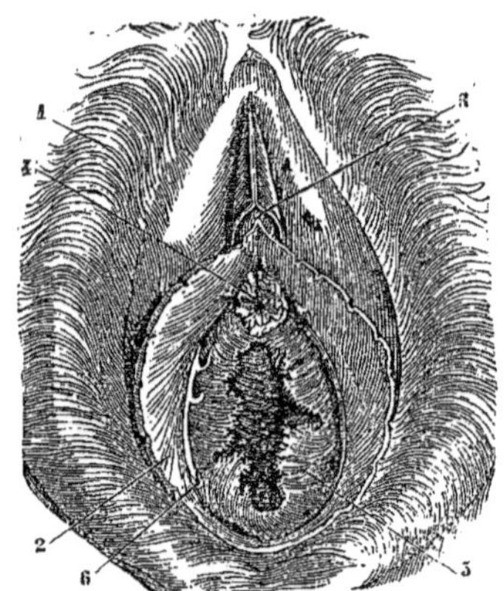

Fig. 342. — *Hymen fr·ngé* (*).

3º La *muqueuse* est pourvue de papilles et couverte d'un épithélium pavimenteux stratifié. Les glandes y sont très-rares et n'existent guère que vers l'entrée du vagin et plutôt à l'état de simples lacunes.

Vaisseaux et nerfs. — Les *artères* viennent des artères vaginales et des branches des artères utérines, vésicales et honteuses internes. Les *veines* forment un plexus épais a la partie extérieure du vagin, sans cependant constituer un véritable tissu caverneux; elles communiquent avec celles du bulbe et de l'utérus (fig. 334, 8).

Les *lymphatiques*, très-riches, se portent aux ganglions pelviens et lombaires. Les *nerfs* viennent du grand sympathique et du plexus sacré ; le sphincter du vagin reçoit un filet du nerf honteux interne.

§ II. — Organes génitaux externes

Les organes génitaux externes se présentent, lorsque les cuisses sont rapprochées, sous l'aspect d'une saillie cunéiforme *(cuneus)*, large en haut, où elle se continue avec le *mont de Vénus*, éminence placée en avant de la sym-

---

(*) 1) Grandes lèvres. — 2) Petites lèvres. — 3) Clitoris. — 4) Orifice de l'urèthre, entouré de franges analogues à celles de l'hymen. — 5) Hymen. — 6) Lacunes. — (D'après Luschka.)

ph yse, étroite en bas, où elle se perd en une saillie médiane qui va jusqu'à
l'anus. Sur la ligne médiane elle présente une fente verticale, la *vulve*[1],
qui dans sa moitié supérieure est occupée par la saillie du clitoris, et dans sa
moitié inférieure conduit dans une cavité qui précède le vagin, *vestibule du
vagin*. Nous aurons à étudier successivement les replis cutanés du vestibule
et de la vulve, le vestibule du vagin, les appareils érectiles, enfin les muscles
du périnée.

I. REPLIS CUTANÉS DU VESTIBULE

Ces replis sont au nombre de deux de chaque côté, les grandes et les petites
lèvres.

1° Grandes lèvres

Les *grandes lèvres*, analogues du sac scroto-dartoïque testiculaire, limitent
de chaque côté la fente vulvaire que tantôt elles tiennent fermée *(vulva con-
nivens ; labia prominentia)*, tantôt elles laissent béante *(vulva hians ; labia
pendula)*. Leur face externe, bombée, couverte de poils, est séparée par un
sillon de la face interne de la cuisse; leur face interne, rosée, humide, lisse,
s'accole à celle du côté opposé; leur bord libre, convexe, brun, couvert de
poils, se perd en haut dans le mont de Vénus ; en bas il se réunit à celui du
côté opposé pour former une commissure transversale *(fourchette)* ou se perd
vers le périnée d'une façon indépendante.

Structure. — Au-dessous de la peau, riche en follicules pileux et en glandes sébacées pour la face externe, se trouve un tissu analogue au dartos *(sac dartoïque de* Broca),
mais sans fibres lisses.

Vaisseaux et nerfs. —Les *artères* viennent des honteuses internes et externes. Les
veines forment un plexus très-riche, qui communique avec les veines honteuses, obturatrices, hémorrhoïdales, abdominales Les *nerfs* viennent des branches abdomino-scrotales et du nerf honteux interne.

2° Petites lèvres ou nymphes (fig. 342, 2.)

Les petites lèvres sont cachées ordinairement dans la fente vulvaire, sauf dans
certains cas où elles atteignent une longueur considérable (*tablier des Hottentotes*). Ce sont deux replis muqueux, souvent asymétriques, à surface humide, rouge,
lisse ou chagrinée, hauts de 0^m, 008, qui naissent de la face interne des grandes
lèvres et se continuent par leur face interne avec la paroi latérale du vestibule
du vagin. Leur bord libre ou antérieur, convexe, souvent frangé, se divise à
sa partie supérieure en deux lèvres : la lèvre externe passe au-dessus du clitoris et forme en se réunissant à celle du côté opposé, le *prépuce du clitoris ;*
l'interne passe au-dessous et en arrière pour constituer de la même façon le
frein du clitoris. En bas les petites lèvres se réunissent en un repli semi-
lunaire à concavité supérieure, *frein de la vulve, fourchette* de quelques auteurs.

La muqueuse des petites lèvres, riche en capillaires sanguins et pourvue de papilles

[1] On donne quelquefois le nom de *vulve* à l'ensemble des organes génitaux externes.

est recouverte d'un épithélium pavimenteux stratifié. Elle possède des glandes en grappe très-nombreuses, analogues aux glandes de Tyson (100 à 120 par centimètre carré ; Martin et Léger).

II. Vestibule du vagin

Le *Vestibule du vagin* est une cavité, profonde de $0^m,03$, qui précède le vagin et s'étend depuis son orifice inférieur jusqu'à la vulve ; le fond du vestibule est formé par l'hymen ou par les caroncules myrtiformes ; latéralement

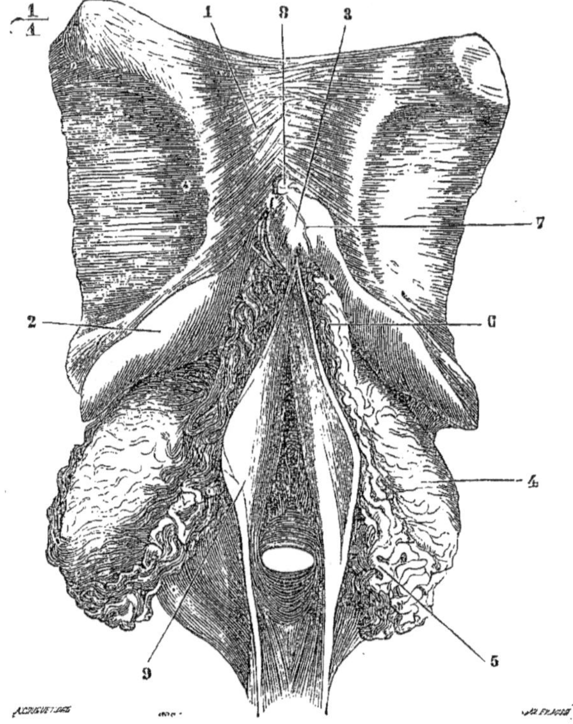

Fig. 343. — *Organes érectiles de la femme* (*).

il est limité par la face interne des petites lèvres ; en bas et en arrière il présente entre le frein de la vulve et l'insertion postérieure de l'hymen une dépression, *fosse naviculaire ;* en haut et en avant il répond à la partie inférieure et postérieure du clitoris.

(*) 1) Symphyse du pubis. — 2) Racines du clitoris. — 3) Gland du clitoris. — 4) Bulbe du vagin. — 5) Veines émergentes. — 6) Extrémité supérieure du bulbe se rendant vers le clitoris pour s'anastomoser avec le bulbe du côté opposé. — 7) Veinule séparant le gland du corps du clitoris et allant rejoindre 8) la veine dorsale du clitoris. — 9) Petites lèvres. — (D'après une préparation de M. Eugène Bœckel.)

La muqueuse du vestibule offre les mêmes caractères que celle des petites lèvres ;
elle a comme elle un épithélium pavimenteux stratifié. Elle présente sur ses parties la
térales et autour de l'orifice uréthral de petites glandes, au nombre de douze à quinze,
follicules mucipares d'Huguier, s'ouvrant sur la muqueuse par de larges orifices ou lacunes (fig 342, 6). Outre ces petites glandes, on trouve annexées au vestibule deux
glandes plus volumineuses, *glandes de Bartholin*, *glandes vulvo-vaginales d'Huguier*,
analogues des glandes de Cowper de l'homme.

Les *glandes de Bartholin* (fig. 345, 3) sont deux petits organes, ovoïdes, du volume
d'une amande, situés en arrière et au-dessous de l'extrémité inférieure du bulbe du va-

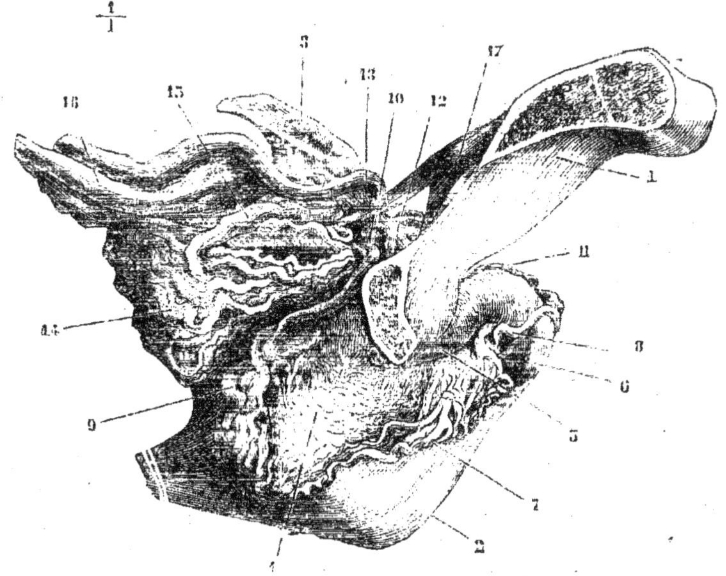

FIG. 344. — *Organes érectiles de la femme, vue latérale* (*).

giu, ce sont des glandes en grappe. Les conduits excréteurs de leurs lobules s'ouvrent
dans un canal commun, quelquefois renflé à son origine en réservoir, canal qui, après
un trajet de 0^m,15 en dedans du bulbe, vient s'ouvrir dans le vestibule, à la partie inférieure de sa paroi latérale, immédiatement en avant de l'entrée du vagin et des carou-
cules myrtiformes. Les parois très-minces de ce conduit sont formées par une membrane fibreuse élastique et un épithélium cylindrique. Elles sécrètent un liquide blanchâtre. Leurs artères viennent de l'artère du clitoris.

III. Appareils érectiles du vestibule du vagin

Ils comprennent le *clitoris* et le *bulbe du vagin*.

(*) 1) Pubis. — 2) Petites lèvres. — 3) Vessie — 4) Bulbe du vagin. — 5) Racines du clitoris. —
6) Gland du clitoris. — 7) Veines allant du bulbe du vagin vers le clitoris. — 8) Veine allant à la veine
dorsale du clitoris. — 9) Veines émergentes de la partie postérieure du bulbe. — 10) Veine qui en
provient. — 11) Veine dorsale du clitoris. — 12) La même, se réunissant à des veines postérieures
du bulbe pour se jeter dans 13) une veine vésicale. — 14) Plexus vésical. — 15) Veine émergente de
ce plexus. — 16) Veines vésicales. — (D'après une préparation de M. Eugène Broeckel.)

1° Clitoris

Le clitoris, analogue des corps caverneux de la verge, forme une saillie allongée et aplatie au fond de la moitié supérieure de la vulve, saillie terminée en bas du côté du vestibule, par un petit bourgeon rougeâtre, *gland du clitoris* (fig. 343, 3), de la grosseur d'un pois, quand il est injecté, et imperforé. Ce bourgeon est recouvert par un capuchon provenant de la partie antérieure des petites lèvres qui lui fournissent aussi le *frein du clitoris.*

Le clitoris naît par deux *racines* des bords de l'arcade pubienne (fig. 343, 2); ces racines se dirigent vers la symphyse en augmentant de volume, et alors s'accolent comme les corps caverneux de la verge, pour constituer le *corps* du clitoris; ce corps, long de $0^m,02$ environ dans l'érection, a une direction opposée à celle du pénis (fig. 344); il s'infléchit en genou et se dirige en bas pour se terminer par le gland.

Le gland du clitoris ne répond pas en réalité au gland du pénis; il ne représente pas autre chose que l'extrémité antérieure, libre, des corps caverneux du clitoris.

Le clitoris a la même structure érectile que les corps caverneux. Le gland du clitoris, pourvu de nombreuses papilles, est recouvert d'un épithélium pavimenteux stratifié. Les *artères* viennent de la honteuse interne et se divisent en branches caverneuses et artères dorsales. Les *veines* ont la même disposition que chez l'homme. Les *nerfs*, d'après Krause, se termineraient par des corpuscules particuliers, *corpuscules génitaux terminaux,* distincts des corpuscules du tact et des renflements terminaux de Krause par les étranglements qu'ils présentent.

2° Bulbe du vagin (fig. 343 et 344.)

Le *bulbe du vagin,* analogue du corps spongieux de l'urèthre, se partage en deux moitiés symétriques, situées chacune de chaque côté du vestibule entre lui et l'arcade du pubis. Injecté, chaque bulbe (fig. 343, 4) a la forme d'un ovoïde, étiré par son extrémité supérieure [1], et a une longueur de $0^m,035$ sur $0^m,015$ de largeur et $0^n,01$ d'épaisseur. Sa face convexe, tournée en dehors, répond au constricteur du vagin; sa face interne concave embrasse le vestibule; son extrémité inférieure, arrondie, épaisse (analogue du bulbe de l'urèthe), répond en dedans à la glande de Bartholin; son extrémité supérieure, amincie, allongée, se réunit à celle du côté opposé en arrière du clitoris et envoie même jusqu'au gland du clitoris une petite traînée veineuse (fig. 344, 8) analogue du gland du pénis.

Le bulbe du vagin est un organe érectile et a la même structure que le corps spongieux de l'urèthre. Les *artères* viennent de la honteuse interne. Les *veines* vont aux plexus vésicaux, aux veines honteuses internes, et communiquent avec les veines hémorrhoïdales et obturatrices.

IV. MUSCLES DU PÉRINÉE (fig. 345.)

Les muscles du périnée présentent chez la femme les mêmes dispositions fondamentales que chez l'homme. Les muscles ischio-caverneux et bulbo-caverneux méritent seuls une description spéciale.

[1] On l'a comparé à une sangsue fortement repue.

1° Ischio-caverneux (fig. 345, 5).

Ce muscle, plus long que chez l'homme, entoure les racines et même, en se réunissant à celui du côté opposé, une partie du corps du clitoris.

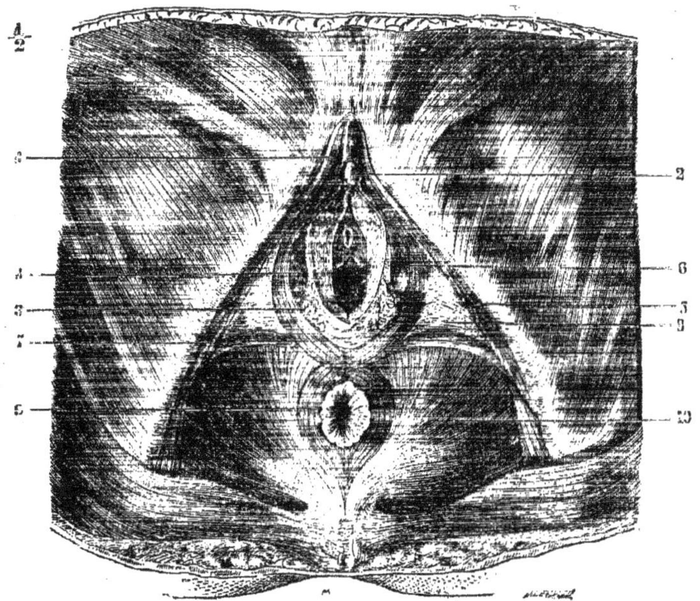

FIG. 345. — *Muscles du périnée chez la femme* (*).

2° Bulbo-caverneux ou constricteur du vagin (fig. 345, 6).

Ce muscle embrasse de chaque côté le bulbe du vagin, comme le bulbo-caverneux embrasse par ses deux moitiés chacune des moitiés du bulbe de l'urèthre. Ses fibres sont donc séparées comme les bulbes du vagin eux-mêmes. Sa concavité embrasse le bulbe et la glande de Bartholin ; ses fibres postérieures s'entre-croisent en 8 de chiffre avec celles du sphincter externe ; ses fibres antérieures donnent naissance à deux feuillets aponévrotiques, qui engainent l'extrémité antérieure du clitoris.

Les aponévroses du périnée ne présentent rien de particulier chez la femme.

(*) 1) Racines du clitoris. — 2) Gland du clitoris. — 3) Glande de Bartholin. — 4) Bulbe du vagin. — 5) Ischio-caverneux. — 6) Constricteur du vagin. — 7) Transverse du périnée. — 8) Aponévrose moyenne. — 9) Sphincter externe de l'anus. — 10) Releveur de l'anus.

CHAPITRE VI

GLANDES VASCULAIRES ET ORGANES LYMPHOIDES

On a rangé sous le nom commun de *glandes vasculaires sanguines* toute
une série d'organes ayant pour caractères communs l'aspect glandulaire de
leur parenchyme et l'absence d'un conduit excréteur. Quelque obscure que soit
encore aujourd'hui la physiologie de ces organes, on peut cependant, en se
basant sur leur structure intime, les répartir en quatre groupes assez naturels.

A. Un PREMIER GROUPE comprend la *glande thyroïde* seule, que sa structure et son développement rapprochent des glandes en grappe. D'après des
recherches récentes, peut-être faudrait-il y joindre la glande pituitaire (Peremeschko).

B. Le DEUXIÈME GROUPE, le plus nombreux et le plus important de tous,
se compose d'une série d'organes auxquels on peut donner le nom d'*organes
lymphoïdes* à cause de leur analogie de structure avec les ganglions lymphatiques. On y trouve les amygdales, le thymus, la rate, les plaques de Payer.
et les follicules clos du tube intestinal. Tous ces organes ont pour caractère
commun un parenchyme de tissu connectif réticulaire infiltré de globules analogues aux globules lymphatiques. Seulement à cette structure fondamentale
commune s'ajoutent des dispositions spéciales (surtout du côté du système vasculaire), qui peuvent donner naissance à des formes très-complexes, la rate
par exemple.

Pour bien comprendre leur structure, il importe de suivre ces organes du
degré le plus simple au degré le plus complexe, dans leur progression ascendante.

1° *Infiltration lymphoïde diffuse.* — Le premier degré, le plus simple,
est celui dans lequel le tissu connectif réticulaire s'infiltre de globules lymphatiques sans prendre une forme circonscrite, sans donner lieu, par conséquent, à un organe dans le sens propre du mot ; c'est là ce qu'on peut appeler
l'*infiltration lymphoïde diffuse*, qu'on rencontre dans la muqueuse intestinale, et qui se montre surtout très-fréquemment à l'état pathologique. Toutes
les formes du tissu connectif ordinaire peuvent subir cette infiltration lymphoïde ; mais elle est plus commune dans certains endroits que dans d'autres ;
derme de certaines muqueuses, tunique adventice des artères, etc.

2° *Infiltration lymphoïde circonscrite.* — Dans le deuxième degré, l'infiltration lymphoïde, au lieu de rester diffuse et sans limites précises, se circonscrit plus ou moins nettement du tissu connectif ambiant, et constitue une petite
granulation arrondie molle, un *follicule clos*, qui représente par conséquent
la forme la plus simple d'*organe lymphoïde*. Déjà, dans le follicule clos, les
vaisseaux offrent une disposition spéciale et il y a surtout une grande richesse
vasculaire. Les corpuscules de Malpighi de la rate ne sont pas autre chose que
des follicules clos.

Les follicules clos peuvent être *isolés*. Mais le plus souvent ils sont *agminés*, c'est-à-dire qu'ils se rapprochent pour former de petits amas. S'ils ne

sont qu'en très-petit nombre, ils constituent les glandes dites *solitaires* ou *lenticulaires*, comme dans l'intestin, à la base de la langue, etc. Ordinairement ces glandes solitaires ont la disposition suivante : la muqueuse se déprime à leur niveau, et il en résulte une sorte de cul-de-sac ou de lacune, et c'est dans les parois de cette cavité que se déposent les follicules clos. Aussi trouve-t-on, en général, sur le soulèvement dû à l'amas des follicules clos, une petite ouverture centrale qui conduit dans la lacune, ouverture prise longtemps pour l'orifice du canal sécréteur d'une véritable glande.

Les follicules clos peuvent s'agminer au contraire en grande quantité et s'étaler dans l'épaisseur de la muqueuse, comme dans les *plaques de Payer* de l'intestin grêle.

3° *Organes lymphoïdes proprement dits.* — Jusqu'ici les follicules clos sont restés enfouis dans l'épaisseur de la muqueuse dont ils n'étaient qu'une dépendance, nous allons les voir maintenant s'isoler et acquérir une indépendance véritable, s'agminer enfin pour produire des organes distincts, dont nous allons suivre la progression ascendante.

a) Le premier de ces organes et le plus simple est *l'amygdale.* Ce n'est en réalité autre chose qu'une simple agglomération de glandes solitaires.

b) Après l'amygdale vient le *thymus*, dont la structure ne diffère pas essentiellement de celle de l'amygdale ; seulement, outre ses caractères extérieurs, il en diffère notablement en ce que les lacunes dans les parois desquelles sont contenus les follicules clos de l'organe s'ouvrent toutes dans une lacune centrale (canal central), sans communication avec l'extérieur, et limitée non plus par un épithélium, mais par le tissu réticulaire même.

c) Les *glandes lymphatiques* présentent déjà une disposition plus compliquée en rapport avec les connexions qu'ils ont avec la circulation lymphatique. Les *alvéoles* de la substance corticale et les *cordons* de la substance médullaire se composent de deux parties, une partie centrale, *pulpe centrale*, analogue aux follicules clos, et une partie périphérique, *sinus lymphatiques*, à mailles beaucoup plus larges, représentant un système de trajets intermédiaires entre les lymphatiques afférents et les lymphatiques efférents.

d) La *rate* enfin est située comme complexité de structure au sommet de la série. Les corpuscules de Malpighi sont de véritables follicules clos développés aux dépens de la tunique adventice de ses artères ; son parenchyme est constitué par un tissu connectif réticulaire remarquable par sa finesse, mais la distribution vasculaire qu'elle représente et qui sera décrite plus loin en fait un organe spécial et bien distinct des précédents.

C. Le TROISIÈME GROUPE, *glandes nerveuses* ou *sympathiques*, comprend les *capsules surrénales*, et peut-être la *glande pituitaire*. On retrouve bien dans le parenchyme des capsules surrénales le réticulum des follicules clos ; seulement ses mailles contiennent des éléments spéciaux qu'on ne peut assimiler aux globules lymphatiques. En outre elles ont par leur développement et par leur structure des connexions intimes avec le système nerveux.

D. Le QUATRIÈME GROUPE, le moins important de tous, comprend deux formations récemment décrites, la *glande coccygienne de Luschka* et le *ganglion intercarotidien*.

La structure de ces petits organes n'est pas encore bien connue. Luschka les rattache aux glandes nerveuses. Mais elles paraissent plutôt devoir former un groupe à part, le seul auquel s'appliquerait avec exactitude le nom de *glandes vasculaires sanguines*.

Les flexuosités et les dilatations de leurs artères, l'épaisseur considérable de leur tunique musculaire paraissent les rapprocher de ces *cœurs périphériques* qu'on rencontre chez certains vertébrés [1].

Nous décrirons successivement la glande thyroïde, la rate, les capsules surrénales, et, dans un appendice, la glande coccygienne, le ganglion intercarotidien et la glande pituitaire; les autres organes, amygdales, glandes lymphatiques, ont été décrits dans le courant du livre. Le thymus disparaissant chez l'adulte et n'étant qu'un organe transitoire sera décrit au chapitre du développement.

§ I. — Glande ou corps thyroïde (fig. 283).

Le corps thyroïde a la forme d'un croissant à concavité supérieure, et se compose de deux *lobes* réunis par une partie médiane ou *isthme :* 1° l'*isthme*, haut de 0^m,017 environ sur 0^m,012 d'épaisseur, répond aux deuxième, troisième et quatrième cerceaux de la trachée, auxquels il adhère assez intimement, De son bord supérieur part, dans un tiers des cas, un prolongement, *pyramide de Lalouette*, tantôt médian, plus souvent incliné à gauche, qui remonte plus ou moins haut, et dépasse même quelquefois le bord supérieur du cartilage thyroïde; 2° les *lobes* ou *cornes* du corps thyroïde, hauts de 0^m,07, ont trois faces: une face interne, concave, qui répond aux cinq ou six premiers anneaux de la trachée, au cartilage cricoïde, aux lames du cartilage thyroïde et à l'œsophage; une face postérieure convexe adossée à la carotide primitive et aux muscles profonds du cou, une face antérieure convexe recouverte par le sterno-thyroïdien. L'extrémité supérieure se termine en pointe arrondie, l'extrémité inférieure large, arrondie, déborde un peu le bord inférieur de l'isthme. Le lobe droit est habituellement un peu plus volumineux que le gauche.

Le *poids* du corps thyroïde est de 30 grammes environ. Son *volume*, assez variable, plus considérable chez la femme, augmente dans le sommeil, le décubitus dorsal, l'expiration, l'effort, etc.

Variétés. — Quelquefois (rarement) l'isthme manque; beaucoup plus rarement encore c'est un des lobes latéraux. La pyramide de Lalouette est quelquefois détachée du reste de la glande. On peut rencontrer enfin de petites masses glandulaires surnuméraires.

On rencontre souvent, surtout quand la pyramide existe, des faisceaux musculaires striés d'origine variable (faisceaux détachés des muscles thyro-hyoïdien, crico-thyroïdien, constricteur inférieur, cartilage thyroïde), rayonnant vers l'isthme et le bord interne des lobes latéraux ou d'un seul lobe *(élévateur de la thyroïde)*.

---

(1) Les limites de ce traité nous interdisent de donner le développement nécessaire à cette question des glandes vasculaires sanguines (voy. sur ce sujet : Liégeois, *Des glandes vasculaires sanguines*. 1860 ; Beaunis, *Anatomie générale et physiologie du système lymphatique*, 1863 ; Bouchard, *Du tissu connectif*, 1866).

La surface de la glande thyroïde est lisse, d'une couleur qui varie, suivant la réplétion des vaisseaux, du rouge jaunâtre clair à une teinte lie de vin foncé.

Structure. — Le corps thyroïde se compose d'une enveloppe fibreuse et d'un parenchyme.

a) L'*enveloppe fibreuse* est assez résistante, mince et envoie dans l'épaisseur de la glande des cloisons connectives. Cette enveloppe est rattachée aux parties ambiantes par un tissu connectif lâche, qui s'épaissit en certains endroits pour former des espèces de ligaments, un médian et deux latéraux. 1° le *ligament médian* est un cordon fibreux qui rattache l'isthme au premier anneau de la trachée ou au cartilage cricoïde ; 2° les *ligaments latéraux* vont des lobes latéraux aux premiers anneaux de la trachée et au cartilage cricoïde.

b) Le *parenchyme* a tout à fait l'aspect du parenchyme des glandes en grappe. Il se divise comme lui en lobules composés de granulations de $0^m,001$ à peine. On rencontre très-souvent dans ce parenchyme des vésicules d'une grosseur très-variable, visibles à l'œil nu, remplies par une masse hyaline, gélatiniforme, comparable à du sagou cuit (substance colloïde).

Structure d'une granulation glandulaire. — Chaque granulation glandulaire se compose d'une mince enveloppe membraneuse, d'où partent des cloisons, *cloisons intervésiculaires*, dans les mailles desquelles sont renfermés les éléments propres de l'organe ou les *vésicules thyroïdiennes*. Ces vésicules comprennent une *paroi* très-mince, amorphe, tapissée par un *épithélium* polygonal. Cet épithélium se détruit excessivement vite après la mort et, même pendant la vie, subit très-facilement, surtout chez l'adulte, des modifications particulières. Aussi trouve-t-on souvent comme contenu de la vésicule glandulaire un liquide tenant en suspension des noyaux libres, des cellules et des granulations moléculaires brunâtres. Elles sont très-souvent (et on peut presque considérer cet état comme normal à cause de sa fréquence) le siège d'une production de *matière colloïde*, substance liquide visqueuse, jaunâtre, qui précipite par l'acide acétique.

Vaisseaux et nerfs. — Les *artères* de la thyroïde proviennent des thyroïdiennes ; leur volume est considérable, eu égard au volume de la glande, et n'est que de très-peu au-dessous du volume des quatre artères qui se rendent à l'encéphale. D'après Hyrtl, les quatre artères thyroïdiennes se rendent chacune à une région spéciale de la glande, et les anastomoses laryngiennes établiraient seules des communications entre ces départements vasculaires distincts. Les *veines* au contraire communiquent toutes entre elles; elles sont dépourvues de valvules. Elles se rendent dans la veine faciale commune, la jugulaire interne et la veine innominée gauche. Les *lymphatiques* vont à de petits ganglions situés au-dessous de l'isthme et derrière les lobes latéraux ; ils partent des vésicules glandulaires par des culs-de-sac venant s'ouvrir dans des réseaux qui entourent les granulations (Frey). Les *nerfs*, peu nombreux, proviennent de la partie cervicale du grand sympathique et surtout du ganglion cervical moyen, et suivent l'artère thyroïdienne inférieure; on trouve sur leur trajet de petits ganglions microscopiques (Luschka).

§ II. — Rate

La rate est située profondément dans l'hypochondre gauche, entre le diaphragme, le rein gauche et le grand cul-de-sac de l'estomac (Fig. 271). Elle est rattachée à l'estomac et au diaphragme par les replis gastro-splénique et phrénico-splénique, qui seront décrits avec le péritoine, replis assez lâches pour lui permettre dans certains cas de se déplacer.

Elle a une forme ovoïde ou quadrangulaire et présente deux faces : une face externe, costo-diaphragmatique, lisse, convexe, tournée à gauche et en arrière ; une face interne, séparée par une crête saillante, large en bas, en deux parties : la partie postérieure, concave, longe le bord externe du rein gauche ; la partie antérieure, excavée, plus large, répond au grand cul-de-sac de l'estomac ; sur cette face, en avant de la crête de séparation, se trouve un sillon vertical, *hile* de la rate, offrant dix à douze ouvertures. Les bords sont souvent échancrés ; l'antérieur est plus tranchant que le postérieur. L'extrémité inférieure est plus large que la supérieure. La rate présente souvent des traces de lobulations et quelquefois même des lobules complétement indépendants du reste (*rates surnuméraires*).

Le *volume* de la rate est excessivement variable suivant l'afflux sanguin ; aussi est-il très-difficile de donner des mesures précises. En moyenne elle a une longueur de $0^m,12$ sur $0^m,08$ de largeur et $0^m,03$ d'épaisseur.

Son *poids* peut être évalué à 195 grammes (Sappey).

La *couleur* de la rate est lie de vin foncé, sa surface est lisse et brillante à cause de la présence du péritoine ; cette surface au contraire devient froncée si l'enveloppe fibreuse de l'organe n'est plus tendue, par exemple sur une rate incisée. Cette *enveloppe* est blanche, transparente, mince, mais résistante et intimement adhérente au parenchyme splénique. Le *parenchyme*, très-humide sur une coupe, présente une consistance et une cohésion très-faibles et qui diminuent encore et très-rapidement après la mort ; son tissu est alors transformé en une sorte de bouillie rougeâtre, *boue splénique*, qui s'écoule par la pression. Si on enlève toute cette bouillie par le lavage, il ne reste plus qu'une trame de filaments blanchâtres *(trabécules)* partant de l'enveloppe fibreuse ou accompagnant les vaisseaux, et s'entre-croisant dans tous les sens, ce qui donne à l'organe ainsi préparé un aspect aréolaire. Dans ce parenchyme, examiné à l'état frais, se voient à l'œil nu des granulations blanchâtres, arrondies, très-molles, de $0^m,005$, isolables avec la pointe d'une aiguille et dispersées sur le trajet des artères ; ce sont les *corpuscules de Malpighi ;* elles disparaissent très-vite après la mort, on peut en compter une environ pour deux millimètres cubes. On voit encore sur des coupes de la rate les troncs veineux avec leurs ramifications étoilées entourées par les branches artérielles, ce qui rappelle les rapports des veines hépatiques et de la veine porte dans les lobules du foie.

Structure.—L'*enveloppe* de la rate, tapissée par l'épithélium du péritoine, est formée par du tissu connectif et contient une très-grande quantité de fibres élastiques ; chez l'homme elle ne possède pas de fibres lisses.

Le *parenchyme* se compose des *trabécules* et de la *pulpe splénique* contenue dans les mailles circonscrites par les trabécules.

1o *Trabécules.* — Elles se divisent en deux espèces : les unes sont creuses et accompagnent comme gaînes vasculaires les artères et les veines, celles-ci plus loin que les premières ; les autres sont solides, aplaties ou cylindriques et partent de la face profonde de l'enveloppe fibreuse du rein ; elles se subdivisent à l'infini jusqu'à $0^{mm},01$ de diamètre et circonscrivent les mailles où se trouve la pulpe splénique. L'existence de fibres lisses dans ces trabécules est douteuse chez l'homme.

2° *Pulpe splénique* (fig. 346). — La pulpe splénique se compose de deux parties : un réticulum connectif très-fin et des éléments cellulaires.

Le *réticulum* (3) a la structure du tissu connectif réticulaire ordinaire ; seulement il est excessivement délicat ; ce réticulum se continue d'une part avec les plus fines divisions des trabécules spléniques, de l'autre avec le tissu connectif réticulaire de la gaîne adventice des vaisseaux (4) et des corpuscules de Malpighi (6).

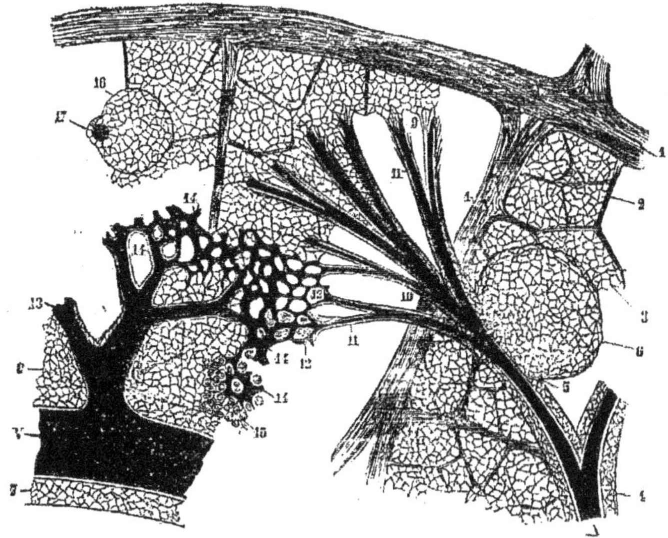

Fig. 346. — *Structure de la rate ; figure schématique* (*)

Les *éléments cellulaires* contenus dans les mailles du réticulum sont : 1° des noyaux libres arrondis ou elliptiques, granuleux ; 2° des globules analogues aux globules lymphatiques ; 3° des cellules contenant deux ou trois noyaux et quelquefois plus ; 4° de grandes cellules contenant des vésicules colorées analogues aux globules rouges ; 5° des globules rouges ; 6° des molécules pigmentaires en amas ou isolées ; 7° des cellules, dites *cellules spléniques*, provenant de l'épithélium des capillaires veineux.

A la pulpe splénique appartiennent encore des capillaires, qui seront décrits avec les vaisseaux.

Vaisseaux. — 1° *Artères.* — L'artère splénique, remarquable par l'épaisseur énorme de sa tunique musculaire, se divise près du hile en cinq à dix branches, qui pénètrent isolément dans la glande et se distribuent chacune à une région distincte de l'organe, sans s'anastomoser avec les branches voisines. Les rameaux qui en naissent, après un certain trajet, se résolvent en un pinceau d'artérioles *(penicilli)*, d'où partent les capillaires.

(*) A. Artère. — V. Veine. — 1) Trabécules spléniques. — 2) Trabécules plus fines. — 3) Réticulum de la pulpe splénique. — 4) Infiltration lymphoïde de la gaîne des artères. — 5) Sa continuation avec un corpuscule de Malpighi. — 7) Gaîne de la veine. — 8) Réticulum de la pulpe splénique. — 9) Terminaison de la gaîne fibrillaire des capillaires artériels avec le réticulum de la pulpe. — 10) Artères des pinceaux. — 11) Capillaires artériels. — 12) Leur abouchement dans les trajets intermédiaires de la pulpe. — 13) Veines. — 14) Capillaires veineux. — 15) Partie de la pulpe où sont restés les éléments cellulaires. — 16) Corpuscule de Malpighi attenant à : 17) une artère et vu sur une coupe perpendiculaire à l'axe du vaisseau.

Jusqu'à un diamètre de $0^{mm},2$ les artères sont accompagnées par les veines et contenues dans la même gaîne fibreuse ; mais à partir de ce diamètre les artères abandonnent les veines, et leur tunique adventice subit une modification qui mène aux corpuscules de Malpighi ; cette tunique prend la structure du tissu réticulaire (4) et s'infiltre de globules lymphatiques *(infiltration lymphoïde diffuse)*. Bientôt celte infiltration se circonscrit dans certains points (6, 16), et ainsi se forment les granulations ou les corpuscules de Malpighi, qui ne sont autre chose qu'une sorte d'hypertrophie locale de la tunique adventice des artères. Ils ont, du reste, la même structure que les follicules clos. Leur réticulum, surtout à la périphérie, est plus résistant, ce qui permet de les isoler facilement du réticulum très-délicat et facilement déchirable de la pulpe splénique ; il n'y a pas de membrane d'enveloppe distincte entourant le corpuscule et l'isolant des parties voisines ; mais comme les mailles périphériques des corpuscules de Malpighi sont assez serrées, leur communication avec les mailles de la pulpe est assez difficile.

Les *capillaires artériels des pinceaux* paraissent se terminer de la façon suivante (9, 10, 11) : la paroi des capillaires, d'abord amorphe, devient peu à peu fibrillaire, et ces fibrilles semblent se continuer directement avec les trabécules fines du réticulum de la pulpe splénique, de sorte que le capillaire lui-même s'aboucherait dans les mailles du réticulum.

2° *Veines.* — Si l'on suit les veines du tronc vers les branches d'origine, on voit la veine splénique se diviser dans le hile en quatre ou cinq branches dépourvues de valvules. Les divisions veineuses accompagnent d'abord les artères et sont situées dans la même gaîne ; puis, quand elles ont atteint $0^{mm},4$ de diamètre, elles abandonnent les artères en conservant encore leur gaîne et émettant des branches qui s'en détachent à angle droit. C'est dans ces branches que viennent s'aboucher les *capillaires veineux* de la rate.

Ces *capillaires veineux* (14) ont un calibre uniforme de $0^{mm},08$, et constituent un élément très-important de la pulpe splénique. Leurs parois sont très-minces et consistent : 1° en une *tunique externe*, d'abord continue, puis interrompue de distance en distance et formée alors par des *fibres annulaires* ou spiralées, d'aspect élastique, régulièrement espacées ; 2° en une *tunique interne*, épithéliale, d'abord continue, puis interrompue comme la précédente ; les cellules épithéliales de ces capillaires veineux ou *cellules spléniques* sont caractéristiques : elles sont fusiformes et leur noyau est ordinairement proéminent et comme pédiculé, de façon qu'il fait saillie dans l'intérieur du vaisseau ; ces cellules sont parallèles à l'axe des capillaires. De cette absence de paroi propre en certains points, il résulte que dans ces points, les capillaires veineux sont limités simplement par la pulpe splénique qui les entoure et que par suite leur cavité communique librement avec les mailles du réticulum de la pulpe *(origines veineuses lacunaires)*.

3° *Trajets intermédiaires entre les capillaires artériels et les capillaires veineux* (12). — C'est là une des questions les plus difficiles de l'histologie, et dont la solution définitive ne peut encore être donnée. Nous avons vu que les capillaires artériels s'ouvrent dans les mailles mêmes de la pulpe splénique, et que c'est aussi dans ces mailles que les capillaires veineux prennent leur origine. Dans ce cas, le sang, au lieu de passer des artères dans les veines par un réseau capillaire ordinaire, passerait au milieu même des éléments de la pulpe splénique en s'y creusant ce que Frey appelle des *trajets pulpeux intermédiaires* (12), système de lacunes intermédiaires aux artères et aux veines. Dans cette hypothèse, la rate serait comparable à une glande lymphatique, dans laquelle les vaisseaux lymphatiques afférents et efférents seraient remplacés par des artères et par des veines. Le réticulum de la pulpe splénique représenterait la pulpe centrale des ganglions lymphatiques, les trajets intermédiaires représenteraient les sinus lymphatiques (Stieda, W. Müller, Frey). Tous les auteurs n'admettent pas cette opinion. Luschka, Billroth, etc., croient à un passage direct des artères dans les veines et rapprocheraient la rate du tissu caverneux. M. Schulze, Kyber, etc., considèrent la rate comme constituée par deux appareils, un appareil sanguin formé par la pulpe splénique et les vaisseaux, un appareil lymphatique formé par les corpuscules de Malpighi, la tunique ou gaîne artérielle infiltrée de globules blancs et le système lymphatique de l'organe [1].

4° *Lymphatiques*. — Ils sont assez nombreux à la périphérie de l'organe. L'existence des lymphatiques profonds, niée pendant longtemps, a été démontrée par Tomsa.

5° *Nerfs*. — Ils proviennent du plexus cœliaque et suivent l'artère splénique. Leur terminaison est inconnue.

§ III. — Capsules surrénales

Les capsules surrénales sont deux petits organes situés au-dessus des reins dans la cavité abdominale. Ils ont la forme d'un casque comprimé latéralement ou mieux d'un bonnet phrygien, et présentent une base, deux faces, deux bords et un sommet. La base concave est appliquée sur la partie interne de l'extrémité supérieure du rein. La face antérieure, un peu convexe, est partagée en deux par un sillon, *hile* de l'organe, oblique en bas et en dedans. La face postérieure est aplatie. Le sommet, plus ou moins aigu, se continue avec les deux bords ; le bord interne est abrupt, presque vertical.

La surface des capsules surrénales est tantôt lisse, tantôt mamelonnée ; quelquefois l'organe est divisé en deux lobes. Plus rarement on trouve de très petites glandes surnuméraires.

Leur volume est variable ; il est relativement plus faible chez l'adulte que chez le nouveau-né. Leur poids est d'environ 7 grammes.

La capsule surrénale répond en arrière au diaphragme. En avant, elle répond à droite au lobe droit du foie, auquel elle adhère intimement, à gauche au pancréas, à la rate et au grand cul-de-sac de l'estomac.

Conformation intérieure. — Les capsules surrénales sont enveloppées par une membrane fibreuse, mince, adhérente, qui envoie des cloisons dans l'intérieur de la glande. Leur parenchyme se divise en deux parties d'aspect bien différent, la *substance corticale* et la *substance médullaire*.

1° La *substance corticale*, qui forme la masse principale de l'organe, a une épaisseur à peu près uniforme de $0^{m},0015$; sa couleur est blanc jaunâtre ou rouge jaunâtre ; vers la profondeur, elle s'assombrit et sur une coupe elle est limitée du côté de la substance médullaire par un liséré foncé parallèle à la surface externe. La coupe paraît homogène, mais sa cassure est fibreuse et présente des stries radiées allant de la face profonde à la face superficielle.

2° La *substance médullaire* s'altère excessivement vite après la mort et se transforme en une bouillie brun foncé (*atrabile* des anciens) contenue dans

[1] Consulter : H. Gray, *On the structure and use of the spleen*. London 1854. — Billroth, *Beit. sur vergl. Histologie der Milz (Archiv. de Müller.* 1857 ; *Virchow's Archiv*, vol. XX et XXXIII ; et *Zeitschrift für wissenschäftl. Zoologie*. Bd XI). — A. Key. *Zur Anatomie der Milz (Virchow's Archiv*, vol. XXI). — F. Schweigger-Seidel. *Disquisit. de liene*. Halis, 1861, et *Virchow's Archiv*, vol. XXIII et XXVII. — L. Stieda, *Virchow's Archiv*, vol. XXIV, et surtout W. Müller, *Ueber den feinern Bau der Milz*. Leipzig, 1865. E. Kyber. *Archiv für mikr, Anat.*, t. VIII.

une cavité centrale ; mais cette cavité n'existe pas pendant la vie. Fraîche, la substance médullaire forme une masse gris rosé, spongieuse, présentant des ouvertures béantes veineuses. Cette substance n'existe pas vers les bords amincis de la glande.

Structure. — 1° *Substance corticale.* — Les cloisons partant de l'enveloppe fibreuse divisent cette substance en loges cylindriques dirigées de la périphérie vers le centre; ces loges ou *cavités glandulaires*, d'abord arrondies en allant de la surface vers la profondeur (*zone glomérulaire* d'Arnold), deviennent ensuite allongées (*zone fasciculée*), et disparaissent à peu près complétement au niveau du liséré sombre qui sépare les deux substances (*zone réticulaire*). Ces mailles sont entrecoupées par un réseau très-fin de trabécules délicates, réseau qui est seul conservé dans la zone réticulaire, où les trabécules volumineuses ont disparu. La zone fasciculée occupe la plus grande étendue de la substance corticale.

Ces cavités contiennent des cellules granuleuses, à noyau, souvent infiltrées de graisse, surtout chez l'adulte. Les cavités cylindriques de la zone fasciculée contiennent quinze à vingt de ces cellules superposées, de façon à former des espèces de colonnettes, qui, d'après certains auteurs, seraient entourées d'une membrane d'enveloppe et constitueraient des tubes fermés. Dans la zone réticulaire, les mailles ne contiennent plus qu'une seule cellule.

2° *Substance médullaire.* — Elle se compose d'un tissu interstitiel et de cellules glandulaires. Le *tissu interstitiel* est formé par un tissu réticulaire, très-fin. Quant aux *cellules* qui sont contenues dans les mailles de ce réseau, il n'y a rien de bien net à leur égard. Pour les uns elles sont analogues aux cellules glandulaires de l'écorce (Ecker, Mœrs); Luschka y décrit des cellules nerveuses ganglionnaires. Ce sujet demande de nouvelles recherches. (Voir : Grandry, *Journal de l'Anatomie*, 1867.)

Vaisseaux et nerfs. — Les *vaisseaux* des capsules surrénales sont très-nombreux eu égard à leur volume. Les *artères* fournissent quinze à vingt branches, qui pénètrent l'organe par sa periphérie et se distribuent isolément dans son intérieur comme pour la rate (Mœrs). Une partie de ces branches artérielles se distribue dans la substance corticale, en formant des pelotons et des glomérules vasculaires caractéristiques (Arnold); l'autre se rend à la partie centrale de la moelle. Les *veines* se divisent en veines *corticales* et une *veine centrale* unique. Les veines corticales suivent les artères et reçoivent le sang du réseau capillaire de la substance corticale; la veine centrale part du centre de la moelle et reçoit le sang du réseau capillaire central de la moelle et, en outre, par des branches veineuses spéciales du réseau périphérique de la moelle; elle sort par le hile pour se jeter à droite dans la veine cave inférieure, à gauche dans la veine rénale. Les *lymphatiques* y sont peu nombreux.

Les *nerfs* proviennent pour la plupart du ganglion semi-lunaire; quelques filets viennent du pneumogastrique et du phrénique. Ils sont excessivement nombreux (Kölliker en a compté trente-trois pour une glande) et forment un plexus surrénal, qui présente des ganglions quelquefois assez volumineux. Dans la substance médullaire, on trouve sur leur trajet des cellules ganglionnaires. Leur terminaison est inconnue.

§ IV. — Glande coccygienne, ganglion intercarotidien et glande pituitaire.

1° GLANDE COCCYGIENNE. — La glande coccygienne est une petite granulation gris rougeâtre, de la grosseur d'une lentille ou d'un pois, située en avant de la pointe du coccyx, dans une petite fossette circonscrite par deux tendons d'attache du releveur de l'anus; elle est suspendue à la terminaison de l'artère sacrée moyenne, qu'on peut suivre, après injection préalable, pour arriver à la glande.

D'après Luschka, ses éléments propres consisteraient en des vésicules et des tubes glandulaires remplis par un épithélium polygonal. Ces cavités paraissent, d'après les recherches d'Arnold et de Meyer, être plutôt des dépendances du système artériel [1].

Les nerfs de la glande coccygienne, au nombre de deux ou trois filets très-fins, proviennent du ganglion coccygien terminal ou du cordon de communication des extrémités inférieures des grands sympathiques. Leur terminaison est inconnue.

2° GANGLION INTERCAROTIDIEN. — Sa structure, analogue à celle de la glande coccygienne, a donné lieu aux mêmes dissentiments. Pour Luschka, ses éléments propres sont des vésicules et des tubes glandulaires qu'Arnold considère comme des glomérules artériels.

3° GLANDE PITUITAIRE. — D'après Peremeschko (1867), le *lobe antérieur* serait divisé en deux parties par une fente transversale, sorte de canal étroit, tapissé par un épithélium vibratile. La partie antérieure au canal ou substance corticale, plus épaisse, présente des vésicules glandulaires remplies souvent de matière colloïde et comparables à celles de la thyroïde; la partie postérieure, substance corticale, se compose de lobules radiés contenant des cellules irrégulières et fréquemment aussi de la matière colloïde. Le lobe postérieur est un prolongement de l'infundibulum et paraît contenir des cellules nerveuses. La question de savoir si le canal de la glande pituitaire communique, ou non, avec la cavité de l'infundibulum est laissée indécise [2].

CHAPITRE VII

PÉRITOINE

Le *péritoine* (fig. 347) est une membrane séreuse qui tapisse les parois de la cavité abdominale et se réfléchit de ces parois sur une partie des viscères contenus dans cette cavité en les entourant presque complétement ; de là la distinction du péritoine en *péritoine pariétal* et *péritoine viscéral*. En se réfléchissant des parois abdominales sur les viscères (14) ou en passant d'un viscère à l'autre (12), il forme des *replis (mésentère, épiploons)* constitués par deux feuillets péritonéaux adossés et contenant les nerfs et les vaisseaux qui se rendent à ces organes. Ces replis sont plus ou moins longs et par suite permettent une plus ou moins grande mobilité aux organes auxquels ils s'attachent.

Le péritoine représente chez l'homme un sac clos; chez la femme ce sac communique au niveau du pavillon de la trompe avec la muqueuse de la trompe. Il a deux faces : 1° une face adhérente, rugueuse, unie aux parois abdominales, à la surface interne des viscères, et, au niveau des replis péritonéaux, à la face profonde correspondante du feuillet qui lui est adossée ; 2° une face libre, lisse, humide, tournée du côté de la cavité péritonéale.

La cavité péritonéale, la plus vaste des cavités séreuses, peut être démontrée par l'insufflation; mais, à l'état normal, elle n'existe que virtuelle-

---

[1] Voy. à ce sujet : Luschka, *Der Hirnanhang und die Steissdrüse des Menschen*, 1860. — Arnold, *Ein Beitrag zur der Structur der sogenannten Steissdrüse (Virchow's Archiv*, vol. XXII). — G. Meyer, *Zur Anatomie der Steissdrüse (Zeitschrift für rationelle Medizin)*.

[2] Peremeschko, *Ueber den Bau des Hirnanhanges (Virchow's Archiv*, vol. XXXVIII).

ment et se réduit aux interstices linéaires irréguliers qui séparent les uns des autres les viscères abdominaux. En d'autres termes, la face libre de la séreuse est partout accolée à elle-même, sauf dans les cas pathologiques. Au-dessous du foie, entre la veine cave inférieure et la veine porte, la séreuse péritonéale s'invagine, de façon à former une cavité accessoire ou une sorte de bourse, *arrière-cavité des épiploons*, comprise dans la grande cavité péritonéale et ne communiquant avec elle que par une ouverture étroite, *hiatus de Winslow*.

A. Péritoine pariétal. — Il tapisse les différentes parois de la cavité abdominale et se comporte différemment sur chacune d'elles.

1° *Paroi antérieure.* — On voit partir de l'ombilic quatre replis péritonéaux, un supérieur et trois inférieurs. Le supérieur, ligament suspenseur du foie, appartient aussi à la paroi supérieure. Les inférieurs sont dus au soulèvement du péritoine par trois cordons fibreux, l'ouraque sur la ligne médiane, le cordon oblitéré des artères ombilicales sur les parties latérales ; ces trois replis se portent à la vessie, celui de l'ouraque au sommet de l'organe, ceux des artères ombilicales sur les côtés. En dehors du repli des artères ombilicales, le péritoine est soulevé par la saillie des artères épigastriques. Il en résulte de chaque côté trois dépressions, qui ont reçu le nom de *fossettes inguinales ;* une *interne*, comprise entre le repli de l'ouraque et celui de l'artère ombilicale ; une *moyenne*, entre ce dernier et le repli de l'artère épigastrique ; une externe, en dehors de l'artère épigastrique ; celle-ci correspond à l'anneau inguinal interne ; quelquefois, chez la femme, le péritoine forme là un cul-de-sac qui se prolonge plus ou moins loin dans le canal inguinal, *canal de Nuck*. Au niveau de l'anneau crural le péritoine offre aussi une dépression légère, *fossette crurale*.

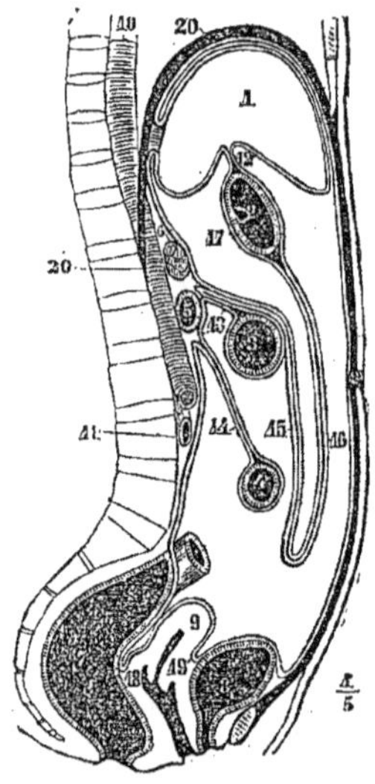

Fig. 347.

Péritoine, coupe antéro-postérieure et médiane de la cavité abdominale (*).

2° *Paroi postérieure.* — Sur la paroi postérieure, il tapisse non-seulement la paroi abdominale proprement dite et les gros vaisseaux, mais encore la face antérieure du pancréas, du duodénum, des reins, des capsules surrénales, le tiers antérieur du côlon ascendant et du côlon descendant et la moitié antérieure du cæcum au-dessus de l'abouchement de l'intestin grêle. C'est de cette paroi que partent la plupart des replis péritonéaux qui se rendent aux viscères, le *ligament coronaire* qui va au bord postérieur du foie, le *méso-côlon transverse* (13) qui va au côlon transverse, le *mésentère* de l'intestin

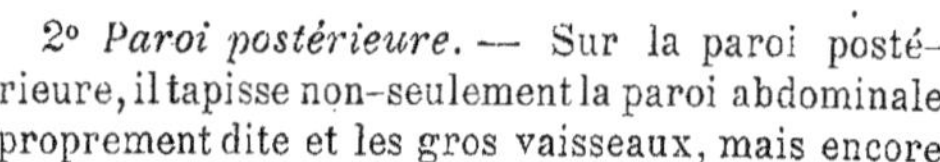

(*) 1) Foie. — 2) Estomac. — 3) Côlon transverse. — 4) Intestin grêle. — 5) Duodénum. — 6) Pancréas. — 7) Rectum. — 8) Vessie. — 9) Utérus. — 10) Aorte. — 11) Veine cave inférieure. — 12) Épiploon gastro-hépatique. — 13) Mésocôlon transverse. — 14) Mésentère. — 15) Lame postérieure du grand épiploon. — 16) Sa lame antérieure. — 17) Arrière-cavité des épiploons. — 18) Cul-de-sac recto-vaginal. — 19) Cul-de-sac utéro-vésical. — 20) Diaphragme.

grêle (14) et sur les côtés, le *ligament phrénico-splénique*, se rend à l'extrémité supérieure de la rate, le *mésocæcum* qui va au cæcum et à l'appendice vermiculaire, et le *mésocôlon iliaque* destiné à l'S iliaque. Le nombre de ces replis s'explique facilement, puisque la plupart des artères viscérales naissent de l'aorte située sur cette paroi postérieure.

3° *Parois latérales.* — Sur ces parois le péritoine ne présente rien de particulier.

4° *Paroi supérieure.*—Il tapisse toute la face inférieure du diaphragme et offre là un repli important, *ligament suspenseur du foie* ou *falciforme*, qui se porte de l'ombilic au foie et au ligament coronaire. En arrière, il se réfléchit du diaphragme sur le foie pour constituer le feuillet supérieur du ligament coronaire. Cette partie du péritoine est adossée à la plèvre au niveau des lacunes que présente le diaphragme.

5° *Partie inférieure ou pelvienne.* — *a)* Chez l'*homme*, il tapisse le sommet et la face postérieure de la vessie, ainsi que ses faces latérales, en descendant plus ou moins bas (ordinairement jusqu'aux vésicules séminales), et se réfléchit alors sur la face antérieure du rectum en formant le cul-de-sac recto-vésical ; il ne tapisse d'abord que ses parties antérieures et latérales, mais dans le tiers supérieur du rectum il l'enveloppe complétement et offre alors un *méso-rectum.*

b) Chez la *femme*, il forme un large repli transversal, qui enveloppe les organes génitaux internes.

1° La *partie médiane* de ce repli enveloppe l'utérus et se réfléchit en avant et en arrière pour se porter sur la vessie et sur le rectum. *En avant*, il se réfléchit avant d'arriver au col, et constitue en passant de l'utérus sur la face postérieure de la vessie le *cul-de-sac utéro-vésical* (19), limité de chaque côté par les *replis utéro-vésicaux. En arrière*, le péritoine descend plus bas, tapisse même un peu la face postérieure du vagin et, arrivé à 0^m,06 au-dessus de l'anus, se réfléchit sur le rectum en formant le *cul-de-sac recto-utérin* (18), limité latéralement par les *plis semi-lunaires de Douglas*, qui se réunissent en arrière du vagin en un repli concave, *ligament de Petit.*

2° Les *parties latérales, ligaments larges*, se continuent inférieurement avec le péritoine, qui revêt l'excavation du petit bassin. Leur partie supérieure, libre, présente trois replis secondaires ou *ailerons ;* le postérieur contient l'ovaire ; le moyen, qui constitue la partie supérieure du ligament large, contient la trompe ; l'antérieur loge le ligament rond et l'accompagne jusqu'à l'anneau inguinal interne et quelquefois se prolonge en cul-de-sac jusque dans le canal même *(canal de Nuck)*. Entre l'aileron postérieur et l'aileron moyen de la trompe, le ligament large s'élargit en un repli triangulaire *(ala vespertilionis)* dont la base externe est libre et qui contient le corps de Rosenmüller.

B. PÉRITOINE VISCÉRAL. — Les viscères sont rattachés par des replis aux parois abdominales ou sont rattachés les uns aux autres. De là deux classes de replis péritonéaux.

a) *Replis péritonéaux rattachant les organes aux parois abdominales.* — Ces replis sont appelés *mésentères* (mésentère proprement dit, mésocôlon, etc.), s'ils se rendent au tube intestinal, *ligaments péritonéaux*, s'ils vont aux autres organes. Ils sont tous composés de deux feuillets. Nous allons les décrire successivement.

1° *Ligament suspenseur du foie ou falciforme.* — Ce ligament est triangulaire et contient le cordon fibreux de la veine ombilicale. Il part de l'ombilic et se porte de là à droite et en arrière, en s'élargissant, jusqu'au sillon longitudinal du foie; là il se divise en deux parties, une partie supérieure qui passe entre le diaphragme et la face supérieure du foie et arrive jusqu'au ligament coronaire, et une partie inférieure qui accompagne le cordon fibreux et la veine ombilicale dans le sillon longitudinal. Son bord convexe, continu au péritoine pariétal, répond d'abord à la ligne blanche, puis à la face inférieure du diaphragme; son bord concave, inférieur, libre, va de l'ombilic au sillon longitudinal; sa base se bifurque en embrassant le foie, dont elle trace la division en deux lobes. Sa face antérieure et droite est adossée au diaphragme; sa face inférieure gauche répond au foie.

2° *Ligament coronaire.* — Ce ligament, constitué par deux feuillets péritonéaux très-écartés, se porte du bord postérieur du foie au diaphragme; il s'élargit à ses deux extrémités pour former les deux *ligaments triangulaires droit* et *gauche.*

3° *Ligament hépatico-rénal.* — C'est un repli qui va de la face inférieure du lobe droit du foie au rein. Son bord libre, tourné à gauche, limite en arrière l'hiatus de Winslow.

4° *Ligament phrénico-splénique.* — Ce repli se porte du diaphragme à l'extrémité supérieure de la rate et forme une sorte de bourse entre la rate et le rein.

5° *Ligament phrénico-gastrique.* — Ce repli, court, triangulaire, s'étend du côté gauche de l'ouverture œsophagienne au côté gauche du cardia.

6° *Ligament duodéno-rénal.* — Ce repli, horizontal, concave supérieurement, unit la partie supérieure du duodénum au sommet du rein droit.

7° *Mésentère* (14). — Le mésentère, exclusivement affecté à l'intestin grêle proprement dit, a une forme triangulaire : son sommet tronqué, *racine du mésentère*, s'étend de la deuxième vertèbre lombaire à l'articulation sacroiliaque droite; sa base, élargie en éventail, curviligne, s'insère au hile de l'intestin grêle. C'est dans sa partie moyenne qu'il présente le plus de hauteur, et par suite les anses intestinales correspondantes ont le plus de mobilité.

8° *Mésocæcum.* — Le cæcum est enveloppé par le péritoine jusqu'à l'abouchement de l'intestin grêle. L'appendice iléo-cæcal a un petit mésentère variable qui limite avec la terminaison du mésentère une petite bourse ouverte en dedans et en bas vers le petit bassin.

9° *Mésocôlon transverse* (13). — Ce repli, assez large à sa partie médiane, se compose de deux feuillets : l'un, postérieur et inférieur, qui se continue avec le feuillet supérieur et droit du mésentère; l'autre antérieur et supérieur, qui se porte vers le pancréas et qui chez l'adulte se soude à la lame postérieure du grand épiploon (15) située au-dessous de lui. A gauche, la

partie supérieure du côlon descendant est rattachée au diaphragme par un repli qui reçoit comme un sac l'extrémité inférieure de la rate.

10° *Mésocôlon iliaque.* — Ce repli, plus lâche, rattache l'S iliaque à la fosse
iliaque gauche.

11° *Mésorectum.* — Ce repli, continu au précédent , n'existe que pour la
partie supérieure du rectum.

12° *Ligaments larges.* — Ils ont été décrits avec le péritoine de la paroi
abdominale inférieure.

b) *Replis péritonéaux rattachant les organes entre eux.* Ces replis sont
les *épiploons* et les *ligaments interviscéraux.*

1° *Grand épiploon* ou *épiploon gastro-colique* [1]. — Ce large repli s'insère en haut à la grande courbure de l'estomac, descend (16) en avant des circonvolutions intestinales *(lame antérieure du grand épiploon)*, puis, arrivé
plus ou moins bas, remonte *(lame postérieure du grand épiploon* (15), s'accole au feuillet supérieur du mésocôlon transverse, auquel il se soude chez
l'adulte, et arrive jusqu'à la paroi abdominale postérieure. Là les deux feuillets
qui le composent s'écartent ; l'inférieur se réfléchit immédiatement pour constituer le feuillet supérieur du mésocôlon transverse ; le supérieur remonte le
long de la paroi postérieure de l'abdomen en avant du pancréas (6) et va former
le feuillet inférieur du ligament coronaire du foie. On voit que le mésocôlon
transverse n'est pas, comme on le dit souvent, formé par les deux feuillets de la
lame postérieure du grand épiploon, qui s'écarteraient pour entourer le côlon ;
ce qui a donné lieu à cette erreur, ce sont les adhérences qui existent chez
l'adulte entre leurs lames ; mais en général on peut les séparer assez facilement sur le fœtus. Le grand épiploon descend plus bas à gauche qu'à droite ;
à droite et en haut, il se continue avec le ligament hépatico-colique. Entre ces
deux lames est comprise la partie inférieure de l'arrière cavité des épiploons
(17) mais chez l'adulte, elles sont ordinairement soudées.

2° *Petit épiploon* ou *épiploon gastro-hépatique* (12). — Ce repli s'étend
du sillon transverse du foie à la petite courbure et au duodénum *(ligament hépatico-duodénal).* Il contient dans son intérieur la veine porte, l'artère hépatique et le canal cholédoque, et se continue à gauche avec le ligament phrénico-gastrique ; à droite avec le ligament hépatico-colique. Il limite en haut et
en avant l'arrière-cavité des épiploons.

3° *Ligament gastro-splénique.* — Ce ligament s'étend du hile de la rate
à l'estomac ; il contient les vaisseaux courts.

4° *Ligament hépatico-colique.* — Ce repli n'est autre chose que la terminaison et le prolongement de l'épiploon gastro-hépatique et et du ligament hépatico-duodénal, qui se portent jusqu'à la partie supérieure du côlon ascendant.

Dans le péritoine considéré dans son ensemble, on distingue :

1° *Cavité péritonéale* et *arrière-cavité des épiploons.* — La cavité péri-

---

[1] Ce nom de *gastro-colique* lui a été donné à tort, puisqu'en arrière il va jusqu'au
pancréas et dépasse le côlon transverse.

tonéale est divisée en deux cavités par une sorte d'étranglement, mais de telle façon que la petite cavité, *arrière-cavité des épiploons* (17), se trouve invaginée dans la grande, *cavité péritonéale proprement dite*. Le lieu de l'étranglement, ou l'orifice de communication des deux cavités, porte le nom d'*hiatus de Winslow*.

L'*hiatus de Winslow* est une ouverture arrondie assez grande pour admettre le doigt indicateur. Elle a pour limites : en avant, la veine porte et le ligament hépatico-duodénal, qui termine à droite l'épiploon gastro-hépatique; en arrière, la veine cave inférieure et surtout le bord concave du ligament hépatico-rénal; en haut, la face inférieure du lobe droit du foie près du col de la vésicule; en bas, la partie supérieure du duodénum.

L'*arrière-cavité des épiploons* (17) est limitée : en haut, par le lobe de Spigel et le feuillet inférieur du ligament coronaire; en bas, par la réflexion des lames du grand épiploon; en avant, par la face postérieure de l'estomac et le ligament gastro-splénique et par la lame antérieure du grand épiploon, en arrière, par la lame postérieure du grand épiploon et par le feuillet supérieur de cette lame, qui monte en avant du pancréas jusqu'au ligament coronaire; à gauche, par le ligament phrénico-gastrique, phrénico-splénique, gastro-splénique et le grand épiploon ; à droite par le ligament duodéno-rénal et le grand épiploon. Cette cavité n'est pas en général démontrable chez l'adulte, où les lames qui la circonscrivent se soudent ordinairement plus ou moins. Cette arrière-cavité des épiploons est elle-même divisée en deux cavités secondaires par un repli, *ligament gastro-pancréatique*, qui va obliquement de gauche à droite, du cardia vers la face antérieure du pancréas et la partie postérieure du duodénum, et isole la face postérieure de l'estomac du lobe de Spigel. La *cavité supérieure, petite bourse épiploïque*, loge le lobule de Spigel; l'hiatus de Winslow y donne immédiatement accès; la cavité inférieure, *grande bourse épiploïque*, comprend tout le reste de l'arrière-cavité des épiploons.

2° *Trajet du péritoine.* — Pour bien comprendre la disposition générale du péritoine et les rapports de ses deux portions avec la cavité des épiploons, il est utile de suivre son trajet sur une coupe verticale et médiane antéropostérieure.

Sur une coupe verticale (Fig. 347), on voit qu'il se divise en deux parties, que nous pouvons supposer partir du sillon transverse du foie.

1° *La partie qui tapisse la grande cavité péritonéale* part du sillon transverse, descend vers la petite courbure en formant le feuillet antérieur de l'épiploon gastro-hépatique (12) et tapisse la face antérieure de l'estomac; arrivée à la grande courbure, elle descend comme feuillet antérieur du grand épiploon, remonte comme feuillet postérieur du même et arrive à la paroi abdominale postérieure au niveau de la deuxième vertèbre lombaire, se réfléchit pour constituer le feuillet supérieur du mésocôlon transverse, enveloppe le côlon, forme le feuillet inférieur du mésocôlon (13), recouvre la face antérieure de la troisième portion du duodénum, se réfléchit pour fournir le feuillet supérieur droit du mésentère, entoure l'intestin grêle, forme ensuite le feuillet inférieur gauche et arrive sur le rectum. Dans l'excavation pelvienne il constitue les culs-de-sac recto-vésical chez l'homme, recto-vaginal et utéro-vésical chez la femme, remonte le long de la paroi abdominale antérieure, tapisse la face convexe du diaphragme, se réfléchit au niveau du bord postérieur du foie pour constituer le feuillet supérieur du ligament coronaire, recouvre la face concave du foie, son bord antérieur, sa face inférieure et arrive à son point de départ, c'est-à-dire au sillon transverse.

2° *Le péritoine qui tapisse l'arrière-cavité des épiploons* part du sillon transverse, forme le feuillet postérieur de l'épiploon gastro-hépatique, tapisse la face postérieure de l'estomac et, au niveau de la grande courbure, s'accole au feuillet externe du grand épiploon, dont il constitue le feuillet interne et l'accompagne jusqu'à la deuxième vertèbre lombaire; là il s'en sépare, se porte en haut et en avant du pancréas, fournit le feuillet inférieur du ligament coronaire, tapisse le lobe de Spigel et la face inférieure du foie et arrive à son point de départ au sillon transverse.

Structure. — Le péritoine est constitué par une charpente fibreuse de tissu connectif très-riche en fibrilles élastiques, recouverte par un épithélium pavimenteux simple. Le feuillet pariétal est plus épais; le feuillet viscéral dans bien des points paraît réduit à une simple couche épithéliale. L'adhérence aux parties sous-jacentes, très-intime dans certains points, très-lâche dans d'autres, se fait par un tissu sous-séreux lamelleux.

Le péritoine est très-riche en *vaisseaux*. Les *veines* forment à sa face profonde un réseau qui communique avec les branches de la veine porte. Il contient des réseaux lymphatiques. Les *nerfs*, assez nombreux, viennent du phrénique (par le ligament suspenseur du foie), des derniers nerfs intercostaux, des nerfs lombaires et du grand sympathique.

LIVRE SEPTIÈME

ORGANES DES SENS

PREMIÈRE SECTION

APPAREIL DE LA VISION

Préparation. — A. *Globe oculaire.* La dissection de l'œil doit se faire en grande partie sous l'eau. L'examen du globe oculaire comprend deux sortes de préparations : 1° la séparation par couches des trois membranes de l'œil, et 2° des coupes. Les coupes, soit équatoriales, soit méridiennes, peuvent être faites sur des yeux frais et plus facilement sur des yeux durcis par l'acide chromique ou le sublimé. La séparation des diverses couches se fait de la façon suivante. Pour mettre à nu la choroïde, on fait une très-légère incision à la sclérotique au niveau du plan équatorial de l'œil ; dès que la couleur noire de la choroïde apparaît au fond de l'incision, on insuffle de l'air entre les deux membranes pour les écarter l'une de l'autre, et on incise circulairement avec précaution la sclérotique, de façon à la partager en un segment antérieur et un segment postérieur. On divise chacun de ces segments en deux ou quatre lambeaux, qu'on détache de la choroïde, les uns en avant et les autres en arrière. de façon à l'isoler complétement ; il faut beaucoup d'attention au niveau du limbe de la cornée, à cause des adhérences qui existent à ce niveau entre la membrane externe et la choroïde. Pour mettre à nu la rétine, on saisit la choroïde avec deux pinces, mais de façon à ne pas saisir toute l'épaisseur de cette membrane, de peur de saisir aussi la rétine, et on la déchire. Il est facile ensuite de l'isoler complétement de la rétine par le même procédé que précédemment. Il faut une certaine précaution pour détacher les procès ciliaires de la zone de Zinn à cause de leur adhérence. Le canal de Petit peut être insufflé par une légère piqûre ; le canal de Fontana est injecté ordinairement au mercure.

L'appareil de la vision comprend de chaque côté un organe fondamental, le *globe* ou *bulbe oculaire*, et des organes accessoires ayant pour but la protection ou les mouvements du bulbe.

CHAPITRE PREMIER

BULBE OU GLOBE OCULAIRE

Après un trajet de 0ᵐ,03, à partir du trou optique, le nerf optique vient se terminer au globe oculaire. Cet organe, situé dans la cavité orbitaire, a la forme d'un sphéroïde irrégulier, dont la partie antérieure *(cornée)* est plus fortement bombée que le reste (Fig. 348), de façon que le diamètre antéro-postérieur dépasse les deux autres de 0ᵐ,001 environ. On appelle *axe de l'œil* la ligne passant par le centre du globe oculaire et le centre de la cornée ; les points où cette ligne coupe la surface du globe sont les *pôles* du bulbe oculaire. L'*équateur* de l'œil est le plan perpendiculaire à l'axe et partageant le globe en deux hémisphères, un antérieur et un postérieur. Les *méridiens* sont les plans conduits par l'axe de l'œil.

L'entrée du nerf optique dans le bulbe se fait à 0^m,003 ou 0^m,004 en dedans du pôle postérieur, et à 0^m,001 au-dessous du plan méridien horizontal.

Les dimensions moyennes de l'œil sont les suivantes : diamètre antéro-postérieur 0^m,024 ; diamètre transversal 0^m,0235 ; diamètre vertical 0,023. Son poids est de 7 à 8 grammes. L'œil de femme est un peu plus petit.

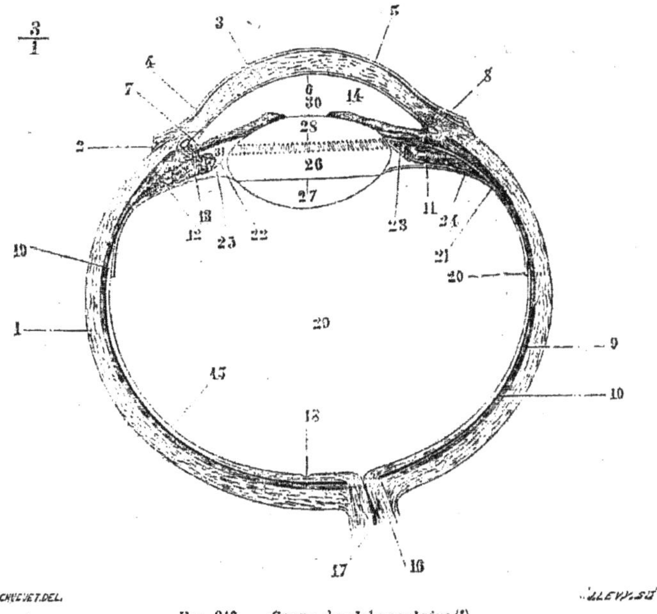

Fig. 348. — *Coupe du globe oculaire* (*).

Le globe oculaire se compose de membranes enveloppantes et de milieux transparents. Les membranes enveloppantes, au nombre de trois, sont, en allant de l'extérieur à l'intérieur : 1° la *sclérotique* (1), qui se continue en avant avec la *cornée* (2) pour former l'enveloppe fibreuse de l'œil ; 2° la *choroïde* (10) continue en avant avec l'*iris* (14) ; 3° la *rétine* (15). Les milieux transparents sont, en allant d'avant en arrière : 1° l'*humeur aqueuse*, qui occupe les *chambres antérieure* (30) et *postérieure* (31) de l'œil ; 2° le *cristallin* (26) ; et 3° l'*humeur vitrée* (29). Au point de vue physiologique, le globe oculaire peut être divisé en quatre appareils principaux : 1° un appa-

(*) 1) Sclérotique. — 2) Conjonctive. — 3) Cornée. — 4) Lame élastique antérieure de la cornée. — 5) Epithélium de la cornée. — 6) Membrane de Demours. — 7) Ligament pectiné. — 8) Canal de Fontana. — 9) Choroïde. — 10) Couche pigmentaire de la choroïde. — 11) Procès ciliaires. — 12) Muscle ciliaire. — 13) Ses fibres orbiculaires. — 14) Iris. — 15) Rétine. — 16) Nerf optique. — 17) Artère centrale de la rétine. — 18) Fosse centrale — 19) Partie antérieure de la rétine et *ora serrata*. — 20) Hyaloïde. — 21) Sa division en deux feuillets. — 22) Feuillet antérieur de l'hyaloïde ou zone de Zinn. — 23) Le même, sectionné dans l'intervalle de deux procès ciliaires. — 24) Feuillet postérieur de l'hyaloïde. — 25) Canal de Petit. — 26) Cristallin. — 27) Ligne indiquant l'attache du feuillet postérieur de l'hyaloïde sur le cristallin. — 28) Ligne onduleuse indiquant l'attache de la zone de Zinn. — 29) Corps vitré. — 30) Chambre antérieure. — 31) Chambre postérieure. — (D'après Ecker.)

reil de soutien, constitué par sa membrane fibreuse d'enveloppe (sclérotique et cornée) ; 2° un appareil d'accommodation, constitué par la choroïde, l'iris et le cristallin ; 3° un appareil de réfraction, qui comprend la cornée et les milieux transparents ; 4° un appareil de perception, formé par la rétine.

ARTICLE I. — MEMBRANE EXTERNE DE L'ŒIL

§ I. — Sclérotique ou cornée opaque (fig 348, 1).

La sclérotique occupe les cinq sixièmes postérieurs du bulbe. Sa *couleur* est blanche chez l'adulte, blanc bleuâtre chez les enfants, jaunâtre chez les vieillards. Son *épaisseur*, de $0^m,001$ près de l'entrée du nerf optique, diminue peu à peu d'arrière en avant ($0^m,0003$ à $0^m,0004$).

Sa face externe donne attache aux tendons des muscles de l'œil, et est couverte en avant par la conjonctive (*blanc de l'œil*). Sa face interne, brunâtre, creusée de sillons antéro-postérieurs pour les nerfs ciliaires, répond à la choroïde. En arrière elle présente une ouverture conique à base postérieure pour le passage du nerf optique, ou mieux son tissu se continue avec le névrilemme externe du nerf optique, du moins pour ses couches périphériques.

La sclérotique est percée de canaux obliques qui laissent passer les vaisseaux et les nerfs ciliaires. Son tissu, très-dense, fibreux, se laisse déchirer difficilement en lames quadrangulaires à bords irréguliers.

Structure. — La sclérotique se compose de faisceaux connectifs s'entre-croisant à angle droit; les uns méridionaux, en général plus superficiels, et continus en arrière aux fibres longitudinales du névrilemme externe du nerf optique; les autres équatoriaux, prédominant dans les couches profondes. Ces faisceaux sont séparés par des réseaux fins de fibres élastiques et des amas pigmentaires. La couleur brune de sa face interne provient de la choroïde *(lamina fusca)*.

Vaisseaux. — Les *artères* de la sclérotique viennent des artères ciliaires postérieures et antérieures. Les *veines* vont, celles du réseau capillaire postérieur, à des veines ciliaires postérieures, qui ne reçoivent rien de la choroïde ; celles du réseau capillaire antérieur, aux veines ciliaires antérieures, soit directement, soit par l'intermédiaire du plexus veineux du canal de Fontana. Le réseau capillaire de la sclérotique communique en avant avec le réseau capillaire de la choroïde, et avec celui de la conjonctive (voyez *Conjonctive*).

§ II. — Cornée transparente ou cornée proprement dite
(fig. 348, 3).

La cornée est cette membrane transparente qui occupe le sixième antérieur du globe oculaire. La courbure de sa face extérieure, plus marquée que celle de la sclérotique, appartient à un rayon de $0^m,008$; mais elle n'est pas exactement sphérique ; elle représente en réalité des méridiens presque elliptiques et à peu près symétriques. Son indice de réfraction est 1,3525. Son épaisseur est un peu moindre au centre que près des bords.

Sa circonférence est taillée en biseau aux dépens de sa face externe, de orte qu'elle est enchâssée dans l'ouverture antérieure de la sclérotique comme un verre de montre dans son cadre. A la réunion des deux membranes se trouve un canal circulaire, *canal de Schlemm ou de Fontana* (8), plus rapproché de leur face postérieure.

Sa face antérieure est un peu ovale, à grand axe transversal ; sa face postérieure est circulaire, aspect dû à ce que la sclérotique empiète un peu sur elle en haut et en bas.

La cornée peut, à l'aide du scalpel, être divisée artificiellement en lamelles plus ou moins nombreuses.

Structure. — La cornée se compose d'une membrane propre comprise entre deux couches épithéliales ayant chacune pour support une lamelle élastique mince. Le revêtement épithélial antérieur est la continuation de l'épithélium de la conjonctive ; le revêtement postérieur appartient à la membrane de l'humeur aqueuse ou membrane de Descemet. On trouvera donc d'avant en arrière : 1, l'épithélium antérieur ; 2, la lamelle élastique antérieure ; 3, la membrane propre de la cornée ; 4, la lamelle élastique postérieure ; 5, l'épithélium postérieur de la cornée.

1° *Épithélium antérieur* (5). — C'est un *épithélium pavimenteux* stratifié, qui se continue avec celui de la conjonctive ; les cellules profondes sont cylindriques, les moyennes polygonales, les supérieures aplaties et lamelleuses.

2° *Lame élastique antérieure.* — Cette membrane, excessivement mince (4), n'est que la couche limitante antérieure de la membrane propre, dont elle est une dépendance.

3° *Membrane propre de la cornée.* — Elle forme la plus grande parte de l'épaisseur de la cornée et comprend une substance fondamentale et des éléments cellulaires.

a) La *substance fondamentale* est composée de *lamelles*, réductibles elles-mêmes en lamelles plus fines, ou, suivant quelques auteurs, en faisceaux aplatis entre-croisés. Les derniers éléments paraissent être formés par des fibrilles, disposées parallèlement dans les faisceaux et les lamelles et visibles par certains réactifs. Entre ces faisceaux et ces lamelles de la cornée existent des *lacunes* qui peuvent être injectées, et que quelques anatomistes ont regardées comme un système de canaux anastomosés traversant toute l'épaisseur de la cornée (*corneal tubes* de Bowman).

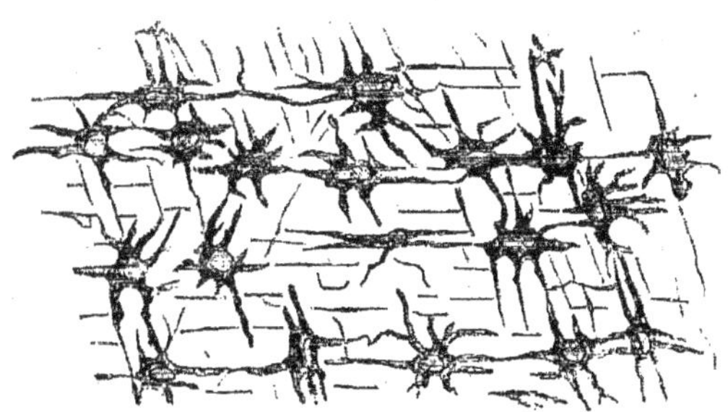

FIG. 349. — *Corpuscules étoilés de la cornée* (*).

b) Les *éléments cellulaires* de la cornée sont de deux espèces : 1° Les uns, *corpuscules étoilés de la cornée* (fig. 349), sont des cellules à noyau, dont les prolongements s'anastomosent fréquemment entre eux et constituent ainsi un réseau analogue au réseau

(*) Coupe de la cornée parallèle à la surface (Virchow).

des cellules connectives du tissu muqueux ; 2° les autres, *globules migrateurs* de Recklinghausen, sont analogues aux globules lymphatiques et situés dans les lacunes de la substance fondamentale, qu'ils parcourent dans divers sens (¹).

4° *Lame élastique postérieure (membrane de Demours ou de Descemet)*. — C'est une membrane épaisse de 0ᵐᵐ,007, très-transparente *(membrane vitrée)*, élastique, facilement isolable de la cornée et s'enroulant alors par ses bords, qui offrent une cassure nette.

5° *Épithélium postérieur*. — Il est formé par une couche simple de cellules polygonales à noyau arrondi.

Vers les bords de la cornée *(limbe)* ces différentes couches subissent quelques modifications. L'épithélium antérieur augmente d'épaisseur, tandis que la lame élastique antérieure se confond avec le derme de la conjonctive. Quant aux fibres de la cornée, elles se continuent sans interruption avec les faisceaux de la sclérotique, en changeant seulement d'aspect, de façon que la séparation des deux membranes est tout à fait artificielle. La lame élastique postérieure, en approchant du limbe, prend un aspect fibrillaire spécial, s'épaissit (fig. 356, 5) et va s'attacher par ses fibres externes à la face interne

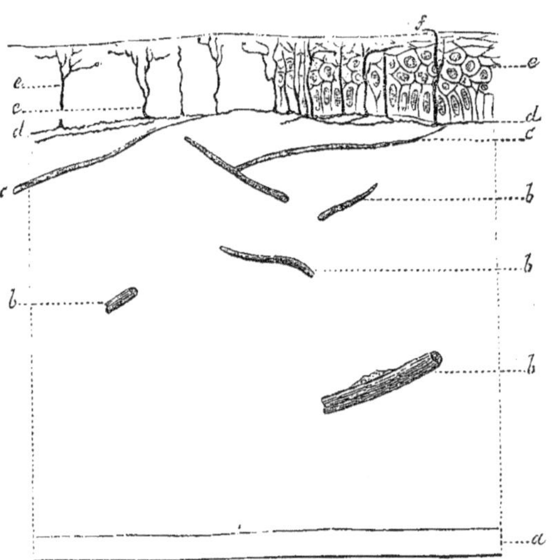

Fɪɢ. 350. — Nerfs de la cornée (*).

du canal de Fontana, tandis que les autres, sous le nom de *ligament pectiné*, se réfléchissent de la cornée sur l'iris. L'épithélium postérieur semble disparaître au niveau du ligament pectiné.

(1) Il y a encore du doute sur la nature de ces deux espèces d'éléments de la cornée. Henle regarde les corpuscules de la cornée comme de simples lacunes de la substance fondamentale. Quant à l'étude des globules migrateurs, elle a surtout été faite sur des cornées d'animaux inférieurs.

(*) Cornée de lapin traitée par le chlorure d'or. — *a*, Membrane de Descemet. — *b*, Troncs nerveux coupés. — *d*) Réseaux nerveux dans la membrane de Bowmann. — *e*) Épithélium de la face antérieure. — *f*) Filets nerveux terminaux (Cohnheim).

La cornée ne contient pas de vaisseaux. Les capillaires de la conjonctive et de la sclérotique forment des anses, qui dépassent à peine le limbe de la cornée. Pour les lymphatiques, voir les lymphatiques de l'iris et de la choroïde.

Nerfs. — La cornée reçoit quarante à quarante-cinq troncs nerveux provenant du plexus ciliaire et passant de la sclérotique dans la cornée. Ces nerfs perdent bientôt leur gaîne médullaire et forment des plexus dans l'épaisseur de la cornée, plexus d'autant plus fins qu'ils sont situés dans les couches antérieures. D'après des recherches récentes, ces nerfs se termineraient de deux façons : 1º les uns, *nerfs de la membrane propre*, ne sortent pas de la couche moyenne et, d'après Kühne, entreraient en connexion avec les corpuscules étoilés de la cornée (nerfs trophiques? nerfs moteurs de Kühne?) ; 2º les autres, *nerfs sensitifs*, envoient des filets, qui, après avoir traversé les trous de la lame élastique antérieure, pénètrent dans la couche épithéliale antérieure et se terminent par des extrémités libres entre les cellules épithéliales les plus superficielles (fig. 350, *f*).

ARTICLE II. — MEMBRANE MOYENNE DE L'ŒIL

§ I. — Choroïde (fig. 348, 9, 10).

La choroïde s'étend depuis l'entrée du nerf optique jusqu'au limbe de la cornée, où elle se continue avec l'iris. On peut la diviser en deux zones, séparées par une ligne circulaire dentelée, *ora serrata*, située en avant de l'équateur de l'œil, et qui correspond à une diminution subite d'épaisseur de la rétine, une *zone postérieure* ou *choroïdienne* (9, 10), une *zone antérieure* ou *ciliaire* (12, 13).

1º *Zone postérieure* ou *choroïdienne.* — Sa face externe est brun foncé, tomenteuse, lâchement unie à la sclérotique par des tractus celluleux, sauf au niveau de l'entrée du nerf optique, où son adhérence est intime. Sa face interne, plus foncée, lisse, est contiguë sans adhérence à la rétine. Son épaisseur est de 0ᵐ,05 à 0ᵐ,08.

La choroïde est une membrane excessivement vasculaire, et peut assez facilement se diviser en deux lames, une lame externe à mailles plus lâches, contenant les gros vaisseaux, et une lame interne (membrane de Ruysch) qui par l'injection offre un réseau capillaire très-fin et extrêmement serré. Si on enlève la couche de pigment qui tapisse sa face postérieure, on voit qu'elle possède une certaine transparence.

2º *Zone ciliaire.* — A partir de l'*ora serrata*, la choroïde s'épaissit jusqu'à 0ᵐ,001 et plus ; sa face externe prend une teinte grisâtre, et avant d'arriver à l'iris, elle adhère intimement à la face interne de la sclérotique. Cette zone ciliaire se divise en deux parties, une partie externe, en contact avec la sclérotique, *muscle ciliaire* (12), et une partie interne, plissée, plus rapprochée du centre de l'œil, *couronne ciliaire* (1).

Le *muscle ciliaire* ou *tenseur de la choroïde (ligament* ou *cercle ciliaire)*, constitue un anneau grisâtre à l'extérieur, blanc jaunâtre à l'intérieur. Sur une coupe (12) il a la forme d'un triangle allongé ; sa face externe répond à la sclérotique, sa face interne à la couronne ciliaire, sa base à la naissance de l'iris ; son sommet aigu, dirigé en arrière, se continue avec la choroïde et surtout avec sa lame externe.

La *couronne ciliaire (corps ciliaire)* forme une sorte de couronne radiée

située derrière l'iris, en dedans du muscle ciliaire, et qui se voit bien lorsqu'on examine par sa partie postérieure le segment antérieur de l'œil. Sa face
interne est noire quand le pigment n'est pas enlevé. Cette couronne est constituée par 70 à 80 replis ou *procès ciliaires* (11). Ce sont de petites lamelles
triangulaires, rayonnées, disposées de champ, qui présentent : un bord adhérent contigu au muscle ciliaire ; un bord interne, libre, onduleux ; une extrémité antérieure, arrondie, dirigée en avant et en dedans et faisant librement
saillie dans la chambre postérieure, en arrière de l'iris, sans atteindre la périphérie du cristallin ; un sommet dirigé en arrière et continu avec la choroïde
et surtout avec sa lame interne ; enfin deux faces latérales contiguës à celles
des procès ciliaires voisins. Leur tissu, très-mou, facilement déchirable, est
excessivement vasculaire. Les extrémités antérieures des procès ciliaires,
ainsi que leurs faces latérales, sont dépourvues de pigment. Leurs bords libres
et leurs deux faces contractent des adhérences avec la zone de Zinn de l'hyaloïde.

Structure. — 1° *Zone choroïdienne.* — La choroïde est essentiellement composée
par une charpente connective consistant en cellules ramifiées et anastomosées, très-
aptes à s'infiltrer de pigment, et par des vaisseaux. A sa face interne est une couche
de pigment, *membrane pigmentaire*, qui serait peut-être rattachée avec plus de raison
à la rétine.

a) La *choroïde proprement dite* comprend trois couches : 1° la *couche externe*,
lamina fusca, brunâtre, molle, contient beaucoup de cellules pigmentaires disséminées
dans une substance homogène, et des réseaux élastiques qui l'unissent aux fibres profondes de la sclérotique ; 2° la *couche moyenne, membrane vasculaire*, est constituée
par les gros vaisseaux artériels (artères ciliaires postérieures) et veineux *(venæ vorti-
cosæ)* ; les veines prédominent dans la partie antérieure ; entre les vaisseaux sont éparses
des cellules de pigment. Les artères sont accompagnées par des faisceaux musculaires
lisses longitudinaux (H. Müller). Un riche plexus de fibres nerveuses avec des cellules
ganglionnaires parcourt cette lamelle ; 3° la *couche interne, membrane capillaire* ou
de Ruysch, dépourvue de pigment, contient un réseau capillaire extrêmement fin et
serré, dont les vaisseaux sont réunis par une substance amorphe. Ce réseau capillaire ne
dépasse pas l'*ora serrata*. Cette couche est limitée du côté interne par une *lamelle
élastique*, transparente, très-mince.

b) Membrane pigmentaire. — Elle se compose d'une couche simple de cellules
hexagonales remplies de pigment et dessinant une mosaïque très-régulière. Le noyau
de ces cellules est très-clair, de même que la face de la cellule tournée du côté de la
choroïde ; le pigment s'accumule au contraire dans la partie de la cellule qui touche la
rétine.

Au niveau du trou optique, toutes les couches sont remplacées par un lacis de tissu
fibreux et de cellules pigmentaires interposé aux fibres nerveuses.

2° *Muscle ciliaire* (fig. 350 et 351). — Ce muscle se compose de fibres lisses présentant deux directions différentes, les unes antéro-postérieures, les autres circulaires.
Les *fibres antéro-postérieures* (11) naissent de la paroi interne du canal de Fontana,
de la membrane de Descemet et du ligament pectiné, et de là se portent en arrière en
s'irradiant vers l'iris, la base des procès ciliaires et la choroïde. Les *fibres orbiculaires*
(12), situées dans la couche la plus profonde du muscle, constituent un anneau musculaire au lieu de réunion de l'iris et des procès ciliaires (Rouget, Müller) ; d'après
Iwanoff, ces fibres sont plus développées chez les presbytes. Les nerfs ciliaires forment
dans ce muscle un plexus riche, qui présente des cellules ganglionnaires.

L'action du muscle ciliaire est très controversée. Ce qu'il y a de certain, c'est qu'il
est l'agent principal de l'accommodation (voy. *Corps vitré*).

3º *Procès ciliaires.* — Ils sont constitués par des faisceaux connectifs fins entre-croisés et des plexus vasculaires très-riches. On y trouve aussi des fibres lisses (fig. 351, 5 et 6), continuation de celles du muscle ciliaire. Une couche de pigment tapisse leur face interne.

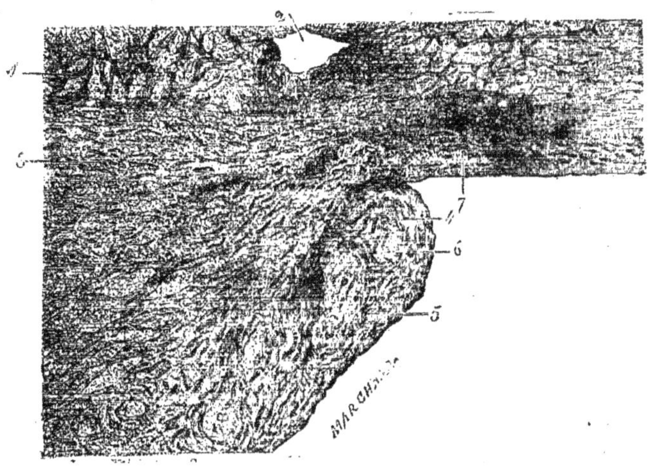

F.G. 351. — *Muscle ciliaire* (*).

§ II. — Iris

L'*iris* est situé en avant du cristallin et percé d'une ouverture circulaire, la *pupille*, qui permet le passage des rayons lumineux. La pupille n'est pas centrale, mais un peu rapprochée du nez. Son diamètre, susceptible de variations assez considérables, est en moyenne sur le cadavre de $0^m,003$ à $0^m,006$. La face antérieure de l'iris est convexe et séparée de la cornée par un espace appelé *chambre antérieure de l'œil*, et rempli par l'humeur aqueuse. Sa face postérieure est accolée à la face antérieure du cristallin et se moule sur sa courbure. L'étendue de ce contact est encore indéterminée. Sa grande circonférence s'attache à la partie antérieure et interne du muscle ciliaire à $0^m,001$ du bord de la cornée. Sa petite circonférence ou *bord pupillaire* est denticulée et entourée par une zone circulaire de $0^m,001$ d'épaisseur, dont l'aspect diffère du reste de l'iris *(zones interne et externe de l'iris)*. L'épaisseur de l'iris varie entre $0^m,0002$ et $0^m,0004$; cette épaisseur n'est du reste pas uniforme ; la zone externe augmente de la périphérie au centre, puis la zone interne diminue très-rapidement jusqu'au bord pupillaire ; la plus grande épaisseur se trouve à la réunion des deux zones.

La *couleur* de l'iris peut être ramenée à quatre *nuances* fondamentales, le brun, le vert, le bleu et le gris. Les yeux de chacune de ces nuances peuvent varier en outre du *ton* le plus clair au ton le plus foncé. Cette coloration n'est

(*) 1) Sclérotique. — 2) Canal de Fontana. — 3) Muscle ciliaire. — 4) Procès ciliaire, où l'on voit des noyaux musculaires en long 5, et en travers 6. — 7) Grande circonférence de l'iris. — (D'après Morel et Villemin.)

pas uniforme; ordinairement la zone interne a une autre coloration et un autre ton que la zone externe; en outre dans chaque zone on voit de petites taches chatoyantes, irrégulières [1] L'iris offre aussi des stries radiées très-fines et très-rapprochées, rectilignes dans la contraction de la pupille, infléchies en zigzag dans sa dilatation. La couleur de l'iris n'est pas due à la couche de pigment (uvée) qui tapisse sa face postérieure, cette couche existant avec une épaisseur égale dans les différents yeux; elle est due exclusivement au tissu propre de l'iris. La *nuance* dépend des fibres contenues dans ce tissu et est due probablement à des interférences; le *ton* dépend du pigment déposé dans l'épaisseur du tissu propre, pigment qui manque dans les yeux clairs. La face postérieure de l'iris est recouverte d'une couche de pigment *(uvée)*, qui lui donne une coloration tout à fait noire. Dans les yeux d'albinos le pigment de l'uvée manque, et l'iris a une rougeur uniforme due à la couleur même du fond de l'œil, que l'iris laisse passer par transparence.

Structure. — L'iris se compose de deux membranes, l'*iris proprement dit* et l'*uvée* ou *membrane pigmentaire*.

1. *Iris.* — Il comprend un tissu propre, *membrane propre de l'iris*, recouverte en avant par la membrane de Descemet.

a) La *membrane propre* est formée par un tissu lâche, comme spongieux, contenant des vaisseaux et des fibres musculaires lisses. 1° La *charpente* est constituée par des fibres connectives, radiées ou circulaires, onduleuses, et des cellules étoilées, les uner incolores, les autres pigmentées; celles-ci se rencontrent surtout dans les parties antérieures de l'iris. 2° Les *vaisseaux* ont une direction générale radiée et sont beaucoup plus fins dans la zone interne; d'après Henle, ils sont superposés en plusieurs plans. 3° Les *fibres musculaires lisses* forment un anneau circulaire, large de 0^m,001, autous de la pupille, *sphincter de la pupille*; il a une épaisseur de 0^m,15 et est plus rapprochs de la face postérieure. L'existence d'un *dilatateur de la pupille*, formé par des fibres rayonnées, est encore indécise, et les auteurs en donnent une description différente. Pour Henle, elles formeraient un plan de fibres interposées entre la face postérieure de la membrane propre et l'uvée *(membrane limitante postérieure)*.

Les *nerfs* de l'iris, d'après des recherches faites au moyen de lapins albinos, seraient de trois ordres : 1° des nerfs moteurs allant au sphincter pupillaire; 2° des nerfs sensitifs situés sous l'épithélium antérieur de l'iris ; 3° des filets vaso-moteurs accompagnant les artères.

b) La *membrane de Descemet* ou plutôt sa continuation *(membrane limitante antérieure)* est tapissée par une couche simple de cellules épithéliales analogues à celles de la face postérieure de la cornée.

2° *Uvée.* — L'uvée est formée par plusieurs couches de cellules pigmentaires hexagonales analogues à celles de la choroïde, seulement moins bien délimitées. Leur face libre serait, d'après quelques auteurs, recouverte d'une mince lamelle amorphe.

Système vasculaire de la choroïde et de l'iris (fig. 352). — A. *Artères*. La choroïde et l'iris reçoivent leurs artères de trois sources : des *ciliaires courtes postérieures*, des *ciliaires longues*, et des *ciliaires antérieures*, qui se distribuent de la façon suivante :

1. *Les ciliaires courtes postérieures fournissent à la zone choroïdienne proprement dite.* — Ces artères, au nombre de quinze à vingt branches, perforent la scléro-

____

[1] Voy. *Mémoires de la Société d'anthropologie*. 1865, p. 113.

tique autour du nerf optique, se bifurquent peu à peu à angle aigu et vont se terminer
dans le réseau fin et serré de la membrane chorio-capillaire;

*2° La zone ciliaire de la choroïde (muscle ciliaire et procès ciliaires) et l'iris sont
fournis par les ciliaires longues et les ciliaires antérieures.*—Les branches de ces artères viennent aboutir à deux cercles vasculaires, l'un antérieur, situé à l'insertion ou à
la périphérie de l'iris, *grand cercle artériel de l'iris*, l'autre postérieur et externe, incomplet, *cercle du muscle ciliaire* (Leber). Ces deux cercles fournissent quatre ordres
de rameaux : 1° les uns, récurrents, vont à la *choroïde*, contribuent à former la partie
antérieure de la membrane chorio-capillaire et s'anastomosent ainsi avec les ciliaires

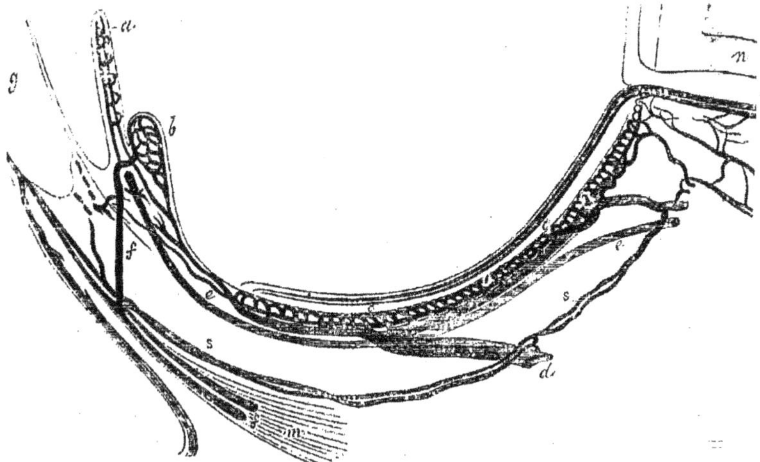

Fig. 352. — *Schéma du système vasculaire de l'œil* (*).

courtes postérieures; 2° quelques-uns vont au *muscle ciliaire;* 3° d'autres vont aux
procès ciliaires; ils sont flexueux et fournissent ordinairement chacun à deux ou trois
procès ciliaires; 4° d'autres enfin partent du grand cercle de l'*iris*, se portent en
rayonnant vers le bord pupillaire et forment en s'anastomosant le *petit cercle* artériel
de l'iris.

Il y a donc, sauf les anastomoses peu nombreuses entre les rameaux récurrents des
ciliaires antérieures et des ciliaires longues et les ciliaires courtes postérieures, une indépendance assez grande des deux systèmes artériels de la choroïde. Le système artériel
de la zone choroïdienne communique en outre à l'entrée du nerf optique avec le système
capillaire de la rétine; celui de la zone ciliaire communique au pourtour de la cornée
avec le réseau capillaire sous-conjonctival et scléroticien antérieur.

B. *Veines.* — 1. *Vasa vorticosa.* — A l'inverse du système artériel, le système veineux de la choroïde et de l'iris est commun pour les deux zones de la choroïde et pour
l'iris. Les veines qui proviennent de ces diverses régions vont se jeter dans des branches

(*) *a*) Vaisseaux de l'iris et leur communication avec ceux du cercle ciliaire. — *b*) Vaisseaux du
cercle ciliaire. — *c*) Couche chorio-capillaire. — *d*) Vasa vorticosa — *e*) Artère ciliaire longue.—
f) Veine ciliaire antérieure et sa communication avec le plexus ou cercle ciliaire. — *n*) Nerf optique
avec quelques vaisseaux provenant de la choroïde. — *s*) Branches collatérales de l'artère ciliaire
courte se rendant à la sclérotique. — D'après Leber.)

plus volumineuses situées dans la couche externe vasculaire de la choroïde ; ces branches se réunissent en quatre à six groupes, dans chacun desquels elles rayonnent vers un centre commun, d'où part un tronc unique qui perfore la sclérotique pour se jeter dans la veine ophthalmique. Ces veines centrales, *vasa vorticosa*, sont au nombre de quatre ordinairement et situées à égale distance les unes des autres et dans un même plan, qui correspond à peu près au plan équatorial de l'œil. Les veines des procès ciliaires, pour arriver aux branches d'origine des *vasa vorticosa*, n'ont pas, comme les artères, à traverser le muscle ciliaire (Leber).

2° *Veines ciliaires antérieures.* — Une partie des veines, provenant du muscle ciliaire, vont se jeter dans le canal de Fontana, ou plutôt dans le plexus veineux annulaire qui occupe ce canal, et de ce canal partent des veines émergentes qui se rendent aux veines ciliaires antérieures. Pour Waldeyer et Schwalbe, le canal de Fontana serait un canal lymphatique (voir les lymphatiques de l'iris et de la choroïde).

C. *Lymphatiques.* — Schwalbe a décrit dans ces derniers temps les vaisseaux lymphatiques du globe oculaire. Pour lui, la chambre antérieure de l'œil représenterait un réservoir lymphatique recevant la lymphe de l'iris et des procès ciliaires ; c'est là ce qu'il appelle le système lymphatique antérieur de l'œil, auquel se rattachent les lymphatiques de la cornée et de la conjonctive ; il admet même au niveau du canal de Schlemm, une communication entre les vaisseaux sanguins et lymphatiques ; mais cette communication est plus que douteuse. Le système lymphatique postérieur de l'œil est constitué par les lymphatiques qui naissent en arrière des procès ciliaires et par les lymphatiques de la rétine. Les premiers se rendent à un espace situé entre la face externe de la choroïde et la face interne de la sclérotique et correspondant à la *lamina fusca (réservoir lymphatique périchoroïdien de Schwalbe)*; de là la lymphe passe au niveau des orifices qui donnent passage aux *vasa vorticosa* dans un autre espace, *espace de Tenon*, situé entre la face externe de la sclérotique et la capsule de Tenon, et qui communique en arrière avec un espace qui forme une gaîne lymphatique autour du nerf optique, *espace sus-vaginal.* Les lymphatiques de la rétine, après avoir entouré les capillaires et les veines rétiniennes, se jettent dans des espaces lymphatiques situés au-dessous de la gaîne externe du nerf et dans le tissu connectif qui entoure les fibres nerveuses *espace sus-vaginal.* La réalité de ces deux systèmes lymphatiques n'est pas admise par beaucoup d'anatomistes.

ARTICLE III. — RÉTINE

La rétine est une membrane mince, molle, transparente, qui s'altère très-rapidement après la mort et prend une teinte opaline. Ses deux faces sont lisses et sans adhérences avec la choroïde et le corps vitré. A l'entrée du nerf optique se trouve la *papille optique*, soulèvement situé au centre d'une tache blanche circulaire de 0^m,0015 de diamètre et d'où partent les vaisseaux centraux de la rétine (Fig. 353). Sa forme est variable et son centre présente ordinairement une dépression plus ou moins profonde, d'où émergent les vaisseaux.

En dehors de la papille se voit la *tache jaune*, tache de 0^m,002 de diamètre, circulaire ou ovale dans le sens transversal ; elle a une couleur assez intense et est entourée d'une aréole faiblement jaunâtre, qui se perd insensiblement. A son centre se trouve un endroit transparent, qui fait l'effet d'un trou dont serait percée la tache jaune : c'est la *fosse centrale* de la rétine ; elle est triangulaire et a un diamètre de 0^m,002. Au niveau de la tache jaune, la rétine a une certaine adhérence avec la choroïde, et entraîne, quand on les sépare, un peu de pigment choroïdien. La tache jaune est après la mort ratta-

chée à la papille par un pli transversal qui n'existe pas pendant la vie. La
tache jaune est située à peu près au pôle postérieur de l'œil.

La rétine se compose de deux couches : une externe, *membrane de Jacob*
ou *couche des bâtonnets ;* une interne, *rétine proprement dite,* qui peuvent
être isolées par lambeaux l'une de l'autre et se comportent différemment dans
les divers points de la rétine. La membrane de Jacob et la partie nerveuse de
la rétine s'arrêtent au niveau de l'ora serrata ; la couche la plus interne, au
contraire, *membrane limitante interne,* se prolonge beaucoup plus en avant.
Au niveau de l'ora serrata, la rétine présente une adhérence assez grande avec
la choroïde et avec la membrane du corps vitré.

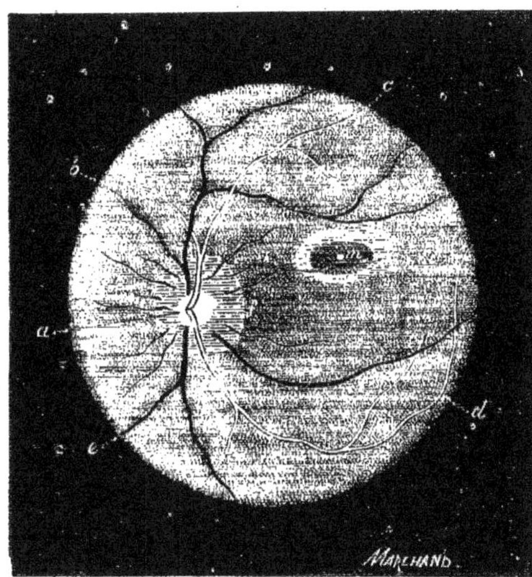

FIG. 353. — *Fond de l'œil normal (*).*

L'épaisseur de la rétine,
de 0^{mm},3, à 0^{mm},4 au niveau de la papille, aug-
mente un peu jusqu'à la
tache jaune, puis diminue,
d'abord assez vite, puis
lus lentement jusqu'à
l'ora serrata (0^{mm},1). La
rétine n'a que 0^{mm},1 au niveau de la fosse centrale.

Structure (fig. 354). — La
rétine se compose de deux
ordres d'éléments : des éléments de nature nerveuse et
des éléments de nature connective servant de soutien
aux premiers. La distinction
de ces deux espèces d'éléments est très-difficile à faire
et ne date que de ces derniers
temps. Ils sont disposés par
couches successives, et dans
chaque couche, sauf la plus
extérieure, couche des bâ-
tonnets (1), les deux espèces d'éléments sont intimement mélangés.

Les *éléments nerveux* terminaux (1), *bâtonnets* ou *cônes* (1 et 2), contigus à la
choroïde, sont rattachés aux fibres nerveuses du nerf optique qui forment la couche la
plus interne (B) par une série de formations cellulaires et fibreuses très-compliquées
(G, F, E, D, C, B).

Les *éléments connectifs* (11) sont constitués par deux membranes parallèles aux
faces de la rétine, *membranes limitantes interne* (A') et *externe* (H'), reliées entre elles
par un système de fibres perpendiculaires à leurs surfaces, *fibres radiées* (12). Au niveau de la tache jaune et en avant de l'ora serrata, les deux espèces d'éléments offrent
des dispositions spéciales et demandent à être étudiés à part.

A. *Rétine.* — Nous étudierons d'abord les *éléments nerveux,* puis les *éléments connectifs.*

a) *Éléments nerveux.* — Ces éléments forment six couches, qui sont en allant de

(*) *a)* Papille du nerf optique. — *b, e)* Veines. — *c, d)* Artères. — *f)* Bord interne de la papille correspondant à la tache jaune. — *m)* Fosse centrale (Galezowski).

l'extérieur vers l'intérieur ou de la choroïde vers le corps vitré : 1º la *couche des bâtonnets* et *des cônes* (1); 2º la *couche granuleuse externe* (G); 3º la *couche intermédiaire* (F); 4º la *couche granuleuse interne* (E); 5º la *couche moléculaire* (D); 6º la *couche ganglionnaire* (G); 7º la *couche des fibres du nerf optique* (B).

1º *Couche des bâtonnets* et *des cônes* ou *membrane de Jacob* (1). Ces éléments sont placés à côté les uns des autres et perpendiculaires à la surface de la rétine. Les *bâtonnets* occupent toute l'épaisseur de la membrane de Jacob (6); les *cônes* sont un peu moins longs et n'atteignent pas la face externe de la membrane de Jacob (1); ils sont plus larges, surtout à leur partie interne. Ces deux espèces d'éléments, quoique n'ayant pas la même forme, ont en réalité la même structure. Chacun d'eux se compose de deux articles : un interne, un externe. 1º L'*article interne*, conique, plus large et plus long dans les cônes (1) que dans les bâtonnets (6), a un aspect fibrillaire ou granuleux; son extrémité interne, effilée en pointe, se termine par une fibrille nerveuse continue avec une petite cellule de la couche granuleuse externe. 2º L'*article externe*, brillant, très-réfringent, lamelleux, divisé en disques transversaux, se termine en pointe pour les cônes (2), sans atteindre le niveau de la choroïde; pour les bâtonnets, au contraire, il a à peu près la même longueur et le même diamètre que l'article interne (7). Les points de réunion des deux articles sont tous situés à la même hauteur pour les bâtonnets et forment une ligne continue; à ce point de réunion se trouve un corps plan-convexe, *ellipse de bacillaire de Krause*. Sauf dans la fosse centrale et dans ses environs, le nombre des bâtonnets est plus grand que celui des cônes. Le nombre des cônes augmente depuis l'ora serrata jusqu'à la tache jaune; les cônes sont d'abord séparés par trois ou quatre bâtonnets, puis seulement par deux ou trois, puis un seul, et enfin, dans la fosse centrale, il n'y a plus que des cônes. Ces éléments s'altèrent très-vite après la mort et prennent alors toute espèce de formes. Le segment externe des bâtonnets présente une coloration rouge, *pourpre ou rouge rétinien*, qui disparaît à la lumière et se régénère dans l'obscurité.

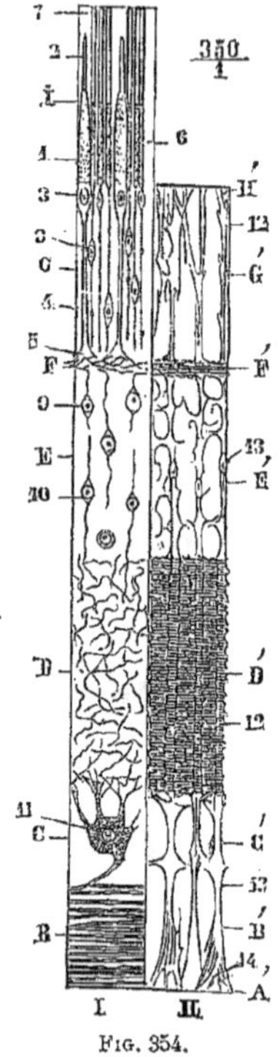

Fig. 354.

Coupe schématique de la rétine (').

2º *Couche granuleuse externe* (G). Cette couche, séparée de la précédente par la *membrane limitante externe* (H'), qui appartient au tissu connectif, se compose de deux espèces d'éléments, les *granulations des cônes* et les *granulations des bâtonnets*. 1º Les *granulations des cônes* (3) sont des renflements ovoïdes contenant un noyau et séparés de la base des cônes par un léger étranglement; de leur extrémité opposée part une fibre fine (4), qui, vers la couche intermédiaire, s'élargit en un renflement conique (5), d'où partent des fibrilles qui se jettent dans la couche intermédiaire; 2º les *granulations des bâtonnets* (8) sont de petites cellules à noyau, ovoïdes, ratta-

(') I. Éléments nerveux de la rétine. — II. — Éléments connectifs. — A' Membrane limitante interne. B B'. Couche des fibres du nerf optique. — C C'. Couche ganglionnaire. — D D'. Couche moléculaire. — E E'. Couche granuleuse interne. — F F'. Couche intermédiaire. — G G'. Couche granuleuse externe. — H'. Membrane limitante externe. — I. Couche des bâtonnets. — 1) Article interne des cônes. — 2) Leur article externe. — 3) Granulation des cônes. — 4) Fibre qui en part. — 5) Son renflement triangulaire. — 6) Article interne des bâtonnets. — 7) Leur article externe. — 8) Granulation des bâtonnets. — 9, 10) Cellules de la couche granuleuse interne. — 11) Cellule ganglionnaire. — 12) Fibre radiée connective. — 13) Son noyau. — 14) Son renflement connectif terminal.

chées à l'article interne du bâtonnet par une fibre variqueuse, et qui émettent par leur autre extrémité une fibre variqueuse, qui se dirige vers la couche intermédiaire. D'après Schultze, les éléments de cette couche sont en continuité directe avec les bâtonnets et les cônes par les trous de la membrane limitante externe.

3° *Couche intermédiaire* (F). — On y trouve des fibrilles flexueuses, à direction générale horizontale et très-probablement en continuité avec les éléments cellulaires des deux couches voisines.

4° *Couche granuleuse interne* (E). — Elle renferme de petites cellules (9, 10) dont la membrane entoure étroitement le noyau, et qui sont pourvues de deux prolongements dirigés l'un vers la couche intermédiaire, l'autre vers la couche suivante.

5° *Couche moléculaire* (D). — Elle est plus épaisse que les précédentes et formée par des fibrilles fines dirigées dans tous les sens, enfouies dans une masse de tissu connectif très-délicat.

6° *Couche ganglionnaire* (C). — Elle est constituée ordinairement par une couche simple de grosses *cellules nerveuses* (11), qui présentent des prolongements externes fins, ramifiés, se perdant dans la couche moléculaire, et un prolongement interne volumineux qui s'unit à une fibre du nerf optique.

7° *Couches des fibres du nerf optique* (B). — Le nerf optique est entouré par deux gaines névrilemmatiques : une externe, plus forte, à fibres longitudinales, qui se continue avec la sclérotique ; une interne, plus mince, qui se continue avec la choroïde.

Au niveau de l'ouverture scléroticale, le tissu connectif interstitiel du nerf forme un réseau assez distinct, qui est rattaché quelquefois à la sclérotique et donne à son ouverture postérieure un aspect criblé, *lame criblée*. A ce niveau, les fibres du nerf optique s'amincissent, deviennent transparentes, constituent un cône dont le sommet est tourné vers l'œil et, arrivées à la papille, s'irradient de tous côtés. Leur direction est parallèle à celle de la surface de la rétine.

On voit d'après cette description, empruntée en grande partie à Schultze, qu'il y a *très-probablement* continuité depuis les fibres nerveuses optiques (B) jusqu'aux éléments de la couche des bâtonnets (1). On a donné le nom de *fibres de Müller* aux fibres qui servent d'intermédiaires entre ces éléments.

D'après Schultze, les cellules pigmentaires de la choroïde devraient être rattachées à la rétine, dont elles formeraient la couche la plus externe.

b) Éléments connectifs (1). — Le tissu connectif de la rétine est limité par deux membranes. La première, *membrane limitante interne* (A), distincte de l'hyaloïde, d'après Schultze, confondue avec elle d'après Henle, est une lamelle amorphe et constitue la couche la plus interne de la rétine. La deuxième, *membrane limitante externe* (H'), est située entre la couche des bâtonnets et la couche granuleuse externe et ne forme pas une membrane continue. Ces deux membranes sont reliées entre elles par un système de fibres, *fibres radiées connectives* (fibres de Müller de quelques auteurs), allant perpendiculairement d'une membrane à l'autre, en traversant toutes les couches nerveuses de la rétine (12), à l'exception de celle des bâtonnets. Ces fibres présentent des noyaux ovoïdes (13) et se terminent à la membrane limitante interne par un renflement triangulaire. Elles sont reliées entre elles par un réticulum connectif extrêmement fin dans la couche intermédiaire (F') et surtout dans la couche moléculaire (D').

En somme, la rétine se compose donc des couches suivantes, en allant de l'intérieur vers l'extérieur, c'est-à-dire dans le sens même des rayons lumineux : 1° Membrane limitante interne (A') ; 2° couche des fibres du nerf optique (BB') ; 3° couche ganglionnaire (CC') ; 4° couche moléculaire (DD') ; 5° couche granuleuse interne (EE') ; 6° couche intermédiaire (FF') ; 7° couche granuleuse externe (GG') ; 8° membrane limitante externe

(H′); 9° couche des bâtonnets (I), et enfin 10° la couche pigmentaire, qu'on rattache habituellement à la choroïde.

B. *Tache jaune et fosse centrale* (fig. 355). — Dans cette région les différentes couches de la rétine présentent les modifications suivantes. Dans la couche des bâtonnets (2) il n'existe plus que des cônes ; mais ceux-ci diminuent beaucoup de diamètre ; ils ont $0^m,006$ à $0^m,007$ dans la tache jaune ; $0^m,003$ dans la fosse centrale ; en même temps leur article externe augmente de longueur. Ils sont disposés régulièrement en lignes courbes, convergeant vers la fosse centrale. Les *granulations des cônes* (4) et les *fibres des cônes* (5) sont conservées, ces dernières avec une direction non plus perpendiculaire, mais radiée ; toutes les couches suivantes, au contraire, couches intermédiaire, granuleuse interne, moléculaire, ganglionnaire et des fibres nerveuses, disparaissent peu à peu et se fondent en une masse granuleuse commune.

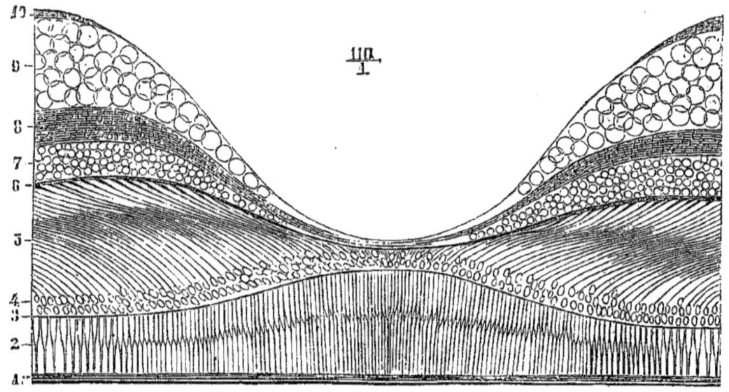

Fig. 355. — *Coupe de la fosse centrale* (*).

C. *Papille du nerf optique.*—Au niveau de la papille on ne rencontre que les fibres du nerf optique.

D. *Partie antérieure ou ciliaire.* — Tous les éléments nerveux disparaissent peu à peu au niveau de l'ora serrata ; le tissu connectif reste seul et se condense en une membrane, sur la nature et la terminaison de laquelle les anatomistes ne sont pas d'accord. D'après les uns, cette membrane se souderait à l'hyaloïde (Henle); d'après d'autres, elle se continuerait sur les procès ciliaires et la face postérieure de l'iris jusqu'au bord pupillaire (H. Müller).

Vaisseaux.—L'artère et la veine centrale de la rétine pénètrent dans le nerf optique à $0^m,02$ du bulbe, et arrivent au centre de la papille. Là elles donnent chacune deux branches (fig. 353), dirigées l'une en haut et l'autre en bas. Un réseau capillaire très-fin existe dans le nerf optique et dans les couches de la rétine, à l'exception des couches des bâtonnets et de la couche granuleuse externe. La fosse centrale est complétement dépourvue de vaisseaux. Le système vasculaire de la rétine est tout à fait indépendant, à l'exception d'une communication qui se fait au pourtour de l'entrée du nerf optique avec le système vasculaire de la choroïde par un cercle artériel entourant le trou optique de la sclérotique, et provenant des deux artères ciliaires courtes postérieures (Leber). Il n'y a pas d'anastomoses au niveau de l'ora serrata.

(*) 1) Couche de pigment. — 2) Couche des cônes. — 3) Membrane limitante externe. — 4) Granulations des cônes. — 5) Fibres des cônes. — 6) Couche intermédiaire. — 7) Couche granuleuse interne. — 8) Couche moléculaire. — 9) Couche ganglionnaire. — 10) Couche des fibres nerveuses optiques — (D'après Schultze.)

ARTICLE IV. — MILIEUX TRANSPARENTS

§ I. — Humeur aqueuse

L'humeur aqueuse est un liquide clair, incolore, séreux, contenu dans deux espaces appelés *chambre antérieure* et *chambre postérieure de l'œil*.

La *chambre antérieure de l'œil* (fig. 348, 30) est comprise entre la face postérieure du cristallin en avant, et en arrière la face antérieure de l'iris et une petite partie de la face antérieure du cristallin au niveau de la pupille.

La *chambre postérieure* (31) a la forme d'une cavité annulaire, prismatique, triangulaire sur une coupe. Elle est limitée en avant par la face postérieure de l'iris, en dehors par la partie antérieure des procès ciliaires, qui s'avancent plus ou moins dans son intérieur; en arrière par la zone de Zinn.

L'iris étant appliqué sur la face antérieure du cristallin, les deux chambres ne communiquent qu'exceptionnellement [1].

§ II. — Cristallin (fig. 348, 26).

Le cristallin est une lentille biconvexe, à bords mousses, à courbures à peu près sphériques. La face postérieure, plus convexe, a un rayon de courbure de $0^m,006$, tandis que celui de l'antérieure est de $0^m,010$. Son axe (distance du centre des deux faces) a $0^m,004$ sur le cadavre et est un peu moindre sur le vivant. Son diamètre équatorial est de $0^m,009$ à $0^m,010$.

Sa transparence disparaît après la mort par l'altération de son noyau central, qui s'opacifie. Sa consistance augmente de la périphérie au centre, où il présente un noyau assez dur.

Le cristallin se compose d'une enveloppe, *capsule cristalline* ou *cristalloïde*, et d'une *substance propre*. La capsule est une membrane transparente, très-élastique, s'enroulant sur elle-même par ses bords et soudée intimement en arrière à l'hyaloïde. Tant que cette capsule est intacte, le cristallin est élastique et résiste à la pression; mais dès qu'elle est ouverte, on voit sortir quelques gouttes de liquide (*humeur de Morgagni*), et si l'incision est assez grande, le cristallin lui-même sort par la plus légère pression. On a alors une substance molle, sauf le noyau central, et qui par la pression se laisse diviser en segments (ordinairement au nombre de trois) et en grumeaux stratifiés.

Structure. — 1° *Capsule cristalline.* — Elle est amorphe, plus épaisse du double à sa paroi antérieure et recouverte à sa face interne par une couche simple de cellules hexagonales, qui sont à peine visibles sur la paroi postérieure.

Substance du cristallin. — Elle est composée de fibres prismatiques aplaties, qui, sur une coupe, ont la forme de rectangles dont les petits côtés se terminent en angles aigus. Les bords de ces fibres sont dentelés, de sorte que leur adhérence est plus

[1] Quand on croyait l'iris complétement isolé du cristallin, la signification du terme *chambre postérieure* était tout à fait différente, et ce terme répondait à une erreur anatomique. Mais on a tort de nier complétement l'existence d'une chambre postérieure; cette chambre existe réellement, mais seulement dans le sens indiqué plus haut.

grande suivant leurs bords que suivant leurs faces; de là l'aptitude du cristallin à se laisser diviser en lamelles concentriques. La direction de ces fibres varie dans les divers points du cristallin; dans l'axe du noyau elles sont antéro-postérieures; puis, à mesure qu'elles s'écartent de cet axe, elles marchent dans les plans méridiens du cristallin, mais en décrivant une courbe d'autant plus forte qu'elles sont plus superficielles. Les fibres situées tout à fait à la surface vont d'une face à l'autre du cristallin en contournant son bord mousse. Mais ces fibres ne partent pas d'un pôle pour aboutir à l'autre. En effet, du noyau partent trois plans radiés coupant le cristallin en trois tranches ou segments (quelquefois plus). Ces plans sont constitués par une substance amorphe, qui se coagule et s'opacifie par l'ébullition, et paraît alors sur les deux faces du cristallin sous forme d'une étoile à trois rayons (ou plus), partant d'un pôle pour se diriger vers les bords de la lentille. Ces trois rayons figurent sur la face antérieure un λ renversé, et sur la face postérieure un Y droit. C'est à ces rayons et à ces plans que viennent se terminer les fibres du cristallin. Les rayons superficiels peuvent atteindre le nombre de six à neuf chez l'adulte.

Entre l'épithélium capsulaire et la substance propre du cristallin se trouvent deux ou trois couches de cellules sphériques, qui se liquéfient après la mort et donnent l'*humeur de Morgagni* (Morel).

Le cristallin ne contient chez l'adulte ni vaisseaux ni nerfs.

Le cristallin est fixé en place par l'hyaloïde (voyez plus bas).

§ III. — Corps vitré (fig. 348, 29)

Le corps vitré est une sphère transparente, creusée en avant d'une fossette qui reçoit le cristallin. Il se compose d'une substance gélatiniforme, homogène, filante, contenue dans une membrane d'enveloppe d'une minceur très-grande et d'une transparence parfaite, *membrane hyaloïde.*

Structure. — 1° La *substance du corps vitré (humeur vitrée)* paraît être une masse homogène, dans laquelle on trouve encore, d'après quelques auteurs, des cellules, restes de l'état fœtal et infantile. Par certains réactifs, il acquiert une structure lamelliforme.

2° *Hyaloïde.*— C'est une membrane amorphe qui, d'après certains anatomistes, enverrait des cloisons fines dans l'intérieur de l'humeur vitrée.

Le corps vitré ne contient chez l'adulte ni vaisseaux ni nerfs.

Partie antérieure de l'hyaloïde et mode de fixation du cristallin. — Arrivée à l'ora serrata, l'hyaloïde (Fig. 356, 18) s'épaissit et se divise en deux feuillets, qui s'écartent peu à peu et passent l'un en arrière, l'autre en avant du cristallin.

1° Le *feuillet postérieur* (21) va tapisser la fossette lenticulaire du corps vitré et se soude à la capsule cristalline sur la face postérieure du cristallin.

2° Le *feuillet antérieur, zone de Zinn* (19) s'accole et se soude aux procès ciliaires, ou mieux à la prolongation de la membrane limitante interne de la rétine (16), se plisse comme eux et, une fois libre (20), va s'attacher à la face antérieure et à la périphérie du cristallin. Son insertion décrit une ligne onduleuse (Fig. 348, 28). Entre ces deux feuillets et le bord du cristallin se trouve un canal prismatique, annulaire, *canal de Petit* (22), dont l'existence a été niée dans ces derniers temps (Iwanoff).

Mécanisme de l'accommodation et action du muscle ciliaire (fig. 356). — Dans 'accommodation pour les objets rapprochés (A), le cristallin change de forme ; la courbure de sa face antérieure augmente, et son sommet s'avance vers la cornée ; la courbure de sa face postérieure ne change pas sensiblement et son sommet reste au même point ; en même temps le diamètre équatorial du cristallin diminue, son volume restant le même. Ces changements sont dus au muscle ciliaire, mais les interprétations varient sur la façon dont ils se produisent. L'explication la plus vraisemblable est celle de Helmholtz. Pendant la vie le cristallin est comprimé d'avant en arrière par la tension de la

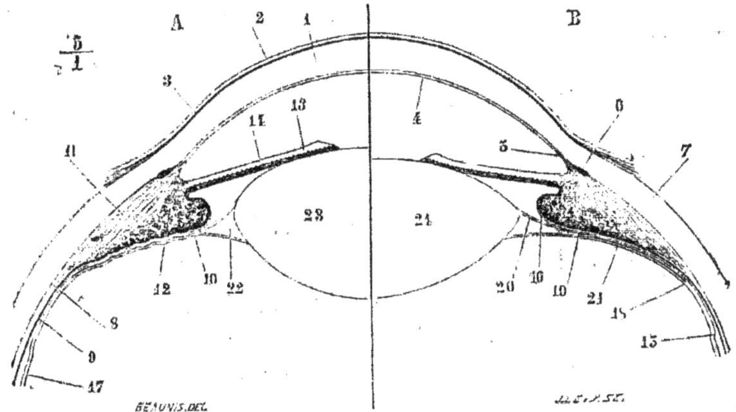

Fig. 356. — *Mécanisme de l'accommodation* (*).

zone de Zinn ; en effet, après la mort et lorsqu'on l'a extrait de l'œil, il présente une plus grande épaisseur. Dans l'accommodation pour les objets rapprochés, le muscle ciliaire, en se contractant, prend son point fixe en avant à la face interne du canal de Fontana et au ligament pectiné, et tire en avant la choroïde et par suite la zone de Zinn, qui lui est intimement soudée. Il diminue ainsi la tension de cette zone, ce qui permet au cristallin de reprendre sa forme et son épaisseur normales en vertu de l'élasticité de sa capsule. L'action des fibres orbiculaires du muscle ciliaire n'est pas expliquée. On ne sait pas non plus pourquoi le changement de forme du cristallin se fait surtout aux dépens de sa face antérieure.

CHAPITRE II

PARTIES ACCESSOIRES DE L'APPAREIL DE LA VISION

Ces parties accessoires comprennent un appareil moteur, un appareil de protection et l'appareil lacrymal.

(*) A. Œil accommodé pour la vision des objets rapprochés. — B. Œil dans la vision des objets éloignés. — 1) Substance propre de la cornée. — 2) Epithélium antérieur de la cornée. — 3) Lame élastique antérieure. — 4) Membrane de Demours. — 5) Ligament pectiné. — 6) Canal de Fontana. — 7) Sclérotique. — 8) Choroïde. — 9) Rétine. — 10) Procès ciliaires. — 11) Muscle ciliaire. — 12) Ses fibres orbiculaires. — 13) Iris. — 14) Uvée. — 15) Ora serrata. — 16) Partie antérieure de la rétine se prolongeant sur les procès ciliaires. — 17) Hyaloïde. — 18) Division de l'hyaloïde en deux feuillets. — 19) Feuillet antérieur de l'hyaloïde ou zone de Zinn, dans sa partie soudée aux procès ciliaires. — 20) Le même, dans sa partie libre. — 21) Feuillet postérieur de l'hyaloïde. — 22) Canal de Petit. — 23) Cristallin pendant l'accommodation. — 24) Cristallin dans la vue des objets éloignés,

ARTICLE I. — APPAREIL MOTEUR DU GLOBE OCULAIRE. MUSCLES DE L'ŒIL

Préparation. — Pour les muscles de l'œil, voy. p. 602, la préparation des nerfs de l'orbite.

La graisse qui remplit l'orbite présente à sa partie antérieure une cavité cupuliforme qui reçoit le globe oculaire. Mais elle n'est pas en contact immédiat avec ce globe; elle en est séparée par une lamelle aponévrotique mince, *aponévrose orbito-oculaire* ou *capsule de Ténon*. Cette aponévrose (Fig. 364, I) forme une sorte de cloison verticale partant du rebord orbitaire, où elle se continue avec le périoste de l'orbite, et se creusant dans sa partie médiane pour recevoir la partie postérieure du globe oculaire. Elle est traversée par le nerf optique et les muscles droits et leur fournit des gaînes aponévrotiques; celle du nerf optique peut être suivie jusqu'au fond de l'orbite.

Cette aponévrose est séparée du globe oculaire par un tissu connectif lamelleux très -fin, qui facilite les mouvements de ce dernier et loue le rôle d'une synoviale.

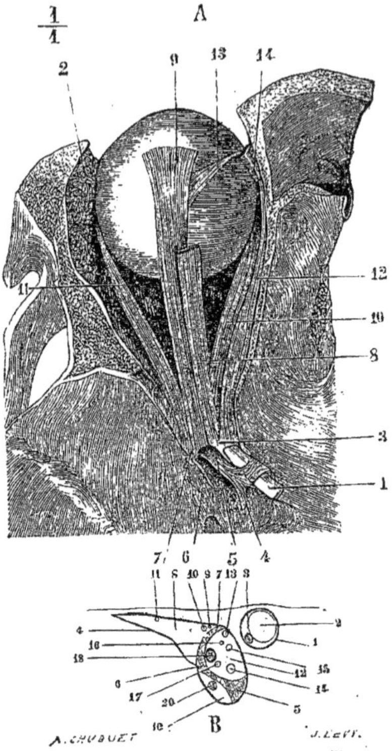

Les mouvements du globe oculaire sont exécutés par six muscles : quatre muscles *droits* et deux muscles *obliques*, auxquels s'ajoute un muscle destiné à la paupière supérieure, le *releveur de la paupière supérieure*. Tous ces muscles, à l'exception d'un seul, le petit oblique, s'attachent dans le fond de la cavité orbitaire de la façon suivante (Fig. 357, B). Au fond de la cavité orbitaire se voient le trou optique et la fente sphénoïdale. Par le premier passent le nerf optique et l'artère ophthalmique contenus dans un canal fibreux

Fig 357. — *Muscles de l'œil gauche* (*).

(*) A. *Muscles de l'œil.* — 1) Nerf optique. — 2) Glande lacrymale. — 3) Gaine du nerf optique. — 4) Tendon de Zinn.— 5) Orifice pour le passage des nerfs moteurs oculaire commun et externe et du nerf nasal. — 6) Orifice pour le passage d'une veine. — 7) Insertion du droit externe.— 8) Releveur de la paupière supérieure. — 9) Droit supérieur. — 10) Droit interne. — 11) Droit externe.— 12) Grand oblique. — 13) Son tendon réfléchi. — 14) Sa poulie de réflexion.

B. *Trou optique, fente sphénoïdale* et *tendon de Zinn.* — 1) Trou optique. — 2) Nerf optique. — 3) Artère ophthalmique. — 4) Fente sphénoïdale.— 5) Tendon de Zinn.— 6) Insertion du droit externe. — 7) Insertion du droit supérieur.— 8) Gaine supérieure contenant les nerfs : 9) pathétique, 10) frontal et 11) lacrymal. — 12) Gaine moyenne contenant les nerfs : 13) moteur oculaire commun (sa branche supérieure, 14) Id., sa branche inférieure, 15) nasal, 16) naso-ciliaire, — 17) moteur oculaire externe et 18) la veine ophthalmique. — 19) Gaine inférieure contenant 20) une veine orbitaire.

spécial. En dehors et au-dessous de ce canal est une gaîne fibreuse circulaire qui donne insertion aux muscles de l'œil. Cette gaîne fibreuse, *anneau de Zinn* (5, 6, 7), s'attache en bas à un petit tubercule situé à la partie inférieure de la fente sphénoïdale, en avant de la gouttière caverneuse, par un tendon résistant, *tendon de Zinn* (5); en dehors elle adhère à une petite saillie du bord inféro-externe de la fente sphénoïdale (6) au niveau du tendon du droit externe; en haut et en dedans elle est soudée à la gaîne du nerf optique. Cet anneau de Zinn divise la fente sphénoïdale en trois ouvertures secondaires, où passent les vaisseaux et les nerfs de l'orbite, à l'exception du nerf optique et de l'artère ophthalmique. C'est au pourtour de cet anneau et à la gaîne du nerf optique que prennent insertion, sauf le petit oblique, tous les muscles du globe oculaire et le releveur de la paupière supérieure.

§ I. — Releveur de la paupière supérieure (fig. 357, 8)

Ce muscle s'attache en arrière à la gaîne du nerf optique et à la partie voisine de l'anneau de Zinn, se dirige en avant sous la voûte orbitaire et arrive dans la paupière supérieure; là il s'élargit et se termine par un tendon triangulaire mince, qui va se fixer au bord supérieur du cartilage tarse. Les fibres marginales se recourbent en dedans et en dehors, pour aller se fixer par des aponévroses aux ligaments palpébraux interne et externe. De son bord interne se détachent quelquefois des faisceaux allant à la poulie du grand oblique (*Faisceau orbitaire interne*).

Nerfs. — Ce muscle est innervé par le moteur oculaire commun.

§ II. — Muscles droits

Ces muscles sont au nombre de quatre et appelés, d'après leur position, *supérieur, inférieur, externe* et *interne*. Ils forment, par leur réunion, une pyramide quadrangulaire, dont la base est au bulbe et dont l'axe est occupé par le nerf optique. Leur insertion postérieure se fait à l'anneau de Zinn et à la gaîne du nerf optique de la façon décrite plus haut. De là ils s'accolent au parois de l'orbite et, arrivés au tiers antérieur de leur trajet, se recourbent en dedans pour aller s'attacher sur le bulbe par des tendons minces, aplatis, dont les fibres se continuent avec les fibres antéro-postérieures de la sclérotique. Cette insertion se fait pour le droit supérieur, à 0^m,0085 du bord de la cornée; pour l'inférieur, à 0^m,0067; pour l'externe, à 0^m,0072; pour l'interne, à 0^m,0055 (Sappey). Ces insertions forment un cercle de 12^{mm},4 de rayon et dont le centre est à 0^m.001 en dehors du centre de la cornée. Le poids du droit externe est de 7 grammes, celui des autres de 5 grammes.

Au moment où les muscles droits quittent la paroi orbitaire pour se diriger vers le bulbe, ils envoient des expansions à l'aponévrose oculaire au niveau de ses attaches à la paroi orbitaire (*portion orbitaire des muscles droits*) et pour les droits supérieur et inférieur à la paupière (*portion orbito-palpébrale*).

Nerfs. — Le droit externe est innervé par le moteur oculaire externe; tous les autres le sont par le moteur oculaire commun.

§ III. — **Muscles obliques**

Ces muscles sont au nombre de deux : le grand oblique et le petit oblique.

1° *Grand oblique* (Fig. 357, 10, 13). — Ce muscle naît de la partie la plus reculée de l'angle interne et supérieur de l'orbite par un court tendon aplati,

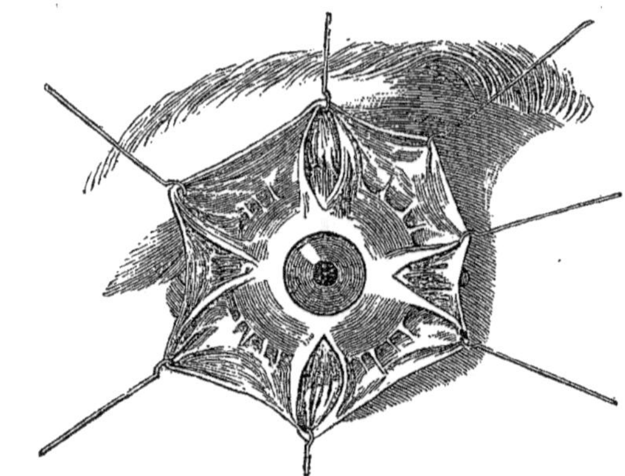

Fig. 358. — *Partie antérieure du globe oculaire et insertions antérieures des muscles droits.*

longe cet angle interne et supérieur et forme bientôt un petit tendon cylindrique. Arrivé au rebord orbitaire, ce tendon passe dans un petit anneau fibrocartilagineux (14), *poulie du grand oblique*, attaché à une dépression du frontal. Au sortir de cette poulie, son tendon (13) se réfléchit et se porte en arrière et en dehors au-dessous du droit supérieur pour aller s'attacher en s'élargissant à la partie postérieure de la sclérotique dans une étendue de 0^m,006 à 0^m,007, suivant une ligne antéro-postérieure. A son passage dans sa poulie, son tendon est enveloppé par une petite synoviale, dans laquelle se perdent parfois quelques-unes des fibres du muscle.

Nerfs. — Il est innervé par le nerf pathétique.

2° *Petit oblique* (Fig. 81, 10). — Ce muscle s'attache à la partie inférieure et interne du rebord orbitaire en dehors de la gouttière lacrymale; de là il forme un muscle aplati qui passe au-dessous du droit inférieur, contourne la partie inférieure et externe du globe oculaire, en se portant un peu en arrière, et s'attache à la partie postérieure et externe de la sclérotique, entre l'insertion du droit externe et l'entrée du nerf optique, suivant une ligne oblique en haut et en arrière, longue de 0^m,008 à 0^m,009, et plus rapprochée du nerf optique.

Nerfs. — Il est innervé par le nerf moteur commun.

Action des muscles de l'œil. — Au point de vue des mouvements, on a, sauf la synoviale, une véritable *énarthrose*, dans laquelle la *tête* est représentée par le globe oculaire et la *cavité* par la cupule de la capsule de Ténon. Les mouvements de l'œil se font autour d'un centre immobile, qui coïncide avec le centre du globe, et ses mouvements s'apprécient par la direction imprimée à l'extrémité antérieure de l'axe optique, c'est-à-dire de cette ligne qui joint le centre de la cornée à la fosse centrale. Les muscles du globe oculaire sont disposés par paires, et pour chaque paire, composée de deux muscles antagonistes, on a un axé de rotation distinct.

1. Pour les muscles *droit interne* et *droit externe*, l'axe de rotation est vertical, et *l'extrémité antérieure de l'axe optique se meut de dehors en dedans ou inversement dans un plan exactement transversal.*

2. Pour les muscles *droit supérieur* et *droit inférieur*, l'axe de rotation, situé dans un plan horizontal, n'est pas exactement transversal, mais un peu oblique en avant et en dedans. L'axe optique se meut donc dans un plan vertical oblique en avant et en dehors, et *son extrémité antérieure est toujours un peu déviée en dehors.*

3. Pour les muscles *grand* et *petit obliques*, l'axe de rotation est antéro-postérieur avec une obliquité légère en avant et en dehors. L'*extrémité antérieure de l'axe optique est dirigée en haut et en dehors par le petit oblique, en bas et en dehors par le grand* [1].

Les quatre muscles droits tirent le globe de l'œil vers le fond de l'orbite; les muscles obliques ont un effet inverse.

L'œil ne reste pas immobile, comme le croyait Hunter, dans les mouvements d'inclinaison latérale de la tête, mais il suit ces mouvements.

Muscles organiques de l'orbite. — On trouve chez l'homme, dans l'orbite, des fibres lisses, représentants de la *membrane orbitaire* des animaux. Elles forment une couche épaisse de 0^m,001, qui occupe la fente sphéno-maxillaire (*m. orbitaire*). Elles sont innervées par le grand sympathique et portent le bulbe en avant.

ARTICLE II. — APPAREIL DE PROTECTION DU GLOBE OCULAIRE

Cet appareil comprend les sourcils et les paupières.

§ I. — Sourcils

Les sourcils sont constitués par des poils dirigés de dedans en dehors et formant une arcade, plus épaisse en dedans, située un peu au-dessous de l'arcade sourcilière du frontal, et dont la courbure varie suivant les individus et suivant les races.

La peau du sourcil est épaisse et se rapproche du cuir chevelu. Les muscles, et en particulier le sourcilier, ont été décrits avec les muscles de la face.

§ II. — Paupières

Les paupières sont des replis membraneux qui présentent une face libre cutanée, une face postérieure en rapport avec le globe oculaire, un bord libre, et se réunissent en dedans et en dehors pour former l'angle interne et l'angle externe de l'œil. Elles interceptent la fente palpébrale.

---

[1] Voy. sur ce sujet : Fick, *Die Bewegungen des menschlichen Augapfels (Zeitschrift für rationn. Medizin.* Bd IV. — Ruete, *Ein neues Ophthalmotrop.* Leipzig, 1857). — Meissner, *Bericht von J. Henle u. Meissner*, 1857, et l'*Analyse de E. Meyer (Journal d'Anatomie.* 1864).

La paupière supérieure s'étend jusqu'au sourcil, l'inférieure jusqu'à un sillon transversal qui la sépare de la joue. Chaque paupière se divise en deux portions : une *portion tarsienne*, correspondant au tarse, et une *portion orbitaire*, correspondant au rebord orbitaire. La partie tarsienne, convexe en avant, se moule et glisse sur le globe oculaire.

La *face postérieure* des paupières est tapissée par la conjonctive. Celle-ci

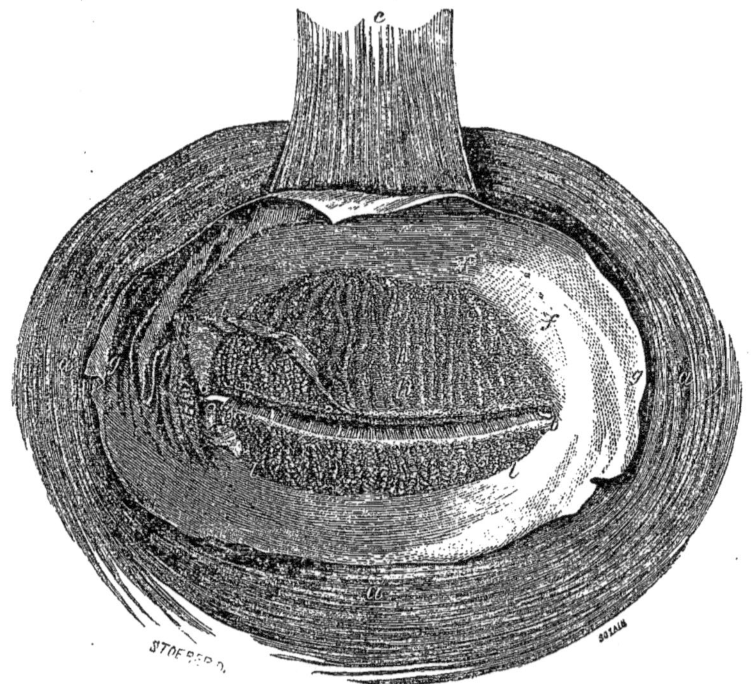

Fig. 359. — *Surface interne des paupières* (*).

se réfléchit de la face postérieure de chaque paupière sur le bulbe oculaire en formant en haut et en bas un cul-de-sac, *sinus conjonctival supérieur* et *inférieur*. Le sinus conjonctival supérieur arrive à la hauteur de l'arcade orbitaire et est situé à $0^m,015$ en arrière de cette arcade; le sinus inférieur est au-dessus du rebord orbitaire inférieur. La hauteur des deux paupières, mesurée par leur face interne, du sinus conjonctival à leur bord libre, est pour la paupière supérieure de $0^m,024$, pour l'inférieure de $0^m,012$. Cette face postérieure présente les stries parallèles blanchâtres des glandes de Méibomius.

Le *bord libre* des paupières est taillé en biseau aux dépens de la face in-

(*) *a*) Sphincter des paupières, vu par sa face interne. — *b*) Fente palpébrale. — *c*) Releveur de la paupière supérieure. — *f*) Orifice des conduits excréteurs de la glande lacrymale. — *g*) Conjonctive. — *k, k*) Glandes de Méibomius. — *i*) Lambeau de la conjonctive replié pour les mettre à nu. — *l*) Glandes de Méibomius de la paupière inférieure après l'ablation de la conjonctive.— (D'après Sœmmering.)

terne pour la paupière supérieure, de l'externe pour l'inférieure, et présente
deux lèvres : une lèvre antérieure, sur laquelle se voient les rangées des *cils*,
et une lèvre postérieure, qui offre les orifices régulièrement disposés des
glandes de Méibomius. A la partie interne de ce bord libre se trouve un tubercule saillant, *papille lacrymale*, qui porte l'orifice des points lacrymaux.
Dans l'occlusion des paupières, leurs bords libres s'accolent, sans circonscrire
le canal triangulaire admis par quelques auteurs, entre les paupières et le
bulbe oculaire.

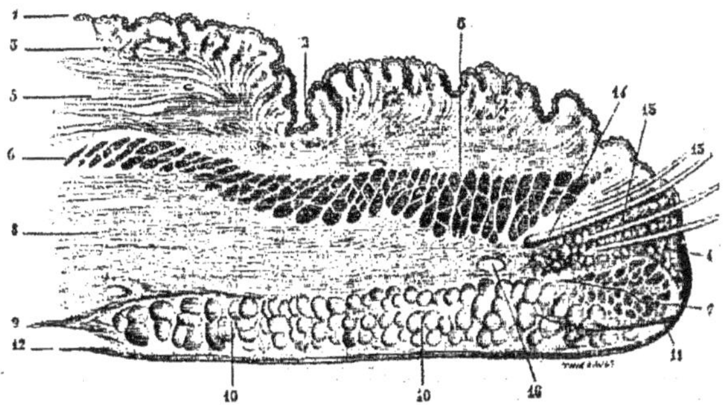

Fig. 360. — *Section de la paupière* (*).

L'*angle interne* ou *grand angle de l'œil* offre une sorte de golfe, *lac lacry-*
mal, limité par la partie du bord libre des paupières située en dedans des
points lacrymaux. Ce lac contient une petite saillie rougeâtre, *caroncule la-*
crymale, qui supporte quelques poils fins ; en dehors de la caroncule est un
repli semi-lunaire de la conjonctive dont le bord libre concave se dirige en
dehors.

L'*angle externe* ou *petit angle de l'œil* est situé un peu plus haut que l'interne, ce qui donne à la fente palpébrale une obliquité qui varie suivant les
individus et surtout suivant les races. Derrière cet angle, la conjonctive forme
un cul-de-sac qui se continue avec les sinus supérieur et inférieur.

Structure (fig. 360).—Les paupières, dont l'épaisseur est d'environ 0m,0025, se composent de trois couches facilement séparables : la peau, la couche musculaire et les tarses
avec la conjonctive.

1o La *peau* est très-mince ; elle présente des poils fins avec des bulbes pileux assez
développés, quelques glandes sébacées et des glandes sudoripares. Elle est rattachée
à la couche musculaire par un tissu connectif fin, lamelleux. Vers le bord libre elle
contient les follicules des cils, pourvus de glandes sébacées volumineuses.

2o La *couche musculaire* a été décrite avec l'orbiculaire des paupières (p. 254). La
partie ciliaire sera décrite avec l'appareil lacrymal. On trouve dans les deux paupières
des fibres lisses qui ouvrent la fente palpébrale.

(*) 1) Epiderme. — 2) Ride transversale de la paupière. — 3) Derme. — 4) Bord libre. — 5) Tissu cellulaire sous-cutané. — 6) Orbiculaire des paupières. — 7) Muscle ciliaire de Riolan. — 8) Tissu cellulo-
adipeux sous-musculaire. — 9) Capsule de Tenon et cartilage tarse. — 10) Glandes de Méibomius. —
11) Canal et orifice des glandes de Méibomius. — 12) Conjonctive. — 13) Cils. — 14) Bulbes des cils.
— 15) Glandes sébacées des cils.—16) Arcade artérielle palpébrale(Galezowski, *Mal. des yeux*, Paris,
1872, p. 5, d'après une préparation du Dr Trombetta.)

3. Les *tarses*, appelés aussi *cartilages tarses*, sont deux lames fibreuses, souples, flexibles, situées dans l'épaisseur de la partie tarsienne des paupières. Celui de la paupière supérieure, semi-lunaire, a 0 ,009 de hauteur ; celui de la paupière inférieure n'a que 0^m,0045 de hauteur. Leur face postérieure est intimement soudée à la conjonctive. Leur face antérieure répond à l'orbiculaire des paupières. Leur bord adhérent, mince, est rattaché au rebord orbitaire par des lames fibreuses, ligaments larges, et pour la paupière supérieure donne attache au tendon du releveur. Leur bord libre, épais, adhère intimement à la peau du bord libre de la paupière. Leur extrémité interne s'attache au tendon direct de l'orbiculaire ; leur extrémité externe est rattachée au rebord orbitaire externe par un trousseau fibreux.

Glandes de Méibomius (fig. 361). — Les tarses contiennent dans leur épaisseur les glandes de Méibomius. Ces glandes, au nombre de trente à quarante pour la paupière supérieure, de vingt seulement pour l'inférieure, sont visibles surtout par la face postérieure des tarses sous forme de stries blanches parallèles, perpendiculaires au bord libre des paupières. Ce sont des glandes sébacées débouchant dans un canal excréteur commun qui vient s'ouvrir sur la lèvre postérieure du bord libre de la paupière.

4. *Conjonctive*. — La conjonctive est une membrane muqueuse, à épithélium pavimenteux stratifié. Dans sa *partie tarsienne*, elle est très-adhérente aux tarses et présente quelques papilles et quelques glandes en tube peu développées. Au niveau des sinus supérieur et inférieur, elle possède des papilles plus développées et des glandes en grappe assez volumineuses (*glandes lacrymales accessoires*) plus nombreuses à l'angle externe et pour la paupière supérieure. On y trouve quelques follicules clos. Dans sa *partie caronculaire* elle contient des bulbes pileux et des follicules sébacés volumineux. La *partie oculaire*, en rapport avec la sclérotique, est dépourvue de papilles et de glandes.

Vaisseaux et nerfs. — Les *artères* des paupières (fig. 362) viennent de l'ophthalmique, de la temporale, de la sous-orbitaire et de la faciale, les *veines* sous-cutanées se rendent à la veine faciale, les veines sous-conjonctivales à la veine ophthalmique. Les *lymphatiques* vont aux ganglions sous-maxillaires et parotidiens. Les *nerfs* viennent : les sensitifs de la branche ophthalmique et du sous-orbitaire, les moteurs du facial.

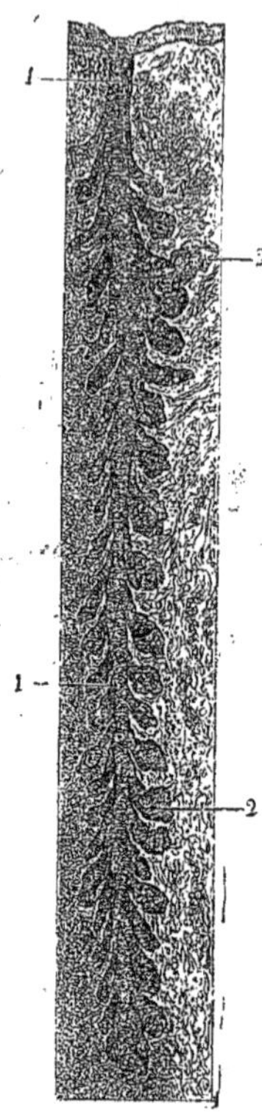

Fig. 361.
Glande de Méibomius (*)

Vaisseaux et nerfs de la conjonctive scléroticale. — Les *artères* de la conjonctive scléroticale proviennnent des artères ciliaires antérieures *dans la zone qui entoure immédiatement le bord de la cornée ; ces rameaux des artères ciliaires antérieures suivent une direction radiée du bord de la cornée vers la conjonctive, et après un trajet assez court se résolvent en un réseau capillaire anastomosé avec le réseau qui provient des artères palpébrales et lacrymales. Les *veines* qui proviennent de cette zone vont se jeter dans les veines ciliaires antérieures. Les *nerfs* de la conjonctive présentent sur leurs extrémités des *corpuscules terminaux de Krause*.

Les *corpuscules* ou *renflements terminaux de Krause* sont des corpuscules ovoïdes composés d'une enveloppe transparente et d'un contenu homogène dans lequel vient se terminer, par un renflement arrondi, le cylindre-axe d'une fibre nerveuse. Dans la conjonctive,

(*) 1) Canal excréteur commun. — 2) Lobules. — (D'après Morel et Villemin.)

le cylindre-axe se divise quelquefois avant d'arriver dans la capsule et y constitue une sorte
de peloton. D'après Poncet (*Archives de Physiologie*, 1875), les nerfs de la conjonctive
présentent trois modes de terminaison : 1° des réseaux de fibres fines à mailles larges; 2° des
corpuscules de Krause : mais ils n'existeraient que sur les ramifications de la branche lacrymale, par conséquent dans la partie interne de la conjonctive, qui jouit en effet d'une
sensibilité plus vive ; 3° des renflements interépithéliaux qui s'observent dans la muqueuse
près du limbe cornéal.

ARTICLE III. — APPAREIL LACRYMAL

L'appareil lacrymal comprend la glande lacrymale avec ses conduits excréteurs, et les voies lacrymales composées elles-mêmes des conduits lacrymaux, du sac lacrymal et du canal nasal.

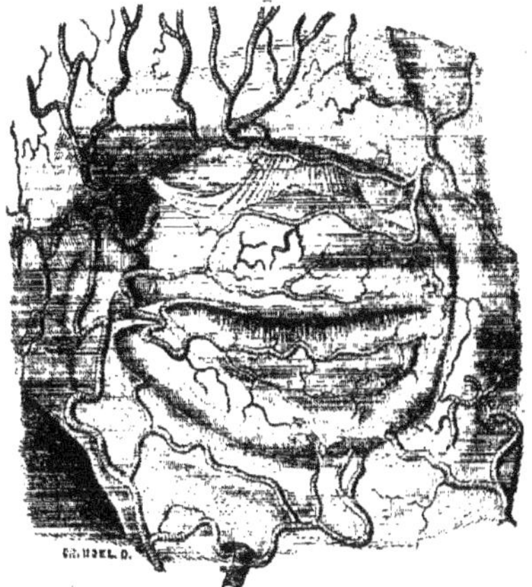

Fig. 362. — Artères des paupières.

§ I. — Glande lacrymale

Les glandes lacrymales sont des glandes en grappe situées à la partie supérieure et externe de l'orbite. Chaque glande se compose de deux
parties, une partie supérieure ou orbitaire et une partie accessoire
ou palpébrale.

La *partie orbitaire* (fig. 364, K) présente une face supérieure, convexe, logée dans la fossette lacry-
male de l'orbite, et une face inférieure concave appliquée sur le
releveur, le globe de l'œil et le
droit externe.

La *partie palpébrale* est placée dans l'épaisseur de la paupière derrière le
tendon du releveur; son bord antérieur répond au sinus conjonctival ; son bord
postérieur est uni par des conduits excréteurs à la partie orbitaire.

Les *conduits excréteurs*, au nombre de
trois à cinq (Sappey), rectilignes, sans
anastomoses les uns avec les autres, s'ouvrent suivant une ligne courbe à concavité
inférieure dans la partie externe du sinus
conjonctival supérieur. Ceux de la partie
palpébrale s'ouvrent en partie dans les
précédents, en partie par des orifices distincts (Béraud).

§ II. — Voies lacrymales (fig. 364)

1° *Conduits lacrymaux* (N, M). — Ils
vont des points lacrymaux à la paroi externe du sac lacrymal.

Les *points lacrymaux*, situés au som-

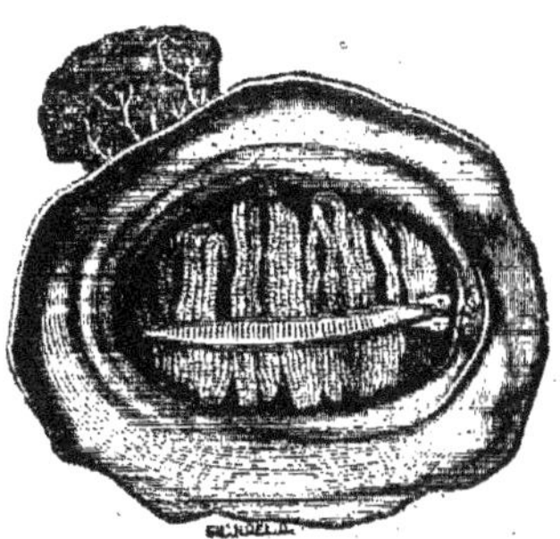

Fig. 363.
*Face postérieure des paupières:
glande lacrymale.*

met de la papille lacrymale; sont des orifices circulaires, élastiques, de 0^{mm},25 pour le supérieur; l'inférieur est un peu plus large. Le point lacrymal supérieur se place un peu en dedans de l'inférieur dans le rapprochement des paupières.

Aux points lacrymaux fait suite une petite ampoule piriforme creusée dans la papille et dont le sommet est au point lacrymal. De la base et de la partie interne de cette ampoule partent les conduits lacrymaux, qui se dirigent en dedans, le long du bord du lac lacrymal, en arrière du tendon de l'orbiculaire, et tantôt s'unissent en un seul conduit, qui s'ouvre dans le sac lacrymal à la

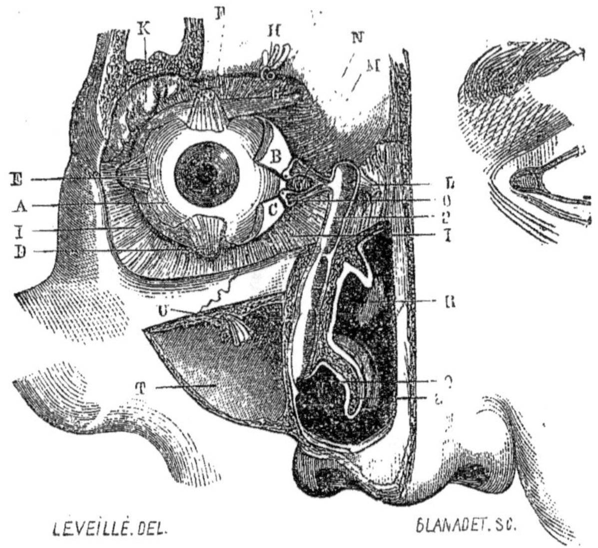

FIG. 364. — *Appareil lacrymal* (*).

réunion de son quart supérieur et de ses trois quarts inférieurs, tantôt s'ouvrent isolément dans le sac (Huschke, Merkel).

Les conduits lacrymaux ont une longueur de 0^m,007 à 0^m,008 sur un diamètre de 0^{mm}, 5. Leur muqueuse, très-mince, est tapissée par un épithélium pavimenteux stratifié, et entourée par les fibres de la partie ciliaire de l'orbiculaire.

2° *Sac lacrymal* (fig. 364, P). — Le sac lacrymal, situé dans la gouttière lacrymale de l'orbite, forme un cylindre aplati transversalement, de 0^m,011 à 0^m,013 de hauteur, pour un calibre maximum de 0^m,007 dans le sens antéro-postérieur, 0^m,004 dans le sens transversal. Il se rétrécit à sa jonction avec le canal nasal.

(*) A. Globe oculaire. — B, C. Partie interne de la conjonctive palpébrale. — D, E, F, Tendons des muscles droits. — G. Tendon du grand oblique. — H. Vaisseaux et nerfs sus-orbitaires. — I. Aponévrose oculaire. — K. Glande lacrymale. — L. Tendon direct de l'orbiculaire. — M. Caroncule lacrymale. — N. Ampoule et canal lacrymal supérieur. — O. Canal lacrymal inférieur. — P. Sac lacrymal. — Q. Ouverture inférieure du canal nasal.— R. Cornet moyen.— S. Cornet inférieur.— T. Sinu maxillaire ouvert. — U. Vaisseaux et nerf sous-orbitaires. — (D'après Benjamin Anger).

Sa paroi postéro-interne est constituée par la gouttière la crymale; sa paroi antéro-externe, par une lame fibreuse insérée aux deux lèvres de cette gouttière et soudée en avant au ligament palpébral interne, en arrière au tendon réfléchi de l'orbiculaire.

Il est tapissé par une muqueuse blanc rosé, recouverte d'un épithélium vibratile. Sa paroi externe présente l'orifice commun des conduits lacrymaux ; on trouve quelquefois au-dessus un repli semi-lunaire, *valvule de Rosen-müller*. Une valvule, non constante, *valvule de Béraud*, le sépare du canal nasal.

3". *Canal nasal* (fig. 364). — Le canal nasal va du sac lacrymal au méat inférieur. Tantôt il n'a guère plus de longueur que le canal nasal osseux (voy. p. 69) et a alors 0m,012 à 0m,015; tantôt il se prolonge au-dessous de lui et peut atteindre jusqu'à 0m,020. Son calibre, à peu près cylindrique, un peu comprimé transversalement, est de 0m,03 en moyenne; à sa partie inférieure il se rétrécit et ses parois s'accolent. Sa direction est verticale avec une légère courbure dont la concavité est postérieure et interne.

Son orifice inférieur s'ouvre dans le méat inférieur à l'union de son quart antérieur et de ses trois quarts postérieurs ; cette ouverture se fait tantôt au sommet du méat, tantôt plus ou moins bas sur sa paroi externe, et est d'autant plus étroite qu'elle descend plus bas. Elle constitue, soit un orifice circulaire à bords minces, soit une fente quelquefois à peine visible, verticale ou transversale, que limite un repli de la muqueuse, mais jamais une véritable valvule.

La muqueuse du canal nasal est tapissée par un épithélium vibratile et doublée à l'intérieur d'une membrane fibreuse, continuation du périoste et de la tunique fibreuse du sac lacrymal ; elle offre souvent à la paroi interne du canal un repli valvulaire. Dans la partie inférieure, purement membraneuse du canal, l'épithélium est pavimenteux stratifié (fait qui n'a pu cependant être constaté par Robin et Cadiat), et la couche fibreuse transformée en tissu caverneux, qui, dans l'état normal, accole les parois du canal (Henle). La muqueuse du canal et du sac contient quelques petites glandes en grappe.

4° *Partie ciliaire de l'orbiculaire et muscle de Horner.* — Le bord libre des paupières est longé par un faisceau mince situé en avant des racines des cils et allant de la crête lacrymale de l'unguis et du ligament palpébral interne (tendon direct de l'orbiculaire) au ligament palpébral externe. Une partie de ces fibres n'arrivent pas jusqu'à ce ligament et se terminent à la peau du bord libre de la paupière. La partie de ces fibres attachée à la crête lacrymale de l'unguis, et adhérente à la partie réfléchie du ligament palpébral interne (tendon réfléchi de l'orbiculaire), a reçu le nom de *muscle de Horner*.

L'action de ces fibres musculaires est douteuse. Pour les uns, le muscle de Horner dilate, pour d'autres, il rétrécit le sac. La marche des larmes dans les voies lacrymales est du reste loin d'être expliquée suffisamment.

Vaisseaux et nerfs de l'appareil lacrymal. — 1° *Glande lacrymale.* — Les *artères* viennent de la branche lacrymale de l'ophthalmique et par quelques rameaux de la méningée moyenne. Les *veines* vont à la veine ophthalmique. Les *nerfs* viennent de la branche lacrymale de l'ophthalmique et du rameau orbitaire du maxillaire supérieur.

2° *Voies lacrymales.* — Les *artères* viennent des palpébrales et des artères des fosses nasales; le sac reçoit une branche spéciale d'une des artères musculaires de l'ophthalmique. Les *veines* suivent les artères.

DEUXIÈME SECTION

APPAREIL DE L'AUDITION

L'appareil de l'audition se compose de trois parties, l'oreille externe, l'oreille moyenne et l'oreille interne.

CHAPITRE PREMIER

OREILLE EXTERNE

L'oreille externe comprend le pavillon de l'oreille et le conduit auditif externe.

ARTICLE II. — PAVILLON DE L'OREILLE

Préparation. — Pour les muscles du pavillon de l'oreille, on choisira un enfant de pré-férence à un adulte.

Conformation extérieure. — Le pavillon de l'oreille a la forme d'une sorte de coquille irrégulière rattachée par sa partie antérieure et interne aux parties latérales de la tête, et présente deux faces, deux bords et deux extré-mités.

A. La *face externe* et antérieure, généralement concave, présente des sail-lies et des dépressions caractéristiques.

Les *saillies* sont au nombre de quatre, l'hélix, l'anthélix, le tragus et l'an-titragus. 1° L'*hélix* (ἕλιξ, spirale) est ce repli qui entoure et limite le pavillon en arrière, en haut et en avant ; là il s'enfonce profondément dans la cavité de la conque, qu'il divise en deux parties. 2° L'*anthélix* est une saillie concen-trique à l'hélix, en dedans duquel elle est située, et divisée en avant en deux branches, qui interceptent la *fossette scaphoïde*. 3° Le *tragus* (τράγος, bouc) est une sorte d'opercule, court, triangulaire, couvert de poils à sa face in-terne et situé en avant du conduit auditif et de la conque, au-dessous de l'hé-lix, dont il est séparé par une petite échancrure. 4° L'*antitragus* est placé vis-à-vis et en arrière du tragus, dont il est séparé par une échancrure assez profonde ; une dépression légère l'isole de l'origine de l'anthélix.

Les *cavités* sont au nombre de trois, la conque, la gouttière de l'hélix et la fossette scaphoïde. 1° La *conque* est une cavité limitée en haut et en arrière par l'anthélix ; elle est divisée par la terminaison de l'hélix en deux cavités secondaires, une supérieure plus petite, une inférieure plus large, qui donne accès dans le conduit auditif externe. 2° La *gouttière de l'hélix* est concentri-que à l'hélix et placée entre lui et l'anthélix. La *fossette scaphoïde* est placée entre les deux branches de bifurcation de l'anthélix.

La *face interne* est convexe, libre seulement dans ses deux tiers postérieurs ainsi que par ses parties supérieure et inférieure et plus ou moins écartée du crâne[1]. Elle a une disposition inverse de celle de la face externe et offre une saillie périphérique qui répond à la gouttière de l'hélix, une gouttière qui répond à l'anthélix et une saillie correspondant à la conque.

B. Le *bord antérieur* du pavillon, bord adhérent, est formé de haut en bas par l'hélix, l'échancrure qui le sépare du tragus et la racine du tragus. Le *bord postérieur* est libre et constitué par l'hélix.

C. L'*extrémité supérieure* est large et se continue avec ces deux bords. L'*extrémité inférieure* ou *lobule* est arrondie et se distingue par sa souplesse, qui contraste avec la consistance sèche et cartilagineuse du reste du pavillon.

Conformation intérieure. — Le pavillon de l'oreille se compose d'une charpente cartilagineuse et de muscles intrinsèques. Le tout est recouvert par la peau et reçoit des vaisseaux et des nerfs.

1° Cartilage du pavillon ou cartilage de la conque

Ce cartilage (fig. 81) occupe le pavillon de l'oreille, sauf au niveau du lobule, et a la même forme et par suite les mêmes dépressions et les mêmes saillies que le pavillon. A la réunion en bas de l'hélix et de l'anthélix, il se prolonge en forme de petite languette. Au niveau du tragus et de l'antitragus, il se continue avec le cartilage du conduit auditif externe.

Il se compose d'une lame fibro-cartilagineuse, mince, de $0^m,001$ à $0^m,002$ d'épaisseur.

Ligaments. — 1° Des *ligaments extrinsèques* rattachent le cartilage de la conque en avant au tubercule de l'apophyse zygomatique, en arrière à l'apophyse mastoïde. 2° Des *ligaments intrinsèques*, allant de l'antitragus à la languette de l'hélix, du tragus à l'hélix, et de la convexité de la gouttière de l'hélix à la convexité de la fossette scaphoïde, maintiennent la forme et les courbures du pavillon.

2° Muscles du pavillon (fig. 81)

Ces muscles, souvent atrophiés chez l'adulte, sont situés, les uns sur la face externe du pavillon, les autres sur sa face interne. Ils sont tous innervés par le nerf facial.

A. *Muscles situés à la face externe du pavillon.* — Ils sont au nombre de quatre :

1° *Muscles du tragus.* (fig. 81, 5, 6). — Il va du bord supérieur à la partie inférieure du tragus ; il envoie souvent quelques faisceaux jusqu'à l'hélix (5) ;

2° *Grand muscle de l'hélix* (3). — Ce muscle n'est pas constant ; il naît d'une petite saillie de l'hélix et se porte en haut à la peau ;

3° *Petit muscle de l'hélix* (4). — Ce petit muscle est situé au lieu d'inflexion de l'hélix pour s'enfoncer dans la conque ;

---

[1] Cet écartement se fait suivant un angle qui peut varier de 15 à 45°. La finesse de l'ouïe augmenterait à mesure qu'il grandit.

4° *Muscle de l'antitragus* (7). — Il va du bord postérieur de l'antitragus à la languette cartilagineuse de l'hélix.

B. *Muscles situés à la face interne du pavillon.* — Ils sont au nombre de deux :

1° *Muscle transverse.* — Il va de la convexité de la conque à la convexité de la gouttière de l'hélix ;

2° *Muscle oblique.* — Il va de la convexité de la conque à la convexité de la fossette scaphoïde.

Les muscles extrinsèques ont été décrits avec les muscles de la tête (voyez p. 270).

La *peau* du pavillon est mince, transparente, adhérente au cartilage sous-jacent, et présente beaucoup de poils rudimentaires avec de nombreuses glandes sébacées. A la face interne du tragus ces poils peuvent, surtout chez les vieillards, acquérir une longueur considérable.

Vaisseaux et nerfs du pavillon de l'oreille.— Les *artères* viennent, les antérieures. de la temporale superficielle, la postérieure, de la carotide externe. Les *veines* suivent les artères. Les *lymphatiques* forment un réseau extrêmement riche; les antérieurs vont aux ganglions parotidiens, les postérieurs, aux ganglions sous-occipitaux. Les *nerfs* sensitifs viennent en avant de l'auriculo-temporal, en bas, de la branche auriculaire du plexus cervical, en arrière du nerf sous-occipital. Les nerfs moteurs viennent du facial.

ARTICLE II. — CONDUIT AUDITIF EXTERNE

Le conduit auditif externe est un canal à peu près transversal, ouvert en dehors dans la partie inférieure et antérieure de la conque, et terminé en dedans par un cul-de-sac fermé par la membrane du tympan. Cette membrane n'est pas perpendiculaire à l'axe du canal, mais très-oblique, de façon que le conduit auditif est plus long en avant et surtout en bas qu'en haut et en arrière.

Son *orifice externe* est elliptique, à grand axe vertical et limité en avant par la face interne du tragus, en arrière par une saillie qui le sépare de la conque, en haut par l'hélix.

La *direction* du conduit auditif n'est pas rectiligne. Il présente deux sortes d'inflexions, des inflexions dans le sens horizontal et des inflexions dans le sens vertical, inflexions bien visibles sur des coupes dirigées dans les deux sens.

1° Sur des *coupes horizontales* on voit qu'en partant de son orifice externe il se porte d'abord en avant, puis en arrière, puis de nouveau un peu en avant, de façon que sa partie tympanique est sur un plan antérieur à son orifice externe. Il en résulte deux coudes, un postérieur, aigu, et un antérieur, mousse, plus profond, qui répond à l'union de l'os et du cartilage.

2° Sur des *coupes verticales et transversales*, il présente une courbure à convexité supérieure, plus prononcée pour sa partie interne osseuse, variable pour sa partie cartilagineuse. Il en résulte que le fond du conduit est sur un plan inférieur à celui de son orifice externe.

La *longueur* du conduit auditif varie pour ses différentes parois. On a, d'après Tröltsch, les longueurs suivantes : paroi antérieure, 0^m,027 ; paroi inférieure, 0^m,026 ; paroi postérieure, 0^m,022 ; paroi supérieure, 0^m,021.

Son *calibre* change suivant la profondeur du canal. Ce calibre diminue jusque vers le milieu de la partie osseuse, où il n'y a que 0^m,006 à 0^m,007 de diamètre, pour augmenter ensuite jusqu'au tympan. Sa coupe, d'abord elliptique à grand axe vertical, devient, près du tympan, elliptique en sens inverse.

Structure du conduit auditif externe. — Le conduit auditif externe se compose de deux portions : une portion cartilagineuse et une portion osseuse.

1° *Portion osseuse du conduit auditif externe.* — Elle a une longueur de 0^m,015, mesurée du centre de son orifice externe au centre de la membrane du tympan. Elle est fortement convexe en haut : elle l'est aussi en arrière, mais d'une façon moins sensible. Elle a sur une coupe perpendiculaire à sa direction la forme d'un ovale dont la grosse extrémité serait tournée en avant.

2° *Portion cartilagineuse du conduit auditif externe.* — Ce cartilage forme une gouttière ouverte en haut, dont la partie postérieure et externe se continue avec le cartilage du pavillon. Son extrémité interne est unie aux bords de l'orifice auditif externe par du tissu fibreux. Il est séparé en trois anneaux incomplets par deux échancrures, *incisures de Santorini*, une interne, plus petite, l'autre externe, plus grande, *grande incisure*. Du tissu fibreux complète le canal.

On trouve quelquefois des fibres musculaires au niveau des incisures de Santorini. Hyrtl a mentionné un petit muscle qui existerait une fois sur dix, et irait d'une languette du cartilage à l'apophyse styloïde et dilaterait la conque (*m. stylo-auriculaire*).

La *peau* qui tapisse le conduit auditif externe acquiert vers la partie osseuse l'aspect blanc nacré d'une membrane fibreuse en même temps qu'elle diminue d'épaisseur. Elle présente des poils assez rudes et des glandes assez volumineuses, *glandes cérumineuses*, analogues comme structure aux glandes sudoripares. Elles sécrètent une matière grasse, jaunâtre, le *cérumen*, et forment une couche presque continue sur la partie cartilagineuse du conduit pour disparaître sur la partie osseuse. L'épaisseur de la peau, avec la couche glandulaire, est de 0^m,0015 à 0^m,002. Sur le conduit osseux, on ne trouve plus qu'une membrane fibreuse et un revêtement épidermique.

Vaisseaux et nerfs. — Les *artères* du conduit auditif externe viennent de l'auriculaire postérieure et des parotidiennes. Les *veines* suivent les artères. Les *lymphatiques* vont aux mêmes ganglions que ceux du pavillon. Les *nerfs* viennent de l'auriculo-temporal, de la branche auriculaire du plexus cervical et du rameau auriculaire du pneumogastrique.

CHAPITRE II

OREILLE MOYENNE

Préparation. — L'étude de l'oreille moyenne sera faite d'abord, comme celle de l'oreille interne du reste, sur des temporaux du fœtus et de nouveau-nés ; on passera ensuite à son étude chez l'adulte. Des coupes faites dans diverses directions sur des temporaux secs seront très-utiles pour se faire une idée nette de la forme et des rapports des différentes parties de l'organe auditif. On peut multiplier ces coupes et les préparations presque à l'infini; nous n'indiquerons que celles qui sont indispensables. Celui qui les exécutera pour la première fois fera bien de les pratiquer en ayant sous les yeux un modèle. Pour la caisse du tympan, on divisera le temporal par une coupe verticale, passant en dedans de la rainure digastrique et de l'apophyse styloïde, et venant aboutir supérieurement aux deux angles rentrants formés par la réunion de la face interne de l'écaille avec la partie mastoïdienne et avec le rocher. Pour voir les osselets en place avec leurs muscles, on fera les deux préparations suivantes : 1° on ouvrira la caisse du tympan avec précaution par sa paroi supérieure; on enlèvera toute la partie antérieure et inférieure du conduit auditif pour arriver sur la membrane du tympan, qu'on incisera après l'avoir examiné.

L'oreille moyenne comprend une portion osseuse et des parties molles. La *partie osseuse* se compose : 1° de la caisse du tympan avec les cellules mastoïdiennes et le canal musculo-tubaire ; 2° des osselets de l'ouïe. Les *parties molles* comprennent : 1° les ligaments et les muscles des osselets ; 2° la muqueuse de la caisse du tympan ; 3° la trompe d'Eustache ; 4° la membrane du tympan ; 5° la membrane de la fenêtre ronde.

ARTICLE I. — PARTIES OSSEUSES DE L'OREILLE MOYENNE

§ I. — Caisse du tympan

La caisse du tympan constitue une dilatation surajoutée au conduit auditif externe à peu près comme le chapeau d'un champignon à son pédicule. Elle présente une paroi interne, une paroi externe et une circonférence, d'où part, en avant, un conduit, *conduit musculo-tubaire*, en arrière, l'orifice de communication des cellules mastoïdiennes. Elle est très-étroite, la distance entre ses deux parois étant au maximum (près de sa circonférence) de 0^m,005, au minimum de 0^m,002 à 0^m,003.

L'axe de la caisse ou la ligne qui joint les centres de ses deux faces ne se continue pas avec l'axe du conduit auditif; il est dirigé en bas, en dehors et en avant, de façon que la caisse est couchée obliquement sur le conduit auditif et fait un angle aigu avec sa paroi inférieure et un angle obtus, au contraire, avec sa paroi supérieure (fig. 365, 7). Le plan de la caisse fait avec l'horizon un angle de 35° à 40°.

A. *Paroi externe de la caisse du tympan.* — Elle est occupée dans sa plus grande étendue par une ouverture à peu près circulaire de 0m,01 de diamètre, fermée à l'état frais par la membrane du tympan. Cette ouverture est cernée dans les deux tiers de son étendue (en avant et en bas) par une rainure demi-circulaire, qui reçoit l'insertion de cette membrane.

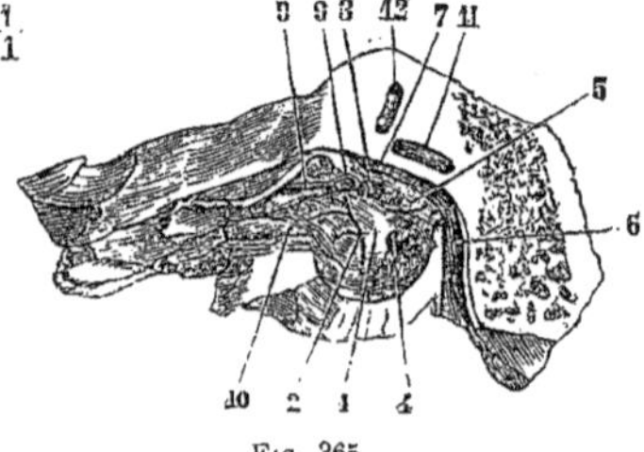

Fig 365.

Paroi externe de la caisse du tympan (*).

B. *Paroi interne* (fig. 365). — Elle est convexe, inégale et présente à son

(*) 1) Promontoire. — 2) Sillon pour le nerf de Jacobson. — 3) Fenêtre ovale. — 4) Fenêtre ronde. — 5) Pyramide. — 6) Canal de Fallope. — 7) Sa partie horizontale. — 8) Canal du muscle du marteau. — 9) Bec de cuiller. — 10) Partie osseuse de la trompe d'Eustache. — 11) Canal demi-circulaire horizontal. — 12) Canal demi-circulaire vertical antérieur.

milieu une saillie, le *promontoire* (1), dont la base correspond à l'origine du limaçon et sur laquelle se voient des sillons. Le plus visible (2) monte verticalement et loge le nerf de Jacobson ; il part d'un conduit situé à la partie inférieure du promontoire et dont l'orifice inférieur se trouve à la face inférieure du rocher, *orifice inférieur du canal de Jacobson*. Arrivé au sommet du promontoire, il se divise en plusieurs sillons, dont le principal continue le trajet primitif et vient aboutir près de l'extrémité interne du conduit du muscle du marteau à un canal, *canal du petit pétreux superficiel*, qui, après avoir fait un coude, s'ouvre à la face supérieure du rocher en dehors de l'hiatus de Fallope. De sa partie moyenne se détachent en avant deux sillons : un supérieur, qui mène dans le canal du grand nerf pétreux profond, l'autre inférieur, dans le canal tympano-carotidien.

Au-dessus du promontoire se trouve la *fenêtre ovale* (3), ouverture oblongue en forme de rein, à grand axe ($0^m,003$) dirigé dans l'axe du rocher. Elle conduit dans le vestibule. Au-dessus de son bord supérieur convexe est la saillie oblongue du canal de Fallope.

La *fenêtre ronde* (4) est située au-dessous de la fenêtre ovale, dont la sépare un pont de substance osseuse, continu avec la partie postérieure du promontoire ; elle est enfoncée, circulaire, étroite et mène dans le limaçon.

En arrière du promontoire est une petite saillie tubuleuse conique (5), qui présente sur son sommet tourné vers le promontoire et quelquefois relié à lui par un filet osseux une ouverture arrondie : c'est la *pyramide ;* elle est creusée d'un canal qui va s'aboucher dans le canal de Fallope.

C. *Circonférence.* — Elle est très-irrégulière et formée en haut par une lamelle osseuse primitivement distincte, *toit du tympan*. En arrière, elle présente de haut en bas l'ouverture des cellules mastoïdiennes et en dedans de la rainure tympanique, en dehors de la pyramide, l'orifice d'un canal qui conduit dans le canal de Fallope, *canal de la corde du tympan*. En avant on y trouve : 1° la *scissure de Glaser*, et un pertuis, ordinairement distinct, *orifice de sortie de la corde du tympan* ; 2° le conduit musculo-tubaire.

Cellules mastoïdiennes. — Ce sont des cavités communiquant toutes entre elles, creusées dans l'épaisseur de l'apophyse mastoïde ; elles sont très-variables en nombre, en forme et en volume, et s'abouchent à la partie postérieure et supérieure de la caisse par un canal prismatique. Ces cellules mastoïdiennes communiquent quelquefois avec des cellules creusées dans les parties condyliennes de l'occipital (trois fois sur six cents cas : Hyrtl).

Conduit musculo-tubaire (Fig. 365, 8, 10). — Ce canal va de l'angle rentrant du temporal à la partie antérieure de la caisse, et a une longueur d'environ $0^m,01$ et une direction parallèle à l'axe du rocher. Il est divisé en deux canaux secondaires par une lamelle osseuse très-mince et ordinairement incomplète. Le *canal supérieur* (8) plus étroit, *canal du muscle du marteau*, offre à son extrémité tympanique, en avant de la fenêtre ovale, un coude en forme de bec, *bec de cuiller* (9), grâce auquel il change brusquement de direction pour se porter en dehors et en avant dans l'étendue de $0^m,001$. Le *canal inférieur* ou *partie osseuse de la trompe d'Eustache* (10), plus large et à parois plus irrégulières, est évasé en entonnoir à son extrémité tympanique ; puis il se rétrécit et acquiert un calibre de $0^m,002$. Il a la forme d'un

prisme triangulaire à bords mousses ; sa paroi interne le sépare du canal carotidien.

§ II. — Osselets de l'ouïe

Ces osselets, qui forment une chaîne articulée allant de la membrane du
tympan à la fenêtre ovale, sont au nombre de quatre : le marteau, l'enclume,
l'os lenticulaire et l'étrier.

1° *Marteau* (fig. 366, 1). — Il présente une *tête*, un *col* et trois apophyses :
le *manche*, l'*apophyse grêle de Rau* et l'*apophyse externe :* 1° la *tête* ou
extrémité supérieure est arrondie et pourvue en arrière d'une facette en forme
de selle articulée avec l'enclume. Elle est logée dans une fossette de la paroi
supérieure de la caisse au-dessus de la partie supérieure du cadre du tympan ;
2° le *col* est vertical et aplati de dehors en dedans ; 3° le *manche* est une apophyse longue, qui continue le col de l'os, en faisant cependant avec lui un
angle ouvert en dedans ; il est aplati d'avant en arrière et se dirige en bas, en
dedans et en arrière ; à son sommet il se recourbe un peu en dehors et en avant,
d'où une forme générale d'*S* italique ; 4° l'*apophyse grêle de Rau* ou *apophyse antérieure* est très longue, grêle, se brise facilement ; elle se dirige en
avant et s'engage dans la scissure de Glaser, où elle se termine (3) ; l'*apophyse externe* se détache à angle droit de la partie supérieure du manche,
et se porte en haut et en dehors vers la partie supérieure de la membrane du
tympan.

2° *Enclume* (fig. 366, 6). — Sa forme a été comparée à celle d'une molaire
à deux racines ; elle a un corps et deux apophyses : 1° le *corps*, aplati de
dehors en dedans, est irrégulièrement quadrilatère ; sa face antérieure offre
une facette qui correspond à celle de l'enclume ; 2° l'*apophyse supérieure*,
courte, épaisse, se porte horizontalement en arrière pour se fixer par son
sommet dans une dépression de la caisse ; 3° l'*apophyse inférieure*, plus
longue et plus grêle, descend verticalement en dedans et en arrière du manche
du marteau. Elle porte à son sommet une petite facette concave, qui reçoit l'os
lenticulaire.

3° *Os lenticulaire* (fig. 367, 3). — Cet os, excessivement petit, présente
une face externe, convexe, en rapport avec l'apophyse verticale de l'enclume,
à laquelle elle est souvent soudée, et une face interne, convexe, qui répond à
l'étrier.

4° *Étrier* (fig. 367, 4). — Cet os va horizontalement de l'os lenticulaire à
la fenêtre ovale. Il a la forme d'un étrier et se compose d'une *tête*, d'une *base*
et de deux *branches :* 1° la *tête*, concave, s'articule avec l'os lenticulaire et
se continue par une partie rétrécie, *col*, avec les deux branches ; 2° la *base*,
réniforme, est constituée par une mince lamelle osseuse qui est reçue dans la
fenêtre ovale ; les *branches* se portent de la tête aux deux extrémités antérieure et postérieure de la base, en interceptant une ouverture bouchée par la
muqueuse. L'antérieure est plus grêle et presque droite, la postérieure plus
forte et courbée.

ARTICLE II. — PARTIES MOLLES DE L'OREILLE MOYENNE

§ 1. — Ligaments et muscles des osselets

I. LIGAMENTS DES OSSELETS (fig. 366).

Les osselets sont rattachés entre eux par de véritables diarthroses, présentant par conséquent des synoviales; en outre, des ligaments à distance les rattachent aux parois de la caisse.

A. *Articulations diarthrodiales*. Elles sont au nombre de deux.

1° *Articulation du marteau et de l'enclume*. — C'est une articulation *en selle ;* la facette du marteau est convexe suivant son grand diamètre, concave suivant le petit, c'est l'inverse pour l'enclume. Les deux os sont reliés par une capsule fibreuse assez serrée. L'axe des mouvements les plus étendus est perpendiculaire à la membrane du tympan.

2° *Articulation de l'enclume et de l'os lenticulaire avec l'étrier*. — C'est une *énarthrose* dont la capsule est très-mince. L'excursion du mouvement est très-faible.

B. *Ligaments rattachant les osselets aux parois de la caisse*. — Ces ligaments sont au nombre de quatre; deux pour le manteau, deux pour l'enclume. La base de l'étrier est rattachée au pourtour de la fenêtre ovale par le périoste et la muqueuse et non par un ligament annulaire distinct (Henle).

a) *Ligaments du marteau*. — 1° *Ligament suspenseur du marteau* (5). — Il va du sommet de la tête à la voûte du tympan; 2° *ligament antérieur du marteau* (4). Ce ligament, pris longtemps pour un muscle (*muscle antérieur du marteau*), nait de l'épine du sphénoïde, pénètre dans la scissure de Glaser et va s'attacher à la partie externe du col de l'os près de la base de son apophyse antérieure.

b) *Ligament de l'enclume*. — 1° *Ligament postérieur de l'enclume* (7). — Il est formé par des fibres courtes, épaisses, rattachant l'apophyse postérieure du marteau à la circonférence de la caisse. D'après quelques auteurs, il y aurait là une véritable diarthrose; 2° *ligament supérieur de l'enclume*. Il va de la voûte du tympan au corps de l'enclume.

II. MUSCLES DES OSSELETS

Ces muscles sont au nombre de deux : le muscle du marteau et le muscle de l'étrier.

1° *Muscle du marteau* (fig. 366, 9). — Ce muscle nait de l'angle antérieur du rocher, de la grande aile du sphénoïde, de la paroi supérieure du cartilage de la trompe et de l'orifice antérieur du canal musculo-tubulaire; il pénètre ensuite dans le canal osseux qui lui est destiné au-dessus de la trompe, et donne naissance à un tendon qui se réfléchit sur le coude de ce canal (10), fait un angle droit avec le corps du muscle et va s'attacher à la partie interne du manche du marteau, au-dessous de l'origine de l'apophyse grêle de Raw.

Il est innervé par une branche du ganglion otique, provenant de la racine motrice fournie par le trijumeau.

2° *Muscle de l'étrier* (fig. 366,11). — Ce muscle naît dans le canal de la pyramide, et donnne naissance à un tendon très-fin (12), qui fait avec l'axe du muscle un angle obtus ouvert en bas, et va s'attacher à la partie postérieure de la tête de l'étrier. Il est innervé par un rameau du facial.

Mouvements des osselets (fig. 367). — Les mouvements des osselets sont assez limités. Ces mouvements se font autour d'un axe qui passerait par l'apophyse postérieure de l'enclume et l'apophyse grêle de Raw ; ces deux points représentent en effet les deux points fixes, arcs-boutés contre les parois de la caisse et autour desquels pivote toute la chaîne des osselets ; cet axe coupe le marteau à la partie supérieure de son manche (A).

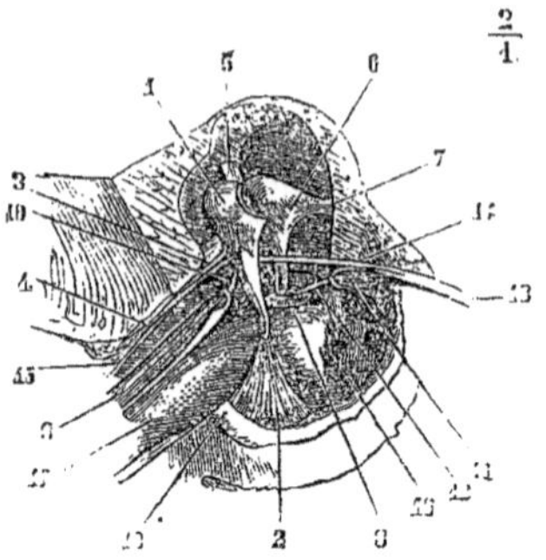

Fig. 366. — *Muscles des osselets* (*).

Le *muscle du marteau (tensor tympani)* porte en dedans le manche du marteau et avec lui la membrane du tympan qui se trouve tenduc ; en même temps il entraîne en dehors la tête du marteau et le corps de l'enclume (voy. fig. 367) et par suite fait basculer la longue apophyse de l'enclume, qui enfonce l'étrier dans la fenêtre ovale. La pression se trouve augmentée dans le labyrinthe. La contraction de ce muscle accompagne involontairement celle des muscles masticateurs.

Le *muscle de l'étrier (laxator tympani)* tire en arrière la tête de l'étrier ; mais il est difficile de dire quel peut être son usage dans l'audition. D'après quelques auteurs, il relâcherait la membrane du tympan, ce qu'il est difficile de comprendre d'après la direction de son tendon.

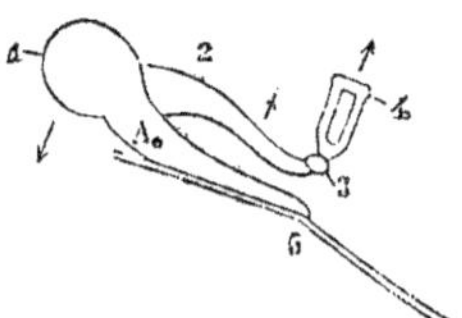

Fig. 367. — *Action des muscles des osselets* (**).

§ II. — Muqueuse de la caisse du tympan

Une muqueuse mince, blanc rosé, tapisse les parois de la caisse du tympan et se prolonge dans les cellules mastoïdiennes et dans la trompe d'Eustache. En outre, elle enveloppe complétement dans ses replis la chaîne des osselets. Le repli du marteau, concave, semi-lunaire, situé à la partie interne de la caisse, contient dans son bord libre la corde du tympan et l'apophyse grêle de Raw. Celui de l'enclume va de la paroi postérieure de la caisse à l'os lenticulaire ; celui de l'étrier va de la pyramide à l'étrier.

(*) 1) Tête du marteau. — 2) Portion de la membrane du tympan encore attachée au manche du marteau. — 3) Apophyse grêle de Raw. — 4) Ligament antérieur du marteau. — 5) Ligament suspenseur du marteau. — 6) Enclume. — 7) Ligament postérieur de l'enclume. — 8) Étrier enfoncé dans la fenêtre ovale. — 9) Muscle du marteau. — 10) Son tendon. — 11) Muscle de l'étrier. — 12) Son tendon. — 13) Nerf facial. — 14, 15) Corde du tympan. — 16) Fenêtre ronde. — 17) Trompe d'Eustache. — 18) Cercle du tympan coupé à sa partie antérieure (d'après un temporal de nouveau-né).
(**) A. Axe des mouvements. — 1) Tête du marteau. — 2) Enclume. — 3) Os lenticulaire. — 4) Étrier. — 5) Manche du marteau attaché à la membrane du tympan (la direction des flèches indique le sens du mouvement imprimé aux osselets par le muscle du marteau).

Cette muqueuse, intimement soudée au périoste, est tapissée par un épithélium pavimenteux simple, vibratile dans la partie inférieure (Tröltsch). Elle présente des glandes en tube près de l'embouchure de la trompe et à la partie antérieure du promontoire.

Quelquefois (cinq fois sur soixante-huit cas) la communication entre les cellules mastoïdiennes et la caisse est fermée par une membrane résistante (Zoja).

§ III. — Trompe d'Eustache

La trompe d'Eustache se compose de deux parties : une partie cartilagineuse et une partie osseuse. Sa *longueur* totale est de 0^m,035, 0^m,024 pour la partie cartilagineuse, 0^m,011 pour la partie osseuse. Son *calibre* varie dans les divers points de son trajet; il est à son minimum à l'union des deux parties osseuse et cartilagineuse et n'a guère que 0^m,002 de hauteur et 0^m,001 de largeur (*isthme de la trompe*); à partir de là, il s'élargit dans les deux directions, pour atteindre à l'ouverture pharyngienne 0^m,009 de hauteur et 0^m,005 de de largeur, et à l'ouverture tympanique 0^m,005 de hauteur et 0^m,003 de largeur.

Direction. — Les deux parties de la trompe ne se continuent pas en ligne droite, mais en formant un angle très obtus ouvert en bas (fig. 233, 4, 5). Sa direction générale est oblique en dehors, en arrière et un peu en haut, en allant de l'ouverture pharyngienne vers l'ouverture tympanique. Son axe fait avec l'horizon un angle de 40°, et avec celui du conduit auditif externe, qui est à peu près exactement transversal, un angle de 135°.

La trompe est aplatie transversalement, de façon qu'elle présente une paroi interne et postérieure et une paroi externe et antérieure. Sa face postéro-interne (fig. 251) répond en arrière au canal carotidien et à la muqueuse du pharynx. Sa face antéro-externe répond au péristaphylin externe, qui la sépare du ptérygoïdien interne, et est reçue dans une échancrure que présente le bord postérieur de l'aile interne de l'apophyse ptérygoïde.

L'orifice tympanique s'ouvre à la partie antérieure et supérieure de la caisse. L'orifice pharyngien (fig. 252, 8), très-évasé, ovale (*pavillon de la trompe*), est situé à 0^m,07 de l'ouverture antérieure des fosses nasales, au niveau du bord supérieur du cornet inférieur.

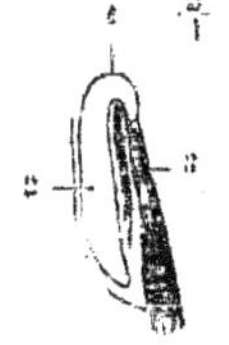

Fig. 308.
Coupe de la partie cartilagineuse de la trompe d'Eustache (¹).

Conformation intérieure. — La partie osseuse de la trompe a été vue plus haut. La partie cartilagineuse est constituée par une lamelle cartilagineuse repliée en gouttière et ne formant jamais un tube cartilagineux complet. Près de l'os, il ne manque qu'une bande légère de substance cartilagineuse à la partie inférieure, et la gouttière est ouverte en bas ; en s'éloignant de l'os, la paroi cartilagineuse externe manque presque complètement, sauf tout à fait en haut, et sur une coupe, le cartilage de la trompe a la forme d'un crochet dont la pointe se recourbe en dehors. Une membrane fibreuse, à laquelle prennent insertion des fibres du péristaphylin externe, complète le canal de la trompe dans les endroits où la partie cartilagineuse manque (fig. 308).

(¹) 1) Partie supérieure du cartilage de la trompe. — 2) Paroi interne de la trompe. — 3) Insertions du péristaphylin externe à la partie membraneuse de la trompe.

Les parois de la trompe sont habituellement accolées dans la partie cartilagineuse et s'écartent à chaque mouvement de déglutition par l'action du
péristaphylin externe.

Le cartilage de la trompe est du tissu cartilagineux hyalin ; son épaisseur à son bord
libre atteint jusqu'à $0^m,009$ et plus. La muqueuse, rattachée au périchondre par un
tissu cellulaire lâche, est tapissée par un épithélium vibratile, dont le mouvement est
dirigé de la caisse vers le pharynx. Elle contient des glandes en grappe beaucoup plus
nombreuses du côté de l'orifice pharyngien.

§ IV. — Membrane du tympan

La membrane du tympan est une membrane très-mince (moins de $0^{mm},1$),
transparente, d'une couleur gris perle ou rose pâle, réfléchissant fortement la
lumière. Elle donne attache au manche du marteau, qui, vu de l'extérieur,
paraît sous forme d'une ligne rouge jaunâtre, allant de haut en bas se fixer au
centre de la membrane, qu'il déprime du côté de la caisse, de façon que la
face externe de cette membrane est concave. A sa partie supérieure elle est
soulevée par la courte apophyse du marteau, qui paraît à l'extérieur comme
une petite saillie blanchâtre.

La membrane du tympan est à peu près circulaire ($0^m,010$ de hauteur sur
$0^m,009$ de largeur). Elle est très-fortement inclinée et fait avec la paroi inférieure du conduit auditif externe un angle très-aigu ; avec la paroi supérieure, au contraire, un angle tellement obtus (140°) qu'elle semble la continuation de cette paroi. Une perpendiculaire abaissée sur cette membrane se
dirige en bas, en avant et en dehors (fig. 251, 7). Les deux membranes du
tympan font entre elles un angle de 135° à 140° ouvert en haut.

La face interne de la membrane du tympan est convexe ; le sommet de sa
convexité est situé vis-à-vis du promontoire et n'en est séparé que par un
intervalle de $0^m,002$ à $0^m,003$, ce qui donne à la caisse la forme d'une lentille
biconcave. (Voir sur ce sujet : Tillaux, *Traité d'Anatomie topographique*).

Structure. — La membrane du tympan se compose de trois couches, une membrane
propre, fibreuse, comprise entre deux revêtements provenant de la caisse et du conduit
auditif externe.

1° La *couche fibreuse*, intermédiaire, continue avec le périoste de la caisse, est constituée par des fibres connectives mélangées de cellules plasmatiques ; les plus internes
sont circulaires, plus épaisses à la périphérie ; les fibres externes sont radiées et plus
nombreuses au centre. Cette couche donne passage à des anastomoses entre les vaisseaux
des deux autres couches.

2° Le *revêtement externe*, cutané, est formé par une couche interne, connective, soudée à la membrane propre, et par une couche épidermique épaisse, continue à celle du
conduit auditif externe.

3° Le *revêtement interne* provient de la muqueuse de la caisse ; il est moins riche
en vaisseaux que le revêtement externe. Cette muqueuse est tapissée par un épithélium
pavimenteux et présente des papilles vasculaires (Gerlach).

La membrane du tympan est quelquefois percée d'un orifice, trou de Rivinus.

§ V. — Membrane de la fenêtre ronde

La membrane qui forme la fenêtre ronde, ou *tympanum secundarium*,
n'est autre chose qu'un reste non ossifié de la capsule labyrinthique membra

neuse ; sa face externe est recouverte par la muqueuse de la caisse du tympan ; sa face interne par le périoste du labyrinthe ; cette dernière ne possède pas d'épithélium.

Vaisseaux et nerfs. — Les *artères* de la caisse du tympan viennent de la stylos-mastoïdienne, de la tympanique et de la méningée moyenne. En outre, la carotide fournit quelques rameaux directs à la caisse et à la trompe. Les *veines* vont dans les veines correspondantes. Les *nerfs* sensitifs viennent du rameau de Jacobson et du grand sympathique ; les nerfs moteurs ont été vus avec les muscles.

CHAPITRE III

OREILLE INTERNE

Le labyrinthe comprend le labyrinthe osseux avec le conduit auditif interne et le labyrinthe membraneux.

Préparation. — A. *Labyrinthe osseux.* 1° On commencera par isoler le labyrinthe osseux du reste du rocher sur des temporaux d'enfants ou de nouveau-nés ; le labyrinthe se laisse alors assez facilement isoler de la substance spongieuse du rocher. On le préparera ensuite sur des temporaux d'adultes, où la substance compacte du rocher fait corps avec le labyrinthe, ce qui rend la séparation très-difficile. On commencera toujours par le canal demi-circulaire supérieur et antérieur dont la saillie est visible sur la face supérieure du rocher. Pour voir l'intérieur du vestibule, on l'ouvrira par sa face supérieure et par sa face externe. 2° Des coupes seront faites dans trois directions principales : une horizontale, par le conduit auditif interne ; une transversale, par le plan du conduit demi-circulaire vertical antérieur ; une antéro-postérieure, pratiquée à 0ᵐ,007 en dehors du bord supérieur du rocher et parallèle à ce bord. Ces coupes peuvent du reste être multipliées avec avantage. 3° Enfin, on peut prendre le moule des cavités auditives internes avec une matière solidifiable. On pousse l'injection par la fenêtre ovale. Pour permettre à l'injection de remplir complétement les canaux demi-circulaires, il est bon de pratiquer sur le milieu de leur courbure un petit orifice, qui permet la sortie de l'air contenu dans ces canaux. On enlève ensuite le tissu osseux par la macération dans de l'acide chlorhydrique affaibli.

B. *Labyrinthe membraneux.* L'examen de la partie membraneuse du labyrinthe est extrêmement difficile et laborieux [1].

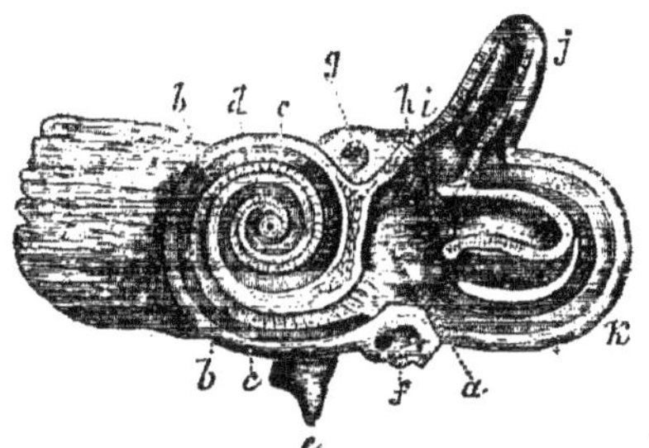

Fig. 369. — *Intérieur du labyrinthe, vu par sa face externe ou tympanique* (*).

ARTICLE I. — LABYRINTHE OSSEUX

Le labyrinthe osseux se compose de trois parties : une moyenne, qui fait suite à la caisse du tympan, le *vestibule* (fig. 369 *a*) ; une postérieure, formée par les trois *canaux demi-*

[1] Voyez Voltolini (*Die Zerlegung und Untersuchung des Gehörorganes an der Leiche*. Breslau, 1862.

(*) *a*) Vestibule. — *b*) Lame des contours. — *c*) Lame spirale. — *d*) Orifice du sommet de l'axe du limaçon. — *e*) Aqueduc du limaçon. — *f*) Fenêtre ronde. — *g*) Canal du nerf facial. — *h*) Ouverture du canal demi-circulaire supérieur. — *i*) Ouverture du canal demi-circulaire horizontal. — *j*) Canal demi-circulaire supérieur. — *k*) Canal demi-circulaire postérieur.

circulaires (*j*, *k*); une antérieure, le *limaçon* (*b*). Le limaçon, le vestibule et les canaux demi-circulaires sont échelonnés sur une ligne qui se confond presque avec l'axe du rocher. Le conduit auditif interne conduit le nerf acoustique aux diverses parties du labyrinthe. Nous le décrirons en premier lieu.

1° Conduit auditif interne

Ce conduit, long de 0^m,008, s'étend presque transversalement de la face postérieure du rocher au vestibule et à la base du limaçon. Le fond du con-

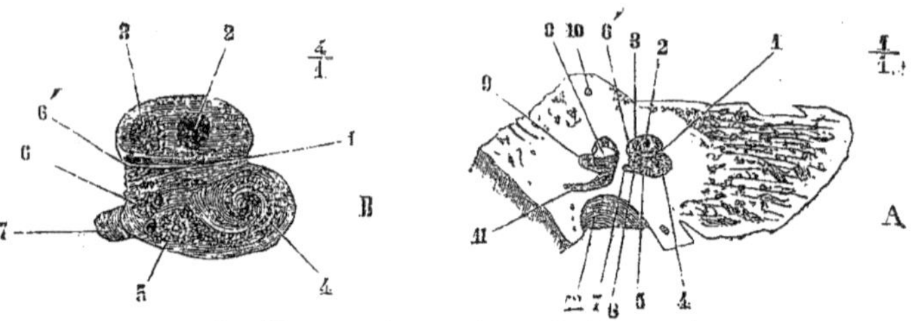

Fig. 370. — *Fond du conduit auditif interne* (*).

duit (fig. 370) forme un cul-de-sac divisé par une crête transversale (1) saillante en deux fossettes. 1° La *fossette supérieure* présente en avant l'orifice interne du canal de Fallope (2), en arrière un groupe d'orifices (3) conduisant à la tache criblée anté-
rieure, à la pointe supérieure de la crête du vestibule ; 2° la *fossette inférieure* offre en avant une série de trous disposés suivant une ligne spirale, *tractus spiralis foraminosus* (4) et correspondant à la base du limaçon ; un de ces trous, plus volumineux, est central et répond à l'axe du limaçon ; à l'endroit où débute cette spirale se voient des trous (5) qui mènent dans la fossette hémisphérique à la tache criblée moyenne ; tout à fait en arrière se trouve un orifice isolé, *foramen singulare* (19), entrée d'un conduit qui va à l'am-

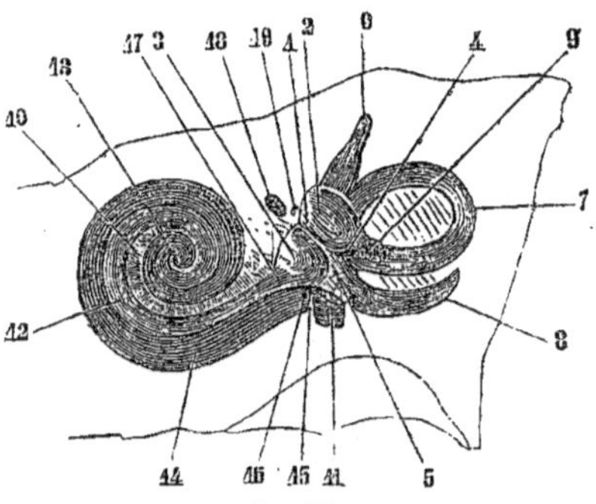

Fig. 371.

Paroi interne du vestibule avec les canaux demi-circulaires et le limaçon (**).

(*) A. Grandeur naturelle. — B. Grossi. — 1) Crête transversale séparant en deux le fond du conduit auditif. — 2) Canal de Fallope. — 3) Orifices conduisant à la tache criblée antérieure. — 4) *Tractus spiralis foraminosus.* — 5) Trous conduisant à la tache criblée moyenne. — 6, 6') Trous conduisant à la crête du vestibule. — 7) *Foramen singulare.* — 8) Fenêtre ovale, vue par l'ablation de la paroi externe du vestibule. — 9) Ampoule du canal demi-circulaire horizontal. — 10) Partie inférieure du canal vertical postérieur. — 11) Coupe du canal vertical antérieur. — 12) Fosse jugulaire.

(**) 1) Crête du vestibule. — 2) Fossette ovoïde. — 3) Fossette hémisphérique. — 4) Fossette sulciforme — 5) *Recessus cochlearis.* — 6) Canal vertical antérieur et son ouverture ampullaire. — 7) Canal horizontal. — 8) Canal vertical postérieur. — 9) Ouverture commune des canaux verticaux. — 10) Coupe de la lame des contours. — 11) Origine de la lame spirale. — 12) Lame spirale — 13) *Hamulus.* — 14) Rampe tympanique. — 15) Crête semi-lunaire — 16) Aqueduc du limaçon. — 17) Rampe vestibulaire. — 18) Canal du nerf facial. — 19) Canal donnant passage à un rameau du nerf vestibulaire, .

poule du tube demi-circulaire postérieur ; enfin en arrière et au dessus du *foramen singulare* et de l'origine du *tractus spiralis* sont des trous très-fins allant à la crète du vestibule (6, 6').

2° Vestibule (fig. 371)

Le vestibule a la forme d'un ovoïde à base supérieure, à pointe dirigée en bas et un peu en avant. Il est séparé par une crête transversale, *crête du vestibule* (1), en deux parties ou fossettes, plus marquées sur la face interne, une supérieure et postérieure, *fossette ovoïde* (2), l'autre antérieure et inférieure, *fossette hémisphérique* (3). A l'état sec, il communique : en avant et en dehors, avec la caisse du tympan par la fenêtre ovale (fig. 170, 8); en arrière et en dehors, par cinq orifices avec les canaux demi-circulaires; en avant et en bas, avec la rampe vestibulaire du limaçon. En outre, il communique avec le fond du conduit auditif interne par des orifices très-fins, visibles à la loupe et groupés pour constituer les *taches criblées* au nombre de trois : 1° la *tache criblée antérieure* répond à la partie antérieure de la crête du vestibule ; elle offre un canal particulier (fig. 371, 19), qui laisse passer un rameau du nerf vestibulaire; 2° la *tache criblée moyenne*, composée de treize à seize orifices, occupe la fosse hémisphérique; 3° la *tache criblée postérieure* présente huit orifices et occupe l'ampoule du canal demi-circulaire vertical postérieur. Reichert en admet une quatrième dans le *recessus cochlearis* (5), espace compris entre les deux branches postérieures de la crête du vestibule près de l'origine de la lame spirale. La tache criblée supérieure donne passage aux nerfs de l'utricule et des ampoules des canaux demi-circulaires vertical antérieur et horizontal; la moyenne au nerf du saccule; l'inférieure à l'ampoule du canal demi-circulaire vertical postérieur; la quatrième livre passage à un rameau du nerf cochléaire, qui va à la cloison de séparation du saccule et de l'utricule.

Au sommet du recessus cochléaire se trouve une petite fossette, *fossette sulciforme* (4), conduisant dans un canal, *aqueduc du vestibule*, qui s'ouvre à la face postérieure du rocher (1).

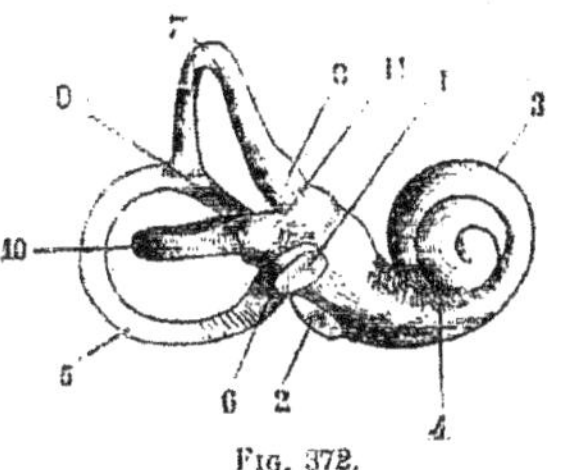

Fig. 372.
Moule du labyrinthe ; vue externe (*).

3° Canaux demi-circulaires

Ces canaux, au nombre de trois, sont situés dans trois plans se coupant tous les trois à angle droit. Le premier, *canal demi-circulaire supérieur* (fig. 372, 7), est supérieur, vertical et coupe transversalement l'axe du rocher. Le deuxième, *canal demi-circulaire postérieur* (5), est vertical aussi, mais parallèle à l'axe du rocher et postérieur au précédent. Le troisième, *canal demi-circulaire horizontal* (10), rieur au précédent. Le troisième, *canal demi-circulaire horizontal* (10),

---

(4) Dans ces derniers temps, quelques auteurs sont revenus à l'opinion de Cotugno qui considérait cet aqueduc comme faisant communiquer le liquide du labyrinthe avec le liquide cephalo-rachidien.

(*) 1) Fenêtre ovale. — 2) Fenêtre ronde. — 3) Limaçon. — 4) *Tractus spiralis foraminosus.* — 5) Canal vertical postérieur. — 6) Son ampoule. — 7) Canal vertical supérieur. — 8) Son ampoule. — 9) Partie commune des deux canaux verticaux. — 10) Canal horizontal. — 11) Son ampoule.

est horizontal et a sa convexité dirigée en dehors ; son plan coupe à peu près par son milieu le plan du précédent.

Chacun de ces conduits a deux orifices qui s'ouvrent dans le vestibule ; un de ces orifices est ampullaire, c'est-à-dire présente une petite dilatation. Les deux extrémités non ampullaires des deux canaux verticaux se réunissent pour s'ouvrir par un canal commun (9) dans le vestibule, ce qui réduit le nombre des orifices vestibulaires à cinq au lieu de six. Ils sont tous situés sur la paroi externe du vestibule et groupés par paires de la façon suivante : une paire supérieure est formée en avant par l'orifice ampullaire du canal supérieur, en arrière par l'orifice commun des deux canaux verticaux ; une paire inférieure est constituée par les deux orifices du canal horizontal, dont l'ampoule se trouve en dehors et en avant : enfin l'orifice ampullaire du canal postérieur s'ouvre plus bas, à la partie inférieure, externe et postérieure du vestibule. La longueur des canaux demi-circulaires est de $0^m,022$ pour le canal postérieur, de $0^m,020$ pour le supérieur, de $0^m,015$ pour l'horizontal.

4· Limaçon

Ainsi nommé à cause de sa ressemblance avec la coquille d'un limaçon, il est situé en dedans et en avant du vestibule, en avant du conduit auditif interne, en arrière de la trompe d'Eustache. Pour bien comprendre sa dis-

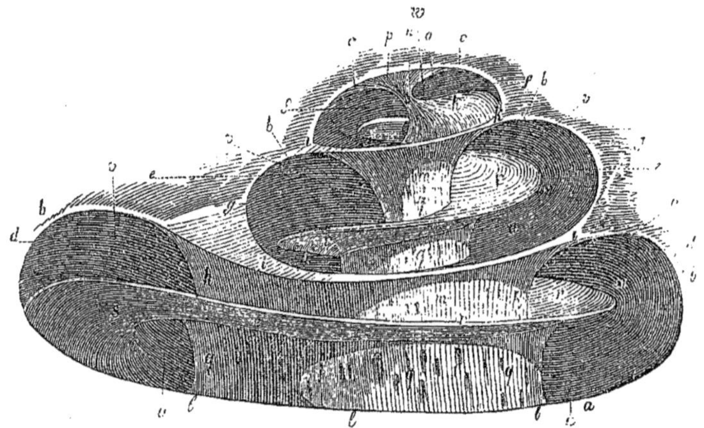

Fig. 373. — Limaçon droit, ouvert, grossi douze fois (*).

position, on peut le considérer comme formé par l'enroulement autour d'un axe d'un tube cylindrique fermé à un bout.

L'axe du limaçon, *modiolus* (fig. 373, *m. l*), est constitué par un cône creux, dont la base creusée en entonnoir et percée de trous (*tractus spiralis*

(*) *a*) Base du limaçon. — *b*) Son corps. — *c*) Son sommet. — *d*) Premier tour de spire. — *e*) Deuxième tour. — *f*) Troisième tour. — *g*) Paroi externe du canal spiral. — *h*) Sa paroi interne. — *i*) Parois intermédiaires. — *k*) Fin de la paroi intermédiaire. — *l*) Base du modiolus. — *m*) Corps du modiolus. — *n*) Son sommet. — *o*) Cul-de-sac de la rampe tympanique. — *p*) Extrémité supérieure de la paroi intermédiaire. — *q*) Orifices du modiolus. — *r*) Lame spirale. — *s*) Son origine au vestibule. — *u*) Rampe tympanique. — *v*) Rampe vestibulaire. — *x*) Cul-de-sac de la rampe tympanique.

foraminosus) correspond au fond du conduit auditif interne. Sa hauteur est de 0^m,004 à 0^m,005. Cet axe est à peu près horizontal, perpendiculaire à l'axe même du rocher et fait avec le conduit auditif interne un angle un peu plus grand qu'un angle droit.

Le *tube cylindrique*, *canal du limaçon* ou *canal spiral*, long de 0^m,003, monte en s'enroulant en spirale autour de l'axe, de manière à décrire deux tours et demi de spire (fig. 372, 5), qui se superposent en se rapprochant du sommet de l'axe. Cet enroulement se fait à droite (*dextrorsum*) pour le limaçon gauche, à gauche (*sinistrorsum*) pour le droit [1]. L'extrémité fermée du tube correspond au sommet du cône et du limaçon. L'extrémité ouverte ne prend pas part à l'enroulement, et, au contraire, se tord en sens opposé (fig. 371) pour se porter en bas et en arrière vers la fenêtre ronde et le plancher du vestibule. La lamelle osseuse qui constitue les parois du canal spiral porte le nom de *lame des contours*.

La partie de la lame des contours attenante à l'axe du limaçon se soude avec cet axe et disparaît comme paroi propre; il en est de même dans les parties accolées du canal spiral (fig. 373).

Ce canal spiral est divisé en deux tubes secondaires ou *rampes* par une lamelle, *lame spirale*, qui à l'état frais occupe toute la largeur du canal spiral, de sorte que la division en deux rampes est complète; elle en occupe aussi toute la longueur, sauf au sommet, où elle se termine par un bord concave, qui intercepte avec la concavité du cul-de-sac du tube cylindrique un orifice par lequel les deux rampes communiquent. Cette cloison a son plan perpendiculaire à l'axe du limaçon, de sorte que pour chaque tour de spire (fig. 373) une des deux rampes est plus rapprochée de la base, l'autre du sommet du limaçon [2]. La plus rapprochée de la base débouche à la fenêtre ronde, c'est la *rampe tympanique* ou *postérieure;* la plus rapprochée du sommet débouche dans le vestibule; c'est la rampe *antérieure* ou *vestibulaire*. L'origine des deux rampes correspond du côté de la caisse du tympan à la saillie du promontoire. A l'*état sec*, cet isolement des deux rampes n'existe pas; la cloison étant membraneuse dans sa partie externe, cette partie disparaît par la macération, et il reste une lamelle osseuse, *lame spirale osseuse*, dont le bord convexe est libre dans le canal spiral (Fig. 373, *r*) et qui se termine au sommet du limaçon par une petite pointe recourbée en crochet, *hamulus* Fig. 371, 13), qui contribue à former l'orifice de communication des deux rampes.

Au point d'attache de la lame spirale, l'axe du limaçon est creusé d'un canal spiral, *canal spiral de l'axe*, qui monte en spirale autour de l'axe; il contient une veine et la lame ganglionnaire du nerf acoustique. La lame spirale se compose elle-même de deux minces lamelles séparées par de la substance spongieuse. L'axe et la lame spirale sont du reste percés de canaux pour le passage des vaisseaux et des nerfs.

Au commencement de la rampe tympanique, en avant de la fenêtre ronde, se trouve un petit orifice, orifice de l'*aqueduc du limaçon* (Fig. 371, 16), qui

[1] La spirale *dextrorsum* ou *dextriotrope* se fait dans le sens des aiguilles d'une montre; la *spirale sinistrorsum* ou *lævitrope* se fait en sens inverse (de Candolle, Listing).

[2] Les noms de *rampe inférieure* et *supérieure* donnés quelquefois aux deux rampes sont vicieux: en effet, la rampe inférieure par rapport à l'axe du limaçon, est en réalité supérieure par rapport au plan du corps.

s'ouvre par son autre extrémité dans une fossette triangulaire à la face inférieure du rocher ; en arrière de cet orifice se trouve une crête, *crête semi-
lunaire* (15), qui va vers la fenêtre ronde.

ARTICLE II. — LABYRINTHE MEMBRANEUX

Le *nerf auditif,* arrivé au fond du conduit auditif interne, se divise en deux
branches : une antérieure, une postérieure.

1⁰ La *branche antérieure, nerf du limaçon* (Fig. 374), fournit d'abord un
fin rameau qui pénètre dans
la tache criblée du *recessus
cochlearis* et se rend à l'extrémité vestibulaire du canal
du limaçon et à la cloison de
séparation du saccule et de
l'utricule. Elle donne ensuite une série de filets, qui
passent par les trous du *tractus spiralis* et se rendent au
premier tour du limaçon.

Le reste du nerf pénètre
dans l'axe jusqu'à son sommet, et de sa partie superficielle spiralée se détachent
des faisceaux qui se rendent
vers la lame spirale osseuse.
Arrivés au niveau du canal
spiral, ils forment là une
bande ganglionnaire continue, *ganglion spiral,* où se
trouvent des cellules nerveuses, et pénètrent alors entre
les deux lamelles de la lame
spirale osseuse.

2⁰ La *branche postérieu-
re, nerf vestibulaire* (Fig.
375), après un gonflement

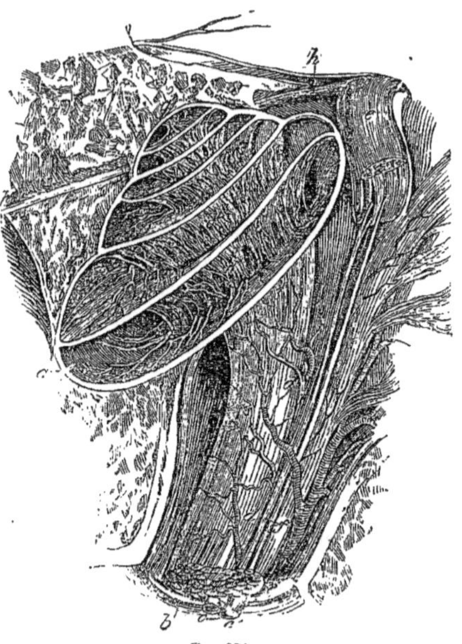

Fig. 374.

*Limaçon ouvert pour montrer la disposition des deux
rampes et la distribution du nerf auditif* (*).

léger, *gonflement gangliforme de Scarpa,* se divise en trois rameaux :
1⁰ le *supérieur* va par les orifices situés en arrière de l'orifice du canal de
Fallope (Fig. 370, 3) à la tache criblée antérieure et se termine par trois
branches pour l'utricule et les ampoules du canal vertical supérieur et du canal
horizontal ; 2⁰ le *moyen* va à la tache criblée moyenne et au saccule ; 3⁰ l'*inférieur* passe par le *foramen singulare* et va à l'ampoule du canal vertical
inférieur.

Le *périoste* du labyrinthe est très mince et très vasculaire.

(*) *a*) Limaçon. — *b*) Nerf auditif. — *c*) Vaisseaux. — *d, d*) Ramifications vasculaires. — *e*) Tronc
du nerf facial renversé en haut par sa partie postérieure. — *f*) Nerf intermédiaire de Wrisberg. —
g) Sommet du limaçon. — *h*) Tronc commun des nerfs pétreux.

Le labyrinthe membraneux se divise en deux parties : l'utricule avec les canaux demi-circulaires et le saccule avec le limaçon.

§ I. — Utricule et canaux demi-circulaires.

1° *Utricule.* — L'utricule forme le confluent des canaux demi-circulaires. Il représente un sac allongé, elliptique, un peu aplati de dedans en dehors et occupant la partie supérieure du vestibule et la fossette ovoïde, à laquelle il est intimement adhérent par sa paroi interne et supérieure. Sur cette paroi se trouve un endroit plus résistant, *tache acoustique*, qui répond à l'entrée du nerf utriculaire.

2° *Canaux demi-circulaires.* — Ils ont à peu près la même disposition que les canaux osseux et s'ouvrent dans l'utricule à son côté externe par cinq ouvertures, dont trois sont ampullaires. Leurs parois, sauf au niveau du renflement ampullaire qui remplit exactement l'ampoule osseuse, sont séparées des parois osseuses par un liquide, la *périlymphe.*

Sur les ampoules, au niveau de l'arrivée des nerfs ampullaires, existe un pli transversal semi-lunaire, blanc jaunâtre, *crête acoustique*. Sa concavité est tournée vers la cavité de l'ampoule.

Les parois des tubes demi-circulaires et de l'utricule, épaisses de 0mm,02 à 0mm,03, sont formées par une membrane connective, vasculaire, tapissée par un épithélium pavimenteux simple, reposant sur une membrane basilaire amorphe. Au niveau de la tache et des crêtes acoustiques, la tunique connective s'épaissit, et sur les crêtes on trouve un épithélium cylindrique stratifié et des cellules spéciales, *cellules auditives*, qui paraissent être en rapport avec les terminaisons nerveuses.

L'utricule et les canaux demi-circulaires contiennent un liquide clair, l'*endolymphe*. On rencontre, en outre, dans l'utricule une poussière blanche constituée par de petits cristaux de carbonate de chaux atteignant jusqu'à 0mm,012 de longueur; ce sont les *otolithes* ou *cristaux de l'otoconie*. Ils sont unis par une masse molle; mais on ignore comment ils sont rattachés à la paroi de l'utricule.

§ II. — Saccule et limaçon

A. *Saccule.* — Le saccule, nié par quelques auteurs (Voltolini), est situé dans la fossette hémisphérique ; sa partie supérieure, arrondie, se soude à la paroi de l'utricule en une cloison commune séparant les deux cavités; sa partie inférieure, au contraire, s'effile en un canal étroit, long de 0mm,7 qui se porte en arrière et en bas vers l'origine de la rampe vestibulaire et se continue à angle droit avec le canal cochléaire. Il a probablement la même structure que l'utricule.

B. *Limaçon.* — Si on examine une coupe fine d'un tour de spire d'un limaçon frais, on voit qu'il y a en réalité non pas deux canaux secondaires ou rampes, mais bien quatre, qui sont constitués de la façon suivante. La lame spirale osseuse est prolongée jusqu'à la partie externe de la lame des contours, non pas par une seule membrane, mais bien par deux membranes qui semblent continuer l'une, *membrane basilaire* (Fig. 375, 5), la lamelle osseuse inférieure de la lame spirale, l'autre, *membrane de recouvrement* ou *de*

Corti (6), sa lamelle osseuse supérieure (2). Il en résulte donc trois cavités ou rampes : une rampe supérieure (par rapport à l'axe du limaçon), *rampe ves - tibulaire;* une inférieure, *rampe tympanique* (B), et une *rampe moyenne,* bien plus étroite (D), comprise entre la membrane basilaire et la membrane de recouvrement ; on peut l'appeler aussi *rampe auditive;* elle contient un organe très important, *l'organe de Corti* (9). Enfin la rampe vestibulaire est divisée à son tour par une membrane, *membrane de Reissner* (10), en deux canaux secondaires : un interne, *rampe vestibulaire proprement dite* (A), l'autre externe, *rampe collatérale* ou *de Lœwenberg* (C).

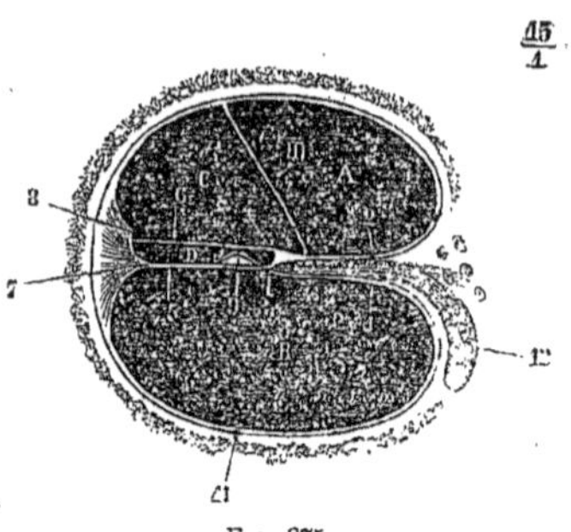

FIG. 375.

Coupe d'un tour de spire du limaçon (*).

Les *rampes tympanique* et *vestibulaire* communiquent entre elles au sommet du limaçon. A leur origine, elles aboutissent : la rampe tympanique à la membrane de la fenêtre ronde, la rampe vestibulaire au vestibule à l'intérieur du vestibule membraneux.

La *membrane de Reissner* (10) est une mince lamelle tapissée à sa face cochléenne par un épithélium simple. .

La *rampe collatérale* ou *de Lœwenberg* (C) est triangulaire et rattachée par quelques auteurs à la rampe auditive sous le nom commun de *canal cochléaire* ou *cochléen.*

La *rampe moyenne* ou *auditive* (D), *canal de la lame spirale de Lœwenberg,* est beaucoup plus compliquée comme structure et mérite une description détaillée.

Rampe auditive. — Elle a une longueur de 0m,030; elle part du col du saccule en formant une sorte de cul-de-sac, et se termine par une extrémité fermée au sommet du limaçon. Elle présente des parois et une cavité qui contient l'organe de Corti.

1° *Parois de la rampe auditive.* — Ces parois sont au nombre de quatre : une interne, étroite, creusée en gouttière, formée par le bord externe ou *limbe* de la lame spirale ; une externe, par le périoste épaissi de la partie opposée du tube cochléen; une inférieure, par la membrane basilaire ; une supérieure, par la membrane de Corti.

a) *Limbe de la lame spirale* (fig. 376, 1). — Le bord libre de la lame spirale osseuse est prolongé par une lamelle molle, connective *(zone cartilagineuse* ou *médiane),* qui paraît surtout formée aux dépens du périoste de la lamelle supérieure de cette lame spirale. Le bord libre du limbe présente un sillon, *sillon spiral interne* (5), limité par deux lèvres, une supérieure et une inférieure.

La *lèvre supérieure, lèvre vestibulaire* (2), est couverte à sa face supérieure *(zone denticulée)* de papilles qui, d'abord verticales et courtes, s'inclinent en approchant du bord libre et forment là une série de languettes minces, contiguës, *dents de la première rangée de Corti* (fig. 377, 5), au nombre de 2500 environ; cet aspect lui a aussi fait donner le nom de *bandelette sillonnée (lamina sulcata).*

La *lèvre inférieure, lèvre tympanique* (fig. 376, 3), est constituée par deux lamelles, entre lesquelles passent les fibres nerveuses; de son bord aminci part la membrane basilaire, qui paraît se continuer surtout avec la lamelle supérieure. La partie externe de

---

(*) A. Rampe vestibulaire. — B. Rampe tympanique. — C. Rampe collatérale ou de Lœwenberg. — D. Rampe moyenne ou rampe auditive. — 1) Lame spirale osseuse ; sa lamelle inférieure — 2) Sa lamelle supérieure. — 3) Lèvre tympanique de la lame spirale. — 4) Lèvre vestibulaire. — 5) Membrane basilaire. — 6) Membrane de recouvrement. — 7) Ligament spiral. — 8) Crête de la paroi externe de la rampe collatérale. — 9) Organe de Corti. — 10) Membrane de Reissner. — 11) Périoste. — 12) Nerf auditif et ganglion spiral.

cette lamelle supérieure présente des crêtes (*dents apparentes de Corti* (fig. 377, 7), séparées par des sillons; à l'extrémité périphérique de chaque crête se voit un orifice (8) pour le passage des nerfs *(bandelette perforée).*

b) *Périoste externe de la rampe auditive.* — Au niveau de cette paroi , le périoste de la lame des contours s'épaissit et offre deux saillies interceptant un sillon, *sillon spiral externe,* qui fait face au sillon spiral interne : 1° la *saillie inférieure* ou *ligament spiral* (fig. 376, 10), a une forme triangulaire et donne attache par son sommet à la membrane basilaire; 2° la *saillie supérieure, strie* ou *bandelette vasculaire* (14), forme une bande jaunâtre très-riche en vaisseaux.

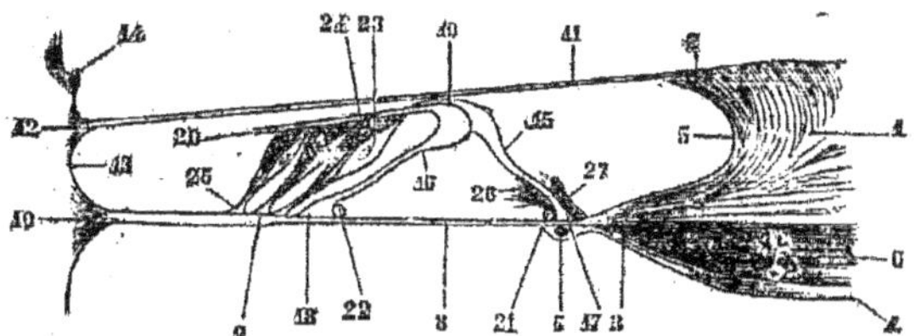

Fig. 376. — *Rampe auditive et organe de Corti* (*).

c) *Paroi inférieure de la rampe auditive* ou *membrane basilaire* (fig. 376, 8). Cette membrane, qui s'étend de la lèvre tympanique au ligament spiral, se divise en deux zones : 1° la *zone interne* (8), *zone lisse (habenula tecta), d'une largeur uniforme dans toute son étendue et même chez les divers animaux,* supporte l'organe de Corti; 2° la *zone externe* (9), *zone striée (habenula pectinata),* plus épaisse, est recouverte sur sa face tympanique de papilles hémisphériques.

On lui rattache quelquefois la bandelette perforée; dans ce cas, on la considère comme constituée par trois zones qui seraient, de dedans en dehors, la bandelette ou zone perforée, la zone lisse et la zone striée.

La membrane basilaire est formée essentiellement par une lamelle connective amorphe, tapissée à sa face supérieure par des cellules épithéliales. A sa face tympanique, au niveau de sa zone interne, se trouve un vaisseau, vaisseau spiral (7), qui suit à quelque distance le bord externe de la lame spirale.

d) *Paroi supérieure de la rampe auditive* ou *membrane de Corti* (fig. 376, 11).— Cette membrane, très-fine, élastique, s'attache à la partie interne du limbe de la lame spirale, en dehors de la membrane de Reissner; en dehors elle s'insère entre la strie vasculaire et le ligament spiral (13). A son insertion externe, elle contient un étroit canal probablement vasculaire. Sa structure est encore l'objet de dissidences parmi les anatomistes. Sa face supérieure est revêtue d'un épithélium pavimenteux (fig. 377, 1).

2° *Cavité et contenu de la rampe auditive.* — La rampe auditive constitue un canal quadrangulaire très-étroit dans le sens vertical. Outre un liquide, l'*endolymphe,* il contient un appareil particulier, *organe de Corti,* constitué par deux segments ou articles, auxquels s'adjoignent des cellules particulières et une membrane encore peu connue, membrane réticulaire. C'est dans cette cavité que viennent s'épanouir les terminaisons

(*) 1) Limbe de la lame spirale. — 2) Lèvre vestibulaire. — 3) Lèvre tympanique. — 4) Continuation du périoste inférieur de la lame spirale osseuse. — 5) Sillon spiral interne. — 6) Nerf auditif. — 7) Vaisseau spiral. — 8) Membrane basilaire ; sa zone lisse. — 9) Id., sa zone striée. — 10) Ligament spiral. — 11) Membrane de Corti. — 12) Son insertion externe. — 13) Sillon spiral externe. — 14) Saillie et strie vasculaires. — 15) Article interne de l'organe de Corti. — 16) Article externe. — 17, 18) Leur insertion à la membrane basilaire. — 19) Leur articulation. — 20) Membrane réticulaire. — 21, 22) Cellules basilaires internes et externes. — 23) Cellules de Deiters. — 24) Cellules de Corti. — 25) Leur insertion à la membrane basilaire. — 26) Fibres nerveuses ; leur terminaison au-dessous de l'organe de Corti. — 27) Id., leur terminaison au-dessus et en dedans de l'article interne.

des fibres nerveuses du nerf du limaçon. Enfin les parois de cette cavité sont tapissées d'un épithélium pavimenteux. Je décrirai successivement ces diverses parties.

a) *Organe de Corti* (fig. 376, 15, 16). — Il se compose d'une série d'arcs élastiques, au nombre de plus de trois mille, tendus au-dessus de la zone interne de la membrane basilaire; la base ou corde de l'arc a une longueur uniforme de $0^{mm},1$, quel que soit l'arc que l'on considère : leur sommet se rapproche de la membrane de Corti, sans y toucher cependant. Chacun de ces arcs se compose de deux articles ou piliers : un *article in*

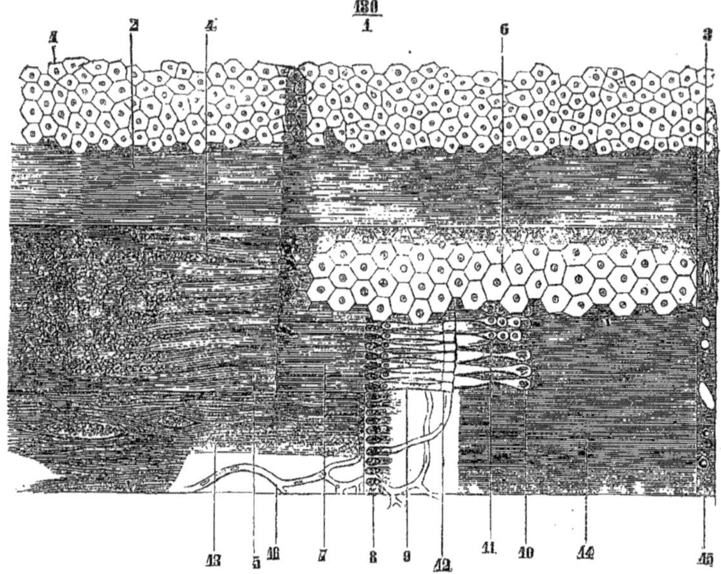

Fig. 377. — *Organe de Corti et lame spirale membraneuse, vus par leur partie supérieure* (*).

terne (15) plus court, un *article externe* (16) plus long, cylindrique; tous deux sont incurvés en S. Leur extrémité inférieure, élargie, s'insère à la membrane basilaire (17, 18). Leurs extrémités supérieures s'unissent pour former une sorte d'articulation (19), dans laquelle le renflement de l'article externe est reçu dans une cavité de l'article interne. Ces deux renflements articulaires se terminent par un prolongement dirigé en dehors. Les articles de l'organe de Corti paraissent constitués par une substance solide, élastique.

Il faut remarquer cependant que les piliers internes et externes ne se correspondent pas exactement en nombre; les internes sont plus étroits et sont aux piliers externes dans le rapport de 5 à 8 (Löwenberg).

b) *Cellules accesssoires de l'organe de Corti.* — Ces cellules, de nature encore douteuse, sont de trois espèces : 1° les unes, *cellules basilaires*, divisées en internes et externes (21, 22), de forme sphérique, sont situées à l'angle de réunion de l'extrémité

(*) 1) Épithélium qui recouvre la membrane de Corti. — 2) Membrane de Corti. — 3) Insertion externe de cette membrane.—4) Bandelette sillonnée avec ses dents.— 5) Son bord libre et dents de la première rangée. — 6) Cellules épithéliales. — 7) Dents apparentes de Corti. — 8) Orifices pour le passage des nerfs. — 9) Article interne de l'organe de Corti. — 10) Article externe. — 11) Cellules de Corti. — 12) Articulation des deux segments de l'organe de Corti. — 13) Faisceaux de fibres nerveuses — 14) Membrane basilaire (sa zone externe). — 15) Insertion de la membrane basilaire au ligament spiral. — 16) Vaisseaux situés sous la membrane basilaire. Les différentes couches ont été successivement enlevées, en allant des supérieures vers les inférieures. — (D'après Corti).

adhérente des deux articles avec la membrane basilaire. 2° Les autres, *cellules de recouvrement*, sont situées au-dessus des deux articles de l'organe de Corti et se divisent comme eux en internes et en externes. Les *cellules internes* ou *cellules ciliées internes*, non représentées sur les figures 376 et 377, sont appliquées sur les piliers internes; leur extrémité supérieure élargie supporte 4 ou 5 cils, ou prolongements rigides; leur extrémité inférieure, amincie, se perd dans l'épithélium de la lèvre tympanique. Les *cellules de recouvrement externes*, en rapport avec les piliers externes de l'organe de Corti, se présentent sous deux formes : les *supérieures, cellules de Corti, cellules ciliées externes* (fig. 376, 24 et 377, 11), sont disposées en quatre séries linéaires imbriquées les unes sur les autres; leur base supérieure (plateau), est ciliée et répond à la membrane réticulaire; leur extrémité inférieure s'effile et s'unit avec celle des cellules de Deiters pour aller s'attacher à la membrane basilaire (fig. 376, 25); un prolongement les unit à une terminaison nerveuse. 3° Le troisième groupe est formé par les *cellules de soutien*. Ces cellules, situées en dehors des cellules ciliées externes de Corti, sont dépourvues de cils; elles vont de la membrane basilaire à la partie terminale de la membrane réticulaire; en dehors, elles se continuent avec l'épithélium de la rampe auditive par des cellules de transition, *cellules de Claudius*, qui tapissent la zone pectinée jusqu'à l'insertion de la membrane basilaire; les *cellules inférieures, cellules de Deiters* (fig. 376, 23), sont fusiformes, plus grosses, plus réfringentes; leur extrémité supérieure allongée va se fixer à la membrane réticulaire; leur extrémité inférieure s'unit à celle des cellules de Corti, pour se fixer avec elle à la membrane basilaire par un renflement triangulaire.

c) *Membrane réticulée ou réticulaire* (fig. 376, 20).—Cette membrane part du sommet des arcs de Corti, où elle se continue avec le prolongement du pilier interne; en dehors, elle se rattache aux plateaux des cellules ciliées externes, en interceptant des orifices qui reçoivent ces plateaux et se termine sur les cellules du soutien. On a donné le nom de *phalanges* aux articles aplatis qui, au nombre de quatre rangées, constituent la partie externe de cette membrane et s'interposesent entre les cellules ciliées.

d) *Terminaison du nerf du limaçon.* — Les fibres nerveuse sont d'abord situées entre les deux lamelles de la lame spirale osseuse (fig. 376, 6) où elles forment d'abord un plexus à mailles larges, puis une bande continue, *ganglion spiral*. Arrivées au limbe, elles se placent entre les deux lamelles de la lèvre tympanique (fig. 376), traversent les orifices de la bandelette perforée et pénètrent dans la rampe auditive pour s'y terminer d'une façon encore douteuse, soit au-dessus (fig. 376, 27), soit au-dessous des arcs de Corti (26).

e) *Épithélium de la rampe auditive.* —Un revêtement épithélial, simple par places, multiple dans d'autres, revêt la face interne de la rampe auditive (voir, pour plus de détails, les traités spéciaux d'histologie).

TROISIÈME SECTION

APPAREIL DE L'OLFACTION

L'appareil de l'olfaction comprend une partie extérieure, le nez et les cavités nasales.

CHAPITRE PREMIER

NEZ

Le nez représente une pyramide triangulaire adossée par un de ses côtés à la partie médiane de la face. Son *sommet, racine du nez*, tantôt large, tantôt étroit, s'unit à la région frontale par une dépression plus ou moins marquée. Sa *base*, dirigée en bas, offre les deux orifices antérieurs des narines, séparés par une cloison médiane, *sous-cloison*. Son bord antérieur, *dos du nez*, est tantôt rectiligne (*nez droits*), tantôt convexe (*nez busqués*), tantôt concave (*nez camus*). L'angle antérieur s'arrondit pour constituer le lobe ou le lobule du nez. Les deux *faces latérales* présentent à la réunion de leur tiers inférieur et de leurs deux tiers supérieurs un sillon, *sillon naso-labial*, qui se continue jusqu'à la commissure des lèvres. Au-dessous de ce sillon la face latérale du nez constitue un repli convexe et mobile, l'aile du nez.

Structure. — Le nez se compose d'une charpente en partie osseuse, en partie cartilagineuse, recouverte par des muscles et par la peau.

A. *Charpente osseuse.* — Elle est constituée par l'apophyse montante du maxillaire supérieur et les os du nez. Elle a été décrite en ostéologie.

B. *Cartilages.* — Ils sont au nombre de trois : un impair et médian, le *cartilage de la cloison*, deux pairs et latéraux, *cartilages latéraux* et *cartilages de l'aile du nez.*

1° *Cartilage de la cloison.* — C'est une lame quadrilatère verticale de 0^m,0015 d'épaisseur, reçue dans l'angle rentrant formé par le vomer et la lame perpendiculaire de l'ethmoïde. Son bord postérieur et supérieur, inégal, s'attache au bord inférieur de cette lame perpendiculaire, son bord inférieur et postérieur au bord antérieur du vomer. Son bord supérieur et antérieur répond au dos du nez et se bifurque pour constituer de chaque côté le cartilage latéral ; son bord inférieur et antérieur, très-court, va de l'épine nasale antérieure au dos du nez et surmonte la sous-cloison. Ses deux faces latérales, planes, sont souvent déviées.

2° *Cartilages latéraux.* — Ces cartilages, continuation immédiate du bord antérieur et supérieur du cartilage de la cloison, sont triangulaires et présentent : un bord supérieur, uni au bord inférieur de l'os du nez ; un bord antérieur adhérent au bord antérieur du cartilage de la cloison ; un bord inférieur, libre en arrière, accolé en avant à la branche externe du cartilage de l'aile du nez ; une face externe cutanée, une face interne, recouverte par la pituitaire.

Cartilages de l'aile du nez. — Ils sont constitués par la réunion de deux branches interceptant un angle ouvert en arrière. La *branche externe* est une lamelle épaisse, convexe en dehors, irrégulière, haute en avant, étroite en arrière, où elle suit le bord supérieur de l'aile du nez, pour se terminer par une extrémité postérieure effilée, qui se cache sous la branche montante du maxillaire. La *branche interne*, rectangulaire, s'adosse par sa face interne convexe à celle du côté opposé ; son bord inférieur répond à la peau de la sous-cloison, son bord supérieur au bord inférieur du cartilage de la cloison.

A ces cartilages s'ajoutent de petits *cartilages accessoires ;* les uns sont situés en avant, le long du bord supérieur de la branche externe du cartilage de l'aile du nez ; les autres (*cartilages vomériens*), le long du bord inférieur et antérieur du cartilage de la cloison ; d'autres enfin (*cartilages carrés*), à l'extrémité postérieure des cartilages du limbe du nez.

Tous ces cartilages sont réunis par une membrane fibreuse.

C. *Muscles du nez*. — Ils ont été décrits en myologie (p. 260).

D. *Peau du nez*. — La peau, très-mince sur le dos du nez, presque complétement dépourvue de tissu graisseux sous-cutané, est très-riche en glandes sébacées.

Vaisseaux et nerfs. — Les *artères* du nez viennent de la nasale, de la faciale et de la coronaire labiale supérieure. Les *veines* vont dans la veine faciale. Les *lymphatiques*, très-nombreux, vont aux ganglions sous-maxillaires. Les *nerfs* sensitifs viennent de la branche ophthalmique, les moteurs du facial.

CHAPITRE II

CAVITÉS NASALES

Les cavités nasales sont, en allant d'avant en arrière : 1° les *narines* ou *vestibules des fosses nasales*, au nombre de deux, situées de chaque côté de la ligne médiane ; 2° les *fosses nasales proprement dites*, doubles aussi ; 3° l'*arrière-cavité des fosses nasales*, cavité impaire, qui appartient aussi au pharynx et a été décrite avec ce conduit (p. 731).

§ I. — Narines

Les *narines* sont de petites cavités ovoïdes, aplaties transversalement, qui précèdent les fosses nasales et se prolongent en avant dans le lobule. Leur face externe est concave, mobile et formée par l'aile du nez. Leur orifice inférieur a un bord interne, rectiligne, qui répond à la sous-cloison, et un bord externe concave qui répond au bord inférieur de l'aile du nez. Leur cavité se continue avec celle des fosses nasales par un orifice triangulaire à base postérieure (comparé par Beau à la glotte) et dont la lèvre externe répond au sillon naso-labial.

Ces cavités sont tapissées par une peau un peu modifiée, qui porte des poils nombreux, *vibrisses*.

§ II. — Fosses nasales

La *charpente* des fosses nasales a été décrite dans l'*ostéologie* (p. 70).

Une membrane muqueuse, *membrane pituitaire* ou *de Schneider*, presque partout soudée au périoste, la tapisse, en se moulant sur ses anfractuosités et en pénétrant dans les différentes cavités accessoires ou sinus. Elle se continue en avant avec le revêtement interne des narines, en arrière avec la muqueuse de l'arrière-cavité des fosses nasales.

En pénétrant dans les sinus, elle rétrécit en général l'orifice de communication et lui donne une forme différente de celle qu'il a sur les os secs. Ces orifices de communication sont les suivants :

1° *Sur la partie postérieure de la voûte*, l'orifice circulaire du sinus sphénoïdal ;

2° *Dans le méat supérieur* s'ouvrent les cellules ethmoïdales postérieures par un ou plusieurs orifices ;

3° *Dans le méat moyen* se trouve à la partie supérieure et antérieure une fente pour les cellules ethmoïdales antérieures ; au-dessus de cette fente est une gouttière oblique en haut et en avant, concave supérieurement, dans laquelle s'ouvrent : à la partie supérieure, le sinus frontal par un orifice circulaire ; à la partie inférieure et postérieure, le sinus maxillaire par une fente allongée. On trouve souvent pour le sinus maxillaire un deuxième orifice au niveau du bord adhérent du cornet inférieur ;

4° *Dans le méat inférieur* s'ouvre le canal nasal ;

5° *Sur le plancher des fosses nasales*, en avant et de chaque côté de la cloison, sont les orifices supérieurs des conduits incisifs qui s'ouvrent sur la voûte palatine par un orifice simple, quelquefois oblitéré.

Structure de la muqueuse pituitaire. — La muqueuse pituitaire présente des caractères très-différents, suivant qu'on considère la région où se distribue le nerf olfactif, *région olfactive,* et le reste des fosses nasales, *région respiratoire.* Les différences sont bien plus marquées chez les animaux que chez l'homme.

A. *Région respiratoire.* — 1° La *pituitaire des fosses nasales* a une épaisseur considérable qui, sur les cornets inférieur et moyen, atteint $0^m,004$. L'épithélium est stratifié, sauf sur les endroits où la muqueuse recouvre des cartilages et sur la partie antérieure du cornet et du méat inférieur, où il est pavimenteux stratifié. Le courant de l'épithélium vibratile est dirigé vers le pharynx. La muqueuse possède des glandes en grappe très-nombreuses, jusqu'à 150 par centimètre carré sur certains points (Sappey). Elle présente, en outre, un réseau veineux tellement développé qu'il lui donne, surtout sur le cornet inférieur, un aspect comme caverneux.

2° *Dans les sinus*, la muqueuse est bien moins épaisse ($0^m,002$) et soudée intimement au périoste. Son épithélium est vibratile et son courant dirigé vers les orifices de communication. Les glandes y sont rares et très-clair-semées.

B. *Région olfactive.* — Cette région se distingue par sa couleur jaune brunâtre, à peine sensible chez l'homme, et par la mollesse de sa muqueuse, qui s'altère avec une très-grande rapidité après la mort.
Son épithélium, plus épais que celui de la région respiratoire, se compose d'une couche superficielle de cellules cylindriques, dépourvues de cils vibratiles et sous lesquelles on trouve des cellules de nature probablement nerveuse, *cellules olfactives.*

1° *Cellules épithéliales cylindriques.* — Elles sont très-allongées et vers la profondeur poussent des prolongements ramifiés, qui se perdent dans le tissu connectif sous-épithélial ; elles contiennent un noyau et des granulations pigmentaires. Chez l'homme, elles présentent, au moins par places, des cils vibratiles.

2° *Cellules olfactives.* — Celles-ci, situées plus profondément, sont des cellules ovoïdes, bipolaires, dont le noyau vésiculaire est intimement accolé à la paroi. Elles ont deux prolongements : l'un, inférieur, très-fin, variqueux, s'enfonce dans la profondeur pour se mettre *probablement* en connexion avec une fibrille nerveuse terminale ; l'autre, supérieur, plus large, homogène, se dirige vers la surface libre, en passant entre les cellules épithéliales cylindriques et se termine chez les amphibies et les oiseaux par un pinceau de cils allongés mobiles ou immobiles. Ces cils n'existent pas chez l'homme.
Les *glandes* de la région olfactive sont, *chez les animaux*, des glandes en tubes spéciales, *glandes de Bowman*, dont le canal excréteur est très-étroit. Chez l'homme on trouve une forme intermédiaire entre les glandes de Bowman et les glandes en grappe du reste de la muqueuse. Elles contiennent des cellules glandulaires et des granulations pigmentaires.

Vaisseaux et nerfs de la pituitaire. — Les *artères* viennent de la maxillaire interne (sphéno-palatine, sous-orbitaire et alvéolaire) et de l'ophthalmique (ethmoïdales antérieures et postérieures et frontales pour les sinus frontaux). Les *veines* vont, les antérieures à la veine faciale, les supérieures au trou borgne et au sinus longitudinal supérieur, les postérieures dans la veine sphéno-palatine. Les *lymphatiques*, niés par Sappey, sont cependant admis par la plupart des anatomistes. Les *nerfs* de sensibilité générale viennent de la branche ophthalmique de Willis et du maxillaire supérieur. Quant aux nerfs olfactifs, leur terminaison est encore inconnue. Tout ce qu'on sait, c'est qu'ils sont composés de fibres pâles constituées par un paquet de fibrilles variqueuses, qui probablement entrent en connexion avec les cellules olfactives.

QUATRIÈME SECTION
ORGANE DU GOUT

L'organe du goût, qui se compose de la muqueuse linguale, a été décrit avec le canal alimentaire (p. 727).

CINQUIÈME SECTION
PEAU

La peau forme sur toute la surface du corps un revêtement qui se moule sur les parties sous-jacentes et se continue au niveau des ouvertures naturelles avec les muqueuses intestinale, respiratoire, oculaire et urinaire. Elle se compose de deux parties : une partie profonde, le *derme*, et une partie superficielle, l'*épiderme*, et présente des productions épidermiques, poils et ongles. En outre, elle possède deux sortes de glandes, glandes sudoripares et glandes sébacées, et, de plus, deux glandes volumineuses très-développées chez la femme, glandes mammaires, qui ont des relations étroites avec les organes génitaux. Elle est rattachée aux parties sous-jacentes par le tissu cellulaire sous-cutané.

ARTICLE I. — CARACTÈRES GÉNÉRAUX DE LA PEAU

La peau a une étendue de plus d'un mètre carré (un tiers de mètre carré en plus, Sappey). Son épaisseur, considérable au talon, à la plante du pied et à la paume de la main, devient excessivement faible dans certaines régions (paupières, etc.) et du côté de la flexion. Sa *couleur* varie suivant les races. Blanche dans la race caucasique, elle est jaune brunâtre dans la race mongole, brun foncé dans la race malaise, noire chez les nègres, et présente enfin chez les indigènes de l'Amérique une teinte qui peut varier du jaune au rouge cuivre.

Cette coloration, moins intense chez la femme et susceptible de très grandes différences individuelles, varie suivant les régions du corps.

Sa surface offre la saillie des poils diversement répartis sur les divers points de la peau, et les orifices visibles à l'œil nu des glandes sudoripares.

La peau présente des plis nombreux, plis musculaires dus à la contraction

des muscles sous-jacents, plis articulaires, rides, etc. On trouve en outre à la
paume des mains et à la plante des pieds des séries linéaires de papilles séparées par des sillons disposés dans un certain ordre.

La face profonde de la peau est inégale et les fibres qui en partent se continuent avec les fibres du tissu cellulaire sous-cutané.

De la peau dans les différentes régions

1° *Tête.* — Sur la calotte crânienne la peau (*cuir chevelu*) est lisse, épaisse,
résistante, très-peu extensible. Elle s'amincit vers le front et surtout vers la
région temporale, pour se continuer avec la peau de la face. Celle-ci, très-
épaisse au niveau des sourcils et du menton, où elle a les caractères du cuir
chevelu, est encore assez épaisse sur le nez, les lèvres et les parties postérieures et inférieures des joues ; elle devient, au contraire, d'une minceur
extrême au niveau des paupières.

2° *Cou.* — Très-fine sur les parties antérieures du cou (0^m,002), elle acquiert une très-grande épaisseur à la nuque (0^m,004) et ressemble au cuir
chevelu.

3° *Tronc.* — En arrière, dans la région dorsale, elle a à peu près la même
épaisseur et les mêmes caractères qu'à la nuque ; en avant et sur les côtés,
elle ressemble à celle du cou ; autour du mamelon et dans les creux axillaire
et inguinal, elle acquiert une très-grande minceur. Sur la ligne médiane de
l'abdomen se trouve la cicatrice ombilicale ou *ombilic*. Dans la région périnéale et sur les bourses (voy. *scrotum*), la peau est fine, très-brune, et présente sur la ligne médiane une crête saillante ou *raphé*.

4° *Membre supérieur.* — La peau du membre supérieur, mince du côté de
la flexion, épaisse et dense du côté de l'extension, n'offre de caractères spéciaux qu'à la main ; là c'est l'inverse, la peau est fine sur la face dorsale,
épaisse, au contraire, sur la face palmaire (0^m,0025) où elle est complétement
dépourvue de poils, même rudimentaires, et de follicules sébacés. L'extrémité
de la face dorsale des dernières phalanges supporte les ongles.

5° *Membre inférieur.* — On retrouve là absolument les mêmes caractères
qu'au membre supérieur, avec cette différence que la peau présente partout
une plus grande épaisseur, dont le maximum répond au talon.

ARTICLE II. — STRUCTURE DE LA PEAU

§ I. — Derme cutané

Le derme ou *chorion* est une membrane blanche, demi-transparente, élastique, très-résistante et d'une épaisseur variable (sur les paupières et le prépuce, elle a 0^m,0005 ; sur la face, l'oreille, le mamelon, le pénis, le scrotum,
0^m,001 ; à la paume des mains et à la plante des pieds 0^m,0025 à 0^m,0028, et
0^m,0017 à 0^m,002 sur les autres régions). Sa face externe est, surtout dans
certaines régions, couverte de papilles ; après l'ablation de l'épiderme (macération, etc.), elle est lisse et criblée d'orifices glandulaires. Sa partie profonde (*couche réticulaire*) circonscrit des aréoles remplies de graisse ; isolée
de la couche superficielle ou *papillaire*, elle a l'aspect d'une membrane
criblée.

Structure. — Le derme se compose de faisceaux entre-croisés de tissu connectif avec des cellules plasmatiques et des fibres élastiques très-nombreuses et plus volumineuses dans les couches profondes. Son tissu devient plus homogène dans les parties superficielles et est limité du côté de l'épiderme par un liséré amorphe. Elle est traversée par des glandes sudoripares et par les follicules pileux avec les muscles lisses et les glandes sébacées qui leur sont annexés.

Papilles. — Les papilles du derme présentent leur plus grand développement à la paume de la main et à la plante du pied. Elles sont beaucoup plus clair-semées sur les autres parties du corps, et on peut trouver sur la peau de la face et des membres des endroits assez étendus complétement dépourvus de papilles. Au pied et à la main, elles sont disposées en doubles séries linéaires parallèles, et dans le sillon de séparation viennent s'ouvrir les conduits des glandes sudoripares. Ces séries linéaires de papilles ont des directions différentes et déterminées pour chaque région, et qui rappellent les lignes de direction des poils (voyez *poils*). Ces papilles elles-mêmes sont très-nombreuses (Meissner en a compté 400 sur une ligne carrée de la face palmaire des doigts). Leur hauteur est de 0mm,1 à 0mm,2 ; leur forme est en général conique (main et pied) ou hémisphérique, quelquefois pédiculée (gland, mamelon). Elles peuvent être simples ou composées.

Elles se composent d'une substance fondamentale d'aspect homogène qui, par certains réactifs, paraît formée par des fibres à direction verticale.

On divise ces papilles en deux espèces : papilles vasculaires et papilles nerveuses.

1° *Papilles vasculaires.* — Celles-ci, beaucoup plus nombreuses, ne contiennent que des anses vasculaires et pas de fibre nerveuse terminale.

2° *Papilles nerveuses et corpuscules du tact.* — Les papilles nerveuses, au nombre de une pour quatre papilles à la pulpe du doigt (Meissner), contiennent un corpuscule ovoïde particulier (*corpuscules du tact* ou *de Meissner*). Chaque corpuscule possède une enveloppe fibreuse, qui contient une masse molle, claire, finement granulée, et présente des stries transversales, dont la signification est encore indécise (fibres nerveuses

terminales, cellules fusiformes, fibrilles élastiques?). A chaque corpuscule aboutissent une ou deux fibres nerveuses primitives qui paraissent se terminer dans des renflements spéciaux, *disques tactiles de Ranvier*. Ces corpuscules, très-nombreux sur la pulpe des troisièmes phalanges, se rencontrent encore avec des formes un peu plus simples au bord rouge des lèvres, sur le mamelon, et paraissent manquer ou être du moins extrêmement rares sur les autres régions cutanées.

Vaisseaux et nerfs du derme. — Les *artères* fournissent un réseau capillaire qui se distribue surtout à la couche papillaire ; de ce réseau partent des anses qui se rendent dans les papilles. Les *veines* vont dans les veines sous-cutanées. Les *lymphatiques* forment dans la partie superficielle du derme des réseaux très-fins, qui envoient dans le centre des papilles des prolongements en cæcum, et sont, d'après Teichmann, toujours séparés de la couche profonde de l'épiderme par un réseau capillaire sanguin. Les *nerfs* proviennent des trente et une racines spinales postérieures, sauf pour le segment antérieur de la tête, innervé par la grosse racine du trijumeau (voy. fig. 379), la topo-

(*) On trouve de haut en bas l'épiderme, la couche papillaire du derme, la couche réticulaire, et plus profondément, une glande sudoripare, dont le canal excréteur traverse les couches sus-jacentes

graphie de l'innervation cutanée). Ils constituent dans la couche papillaire de riches plexus portant des filets qui se rendent aux corpuscules du tact.

§ II. — Épiderme

L'épiderme est une membrane complétement dépourvue de vaisseaux et de nerfs et constituée uniquement par des cellules épithéliales. Elle recouvre la surface externe du derme ; sa face profonde se moule sur les inégalités de cette face externe, tandis que sa face superficielle tend à s'égaliser et ne présente pas, sauf dans certaines régions (paume des mains et plante des pieds), des saillies et des dépressions correspondantes. Son épaisseur est par conséquent plus considérable dans l'intervalle des papilles qu'à leur niveau. Cette épaisseur varie du reste en général avec l'épaisseur même du derme. Considérable à la plante du pied ($1^{mm},7$ à $2^{mm},8$) et à la paume de la main ($0^{mm},6$ à $0^{mm},2$), elle est beaucoup plus faible dans les autres régions, et peut être évaluée en moyenne à $0^{mm},1$.

Structure de l'épiderme. — L'épiderme se compose de deux couches : une couche superficielle ou *couche cornée*, et une couche profonde, *couche muqueuse de Malpighi*. Ces couches se séparent assez facilement l'une de l'autre (macération, ébullition, vésicants). Leur épaisseur relative varie dans les diverses régions ; sur la face, le cou, les parties sexuelles, la couche de Malpighi est trois à six fois plus épaisse ; ailleurs elles sont égales (côté dorsal des membres, etc.), ou, enfin, la couche cornée, comme à la main et au pied, est six à douze fois plus épaisse.

1º *Couche cornée.* — Elle est sèche, dure, transparente, incolore et a une apparence lamelleuse. Sa face interne présente des dépressions légères, qui correspondent au sommet des papilles, dont elles sont séparées par une couche mince du réseau de Malpighi. Elle se compose de lamelles, *lamelles cornées de l'épiderme,* dont les inférieures ont encore un noyau et se rapprochent des lamelles superficielles de la couche muqueuse, tandis que les lamelles cornées superficielles sont plus irrégulières et dépourvues de noyau.

2º *Couche de Malpighi.* — Cette couche, molle, humide, adhérente au derme, se moule sur sa face externe et présente par suite une disposition inverse de ses saillies et de ses dépressions ; il en résulte une épaisseur beaucoup moindre au niveau du sommet des papilles, par suite un aspect réticulé, *réseau de Malpighi.* Elle se compose de cellules à noyau à des degrés différents de développement et de forme variable. Les plus rapprochées de la couche cornée sont un peu aplaties, horizontales et hérissées à leur surface de prolongements ou dentelures qui s'engrènent avec les dentelures des cellules voisines (Schultze). Plus profondément les cellules sont plus petites, arrondies ou ovales, et alors verticales ; leur membrane d'enveloppe devient moins distincte. Enfin, tout à fait contre le derme est appliquée une couche simple de cellules cylindriques, à noyau foncé et à direction verticale.

La *couleur* de la peau provient uniquement de cette couche muqueuse. Elle est due à une accumulation de pigment, qui a lieu surtout dans les couches profondes et spécialement dans les cellules cylindriques appliquées directement sur le derme. La pigmentation porte à la fois sur le noyau et sur le contenu de la cellule. Elle ne diffère chez le nègre que par la quantité plus considérable des dépôts pigmentaires.

§ III. — Productions épidermiques de la peau

I. Ongles

Les ongles sont des lames cornées d'une épaisseur de $0^{m},003$ à $0^{m},004$, dépendant de l'épiderme, avec lequel elles se détachent lorsque ce dernier est séparé du derme sous-jacent par la macération. Les ongles sont reçus dans un repli du derme, *rainure unguéale*, en forme de fer à cheval, plus profonde dans sa partie supérieure ; elle limite, sauf en avant, une surface quadrangulaire, connue sous le nom de *lit de l'ongle*, qui reçoit la plus grande partie de sa face inférieure. L'ensemble des parties du derme en contact avec l'ongle constitue la *matrice* de l'ongle.

A. *Ongle.* — L'ongle, isolé de l'épiderme auquel il est annexé, a la forme d'un rectangle allongé et présente deux faces, deux bords et deux extrémités. La *face supérieure* est convexe transversalement, et striée dans le sens longitudinal. La *face inférieure*, concave, est creusée de sillons longitudinaux, séparés par des crêtes linéaires, qui s'engrènent avec des crêtes et des sillons correspondants du lit de l'ongle. Les deux bords latéraux sont parallèles, rectilignes et logés en arrière dans les parties latérales de la rainure unguéale. L'*extrémité postérieure* ou *racine* de l'ongle est plus molle que le reste et cachée en grande partie dans la rainure unguéale, sauf quelquefois sa partie antérieure semi-lunaire, qui constitue la *lunule*. La racine se termine en arrière par un bord mince et tranchant très-flexible.

L'ongle se compose, comme l'épiderme, d'une couche muqueuse et d'une couche cornée, séparées l'une de l'autre par une limite très-nette, bien visible sur une coupe transversale, sous forme d'un liséré sombre.

1º La *couche muqueuse*, adhérente à toute la surface de la matrice unguéale, recouvre la face inférieure de l'ongle à l'exception de son extrémité libre, et, tout à fait en arrière, une très-petite étendue de la face supérieure de la racine. Elle se continue sans ligne de démarcation avec la couche de Malpighi de l'épiderme du doigt. Elle est composée de cellules à noyau, allongées et aplaties au niveau de la racine dans les parties profondes, semblables partout ailleurs aux cellules de la couche de Malpighi de l'épiderme.

2º La *couche cornée* s'unit à la couche muqueuse par de petites crêtes s'engrenant avec des sillons correspondants de cette dernière. Cette couche se compose d'une masse dure, transparente, homogène, dans laquelle on ne voit qu'indistinctement des lamelles aplaties et allongées. Par les alcalis, ces lamelles se gonflent et laissent voir des cellules épithéliales pourvues d'un noyau. La couche cornée de l'ongle n'est pas en continuité directe avec celle de l'épiderme ; celle-ci lui forme une sorte de gaîne incomplète ; en avant, la couche cornée de l'épiderme s'enfonce d'une très-petite quantité entre la face inférieure de l'ongle et le *lit unguéal* ; au niveau de la rainure unguéale elle s'enfonce aussi entre les bords de cette rainure et la face supérieure de l'ongle, et à la partie postérieure de l'ongle elle s'avance, sur la face dorsale de l'ongle, sous forme d'une couche mince qui recouvre ordinairement la lunule et circonscrit en arrière, par un liséré blanc jaunâtre, la surface libre de l'ongle.

Matrice de l'ongle. — La matrice de l'ongle a la même structure que le derme cutané. La surface du lit de l'ongle est garnie de 70 à 80 petites *crêtes* linéaires, qui commencent en arrière au fond de la rainure unguéale, dans sa partie moyenne, et partent de là comme d'un pôle pour se diriger en avant, les moyennes directement, les latérales en décrivant d'abord une courbe à concavité interne. Ces crêtes, d'abord très-serrées et petites, après un trajet de 0^m,006 à 0^m,008 deviennent subitement plus saillantes et constituent de véritables lames. Cette limite des crêtes et des lames se fait suivant une ligne convexe en avant, qui divise le lit de l'ongle en deux parties inégales : une postérieure semi-lunaire, très-peu vasculaire, blanchâtre (*lunule*), cachée complétement en général dans la rainure unguéale; l'autre antérieure, plus étendue, vasculaire, rosée, qui répond au corps de l'ongle ou à sa partie visible. Ces crêtes interceptent des sillons, dans lesquels pénètrent des prolongements de la couche de Malpighi de l'ongle. Ces crêtes linéaires sont pourvues de papilles vasculaires.

II. Poils

Le poil se compose d'une partie libre, *tige du poil*, et d'une partie implantée dans une dépression de la peau ou *follicule pileux;* c'est la *racine du poil*.

A. La *tige du poil* se termine par une extrémité finement arrondie, quelquefois divisée. Les poils présentent des caractères particuliers suivant la région du corps sur laquelle ils sont implantés, et, à ce point de vue, on peut les diviser en trois groupes : 1° les uns sont mous et longs, comme les cheveux; 2° les autres sont courts, raides et épais (sourcils, cils, vibrisses); 3° les autres enfin, *poils follets* (*lanugo*), très-courts et très-fins, constituent une sorte de duvet sur la plus grande partie de la surface cutanée.

La *longueur* des poils est très-variable; pour les poils de l'aisselle et du pubis, elle atteint $0^m,03$ à $0^m,8$; les poils des sourcils, les cils et les vibrisses ont de $0^m,008$ à $0^m,015$; les poils follets varient de $0^m,002$ à $0^m,014$. Leur *épaisseur*, à l'exception des poils courts et raides, comme les cils, est en général en rapport avec leur longueur. Les cheveux blonds, ordinairement plus fins, ont de $0^m,008$ à $0^{mm},067$ d'épaisseur; les cheveux noirs, de $0^{mm},067$ à $0^{mm},077$. Les poils follets n'ont guère que $0^{mm},067$. Les poils, et en particulier les cheveux, offrent des différences de raideur et de flexibilité, variables dans les différentes races, et peuvent être lisses, bouclés, frisés, crépus. Ils sont *lisses* et droits dans les races américaines, chez les Chinois, les Japonais, les Malais; ils sont *bouclés* dans les races aryenne et sémitique, chez les Polynésiens et les Australiens; *frisés* chez les Égyptiens et les Abyssiniens et sporadiquement chez les Sémites et dans les races caucasiques; enfin ils sont *crépus* chez les nègres et les Hottentots.

Ces différences correspondent à des différences de forme. Les cheveux lisses sont cylindriques; les cheveux bouclés et frisés sont, au contraire. légèrement comprimés dans le sens de l'ondulation. Dans les cheveux crépus du nègre, un des diamètres l'emporte de plus de moitié sur l'autre, ce qui leur donne une forme aplatie. Les poils de la barbe, du pubis, ont ordinairement sur une coupe une forme elliptique, anguleuse ou cannelée.

La *couleur* des cheveux et des poils varie depuis le ton le plus clair (jaune lin) jusqu'au noir. Les cheveux noirs se rencontrent dans tous les points du globe et sous toutes les latitudes (Esquimaux, nègres, Indous, Malais); toutes les races colorées ont les cheveux noirs, de même que quelques groupes parmi les races blanches (Étrusco-Pélages, Caucasiens). Les cheveux rouges ont des représentants dans toutes les races.

L'*élasticité* des cheveux est assez considérable: ils peuvent s'allonger de près d'un tiers sans se rompre et reprendre ensuite leur longueur primitive. Leur *ténacité* est assez forte; un cheveu supporte sans se briser un poids de 180 grammes.

Distribution des poils. — Les poils existent sur toute la surface cutanée,

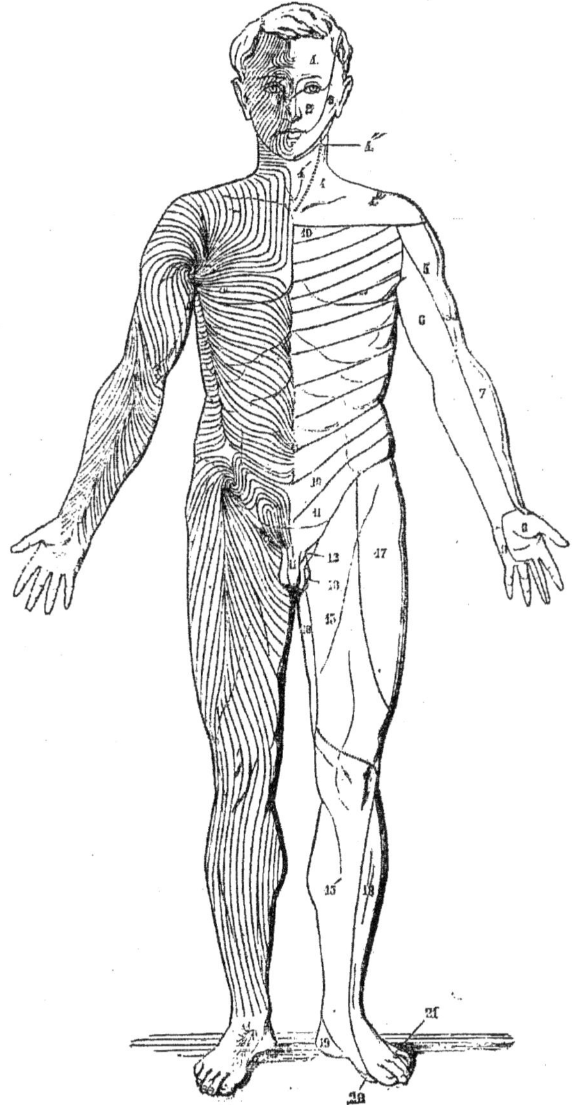

FIG. 379. — *Topographie de l'innervation cutanée et lignes d'implantation des poils ; face antérieure* (*).

(*) 1) Région innervée par le nerf ophthalmique de Willis. — 2) Maxillaire supérieur. — 3) Maxillaire inférieur. — 4) Plexus cervical. — 4') Branche cervicale superficielle. — 4'') Branche auriculaire. — 4''') Branches descendantes. — 5) Nerf circonflexe. — 6) Brachial cutané interne. — 7) Musculo-cutané. — 8) Médian. — 9) Cubital. — 10 à 10') Nerfs intercostaux. — 11) Branches abdomino-scrotales. — 12)

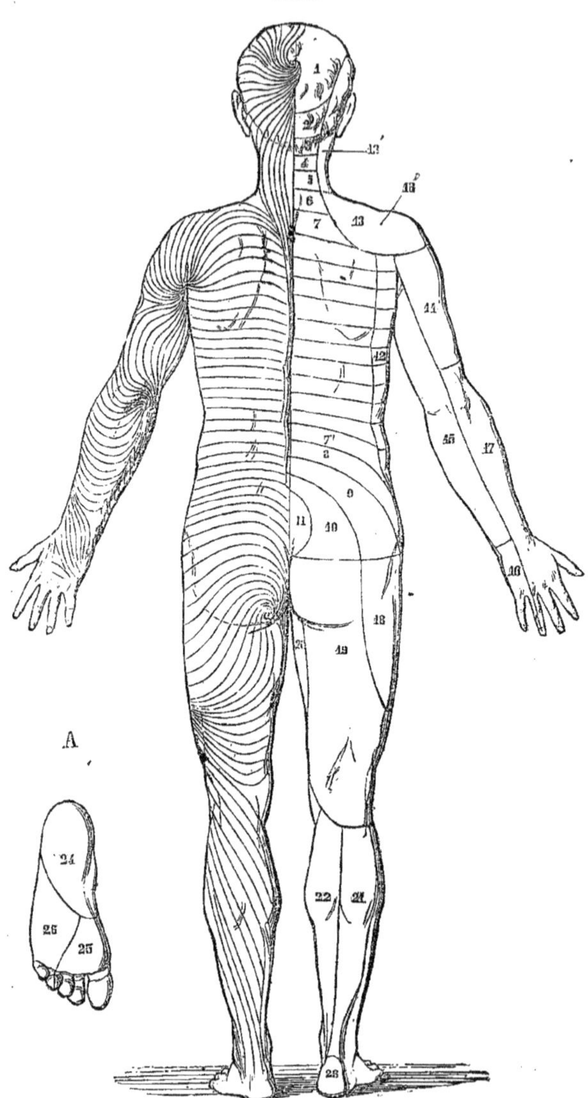

FIG. 380. *Topographie de l'innervation cutanée et lignes d'implantation des poils ; face postérieure* (*).

Branche génito-crurale. — 13) Nerf ischiatique. — 14) Honteux interne. — 15) Nerf crural. — 15') Saphène interne. — 16) Nerf obturateur. — 17) Nerf fémoro-cutané. — 18) Sciatique poplité externe. — 19) Tibial postérieur. — 20) Plantaire interne. — 21) Saphène externe.

(*) 1) Branche postérieure du deuxième nerf cervical. — 2, 3, 4, 5, 6) Idem des troisième, quatrième, cinquième, sixième et septième nerfs cervicaux.— 7 à 7') Branches postérieures des nerfs dorsaux. — 8) Premier, 9) deuxième, 10) troisième nerf lombaire. — 11) Quatrième et cinquième nerfs lombaires

à l'exception des endroits suivants : paupière supérieure, lèvres, paume de la main et plante des pieds, face dorsale des dernières phalanges des doigts et des orteils, lame interne du prépuce et gland. Quant à leur nombre, on trouve les chiffres suivants pour un quart de pouce carré : vertex, 293 ; occiput, 225; partie antérieure du crâne, 211 ; menton, 39; pubis, 34 ; avant-bras, 23 ; dos de la main 19 ; face antérieure de la cuisse, 13 (Withoff). Tantôt ils sont isolés, d'autres fois réunis par groupes de 2 à 5.

Leur *mode d'implantation* se fait en général obliquement et suivant des lignes courbes régulières (fig. 379 et 380), qui constituent des espèces de courants, bien visibles surtout sur le nouveau-né et le fœtus. Ces courants sont tantôt convergents, tantôt divergents : 1° les *courants divergents* partent de points centraux, ou *tourbillons*, dans lesquels les racines des poils sont dirigées vers le centre du tourbillon et les extrémités en sens inverse. On trouve ces tourbillons à la tête, à l'angle interne de l'œil, à l'entrée du conduit auditif externe, dans le creux de l'aisselle, au pli de l'aine et sur le dos du pied et de la main ; 2° les *courants convergents* sont formés par des séries de poils dirigés en sens inverse, c'est-à-dire que les extrémités des poils sont tournées vers le tourbillon ; ces tourbillons convergents se rencontrent sous l'angle de la mâchoire, sur l'olécrane, au-dessus du nez, à l'ombilic, à la racine du pénis, sur le coccyx. Les lignes suivant lesquelles deux tourbillons voisins se rencontrent, ou *lignes nodales*, aboutissent à des points de rencontre de quatre tourbillons ou *croix*. La ligne nodale la plus importante se trouve sur les parties antérieures et latérales du tronc et va verticalement du tourbillon axillaire au tourbillon inguinal. Les *croix* se rencontrent soit sur la ligne médiane (racine du nez, os hyoïde, sternum, hypogastre), soit sur les parties latérales au-dessus du trou sus-orbitaire, à la nuque, au-dessus de l'oreille, aux lombes), soit enfin sur les extrémités (épaule, avant-bras, jambe) [1].

B. *Racine du poil.* — Elle est implantée dans le follicule pileux. Elle est toujours cylindrique. Sa partie inférieure, plus molle, renflée *(bulbe pileux)*, est creusée à sa base d'une dépression dans laquelle est reçue la *papille du poil*, bourgeon qui naît du fond du follicule pileux.

Structure. — Nous décrirons successivement le *poil* et le *follicule pileux*.

A. *Poil.* — Le poil se compose de trois parties : un revêtement extérieur, *épiderme du poil*, une *substance corticale* et un axe central ou *substance médullaire*.

1° *Épiderme du poil.* — Cette couche, excessivement mince, très-adhérente à la substance corticale, constitue une membrane parcourue par des lignes transversales, foncées, irrégulières et comme dentelées, qui présentent entre elles des anastomoses. Elle est formée par une couche simple de lamelles épithéliales, dépourvues de noyau, dont les contours sont représentés par les lignes foncées mentionnées ci-dessus. Ces lamelle

Voy. sur ce sujet : Eschricht, *Müller's Arch.*, 1837. — C. A. Voigt, *Ueber die Richtung der Haare am menschlichen Körper*, 1856.

et nerfs sacrés. — 12) Nerfs intercostaux. — 13) Plexus cervical. — 13') Branches auriculaire et mastoïdienne. — 13'') Branches descendantes. — 14) Nerf circonflexe. — 15) Brachial cutané interne. — 16) Cubital. — 17) Radial. — 18) Branche fémoro-cutanée. — 19) Nerf ischiatique. — 20) Nerf obturateur. — 21) Sciatique poplité externe. — 22) Saphène interne. — 23) Sciatique poplité interne. — A. Plante du pied. — 24) Branche plantaire du nerf tibial postérieur. — 25) Nerf plantaire interne. — 26) Nerf plantaire externe.

s'imbriquent de façon que les inférieures recouvrent les supérieures. Au niveau de la racine, elles cessent brusquement (Morel) et sont remplacées par des cellules à noyau, qui se continuent peu à peu avec les cellules du bulbe.

2° *Substance corticale* (fig. 381, 2).—Elle est striée suivant sa longueur, transparente dans les poils blancs, colorée plus ou moins régulièrement dans les autres, et se décompose par les réactifs en fibres aplaties à bords dentelés, et claires ou foncées suivant la couleur des poils.

Ces fibres se composent elles-mêmes de lamelles aplaties, allongées, pourvues d'un noyau. Ces lamelles contiennent du pigment, qui se dépose souvent par amas et forme des taches disséminées. D'autres taches proviennent d'espaces remplis d'air, ce qui se voit surtout sur les cheveux blancs et blonds. Ces espaces remplis d'air manquent dans les cheveux foncés et dans la racine.

Au niveau du bulbe (fig. 382, 6) on trouve, au lieu de ces lamelles, des cellules molles, polygonales, à noyau très-net et contenant des granulations tantôt incolores, tantôt pigmentaires. La partie supérieure de la racine présente des formes de transition entre les cellules du bulbe et les lamelles corticales de la tige.

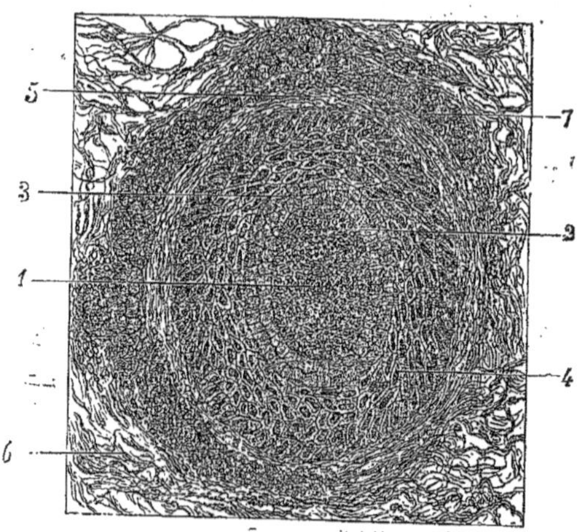

Fig. 381.— *Cil coupé en travers au niveau de son follicule* (*).

3° *Substance médullaire* (fig. 381, 1 et 382, 8) — Elle constitue un cordon qui s'arrête au-dessus du bulbe pileux, et peut même manquer complétement (poils follets, cheveux colorés). Ce cordon est formé par 1 à 5 traînées de cellules rectangulaires, renfermant un noyau très-pâle et quelquefois des bulles d'air. Le diamètre de la moelle est à celui du poil entier comme 1 est à 3 ou à 5.

B. *Follicule pileux* (fig. 382). — Le follicule pileux est une dépression de la peau qui reçoit la racine du poil, et par suite se compose, comme la peau, de deux parties : une partie dermique, *follicule proprement dit*, et un revêtement épidermique, *gaine de la racine du poil.*

a) *Follicule proprement dit.*—Il comprend trois couches : 1° une *couche externe* (1) fibreuse, vasculaire, dont les fibres ont en général la direction longitudinale ; 2° une *couche moyenne* (2) de même nature, mais dont les fibres ont la direction transversale ; 3° une *couche interne* (3) amorphe, transparente, qui reste toujours dans le follicule quand on arrache le cheveu. Ces trois couches se continuent avec le derme cutané.

Du fond du follicule s'élève un petit renflement conique (fig. 382, 7), *papille du poil*, analogue aux papilles du derme. Elle est formée par un tissu connectif fibrillaire vague avec des noyaux et un réseau capillaire et recouverte à sa surface par des cellules adhérentes à celles du bulbe pileux.

(*) 1) Substance médullaire. — 2) Substance corticale. — 3) Couche épidermique interne. — 4) Couche épidermique externe. — 5) Couche dermique interne du follicule. — 6) Couche dermique externe. — 7) Glandes sébacées. (D'après Morel et Villemin).

Beaunis et Bouchard, 3ᵐᵉ édit.

b) *Gaîne de la racine du poil.* — Cette gaîne, intermédiaire à la racine du poil et au follicule, se compose de deux couches : 1° une *couche externe* (fig. 382, 4), continuation de la couche de Malpighi ; elle a la même structure que cette dernière et tapisse tout l'intérieur du follicule ;

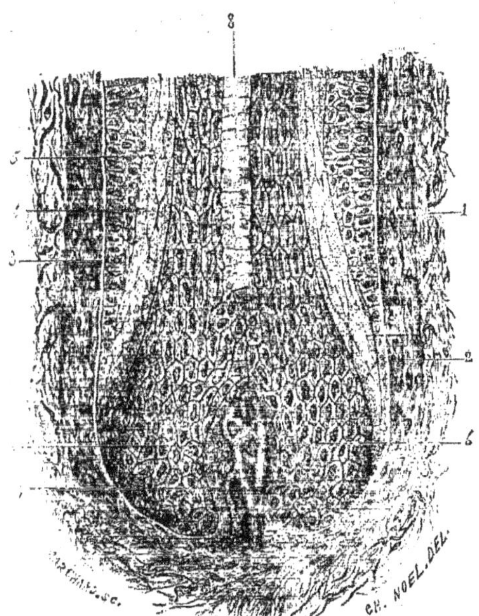

2° une *couche interne* (3), qui s'arrête ordinairement au tiers supérieur du follicule et présente une fermeté et une élasticité remarquables. Elle se compose de cellules allongées, sans noyau, sauf les plus rapprochées de la racine (*couche de Huxley*), qui possèdent un noyau, et sont en outre plus larges et moins longues.

Aux follicules pileux sont annexés d'abord les *glandes sébacées* (voyez plus loin), puis de petits faisceaux musculaires lisses (*muscles de l'horripilation*). Ces faisceaux naissent de la partie superficielle du derme cutané et se dirigent obliquement dans le même sens que l'inclinaison du poil, contournent les glandes sébacées annexées au follicule et vont s'insérer au follicule à la réunion de son tiers moyen et de son tiers inférieur. Ils ont 0m,0015 à 0m,002 de longueur. Ils redressent le poil (*chair de poule*) et peuvent comprimer les glandes sébacées.

Fig. 382. — *Follicule pileux* (*).

§ IV. Glandes de la peau

I. GLANDES SUDORIPARES

Les glandes sudoripares (fig. 378) sont des glandes en tube qui existent sur toute la surface de la peau, à l'exception des lèvres, des bords des paupières, du gland et de la lame interne du prépuce. Elles sont très-nombreuses à la paume des mains et à la plante des pieds, et se trouvent en plus grande quantité à la face antérieure du corps et sur les membres supérieurs. Dans la concavité du pavillon et le conduit auditif externe elles présentent une forme spéciale et constituent les *glandes cérumineuses*. Les conduits excréteurs des glandes sudoripares s'ouvrent à la surface de la peau par des orifices très-étroits, qui, à la paume de la main et à la plante des pieds, sont rangés en séries linéaires régulières et parfaitement visibles.

(*) 1) Couche dermique externe du follicule. — 2) Couche dermique interne. — 3) Liséré amorphe du follicule. — 4) Couche épidermique externe. — 5) Couche épidermique interne. — 6) Bulbe pileux. — 7) Papille vasculaire. — 8) Cellules de la substance médullaire. — (D'après Morel et Villemin).

Structure. — Ces glandes se composent d'un glomérule sécréteur et d'un canal excréteur.

1° *Glomérule glandulaire* (fig. 383). — Ces glomérules forment des granulations
arrondies, jaunâtres, logées dans les mailles de la partie réticulaire du derme. Leurs
dimensions varient de 0^m,005 à 0^m,003 (aisselle). Ils sont produits par l'enroulement
sur lui-même d'un canal sécréteur unique terminé en cul-de-sac. Quant au canal sé-

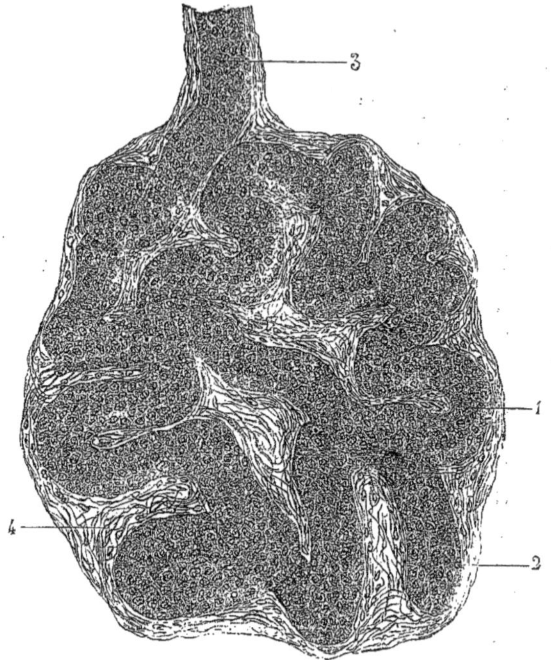

Fig. 383. — *Glomérule d'une glande sudoripare* (*).

créteur même, il présente de dehors en dedans une membrane externe fibreuse, une
paroi propre amorphe et un épithélium pavimenteux. Dans les grosses glandes (aisselle) on trouve dans les parois des fibres musculaires lisses longitudinales. Une capsule fibreuse entoure le glomérule.

2° *Conduit excréteur.* — Il part du glomérule, traverse verticalement le derme et
arrive à l'épiderme, qu'il traverse en s'enroulant en spirale, pour venir s'ouvrir obliquement à la surface de la peau. A son passage à travers l'épiderme, il est dépourvu de
parois propres et limité simplement par les cellules épidermiques.

Les *vaisseaux* forment autour du glomérule un riche réseau capillaire; les *nerfs* y
sont inconnus.

Glandes cérumineuses. — Les glandes cérumineuses ne diffèrent des glandes sudori-

(*) 1) Canal sécréteur tapissé de son épithélium. — 2) Noyau des cellules épithéliales. — 3) Origine
du canal excréteur. — 4) Gangue connective parsemée de cellules plasmatiques. (Gross. 165). — (D'après
Morel et Villemin).

parcs que par leur volume, par la présence d'un épithélium stratifié qui remplit complétement la lumière de leur canal, et par l'infiltration graisseuse et pigmentaire de leurs cellules. Elles sécrètent une matière molle, brun jaunâtre, qui se durcit rapidement à l'air, le *cérumen*.

II. GLANDES SÉBACÉES

Les glandes sébacées, situées plus superficiellement que les glandes sudoripares, sont de petites granulations blanchâtres, annexées aux follicules pileux, dans lesquels s'ouvrent leurs conduits excréteurs, et siégeant dans l'épaisseur même du derme. Elles manquent là où manquent les follicules pileux, sauf sur le gland, les petites lèvres et la face interne du prépuce. Leur volume est en général en raison inverse du volume du follicule pileux correspondant ; aussi quand les poils sont forts, les glandes sébacées en paraissent des appendices ; quand le follicule pileux, au contraire, appartient à un poil follet, c'est lui qui paraît alors un appendice de la glande.

Les glandes des gros follicules pileux sont ordinairement des *glandes en grappe simples*, au nombre de deux à cinq pour chaque follicule. Les glandes les plus volumineuses (*glandes en grappe composées*) se rencontrent au mont de Vénus, aux grandes lèvres, au scrotum, et sont au nombre de cinq à huit pour chaque follicule.

Les lobules des glandes sébacées, entourés d'une enveloppe mince connective, sont formés par des culs-de-sacs glandulaires, remplis de cellules épithéliales, infiltrées de graisse et d'autant plus infiltrées qu'on se rapproche du canal excréteur, où l'on trouve de la graisse libre par la destruction des cellules. Ce canal s'ouvre dans le follicule pileux.

Les *vaisseaux* et les *nerfs* des glandes sébacées sont inconnus.

III. GLANDE MAMMAIRE

1° Glande mammaire chez la femme

Les mamelles, au nombre de deux dans l'espèce humaine, sont situées au niveau du grand pectoral, dont elles dépassent un peu le bord inférieur, depuis la troisième jusqu'à la septième côte et transversalement depuis le bord sternal jusqu'à l'aisselle. Elles ont une largeur de $0^m,12$ environ à leur base sur $0^m,09$ de hauteur.

Leur volume, très-variable, dépend du volume même de la glande et surtout de la quantité de tissu adipeux qui l'entoure.

Leur forme, à peu près hémisphérique, peut être aussi légèrement conique. En tout cas, le sommet de la glande, occupé par une papille volumineuse, le *mamelon*, est dirigé en avant et un peu en dehors. Après la grossesse et l'allaitement, la mamelle change de forme, devient pendante et piriforme et peut même s'allonger considérablement dans certaines races (Hottentotes).

Le *mamelon*, situé ordinairement à la hauteur du quatrième espace intercostal, à $0^m,105$ de la ligne médiane, représente une saillie volumineuse, cylindrique ou conique, arrondie à son extrémité et de longueur variable ($0^m,010$ à $0^m,015$). Parfois il dépasse à peine la surface de la mamelle et peut même s'enfoncer au-dessous de son niveau. Sa couleur est brune ou rosée ; sa surface, rugueuse, comme chagrinée, pourvue de grosses papilles, présente les douze à quinze orifices des conduits galactophores. Le mamelon augmente de volume pendant la menstruation et la grossesse et est suscep-

tible de durcir par des attouchements ou sous l'influence d'idées volup-
tueuses.

Le mamelon est entouré par une zone de $0^m,03$ à $0^m,04$ de largeur, *aréole
du mamelon*, de couleur rosée, qui devient brunâtre dans la grossesse. Elle
est couverte de séries circulaires concentriques de papilles, qui se continuent
avec celles du mamelon. Pendant la grossesse et la lactation, on y remarque
un certain nombre de nodules (5 à 10), ayant jusqu'à $0^m,003$ de grosseur,
tubercules de Morgagni. Ce ne sont autre chose que de petites *glandes
galactophores aberrantes*, incomplétement développées, et quelquefois on
peut faire sourdre un peu de lait par leur orifice (Montgomery, J. Duval).

Structure. — La mamelle se compose : 1° de la glande mammaire avec
son tissu connectif interstitiel ; d'une couche de tissu adipeux recouverte par
la peau ; 2° de la peau et du mamelon. Enfin elle possède des vaisseaux et des
nerfs.

1° *Glande mammaire.* — Isolée, la glande mammaire a la forme d'un
disque plus épais au centre et dont la face postérieure est un peu concave ; la
face antérieure ou cutanée est convexe et creusée de nombreuses dépressions
cupuliformes. Hors l'état de lactation, elle constitue une masse blanc grisâtre,
homogène, d'une consistance presque fibro-cartilagineuse et très incomplétement lobulée. *Pendant la lactation*, au contraire, les granulations glandulaires et les lobules deviennent plus évidents, sans pouvoir cependant jamais
être isolés aussi facilement que dans les glandes en grappes ordinaires. On
peut voir alors qu'elle se compose de douze à quinze lobules, qui donnent
chacun naissance à un conduit excréteur distinct, *canal galactophore;* ces
conduits viennent s'ouvrir sur le mamelon, après avoir présenté au niveau de
l'aréole une dilatation fusiforme (*ampoule* ou *sinus galactophore*), qui peut
atteindre $0^m,008$ de largeur. Après cette dilatation ils subissent un rétrécissement et au niveau de leur ouverture extérieure ils n'ont plus guère que
$0^m,0005$ de diamètre. On peut injecter isolément chacun des lobules ; cependant

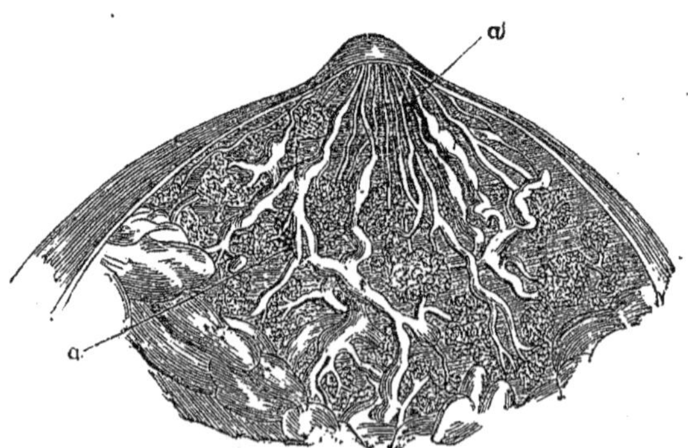

Fig. 384. — *Conduits galactophores* (*).

des anastomoses, niées par beaucoup d'auteurs, existent entre les canaux
galactophores (Fig. 384, *a*) des différents lobules (A. Dubois).

(*) *aa*, Canaux galactophores (Vidal, de Cassis).

Les glandes mammaires ont la structure ordinaire des *glandes en grappe*. Les *vésicules glandulaires* ou *acini*, arrondies ou piriformes, sont constituées par une membrane propre et un épithélium polygonal, dont les cellules, au moment de la lactation, se multiplient considérablement et s'infiltrent de graisse. Il se produit même à ce moment des acini de nouvelle formation. Les *conduits excréteurs* les plus fins, qui partent immédiatement des acini. ont la même structure que ces derniers. Dans les conduits plus volumineux on trouve. de dehors en dedans, une membrane fibreuse, une membrane propre homogène et un épithélium cylindrique. Il n'y a pas dans leurs parois de fibres musculaires lisses.

Le *tissu connectif interstitiel* devient au moment de la lactation extrêmement riche en cellules plasmatiques. Il est dense et résistant dans la profondeur de la glande et plus lâche à la périphérie. Sous la face profonde de la glande il s'étale en une lame fibreuse distincte, qui la sépare de l'aponévrose du grand pectoral; sur sa face superficielle il circonscrit des espèces de dépressions, qui logent des pelotons graisseux et donnent à la surface de la glande, quand ces pelotons ont été enlevés, une apparence alvéolée.

2° La *couche adipeuse* qui recouvre la mamelle et lui donne sa forme arrondie et son élasticité, a en moyenne 0^m,03 d'épaisseur, épaisseur qui peut du reste varier dans des limites très étendues.

3° La *peau* de la mamelle ne présente rien de particulier, sauf au niveau de l'aréole et du mamelon. Là elle est pigmentée, pourvue de papilles volumineuses, vasculaires ou nerveuses, et contient des glandes sébacées avec des follicules pileux, ainsi que des glandes sudoripares. Mais ce qui la caractérise surtout, c'est sa richesse en fibres musculaires lisses.

Ces fibres sont pour la plupart disposées circulairement dans l'aréole et le mamelon, et jouent le rôle de sphincters par rapport aux conduits galactophores qui les traversent. Par leur contraction elles rétrécissent l'aréole, allongent et durcissent le mamelon (*érection du mamelon*). On trouve aussi dans le mamelon des fibres longitudinales, qui disparaissent à sa base dans le tissu connectif interstitiel.

Vaisseaux et nerfs. — Les *artères* de la mamelle viennent de la mammaire interne, de la thoracique longue et des intercostales aortiques. Les *veines* profondes accompagnent les artères; on y rencontre, en outre, des veines sous-cutanées, qui se dessinent souvent sous la peau et qui forment quelquefois sous l'aréole un cercle incomplet, *cercle veineux de Haller*. La plupart se jettent dans la jugulaire externe. Les *lymphatiques*, extrêmement multipliés, vont aux ganglions de l'aisselle, et par les lymphatiques intercostaux aux ganglions de la cavité thoracique. Les *nerfs* viennent des quatrième, cinquième et sixième nerfs intercostaux et des branches thoraciques du plexus brachial. La plus grande partie se rend à la peau.

2° Glande mammaire chez l'homme

La glande mammaire, rudimentaire chez l'homme, y présente du reste la même structure que chez la femme et ne mérite pas de description spéciale.

§ V. — Tissu cellulaire sous-cutané

La surface interne de la peau est rattachée aux parties sous-jacentes par le tissu cellulaire sous-cutané. Ce tissu se compose de lamelles ou filaments blanchâtres, qui s'anastomosent et s'entre-croisent dans toutes les directions et circonscrivent des mailles ou aréoles communiquant toutes entre elles. Les lamelles de ce tissu sont formées par des fibres connectives ordinaires et des fibres élastiques, et servent de support aux vaisseaux qui se rendent à la peau. C'est dans ces mailles que se dépose la graisse, en quantité plus ou moins considérable, suivant les régions et suivant les individus.

L'adhérence de ce tissu, à la peau d'une part, aux parties profondes de l'autre, est plus ou moins intime, et, suivant son plus ou moins de laxité, la peau peut glisser, ou non, sur les parties sous-jacentes. Dans certaines régions (nuque, etc.), les filaments qui le constituent sont très-denses, épais, résistants, et les mailles qu'ils circonscrivent ne communiquent que difficilement. Dans d'autres régions, exposées à des pressions prolongées (fesse, plante du pied), la graisse contenue dans les aréoles du tissu cellulaire est entrecoupée par des tractus fibreux résistants, qui la maintiennent dans un état de compression permanente et lui font jouer le rôle d'un coussinet élastique répartissant également la pression sur toutes les parties.

C'est dans le tissu cellulaire sous-cutané que rampent les veines sous-cutanées et les nerfs de la peau ; il ne contient qu'exceptionnellement des artères volumineuses.

Dans la plupart des régions le tissu cellulaire sous-cutané peut être décomposé en deux couches : 1° la *couche superficielle* ou *aréolaire* est serrée et renferme souvent une assez grande quantité de graisse ; elle se continue sans interruption avec la couche réticulaire du derme ; 2° la *couche profonde, lamelleuse*, s'étale au-dessous de la couche précédente sous forme d'une lamelle continue, plus ou moins épaisse, désignée sous le nom de *fascia superficialis*. Dans beaucoup d'endroits cette lamelle peut être divisée en deux ou plusieurs feuillets (ex. : au périnée), feuillets qui peuvent acquérir une résistance assez considérable pour que, dans certaines régions, on les ait décrits comme des aponévroses.

La face profonde de la peau est doublée en certains endroits par une couche musculaire (muscles peauciers de la face, du cou, de l'hypothénar). A la peau de la verge et du scrotum, cette doublure est constituée par une couche continue de fibres lisses (*dartos*).

Dans les endroits où la peau glisse sur des parties résistantes ou est soumise à des pressions répétées, on rencontre des *bourses séreuses sous-cutanées*. Quelques-unes sont constantes, d'autres ne se présentent que d'une façon irrégulière ; il en est enfin qui tiennent à certaines professions et n'existent que dans des conditions spéciales. Le tableau suivant indique les principales bourses séreuses sous-cutanées qui peuvent se rencontrer :

Tête.	Face externe de l'articulation temporo-maxillaire.
	Angle de la mâchoire.
	Bord intérieur de la symphyse du menton.
Cou.	Angle du cartilage thyroïde.
Tronc.	Apophyse épineuse de la septième vertèbre cervicale.
	Face antérieure du sternum.
Membre supér.	Angle inférieur de l'omoplate.
	Acromion.
	Olécrâne.
	Épitrochlée.
	Apophyse styloïde du radius.

Membre supér.
- Apophyse styloïde du cubitus.
- Dos des cinq articulations métacarpo-phalangiennes.
- Face dorsale des articulations des phalanges.
- Face palmaire des quatre dernières articulations métacarpo-phalangiennes.

Membre infér.
- Épine iliaque antérieure et supérieure.
- Face externe du grand trochanter.
- Ischion.
- Rotule.
- Condyles du fémur.
- Malléoles interne et externe.
- Partie postérieure du calcanéum.
- Partie inférieure du calcanéum.
- Face dorsale du scaphoïde.
- Apophyse interne du scaphoïde.
- Face dorsale de la tête du premier métatarsien, — sur sa face plantaire, — à son côté interne.
- Face externe de l'apophyse du cinquième métatarsien.
- Face externe de la tête du cinquième métatarsien, — sous sa face plantaire.

LIVRE HUITIÈME
DU CORPS HUMAIN EN GÉNÉRAL

Le corps humain, au point de vue de sa configuration extérieure, se compose de deux moitiés à peu près symétriques, avec une prédominance légère du côté droit dans la majorité des cas. Il se divise en *torse* ou *tronc* et *membres*, et chacun de ces segments se subdivise à son tour en un certain nombre de régions secondaires plus ou moins bien limitées, qui présentent chacune une conformation : particulière. L'étude de ces régions constitue l'*anatomie des formes*.

I. Tronc

Le tronc se divise en tête, cou et tronc proprement dit.

1° Tête

La tête comprend le crâne et la face. Elle mesure à peu près le huitième de la hauteur totale du corps. Salvage la partageait en cinq parties égales par quatre lignes transversales passant : 1° entre les deux arcades dentaires ; 2° au niveau des pommettes au devant du plancher de l'orbite ; 3° par les arcades orbitaires ; 4° par les bosses frontales. La tête est plus petite chez la femme. Son volume présente du reste des variations individuelles assez considérables et peut dans certains cas descendre aux proportions les plus exiguës (*microcéphalie*). Les différences de forme ne sont pas moins remarquables et tiennent en grande partie à la forme même de la boîte crânienne. Les différences de races ont été vues p. 72 et 73.

Les rapports de volume du crâne et de la face sont sujets à varier, et il semble même y avoir entre ces deux parties de la tête une sorte d'antagonisme, qui se rencontre non-seulement dans la série animale, mais encore chez l'homme.

A. *Crâne.* — Il a la forme d'un ovoïde à grand axe antéro-postérieur, dont la grosse extrémité correspond à l'occiput. Cet ovoïde est plus ou moins comprimé latéralement, de là la distinction des crânes en *brachycéphales* et *dolichocéphales* (voy. p. 79). Le sommet du crâne, *vertex*, est plus ou moins proéminent et peut, dans certaines races ou chez quelques individus, s'élever en forme de cône ou de pyramide. Il se divise en quatre régions : le front, les tempes et la calotte crânienne ou région occipito-mastoïdienne.

1° Le *front*, bombé, droit ou fuyant, est plus ou moins haut suivant les sujets ; il présente sur la ligne médiane une dépression verticale, qui aboutit en bas à une saillie surmontant la racine du nez, *glabelle*, et en haut se perd dans la *bosse frontale médiane*, quand elle existe. Sur les côtés s'élèvent les *bosses frontales la'érales*, séparées des arcades sourcilières par une rainure transversale.

2° La *tempe (région temporo-pariétale)*, couverte par les cheveux en haut et en arrière, correspond à la fosse temporale et au muscle du même nom ; légèrement déprimée en avant et en bas où elle est nettement limitée du côté de la région frontale et de la pommette, elle est convexe dans le reste de son étendue et se continue insensiblement avec la région suivante.

3° La *région occipito-mastoïdienne (calotte crânienne)*, recouverte par les cheveux, présente de chaque côté les bosses pariétales et se moule du reste sur la forme même des parties osseuses sous-jacentes.

B. *Face*. — Elle comprend : sur la ligne mé liane les régions nasale, buccale et mentonnière ; sur les parties latérales, la région oculaire (sourcils, paupières, etc.), les joues, la région parotidienne et l'oreille. Les régions nasale, buccale, oculaire et auriculaire ont été décrites en *splanchnologie* ou avec les *organes des sens*.

1. Le *menton*, limité du côté de la lèvre inférieure par une rainure transversale, couvert de poils chez l'homme, fait à la partie inférieure de la face une saillie variable suivant la forme même de la mâchoire inférieure et l'embonpoint du sujet. On y remarque souvent sur la ligne médiane une petite dépression plus marquée dans l'élévation de la lèvre inférieure.

2. Les *joues* sont séparées par un sillon oblique plus ou moins profond, *sillon naso-labial*, de l'aile du nez et de la région buccale. En haut elles s'étendent jusqu'au contour inférieur de l'orbite, marqué chez les personnes grasses par un sillon qui les sépare de la paupière inférieure, en bas jusqu'au bord inférieur de la mâchoire, en arrière jusqu'au bord postérieur de sa branche montante. Molles et dépressibles dans leur partie antérieure, qui répond à la cavité buccale, elles accusent dans le reste de leur étendue les plans solides osseux ou musculaires sous-jacents, en haut et en arrière la saillie de la pommette, en arrière le plan quadrilatère du masséter, en bas le bord inférieur de la mâchoire.

3. La *région parotidienne*, située entre la saillie de l'apophyse mastoïde et celle du masséter, se réduit à une gouttière verticale plus ou moins profonde, qui en haut se continue avec la rainure séparant la face interne du pavillon de l'oreille des parties latérales du crâne, et se perd en bas dans la gouttière carotidienne du cou.

2° Cou

La longueur du cou, dans la position droite de la tête, mesurée du menton au milieu de la fourchette du sternum, peut être évaluée au quart de la longueur antérieure du reste du tronc. Il peut être court, et comme enfoncé entre les épaules (constitution apoplectique), allongé au contraire si les épaules sont tombantes et les côtes supérieures abaissées (constitution phthisique). La circonférence, à la hauteur du larynx, est d'environ $0^m,38$. Son volume est susceptible du reste de variations périodiques, du moins chez la femme (menstruation, grossesse), variations dues en grande partie au corps thyroïde. Chez l'homme, à cause des saillies du cartilage thyroïde en avant, des sterno-mastoïdiens sur les côtés, le cou a la forme d'un prisme triangulaire à angles mousses. Chez la femme au contraire il est plus mince, presque cylindrique dans sa partie moyenne et présente parfois en avant, dans la région sous-hyoïdienne, un pli transversal, *collier de Vénus*. Le cou comprend quatre régions : une région postérieure, la *nuque*, une région antérieure et deux régions latérales.

1° *Nuque*. — La nuque, limitée en dehors par le bord externe des trapèzes, s'étend en haut jusqu'à la ligne courbe occipitale supérieure, en bas jusqu'à la saillie de la vertèbre proéminente, en s'élargissant considérablement pour se continuer avec le dos et les épaules. Forte, courbe, droite chez l'homme (Hercule Farnèse), elle décrit chez la femme une courbe onduleuse, qui en bas se continue insensiblement avec la courbure dorsale. Elle présente en haut sur la ligne médiane la fossette, limitée par les bords internes des grands complexus recouverts par les trapèzes.

2° *Région antérieure du cou*. — Cette région, limitée de chaque côté par la saillie des sterno-mastoïdiens, a, lorsque la tête est renversée, la forme d'un losange. 1° La partie supérieure du losange, *région sus-hyoïdienne*, devient presque horizontale dans la position droite de la tête et présente alors chez les personnes chargées d'embonpoint la saillie qui constitue le *double menton*. 2° La *région sous-hyoïdienne*, qui forme la partie inférieure du losange, offre sur la ligne médiane la saillie, plus prononcée chez l'homme, du cartilage thyroïde, saillie qui en bas s'arrondit au niveau du corps thyroïde pour aboutir au-dessus du sternum à une depression, *creux sus-sternal*. La partie médiane et antérieure du cou est séparée de chaque côté de la saillie laterale du sterno-mastoïdien par une gouttière oblique (*gouttière* ou *région carotidienne*), qui en haut se continue avec le creux parotidien.

3° *Régions latérales du cou.*—Elles présentent en avant la saillie oblique du sterno-mastoïdien, divisée en bas en deux saillies secondaires interceptant une petite fossette. En arrière de cette saillie est une dépression, *creux sus-claviculaire*, plus prononcée pendant les inspirations profondes, et qui peut alors être parcourue par une corde oblique due à la tension du ventre postérieur de l'omo-hyoïdien. Enfin, la base des régions latérales du cou est formée par la clavicule, dont la courbure en S est toujours visible, quel que soit l'embonpoint, et qui délimite le cou du côté du thorax et de l'épaule.

3° Tronc proprement dit

Le tronc se compose de trois parties : le thorax, l'abdomen et le bassin.

A. *Thorax (buste, poitrine).* — Le thorax (*regio corporis perpetuo mobilis*) a la forme d'une pyramide quadrangulaire à base supérieure un peu comprimée d'arrière en avant. Cette forme, inverse de celle que présente la cage thoracique dépouillée des parties molles, est due à la présence du scapulum et des parties molles. La circonférence, prise sur un homme de quarante ans, mesure $0^m,95$ au-dessous de l'aisselle, $0^m,90$ au niveau du mamelon, $0^m,88$ au niveau de l'extrémité sternale du cartilage de la sixième côte (Luschka). Son diamètre transversal est de $0^m,28$ entre la huitième et la neuvième côte ; son diamètre antéro-postérieur maximum (au niveau de la base de l'appendice xiphoïde) est de $0^m,20$ (Sappey). Le côté droit du thorax est en général plus volumineux que le côté gauche. Du reste l'axe du thorax ne se continue pas ordinairement en ligne droite avec l'axe de l'abdomen ; en effet, une ligne allant du milieu de la fourchette sternale au milieu de l'appendice xiphoïde, fait avec une autre ligne allant de cet appendice à la symphyse, un angle obtus ouvert à droite.

Les différences sexuelles du thorax sont très-prononcées, indépendamment même du volume des glandes mammaires, chez la femme. Chez elle tous les diamètres sont plus faibles que chez l'homme, mais principalement le diamètre transversal ; le maximum du diamètre antéro-postérieur, au lieu de correspondre à la base de l'appendice xiphoïde, répond au milieu du sternum, qui présente une courbure antérieure allant se perdre vers les épaules. Il a en outre une position presque verticale et non plus inclinée comme chez l'homme. Il résulte de ces modifications que la poitrine acquiert une forme plus arrondie et comme en baril.

Le thorax se divise en une région antérieure, deux régions latérales et une région postérieure.

1° *Région antérieure du thorax.* — Elle comprend plusieurs régions secondaires. 1) Sur la ligne médiane, la *région sternale*, qui va du creux sus-sternal au creux épigastrique, et présente, au niveau de la réunion du corps et de la poignée du sternum, un angle saillant, *angle sternal*, qui répond à l'articulation de la deuxième paire costale. 2) Sur les côtés, la *région mammaire* (voy. *Mamelle*), séparée de la clavicule par une dépression transversale, *creux sous-claviculaire*, et se continuant en bas par la *région sous-mammaire* avec les parties antéro-latérales de l'abdomen.

2° *Région latérale du thorax.*— Cette région, continue en haut avec le creux axillaire, a, lorsque le bras est relevé, la forme d'un triangle allongé, dont le sommet arrondi se trouve à l'aisselle, et dont la base se continue, sans ligne de démarcation, avec les parois latérales de l'abdomen.

3° *Région thoracique postérieure ou dos.* — Le dos, dont la courbe supérieure se prolonge insensiblement chez la femme dans la courbure de la nuque, se divise en une région médiane ou spinale et deux régions latérales. 1) La *région spinale* représente une gouttière médiane, plus profonde chez la femme, et au fond de laquelle se dessinent plus ou moins les saillies arrondies des apophyses épineuses et même, chez les sujets très-amaigris, les ligaments surépineux. Cette gouttière est limitée de chaque côté par le relief des muscles des gouttières vertébrales. 2) Les *régions latérales* sont convexes dans leur partie sous-scapulaire et ne présentent rien de particulier. La partie scapulaire au contraire, *région scapulaire*, se moule sur l'omoplate et se meut avec elle, de sorte qu'elle offre de grandes variétés de configuration. A l'état de repos, le bras pendant le long du corps, le scapulum s'étend de la deuxième à la septième ou huitième côte, et son angle extérieur est à 0^m,09 de la ligne médiane. Cet angle et le bord spinal de l'omoplate sont en général bien dessinés sous la peau, surtout chez les personnes maigres (*épaules en ailes*). La région scapulaire est ordinairement divisée en deux versants inégaux par la saillie oblique de l'épine. Au niveau de l'origine de l'épine se trouve habituellement une petite fossette qui correspond à l'insertion aponévrotique du trapèze.

B. *Abdomen* ou *ventre*. — L'abdomen est compris entre le bord inférieur de la cage thoracique et le bord supérieur du bassin. Il est donc plus large en arrière et surtout en avant que sur les côtés, où sa hauteur est mesurée par la distance qui sépare la douzième côte de la crête iliaque (0^m,06 à 0^m,09), distance plus considérable chez la femme que chez l'homme.

1° La *paroi antérieure*, *ventre* proprement dit, est un peu bombée et présente sur la ligne médiane un sillon, qui va du creux épigastrique à l'ombilic et qui répond à la ligne blanche; il manque ordinairement dans la partie sous-ombilicale. De chaque côté se voient le relief des muscles droits et les sillons transversaux dus à leurs intersections fibreuses. Au-dessous de l'ombilic le ventre reste saillant jusqu'au pubis, au niveau duquel il subit une dépression remplacée quelquefois par un pli transversal à concavité supérieure. Cette région antérieure est séparée des régions latérales par deux sillons latéraux situés le long du bord externe des muscles droits.

2° La *région postérieure*, *reins* ou *lombes*, est quadrilatère et se continue en haut avec le dos, en bas avec la région fessière, dont la sépare en dehors la saillie de la crête iliaque, en dedans un méplat correspondant à la dernière vertèbre lombaire. Elle présente, comme le dos, le sillon médian des apophyses épineuses et les deux saillies latérales des muscles vertébraux, limitées en dehors par un sillon à convexité externe.

3° Les *régions latérales* ou *flancs*, convexes d'avant en arrière, sont concaves de haut en bas chez les personnes maigres, droites ou même convexes chez les gens chargé, d'embonpoint. Elles sont limitées du côté de la hanche par un relief très-prononcé formé par la crête iliaque et l'insertion à cette crête des muscles larges de l'abdomen.

L'abdomen offre des différences sexuelles assez remarquables : il est plus long chez la femme, plus saillant en avant, et plus large en bas qu'en haut. La grossesse chez la femme, l'embonpoint dans les deux sexes, amènent des modifications considérables dans le volume et dans la forme du ventre.

Pour la description des viscères contenus dans la cavité abdominale, cette cavité a été divisée en trois zones par deux plans transversaux (fig. 385), passant le premier (AA) par l'extrémité des deux dernières côtes, le second (BB) par les épines iliaques supérieures. Ces trois zones ont été elles-mêmes subdivisées chacune en trois régions secondaires par deux plans verticaux, passant par les épines iliaques antérieures et supérieures (C C).

1° La *zone supérieure* ou *épigastrique* comprend : 1) sur la ligne médiane l'*épigastre* (E) et sur les parties latérales les *hypochondres* (D, F).

2° La *zone moyenne* ou *mésogastrique* comprend la *région ombilicale* (G) et latéralement les *régions lombaires* ou *flancs* (H, I).

3º La *zone inférieure* ou *hypogastrique* se compose de l'*hypogastre* (M) et des *régions iliaques* (K, L).

C. *Bassin.* — Le bassin, assez mal délimité du côté du tronc et des membres inférieurs, présente des différences sexuelles importantes. Chez la femme il est plus volumineux, plus large, et au-dessus de la saillie des trochanters il s'arrondit brusquement pour se continuer avec les parties latérales de l'abdomen, tandis qu'en bas et latéralement il se perd insensiblement dans la courbure de les cuisse. Son inclinaison peut être assez forte (*taille cambrée*), et même exagérée, comme dans certaines races (*ensellure*). Le bassin se divise en cinq régions : une région antérieure, deux régions latérales, une région postérieure et une région inférieure.

1. La *région antérieure* étroite, *région pubienne*, forme une saillie couverte de poils, qui chez la femme porte le nom de *mont de Vénus* (*pénil* chez l'homme), et se continue chez elle avec la saillie cunéiforme des grandes lèvres.

2. La *région postérieure* présente les deux saillies des *fesses*, séparées par une rainure profonde, triangulaire, large en haut, étroite en bas (*région sacro-coccygienne*). Dans quelques races (sud de l'Afrique), il se fait chez les femmes, après la première grossesse, une accumulation considérable de graisse sur le grand fessier (*stéatopygie*).

3. Les *régions latérales* ou *hanches*, abruptes chez l'homme, arrondies chez la femme, ont leur partie la plus saillante au niveau du grand trochanter ; une dépression plus ou moins profonde, du au tendon du grand fessier, sépare cette saillie de la partie latérale de la fesse.

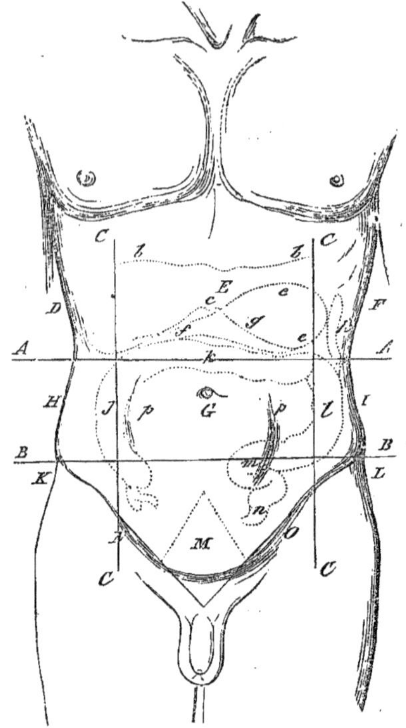

Fig. 385. — *Régions de la cavité abdominale* (*).

4. La *région inférieure* ou *périnéale*, réduite à une simple rainure dans le rapprochement des cuisses, peut se diviser en deux régions secondaires : une *postérieure* ou *anale* et une *antérieure* ou *uro-génitale*, qui correspond aux organes génitaux externes et diffère essentiellement chez l'homme et chez la femme. Chez la femme, le *périnée* proprement dit, ou l'intervalle qui existe entre l'anus et la vulve, a une longueur de 0^m,023 environ.

II. MEMBRES

Les membres supérieurs et inférieurs se composent d'un nombre égal de segments,

(*) A A, B B, C C. Plans divisant la cavité abdominale en régions. — E. Épigastre. — D, F. Hypochondres. — G. Région ombilicale. — H, I. Flancs. — M. Hypogastre. — N, O. Régions inguinales. — K L. Régions iliaques. — *b b*) Limite entre la poitrine et l'abdomen. — *c g*) Angle épigastrique. — *e*) Situation de l'estomac. — *f*) Situation du pylore. — *h*) Rate. — *j h l*) Côlon. — *m*) S iliaque. — *n*) Commencement du rectum. — *p*) Portion de la cavité abdominale où sont logées les circonvolutions de l'intestin grêle. — (D'après Littré et Robin).

et par suite on les divise en un nombre égal de régions secondaires. De ces régions, les unes correspondent au corps même des divers segments qui constituent le membre (ex. : cuisse et bras, jambe et avant-bras); les autres à l'articulation de ces segments entre eux (genou et coude, cou-de-pied et poignet) ou avec le tronc (hanche et épaule). Les premières ne changent de forme que par suite des variations des contractions et des saillies musculaires; les secondes éprouvent de plus les changements de position des parties qui les constituent. La mobilité domine dans les membres supérieurs, la solidité dans les inférieurs.

A. *Membre supérieur.* — Quand il pend librement le long du corps, le membre supérieur descend un peu au-dessous du milieu de la cuisse. Dans cette position, la main est dans une situation intermédiaire à la pronation et à la supination. Le bras se divise en plusieurs régions secondaires : épaule, creux axillaire, bras, coude, avant-bras, poignet et main.

1° L'*épaule* correspond à la face externe du deltoïde, sur lequel elle se moule exactement. En haut elle présente les saillies de l'extrémité externe de la clavicule et de l'acromion; en avant et en dedans elle se continue par la dépression sous-claviculaire avec la paroi thoracique antérieure. En arrière elle se perd insensiblement dans la région scapulaire postérieure, sauf chez les sujets maigres, où les saillies osseuses sont fortement accusées.

2° *Aisselle* ou *creux axillaire.* — Réduite à une simple gouttière dans le rapprochement du bras contre le tronc, l'aisselle forme dans l'abduction du bras une cavité triangulaire nettement limitée en avant et en arrière, dont la base s'appuie sur la poitrine.

3° Le *bras* a la forme d'un cylindre un peu aplati de dehors en dedans; cet aplatissement est dû à deux sillons situés l'un en dedans, l'autre en dehors de la saillie du biceps. Le premier, *sillon bicipital interne*, descend de l'aisselle vers le pli du coude; le second, *sillon bicipital externe*, part de la dépression triangulaire qui répond à l'insertion du deltoïde, et aboutit de même au pli du bras. La région postérieure du bras présente la saillie du triceps, et dans sa moitié inférieure un méplat allongé, qui s'étend jusqu'au coude et qui est dû à la présence du tendon du triceps.

4° Le *coude* se divise en deux régions secondaires : une *antérieure* ou *pli du bras*, l'autre *postérieure* ou *coude*. 1. Le *pli du bras* (saignée) offre chez l'homme une dépression triangulaire en fer de lance, dont les deux branches supérieures se continuent avec les deux sillons bicipitaux interne et externe, et dont la branche inférieure se perd sur l'avant-bras. Cette dépression est limitée par trois saillies : une médiane, saillie du biceps, deux latérales, l'une externe due au grand supinateur, l'autre interne aux muscles épitrochléens. Chez les femmes grasses, le creux du coude se réduit à un pli demi-circulaire embrassant la saillie du biceps. Les veines du pli du coude et surtout la médiane basilique sont souvent apparentes à travers la peau. 2. Le *coude* change de forme dans l'extension et dans la flexion. Dans l'extension, les saillies osseuses sont à peine indiquées ; dans la flexion, au contraire, elles se dessinent fortement sous la peau. Le sommet du coude est constitué par l'olécrâne, dont la saillie tout à fait sous-cutanée s'élève ou s'abaisse avec les mouvements de l'avant-bras. En dedans et en dehors se trouvent deux saillies immobiles : l'une interne, due à l'épitrochlée et qui ne disparaît jamais complètement; l'autre externe, arrondie, due à l'épicondyle et aux muscles épicondyliens. Deux dépressions, l'une interne, comblée souvent par la graisse, l'autre externe, séparent ces deux saillies de l'olécrâne. L'olécrâne est plus rapproché de l'épitrochlée que de l'épicondyle. Au-dessous et en arrière de l'épicondyle se trouve une dépression constante, *fossette du coude*, qui n'est jamais comblée par la graisse et qui est surtout prononcée au moment de l'extension. En avant de cette fossette se rencontre la masse épaisse constituée par les insertions supérieures des muscles épicondyliens.

5° L'*avant-bras*, plus long chez l'homme, a la forme d'un cône tronqué à base supérieure, aplati d'avant en arrière. Sa *face antérieure* est renflée en haut et divisée

chez les sujets vigoureux par un sillon médian, qui se continue avec la dépression triangulaire du pli du bras. Sa moitié inférieure, plus déprimée, présente deux sillons longitudinaux, entre lesquels est comprise la saillie formée par les muscles épitrochléens,
saillie au côté externe de laquelle les tendons du grand et du petit palmaire se dessinent
comme des cordes au-dessous de la peau, surtout pendant la flexion de la main. La *face
postérieure* de l'avant-bras, plus régulièrement convexe, offre à sa partie interne la
saillie allongée du cubitus et du cubital postérieur, et plus en dehors un plan longitudinal assez uniforme, dans lequel apparaissent chez les individus vigoureux, au moment
de leur contraction, les saillies des muscles et spécialement de l'extenseur propre du
petit doigt, de l'extenseur commun et en bas des long abducteur et court extenseur du
pouce. Le *bord externe* de l'avant-bras est arrondi, mousse; le *bord interne* constitue
un plan triangulaire à base supérieure, qui répond au cubital antérieur.

6° Le *poignet*, comprimé d'avant en arrière, a deux faces et deux bords. Sa *face antérieure* est séparée de la paume de la main par un pli transversal correspondant à
l'interligne articulaire des deux rangées du carpe. Deux autres plis cutanés moins prononcés répondent : l'un à l'articulation radio-carpienne; l'autre, très-inconstant, à la
partie supérieure de la région. Il présente, de dedans en dehors, la saillie du tendon du
cubital antérieur, une rainure étroite, la saillie épaisse du fléchisseur superficiel, les
cordes tendineuses du petit et du grand palmaire, le sillon qui répond à l'artère radiale
et, tout à fait en dehors, le bord antérieur de l'apophyse styloïde du radius. Sa *face
postérieure*, mal délimitée du côté de l'avant-bras et de la main, offre une convexité
générale un peu aplatie, à la partie interne de laquelle se voit la saillie quelquefois très-
prononcée de l'extrémité inférieure du cubitus. Le *bord externe* est arrondi et séparé
du bord cubital de la main par une dépression sensible. Le *bord interne* présente en
arrière le commencement d'une fossette qui se dirige vers la racine du pouce, *tabatière
anatomique*, limitée en dehors par la saillie des tendons du long abducteur et du court
extenseur du pouce, en dedans par celle du long extenseur du pouce.

7° La *main* comprend la *main proprement dite* et les *doigts*. Sa longueur, véritable unité de mesure du corps humain, égale le quart de la longueur totale du membre
supérieur [1]. Sa forme, très variable suivant les individus, peut être rattachée à deux
types fondamentaux : le type masculin, dans lequel les diamètres transversaux sont relativement plus forts, et le type féminin, dans lequel ces diamètres se réduisent au minimum [2].

a) La *main proprement dite* a la forme d'un carré irrégulier, un peu moins large
que long, et présente une face palmaire et une face dorsale. 1° La *face palmaire,
paume* de la main, est déprimée dans son milieu, *creux palmaire;* ce creux est limité
en dedans par une saillie oblongue, qui longe le bord cubital de la main, *éminence hypothénar;* en dehors par une saillie triangulaire, *éminence thénar*, située à la racine
du pouce dont elle suit les mouvements et séparée du creux palmaire par un sillon demi-circulaire, *pli du pouce;* vers les racines des doigts, la paume de la main se soulève
et offre au-dessus de la commissure des quatre derniers doigts trois éminences arrondies, plus sensibles dans le rapprochement et l'extension des doigts et dues à des paquets adipeux. La paume de la main est parcourue par quatre sillons, dont l'ensemble
trace un M majuscule à base interne; le jambage externe de l'M est formé par le pli du
pouce, le jambage interne par un pli, *pli des doigts*, qui va du bord cubital de la main
à la commissure de l'index et du médius; les deux autres, beaucoup moins constants,

---

[1] Elle égale aussi la distance existant entre l'extrémité des dents incisives de la mâchoire
supérieure et le vertex ; — la longueur de la tête depuis la protubérance occipitale externe
jusqu'à la racine du nez ; — la distance du milieu de la fourchette sternale à l'acromion ; —
le tiers de la hauteur du rachis (non compris le sacrum).

[2] Carus *(Symbolik der menschlichen Gestalt)* divise les mains en quatre types : 1° la
main élémentaire; 2° la *main motrice* (type masculin) ; 3° la *main sensible* (type féminin), et 4° la *main psychique*.

vont l'un, *sillon oblique*, du bord radial de la main vers l'hypothénar; l'autre, *sillon longitudinal*, de la racine du médius vers la partie interne du poignet. Les papilles de la paume de la main sont disposées en séries linéaires régulières, qui partent des commissures des doigts et du bord radial de la main pour aller se porter au bord cubital et vers le poignet; sur le thénar elles sont concentriques au pli du pouce; à la racine des doigts, elles s'écartent pour constituer des *croix* analogues à celles des lignes d'implantation des poils; un tourbillon se trouve en général entre l'annulaire et l'auriculaire. 2° Le *dos de la main*, convexe, entrecoupé de sillons superficiels circonscrivant des losanges à grand axe transversal, présente une partie externe, mobile, formée par le métacarpien du pouce et sur laquelle viennent se réunir les cordes tendineuses des long et court extenseurs du pouce, et une partie interne qui répond aux quatre derniers métacarpiens, et est soulevée par les saillies des tendons extenseurs; sur son bord externe se voit la saillie oblongue du premier interosseux dorsal. Les deux parties sont réunies par une commissure cutanée étendue, qui permet les mouvements du pouce. Quand la main est fermée, cette face dorsale se termine par les quatre éminences de la tête des métacarpiens séparées par trois échancrures plus profondes en dehors; quand la main est ouverte, ces échancrures sont remplacées par trois gouttières obliques, qui s'enfoncent profondément entre les doigts, *gouttières interdigitales.*

(b) Les *doigts* se composent de trois phalanges, sauf pour le pouce, qui n'en a que deux. Leur longueur est inégale; le médius est le plus long; le pouce n'atteint pas la deuxième phalange de l'index; l'index arrive à peine à la racine de l'ongle du médius; l'annulaire atteint le milieu de l'ongle du médius; le petit doigt arrive à la base de la troisième phalange de l'annulaire. 1° *Du côté palmaire*, les doigts paraissent moins longs que du côté dorsal, à cause de la présence des commissures interdigitales; ils sont séparés de la paume de la main par plusieurs plis cutanés. Des plis analogues se trouvent au niveau des articulations des phalanges; pour l'articulation moyenne, on en trouve en général deux, dont le postérieur est le plus constant et répond à la jointure; pour l'articulation de la seconde et de la troisième phalange, on en trouve un seul, situé un peu au-dessus de l'interligne. Sur la face palmaire des doigts les lignes papillaires présentent la même disposition régulière qu'à la paume de la main, disposition qui est surtout remarquable pour la dernière phalange; on voit en effet à sa partie centrale une sorte de tourbillon elliptique, l'ouverture est dirigée en général en dedans, au moins pour les trois derniers doigts; 2° *du côté dorsal*, les plis articulaires sont ordinairement au nombre de trois pour chaque jointure et prononcés surtout pour l'articulation moyenne, où ils forment une ellipse dans l'extension des phalanges. La dernière phalange supporte l'ongle.

B. *Membre inférieur.* — Sa longueur, relativement moindre chez la femme, est d'un cinquième plus grande que celle du membre supérieur. Il comprend la hanche (déjà décrite à propos du tronc), le pli de l'aine, la cuisse, le genou, la jambe, le cou-de-pied et le pied.

1° *Pli de l'aine.* — Il se réduit, au point de vue exclusif de l'anatomie des formes et abstraction faite de l'anatomie chirurgicale, à une simple dépression linéaire séparant la cuisse de l'abdomen et répondant au ligament de Fallope.

2° *Cuisse.* — Conique et arrondie chez la femme, la cuisse est prismatique et triangulaire chez l'homme dans ses trois quarts supérieurs. Sa face antérieure décrit une grande courbure convexe en avant et en dehors, à laquelle succède un méplat triangulaire qui s'étend jusqu'à la rotule, méplat limité en dedans et en dehors par les saillies du vaste interne et du vaste externe. La face postérieure de la cuisse est assez régulièrement cylindrique. La surface externe de la cuisse, un peu aplatie d'avant en arrière, se continue insensiblement en avant avec la courbure de la face antérieure; en arrière, elle est séparée de la région postérieure par un sillon profond, qui se perd en bas en dehors du genou. Vue de profil, sa courbe forme chez la femme une grande ligne, qui se continue avec celle de la hanche jusqu'à la taille. La face interne de la cuisse présente à sa partie supérieure une dépression triangulaire, limitée en bas et en dehors par la saillie oblique du couturier ; au-dessous de cette saillie se trouve le relief du vaste interne, arrondi à sa partie inférieure, tandis qu'il se termine en pointe à son extrémité supérieure.

3° *Genou.* — Il a une forme quadrangulaire et peut être divisé en quatre régions ou faces : 1° La *face antérieure* présente de haut en bas : la saillie triangulaire de la rotule, le soulèvement dû au tendon rotulien oblique en bas et en dehors, et surtout au paquet graisseux sous-jacent, qui le déborde en dedans et en dehors, et enfin la tubérosité antérieure du tibia, qui semble terminer inférieurement le soulèvement triangulaire du peloton graisseux et du tendon rotulien. La saillie du genou est bien plus prononcée dans la demi-flexion que dans la flexion ou l'extension complète. 2° La *face postérieure* du genou ou *creux du jarret*, à peu près complétement effacée dans l'extension, est limitée en dedans et en dehors par les tendons des muscles postérieurs de la cuisse. 3° La *surface externe* du genou, assez profondément déprimée, présente en arrière et en haut la saillie du tendon du biceps et plus en avant celle de l'aponévrose fémorale et du condyle externe du fémur, en arrière et en bas le relief de la tête du péroné et celui de la tubérosité externe du tibia. 4° La *surface externe*, assez fortement renflée, offre en arrière la saillie du condyle interne du fémur et du vaste interne , séparée de la rotule par une dépression assez profonde, et plus bas la saillie de la tubérosité interne du tibia.

4° *Jambe.* — Volumineuse en haut, de plus en plus mince en bas, elle a trois faces et trois bords. Le *bord antérieur*, d'abord déprimé au-dessous de la saillie de la tubérosité antérieure du tibia, s'arrondit ensuite chez les sujets bien musclés, et se recourbe en dedans dans son tiers inférieur pour se porter vers la malléole interne. Les deux autres bords sont arrondis et mousses. La *face interne* de la jambe est étroite et aplatie ou très-légèrement bombée. La *face externe*, assez uniformément convexe, présente chez les sujets très-musclés les saillies des muscles antérieurs et des péroniers latéraux. La *face postérieure* de la jambe, large et renflée dans sa moitié supérieure, où elle constitue le *mollet*, s'aplatit ensuite en se rétrécissant dans la direction du tendon d'Achille. Les deux jumeaux forment sur le mollet deux reliefs séparés en bas par une dépression triangulaire à base inférieure, qui se continue jusqu'au talon en s'arrondissant de dehors en dedans.

5° Le *cou-de-pied*, qui réunit angulairement le pied avec la jambe, peut être divisé en quatre régions : une antérieure, une postérieure et deux latérales. La *région antérieure*, convexe de dedans en dehors, concave de haut en bas, présente les saillies tendineuses des muscles antérieurs de la jambe et surtout au côté interne, celle du jambier antérieur. La *région postérieure* est constituée par la saillie du tendon d'Achille qui s'élargit en haut pour se continuer avec la partie postérieure de la jambe, et en bas pour s'attacher au talon. De chaque côté de ce tendon se trouvent deux gouttières, *gouttières malléolaires*, qui le séparent des malléoles. Du *côté externe* se voit la malléole externe, qui descend un travers de doigt plus bas que l'interne, et dont l'extrémité se détache nettement de la partie externe du talon, grâce à la présence de la gouttière sous-malléolaire. La malléolaire interne, plus large que l'externe, descend moins bas que cette dernière, son sommet tronqué est circonscrit par la gouttière sous-malléolaire interne.

6° *Pied.* — Le pied, d'une longueur de 0^m,27 environ chez l'homme, un peu moins long chez la femme, se divise en deux parties , le *pied proprement dit* et les *orteils*. La face plantaire du pied et des orteils offre des lignes papillaires régulières, analogues à celles de la main.

a) Le *pied proprement dit* a la forme d'une voûte surbaissée, qui s'élargit notablement à sa partie antérieure et présente une face dorsale, une face plantaire et deux bords. 1° La *face dorsale*, ou *dos du pied*, rattachée par sa partie postérieure au cou-de-pied, est convexe, plus bombée au côté interne, et inclinée en pente douce au contraire en avant et en dehors. On y remarque en dedans la saillie du tendon du jambier antérieur et au côté externe de celui-ci celle de l'extenseur propre du pouce, en dehors le tendon du péronier antérieur souvent à peine apparent, au milieu les tendons de l'extenseur commun; enfin tout à fait en arrière et en dehors se trouve la saillie du pédieux. 2° La *plante du pied* est excavée dans sa partie médiane, et surtout à son bord interne, pour constituer la voûte plantaire. Cette excavation est limitée en arrière par la saillie du talon, en avant par un coussinet situé au niveau de la tête des métatarsiens, coussinet épais et renflé au niveau du gros orteil, aminci au contraire en allant vers le cinquième et se continuant souvent le long du bord externe du pied jusqu'au coussinet, qui forme la saillie du talon ; d'autres fois le bord externe du pied est tout à fait détaché du sol. 3° Le *bord interne* du pied, très-épais en arrière, se renfle au niveau de l'apophyse du scaphoïde en avant de la malléole et au niveau de l'articulation du gros orteil. Le *bord externe*, moins large et moins épais que l'interne, repose en général sur le sol par toute sa surface et se renfle au niveau de l'apophyse du cinquième métatarsien. Les deux bords et la plante du pied se réunissent en arrière pour constituer la saillie du talon, saillie sur laquelle vient se perdre le tendon d'Achille, et qui déborde plus ou moins en arrière ; elle est très-proéminente chez les nègres.

b) Les *orteils* naissent de l'extrémité digitale du pied suivant une ligne oblique en dehors et en arrière et légèrement convexe en avant. Le premier orteil est beaucoup plus volumineux que les autres. Les trois premiers ont à peu près une longueur égale ; le quatrième est un peu moins long ; le cinquième est sensiblement plus court que les autres et atteint à peine le niveau de la première phalange du gros orteil. Sauf le pouce, les orteils se recourbent en bas, et vont toucher le sol par leur extrémité libre et élargie. Leur base est rattachée à la face plantaire par une commissure ou repli cutané, situé beaucoup en avant de leur articulation métatarsienne [1].

§ II. — Proportions du corps humain

La taille moyenne de l'homme peut être évaluée à 1^m,67. Le tableau suivant, emprunté à Krause, donne les mesures du corps humain et de ses principales parties chez l'homme et chez la femme; ces mesures sont exprimées en fractions de mètre.

	Homme.	Femme.
Hauteur du corps.	1^m,737	1^m,629
Du vertex à l'extrémité du coccyx.	0 ,875	0 ,848
Du vertex à l'ombilic.	0 ,692	0 ,651

Tête.

	Homme.	Femme.
Hauteur de la tête, partie antérieure.	0^m,217	0^m,203
— partie postérieure.	0 ,142	0 ,135
Longueur de la tête de l'occiput au front.	0 ,203	0 ,190
Largeur du crâne, diamètre temporal.	0 ,142	0 ,128
Périmètre horizontal du crâne.	0 ,610	0 ,570
Hauteur du visage de la racine du nez au menton.	0 ,116	0 ,101
Largeur au niveau de la pommette.	0 ,116	0 ,101
Largeur en avant des oreilles.	0 ,140	0 ,116
Épaisseur, de la pointe du nez à l'oreille.	0 ,108	0 ,108

Cou.

	Homme.	Femme.
Hauteur de la partie antérieure du cou.	0^m,108	0^m,101
Hauteur de la nuque.	0 ,116	0 ,108
Largeur du cou.	0 ,108	0 ,101
Épaisseur.	0 ,108	0 ,101
Circonférence.	0 ,330	0 ,325

Poitrine.

	Homme.	Femme.
Hauteur de la région sternale.	0^m,190	0^m,176
Hauteur de la partie latérale du thorax.	0 ,352	0 ,319
Largeur entre les épaules.	0 ,420	0 ,340
Largeur au niveau du creux axillaire.	0 ,257	0 ,237

[1] Voy. Gerdy, *Anatomie des formes extérieures*. Paris, 1829.

	Homme.	Femme.
Hauteur de la partie dorsale à partir de la proéminente.	0 .298	0 ,298
Largeur du dos avec les epaules.	0 ,339	0 ,319

Ventre.

	Homme.	Femme.
Hauteur de la paroi antérieure.	0ᵐ,312	0ᵐ,339
Distance du creux épigastrique à l'ombilic.	0 ,176	0 ,176
Distance de l'ombilic au pubis.	0 ,135	0 ,132

Membre supérieur.

	Homme.	Femme.
Longueur du bras.	0ᵐ,325	0ᵐ,298
Largeur du bras.	0 ,095	0 ,088
Épaisseur du bras.	0 ,088	0 ,081
Circonférence du bras.	0 ,285	0 ,257
Longueur de l'avant-bras.	0 ,271	0 ,244
Son épaissseur à son extrémité supérieure.	0 ,081	0 ,074
Sa circonférence.	0 ,271	0 ,244
Son épaisseur à son extrémité inférieure.	0 ,054	0 ,047
Sa circonférence.	0 ,190	0 ,176
Longueur de la main.	0 ,196	0 ,176
Largeur de la main.	0 ,108	0 ,095

Membre inférieur.

	Homme.	Femme.
Hauteur de la hanche.	0 ,244	0 ,217
Longueur de la cuisse du pli de l'aine au genou.	0 ,475	0 ,400
Sa circonférence supérieure.	0 ,515	0 ,488
Sa circonférence inférieure.	0 ,339	0 ,319
Longueur de la jambe du genou au talon.	0 ,488	0 ,414
Circonférence du mollet.	0 ,366	0 ,339
Longueur du pied.	0 ,257	0 ,230

En prenant comme unité la hauteur totale du corps = 1000, on a les proportions suivantes pour les différentes parties (Quételet) :

	BELGES Homme.
Hauteur totale du corps	1000
Tête.	135
Du vertex à l'arcade orbitaire.	59
De la clavicule au mamelon.	105
Distance des deux mamelons.	116
Du vertex à la clavicule.	172
Distance des deux cavités axillaires.	176
Diamètre de la main.	53
Diamètre de l'avant-bras.	37
Distance de l'ombilic à la rotule.	318
Distance de la rotule au sol.	280
Hauteur des malléoles.	63
Distance du périnée au sol.	475
Distance du sommet de l'épaule à la racine de la main.	341
Longueur du pied.	154
Distance du vertex à la base du nez.	96
Diamètre du pied au-dessus des orteils.	57
Distance du coude à la racine de la main.	145

Le *poids* de l'homme peut être évalué en moyenne à 63 kilogrammes, celui de la femme à 54. Le poids de la tête est environ le quatorzième, le poids du tronc le tiers du poids total du corps. Les deux extrémités supérieures avec les épaules en font le sixième, les deux extrémités inférieures avec la hanche les trois septièmes [1].

[1] Voy. sur les proportions du corps humain. Zeising, *Neue Lehre von den Proportionen des menschlichen Körpers.* Leipzig, 1854. — Harless, *Handbuch der plastischen Anatomie.* Stuttgart, 1858. — F. Liharzick, *Das Quadrat die Grundlage aller Proportionalität in der Natur, und das Quadrat aus der Zahl Sieben, die Uridee des menschlichen Körperbaues.* Wien, 1865. — Quételet, *Anthropométrie.* Paris, 1871.

LIVRE NEUVIÈME

EMBRYOLOGIE ET DÉVELOPPEMENT DE L'HOMME

L'étude du développement peut se diviser en trois sections principales. Dans la première, nous étudierons l'ovule et les modifications primordiales qu'il subit après la fécondation pour former d'une part l'œuf, de l'autre le nouvel être. Dans la seconde, nous étudierons le développement de l'œuf et des annexes du fœtus. La troisième sera consacrée au développement de l'homme et de ses différents organes et appareils. Le développement des éléments et des tissus n'entre pas dans le cadre de ce livre.

PREMIÈRE SECTION
DÉVELOPPEMENT DE L'OVULE APRÈS LA FÉCONDATION

---

§ I. — Structure de l'ovule

L'*ovule* (Fig. 386 et 387), débarrassé des cellules du *cumulus proliger*, constitue une vésicule sphérique de 0^{mm}, 14 à 0^{mm},20 de grosseur. Il a la signification d'une cellule et comprend : 1° une membrane d'enveloppe, *membrane vitelline* ou *zone pellucide* (1), épaisse (0^{mm},01), transparente, élastique [1] ; 2° un contenu ou *vitellus*, formé par une masse semi-liquide, trouble, granuleuse, de couleur jaunâtre, consistant en noyaux fins et en granulations graisseuses ; 3° un noyau excentrique (3), la *véscicule germinative*, de 0^m,045 de diamètre, sphérique, transparent, très-altérable, et dans lequel se voit une granulation arrondie, fortement réfringente, la *tache germinative*.

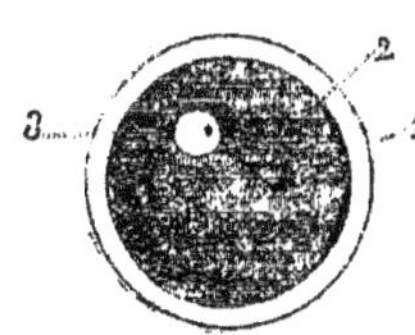

Fig. 386.
Ovule de l'homme.

§ II. — Phénomènes qui se passent dans l'ovule depuis la fécondation jusqu'à l'apparition de l'embryon

1° *Segmentation du vitellus*. — Après la fécondation, la vésicule germinative disparaît avec la tache germinative, et alors commence le phénomène de la *segmentation* (Fig. 388 à 391). Le vitellus se contracte (*retrait du vitellus*), s'écarte de la paroi interne de la membrane vitelline en même temps que dans son intérieur se forme une vésicule transparente (noyau) avec un nucléole. Bientôt cette masse vitelline s'étrangle

[1] Luschka en a isolé une membrane mince recouvrant immmédiatement le vitellus, et qui serait la véritable membrane d'enveloppe de la cellule; la zone pellucide ne serait alors qu'une formation secondaire provenant probablement des cellules du *cumulus proliger*. Elle présente dans beaucoup d'espèces des stries radiées (fig. 387) qui paraissent être des canalicules très-fins. Dans certains cas, on a constaté la présence d'une ouverture, *micropyle*, par laquelle s'introduiraient les spermatozoïdes ; son existence n'a pas été démontrée d'une façon positive dans l'œuf humain. Balbiani a décrit en outre dans l'ovule une formation spéciale, la *vésicule embryogène*, dont le rôle demande encore de nouvelles recherches.

(*) 1) Zone pellucide. — 2) Sa limite interne et contour externe du vitellus. — 3) Vésicule germinative avec la tache germinative. (Grossi 250). — (D'après Kölliker).

circulairement et se divise en deux masses secondaires, *globes de segmentation* (Fig. 388), pourvues chacune d'un noyau. On trouve ordinairement à un des pôles du plan

de segmentation un ou deux globules clairs, *globules polaires* de Robin, dont la signification est encore indéterminée, et qui d'après Ollacher, proviendraient de la vésicule germinative.

Les deux globules de segmentation se divisent à leur tour chacun en deux globes nouveaux (Fig. 389), et cette segmentation continue ainsi (Fig. 390) jusqu'à ce que le vitellus se trouve transformé (Fig. 391) en une masse de globules (*corps muriforme*) pourvus chacun d'un noyau et d'une membrane d'enveloppe, *globules vitellins*.

La segmentation du vitellus paraît être un phénomène de multiplication

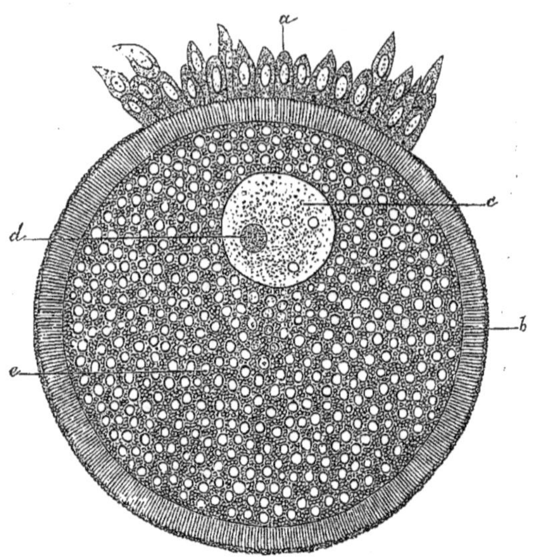

FIG. 387. — *Ovule du lapin* (*).

cellulaire et débute probablement par le noyau des globes de segmentation.

Les phénomènes histologiques de la segmentation, d'après les recherches d'Auerbach,

Butschli, Strassbürger, etc., seraient beaucoup plus compliqués ; je renvoie pour les détails aux mémoires originaux et aux traités d'histologie. D'après Van Beneden les deux premiers globules de segmentation n'auraient ni les mêmes dimensions ni les mêmes caractères physico-chimiques, et ces différences subsisteraient dans les globules provenant des segmentations successives; de là la distinction faite par l'auteur entre les globules ou globes *ectodermiques* et les globules *endodermiques*, qui se multiplient moins rapidement que les premiers.

2° *Formation du blastoderme.* — Bientôt un liquide s'accumule au centre de la masse des globules vitellins ; en même temps ces globules s'accolent en

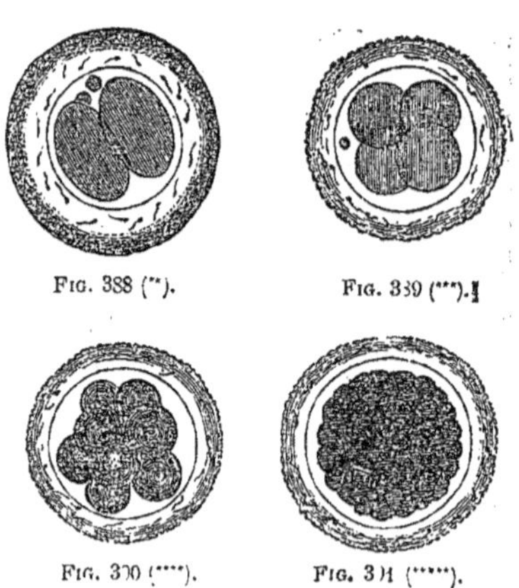

FIG. 388 (**).

FIG. 389 (***).

FIG. 390 (****).

FIG. 391 (*****).

(*) *a*) Cellules ovariennes de la vésicule de Graaf. — *b*) Membrane vitelline. — *c*) Vésicule germinative. — *d*) Tache germinative. — *e*) Granulations du vitellus. — (D'après Waldeyer).

(* à *****) Segmentation du vitellus, d'après Bischoff. Ovules entourés par la membrane pellucide à laquelle sont adhérents des spermatozoïdes — (*) Ovule avec deux globes de segmentation et deux globules polaires. La zone pellucide est encore entourée par les cellules de la membrane granuleuse. — (*) Ovule avec quatre globes de segmentation et un globe polaire. — (***) Ovule avec huit globes de segmentation. — (****) Ovule à l'état de segmentation plus avancée. — (D'après Bischoff).

prenant une forme polygonale et s'appliquent à la face interne de la membrane vitelline en formant une membrane continue constituée par une couche simple de cellules. L'œuf se trouve alors composé de deux membranes (Fig. 392) : 1° une membrane externe ou *chorion primitif* (1), constituée par la membrane vitelline amincie ; 2° une membrane interne, *vésicule blastodermique* ou *blastoderme* (2), constituée par les globules vitellins, qui ont alors le caractère d'un épithélium pavimenteux simple appliqué contre la face interne

Fig. 392. — *Œuf avec la tache embryonnaire* (*).

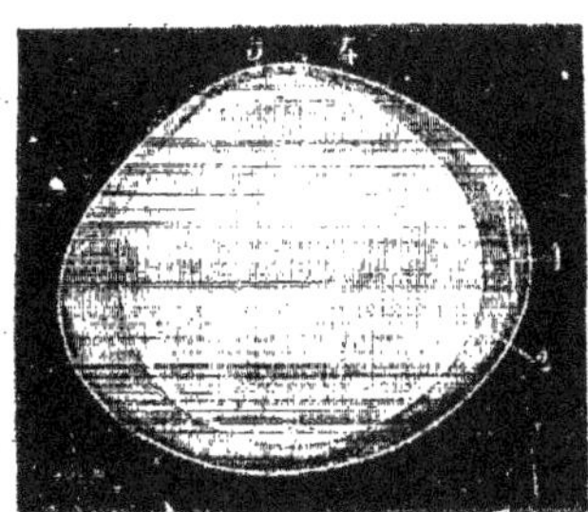

Fig. 393. — *Le même œuf, vu de profil* (**).

de la membrane précédente. Il reste souvent en un endroit de l'œuf un amas de globules vitellins n'ayant pas subi cette transformation. A ce moment l'œuf a environ huit jours et un diamètre de 1ᵐᵐ,6.

3° *Apparition de la tache embryonnaire et division du blastoderme en trois feuillets.* A l'endroit où se trouvera plus tard l'embryon, paraît alors une tache arrondie (Fig. 392, 3), *tache embryonnaire* ou *aire germinative*, moins transparente que les parties ambiantes et due à une multiplication des cellules qui constituent à ce niveau la

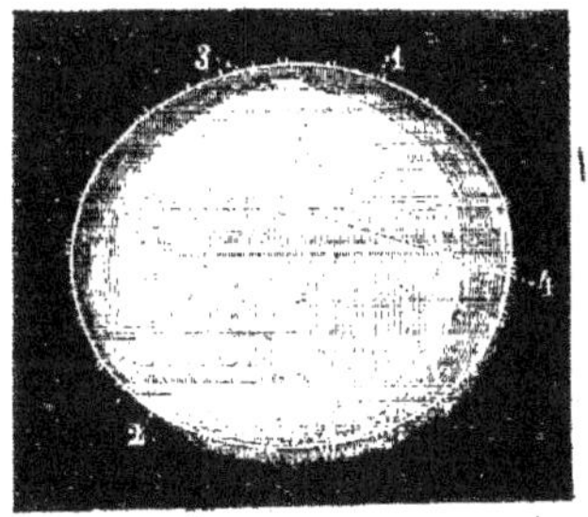

Fig. 394 (***).

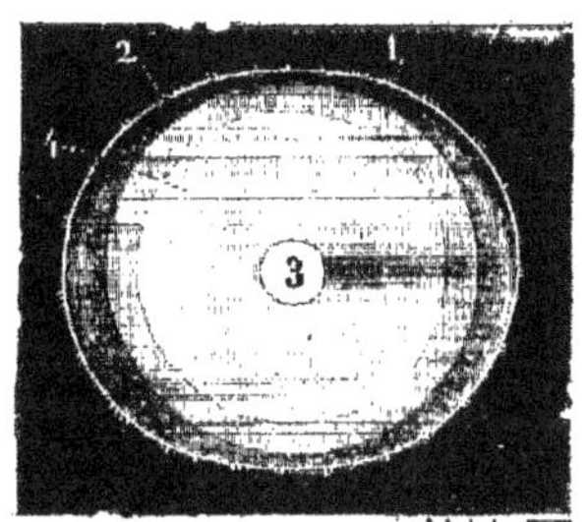

Fig. 395 (***).

vésicule blastodermique, et peut-être au reste des globules vitellins (Coste). En même temps que le blastoderme s'épaissit pour constituer la tache embryonnaire ; il se divise

(*) (**) 1) Membrane vitelline. — 2) Blastoderme. — 3) Tache embryonnaire. — 4) Lieu où le blastoderme est déjà divisé en deux feuillets. — (D'après Bischoff).

(***) Œuf dans lequel la division du blastoderme en deux feuillets a atteint près de la moitié de la vésicule blastodermique ; vue de profil, d'après Bischoff. — 1) Chorion recouvert de villosités. — 2) Vésicule blastodermique. — 3) Tache embryonnaire. — 4) Endroit jusqu'où arrive la division des deux feuillets.

(****) Le même œuf, vue de face. — 1) Feuillet externe du blastoderme — 2) Chorion, — 3) Tache embryonnaire. — 4) Feuillet interne du blastoderme.

en deux feuillets : l'un interne (*entoderme, hypoblaste*), l'autre externe (*ectoderme, épiblaste*) ; cette division, limitée d'abord à la région de la tache embryonnaire (Fig. 393), s'étend peu à peu au delà de cette tache et finit par gagner toute l'étendue de la vésicule blastodermique (Fig. 394 et 395). L'œuf se compose alors de trois vésicules emboîtées (Fig. 395) : une externe, le chorion (2) ; une moyenne, feuillet externe du blastoderme (1) ; une interne, feuillet interne du blastoderme (4). Le chorion est à ce moment recouvert de fines villosités amorphes qui donnent à l'œuf un aspect velouté.

Les cellules de l'entoderme sont polygonales, plus aplaties, tandis que celles de l'ectoderme sont plus volumineuses, surtout au niveau de la tache embryonnaire, où l'ectoderme, quoique toujours formé par une seule couche de cellules, présente une certaine épaisseur. En outre, les cellules de l'ectoderme sont pâles, peu granuleuses, tandis que celles de l'entoderme sont plus foncées, moins distinctes, remplies de granulations graisseuses.

4° *Apparition des premiers linéaments de l'embryon.* — En s'agrandissant, la tache embryonnaire devint pyriforme et à sa partie la plus postérieure paraît la première trace de l'embryon ; c'est d'abord une sorte de soulèvement en forme de bouclier (*aire embryonnaire*) ou plutôt un épaississement arrondi qui s'allonge peu à peu, prend la forme d'une massue, puis d'une strie allongée, *ligne primitive* (Fig. 396, 1), ligne primitive qui se déprime légèrement sur sa face externe pour constituer la *gouttière primitive* ou *sillon dorsal* (septième jour, lapin). Au niveau de la ligne primitive, l'ectoderme est

épaissi et présente trois couches de cellules superposées ; l'entoderme au contraire ne prend pas part à l'épaississement de la ligne primitive et reste toujours composé d'une seule couche de cellules. L'épaississement de l'ectoderme n'est autre chose que la première trace du feuillet moyen du blastoderme, *mésoderme* ou *mésoblaste*.

L'aire embryonnaire s'entoure bientôt d'un espace, *aire opaque* (*area vasculosa*), souvent asymétrique et qui a l'aspect d'une tache sombre dont l'opacité est due aux granulations graisseuses qui remplissent les cellules de l'entoderme. (Fig. 396, 4.)

Le sillon dorsal n'occupe d'abord que la partie antérieure de la ligne primitive, dont la moitié postérieure forme une strie opaque en arrière de ce sillon. Bientôt le sillon dorsal, élargi en arrière, paraît entouré de deux zones : 1° une zone *interne*, bien limitée et où se voient déjà les traces des deux premières protovertèbres (voir plus loin) ;

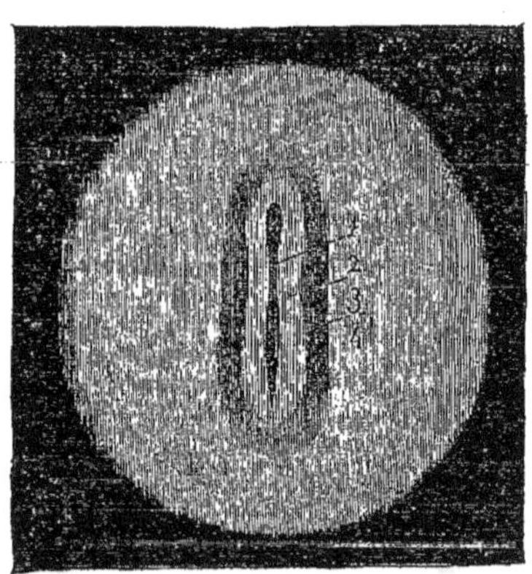

Fig. 396. — *Œuf avec la première ébauche de l'embryon* (*).

2° une zone *externe* ou *pariétale*, qui forme les bords de l'ancienne aire embryonnaire et où se voient en avant et de côté deux endroits plus foncés qui ne sont autre chose que les premières ébauches des deux moitiés du cœur. Un peu plus tard (neuvième jour, lapins), la zone pariétale est circonscrite par un espace clair, *aire pellucide*, qui la sépare de l'aire opaque et s'élargit peu à peu, surtout en arrière.

§ III. — Développement des trois feuillets du blastoderme
(Fig. 397 et 398)

Le blastoderme se composait d'abord de deux feuillets, le feuillet externe ou *ectoderme*, le feuillet interne ou *entoderme*. Bientôt entre les deux paraît un troisième feuillet,

(*) 1) Gouttière primitive. — 2) Aire embryonnaire. — 3) Aire transparente. — 4) Aire opaque (grossi 10 fois). — (D'après Bischoff).

feuillet moyen ou *mésoderme*. On admettait autrefois et certains auteurs l'admettent en-core, que le feuillet moyen est formé au dépens du feuillet interne ; mais d'après des re-cherches plus récentes, le mésoderme serait constitué par les cellules les plus internes de l'ectoderme qui se sépareraient peu à peu du feuillet externe, sauf au niveau du sillon dorsal, où les deux feuillets, externe et moyen, restent soudés. Le mésoderme s'étend jusqu'à la limite de l'aire opaque et se termine là par un rebord épaissi qui constituera plus tard le *sinus terminal*. (Voir : première circulation). Un fait à noter, c'est l'irré-gularité du développement du mésoderme dans les premiers temps de sa formation.

Le blastoderme se trouve alors composé de trois feuillets :

1° Le feuillet externe, ou *ectoderme (épiblaste, feuillet séreux, feuillet animal, feuillet sensitif,* etc.) ;

2° Le feuillet moyen, ou *mésoderme (mésoblaste, feuillet vasculaire, feuillet ger-minatif,* etc.) ;   —

3° Le feuillet interne, ou *entoderme (hypoblaste, feuillet muqueux, feuillet intes-tino-glandulaire,* etc.).

Ces trois feuillets du blastoderme contribuent à former l'embryon et une partie des enveloppes de l'œuf. Nous allons suivre successivement chacun de ces feuillets dans son évolution.

I. Feuillet externe du blastoderme

Ce feuillet forme : 1° comme parties appartenant au fœtus, le système nerveux central, ainsi que la rétine, le labyrinthe et l'épiderme cutané avec ses annexes (poils, ongles, glandes, etc.) ; 2° comme enveloppes du fœtus ou parties extra fœtales, l'amnios et la vésicule séreuse.

1° Parties fœtales formées par le feuillet externe du blastoderme

Au niveau de la gouttière primitive, les feuillets externe et moyen du blastoderme, après s'être soudés l'un à l'autre pendant un certain temps, s'isolent pour suivre chacun son évolution spéciale.

La partie du feuillet externe qui répond à la gouttière primitive a reçu le nom de *lames médullaires ;* les parties latérales qui répondent au reste de l'aire embryonnaire forment les *lames épidermiques.* Les premières constitueront les centres nerveux ; les secondes l'épiderme cutané.

A. *Lames médullaires.* — La gouttière primitive s'agrandit et devient un sillon assez large et profond, *sillon dorsal* ou *gouttière médullaire* (Fig. 397, B, 5), limité de chaque côté par deux saillies linéaires, *crêtes dorsales* ou *médullaires,* qui ne sont autre chose que le lieu de réunion des lames médullaires et des lames épidermiques. Peu à peu ces crêtes dorsales se rapprochent et finissent par se souder sur la ligne mé-diane, en allant du milieu de la gouttière médullaire vers ses extrémités. Cette gouttière se trouve ainsi transformée en un canal fermé, *canal médullaire* (Fig. 397, C, 5′), qui présente à sa partie antérieure une, puis plusieurs dilatations, *vésicules cérébrales,* et en arrière un élargissement, *sinus rhomboïdal.*

B. *Lames épidermiques (lames cornées).* — Ces lames forment le revêtement épi-dermique de toute la surface cutanée de l'embryon. *Du côté dorsal,* elles se soudent sur la ligne médiane en même temps que les crêtes dorsales et les lames médullaires (Fig. 397, C) et sont d'abord adhérentes au point de soudure du canal médullaire ; puis elles s'isolent de ce canal (D) et passent directement d'un côté à l'autre de l'embryon en con-stituant l'épiderme du dos. *Du côté ventral,* elles se recourbent peu à peu en dedans, comme les autres feuillets du blastoderme, vers un point idéal, qui constituera plus tard l'ombilic, et forment ainsi l'épiderme des parties latérales et de la face ventrale de l'em-bryon. Outre l'épiderme cutané, ces lames épidermiques constituent les poils, les ongles, les glandes cutanées, le cristallin, et présentent, au niveau des bourgeons qui forment l'ébauche des membres futurs, un épaississement remarquable. Plus tard, cette lame épidermique se déprime aux deux extrémités de l'embryon pour constituer les *dépressions buccale* et *anale*, qui par la suite se mettent en communication avec la cavité intestinale, de sorte que l'épithélium de ces cavités provient encore du feuillet externe du blastoderme. Enfin, dans le cours du développement, ces lames épidermiques se creusent de fentes transversales au nombre de quatre, *fentes pharyngiennes*, qui donnent accès dans le pharynx et qui s'oblitèrent plus tard, sauf la première, destinée à former le conduit auditif externe et la caisse du tympan.

2° Parties extrafœtales formées par le feuillet externe du blastoderme

Les lames épidermiques se continuent d'abord sans ligne de démarcation avec le reste du feuillet externe du blastoderme (Fig. 397 B, C); mais à mesure que l'aire embryonnaire se délimite mieux du reste de l'œuf et que ses parties périphériques s'incurvent en dedans vers l'ombilic, la séparation s'accuse de mieux en mieux et aboutit à la production de l'amnios et de la vésicule séreuse, constitués par toute la partie du feuillet blastodermique externe qui ne prend point part à la formation de l'embryon.

A. *Amnios.* — Pour bien comprendre la production de l'amnios, il faut l'étudier sur des coupes antéro-postérieures et sur des coupes transversales.

1° *Sur des coupes antéro-postérieures* (Fig. 398), on voit que l'embryon s'incurve en dedans vers l'ombilic par ses deux extrémités céphalique et caudale, entraînant avec lui (B) la partie extrafœtale du feuillet blastodermique externe : en même temps ce feuillet s'avance aussi du côté dorsal de l'embryon vers un point central idéal (B, 8) de façon à former aux deux extrémités de l'embryon deux replis, *capuchons céphalique* (B, 8) et *caudal;* ces deux replis marchent peu à peu à la rencontre l'un de l'autre et finissent par se souder à leur point de rencontre, *ombilic postérieur*, situé vis-à-vis du milieu du dos de l'embryon (C, 8').

2° *Sur des coupes transversales* (Fig. 397), on voit les parois ventrales se recourber en dedans vers l'ombilic et entraîner de la même façon les parties avoisinantes du feuillet blastodermique externe ; il se forme de même aux côtés de l'embryon deux replis, *capuchons latéraux*, qui marchent vers le côté dorsal de l'embryon pour se souder enfin avec les capuchons céphalique et caudal et compléter l'amnios (D, E, F, 7, 7').

L'amnios se continue au niveau de l'ombilic avec l'épiderme cutané.

B. *Vésicule séreuse* (Fig. 397 et 398, 2'). Elle est formée par la partie du feuillet blastodermique externe qui ne prend point part à la formation de l'amnios. D'abord incomplète (Fig 397, F 2 et 398, B, 2') et continue avec l'amnios au niveau des replis amniotiques (capuchons céphalique et caudal et capuchons latéraux) et de l'ombilic postérieur, elle ne lui est plus rattachée, au moment de la fermeture de l'amnios, que par un fin pédicule (Fig. 398, C, 8') qui ne tarde pas à disparaître. La vésicule séreuse se trouve alors complétement indépendante de l'amnios et constitue pour l'œuf une enveloppe concentrique au chorion primitif. Quand ce chorion primitif a disparu (Fig. 398, D), la vésicule séreuse forme la couche la plus externe de l'œuf et représente la couche épithéliale du chorion secondaire (voy. *Membranes de l'œuf*).

II. FEUILLET INTERNE DU BLASTODERME

Ce feuillet constitue : 1° comme parties intrafœtales, l'épithélium de l'intestin avec les glandes qui lui sont annexées, y compris l'arbre aérien et la couche épithéliale de la vessie avec les reins : comme partie extrafœtale, la couche épithéliale de la vésicule ombilicale et de l'allantoïde.

1° Formation de la cavité intestinale et de la vésicule ombilicale

A mesure que les parties périphériques de l'aire embryonnaire se recourbent en dedans vers le côté ventral de l'embryon, celui-ci s'incurve en forme de barque ou de sa-

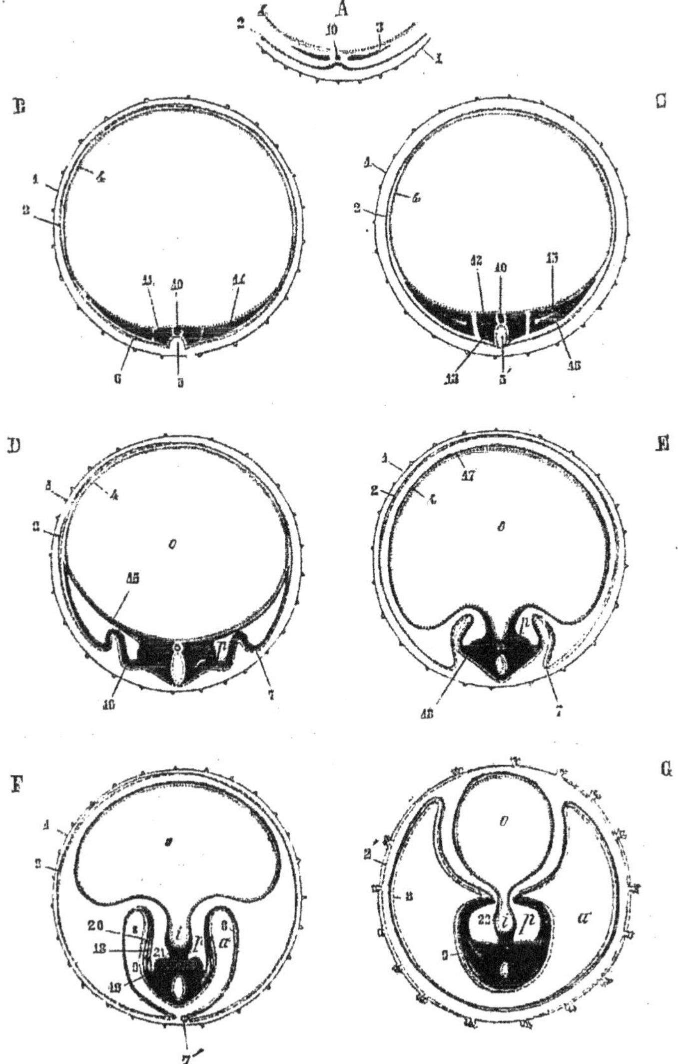

FIG. 397. — *Développement des trois feuillets du blastoderme, coupes transversales (figures schématiques)* (*).

(*) A. Portion de l'œuf avec la zone transparente et l'aire embryonnaire. — B, C, D, E, F, G, H Stades divers du développement. — O. Vésicule ombilica'e. — *a*) amnios. — *i*) Intestin. — *p*) Cavité péritonéale. — 1) Membrane vitelline. — 2) Feuillet externe du blastoderme. — 3) Feuillet moyen du blastoderme. — 4) Son feuillet interne. — 5) Lames mé lullaires et sillon médullaire. — 5') Canal médullaire — 6) Lames épidermiques. — 7) Capuchons latéraux de l'amnios. — 7') Les mêmes arrivant presque au contact. — 8) l ame interne épithéliale de l'amnios. — 9) Épiderme de l'embryon. — 10) Corde dorsale. 11) Lame vertébrale. — 12) Lames musculaires. — 14) Lames latérales. — 15) Lame fibro-intestinale.

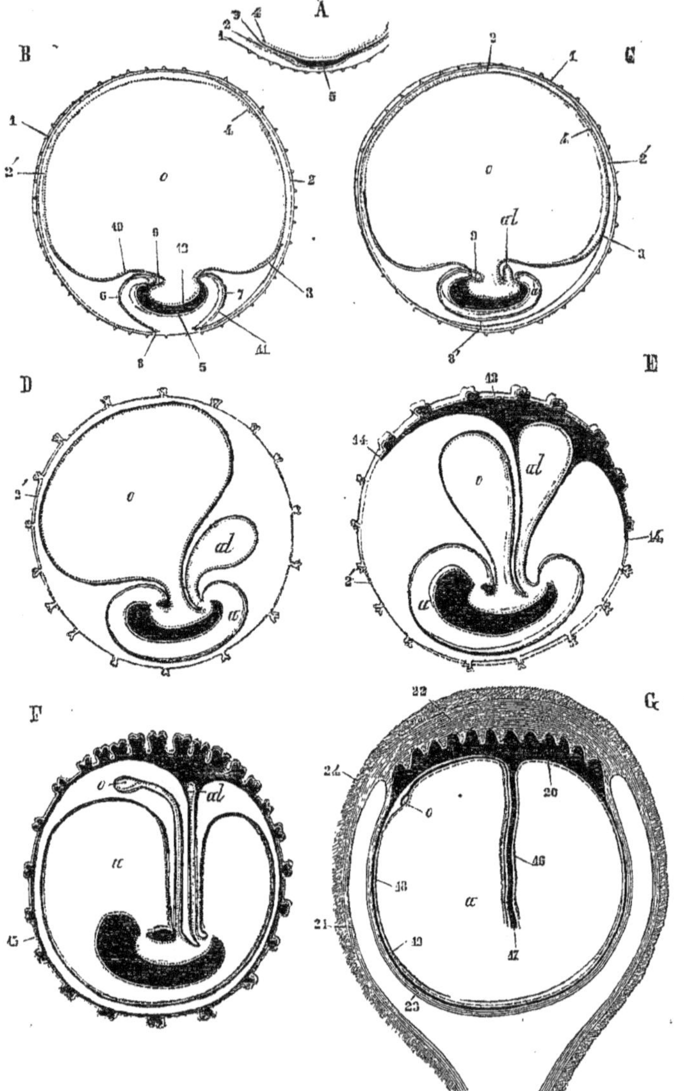

Fig. 898. — *Développement des trois feuillets du blastoderme, coupes antéro-postérieures (figures schématiques)* (*).

— 16) Lame cutanée. — 17) Feuillet interne fibreux de la vésicule ombilicale. — 18) Lames musculaires se prolongeant vers les lames cutanées. — 19) Feuillet externe des lames cutanées. — 20) Feuillet interne des mêmes lames. — 21) Mésentère. — 22) Feuillet fibreux de l'intestin. — NOTA. Les lignes jaunes indiquent les parties qui appartiennent au feuillet interne du blastoderme; les lignes rouges appartiennent au feuillet moyen; les lignes bleues au feuillet externe.

(*) A, Portion de l'œuf avec la membrane vitelline et l'aire embryonnaire. — B, C, D, E, F. Stades

bot, dont la concavité est tournée vers le centre de l'œuf (Fig. 397, E, et 398, B). Le feuillet interne du blastoderme se trouve alors divisé en deux parties : une partie intra-embryonnaire, qui tapisse la concavité de l'embryon, c'est la *gouttière intestinale* (Fig. 397, F. *i* et 398, B, 12), et une partie extraembryonnaire formée par le reste de ce feuillet interne, c'est la *vésicule ombilicale* (O). D'abord cette gouttière est largement ouverte et les deux cavités de l'intestin futur et de la vésicule ombilicale communiquent par un large orifice ; mais bientôt cet orifice se rétrécit au fur et à mesure de la formation des parois ventrales, s'allonge en même temps qu'il se rétrécit, et devient un simple canal qui fait communiquer l'intestin avec la vésicule ombilicale, c'est le *conduit vitellin* ou *omphalo-mésentérique* (Fig. 397, G et 398, E). Ce conduit s'oblitère plus tard par les progrès du développement, et la cavité intestinale est alors complétement fermée (Fig. 398, F).

La gouttière intestinale se termine en avant et en arrière par deux culs-de-sac dus à l'incurvation vers le côté ventral des deux extrémités céphalique et caudale de l'aire embryonnaire (Fig. 398, B, C, etc.). Le cul-de-sac antérieur plus profond, *cavité-céphalo-intestinale*, correspond à la région du capuchon céphalique et formera plus tard le pharynx et l'œsophage ; le cul-de-sac postérieur, *cavité pelvi-intestinale*, répond au capuchon caudal et contribuera plus tard à la formation du rectum.

Les deux cavités céphalo-intestinale et pelvi-intestinale se mettent bientôt en communication avec l'extérieur (ou mieux avec la cavité de l'amnios par les deux orifices buccal et anal (Fig. 398, D). En outre, la cavité céphalo-intestinale, dans sa partie antérieure ou pharyngienne, présente en arrière de l'orifice buccal les quatre fentes pharyngiennes déjà mentionnées à propos du feuillet blastodermique externe et qui ne sont que temporaires.

2° Formation de la vessie et de l'allantoïde

La gouttière intestinale est à peine formée que sur la paroi antérieure de la cavité pelvi-intestinale le feuillet interne du blastoderme se déprime (Fig. 398, C) et constitue une petite vésicule *(al)* d'abord contenue dans la concavité de l'embryon et qui paraît un simple appendice de la cavité pelvi-intestinale. Cette vésicule s'agrandit peu à peu (D) et devient extraembryonnaire dans la plus grande partie de son étendue. La partie de cette vésicule qui reste dans l'intérieur de l'embryon constituera plus tard la *vessie* (épithélium vésical) ; la partie qui se trouve en dehors de l'embryon devient la *vésicule allantoïde* (ou mieux sa partie épithéliale) ; les deux cavités de la vessie et de l'allantoïde sont réunies par un canal d'abord large, puis plus étroit, *canal allantoïdien*, qui sort par l'ombilic à côté du conduit omphalo-mésentérique. La partie intrafœtale du canal allantoïdien allant de la vessie à l'ombilic, a reçu le nom d'*ouraque*. Ce canal s'oblitère plus tard, de même que le conduit vitellin (Fig. 398, F).

La partie épithéliale de l'allantoïde n'a elle aussi qu'une existence assez éphémère (voy. Fig. C à G) et ne prend aucune part à la formation du placenta. C'est la partie fibreuse de l'allantoïde qui joue le rôle essentiel dans la nutrition du fœtus.

III. Feuillet moyen du blastoderme

Le feuillet moyen du blastoderme constitue toute la masse de l'embryon, à l'exception des parties centrales du système nerveux et des revêtements épithéliaux cutané et mu-

divers de développement. — G. Œuf dans l'utérus et formation des caduques. — 1) Membrane vitelline. — 2) Feuillet externe du blastoderme. — 2') Vésicule séreuse. — 3) Feuillet moyen du blastoderme. — 4) Son feuillet interne. —5) Ébauche de l'embryon futur. — 6) Capuchon céphalique de l'amnios. — 7) Capuchon caudal. — 8) Endroit où l'amnios se continue avec la vésicule séreuse. — 8') Ombilic postérieur. — 9) Cavité cardiaque. — 10) Feuillet externe fibreux de la vésicule ombilicale. — 11) Feuillet externe fibreux de l'amnios. — 12) Feuillet interne du blastoderme qui formera l'intestin. — 13, 14) Feuillet externe de l'allantoïde s'étendant à la face interne de la vésicule séreuse. — 15) Le même, appliqué complétement à la face interne de la vésicule séreuse. — 16) Cordon ombilical. — 17) Vaisseaux ombilicaux. — 18) Amnios. — 19) Chorion. — 20) Placenta fœtal. — 21) Muqueuse utérine. — 22) Placenta maternel — 23) Caduque réfléchie. — 24) Tissu musculaire de l'utérus. — NOTA. Même remarque que pour la figure précédente.

queux avec leurs glandes annexes. Comme organes extrafœtaux, il constitue la partie fibreuse de l'amnios, de la vésicule ombilicale et de l'allantoïde.

Quand la gouttière primitive est formée, l'on voit paraître dans l'intérieur de ce feuillet moyen et dans l'axe de cette gouttière primitive un cordon cylindrique, *corde dorsale* ou *notocorde*. D'après Hensen, la corde dorsale se formerait aux dépens de l'entoderme ; mais il n'y a là, d'après Kölliker, qu'une apparence due à ce que la partie moyenne de l'entoderme s'amincit tellement à ce niveau que la corde dorsale paraît se continuer avec les parties latérales du feuillet interne (Fig. 397, A, 10). Les parties situées immédiatement de chaque côté de la corde dorsale forment les *lames vertébrales* (Fig. 397, B, 11) ; les parties périphériques de ce feuillet ont reçu le nom de *lames latérales* (Fig. 397, B, 14). Dans la région du tronc, ces lames latérales se séparent bientôt des lames vertébrales ; dans la région céphalique, au contraire, elles y restent réunies et leur ensemble porte le nom de *lames céphaliques*. Nous allons suivre le développement successif : 1° de la corde dorsale et des lames vertébrales ; 2° des lames latérales ; 3° des lames céphaliques.

1° Développement de la corde dorsale et des lames vertébrales

La corde dorsale se termine en avant par une extrémité pointue, qui n'atteint guère que le milieu de la partie céphalique du canal médullaire, en arrière par une extrémité fusiforme. Les lames vertébrales se divisent bientôt en tronçons disposés par paires et paraissant de chaque côté de la corde dorsale (Fig. 407, 7) comme de petites taches sombres quadrangulaires ; ce sont les *protovertèbres*, ébauches des vertèbres futures et des

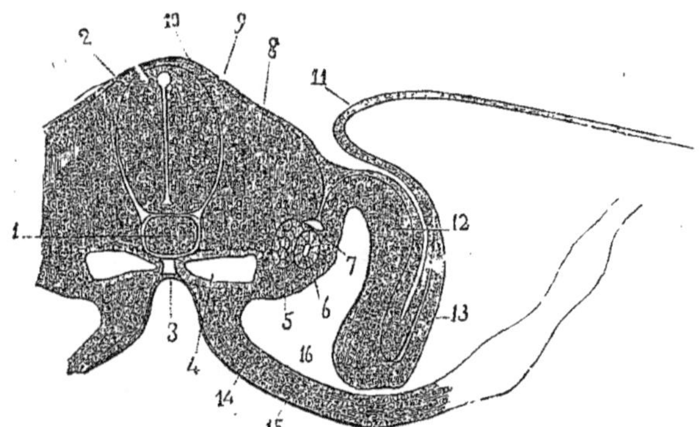

Fig. 399. — *Coupe d'un embryon de poulet au commencement du troisième jour* (*).

racines des nerfs. La première paire qui paraît, répond à la partie antérieure du cou, et il s'en développe successivement de nouvelles au-dessous d'elle. Il se déclare ensuite dans chaque tronçon une cavité, *cavité protovertébrale* (Fig. 399, 8), qui divise la protovertèbre en deux parties : une partie dorsale, plus mince, *lame musculaire* (Fig. 397, C, 13), et une partie ventrale, plus épaisse, *protovertèbre proprement dite* (12).

a) *Lames musculaires*. — Ces lames vont se rejoindre sur la ligne médiane du dos

(*) 1) Corde dorsale. — 2) Moelle épinière. — 3) Gouttière intestinale. — 4) Aortes primitives. — 5) Corps de Wolff. — 6) Canal excréteur des corps de Wolff. — 7) Veine cardinale. — 8) Vestige de la cavité proto-vertébrale. — 9) Lame musculaire. — 10) Lame épidermique. — 11) Repli amniotique ou capuchon latéral. — 12) Lame cutanée. — 13) Lame cutanée formant le feuillet fibreux de l'amnios. — 14) Lame fibro-intestinale. — 15) Feuillet intestino-glandulaire. — 16) Cavité pleuro-péritonéale. — (D'après Kölliker.)

en arrière du canal médullaire et contribuent à former les muscles des gouttières vertébrales et peut-être la peau du dos. Elles s'accroissent en outre du côté ventral (Fig. 397,
E, 18) dans l'épaisseur des *lames cutanées* (voy. plus bas) et constituent les mucles intercostaux et les muscles abdominaux; elles prennent part, en outre, probablement à
la formation des extrémités.

b) *Protovertèbres proprement dites.* — Ces protovertèbres ou *provertèbres* s'accroissent autour du canal médullaire et de la corde dorsale en même temps qu'elles se
soudent toutes entre elles, et engainent complétement ces deux organes de façon à représenter un double canal (en 8 de chiffre), dont la partie commune est intermédiaire à
la corde dorsale et au canal médullaire. Le canal ventral constitue la *gaine externe de
la corde*, et représente l'ébauche des corps et des disques des vertèbres futures; le canal
dorsal (*membrane réunissante supérieure*) entoure le canal médullaire et représente
les futurs arcs vertébraux avec leurs ligaments, ainsi que les racines des nerfs. Il y a
donc à ce moment une colonne vertébrale complète membraneuse, mais sans traces de
division ou de vertèbres distinctes. Cette augmentation se fait plus tard (voy. développement du rachis), ainsi que la formation des racines nerveuses, et en même temps les
lames protovertébrales s'accroissent du côté ventral en dedans des lames musculaires
pour constituer les arcs costaux (côtes et cartilages), les nerfs intercostaux et probablement une partie des extrémités. A ce moment les lames protovertébrales se sont soudées aux lames musculaires et aux lames latérales.

2° Développement des lames latérales

Les lames latérales (Fig. 397, B, 14) se séparent, sauf à la tête, des lames vertébrales
et se divisent bientôt en deux feuillets : l'un interne, *lame fibro-intestinale* (Fig. 397,
C, 15); l'autre externe, *lame cutanée* (16), reunis du côté de la ligne médiane par une
partie intermédiaire ou *lame moyenne*. La cavité comprise entre ces deux feuillets,
cavité pleuro-péritonéale ou *cœlome* (*p*), constituera plus tard en grande partie la cavité du péritoine. Après cette division en deux feuillets, les lames latérales ne tardent
pas à se souder de nouveau avec les lames vertébrales (Fig. 369, D). Nous allons suivre
successivement l'évolution de ces différents feuillets.

a) *Lame fibro-intestinale* ou *splanchno-pleure*. — Cette lame, qui tapisse immédiatement la face interne du feuillet interne du blastoderme, ne s'étend d'abord que très-
peu au delà de l'aire embryonnaire (Fig. 397, C, 15) ; puis, à mesure que la gouttière
intestinale se forme, elle s'étend de plus en plus en dépassant les limites de l'embryon
et forme bientôt un revêtement fibreux complet autour de l'intestin et autour de la vésicule ombilicale (Fig. 397, E, F, G), feuillet dans lequel se développent des vaisseaux.
Elle se comporte de même avec la vésicule allantoïde, qu'elle contribue à former primitivement (voy. *Allantoïde*) et autour de laquelle elle constitue une enveloppe vasculaire (Fig. 398, D). Cette enveloppe prend bientôt un développement considérable (E),
s'applique (13, 14) à la face interne de la vésicule séreuse (2'), forme le feuillet vasculaire interne du chorion secondaire (F, 15) et s'hypertrophie au point de contact de
l'œuf avec la matrice pour constituer le placenta fœtal (G, 20).

b) *Lames cutanées* ou *somato-pleure*. — Elles se comportent différemment du côté
dorsal et du côté ventral de l'embryon.

Du côté dorsal, elles vont à la rencontre l'une de l'autre entre les lames épidermiques et les lames musculaires, et forment le derme du dos en se soudant sur la ligne
médiane.

Du côté ventral, elles se divisent en deux feuillets (fig. 397, F, 19, 20); entre lesquels viennent s'interposer les prolongements des lames musculaires (18) et des protovertèbres qui constituent les muscles intercostaux, les côtes et les nerfs intercostaux.
Le feuillet externe (19) constituera le derme du tronc, le feuillet interne (20) formera le
feuillet pariétal du péritoine.

Les lames cutanées, une fois arrivées à l'ouverture ombilicale, ne se terminent pas à cette ouverture, mais se prolongent en dehors de l'embryon pour tapisser toute la face externe de l'amnios, dont elles constituent le feuillet fibreux (Fig. 397. F, G); mais elles ne participent pas à la formation de la vésicule séreuse, qui est purement épithéliale.

c) *Lames moyennes ou mésentériques.* — Ces lames, après s'être soudées sur la ligne médiane, enveloppent la corde dorsale et contribuent à la production des corps de Wolff, de l'aorte, des veines cardinales, etc., et surtout du mésentère (Fig. 397, F, 20).

3° Développement des lames céphaliques

Dans la partie céphalique de l'aire embryonnaire qui constitue la moitié de la longueur de cette aire, les lames latérales restent soudées aux lames vertébrales pour constituer les lames céphaliques, et il n'y a pas non plus de segmentation de ces lames et par suite de protovertèbres.

Ces lames céphaliques se recourbent en dedans comme toute l'extrémité céphalique de l'embryon, et contribuent à former les parois du cul-de-sac intestinal antérieur ou de la cavité céphalo-intestinale. Cette cavité céphalo-intestinale se divise en deux parties : une partie antérieure ou pharyngienne, et une partie postérieure ou œsophagienne.

La *cavité pharyngienne* se met plus tard en communication avec l'extérieur, d'abord par l'ouverture buccale (Fig. 398, D), puis par les fentes pharyngiennes, et la partie des lames céphaliques, qui contribue à former sa paroi antérieure (lames pharyngiennes), s'épaissit pour former les arcs pharyngiens qui limitent ces fentes.

La *cavité œsophagienne* présente bientôt dans l'épaisseur de sa paroi ventrale une division des lames céphaliques, division qui aboutit à la formation d'une cavité, *cavité cardiaque* (Fig. 398, B, 9), communiquant avec la cavité pleuro-péritonéale et dans laquelle se formera le cœur.

Du côté dorsal, la partie moyenne des lames céphaliques (analogue des protovertèbres) enveloppe la partie antérieure du canal médullaire ou les vésicules cérébrales (*membrane réunissante supérieure*) et se divise en deux feuillets : un feuillet externe qui constitue le derme du crâne, un feuillet interne qui forme la capsule crânienne membraneuse.

DEUXIÈME SECTION

DÉVELOPPEMENT DE L'ŒUF ET DES ANNEXES DU FŒTUS

§ I. — Vésicule ombilicale

Chez les mammifères et surtout chez l'homme, la vésicule ombilicale ne joue qu'un rôle transitoire et beaucoup moins important que chez les oiseaux et les reptiles. Formée d'abord par toute la partie extraembryonnaire du feuillet interne du blastoderme (fig. 398, B, C, O), elle se compose alors d'une seule membrane de nature épithéliale (2), doublée, *dans la région de la tache embryonnaire seulement* (fig. 398, B, 3), par une lamelle fibreuse vasculaire dépendant du feuillet blastodermique moyen (lame fibro-intestinale). Peu à peu cette lame fibro-intestinale s'étend de plus en plus (fig. 398, C, 3) et finit enfin par entourer complètement la vésicule ombilicale (D). A ce moment (quatrième à cinquième semaine) elle a acquis son entier développement, a une grosseur de $0^m,011$ à $0^m,013$, et se compose de deux tuniques : une tunique externe, fibreuse, vasculaire, une interne épithéliale. A la vésicule ombilicale correspond une première forme de circulation (voy. plus bas), et les vaisseaux qu'elle possède, *vaisseaux omphalo-mé-*

sentériques, absorbent les matériaux provenant de la partie extraembryonnaire du vitellus.

Le canal de communication de la vésicule ombilicale et de l'intestin, *conduit omphalo-mésentérique*, d'abord très-large, s'allonge et se retrécit peu à peu, et finit même par s'oblitérer complètement et par se réduire à un fin pédicule solide (Fig. 398).

Le rôle physiologique de la vésicule ombilicale est terminé vers la cinquième ou sixième semaine, c'est-à-dire au moment où paraît l'allantoïde et où l'embryon prend en dehors de lui les matériaux de nutrition. Cependant la vésicule ombilicale est visible vers le quatrième et le cinquième mois, époque où elle n'a plus guère que 0^m,006 à 0^m,010 ; elle est alors située entre l'amnios et le chorion, près du bord du placenta (fig. 398, G, O), et présente un contenu liquide, clair et une enveloppe formée par une membrane externe fibreuse, vasculaire et un épithélium pavimenteux ; on trouve quelquefois à sa face interne de fines villosités vasculaires. Son pédicule est encore visible avec ses fins vaisseaux omphalo-mésentériques. A la fin de la grossesse, elle n'a plus que 0^m,004 à 0^m,006, se trouve alors en dehors du placenta, est assez adhérente à l'amnios et contient dans son intérieur de la graisse et des sels (Schultze). D'ordinaire son pédicule a alors complétement disparu.

§ II. — Enveloppes de l'œuf

Les enveloppes de l'œuf sont au nombre de trois : une interne, l'amnios ; une moyenne, le chorion ; une externe, la caduque. Les deux premières appartiennent à l'embryon, la dernière à l'utérus. Le chorion et la caduque se soudent et se vascularisent considérablement dans le point d'insertion de l'œuf sur la matrice pour constituer un organe particulier, le *placenta*, qui met en relation le fœtus et la mère. Un cordon, *cordon ombilical*, rattache le fœtus au placenta. Nous décrirons successivement ces diverses parties, puis nous traiterons du développement de l'œuf considéré dans son ensemble.

I. Membrane interne de l'œuf. — Amnios

L'amnios commence à se former dans le cours de la deuxième semaine de la façon décrite plus haut (p. 969). Il est d'abord étroitement collé à l'embryon et séparé de la face interne de la vésicule séreuse par un liquide albumineux ; mais bientôt du liquide, *eau de l'amnios*, s'accumule entre l'embryon et l'amnios, tandis que le liquide albumineux extraamniotique disparaît peu à peu. L'amnios forme alors une vésicule mince remplie de liquide, dans lequel nage l'embryon, vésicule qui s'accole étroitement à la face interne du chorion (fin du troisième mois), et se prolonge comme une gaîne sur le cordon ombilical pour se continuer à l'ombilic avec la peau des parois ventrales de l'embryon.

L'amnios se compose de deux couches : 1° une couche interne, épithéliale, continuation de l'épiderme cutané et formée par une couche simple de cellules pavimenteuses ; 2° une couche externe fibreuse, continuation des lames cutanées (derme de la peau), qui contient des cellules pâles, étoilées, à noyau, et chez les oiseaux des cellules fusiformes musculaires. L'amnios ne contient à aucune époque ni vaisseaux ni nerfs. Il est contractile chez les oiseaux et probablement aussi chez les mammifères (Vulpian). L'accroissement de l'amnios est un phénomène de multiplication cellulaire, comparable par exemple à l'accroissement d'une feuille, et non un phénomène mécanique d'enveloppement de l'embryon.

Le *liquide de l'amnios* augmente jusqu'au cinquième et au sixième mois de la grossesse, où sa quantité peut atteindre un kilogramme ; puis il diminue, et vers la fin de la grossesse se réduit à environ 500 grammes. C'est un liquide alcalin, plus concentré dans le premiers mois et qui, dans l'œuf à terme, contient 1 pour 100 de matières solides. Il a à peu près la composition du sérum du sang ; on y trouve de l'albumine, de l'urée et des traces de sucre (du moins chez les herbivores). D'abord transparent, il se trouble ensuite par la présence de lamelles épidermiques détachées du corps de l'embryon; son poids spécifique est de 1007 à 1011 grammes. Il est sécrété par les vaisseaux des enveloppes de l'œuf et spécialement de la caduque vraie et par le fœtus (peau et reins). Il protége le fœtus et le cordon.

II. Membrane moyenne. — chorion

On appelle *chorion* l'enveloppe fœtale la plus externe de l'œuf. Comme à cette enveloppe vient s'ajouter une enveloppe plus extérieure constituée par la muqueuse utérine, le chorion ne forme plus sur un œuf à un certain degré de développement que la membrane moyenne.

On distingue dans le cours du développement de l'œuf deux chorions : le chorion primitif et le chorion secondaire.

1º *Chorion primitif.* — Ce chorion, constitué par la membrane vitelline (Fig. 398, 1), couvert de fines villosités amorphes, n'a qu'une existence éphémère et a complétement disparu le quinzième jour pour faire place au chorion secondaire.

2º *Chorion secondaire.* — Celui-ci, à l'état complet, se compose de deux feuillets : un externe épithélial, constitué par la vésicule séreuse (Fig. 398, 2') ; un interne vasculaire, constitué par la partie fibreuse de l'allantoïde (Fig. 398, 13, 14, 15).

La formation de la *vésicule séreuse* a été vue avec l'amnios.

L'*allantoïde* paraît dès que l'amnios est complétement formé (fin de la deuxième et troisième semaine). D'après Remak, l'allantoïde paraîtrait d'abord comme un bourgeon solide dans la paroi antérieure de la cavité pelvi-intestinale et aux dépens du feuillet moyen du blastoderme ; dans ce bourgeon plein s'enfoncerait, en le déprimant comme un doigt de gant, un cul-de-sac du feuillet blastodermique interne. La vésicule allantoïde (Fig. 398, al), ainsi constituée par ses deux feuillets épithélial et vasculaire, s'agrandit peu à peu (Fig. 398, D, E), à mesure que la vésicule ombilicale diminue. Quand l'allantoïde est arrivée au contact de la face interne de la vésicule séreuse (E), ses deux tuniques ne suivent pas la même évolution. Sa partie épithéliale, *vésicule allantoïde proprement dite*, s'atrophie rapidement et a presque disparu dans le cours du second mois. Sa partie vasculaire, au contraire, continue à se développer, s'applique peu à peu sur toute la face interne de la vésicule séreuse qu'elle sépare alors de l'amnios (Fig. 398, E, F, 13, 14, 15), et envoie des ramifications vasculaires dans les villosités du chorion.

A la cinquième semaine le chorion est vasculaire dans toute son étendue; mais bientôt (vers le troisième mois) commence la formation du placenta fœtal. Les vaisseaux disparaissent peu à peu et les villosités du chorion s'atrophient, sauf dans un point de l'œuf, qui répond au côté ventral de l'embryon, où les vaisseaux et les villosités s'hypertrophient considérablement pour constituer le placenta fœtal. Au milieu de la grossesse le chorion forme déjà une membrane mince, transparente, qui se divise en deux parties : le *chorion touffu* ou *placenta fœtal* et le *chorion lisse*, dépourvu de vaisseaux et dont les villosités sont très-fines et très-clair-semées.

Le *liquide de l'allantoïde* est alcalin et contient 1 pour 100 et plus tard 4 à 5 pour 100 de matières solides. On y trouve de l'acide urique, de l'urée, de l'allantoïne, du sucre et des sels. Son poids spécifique, d'abord de 1008 grammes, est ensuite de 1025 grammes. Il se rapproche par certains points de l'urine, et provient en partie des corps de Wolff.

III. Membrane externe de l'œuf. — caduque

La muqueuse utérine subit pendant la grossesse des modifications importantes, qui aboutissent à la formation de l'enveloppe la plus externe de l'œuf ou caduque. Avant même l'arrivée de l'œuf dans l'utérus, elle devient molle, rouge, tuméfiée et se délimite mieux de la couche musculaire sous-jacente.

L'œuf, une fois arrivé dans l'utérus, s'engage dans un des replis de la muqueuse ; celle-ci s'hypertrophie circulairement autour de l'œuf et finit bientôt par l'envelopper complétement, comme des bourgeons charnus enveloppent un pois à cautère. La muqueuse qui tapisse la cavité du corps a reçu le nom de *caduque vraie* (Fig. 398, G, 21), sauf au niveau de l'insertion de l'œuf où elle contribue, sous le nom de *sérotine* (22), à la formation du placenta ; la partie qui s'est hypertrophiée et enveloppe immédiatement l'œuf est la *caduque réfléchie* (23). La sérotine sera étudiée avec le placenta.

La muqueuse du col ne prend pas part à l'hypertrophie de la muqueuse utérine, et la caduque vraie se continue en s'amincissant avec la muqueuse du col et des trompes. Jusqu'au quatrième mois l'œuf ne remplit pas toute la cavité de l'utérus, et il reste entre la caduque réfléchie et la caduque vraie un espace libre rempli de mucus (*hydropérione* de Breschet), communiquant avec la cavité du col et avec les trompes (Fig. 398, G). Le col même est rempli par un bouchon de mucus, produit de sécrétion des glandes.

Au troisième mois, la caduque vraie a une épaisseur de 0m,005 à 0m,006 et forme à peu près le tiers de l'épaisseur totale de l'utérus ; puis elle diminue peu à peu d'épaisseur et au quatrième mois, elle n'a guère plus de 0m,004. À mesure que l'œuf augmente de volume, les deux caduques s'amincissent de plus en plus ; l'espace qui existait entre elles disparaît peu à peu, et enfin au cinquième ou sixième mois elles commencent à se souder, et à la fin de la grossesse elles ne forment plus qu'une seule membrane mince, jaunâtre, qui constitue l'enveloppe la plus externe de l'œuf.

Structure. — 1o *Caduque vraie.* — L'hypertrophie de la muqueuse utérine est liée à des modifications essentielles dans sa structure ; son épithélium vibratile disparaît pour faire place à un épithélium pavimenteux (Robin). On trouve dans son tissu une très-grande quantité de cellules fusiformes, de grosses cellules arrondies à noyau (cellules caduques de Friedländer) et des cellules lymphoïdes.

Les vaisseaux et surtout les veines y prennent un développement considérable. Enfin les glandes s'hypertrophient ; leurs tubes s'enroulent sur eux-mêmes, et les orifices glandulaires beaucoup plus larges donnent à toute la surface de la muqueuse l'aspect d'un crible. Puis peu à peu, à mesure qu'elle s'amincit pour se souder à la caduque réfléchie, elle devient de moins en moins vasculaire, et à la fin de la grossesse elle ne contient plus qu'une très-petite quantité de vaisseaux et est à peu près exclusivement formée par du tissu fibreux. La régénération de la nouvelle muqueuse utérine commence déjà dans le cours de la grossesse (Robin).

2o *Caduque réfléchie.* — Sa face interne tomenteuse est soudée avec le chorion ; sa face externe ou utérine, au contraire, est lisse et ne présente pas l'aspect criblé de la caduque vraie. Elle a du reste la même structure que cette dernière ; seulement, dès le troisième mois, elle ne contient plus de vaisseaux.

IV. PLACENTA

Le placenta constitue l'organe d'union entre la mère et le fœtus en même temps que l'organe de nutrition de ce dernier. Il se compose de deux parties : une partie maternelle, *placenta maternel*, formée par la caduque utérine (*sérotine*), et une partie fœtale, par le chorion (*chorion touffu*). Il a la forme d'un disque aplati, dont la face convexe adhère à la paroi utérine, dont la face concave, lisse, tapissée par l'amnios, donne insertion au cordon ombilical, et dont les bords se continuent avec le chorion. L'insertion du placenta se fait ordinairement au fond de l'utérus, près de l'orifice d'une des trompes. Son tissu est mou, spongieux, vasculaire, très-déchirable. Son diamètre, de 0m,10 à 0m,12 vers le milieu de la grossesse, atteint à la fin 0m,18 à 0m,20 Son épaisseur est alors de 0m,013 à 0m,018 à son centre. Sa séparation en deux parties, placenta maternel et placenta fœtal, ne peut se faire que dans les premiers temps ; à partir du 3o mois, toute séparation de ces deux parties est impossible.

Structure. — 1° *Placenta fœtal.* (Fig. 398, G, 20). — Les villosités du chorion se développent peu à peu, se ramifient, et chacune donne lieu à la formation d'une touffe vasculaire (*cotylédon*) qui s'enfonce dans une dépression correspondante de la muqueuse utérine. Chaque villosité se compose d'un axe fondamental de tissu connectif et d'un revêtement épithélial, et reçoit une anse vasculaire dont les parois se confondent peu à peu avec l'axe connectif de la villosité. Langhaus a décrit des prolongements provenant des villosités du chorion, et formés par le tissu connectif dépourvu d'épithélium, prolongements qui vont se souder intimement au tissu du placenta utérin. Le système vasculaire du placenta fœtal, constitué par les artères ombilicales et le veine ombilicale, est complétement fermé et sans communication directe avec le système vasculaire du placenta maternel.

2° *Placenta maternel* (Fig. 398, G, 22). — Le placenta maternel est essentiellement formé par un système de lacunes communiquant toutes entre elles et dans lesquelles plongent librement les villosités du placenta fœtal. Ces lacunes sont formées par la dilatation des capillaires de la muqueuse utérine et leurs anastomoses.; puis peu à peu tous les autres tissus disparaissent, et il ne reste bientôt plus entre le sang de la mère et celui du fœtus que la paroi des capillaires des villosités et leur épithélium. Les artères du placenta maternel pénètrent dans ces lacunes par la face convexe du placenta et se résolvent en artérioles, qui perdent très-vite leur paroi propre. Les veines vont surtout vers le bord du placenta pour se jeter dans les sinus utérins et constituent par leurs anastomoses à la périphérie du placenta un large sinus annulaire, *sinus placentaire*. La structure du placenta utérin se rapproche donc de celle du tissu caverneux. Par sa face interne le placenta maternel envoie des cloisons, *septa placentæ*, qui vont au chorion et coiffent les villosités du placenta fœtal.

A la délivrance une partie du placenta maternel se détache avec le placenta fœtal et forme alors à la face externe de ce dernier une membrane de $0^m,056$ à $0^m,02$ d'épaisseur, qui se continue à la périphérie du placenta avec les caduques vraie et réfléchie. Le reste du placenta utérin reste adhérent à l'utérus. Les vaisseaux sanguins de cette partie du placenta maternel qui envoie entre les villosités fœtales des prolongements ramifiés, sont plus nombreux et les sinus veineux plus larges. La face externe du placenta, ainsi détachée de l'utérus, présente une lobulation irrégulière due aux cotylédons du placenta.

V. Cordon ombilical

Le cordon ombilical paraît dès la fin du premier mois. Il a au milieu de la grossesse $0_m,12$ à $0_m,20$ de longueur et $0^m,08$ à $0^m,10$ d'épaisseur, et peut atteindre à la fin de la grossesse $0^m,5$ à $0^m,6$ et même plus, sur une épaisseur de $0_m,11$ à $0_m,13$. Il s'insère habituellement au centre du placenta et, par exception, à sa circonférence (*placenta en raquette*). Il est tordu en spirale sur lui-même et dans la plupart des cas, cette torsion se fait de gauche à droite en allant de l'embryon vers le placenta.

Au début, le cordon contient le pédicule de la vésicule ombilicale avec les quatre vaisseaux omphalo-mésentériques, et le pédicule de l'allantoïde avec les quatre vaisseaux ombilicaux. Plus tard le pédicule de la vésicule ombilicale et les vaisseaux omphalo-mésentériques s'atrophient, une des veines ombilicales disparaît ainsi que le pédicule de l'allantoïde, et il ne reste plus vers le milieu de la grossesse que la veine ombilicale, autour de laquelle s'enroulent les deux artères du même nom. Ces vaisseaux sont enveloppés dans une masse de tissu gélatineux, *gélatine de Wharton*, qui n'est autre chose que du tissu connectif embryonnaire. Le tout est contenu dans une gaîne fournie par l'amnios, gaîne qui se continue à 0,01 environ de l'ombilic, avec la peau de la région ventrale de l'embryon.

VI. De l'œuf en général

Les dimensions de l'œuf mesuré dans son plus grand diamètre sont les suivantes, depuis la fécondation de l'ovule jusqu'à la fin de la grossesse :

Ovule.	0 ,00014 à 0 , 0002
Ovule avec la vésicule blastodermique.	0 , 001
Œuf au douzième ou treizième jour.	0 , 006
Œuf au quinzième jour.	0 , 01
Œuf au dix-huitième jour.	0 , 013

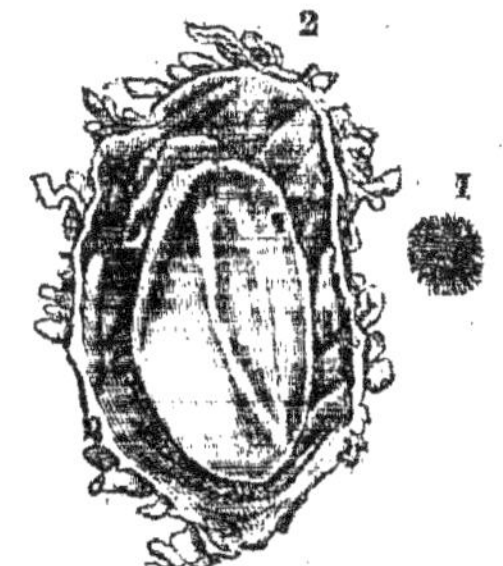

Fig. 400 — Œuf humain de douze
à treize jours (*).

Fig. 401. — Œuf humain
de quinze jours (**).

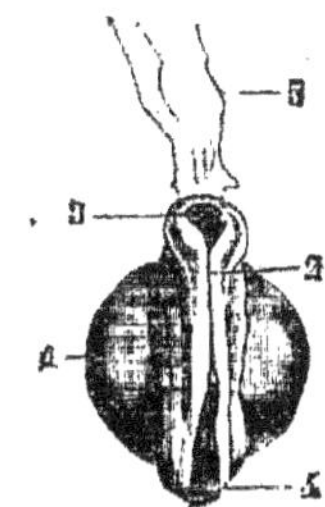

Fig. 402. — Embryon de l'œuf
de la figure précédente (***).

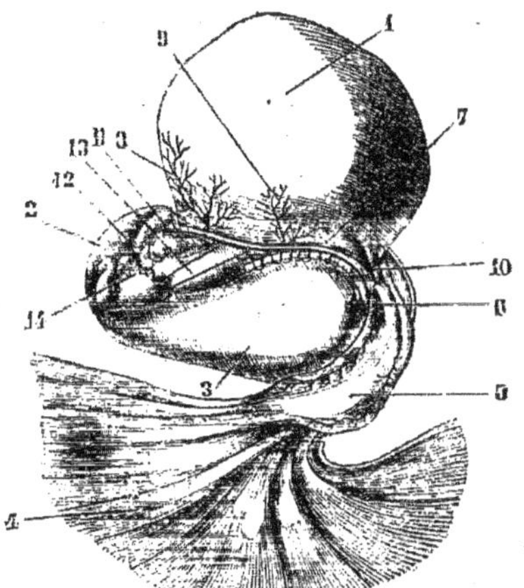

Fig. 403. — Œuf humain de quinze à dix-huit
jours (****).

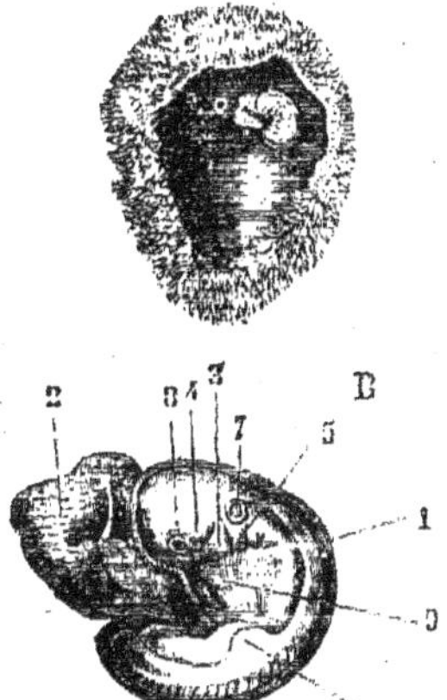

Fig. 404. — Œuf humain à la fin de la
troisième semaine ou au commencement de la quatrième (*****).

(*) 1) Grandeur naturelle. — 2) Ouvert et grossi. — (D'après Thomson). — (**) Œuf représenté de grandeur naturelle. — (D'après Thomson). — (***) 1) Vésicule ombilicale. — 2) Sillon médullaire. — 3) Partie céphalique de l'embryon. — 4) Partie caudale de l'embryon. — 5) Appendice membraneux (amnios)

(****) 1) Vésicule ombilicale. — 2) Amnios. — 3) Cavité de l'amnios. — 4) Chorion. — 5) Allantoïde. — 6) Pédicule de l'allantoïde (ouraque). — 7) Bords de la large ouverture ventrale. — 8) Veine omphalo-mésentérique. — 9) Artère omphalo-mésentérique. — 10) Partie postérieure de l'intestin. — 11) Cœur. — 12) Aorte. — 13) Œsophage. — 14) Arcs pharyngiens. — (D'après Coste.)

(*****) A. L'œuf de grandeur naturelle. — B. L'embryon de cet œuf grossi. — 1) Amnios. — 2) Vésicule ombilicale. — 3) Premier arc pharyngien. — 4) Bourgeon maxillaire supérieur de cet arc. — 5) Deuxième arc pharyngien, derrière lequel deux autres plus petits sont encore visibles. — 6) Ébauche des extrémités antérieures. — 7) Vésicule auditive. — 8) Œil. — 9) Cœur. — (D'après Thomson.)

Œuf à la troisième semaine.	0 , 016
Œuf à la quatrième semaine.	0 , 020
Œuf à la cinquième semaine.	0 , 025
Œuf à la sixième semaine	0 , 030
Œuf à la septième semaine.	0 , 035
Œuf à la dixième semaine.	0 , 05
Œuf à la douzième semaine.	0 , 06
Œuf à la quinzième semaine.	0 , 08
Œuf au quatrième mois.	0 , 09

A partir de cette époque, les dimensions varient avec le volume du fœtus et surtout avec la quantité du liquide amniotique, et ces variations se font dans des limites trop étendues pour qu'on puisse donner des mesures précises.

On n'a pas encore pu étudier l'œuf humain pendant la première semaine de la grossesse ; les deux œufs les plus jeunes ont été observés par A. Thomson [1]. Le premier (fig. 401) avait douze à treize jours, et son chorion était couvert de fines villosités. Dans l'intérieur du chorion se trouvait la vésicule blastodermique, sur laquelle existait en un point un embryon de 0^m,002 de longueur, attaché par sa partie dorsale à la face interne du chorion, ce qui indique l'existence de l'amnios et de la vésicule séreuse. Il n'y avait pas trace de vésicule ombilicale, d'intestin ni d'allantoïde.

Le deuxième (fig. 402 et 403) avait 0^m,013 de longueur et pouvait être considéré comme arrivé au quinzième jour. Mais cet œuf n'était pas tout à fait normal. L'embryon (fig. 403) n'était pas beaucoup plus avancé que celui de l'œuf précédent et avait évidemment été arrêté dans son développement.

L'œuf le plus jeune après ces deux œufs est celui qui a été décrit et figuré par Coste (fig. 403). Il avait environ quinze à dix-huit jours et mesurait 0^m,013 de longueur. Il était couvert de fines villosités ; la vésicule ombilicale (fig. 403), d'une grandeur de 0^m,0028, communiquait largement avec l'intestin ; à l'extrémité postérieure du corps, l'allantoïde (5) s'unissait par un large pédicule avec l'intestin et se perdait de l'autre côté sur la face interne du chorion (4). Ces deux vésicules présentaient des vaisseaux. L'amnios n'était pas encore fermé.

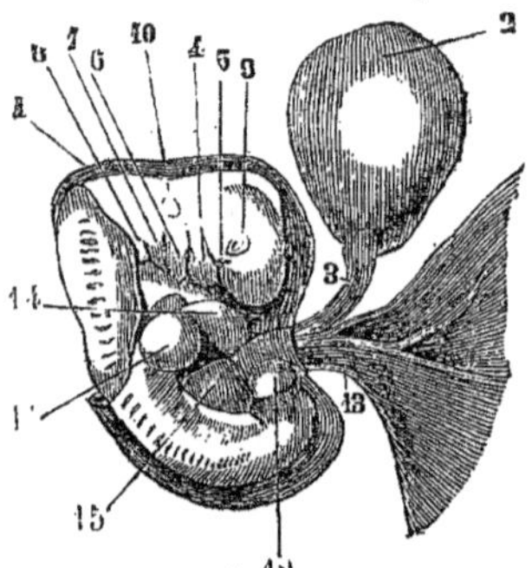

Fig. 405. — *Embryon humain de la quatrième semaine* (*).

Les œufs de la troisième et de la quatrième semaine, dans lesquels on observe l'état pédiculé de la vésicule ombilicale et la fermeture de l'amnios, ont été observés assez fréquemment. Les fig. 405 et 404 représentent l'une un œuf de trois semaines, l'autre un œuf de quatre semaines, et peuvent en donner une idée sans autre explication.

[1] Reichert a décrit un œuf plus jeune, mais qui ne paraît pas tout à fait normal.

(*) 1) Amnios, enlevé dans une certaine étendue dans la région dorsale. — 2) Vésicule ombilicale. — 3) Conduit omphalo-mésentérique. — 4) Bourgeon maxillaire inférieur du premier arc pharyngien. — 5) Bourgeon maxillaire supérieur du même arc. — 6) Deuxième arc pharyngien. — 7) Troisième, 8) Quatrième arc pharyngien. — 9) Œil. — 10) Vésicule auditive primitive. — 11) Extrémité antérieure. — 12) Extrémité postérieure. — 13) Cordon ombilical avec une très-courte gaîne de l'amnios. — 14) Cœur. — 15) Foie. — (D'après Thomson.)

TROISIÈME SECTION
DÉVELOPPEMENT DU CORPS ET DES ORGANES

CHAPITRE PREMIER
DÉVELOPPEMENT DU CORPS EN GÉNÉRAL

Le développement de l'embryon marche plus vite du côté céphalique que du côté caudal, et dès les premiers temps la moitié antérieure de l'aire embryonnaire appartient à la tête, un quart au cou et un quart au reste du corps. Peu à peu, au fur et à mesure du développement, il prend une forme de barque ou de sabot et fait saillie, surtout du côté de la tête, sur la vésicule blastodermique, dont il est séparé par un léger étranglement qui se prononce de plus en plus (fig. 400). La tête augmente rapidement de volume et se détache de plus en plus de la vésicule blastodermique, ainsi que l'extrémité caudale (fig. 402). L'embryon est d'abord convexe du côté dorsal dans le sens longitudinal ; cette courbure se prolonge bientôt d'une façon plus marquée à ses deux extrémités (fig. 404). A l'extrémité céphalique on trouve alors deux inflexions à angle droit (*courbures céphaliques*) : l'une postérieure (fig. 405), qui marque la limite de la tête et de la nuque ; l'autre antérieure, qui divise la tête en deux portions ; une inflexion analogue se voit à l'extrémité caudale (*courbure caudale*) ; en même temps le dos devient de plus en plus convexe, de façon que les deux extrémités de l'embryon se rapprochent et circonscrivent une sorte de golfe, qui contient le cœur et les autres viscères. L'extrémité caudale présente aussi l'ébauche d'une torsion en spirale à peine indiquée sur l'embryon humain.

Une autre courbure, difficile à expliquer, est une courbure en spirale ou une sorte de torsion de l'embryon autour de son axe longitudinal, de façon que si on examine l'embryon, la tête est vue de profil lorsque le corps est vu de face. Ces courbures finissent plus tard par disparaître sans presque laisser de traces.

La formation de la tête est liée à celle des vésicules cérébrales et à la formation de l'ouverture buccale et des fentes pharyngiennes et sera vue avec le développement des organes et des appareils. Le tronc se sépare de très-bonne heure de la partie céphalique de l'embryon par un rétrécissement d'abord très-court qui constitue le cou. La poitrine, d'abord confondue comme forme extérieure avec l'abdomen, s'en distingue ensuite vers le milieu du deuxième mois à cause du volume du foie, qui remplit presque complétement la cavité abdominale. Quant à l'extrémité caudale, qui dès la quatrième semaine forme un bourgeon saillant à l'extrémité postérieure de l'embryon, elle disparaît peu à peu et ne fait plus de saillie à partir de la dixième semaine.

La première ébauche des membres paraît sous forme de petits bourgeons arrondis vers la quatrième semaine (fig. 404, 6), plus tôt pour les membres supérieurs. A la cinquième semaine, on distingue déjà une sorte de prolongement spatuliforme (main ou pied), rattaché par un pédicule à un renflement radiculaire (épaule, hanche). Vers la huitième semaine se fait la distinction du bras et de l'avant-bras, de la cuisse et de la jambe, et de légers sillons tracent la ligne de séparation des doigts et des orteils, qui sont tout à fait séparés à la fin de cette semaine. Le développement des membres inférieurs est moins actif que celui des membres supérieurs.

Le *poids* et la *grandeur* du corps s'accroissent continuellement jusqu'à la naissance. A terme, le fœtus pèse environ 3200 grammes. Les longueurs du corps de l'embryon et du fœtus aux différentes époques de la vie intra-utérine sont les suivantes :

3e semaine.	0 , 0054		20e semaine.	0 , 27
4e —	0 , 0070		24e —	0 , 34
6e —	0 , 021		28e —	0 , 38
8e —	0 , 036		32e —	0 , 42
12e —	0 , 081		36e —	0 , 48
16e —	0 , 189		40e —	0 , 50

Jusqu'à la huitième semaine les mesures sont prises du vertex au coccyx ; à partir de cette époque, la longueur du corps comprend la longueur des jambes. A la naissance, celles-ci forment environ le tiers de la longueur totale.

Après la naissance, le corps continue à se développer suivant les trois dimensions. L'accroissement en longueur est d'abord très-rapide ; dans la première année, il atteint 0m,20, 0m,10 dans la deuxième, 0m,6 à 0m,07 dans la troisième. De cinq à seize ans, il se fait régulièrement et la taille gagne environ 0m,055 par an ; puis, à partir de seize ans, l'accroissement annuel diminue notablement pour devenir très-faible au début de la vingtième année. A vingt-cinq ans, l'accroissement en longueur paraît terminé. A partir de cinquante ans, on observe une diminution de taille, qui peut, à quatre-vingts ans, atteindre 0m,06 à 0m,07 (Quételet). Zeising est arrivé à des résultats un peu différents.

L'augmentation du *poids* du corps après la naissance est beaucoup plus considérable que l'accroissement de la taille, et ne suit pas, du reste, la même marche. Cet accroissement de poids est surtout sensible pendant la première année, à la fin de laquelle l'enfant a triplé de poids. Le corps atteint son maximum de poids à quarante ans environ ; vers soixante ans commence une diminution qui, à quatre-vingts ans, peut atteindre 6 kilogrammes.

Le tableau suivant donne, d'après Quételet et Zeising, la taille et le poids du corps aux différents âges :

AGE	TAILLE (EN CENTIMÈTRES)		POIDS (EN KILOGRAMMES)	
	D'APRÈS QUÉTELET	D'APRÈS ZEISING	HOMME	FEMME
Nouveau-né (1).	50,0	48,5	3,20	2,91
1 an.	69,8	75,7	9,45	8,79
2 ans.	79,1	86,3	11,34	10,67
3 »	86,4	95,0	11,47	11,79
4 »	92,8	102,5	14,63	13,00
5 »	98,8	108,4	15,77	14,36
6 »	104,7	115,0	17,24	16,00
7 »	110,5	121,4	19,10	17,54
8 »	116,2	125,4	20,76	19,08
9 »	121,9	126,0	22,65	21,36
10 »	127,5	130,5	24,52	23,52
11 »	133,0	132,3	27,10	25,65
12 »	138,5	136,0	29,82	29,82
13 »	143,9	143,7	34,38	32,94
14 »	149,3	148,6	38,76	36,70
15 »	154,6	154,0	43,62	40,37
16 »	159,4	161,5	49,67	43,57
17 »	163,4	164,0	52,85	47,31
18 »	165,8	167,2	57,85	51,02
19 »	»	169,0	»	»
20 »	167,4	171,5	60,06	52,28
21 »	»	173,1	»	»
25 »	168,0	»	62,93	53,28
30 »	»	»	63,65	54,33
40 »	»	»	63,67	55,23
50 »	(168,0)	»	63,46	56,16
60 »	(165,0)	»	61,94	54,30
70 »	(164,0)	»	59,52	51,51
80 »	162,0	»	57,83	49,37
90 »	161,0	»	57,83	49,34

(1) Pendant les premiers jours après la naissance on observe chez le nouveau-né une diminution de poids, qui peut se prolonger jusqu'à la deuxième semaine.

CHAPITRE II

DÉVELOPPEMENT DES ORGANES EN PARTICULIER

ARTICLE I. — APPAREIL LOCOMOTEUR

§ I. — Os et articulations

I, OS EN GÉNÉRAL

Les os, au point de vue de leur ossification, peuvent se diviser en deux groupes, suivant qu'ils sont précédés ou non par un cartilage.

Le premier groupe comprend tous les os du squelette, à l'exception des os de la voûte et des parties latérales du crâne, qui constituent le deuxième groupe, et sont appelés encore *os secondaires*.

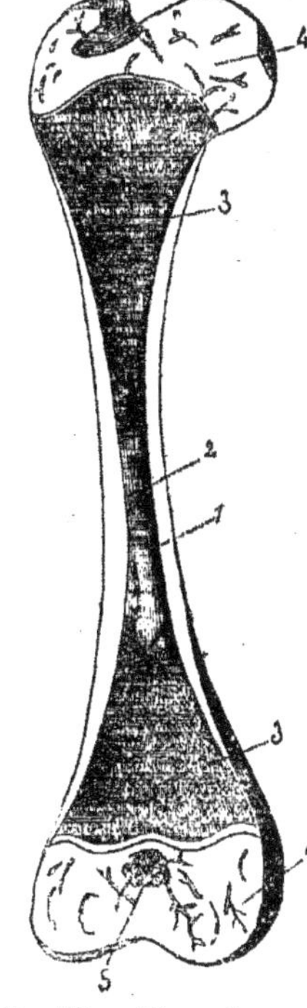

A. *Os dérivés du cartilage préexistant.* — Ces os, sous leur forme cartilagineuse, ont toutes leurs parties essentielles. L'ossification y débute par l'apparition dans les parties profondes du cartilage temporaire, de dépôts calcaires, *centres* ou *points d'ossification*, qui s'agrandissent peu à peu et finissent par arriver à la surface du cartilage jusqu'au niveau du périchondre, qui alors devient périoste. De ces points d'ossification, les uns paraissent de très-bonne heure, *points primitifs*, dans les parties centrales des os (diaphyses des os longs, centre des os courts), et la plupart d'entre eux ont déjà paru dans le cours de la vie fœtale ; les autres, *points complémentaires* ou *épiphysaires* (fig. 406, 5), apparaissent beaucoup plus tard, soit dans les épiphyses des os longs, soit au niveau des apophyses ou des bords des os courts et plats et ne se montrent guère pour la plupart qu'après la naissance et même pour beaucoup d'entre eux qu'au moment de la puberté. Ces points d'ossification épiphysaires se développent, du reste, comme les points primitifs et gagnent peu à peu la surface de l'os ; mais tant que l'accroissement du squelette se fait, les différentes pièces osseuses qui dérivent de ces points d'ossification restent distinctes et séparées par une mince lamelle cartilagineuse, qui ne disparaît que lorsque l'accroissement de l'os est complet et permet la soudure de ses différentes pièces.

L'accroissement des os se fait, une fois tout le cartilage temporaire envahi par l'ossification, par l'apposition successive de nouvelles couches osseuses entre le périoste et l'os récemment formé. Dans le corps des os longs, cet accroissement, à cause de la formation du canal médullaire, présente des caractères spéciaux et peut être divisé en trois processus qui se produisent simultanément : accroissement en longueur, en épaisseur, formation du canal médullaire. 1° *L'accroissement en longueur* se fait exclusivement aux dépens des couches cartilagineuses qui séparent l'épiphyse de la diaphyse, couches cartilagineuses qui se déposent successivement

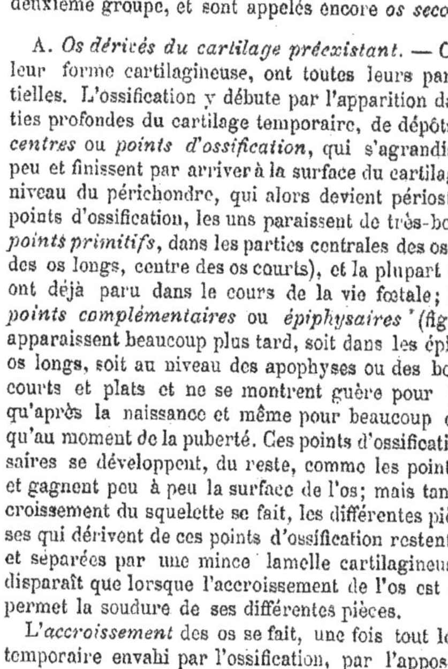

Fig. 406. — *Fémur d'un enfant de deux semaines* (*).

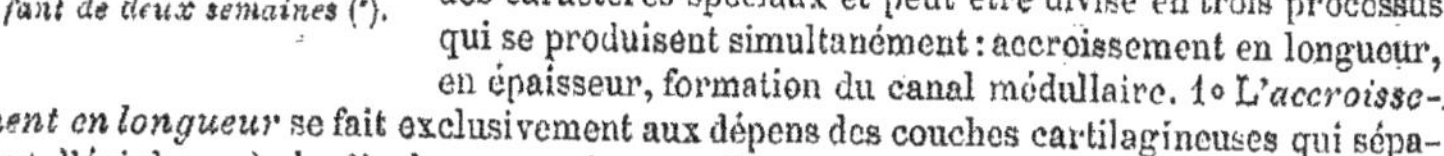

(*) 1) Substance compacte de la diaphyse. — 2) Canal médullaire. — 3) Substance spongieuse de la diaphyse. — 4) Épiphyse cartilagineuse avec ses vaisseaux. — 5) Point d'ossification de l'épiphyse. — (D'après Kölliker.)

entre l'épiphyse et la couche cartilagineuse récemment ossifiée. L'accroissement en longueur est donc nul dans la partie médiane de l'os et ne se fait qu'aux deux extrémités de la diaphyse; 2° l'*accroissement en épaisseur* a lieu par l'ossification de couches sous-périostiques, qui se déposent successivement au-dessous du périoste entre lui et la couche nouvellement ossifiée; 3° la *formation du canal médullaire* est due à une résorption des parties osseuses profondes; cette résorption marche parallèlement avec la formation des nouvelles couches osseuses qui se déposent à l'extérieur, de façon que le corps de l'os, d'abord plein, se creuse d'une grande cavité centrale.

B. *Os secondaires.* — Ces os se forment et s'accroissent aux dépens d'un blastème mou non cartilagineux. Ce blastème se renouvelle à mesure qu'il s'ossifie, d'abord aux extrémités de l'os, puis sur toute sa superficie. Un point osseux, en général unique, paraît dans ce blastème et s'étend peu à peu par des trabécules constituant une sorte de réseau osseux. Tous les os secondaires sont des os plats, dont l'accroissement se fait soit en surface, soit en épaisseur. L'accroissement en surface se fait par l'extension de plus en plus grande du point osseux primitif, qui pousse des lamelles osseuses radiées, bien visibles par exemple sur un pariétal de nouveau-né. L'accroissement en épaisseur se fait aux dépens de couches de nouvelle formation, qui se déposent sous le périoste et s'ossifient successivement.

II. Squelette

1° Colonne vertébrale

Corde dorsale. — La première trace du système osseux chez l'embryon est la corde dorsale. C'est un cordon cylindrique, aminci à ses deux extrémités, un peu renflé à sa partie postérieure et qui s'étend de la partie céphalique à la partie caudale de l'embryon au-dessous du canal médullaire. Elle se compose d'une gaîne transparente (fig. 408, 1, 3) et d'un axe de cellules embryonnaires. De chaque côté de la corde dorsale se forment bientôt dans la région du cou deux lames quadrangulaires, comme deux petites taches sombres; ce sont les *plaques protovertébrales* ou *protovertèbres*, qui répondent à la première vertèbre cervicale future. Il s'en ajoute successivement derrière elle de nouvelles paires (fig. 407, 7) jusque dans la partie caudale de l'embryon. Les protovertèbres, en se développant (protovertèbres proprement dites, entourent peu à peu la corde dorsale (*gaine externe de la corde*) et le canal médullaire *(membrane réunissante supérieure)*, en constituant l'ébauche des arcs vertébraux. Bientôt toutes ses parties se soudent entre elles, et il en résulte une *colonne vertébrale membraneuse* continue, rappelant la colonne vertébrale des cyclostomes et représentant un double canal, dont l'antérieur enveloppe la corde dorsale et le postérieur la moelle.

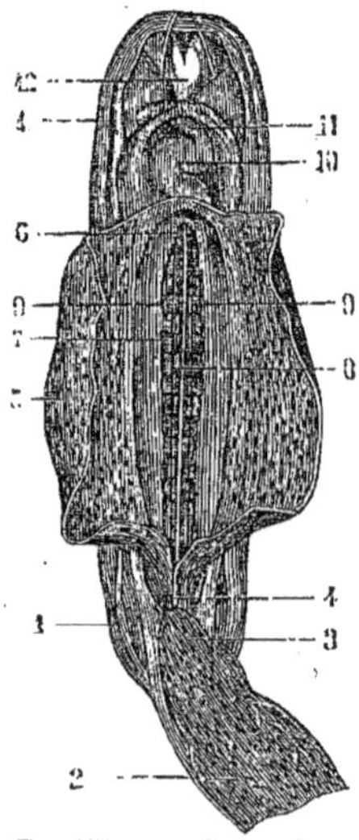

Cette colonne vertébrale membraneuse se segmente ensuite pour former les vertèbres persistantes, qui deviennent en même temps cartilagineuses. Mais cette segmentation présente ceci de remarquable qu'elle ne correspond pas à la segmentation des protovertèbres originaires; en effet, chaque protovertèbre prend part à la formation de deux vertèbres persistantes, et se divise en deux moitiés : une antérieure, qui constituera la

Fig. 407. — *Embryon de 15 à 18 jours* (*).

tèbres persistantes, et se divise en deux moitiés : une antérieure, qui constituera la

---

(*) 1) Amnios. — 2) Allantoïde et cordon ombilical. — 3) Ouraque. — 4) Partie postérieure de l'intestin. — 5) Vésicule ombilicale. — 6) Ouverture de la partie antérieure de l'intestin dans la vésicule ombilicale. — 7) Plaques protovertébrales. — 8) Corde dorsale. — 9) Aortes primitives. — 10) Cœur. — 11) Aorte. — 12) Bourgeon frontal. — (D'après Coste.)

moitié inférieure d'une vertèbre persistante; une postérieure, qui constituera la moitié supérieure de la vertèbre persistante située immédiatement au-dessous de la précédente et le disque intervertébral. Ainsi 5, dans la fig. 408, représente la moitié supérieure de la deuxième vertèbre persistante et la moitié postérieure de la protovertèbre. Cette nouvelle segmentation change les rapports des arts vertébraux avec les ganglions spinaux. Les arcs vertébraux (9), qui correspondaient d'abord à la partie postérieure des protovertèbres, répondent ensuite à la partie supérieure des vertèbres persistantes, et les ganglions spinaux (10), d'abord supérieurs, deviennent ensuite inférieurs.

La colonne vertébrale commence à devenir cartilagineuse au début du deuxième mois, et déjà à la septième semaine tous les corps vertébraux sont cartilagineux, tandis que les arcs conservent encore l'état membraneux, de façon que la moelle et les ganglions spinaux ne sont recouverts que par la membrane réunissante supérieure. A mesure que les corps vertébraux deviennent cartilagineux, la corde dorsale s'atrophie peu à peu, sauf dans les intervalles des corps, où elle formera le noyau des disques invertébraux. Au troisième mois, les arcs cartilagineux sont soudés dans la région dorsale, tandis que dans les régions cervicale, lombaire et sacrée, la soudure cartilagineuse n'est achevée qu'au quatrième mois. L'arc cartilagineux manque pour les vertèbres coccygiennes. A cet état cartilagineux, les vertèbres sont pourvues de toutes les apophyses qu'elles présenteront à l'état osseux.

L'*ossification* de la colonne vertébrale commence à la fin du deuxième ou au commencement du troisième mois par trois points osseux *primitifs :* un pour le corps, deux pour les arcs. Le point osseux du corps, quelquefois double à son origine, se forme dans le voisinage de la corde dorsale; les points osseux des arcs se développent à la base des apophyses transverses; ces points osseux, dont le développement est très-rapide, envahissent très-vite tout le cartilage (quatrième ou cinquième mois), à l'exception d'une lamelle mince qui sépare les arcs des corps et de toute l'apophyse épineuse, qui est encore cartilagineuse à la naissance, de façon que les arcs osseux, quoique très-rapprochés, ne sont pas encore soudés à cette époque; cette soudure se fait pendant la première année; celles des arcs aux corps, de la troisième à la huitième année. Les points osseux primitifs paraissent d'abord dans la partie moyenne de la colonne vertébrale; de là l'ossification gagne le reste du rachis, d'abord de haut en bas jusqu'au sacrum, puis de bas en haut jusqu'à l'atlas. La soudure des points primitifs entre eux se fait, au contraire, de bas en haut, de la région sacrée vers la région cervicale.

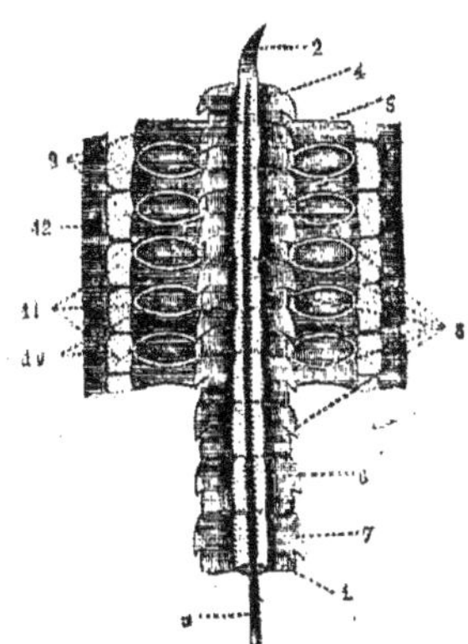

Fig. 408. — *Partie cervicale de la colonne vertébrale primitive d'un embryon* (*).

L'ossification des vertèbres est complétée par des points *complémentaires*, dont les uns sont constants, les autres variables suivant les régions. Les premiers consistent en deux lames minces qui recouvrent les faces inférieure et supérieure des corps vertébraux et paraissent de quatorze à quinze ans; elles sont comparables aux épiphyses des os longs. De quinze à seize ans paraissent des points osseux épiphysaires pour les apophyses transverses, dont ils forment le sommet; de seize à dix-sept ans pour les apo-

(*) 1) Corde dorsale. — 2) Son extrémité antérieure. — 3) Axe de la corde. — 4) Première vertèbre cervicale persistante. — 5) Partie antérieure de la deuxième vertèbre cervicale persistante. — 6, 7) Vertèbres dorsales persistantes. — 8) Vertèbres persistantes sur lesquelles se voit encore la trace de la séparation des protovertèbres. — 9) Arcs vertébraux correspondant à la partie céphalique d'une vertèbre persistante et à la partie caudale d'une protovertèbre. — 10) Ganglions spinaux. — 11) Lames musculaires. — 12) Membrane réunissante supérieure incisée sur la ligne médiane et rabattue de chaque côté. — (D'après Remak.)

physes épineuses. Les apophyses articulaires des vertèbres lombaires, et quelquefois celle des autres régions, et les tubercules apophysaires présentent aussi de seize à dix-sept ans des points osseux complémentaires. La soudure des points épiphysaires se fait à dix-huit ans pour les apophyses transverses et articulaires ; dé dix-neuf à vingt ans pour les apophyses épineuses ; les lamelles épiphysaires des corps vertébraux se soudent les dernières, de vingt à vingt-cinq ans, époque où le développement de la colonne vertébrale est terminé.

Vertèbres. — 1° *Atlas.* — L'atlas n'a que deux points primitifs latéraux correspondant aux points osseux des arcs des autres vertèbres et paraissant à la même époque. Le point primitif correspondant au corps de l'atlas reste distinct de cette vertèbre et se soude à l'axis pour constituer l'apophyse odontoïde. Dans la première année après la naissance paraît un point complémentaire souvent double pour l'arc antérieur. L'arc osseux postérieur de l'atlas se forme dans la troisième année ; la soudure des points latéraux au point de l'arc antérieur a lieu de la cinquième à la sixième.

2° *Axis.* — L'axis présente quatre points osseux primitifs : deux latéraux qui paraissent dans le cinquantième jour, un pour le corps qui se forme plus tard (cinquième mois de la vie intra-utérine), et presque immédiatement après, celui de l'apophyse odontoïde, d'abord double, représentant du point médian de l'atlas, et qui existe à la base de l'apophyse. Les points latéraux se soudent entre eux en arrière dans la deuxième année ; dans la troisième ou la quatrième année se fait la soudure des arcs au corps et du corps à l'apophyse odontoïde. Les points épiphysaires de l'axis sont les mêmes que ceux des autres vertèbres, sauf un point épiphysaire qui paraît à deux ans au sommet de l'apophyse odontoïde et se soude dans la douzième année.

3° *Septième vertèbre cervicale.* — La branche antérieure de son apophyse transverse présente un noyau osseux spécial, qui paraît au sixième mois de la vie fœtale et ne se soude au reste que dans la quatrième année. Il peut persister à l'état indépendant et former une côte cervicale.

4° *Sacrum.* — Le sacrum se compose de cinq vertèbres. Chaque vertèbre sacrée se développe par trois points osseux primitifs, auxquels s'ajoutent pour les trois premières des points additionnels pour la partie antérieure de leurs apophyses transverses élargies. Les points médians paraissent pour la première vertèbre sacrée dans le quatrième mois de la vie fœtale, les points latéraux dans le cinquième, les points additionnels du sixième au huitième mois ; puis successivement l'ossification envahit les autres vertèbres de haut en bas, de façon que tous les points primitifs existent à la fin de la vie fœtale. Chaque vertèbre sacrée présente, en outre, des points épiphysaires qui se développent de dix à treize ans pour les lamelles épiphysaires des corps, de quinze à seize ans pour les points des apophyses épineuses. Le corps et les arcs se soudent dans la deuxième année pour la cinquième vertèbre sacrée, puis successivement en remontant jusqu'à la première vertèbre, où cette soudure se fait entre cinq et six ans. La soudure des épiphyses se fait très-vite après leur apparition. Les vertèbres sacrées restent indépendantes et séparées par des disques intervertébraux jusqu'à la dix-huitième année ; à cette époque la soudure s'opère de bas en haut et n'est jamais complète avant vingt-cinq ans. Cette union débute par les lames, pour se terminer par le corps des vertèbres. De dix-huit à vingt ans paraît sur chaque face latérale du sacrum une lamelle épiphysaire, qui répond à la facette auriculaire et qui se soude au corps de l'os de vingt à vingt-cinq ans.

5° *Coccyx.* — Il se compose de quatre et quelquefois de cinq pièces, qui présentent chacune un point osseux primitif médian et deux lamelles épiphysaires : l'une supérieure, l'autre inférieure. Le point osseux primitif de la première vertèbre coccygienne se montre à peu près à l'époque de la naissance, celui de la seconde de cinq à dix ans, celui de la troisième de dix à quinze ans, celui de la quatrième de quinze à vingt. Les points épiphysaires paraissent à partir de la douzième année. La soudure des vertèbres coccygiennes se fait de bas en haut et débute vers la treizième année ; à vingt-cinq ou trente ans, la première pièce n'est souvent pas encore soudée au reste de l'os.

Disques intervertébraux. — Les disques intervertébraux sont formés par la corde dorsale, qui se développe dans l'intervalle des corps des vertèbres. Chez le nouveau-né, chaque disque est occupé par une cavité centrale piriforme remplie par une masse gélatiniforme de cellules provenant des cellules de la corde dorsale. Chez l'enfant de neuf ans, le disque a la même structure que chez l'adulte. Des restes de la corde dorsale se retrouvent aussi dans le ligament suspenseur de l'apophyse odontoïde (faisceau postérieur), qui a la signification d'un disque intervertébral par lequel la corde dorsale se continue jusqu'à l'occipital. Le ligament transverse de l'articulation atloïdo-odontoïdienne se forme aux dépens de la partie postérieure de la masse cartilagineuse originaire, qui contribue à former l'apophyse odontoïde et l'arc antérieur de l'atlas, masse cartilagineuse qui représente le corps de l'atlas.

Colonne vertébrale en général. — Au troisième mois, la colonne vertébrale est fusiforme et a une longueur de 0m,07 à 0m,08; au quatrième elle atteint 0m,08 à 0m,10 et constitue la moitié de la longueur totale du fœtus. Au cinquième mois, elle a 0m,12 et présente une largeur plus uniforme. Au septième mois, elle a 0m,15 et forme un peu plus du tiers de la longueur du corps. Au huitième mois, elle a 0m,16 et 0m,18 au neuvième. Au moment de la naissance la colonne vertébrale est presque rectiligne (fig. 36, G); le sacrum est moins incurvé, et l'angle sacro-vertébral, qui commence à se prononcer au sixième mois de la vie fœtale, est moins prononcé que chez l'adulte. Le canal vertébral présente un très-grand développement eu égard au reste du rachis, tandis que toutes les parties et apophyses relatives à la locomotion sont très-peu marquées. Peu à peu, dans le cours de la deuxième année et des années suivantes, les courbures de la colonne vertébrale se dessinent et elle acquiert la forme qu'elle a chez l'adulte. Chez le vieillard, par suite de l'affaiblissement musculaire et de la perte d'élasticité des disques et des ligaments jaunes, le rachis s'incurve en avant et, dans l'extrême vieillesse, on peut même voir les vertèbres se souder entre elles. Cette soudure est très-fréquente entre le sacrum et le coccyx.

2° Crâne

Le crâne est d'abord membraneux, puis cartilagineux (partiellement), puis osseux.

Le *crâne membraneux primordial* se forme aux dépens du blastème (lames protovertébrales), entourant l'extrémité antérieure de la corde dorsale, qui s'avance jusque dans la région occupée ultérieurement par la selle turcique. Ces lames protovertébrales, dans la région céphalique, ne présentent aucune segmentation et ne se divisent pas en protovertèbres. Elles entourent l'extrémité antérieure de la corde en constituant la base du crâne, et s'accroissent aussi du côté dorsal pour enfermer le cerveau ; on a ainsi une sorte de capsule membraneuse (*crâne membraneux primordial*), qui enveloppe l'encéphale, sur lequel il se moule et qui se développe peu à peu pour former les os du crâne et de la face.

La base du crâne présente en avant une sorte de plaque épaissie, d'où partent deux prolongements, *piliers latéraux du crâne* de Rathke, qui se dirigent en avant et interceptent une ouverture, *ouverture pituitaire*, fermée en partie par une mince membrane, *pilier moyen du crâne*, qui, d'après Reichert, représenterait le dos de la selle turcique et, d'après Kölliker, l'ébauche de la tente du cervelet.

Crâne cartilagineux primordial. — Le crâne membraneux ne tarde pas à se transformer en cartilage, mais seulement dans la région de la base du crâne, tandis que la voûte et les parties latérales conservent l'état membraneux. Cette transformation est déjà très-avancée au deuxième mois et tout à fait achevée au troisième. A cet état le crâne cartilagineux comprend l'occipital, la plus grande partie du sphénoïde, le rocher, la partie mastoïdienne du temporal, l'ethmoïde et la cloison du nez.

Ossification des os du crâne. — Le crâne cartilagineux primordial ne s'ossifie pas en entier ; une partie s'atrophie et disparaît par les progrès du développement ; l'autre reste à l'état cartilagineux et constitue les parties cartilagineuses persistantes de l'adulte (cartilages du nez, articulations, etc.). La partie membraneuse du crâne primordial se recouvre à sa face externe de lamelles osseuses (os secondaires), qui s'unissent entre eux et avec les os qui proviennent du cartilage de la base du crâne.

1° *Occipital.* — L'occipital s'ossifie au début du troisième mois par quatre points osseux, qui paraissent, un dans la partie basilaire, deux dans les régions condyliennes, un (d'abord double) dans la partie cérébelleuse de l'écaille. A ces quatre points s'en ajoute un cinquième, qui ne provient pas du cartilage primordial et forme la partie supérieure de l'écaille appartenant par suite aux os secondaires. Ce point osseux se soude assez vite au point inférieur de l'écaille, mais à la naissance on trouve encore sur les bords de l'écaille deux petites fissures résultant de leur réunion incomplète. La soudure des points condyliens et de l'écaille commence dans la première ou la deuxième année, celle des condyles et de la partie basilaire dans la troisième, et à la cinquième ou sixième année la soudure des différentes pièces est achevée et l'occipital ne forme plus qu'un seul os. On retrouve encore chez le nouveau-né des restes de la corde dorsale dans la partie basilaire.

2° *Sphénoïde.* — Le sphénoïde est d'abord divisé en deux os : le sphénoïde postérieur avec les grandes ailes, et le sphénoïde antérieur avec les petites ailes.

Le *sphénoïde postérieur* commence à s'ossifier au troisième mois par six points osseux : deux pour le corps, qui se réunissent très-vite en un seul, un de chaque côté, pour l'origine du sillon carotidien et de l'apophyse clinoïde moyenne, un de chaque côté pour les grandes ailes et l'aile externe de l'apophyse ptérygoïde. L'aile interne de l'apophyse ptérygoïde appartient aux os secondaires et provient du maxillaire supérieur. Le point du corps et les points carotidiens se soudent dans la seconde moitié de la vie fœtale, ainsi que les deux lamelles des apophyses ptérygoïdes ; chez le nouveau-né les grandes ailes sont distinctes du corps, et le dos de la selle, le clivus et les apophyses clinoïdes postérieures sont encore cartilagineuses. La soudure des grandes ailes au corps se fait dans le cours de la première année.

Le *sphénoïde antérieur* s'ossifie aussi au troisième mois par deux points qui paraissent dans les petites ailes en dehors du trou optique, et par deux points pour le corps, qui se forment un peu plus tard. La soudure de ces quatre points se fait au sixième mois de la vie fœtale. A la naissance, le sphénoïde antérieur et le sphénoïde postérieur sont encore séparés par une lamelle cartilagineuse incomplète, très-mince, qui s'unit en avant au *rostrum* encore cartilagineux à cette époque, et par lui à la cloison des fosses nasales. Le cornet de Bertin se forme six à huit mois après la naissance par un point osseux qui ne dérive pas du cartilage préexistant. Les sinus sphénoïdaux commencent à se former dans la vie fœtale. Le sphénoïde se soude habituellement à l'occipital à partir de la deuxième année.

3° *Ethmoïde.* — L'ethmoïde se développe par six points d'ossification. Les quatre premiers, qui paraissent pendant la vie fœtale, se forment au cinquième mois pour les masses latérales (lame papyracée), au neuvième pour le cornet inférieur. A la naissance, l'os se compose de deux labyrinthes et des deux cornets ; le reste est encore cartilagineux. Dans la première année paraissent deux points osseux à la base de l'apophyse crista-galli, et de ces points l'ossification s'étend vers cette apophyse et la lame perpendiculaire. La soudure des différentes pièces se fait de la cinquième à la sixième année [1].

---

[1] VERTÈBRES CRANIENNES. — En se basant sur le développement, on peut comparer le crâne aux vertèbres, et admettre quatre vertèbres crâniennes, qui sont, d'arrière en avant, la vertèbre occipitale, les deux vertèbres sphénoïdales postérieure et antérieure, et la vertèbre ethmoïdale.

1° *Vertèbre occipitale.* — Elle répond en entier à l'occipital ; le corps est formé par

4° *Temporal.* — Son développement sera vu avec celui de l'organe de l'ouïe.

5° *Frontal.* — Le frontal présente deux points d'ossification, qui paraissent du cinquantième au soixantième jour, au niveau des arcades orbitaires. L'os se compose d'abord de deux moitiés, qui ne s'unissent complétement sur la ligne médiane que dans la deuxième année. Les sinus frontaux commencent à se former dès la troisième année. La suture médiane reste souvent marquée jusque dans l'âge adulte.

6° *Pariétal.* — Il se développe par un seul point d'ossification central, qui paraît vers le cinquantième jour de la vie fœtale.

Du crâne en général. — Le crâne ne se développe pas uniformément dans toutes ses parties. Dans les premiers temps, l'accroissement porte surtout sur la partie sphéno-occipitale, qui, jusqu'à la fin du deuxième mois, forme à peu près à elle seule la base du crâne ; à partir de cette époque, la partie ethmoïdale se développe rapidement, et dans la deuxième moitié de la vie fœtale son développement est même plus rapide que celui de la partie postérieure. Pendant la vie intra-utérine, les os de la base du crâne sont séparés par du cartilage intercalaire, tandis que ceux de la voûte le sont par des espaces membraneux plus ou moins larges, suivant la période de la vie fœtale, espaces dus à ce que les bords des os voisins n'arrivent pas au contact. Les bords de ces os présentent de petites dentelures fines qui ne sont que les extrémités des rayons osseux partant du point central d'ossification. Ces dentelures finissent par se rapprocher et par s'engrener avec celles des os voisins pour constituer les sutures crâniennes, sauf en certains endroits correspondant aux angles de plusieurs os ; là ces espaces membraneux persistent et constituent ce qu'on appelle les *fontanelles.* Ces fontanelles sont chez le nouveau-né au nombre de six : 1° une supérieure et antérieure, losangique, à la réunion du frontal et des pariétaux ; 2° une postérieure et supérieure, triangulaire, à la réunion de l'occipital et des pariétaux ; 3° une latérale antérieure, paire, allongée, limitée en avant par le frontal, en haut par le pariétal, en bas et en arrière par le temporal ; 4° une latérale et postérieure, paire, irrégulière, entre le temporal, l'occipital et le pariétal.

A la naissance, la région pariétale a, comparativement aux autres régions, le

l'apophyse basilaire, l'arc vertébral par les parties condyliennes et la partie inférieure de l'écaille. Les condyles de l'occipital représentent les apophyses articulaires inférieures, les apophyses jugulaires, les apophyses transverses, l'écaille, l'apophyse épineuse. Les trous de conjugaison sont représentés par les trous déchirés postérieurs et condyliens antérieurs.

2° *Vertèbre sphénoïdale postérieure (Vertèbre pariétale d'Owen).* — Le corps est formé par le corps du sphénoïde postérieur, l'arc vertébral par les grandes ailes et les pariétaux. L'apophyse mastoïde, qui se soude plus tard au temporal, représente l'apophyse transverse ; l'apophyse épineuse, excessivement développée, est formée par les pariétaux. Les trous de conjugaison, excessivement modifiés, sont représentés par les canaux qui laissent passer le nerf facial et les deux premières branches du trijumeau. L'appareil hyoïdien avec l'apophyse styloïde est une dépendance de cette vertèbre crânienne.

3° *Vertèbre sphénoïdale antérieure (Vertèbre frontale d'Owen).* — Le corps est formé par le corps du sphénoïde antérieur ; les lames par les petites ailes ; l'apophyse épineuse, très-modifiée, par le frontal ; l'apophyse transverse par l'apophyse orbitaire externe. Les trous de conjugaison sont représentés par la fente sphénoïdale.

4° *Vertèbre ethmoïdale (Vertèbre nasale d'Owen).* — Celle-ci, presque méconnaissable et encore plus transformée que les précédentes, présente une telle déviation du type vertébral qu'il est à peu près impossible d'y retrouver chez l'homme les différentes parties des vertèbres. Le corps est représenté par l'apophyse crista-galli et la lame perpendiculaire de l'ethmoïde, et, d'après Owen, par le vomer. Müller a trouvé sur des embryons des restes de la corde dorsale jusque près de l'apophyse crista-galli et a pu la suivre à travers l'apophyse basilaire de l'occipital et le corps des deux sphénoïdes.

plus grand développement. A cette époque, le crâne présente les dimensions suivantes :

Diamètre antéro-postérieur (de la racine du nez à la protubérance occipitale externe). . . . . $0^m, 120$

Diamètre transversal (d'une bosse pariétale à l'autre). . . . . 0 , 090

Diamètre vertical. . . . . 0 , 090

Après la naissance, le crâne se développe rapidement, surtout sur la voûte, au moins dans les premiers temps. Peu à peu les fontanelles disparaissent, les latérales et la postérieure dans la première année, l'antérieure et supérieure dans la troisième et quelquefois plus tôt.

A partir de quarante à quarante-cinq ans (plus tôt dans la race nègre, d'après Gratiolet), les sutures s'ossifient et les os du crâne se soudent entre eux de façon à former dans la vieillesse une capsule osseuse continue. En même temps les os de la face s'atrophient et s'amincissent ([1]) ; les canaux du diploé s'élargissent et communiquent avec ceux des os voisins,

3° Os de la face et arcs pharyngiens

Tous les os de la face, à l'exception des cornets inférieurs et du vomer, sont des os secondaires et se développent aux dépens des deux premiers arcs pharyngiens situés de chaque côté de la ligne médiane et d'un prolongement médian ou *bourgeon frontal.*

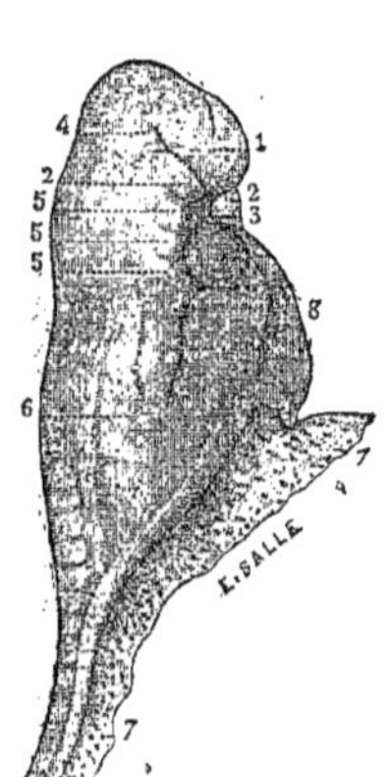

Fig. 409. — *Face d'un embryon de 15 à 18 jours* (*).

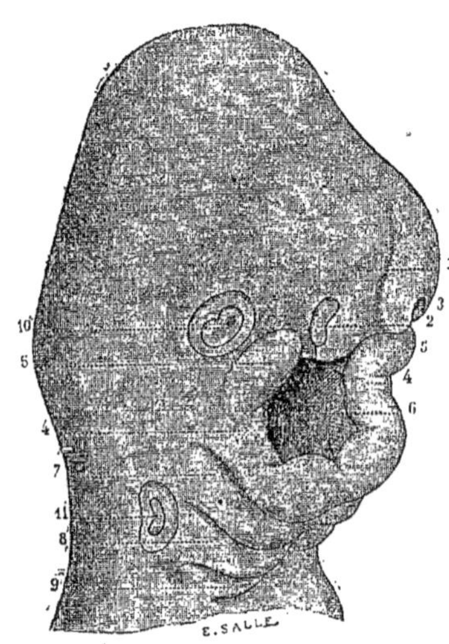

Fig. 410. — *Face d'un embryon de 25 à 28 jours* (**).

([1]) L'amoindrissement des os de la voûte des vieillards est un fait douteux ; on trouve au contraire souvent un épaississement.

(*) 1) Bourgeon frontal. — 2) Bourgeon maxillaire inférieur. — 3) Dépression buccale. — 4) Bourgeon maxillaire supérieur. — 5) Arcs pharyngiens. — 6) Partie antérieure de l'intestin, vue par transparence. — 7) Vaisseau ombilical. — 8) Cœur. — Grossissement 15 diamètres). — (D'après Coste.)

(**) 1) Bourgeon frontal. — 2, 3) Fossettes olfactives droite et gauche. — 4) Bourgeons maxillaires inférieurs réunis sur la ligne médiane. — 5) Bourgeons maxillaires supérieurs. — 6) Bouche. — 7) Deuxième arc pharyngien. — 8) Troisième arc pharyngien. — 9) Quatrième arc pharyngien. — 10) Vésicule oculaire primitive. — 11) Vésicule auditive primitive (grossissement 15 diamètres.) — (D'après Coste).

Arcs pharyngiens et *fentes pharyngiennes* (1). — Les arcs pharyngiens, au nombre de quatre de chaque côté, sont les prolongements qui partent de la région antérieure de la corde dorsale en avant des protovertèbres, et se développent à la façon d'une côte dans la paroi ventrale du corps de l'embryon pour se souder en avant sur la ligne médiane. Ces arcs interceptent des fentes transversales, *fentes pharyngiennes* (au nombre de quatre), qui mènent dans la cavité pharyngienne. Nous allons suivre successivement le développement de ces arcs pharyngiens.

1. *Premier arc pharyngien.* — Cet arc paraît vers le quatorzième jour (fig. 404), se développe aux dépens de la base du crâne dans la région du sphénoïde antérieur et se soude très-vite à celui du côté opposé. A ce moment (fig. 407) la tête est terminée en avant par un prolongement, *bourgeon frontal*, qui provient à la fois de la voûte et de la base du crâne et qui surmonte le premier arc pharyngien (fig. 408, 1). Entre le bourgeon et le premier arc pharyngien se trouve une dépression, première trace de la cavité buccale. Les changements ultérieurs portent sur trois parties : bourgeon frontal, dépression buccale et premier arc pharyngien.

La dépression buccale se creuse de plus en plus et présente bientôt la forme d'un cul-de-sac, qui s'ouvre à l'extérieur par une fente transversale et dont le fond n'est séparé du cul-de-sac intestinal antérieur (cavité céphalo-pharyngienne) que par une mince membrane. Cette membrane elle-même disparaît plus tard et la bouche communique alors librement avec le pharynx.

Le bourgeon frontal, d'abord simple, se divise ensuite en deux parties latérales, *bour-*

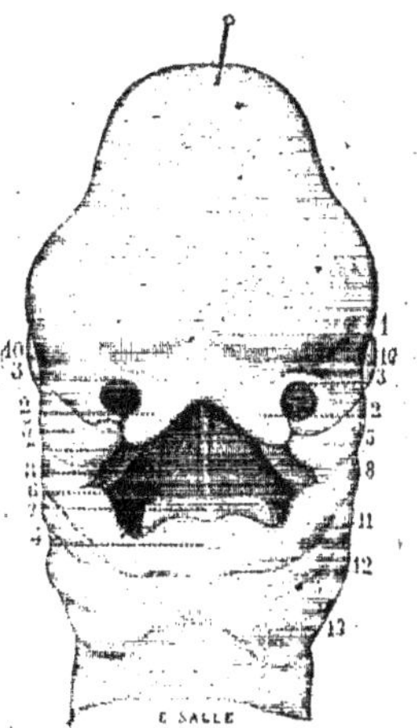

Fig. 411. — *Face d'un embryon de 35 jours* (*).

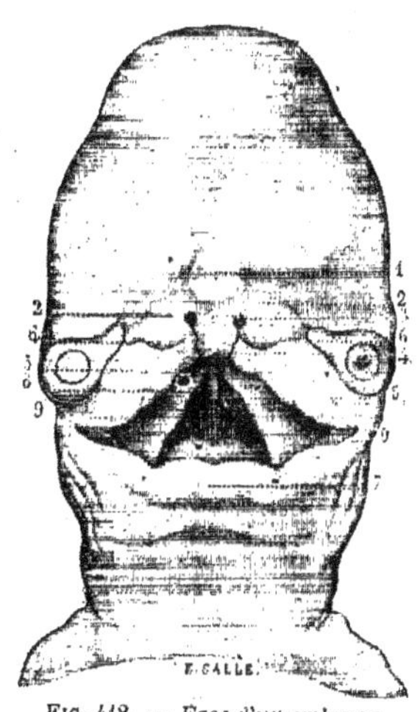

Fig. 412. — *Face d'un embryon de 40 jours* (**).

(¹) On les appelle encore *arcs viscéraux* et *fentes viscérales, arcs branchiaux* et *fentes branchiales.*

(*) 1) Bourgeon médian. — 2) Bourgeons incisifs. — 3) Narines. — 4) Lèvre et mâchoire inférieures. — 5) Bourgeon maxillaire supérieur. — 6) Bouche. — 7) Vestige de la cloison des fosses nasales. — 8) Vestige des deux moitiés de la voûte palatine. — 9) Langue. — 10) Yeux. — 11, 12, 13) Arcs pharyngiens. — (D'après Coste.)

(**) 1) Premier vestige du nez. — 2) Premier vestige des ailes du nez. — 3) Vestige de la sous-cloison. — 4) Bourgeon incisif. — 5) Bourgeon maxillaire supérieur. — 6) Sillon du sac lacrymal et du canal nasal. — 7) Lèvre inférieure. — 8) Bouche. — 9) Moitiés latérales de la voûte palatine. — (D'après Coste).

geons frontaux latéraux. Sur chacun de ces derniers se trouve une dépression, *fossette olfactive* (fig. 410, 3), limitée en dedans et en dehors par deux prolongements, *bourgeons nasaux interne et externe.* Ces fossettes, d'abord rondes, deviennent bientôt ovales, en même temps qu'elles acquièrent plus de profondeur. En dehors du bourgeon nasal externe, entre lui et le bourgeon maxillaire supérieur, se trouve un sillon, *sillon lacrymal*, qui formera plus tard le canal nasal et qui se dirige obliquement vers l'œil. Un autre sillon, *sillon nasal,* mène de la fossette olfactive à l'entrée de la cavité buccale.

Le premier arc pharyngien se divise à son extrémité antérieure en deux parties, une supérieure, *bourgeon maxillaire supérieur* (fig. 409, 5), une inférieure, *bourgeon maxillaire inférieur* (fig. 409, 4); celui-ci se soude très-vite à celui du côté opposé pour former l'ébauche de la mâchoire inférieure. Les bourgeons maxillaires supérieurs, d'abord tout à fait latéraux, se portent peu à peu en dedans, et se soudent au bourgeon nasal externe; ils limitent avec lui en dehors le sillon nasal, limité en dedans par le bourgeon nasal interne. A un stade plus avancé, ces bourgeons maxillaires supérieurs se soudent à ce bourgeon nasal interne (fig. 409, 5, 2) et le sillon nasal se trouve converti en un canal qui fait communiquer les fossettes olfactives avec la cavité buccale, *canal nasal.*

A mesure que les bourgeons maxillaires supérieurs se portent vers la ligne médiane, les bourgeons nasaux internes sont repoussés en dedans et finissent bientôt par se souder en un seul bourgeon médian, *bourgeon incisif* (fig. 412, 3), qui formera plus tard la partie médiane de la lèvre supérieure et l'os maxillaire, et qui, en se soudant aux bourgeons maxillaires supérieurs de chaque côté, complète la mâchoire supérieure.

En même temps que se passent ces changements extérieurs, il s'en passe d'autres plus profonds qui ont pour but la formation du palais. La cavité buccale est d'abord commune aux fosses nasales (qu'il ne faut pas confondre avec les fossettes olfactives) et au tube digestif; mais, à partir de la fin du deuxième mois, elle se divise en deux portions, une supérieure, respiratoire, une inférieure, digestive. Cette séparation se fait par une lamelle, *lamelle palatine* (fig. 411, 8 et 412, 9), qui naît de chaque côté de la partie interne du bourgeon maxillaire supérieur et se porte horizontalement en dedans vers la ligne médiane. Ces deux lamelles interceptent entre elles une fente, *fente palatine*, qui fait communiquer la cavité nasale et la cavité buccale, et qui se rétrécit de plus en plus. Enfin, à la huitième semaine, les deux lamelles commencent à se souder d'avant en arrière, en formant la voûte palatine et en se réunissant à la partie inférieure de la cloison nasale. A la neuvième semaine la fente palatine est tout à fait fermée, et la voûte palatine osseuse, complète à ce moment, isole la cavité buccale de la cloison nasale, dans laquelle viennent s'ouvrir les canaux nasaux partant des fossettes olfactives. Les divers stades de ce développement correspondent aux différents degrés du bec-de-lièvre.

Nous allons maintenant étudier le développement isolé de chacun des os de la face, dont la plupart se forment aux dépens des différentes parties du premier arc pharyngien.

a) *Os provenant du bourgeon incisif.* —Ce sont l'os intermaxillaire et le vomer.

L'os *intermaxillaire* ou *incisif* est à l'origine distinct chez l'homme, puis se soude très-vite au maxillaire supérieur; à la douzième semaine la soudure est ordinairement complète, sauf une petite fissure, qui reste visible après la naissance sur la voûte palatine. Il naît de très-bonne heure (quarantième à quarante-cinquième jour) par deux points d'ossification.

Le *vomer* paraît à la fin du deuxième mois par deux points d'ossification, sous forme de deux petites lamelles osseuses, qui se réunissent très-vite en une gouttière à concavité supérieure enchâssant le cartilage vomérien.

b) *Os provenant du bourgeon nasal externe.* —Il forme les masses latérales de l'ethmoïde, l'unguis et les os du nez.

Le développement des *masses latérales* a été vu avec l'ethmoïde.

L'*unguis* paraît au troisième mois par un seul point d'ossification. Il en est de même des *os du nez*.

c) *Os provenant du bourgeon maxillaire supérieur.* — Ce sont la lame interne de l'apophyse ptérygoïde, l'os palatin, le maxillaire supérieur et l'os malaire.

La *lame interne de l'apophyse ptérygoïde* a été vue à propos du sphénoïde.

Le *palatin* se développe par un point d'ossification, d'abord double, qui paraît vers le quarante-cinquième jour de la vie fœtale, et occupe l'angle de réunion des deux lames de l'os et la région du canal palatin postérieur. A la fin du troisième mois, il est complétement ossifié.

Le *maxillaire supérieur* se développe par cinq points d'ossification, y compris l'os incisif; quatre de ces points paraissent vers le quarantième ou le quarante-cinquième jour de la vie fœtale; ce sont : un pour l'os intermaxillaire, un pour l'apophyse malaire, un pour la fosse canine, un pour l'apophyse palatine. Au troisième mois paraît le cinquième point d'ossification pour le plancher de l'orbite, point orbitaire. La soudure de ces différentes pièces se fait très-rapidement et en première ligne celle de l'os incisif avec le reste de l'os. Au sixième mois de la vie fœtale, cette soudure est à peu près complète. L'apophyse montante est formée par la convergence des pièces palatine et faciale; le rebord alvéolaire aux dépens des pièces malaire, orbitaire et de l'os incisif. Le sinus maxillaire ne commence guère à se former que dans le troisième mois de la vie fœtale.

L'os *malaire* s'ossifie par un seul point, qui paraît vers le milieu du second mois de la vie intra-utérine.

d) *Os provenant du bourgeon maxillaire inférieur.* — Il forme le maxillaire inférieur et un cartilage, cartilage de Meckel, aux dépens duquel se développent le marteau et l'enclume.

Le *maxillaire inférieur* paraît du trentième au trente-cinquième jour, après la clavicule, et son ossification est précédée d'une transformation cartilagineuse du bourgeon maxillaire inférieur. Il se développe par deux points d'ossification [1], et est d'abord formé de deux moitiés, qui se réunissent à la symphyse et représentent chacune une gouttière à concavité supérieure, gouttière alvéolaire. L'angle de la mâchoire n'existe pas à cette époque et les branches ont la même direction que le corps. Au troisième mois l'angle de la mâchoire se dessine un peu plus; l'échancrure sigmoïde se creuse, le condyle et l'apophyse coronoïde sont plus saillants. La soudure des deux moitiés du maxillaire inférieur se fait peu après la naissance. A mesure que l'enfant avance en âge, la partie basilaire de l'os se prolonge de plus en plus, et l'angle de la mâchoire se redresse. Chez le vieillard le rebord alvéolaire de l'os disparaît peu à peu après la chute des dents, et l'angle redevient obtus.

Cartilage de Meckel (fig. 413 et 414). — Ce cartilage est un organe transitoire, qui paraît à la fin du premier mois de la vie fœtale pour disparaître au cinquième ou sixième mois, sauf dans la partie qui formera le marteau et l'enclume. Il a la forme d'un arc situé en dedans du bourgeon maxillaire inférieur et plus tard de la mâchoire inférieure, arc dont l'extrémité antérieure se soude à celle de l'arc du côté opposé, dont l'extrémité postérieure s'étend jusqu'à la base du crâne, dans la région de la caisse du tympan. Il est situé en dedans de la parotide et de la carotide externe et recouvert par l'extrémité antérieure renflée du cercle tympanique (fig. 414, 2). Plus en avant il est entre le maxillaire inférieur et le ptérygoïdien interne, en dehors du nerf lingual, en dedans du nerf mylo-hyoïdien; ensuite il se place au-dessous du muscle mylo-hyoïdien et là n'est recouvert que par le ventre antérieur du digastrique et la glande sous-maxillaire. Toute la partie tympanique du cartilage de Meckel constitue l'enclume et

---

[1] D'après beaucoup d'auteurs on trouverait des points d'ossification complémentaires pour l'apophyse coronoïde, le condyle, l'épine du canal dentaire *(aiguille de Spix)*, les apophyses géni, etc.

le marteau, qui s'ossifient au quatrième mois de la vie fœtale. La partie du cartilage recouverte par l'extrémité antérieure du cercle tympanique forme l'apophyse grêle de Raw. Tout le reste du cartilage de Meckel s'atrophie et a complétement disparu au huitième mois.

2. *Deuxième arc pharyngien.* — Ce deuxième arc, qui paraît presque immédiatement après le premier, naît de la base du crâne dans la région du sphénoïde postérieur et se divise en trois portions : une portion d'origine, qui constitue l'étrier, dont l'ossification est plus tardive que celle des autres osselets de la caisse ; une portion moyenne non cartilagineuse, qui forme le muscle de l'étrier, et une partie antérieure beaucoup plus longue, cartilagineuse en partie et qui, en s'ossifiant, se soude à la région mastoïdienne et constitue la pyramide, l'apophyse styloïde, le

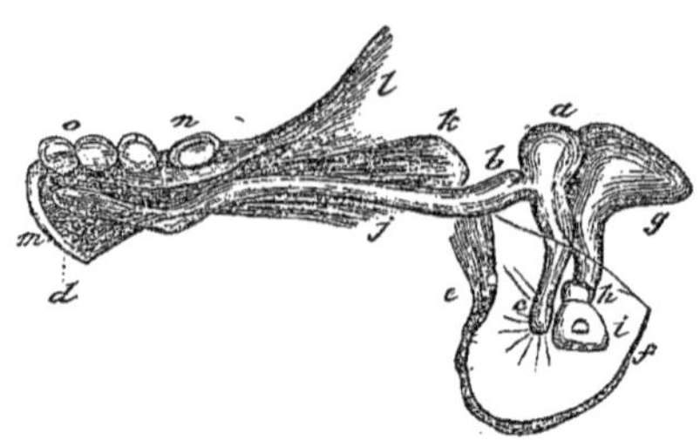

Fig. 413. — *Cartilage de Meckel, vu par sa face interne* (*).

ligament stylo-hyoïdien et la petite corne de l'os hyoïde (fig. 414, 3). Il faut noter cependant que d'après des recherches récentes, l'étrier proviendrait non du deuxième arc pharyngien, mais du cartilage du labyrinthe.

3. *Troisième arc pharyngien.* — Le troisième arc pharyngien constitue par ses extrémités antérieures, qui se soudent sur la ligne médiane, les grandes cornes et le corps de l'os hyoïde.

L'*os hyoïde* se développe par cinq points d'ossification : un d'abord double pour le corps, deux pour les grandes cornes, deux pour les petites cornes. Les points du corps et des grandes cornes paraissent dans le neuvième mois ou immédiatement après la naissance ; celui des petites cornes naît plus tard à une époque variable. Des points épiphysaires se montrent de quinze à seize ans à l'extrémité des grandes et des petites cornes. La soudure des grandes cornes au corps se fait de quarante à cinquante ans ; celle des petites cornes, beaucoup plus tard, si elle a lieu.

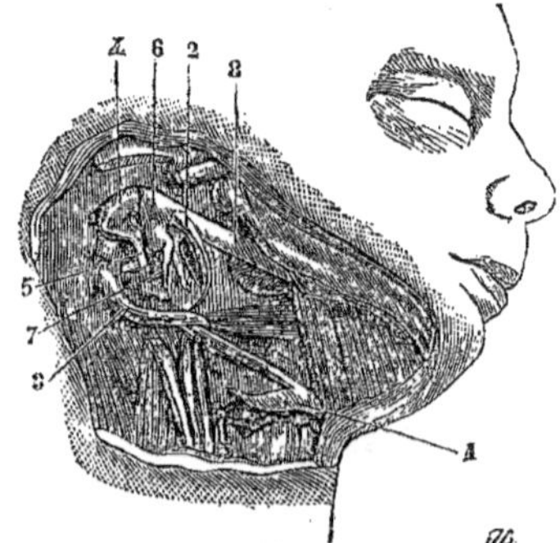

Fig. 414. — *Cartilage de Meckel, vu par sa face externe, sur un embryon de 5 mois* (**).

Le *quatrième arc pharyngien*, qui paraît en arrière du précédent, ne donne lieu à aucune formation spéciale et contribue seulement à former les parties molles du cou.

Les *fentes pharyngiennes*, au nombre de quatre, sont des fentes transversales situées entre les arcs pharyngiens, et pour la quatrième en arrière du quatrième arc pharyngien, et qui donnent accès dans la cavité du pharynx. La première persiste seule dans une partie de son étendue pour former le conduit auditif externe, la caisse du tympan et la trompe d'Eustache. Toutes les autres disparaissent par les progrès du développement, et il n'en reste plus rien dès la sixième semaine. Les arcs pharyngiens sont les analogues des côtes.

(*) *a*) Marteau. — *b*) Son apophyse grêle. — *c*) Son manche. — *d*) Cartilage de Meckel. — *e f*) Cercle tympanique. — *g*) Enclume. — *h*) Os lenticulaire. — *i*) Étrier. — *j, k, l, m*) Maxillaire inférieur. — *o, n*) Dents.

(**) 1) Os hyoïde. — 2) Cercle du tympan. — 3) Apophyse styloïde. — 4) Enclume. — 5) Son apophyse verticale. — 6) Marteau. — 7) Son manche. — 8) Cartilage de Meckel. — (D'après Kölliker.)

Développement de la face en général. — Pendant la vie intra-utérine, la face a un volume très-faible comparativement au crâne et dans les différentes parties qui composent la face, c'est la partie dentaire (maxillaire supérieur et inférieur) qui présente le moins de développement. L'éruption des dents temporaires et surtout celle des dents permanentes modifie considérablement la forme de la face et augmente ses dimensions verticales. Chez le vieillard, la chute des dents et la résorption des alvéoles rapprochent par certains points la face du vieillard de celle de l'enfant, en ce sens que les dimensions verticales diminuent de nouveau, mais avec des modifications caractéristiques, qui portent principalement sur la forme même et sur la situation respective des deux mâchoires.

4° Thorax

Les côtes sont des prolongements, d'abord membraneux, qui partent de la colonne vertébrale (lames protovertébrales) et deviennent cartilagineux au deuxième mois, à peu près en même temps que les vertèbres. Elles s'accroissent peu à peu dans les parois ventrales de l'embryon. Les six premières côtes, dont le développement est plus rapide, se réunissent par leur extrémité antérieure avant d'atteindre la ligne médiane, et la lame verticale qui résulte de cette soudure constitue une moitié du sternum cartilagineux ; ces deux moitiés, d'abord séparées par une fissure verticale médiane, se soudent bientôt entre elles de haut en bas pour compléter le sternum.

Les *côtes* s'ossifient par un seul point d'ossification primitif, qui paraît du quarantième au quarante-cinquième jour et s'étend très-rapidement en longueur. Cette ossification débute par les côtes moyennes. De seize à dix-sept ans paraissent deux points épiphysaires pour la tubérosité et la tête de la côte. Ces points se soudent, pour la tubérosité, de dix-sept à vingt ans ; pour la tête, de vingt-deux à vingt-cinq.

L'ossification du *sternum* commence au sixième mois par la poignée, où l'on trouve un point d'ossification quelquefois double. Le corps se développe par quatre à huit points d'ossification, quelquefois plus, disposés souvent par paires et correspondant aux espaces intercostaux, points qui aboutissent à la formation des quatre pièces osseuses constituant le corps. Les points de la première pièce paraissent vers la fin de la grossesse ; ceux de la dernière au dixième mois après la naissance. La soudure des quatre pièces du corps de l'os se fait de bas en haut, celle des pièces inférieures de douze à quinze ans, celles des pièces supérieures de vingt-cinq à trente ans. Le point d'ossification de l'appendice xiphoïde paraît de la sixième à la quinzième année. L'appendice se soude au corps de l'os de quarante à cinquante ans. La soudure de la poignée ne se fait que dans la vieillesse.

La *forme* du thorax varie aux différentes époques de la vie. Chez le fœtus, le thorax a sur une coupe transversale une forme quadrangulaire et, à l'inverse de ce qui existe chez l'adulte, sa partie antérieure présente plus de largeur que sa partie postérieure. Les gouttières postérieures sont à peine développées ; l'angle des côtes n'existe pas. Les cartilages costaux des côtes sternales ont une direction presque horizontale et une forme aplatie. Les plus grands diamètres du thorax correspondent à sa partie inférieure à cause du volume des organes abdominaux. Après la naissance la dilatation des poumons augmente la capacité de la cage thoracique, qui se rapproche peu à peu de la forme qu'elle aura chez l'adulte. Un accroissement plus rapide se produit encore plus tard au moment de la puberté, et le thorax n'acquiert enfin sa forme et sa capacité définitives que de trente à trente-cinq ans chez l'homme et un peu plus tôt chez la femme. Dans la vieillesse les cartilages costaux s'ossifient peu à peu, se soudent au sternum, et la cage thoracique perd de plus en plus son élasticité et la mobilité de ses différentes pièces osseuses.

5° Extrémités

A. MEMBRE SUPÉRIEUR

1. *Clavicule.* — C'est le premier os du fœtus. Il naît dans un cartilage par un point d'ossification qui paraît avant le trentième jour et s'étend avec une telle rapidité qu'il

acquiert presque immédiatement une longueur de 0m,005, longueur de l'os immédiatement après sa formation. A deux mois, la clavicule a 0m,01; à trois mois, 0m,016; à quatre mois, 0m;026; à six mois, 0m,033; à neuf mois, 0m,04. A vingt ans environ paraît à l'extrémité sternale une lame osseuse épiphysaire, qui se soude au reste de l'os de vingt et un à vingt-deux ans.

2. *Omoplate.* — Elle se développe par un point d'ossification primitif, qui paraît au début du troisième mois dans la fosse sous-épineuse et par cinq points épiphysaires pour l'apophyse coracoïde (il est ordinairement double), l'acromion, la partie supérieure de la cavité glénoïde, l'angle inférieur, le bord spinal. Le point de l'apophyse coracoïde paraît dans la première année; celui de l'acromion de quatorze à seize ans, les deux suivants de seize à dix-huit ans, celui du bord spinal de dix-huit à vingt ans. L'apophyse coracoïde se soude la première au reste de l'os de quinze à seize ans, l'acromion, puis le point glénoïdien un peu plus tard (dix-sept à vingt ans); la soudure des deux derniers se fait de vingt à vingt-quatre ans. A la puberté on trouve les points complémentaires suivants : deux points coracoïdiens, un à la base, un à la pointe; deux ou trois points dans l'acromion; une lamelle osseuse dans la cavité glénoïde, un point à l'angle inférieur; une bande osseuse dans toute la longueur de la base, un point épineux pas constant.

3. *Humérus.* — Le point d'ossification primitif du corps paraît du cinquantième au soixantième jour. L'extrémité supérieure se développe par trois points qui paraissent : celui de la tête à la deuxième année, celui de la grosse tubérosité à la troisième, celui de la petite à la cinquième année. Les trois points de cette extrémité supérieure se soudent entre eux de quatre à cinq ans. L'extrémité inférieure présente cinq points d'ossification : celui du condyle se développe à la fin de la deuxième année, celui de l'épitrochlée à cinq ans, celui du bord interne de la trochlée à douze ans, celui de l'épicondyle un an plus tard. Les points épiphysaires de l'extrémité inférieure se soudent entre eux et au corps de l'os de quinze à seize ans, celui de l'épitrochlée un peu plus tard. L'extrémité supérieure ne se soude au corps de l'os que de seize à vingt ans et plus.

4. *Cubitus.* — Son point d'ossification primitif paraît dans le troisième mois. Il a trois points épiphysaires : un pour l'extrémité inférieure, qui naît dans la sixième année, et deux pour l'extrémité supérieure; celui de l'olécrâne se développe à onze ans et est surmonté, à treize ou quatorze ans, d'un point complémentaire qui répond au bec de l'olécrâne. L'épiphyse supérieure et le corps s'unissent dans la sixième année; la soudure de l'épiphyse inférieure a lieu de dix-neuf à vingt ans.

5. *Radius.* — C'est vers la huitième semaine que paraît son point d'ossification primitif. Dans la cinquième année, on voit apparaître le point de l'épiphyse inférieure, et dans la sixième celui de la tête de l'os. De quatorze à dix-huit ans apparaît une lamelle épiphysaire complémentaire sur la tubérosité bicipitale, à laquelle elle se soude très-rapidement. L'union de l'épiphyse supérieure avec le corps du radius se fait vers seize ans; celle de l'épiphyse inférieure plus tard, vers la vingtième année seulement.

6. *Carpe.* — Voici l'ordre et l'époque d'apparition des points d'ossification des os du carpe : grand os, un an; os crochu, un ou deux ans; pyramidal, trois ans; trapèze et semi-lunaire, cinq ans; scaphoïde, six à sept ans; trapézoïde, sept à huit ans; pisiforme, douze ans. Chez les embryons de deux mois, on trouve un neuvième cartilage carpien qui ne persiste pas, et qui n'est autre chose que l'analogue de l'*os central* du carpe qui existe chez quelques mammifères.

7. *Métacarpe.* — Leur diaphyse s'ossifie au quatrième mois et dans l'ordre suivant : deuxième, troisième, premier, quatrième et cinquième métacarpiens. Des points épiphysaires paraissent de cinq à six ans dans les extrémités digitales et se soudent au corps

de l'os de seize à dix-huit ans. La base des quatre derniers métacarpiens n'a pas de point épiphysaire indépendant.

Le métacarpien du pouce présente un développement spécial. Son point diaphysaire paraît à la même époque que ceux des autres métacarpiens. A trois ans un point osseux épiphysaire se développe dans son extrémité supérieure, pour se souder au corps de l'os à seize ans. Il n'y a pas de noyau épiphysaire pour l'extrémité inférieure, mais seulement un prolongement osseux de la diaphyse rattaché à celle-ci par un pont très mince de substance osseuse existant du côté cubital de l'os, et qui se développe comme un noyau distinct dans la tête du métacarpien pour se souder complétement au corps dans la seizième année. La présence d'un point épiphysaire supérieur le distingue des autres métacarpiens et le rapproche des phalanges. Son canal nourricier a du reste la même direction que celui des phalanges.

8. *Phalanges.* — Elles se développent par deux points d'ossification : un primitif pour le corps, qui paraît de la huitième à la dixième semaine, un complémentaire pour l'extrémité supérieure, qui naît de la troisième à la sixième année. La soudure des épiphyses et des corps se fait de seize à dix-huit ans, en commençant par les phalangettes et se terminant par les phalanges.

B. Membre inférieur

1. *Os iliaque.* — Il se compose d'abord de trois pièces : l'ilion, l'ischion et le pubis, dont les points d'ossification paraissent, celui de l'ilion du troisième au quatrième mois, celui de l'ischion du quatrième au cinquième mois, celui du pubis du cinquième au septième. Ces trois pièces sont séparées dans la cavité cotyloïde par un cartilage en forme d'Y, qui s'ossifie de treize à quinze ans. D'autres points complémentaires se forment pour l'épine iliaque inférieure et antérieure à la même époque, pour la crête iliaque et l'ischion de quinze à seize ans, pour l'angle du pubis de dix-neuf à vingt ans. Les branches inférieures du pubis et de l'ischion s'unissent à la huitième ou neuvième année ; la soudure des trois pièces du fond de la cavité cotyloïde se fait de seize à dix-sept ans. La soudure des épiphyses au corps de l'os est complète à vingt-cinq ans ; elle débute par l'épiphyse de l'épine iliaque antéro-inférieure et se termine par celle de la crête iliaque et de l'ischion.

Développement du bassin. — Le grand bassin paraît avant le petit, et est déjà envahi par l'ossification que ce dernier est encore cartilagineux. Le petit bassin est d'abord très-petit ; sa cavité, insuffisante pour contenir les organes abdominaux qui plus tard y trouveront place, est elliptique et allongée d'avant en arrière. A la naissance le petit bassin est déjà un peu plus large en arrière et prend la forme d'un ovale à grosse extrémité postérieure. Peu à peu ses dimensions transversales et sa capacité augmentent, et il acquiert la forme et les dimensions qu'il possède chez l'adulte.

2. *Fémur.* — Le point osseux du corps paraît à la fin du deuxième mois. L'extrémité inférieure se développe par un seul point osseux, qui se forme dans le neuvième mois et existe toujours à la naissance. L'extrémité supérieure présente trois points d'ossification, qui paraissent : celui de la tête dans la première année, celui du grand trochanter de trois à onze ans, celui du petit dans la treizième année. De dix-sept à vingt-quatre ans, le petit trochanter, puis le grand s'unissent à la diaphyse ; l'union de la tête ne se fait qu'un an plus tard. L'extrémité inférieure et le corps se soudent de vingt à vingt-deux ans. Chez le vieillard, le tissu spongieux du col du fémur subit une raréfaction qui lui donne une grande fragilité.

3. *Rotule.* — Elle commence à s'ossifier en général dans la troisième année.

4. *Tibia.* — Le point osseux du corps paraît au début du troisième mois. Le point épiphysaire de l'extrémité supérieure paraît après la naissance. Celui de l'extrémité inférieure ne se forme que dans la deuxième année. Un troisième point osseux complé-

mentaire paraît à treize ans pour la tubérosité antérieure du tibia et se soude presque immédiatement à l'épyphyse. L'extrémité inférieure se soude au corps de dix-huit à dix-neuf ans, l'extrémité supérieure de dix-neuf à vingt ans.

5. *Péroné.* — Il présente trois points d'ossification : un pour le corps, qui se forme immédiatement après celui du tibia ; un pour l'extrémité supérieure, qui paraît dans la deuxième année ; un pour l'extrémité inférieure, qui se montre dans la quatrième. L'épiphyse inférieure se soude au corps de dix-neuf à vingt ans, la supérieure un ou deux ans plus tard.

6. *Os du tarse.* — Les points d'ossification des divers os du tarse paraissent aux époques suivantes : calcanéum, sixième mois ; astragale, septième mois ; cuboïde, immédiatement après et quelquefois avant la naissance ; premier cunéiforme et scaphoïde, un an, deuxième cunéiforme, trois ans ; troisième cunéiforme, quatre ans. Un point épiphysaire paraît de six à dix ans dans la partie postérieure du calcanéum et se soude au reste de l'os de quinze à seize ans.

7. *Métatarsiens.* — Les points d'ossification des corps se montrent dans la huitième ou neuvième semaine. Les points épiphysaires, qui pour les quatre derniers métatarsiens occupent les extrémités antérieures et pour le premier l'extrémité postérieure, paraissent vers la quatrième année et se soudent au corps de dix-huit à vingt ans.

8. *Phalanges.* — Les points d'ossification des corps se forment dans la neuvième ou dixième semaine. Les points épiphysaires des extrémités postérieures paraissent dans la sixième année et se soudent au corps de dix-sept à vingt ans.

Dans les os du bras et de l'avant-bras, les épiphyses les plus rapprochées du coude s'ossifient les dernières et se réunissent les premières au corps de l'os, tandis que c'est l'inverse pour les os de la cuisse et de la jambe par rapport au genou. La soudure des épiphyses au corps de l'os commence en général par l'épiphyse, vers laquelle se dirige le canal nourricier de l'os.

II. — Muscles

Les muscles sont visibles chez l'homme au deuxième mois (sixième ou septième semaine). Au point de vue de leur développement, les muscles du corps peuvent être divisés en quatre groupes : muscles vertébraux, muscles viscéraux (muscles des parois ventrales et thoraciques, muscles du cou et des mâchoires), muscles des extrémités, muscles cutanés.

Les *muscles vertébraux* se développent aux dépens des lames musculaires des protovertèbres.

Les *muscles du tronc* (cou, thorax, abdomen), le diaphragme, proviennent aussi des protovertèbres, par une poussée qui se fait d'arrière en avant dans les parois latérales du corps de l'embryon ; ils n'atteignent la ligne médiane antérieure du corps qu'au quatrième mois. Il en est de même des muscles masticateurs, des muscles hyoïdiens, des muscles de la langue, des muscles de l'oreille moyenne.

Les *muscles des extrémités*, les muscles peauciers de la face et de la tête, ceux de l'œil, de l'oreille externe, les muscles du périnée, proviennent des lames cutanées du mésoderme.

Les muscles des viscères et des vaisseaux proviennent de la lame fibro-intestinale.

ARTICLE II. — SYSTÈME NERVEUX

I. — Centres nerveux

Cerveau. — La gouttière médullaire, formée, comme on l'a vu plus haut, aux dépens des lames médullaires du feuillet corné du blastoderme, présente bientôt (troisième semaine) à sa partie céphalique trois dilatations séparées par deux étranglements (fig. 415, 1), et à la partie postérieure un élargissement, *sinus rhomboïdal* (fig. 415, 2).

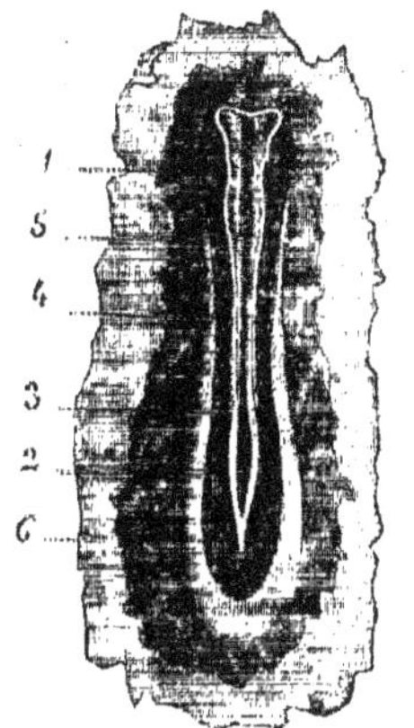

Fig. 415. — *Embryon* (*).

Bientôt cette gouttière médullaire se ferme (plus tard chez les mammifères que chez le poulet) et se transforme en un canal, *canal médullaire*, ébauche des centres nerveux, qui présente à sa partie céphalique trois dilatations vésiculaires, *vésicules cérébrales* antérieure, moyenne et postérieure.

La vésicule cérébrale antérieure représente l'ébauche des hémisphères cérébraux et des couches optiques, et sa cavité peut être assimilée au troisième ventricule. La vésicule moyenne formera les tubercules quadrijumeaux et les pédoncules cérébraux ; sa cavité représente l'aqueduc de Sylvius. La vésicule postérieure, aux dépens de laquelle se développeront la moelle allongée, le pont de Varole, le cervelet, représente le quatrième ventricule. Ces vésicules sont remplies d'un liquide clair et communiquent avec le canal médullaire ; leurs parois, d'abord très-minces, sont formées par une substance dont les couches les plus internes formeront le tissu nerveux, et les couches les plus externes les enveloppes cérébrales.

Ces trois vésicules augmentent peu à peu de volume, mais d'une façon inégale et changent en même temps de situation à cause de l'incurvation de la partie céphalique de l'embryon. La vésicule antérieure (fig. 417, h^1) se courbe fortement en bas ; la vésicule moyenne (h^2), la plus volumineuse à l'origine, s'élève notablement au-dessus des deux autres (cinquième semaine) et constitue le sommet de l'angle ; enfin la vésicule

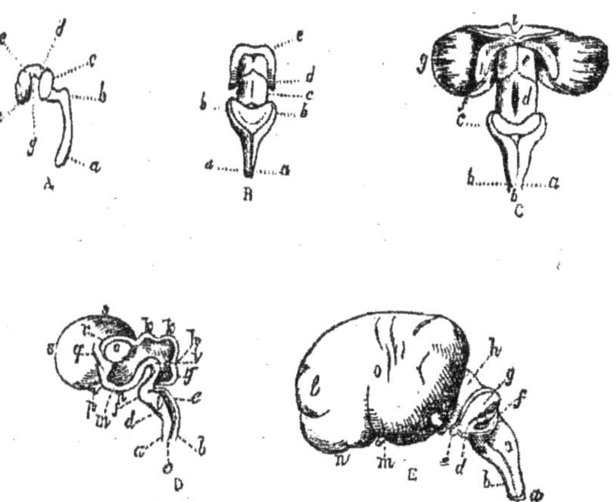

Fig. 416. — *Développement du cerveau* (**).

(*) 1) Sillon médullaire. — 2) Sinus rhomboïdal. — 3) Lames médullaires. — 4) Protovertèbres. — 5) Feuillets moyen et externe du blastoderme. — 6) Feuillet interne du blastoderme. — (D'après Bischoff.)

(**) A. *Cerveau et moelle épinière d'un embryon de sept semaines, vus de profil.* — a) Moelle épinière. — b) Inflexion de la moelle en avant. — c) Cerveau postérieur. — d) Cerveau moyen. — e) Cerveau intermédiaire. — f) Cerveau antérieur. — g) Vestige du corps strié.
B. *Cerveau d'un embryon de neuf semaines.* — a, a) Les deux cordons principaux de la moelle, sé-

postérieure (h^3) est séparée de la partie cervicale de la moelle par un angle saillant, *angle de la nuque.*

Bientôt se forme un léger sillon antéro-postérieur, qui divise les vésicules cérébrales sur la ligne médiane et indique l'ébauche de la séparation du cerveau en deux moitiés, droite et gauche. Un autre sillon transversal sépare la vésicule antérieure en une partie

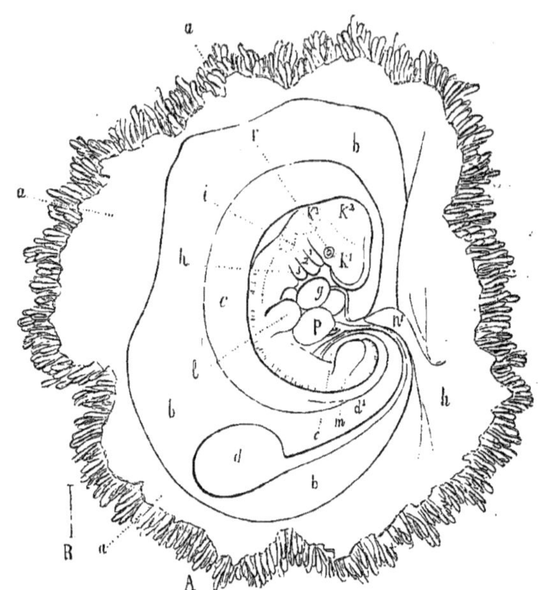

FIG. 417. — *Embryon de quatre semaines* (*).

antérieure, hémisphères cérébraux, et une partie postérieure plus volumineuse, qui formera les couches optiques. Peu à peu la prépondérance de la vésicule moyenne (tubercules quadrijumeaux) cesse à partir de la septième semaine, et les hémisphères céré-

parés par un sillon longitudinal. — *b, b*) Cervelet. — *c*) Parties qui donnent naissance aux tubercules quadrijumeaux. — *d*) Couches optiques. — *e*) Hémisphères membraniformes écartés.

C. *Cerveau d'un embryon de douze semaines, vu en dessus, les hémisphères écartés et rejetés sur les côtés.* — *a, a*) Les deux cordons principaux de la moelle épinière. — *b*) Sillon longitudinal postérieur. — *c*) Cervelet. — *d*) Tubercules quadrijumeaux. — *e*) Couches optiques. — *f, g*) Hémisphères. — *h*) Corps striés. — *i*) Commissures des deux hémisphères.

D. *Coupe verticale et antéro-postérieure du cerveau précédent.* — *a, b*) Moelle épinière. — *c*) Canal de la moelle. — *d, e*) Bulbe). — *f*) Pont de Varole. — *g*) Cervelet. — *h*) Valvule de Vieussens. — *i*) Pédoncules du cerveau. — *h, k*) Tubercules quadrijumeaux. — *m*) Troisième ventricule. — *n*) Glande pituitaire. — *o*) Couche optique. — *p*) Nerfs olfactifs. — *q*) Corps calleux. — *r*) Pilier antérieur du trigone. — *s*) Hémisphères.

E. *Cerveau d'un fœtus de quatorze à quinze semaines, vu de côté.* — *a*) Moelle épinière. — *b*) Courbure de la moelle en avant. — *d*) Pont de Varole. — *e*) Nerf trijumeau. — *f*) Membrane obturatrice du quatrième ventricule. — *g*) Cervelet. — *h*) Tubercules quadrijumeaux. — *l*) Hémisphères cérébraux. — *m*) Nerf optique. — *n*) Nerf olfactif. — *o*) Scissure de Sylvius. — (D'après Tiedemann.)

(*) *a*) Chorion. — *b*) Espace entre le chorion et l'amnios. — *c*) Amnios. — *d*) Vésicule ombilicale. — *d¹*) Son pédicule. — *e*) Anse intestinale. — *g*) Cœur. — *h*) Mâchoire inférieure. — *i*) Oreille. — *k¹*) Hémisphères cérébraux. — *k²*) Tubercules quadrijumeaux. — *k³*) Cervelet. — *l*) Membre antérieur. — *m*) Membre postérieur. — *n*) Endroit où l'allantoïde s'unit au chorion. — *n¹*) Cordon ombilical. — *p*) Foie. — *r*) Œil. — 1, 2, 3) Fentes pharyngiennes.

braux se développent de plus en plus, en recouvrant les couches optiques, les tubercules quadrijumeaux et le cervelet. Le cerveau acquiert ainsi une forme arrondie avec prépondérance des hémisphères.

Les trois vésicules cérébrales primitives se divisent bientôt en cinq vésicules ou renflements secondaires, de la forme suivante : 1. la *vésicule antérieure* se divise en deux parties : une antérieure, *cerveau antérieur*, qui constituera les hémisphères, les corps striés et la voûte, et fournira les vésicules oculaires et les fossettes olfactives; une postérieure *(cerveau intermédiaire)* origine des couches optiques; 2. la *vésicule moyenne (cerveau moyen)* ne se divise pas; 3. la *vésicule postérieure*, à l'inverse des précédentes, se développe surtout aux dépens de sa partie moyenne (fig. 416, A); un angle saillant qui répond à la protubérance annulaire la divise en deux parties : une antérieure, *cerveau postérieur* proprement dit, qui constituera le cervelet, et une postérieure, *arrière-cerveau*, ébauche de la moelle allongée. La partie postérieure de sa paroi supérieure ne se développe que très-peu et reste sous forme d'une membrane extrêmement mince, qui ferme sa cavité ou le quatrième ventricule. Nous allons suivre successivement le développement de ces divers renflements.

1. Cerveau antérieur.— Après la division du cerveau antérieur en deux lobes ou hémisphères cérébraux, chacun de ces lobes se développe principalement d'avant en arrière.

Au troisième mois les hémisphères recouvrent complétement les couches optiques, au cinquième, les tubercules quadrijumeaux, au sixième, le cervelet. A l'origine, la surface des hémisphères est tout à fait lisse, mais, à partir du troisième mois, on voit déjà des sillons qui, après avoir atteint leur maximum de développement au quatrième mois (fig. 416, E), disparaissent de nouveau, sauf un pour la scissure de Sylvius, de façon qu'au sixième mois (fig. 418) la surface des hémisphères est de nouveau tout à fait lisse. Les sillons des circonvolutions cérébrales se forment au cinquième et au sixième mois. La scissure de Sylvius, qui paraît au troisième mois, est d'abord un large sillon superficiel dans lequel se développent au septième mois les circonvolutions de l'insula.

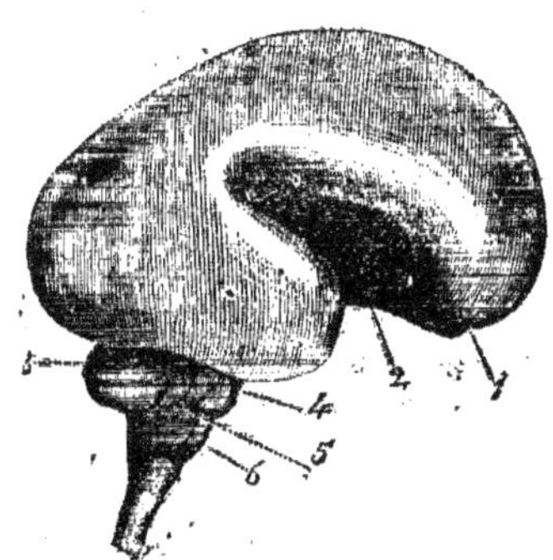

Fig. 418. — *Cerveau d'un embryon humain de six mois* (*).

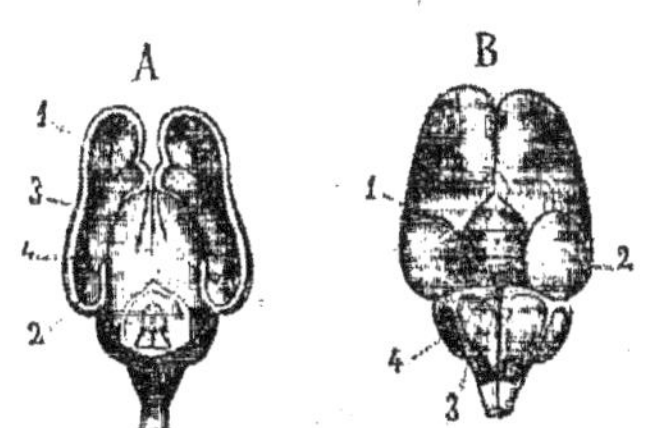

Fig. 419. — *Cerveau d'un embryon humain de trois mois* (**).

Les *corps striés* paraissent à la fin du deuxième mois; ce sont d'abord deux petites saillies allongées qui naissent du plancher des hémisphères, et proéminent dans leur cavité (fig. 419, A, 3). Ils sont situés au troisième mois au côté externe des couches optiques

<hr>

(*) 1) Bulbe olfactif. — 2) Scissure de Sylvius. — 3) Cervelet. — 4) Pont de Varole. — 5) Lobule du pneumo-gastrique. — 6) Olive. (Grandeur naturelle). —(D'après Kölliker.)

(**) A. *Vu d'en haut après l'ablation des hémisphères et l'ouverture du cerveau moyen.* — 1) Partie antérieure coupée de la circonvolution arquée. — 2) Sa partie postérieure. — 3) Corps strié. — 4) Couche optique.

B. *Vu d'en bas.* — 1) Masse des corps mamillaires et du *tuber cinereum.* — 2) Pédoncules cérébraux. — 3) Pont de Varole. — 4) Restes de la membrane obturatrice du quatrième ventricule. (Grandeur naturelle). — (D'après Kölliker.)

(4) dont les sépare un sillon profond ; au quatrième mois, ils sont déjà très-développés et ont à peu près leur forme définitive.

Formation des ventricules latéraux, de la grande fente de Bichat, du corps calleux et du trigone. — La cavité des hémisphères est d'abord sans communication avec l'extérieur ; mais bientôt à leur face interne se forme une fente d'abord verticale, ensuite transversale dans sa partie postérieure et par laquelle la pie-mère pénètre dans la cavité de chaque hémisphère, ou dans le futur ventricule latéral correspondant. Par la production de cette fente, ébauche de la grande fente de Bichat, et par le développement même des hémisphères, ceux-ci se séparent de plus en plus et ne sont plus soudés entre eux que par un très-petit pont de substance cérébrale en avant de la fente verticale. Au troisième mois, les ventricules latéraux sont bien développés. Cette fente représente bientôt une scissure curviligne qui embrasse dans sa concavité les pédoncules cérébraux et dont la convexité est limitée par une *circonvolution arquée* ; cette circonvolution par sa partie postérieure, plus volumineuse, fait saillie dans la cavité du ventricule latéral et constitue la corne d'Ammon. La couche interne de cette circonvolution arquée, et la plus rapprochée de la fente des hémisphères, constitue le *trigone* et le *septum lucidum* (fig. 420, 10, 11). La partie antérieure de cette couche interne ne forme d'abord qu'une seule masse indivise, et ce n'est que plus tard qu'il s'y produit sur la ligne médiane une division qui donne naissance aux piliers antérieurs du trigone et aux deux lames du septum lucidum. Le cinquième ventricule est donc une formation secondaire. La couche extérieure de la circonvolution arquée formera la partie supérieure du corps calleux *(nerfs de Lancisi)* et le corps dentelé.

Le *corps calleux* paraît au quatrième mois dans la partie antérieure de la circonvolution arquée dont il sépare les deux couches et se forme

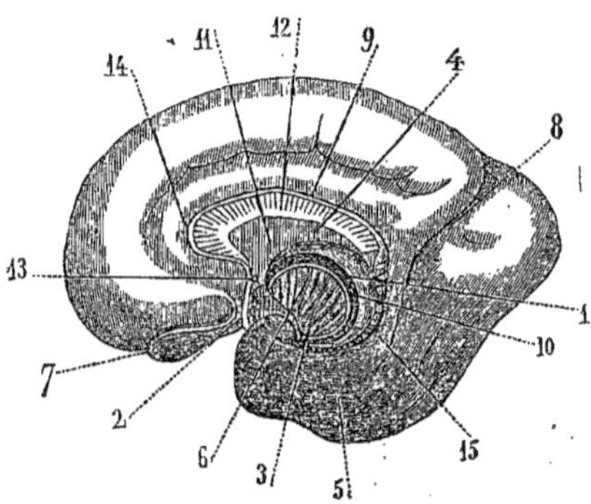

Fig 420. — *Face interne de l'hémisphère droit du cerveau d'un embryon de six mois* [*]

par soudure des fibres rayonnantes des pédoncules cérébraux (Tiedemann, Schmidt). C'est d'abord un très-petit cordon cylindrique qui se développe peu à peu vers la partie postérieure ; le genou du corps calleux ne se forme qu'au quatrième mois ; au sixième mois, le corps calleux a à peu près une forme définitive. La *commissure antérieure* paraît un peu avant le corps calleux.

2. *Cerveau intermédiaire.* — Il constitue d'abord une vésicule à parois minces ; mais bientôt sur ses parois latérales se forment deux saillies ovoïdes, les *couches optiques*, qui rétrécissent la cavité de la vésicule ou le futur ventricule moyen. Cette cavité est d'abord fermée en haut par la paroi supérieure de la vésicule intermédiaire, mais bientôt cette paroi s'ouvre sur la ligne médiane et d'avant en arrière, et il en résulte une fente qui représente l'ouverture supérieure du ventricule moyen, fente par laquelle pénètre un prolongement de la pie-mère. La partie postérieure de cette paroi supérieure de la

<hr>

(*) 1) Trigone. — 2) Bec du corps calleux. — 3) Pédoncule cérébral ou couronne rayonnante de Reil. — 4) *Septum lucidum.* — 5) Lobe inférieur des hémisphères. — 6) Bandelette cornée. — 7) Bulbe olfactif. — 8) Scissure interlobaire. — 9) Partie supérieure du corps calleux. — 10) Grande fente cérébrale. — 11) Partie antérieure du *septum lucidum.* — 12) Corps calleux. — 13) Commissure antérieure. — 14) Partie antérieure du corps calleux. — 15) Circonvolution de l'hippocampe. — (D'après Schmidt.)

vésicule intermédiaire persiste seule pour former la *commissure postérieure* et la *glande pinéale*, qui paraît au cinquième mois. La *commissure grise* se produit par la soudure des parties latérales des couches optiques. Peu à peu cette ouverture supérieure du ventricule moyen, d'abord libre, est recouverte par le trigone, qui s'accole aux bords de la fente; un seul point reste libre en avant pour le passage des plexus choroïdes dans les ventricules latéraux et constitue le *trou de Monro*.

Le *plancher du troisième ventricule* se forme aux dépens de la paroi inférieure de la vésicule intermédiaire. Au troisième mois (fig. 419, B), le tuber cinereum est constitué et rattaché à la glande pituitaire par l'infundibulum; les tubercules mamillaires (1) forment une masse simple, qui ne se dédoublera que plus tard au septième mois. D'après Schmidt, cette paroi inférieure de la vésicule intermédiaire présenterait, comme la paroi supérieure, une division médiane suivie d'une soudure.

Le développement de la glande pituitaire est encore douteux. D'après Ratke, elle proviendrait d'une dépression en cul-de-sac de la muqueuse pharyngienne, qui s'enfoncerait en doigt de gant dans la région de la selle turcique. La destination réelle de ce cul-de-sac est encore inconnue.

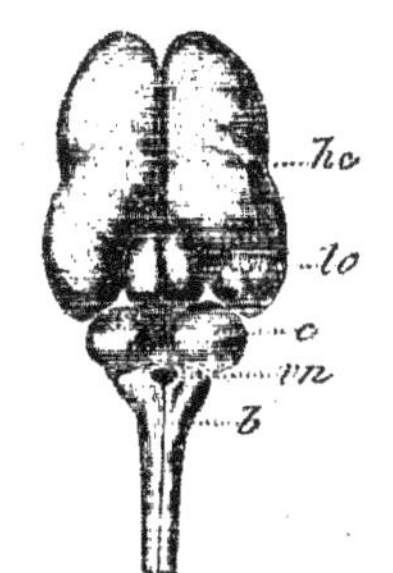

Fig. 421. — *Face supérieure du cerveau d'un fœtus d'environ trois mois* (*).

3. *Cerveau moyen.* — La vésicule cérébrale moyenne, qui, au début, occupe le sommet de la tête, a un développement bien moins actif que les autres et subit le moins de modifications. Sa cavité se rétrécit peu à peu par l'épaississement de ses parois pour former l'aqueduc de Sylvius. Sa face supérieure est d'abord lisse et sans trace de séparation (fig. 421, *lo*). A six mois, on y voit un sillon longitudinal, qui, au septième mois, est croisé par un sillon transversal; alors les tubercules quadrijumeaux sont formés. Le cerveau moyen est à peu près recouvert par les hémisphères cérébraux.

4. *Cerveau postérieur.* — La paroi supérieure de la vésicule postérieure constitue par sa partie antérieure, qui prend un développement considérable, le cervelet; par sa partie postérieure, plus mince, une mince membrane, *membrane obturatrice*, qui ferme le quatrième ventricule. Le cervelet se forme de très-bonne heure et provient d'une poussée des parties latérales du cerveau postérieur par deux lamelles qui viennent s'unir en haut sur la ligne médiane (fig. 421, C). Les parties latérales forment les hémisphères du cervelet, qui sont bien dessinés au sixième mois, ainsi qui le lobe moyen. Les circonvolutions cérébelleuses paraissent vers le 4e mois, d'abord sur le vermis, puis sur les hémisphères et plus tôt à la partie supérieure qu'à l'inférieure.

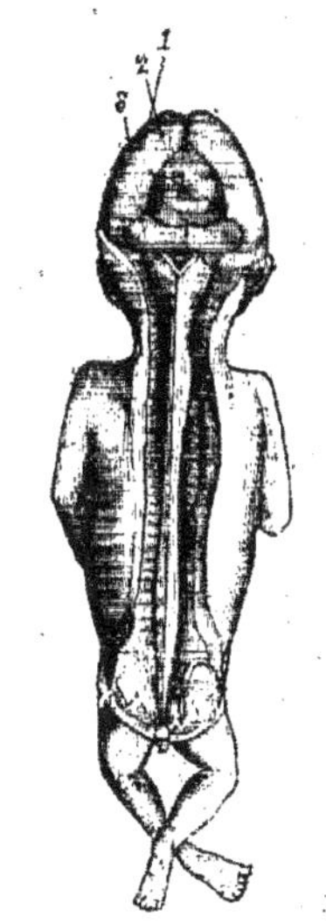

Fig. 422.— *Embryon de trois mois, de grandeur naturelle* (**).

La *membrane obturatrice* est une mince lamelle qui ferme en partie en arrière le quatrième ventricule et sur la nature et le développement de laquelle on n'est pas encore complétement fixé. Cette membrane paraît être refoulée par la pie-mère, qui pénètre

(*) *he*) Hémisphères cérébraux. — *lo*) Tubercules quadrijumeaux. — *c*) Cervelet. — *pn*) Quatrième ventricule. — *b*) Bulbe.

(**) 1) Hémisphères. — 2) Cerveau moyen. — 3) Cervelet. — Sur la moelle allongée on voit les restes de la membrane obturatrice du quatrième ventricule. (D'après Kölliker.)

dans le quatrième ventricule et disparaît presque en entier plus tard par les progrès du développement.

La paroi inférieure du cerveau moyen forme le pont de Varole, qui paraît dès la fin du troisième mois (fig. 419, B, 3).

5. *Arrière-cerveau.* — Il forme la moelle allongée, olives, pyramides, corps restiformes, qui paraissent déjà au troisième mois et sont très-développés au quatrième et au cinquième mois.

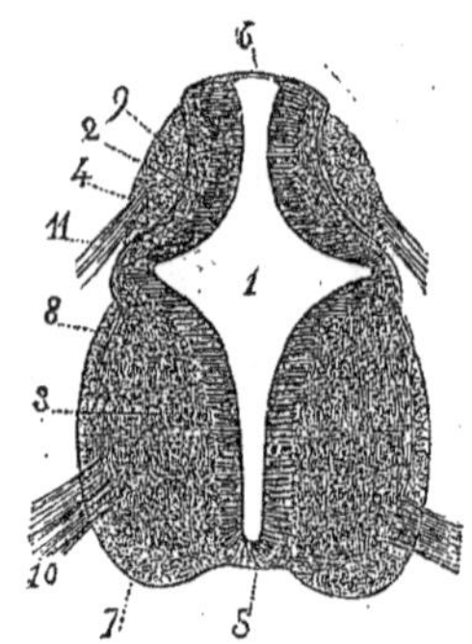

Fig. 423. — *Coupe de la moelle cervicale d'un embryon de six semaines* (*).

Moelle. — Une fois le canal médullaire formé par la fermeture de la gouttière médullaire, la moelle occupe toute la longueur de la colonne vertébrale; ce n'est qu'à partir du quatrième mois que, la colonne vertébrale se développant plus rapidement, la moelle semble remonter de façon à se trouver par son extrémité en rapport avec la troisième vertèbre lombaire à la fin de la vie fœtale. Cette ascension apparente de la moelle amène un allongement progressif des racines nerveuses inférieures, qui constituent alors la queue de cheval. Le *fil terminal* représente en réalité la partie inférieure de la moelle qui n'a pas continué à se développer. Le canal central, d'abord très-large, surtout au niveau du sinus rhomboïdal, finit par se rétrécir peu à peu, au fur et à mesure du développement de la substance nerveuse propre à la moelle. Les deux renflements de la moelle sont déjà bien marqués au 3e mois.

Le canal médullaire a, primitivement, des parois homogènes formées par des cellules irradiées. Bientôt ces parois se divisent en deux couches : une interne qui se transforme en épithélium (fig. 423, 2); une externe, qui forme la substance grise. A quatre semaines, les ganglions spinaux et les racines antérieures existent déjà; les racines postérieures n'existent pas encore; les cordons antérieurs et postérieurs sont ébauchés. A six semaines (fig. 423), l'épithélium du canal central présente plusieurs couches de cellules; les racines postérieures existent; la commissure antérieure est bien marquée. L'épithélium du canal central arrive encore en arrière à la surface de la moelle. A neuf semaines (fig. 424), le canal central est extrêmement réduit et enveloppé de tous côtés par la substance médullaire. La réunion des cordons antérieurs

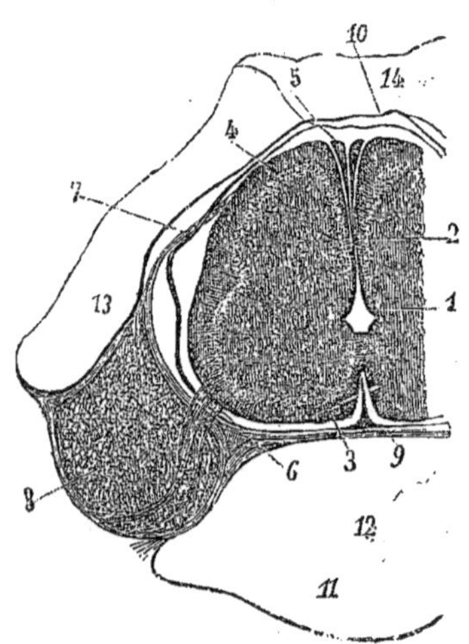

Fig. 424. — *Coupe de la moelle cervicale d'un embryon de neuf à dix semaines* (**).

et postérieurs, séparés jusqu'ici par un sillon latéral, est à peu près accomplie. Les cordons latéraux ne sont qu'une dépendance des cordons antérieurs.

<hr>

(*) 1) Canal central de la moelle. — 2) Épithélium du canal central. — 3) Substance grise antérieure. — 4) Substance grise postérieure. — 5) Commissure antérieure. — 6) Partie postérieure mince du revêtement épithélial du canal central. — 7) Cordons antérieurs. — 8) Cordons latéraux. — 9) Cordons postérieurs. — 10) Racines antérieures. — 11) Racines postérieures. (Grossissement, 50 diamètres.) — (D'après Kölliker.)

(**) 1) Canal central. — 2) Sa partie postérieure. — 3) Cordons antérieurs. — 4) Cordons postérieurs.

Enveloppes des centres nerveux. — D'après Kölliker, les enveloppes des centres nerveux ne proviennent pas des lames médullaires, mais des lames protovertébrales. Elles sont déjà visibles sur l'embryon humain de six semaines. La tente du cervelet se développe de très-bonne heure et représente à l'origine une cloison presque verticale percée en haut d'une ouverture excentrique et placée entre le cerveau moyen et le cerveau intermédiaire, puis entre le cerveau moyen et le cerveau postérieur pour se placer enfin définitivement entre le cerveau antérieur et le cerveau postérieur, changements de situation qui sont dus au développement inégal de ces différents segments du cerveau. La faux du cerveau paraît dès que se fait la division de la vésicule cérébrale antérieure en deux hémisphères.

§ 11. — Nerfs

D'après des recherches récentes, les ganglions spinaux proviennent de la moelle elle-même et non des lames protovertébrales; il en est de même des racines antérieures et postérieures, et probablement de tous les ganglions périphériques et des ganglions du grand sympathique; cependant de nouvelles recherches sont encore nécessaires sur ce point. Les limites de ce livre ne permettent pas de donner les diverses théories émises sur la formation des nerfs périphériques.

Le *grand sympathique* paraît d'abord comme un cordon noueux, visible dans sa partie thoracique sur un embryon de 0m,02 (Kölliker). Bischoff a vu le ganglion cervical supérieur sur un embryon de de 0m,03. A la fin du deuxième mois le cordon du sympathique est bien évident. Au troisième mois on voit le plexus cœliaque (Lobstein), dont le développement paraît lié à celui des capsules surrénales, et les grands nerfs splanchniques.

ARTICLE III. — ORGANES DES SENS

§ 1. — Appareil de la vision

Les premières traces du globe oculaire sont ce qu'on appelle les *vésicules oculaires primitives*. Ce sont deux saillies vésiculaires qui paraissent dans la troisième semaine à la partie antérieure, de chaque côté de la vésicule cérébrale antérieure.

Leur cavité communique avec celle de cette vésicule d'abord largement, puis par un pédicule creux, qui formera plus tard le nerf optique. Quand la vésicule cérébrale antérieure s'est divisée en cerveau antérieur et cerveau intermédiaire, la vésicule oculaire primitive correspond à la face inférieure de ce dernier. La vésicule oculaire est recouverte immédiatement par le derme de l'embryon (feuillet épidermique et probablement lame céphalique du feuillet moyen du blastoderme). Ce revêtement cutané prend part aussi à la formation du globe oculaire. Le feuillet épidermique formera le cristallin et l'épithélium de la conjonctive et de la cornée, le feuillet céphalique donnera naissance au corps vitré, à la partie fibreuse de la sclérotique et de la cornée, et à la choroïde et à l'iris.

Nous allons suivre le développement de ces différentes parties.

Formation du cristallin (fig. 425). — Le feuillet épidermique s'épaissit bientôt au niveau de la vésicule oculaire, et au niveau de cet épaississement il offre une petite dépression, *fossette cristalline* (A, 3), qui peu à peu se transforme en une vésicule close (B, 2,) s'isolant complétement du reste du feuillet épidermique. Cette vésicule, ébauche du cristallin, déprime en s'enfonçant la partie antérieure de la vésicule ocu-

---

— 5) Cordons cunéiformes. — 6) Racines antérieures. — 7) Racines postérieures. — 8) Ganglion spinal. — 9) Pie-mère. — 10) Dure-mère. — 11) Corps de la vertèbre. — 12) Restes de la corde dorsale. — 13) Arc vertébral. — 14) Restes de la membrane réunissante supérieure. — (D'après Kölliker.)

laire qui se replie contre la partie postérieure ; cette vésicule forme alors une sorte de cupule (B), d'abord en contact avec le cristallin et qui s'en écarte plus tard à mesure que se développe le corps vitré (C). Cette cupule représente alors une vésicule à deux feuillets, *vésicule oculaire secondaire*, dont le feuillet interne (4) constituera la rétine, et le feuillet externe (5) la couche pigmentaire de la choroïde.

La vésicule qui constitue le cristallin primitif est formée de cellules épithéliales radiées, qui se multiplient et remplissent complétement sa cavité ; chacune de ces cellules se transforme ensuite en fibres du cristallin. Cette vésicule est entourée par une membrane transparente amorphe, *capsule cristalline*, qu'on trouve déjà au deuxième mois de la vie fœtale et qui paraît n'être autre chose qu'une formation cuticulaire.

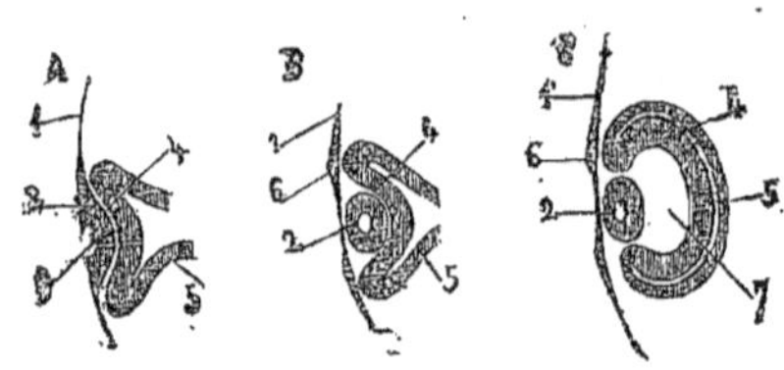

Fig. 425. — *Développement du cristallin* (*).

Le cristallin est enveloppé, en outre, chez le fœtus par une membrane, *capsule vasculaire du cristallin* (fig. 426), qui existe au deuxième mois et reçoit par sa partie postérieure les divisions de l'artère hyaloïdienne ou *capsulaire*, branche de l'artère centrale de la rétine, qui, chez le fœtus, traverse d'arrière en avant le corps vitré. La *membrane pupillaire* ou *de Wackendorff*, qui obture la pupille, et la *membrane capsulo-pupillaire*, qui s'étend des bords de la pupille à la périphérie du cristallin, ne sont que des parties de cette capsule vasculaire décrites à tort comme des membranes distinctes. La membrane pupillaire est très-adhérente à l'iris, auquel elle est unie par ses vaisseaux (fig. 426, *d e*). Il n'y a pas de veine hyaloïdienne ; cependant, d'après Liebreich, il y aurait une veine capsulaire accompagnant l'artère. Toutes les veines de la capsule cristalline vasculaire se jettent dans les veines de l'iris et de la choroïde. Au sixième ou septième mois, cette capsule vasculaire commence à disparaître ; ses vaisseaux s'oblitèrent, et il n'en reste plus de traces à la naissance. Cette capsule vasculaire provient des lames céphaliques refoulées avec le cristallin ; quant au cristallin même, c'est une formation épidermique.

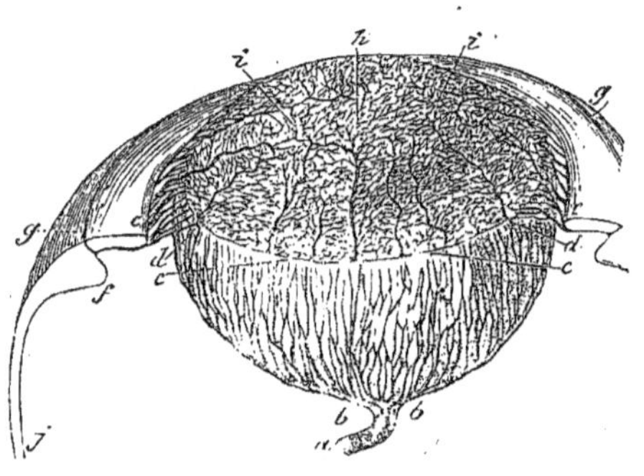

Fig. 426. — *Capsule vasculaire du cristallin et membrane pupillaire* (**).

Formation de la membrane fibreuse de l'œil. — Elle se forme aux dépens de la partie du derme qui ne s'est pas repliée pour constituer le cristallin ; le feuillet épidermique donne l'épithélium de la conjonctive, les lames céphaliques (derme cutané) la partie

(*) A. B. C. Stades du développement. — 1) Feuillet épidermique. — 2) Épaississement de ce feuillet. — 3) Fossette cristalline. — 4) Vésicule oculaire primitive, dont la partie antérieure est déprimée par le cristallin. — 5) Partie postérieure de la vésicule oculaire primitive et feuillet externe de la vésicule oculaire secondaire. — 6) Endroit où le cristallin s'est séparé du feuillet épidermique. — 7) Cavité de la vésicule oculaire secondaire occupée par le corps vitré. — (D'après Remak.)

(**) a) Artère hyaloïdienne. — b) Ses branches. — c) Membrane pupillaire. — d) Branches qu'elle reçoit de l'iris. — e) Iris. — f) Procès ciliaires. — g) Partie antérieure de la choroïde. — h) Centre de la membrane pupillaire. — i) Son réseau vasculaire. — j) Choroïde. — (D'après Littré et Ch. Robin.)

fibreuse proprement dite. Cette membrane forme à l'origine une capsule qui enveloppe
la vésicule oculaire secondaire et présente à sa partie inférieure une fente antéro-
postérieure liée au développement du corps vitré. A la fin du troisième mois on peut
déjà distinguer la cornée transparente de la sclérotique proprement dite.

Formation du corps vitré et développement de la vésicule oculaire secondaire. —
La vésicule oculaire primitive constitue à l'origine une cavité qui communique avec
celle de la vésicule cérébrale antérieure par le pédicule creux du nerf optique. La
vésicule oculaire secondaire se forme par un refoulement de la partie antérieure et
inférieure de la vésicule oculaire primitive et son accolement à la partie postérieure et
supérieure, pour constituer une capsule à deux feuillets qui reçoit le cristallin comme
un œuf est reçu dans le coquetier. Le cristallin est d'abord en contact avec le feuillet
antérieur de cette cupule (fig. 425, B). Mais bientôt le derme qui forme la membrane
fibreuse du globe oculaire présente à la partie inférieure de ce globe un repli qui refoule
la partie de la vésicule oculaire primitive, comme le cristallin en avait refoulé la partie
antérieure. Ce repli, qui détermine la production de la fente scléroticale, une fois arrivé
entre le cristallin et le feuillet antérieur de la vésicule oculaire secondaire, s'hypertrophie
de plus en plus, sauf au niveau du pédicule qui le rattache au derme primitif, refoule
de plus en plus en arrière, en haut et sur les côtés le feuillet antérieur de la vésicule
oculaire secondaire et occupe alors la cavité de cette vésicule (fig. 425, C, 7), dont l'ouverture antérieure est occupée par le cristallin. Le corps vitré est donc un produit
connectif. A l'origine, il est enveloppé par une capsule vasculaire, analogue à celle du
cristallin, dont les vaisseaux proviennent de ceux de la rétine et communiquent en avant
avec ceux de la capsule vasculaire du cristallin. Elle disparaît à une époque indéterminée.

Formation du nerf optique, de la rétine et de la couche pigmentaire de la choroïde.
— Le nerf optique est creux à l'origine et fait communiquer la cavité de la vésicule
cérébrale antérieure avec la cavité de la vésicule oculaire primitive ; pendant que cette
vésicule s'invagine pour former la vésicule oculaire secondaire par le développement
du repli dermique du corps vitré, le nerf optique s'aplatit de haut en bas, puis s'incurve
de façon à représenter une gouttière dont la concavité est inférieure et se continue
avec la fente inférieure de la vésicule oculaire. Il est probable que l'accolement des
parois supérieure et inférieure du nerf optique et la formation de cette gouttière sont
dus à la même cause, et que ce repli dermique du corps vitré refoule aussi le nerf
optique pour constituer l'artère centrale de la rétine et l'axe connectif du nerf. Les
deux bords de la gouttière marchent ensuite en bas et vers la ligne médiane et finissent
par se souder, de façon que le nerf reprend sa forme cylindrique.

Les deux feuillets de la vésicule oculaire secondaire (fig. 425, C) interceptent entre
eux une cavité cupuliforme, reste de la cavité de la vésicule oculaire primitive ; mais
cette cavité devient de plus en plus étroite par l'accolement des deux feuillets et se réduit
sur une coupe à une simple fente, qui finit même par disparaître comme la cavité du nerf
optique. Les deux feuillets se développent en même temps pour former la rétine et la
couche pigmentaire de la choroïde. Le *feuillet interne*, plus épais, constitue la *rétine*.
Cette membrane se termine en avant au bord du cristallin par un épaississement qui
diminue peu à peu à partir du cinquième mois pour former la partie ciliaire de la rétine.
Chez l'embryon, la rétine présente des plis qui disparaissent à la fin de la vie fœtale.
La tache jaune ne paraît qu'après la naissance. Le *feuillet externe*, plus mince, forme
le pigment de la choroïde (¹), qui paraît déjà dès la quatrième semaine. Ce pigment
manque à la partie inférieure et interne du globe oculaire, ce qui détermine la production d'une ligne blanchâtre, regardée par quelques auteurs comme une fente, *fente
choroïdienne*, liée au développement du corps vitré et de la vésicule oculaire secondaire.

Formation de la choroïde proprement dite et de l'iris. — Le développement de la
choroïde présente encore beaucoup d'obscurités. Remak la fait provenir, comme la

______
(¹) D'après Müller, ce feuillet externe formerait la membrane des bâtonnets.

couche pigmentaire, du feuillet externe de la vésicule oculaire. Pour Kölliker, au contraire, elle proviendrait de la même source que la membrane fibreuse de l'œil. La choroïde ne dépasse pas d'abord le bord du cristallin ; puis de sa partie antérieure se développe l'iris comme un anneau membraneux, d'abord très-étroit, qui s'élargit de plus en plus à mesure que la pupille se rétrécit. Le bord pupillaire de l'iris rencontre bientôt la capsule vasculaire du cristallin, contracte des adhérences avec cette capsule, dont la partie antérieure et médiane bouche, sous le nom de *membrane pupillaire*, l'orifice de la pupille, pour ne disparaître qu'au septième mois. La couronne ciliaire commence à se développer au deuxième mois.

Annexes du globe oculaire. — Les *paupières* se forment à la fin du troisième mois ; ce sont d'abord de petits replis cutanés qui recouvrent le globe ; puis peu à peu ils s'accroissent ; leurs bords arrivent au contact et se soudent du troisième au quatrième mois pour se rouvrir à la fin de la vie fœtale. La conjonctive oculo-palpébrale est assez développée au troisième mois de la vie fœtale. Les glandes de Méibomius ne commencent à se former que lorsque les paupières sont déjà soudées, c'est-à-dire au plus tôt à la fin du quatrième mois. Elles se développent par un bourgeonnement épithélial.

Les *muscles de l'œil* sont déjà visibles dans le cours du troisième mois.

La *glande lacrymale* paraît à la fin du quatrième mois et est d'abord un bourgeon épithélial plein. La caroncule lacrymale et les conduits lacrymaux paraissent un peu après. Le canal lacrymo-nasal consiste à l'origine en une gouttière située entre le bourgeon nasal externe et le bourgeon maxillaire inférieur, gouttière qui commence à se former au milieu du deuxième mois et qui se convertit plus tard en canal nasal et sac lacrymal.

§ II. — Oreille

A. *Oreille externe.* — La première ébauche du labyrinthe paraît dans la troisième semaine. Le labyrinthe est à l'origine une vésicule, *vésicule auditive*, située dans la

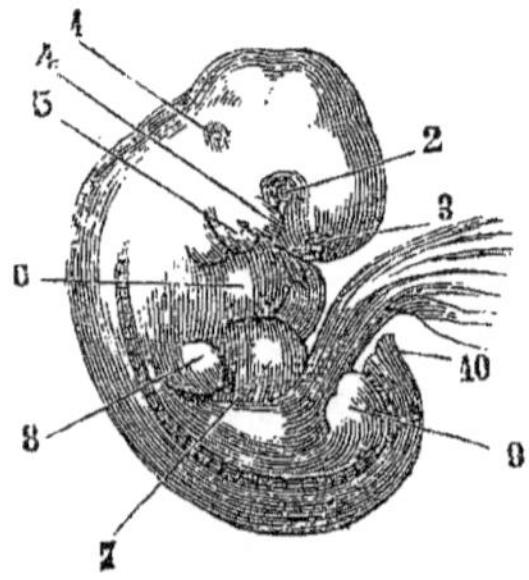

Fig. 427. — *Embryon de quatre semaines* (*).

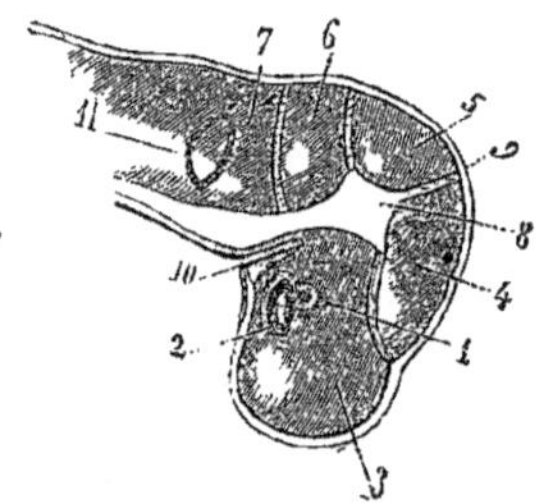

Fig. 428. — *Crâne d'un embryon de quatre semaines coupé par le milieu et vu par sa partie interne* (**).

région du deuxième arc pharyngien (fig. 410, 11 et 427, 1). Cette vésicule ne communique pas avec la cavité de la vésicule cérébrale postérieure, comme on le croyait d'abord, mais se forme comme le cristallin par une dépression en cul-de-sac du feuillet

(*) 1) Vésicule auditive. — 2) Vésicule oculaire. — 3) Fossette olfactive. — 4) Bourgeon maxillaire supérieur. — 5) Bourgeon maxillaire inférieur. — 6) Oreillette droite. — 7) Ventricule droit. — 8) Extrémité antérieure. — 9) Extrémité postérieure. — 10) Extrémité caudale. — (D'après Kölliker.)

(**) 1) Vésicule oculaire. — 2) Nerf optique aplati. — 3) Cerveau antérieur. — 4) Cerveau intermédiaire. — 5) Cerveau moyen. — 6) Cerveau postérieur. — 7) Arrière-cerveau. — 8) Partie antérieure de la tente du cervelet. — 9) Sa partie latérale située à ce moment entre le cerveau intermédiaire et le cerveau moyen. — 10) Repli en cul-de-sac de la cavité pharyngienne. — 11) Vésicule auditive vue par transparence. — (D'après Kölliker.)

épidermique, *fossette auditive*, qui finit par se fermer pour se transformer en vésicule close. Cette vésicule, d'abord arrondie, devient bientôt piriforme (fig. 428, 11) et se divise en deux parties : une partie inférieure plus large, sphérique, et une partie supérieure allongée, étroite, qui paraît un appendice de la première, c'est l'*appendice du vestibule* (fig. 429, 8), qui disparaît par la suite et dont la signification est inconnue.

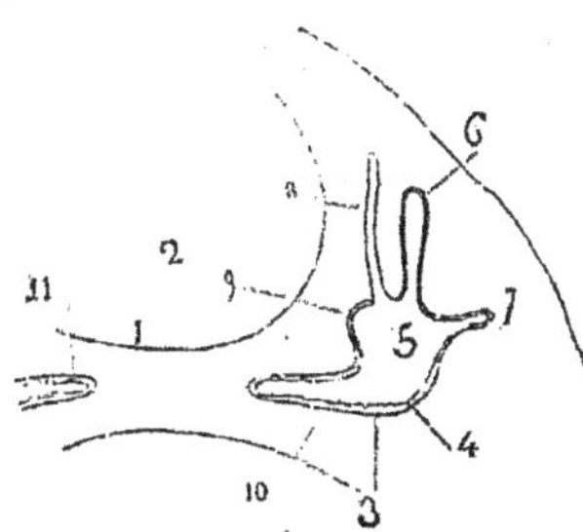

Fig. 429. — *Coupe transversale du crâne d'un embryon de veau* (*).

La vésicule labyrinthique, d'abord formée simplement par le feuillet épidermique, reçoit bientôt une mince enveloppe connective des lames céphaliques, en même temps que la masse extérieure du blastème qui l'entoure prend peu à peu l'aspect du cartilage et forme l'ébauche du rocher. L'enveloppe connective immédiate de la vésicule labyrinthique se vascularise et se divise ensuite en trois couches : une interne, qui adhère intimement à l'épithélium de la vésicule labyrinthique et formera la partie fibreuse du labyrinthe membraneux ; une externe, qui s'accole à la partie cartilagineuse du labyrinthe pour en constituer le périchondre ; une moyenne, molle, lâche, formée par du tissu connectif embryonnaire (tissu muqueux); cette couche se résorbe peu à peu et donne naissance à une cavité intermédiaire entre les deux couches précédentes, cavité qui se remplit d'un liquide, la *périlymphe*.

Le développement des différentes parties qui composent le labyrinthe membraneux se fait de la façon suivante :

Le *limaçon* représente à l'origine un cul-de-sac allongé de la vésicule labyrinthique (fig. 429, 10), placé horizontalement dans la base du crâne. D'abord rectiligne, il se courbe peu à peu en spirale ; à la huitième semaine, il ne fait qu'un tour et n'est complet qu'à la onzième ou douzième semaine. Ce canal cochléaire, embryonnaire, aplati de haut en bas, ne représente pas tout le limaçon, mais seulement la lame spirale membraneuse avec la rampe tympanique. Le tissu connectif qui enveloppe ce canal cochléaire comme le reste de la vésicule labyrinthique se divise, au niveau des deux faces de ce canal, en trois couches : une interne, qui forme l'enveloppe fibreuse du canal limacéen ; une externe, qui s'applique sur la face interne de la cavité cartilagineuse du limaçon, dont elle constitue le périchondre, et une moyenne

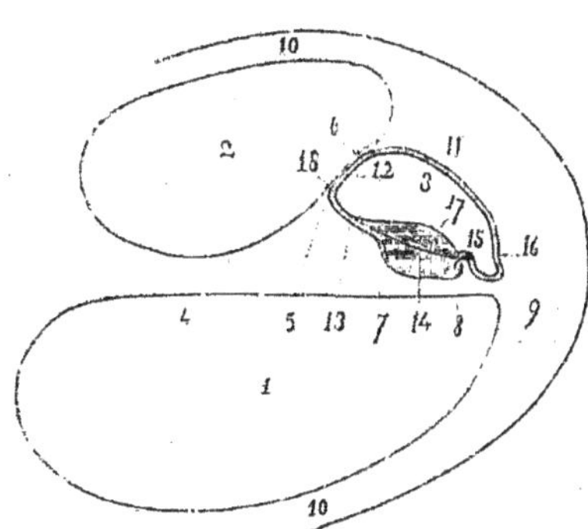

Fig. 430. — *Coupe du premier tour de limaçon d'un embryon de veau* (**).

(*) 1) Partie inférieure de la base du crâne. — 2) Cavité du crâne. — 3) Cavité du crâne contenant la vésicule labyrinthique. — 4, 5) Cavité de la vésicule labyrinthique. — 6) Canal demi-circulaire supérieur. — 7) Canal demi-circulaire externe. — 8) Appendice du vestibule. — 9) Ébauche du saccule. — 10) Ébauche du limaçon. — 11) Limaçon du côté opposé. — (D'après Kölliker.)

(**) 1) Rampe tympanique. — 2) Rampe vestibulaire.— 3) Rampe auditive et rampe collatérale, confondues ici. — 4) Partie de la lame spirale qui s'ossifiera plus tard. — 5) Lieu d'insertion de la membrane de Reissner. — 6) Membrane de Reissner. — 7) Limbe de la lame spirale. — 8) Membrane basilaire. — 9) Ligament spiral. — 10) Périoste interne du limaçon. — 11) Région de la saillie et de la strie vasculaires. — 12, 13, 14, 15, 16) Épithélium du canal cochléaire très-épaissi en 14. — 17, 18) Membrane de Corti. — (D'après Kölliker.)

gélatiniforme (tissu muqueux), qui se transforme plus tard en une cavité remplie de liquide et qui donne naissance à la rampe tympanique et à la rampe vestibulaire. Au quatrième mois, la lame spirale membraneuse est bien visible, ainsi que la strie vasculaire et le ligament spiral. L'épithélium du canal cochléaire (fig. 430, 12, 13, 14, 15) présente à la partie inférieure de ce canal un épaississement (14) recouvert par la future membrane de Corti (17), analogue aux formations cuticulaires. L'organe de Corti, d'après Kölliker, serait une production épithéliale (15) et paraît déjà au cinquième mois. La lame spirale osseuse et l'axe du limaçon ne s'ossifient qu'à la fin de la vie fœtale et sans passer par l'état cartilagineux (1).

Les *canaux demi-circulaires* sont d'abord trois replis semi-lunaires de la vésicule labyrinthique primitive ; ces replis s'agrandissent et se soudent par leur partie moyenne, de façon à déterminer la production de trois canaux qui prennent bientôt leur forme définitive. La cavité de la périlymphe se produit de la façon décrite plus haut.

L'*utricule* et le *saccule* sont les parties restantes de la vésicule labyrinthique, qui ne se sont pas transformées en canaux semi-circulaires et canal cochléaire.

Le *nerf auditif* se forme indépendamment du cerveau et de la vésicule labyrinthique et ne se réunit qu'ensuite à l'arrière-cerveau et à l'organe auditif.

B. *Oreille moyenne et oreille externe.* — L'*oreille moyenne* et l'*oreille externe* proviennent de la première fente pharyngienne qui, sur l'embryon humain, est encore complétement ouverte à quatre semaines et ne se ferme qu'incomplétement à la cinquième, tandis que les autres fentes pharyngiennes disparaissent. C'est d'abord une fente ou un canal qui communique avec le pharynx. Ce canal s'oblitère bientôt dans sa partie moyenne par une sorte de cloison annulaire, qui s'accroît peu à peu et finit par se souder complétement pour fermer la membrane du tympan. Le canal primitif se trouve alors scindé en deux canaux secondaires : l'un externe, extrêmement court, qui correspond au conduit auditif externe ; l'autre interne, plus long, qui forme la caisse du tympan et la trompe d'Eustache.

La *membrane du tympan* est à l'origine à peu près horizontale, position qu'on retrouve encore en partie à la fin de la vie fœtale. Elle est aussi beaucoup plus épaisse que chez l'adulte, ce qui tient surtout à l'épaisseur de l'épiderme du conduit auditif externe.

La *caisse du tympan* est remplie chez le fœtus, d'après Trœltsch, par une masse gélatiniforme, analogue à celle qu'on rencontre dans le labyrinthe. Il en serait de même de la trompe d'Eustache. Cette masse gélatineuse disparaîtrait au moment de la naissance.

Pendant la vie fœtale, la trompe d'Eustache est très-courte et plus large que chez l'adulte ; son orifice tympanique est plus évasé que son orifice pharyngien, et sa direction est presque horizontale. Le cartilage de la trompe paraît au quatrième mois.

Les *osselets de l'ouïe* passent par l'état cartilagineux avant de s'ossifier et se forment à la fin du deuxième mois ou au commencement du troisième. Ils sont d'abord situés très-haut par rapport à la caisse du tympan et acquièrent plus tard seulement leur position définitive. Leur ossification se fait au quatrième mois, en allant du périoste vers les parties profondes, et se trouve achevée au cinquième mois. Chez le nouveau-né, ils sont à peu près aussi gros que chez l'adulte.

Le *cartilage de la conque* commence à se former au deuxième mois et se développe très-vite. Les glandes cérumineuses sont visibles au cinquième mois.

C. *Temporal.* — Le temporal se développe par quatre points d'ossification, qui donnent naissance à quatre pièces distinctes : l'écaille, le rocher avec la partie mastoïdienne, l'anneau tympanique et l'apophyse styloïde.

L'*écaille* appartient aux os secondaires du crâne ; son point d'ossification paraît au troisième mois à la base de l'apophyse zygomatique.

____

(1) Comparez la fig. 401, qui représente l'état embryonnaire du limaçon, aux fig. 348 et 349

Le *rocher* commence par former une masse cartilagineuse qui entoure le labyrinthe membraneux. Cette masse cartilagineuse, déjà visible sur l'embryon humain de huit semaines, se confond à l'origine avec le cartilage primordial de la base du crâne. L'ossification commence à la fin du cinquième mois et a lieu par des dépôts calcaires qui se font dans toute l'épaisseur de cette masse (Kölliker) et non comme une mince croûte à la surface du labyrinthe membraneux. Ces dépôts ont trois centres ou points d'ossification principaux : l'un au premier tour du limaçon, les deux autres au niveau des canaux demi-circulaires supérieur et postérieur. Ce ne sont d'abord que de simples dépôts calcaires et non une ossification véritable; l'os vrai ne se forme que dans le dernier mois de la vie fœtale. L'axe du limaçon et la lame spirale osseuse ne s'ossifient qu'à partir du septième mois sans passer par l'état cartilagineux. La fenêtre ronde et la fenêtre ovale ne sont que des parties non ossifiées de la vésicule labyrinthique primitive. La région mastoïdienne ne naît pas par un point osseux spécial; ce n'est qu'une dépendance du rocher. Les cellules mastoïdiennes sont à peine indiquées à la naissance. L'apophyse mastoïde suit le développement de ces cellules et n'acquiert son volume définitif qu'à la puberté.

L'*anneau* ou *cercle tympanique* appartient aux os secondaires et n'est pas précédé du cartilage; il paraît à la fin du quatrième mois et constitue un anneau osseux interrompu à sa partie supérieure (fig. 413), dans la rainure duquel est enchâssée la membrane du tympan. La lèvre externe de cet anneau tympanique se développe peu à peu et constitue le conduit auditif osseux.

L'*apophyse styloïde* et la *pyramide* proviennent de la partie cartilagineuse du deuxième arc pharyngien. L'apophyse styloïde s'ossifie par deux ou trois points qui paraissent après la naissance (huitième année).

La soudure des trois premières pièces du temporal se fait dans la première année. L'apophyse styloïde ne se soude au reste de l'os que de quatorze à quinze ans.

§ III. — Appareil de l'olfaction

Vers la quatrième semaine (fig. 427, 3) paraissent, au-dessous et en avant des vésicules oculaires et des bourgeons maxillaires supérieurs, deux fossettes, *fossettes olfactives*, analogues aux fossettes cristallines et auditives et formées par une dépression du feuillet épidermique. Cette fossette, d'abord arrondie, devient de plus en plus profonde et s'entoure d'un bord saillant, sauf à la partie inférieure, où elle se déprime et se continue par un sillon, *sillon olfactif*, qui mène à l'entrée de la cavité buccale à la face interne du bourgeon maxillaire inférieur. Les deux crêtes qui limitent cette fossette et le sillon qui en part, sont : en dedans le bourgeon nasal interne, en dehors le bourgeon nasal externe; peu à peu les bourgeons maxillaires supérieurs (fig. 412, 5) se développent de plus en plus, ainsi que les deux bourgeons nasaux, et transforment le sillon olfactif en un canal, *canal olfactif*, qui fait communiquer la fossette olfactive (3), alors très-profonde, avec la partie supérieure de la cavité buccale. Les bords de la fossette olfactive formeront les bords des orifices des narines ; la fossette olfactive, avec le canal olfactif, constituent, en s'agrandissant, le labyrinthe olfactif ou la partie supérieure des fosses nasales. En même temps, par la formation de la voûte palatine, la cavité buccale primitive se trouve séparée en deux parties : une supérieure respiratoire, qui représente le méat inférieur, et une inférieure, qui représente la cavité buccale proprement dite. Le canal olfactif, au lieu de s'ouvrir comme auparavant dans la cavité buccale, s'ouvre dans la cavité respiratoire, et son orifice inférieur est représenté chez l'adulte par la fente qui est interceptée par la cloison en dedans et le cornet inférieur en dehors. La cavité des fosses nasales provient donc, pour sa partie supérieure olfactive, de la fossette olfactive ; pour sa partie inférieure respiratoire, de la cavité buccale.

Le développement des os qui entrent dans la constitution des fosses nasales a été vu à propos de la face.

Le *nez* se forme aux dépens du bourgeon frontal et des bords des fossettes olfactives

Il paraît à la fin du deuxième mois, et, d'abord très-court et large, prend peu à peu sa forme définitive. Les ouvertures des fosses nasales sont d'abord bouchées par un tampon de mucus et de cellules épithéliales, qui disparaît au cinquième mois.

Le *nerf* et le *bulbe olfactifs* sont à l'origine, comme le nerf optique et la rétine, un prolongement creux, pédicule de la vésicule cérébrale antérieure, qui plus tard se met en connexion avec le labyrinthe olfactif.

Dursy et Kölliker ont trouvé chez l'embryon humain, des rudiments de l'organe de Jacobson des mammifères.

§ IV. — Organe du goût

Il sera étudié avec le canal alimentaire.

§ V. — Peau

A. *Peau.* — *L'épiderme cutané* provient du feuillet externe du blastoderme; le *derme* provient du feuillet moyen *(lames cutanées)*. A la cinquième semaine l'épiderme se compose de deux couches de cellules, qui répondent à la couche cornée et à la couche de Malpighi. La graisse du tissu cellulaire sous-cutané se forme au quatrième mois, et au sixième paraissent les papilles du derme. L'épiderme subit une production et une desquamation incessantes dans la vie fœtale. A six mois, toute la peau du fœtus est recouverte d'une couche graisseuse *(vernix caseosa, smegma embryonum)*, qui consiste en cellules épidermiques et sécrétion sébacée, et est surtout épaisse en certains endroits (côté de la flexion, plante des pieds, paume des mains, etc.). Une partie de ces lamelles épidermiques se mêlent aux eaux de l'amnios. Le pigment, même dans les races nègres, ne paraît qu'après la naissance. Les crêtes papillaires de la peau ne paraissent qu'au quatrième mois, les papilles elles-mêmes au sixième mois.

B. *Annexes de la peau.* — Les *ongles* se forment au troisième mois; mais jusqu'à la fin du cinquième, ils restent enfoncés dans la matrice de l'ongle et recouverts par la couche cornée de la peau, et ce n'est qu'à partir du sixième mois que leur bord libre se dégage, de façon qu'au septième mois, à part leur mollesse, ils ressemblent à l'ongle parfait.

Les *poils* se forment à la fin du troisième et au commencement du quatrième mois par un bourgeon plein de la couche muqueuse de l'épiderme, qui s'enfonce vers l'intérieur, *germe pileux*. Ce bourgeon épithélial s'enveloppe d'une gaîne connective provenant du derme et donnant naissance à la papille du poil. Les poils sont d'abord enfouis dans le germe pileux; ils ne commencent à paraître à l'extérieur *(éruption des poils)* qu'à la fin du cinquième mois, à la tête d'abord et plus tard seulement aux extrémités. Ces poils sont implantés suivant des séries linéaires qui forment des figures régulières (voy. fig. 379 et 380). Les poils embryonnaires *(lanugo)* sont d'abord très-fins et s'accroissent peu à peu sur la tête. Une partie de ces poils embryonnaires se détachent déjà pendant la vie fœtale et se mêlent aux eaux de l'amnios; le reste tombe après la naissance, pour être remplacé par les poils persistants. Des poils nouveaux se forment du reste aussi chez l'adulte. Une fois formés, les poils et les cheveux s'accroissent rapidement et plus pendant l'été et pendant le jour que pendant l'hiver et pendant la nuit. Enfin à un âge variable suivant les individus, ils blanchissent et tombent.

C. *Glandes de la peau.* — Les *glandes sébacées* se forment vers le cinquième mois par un bourgeonnement épithélial, d'abord plein, dont le point de départ est dans le follicule pileux.

Les *glandes sudoripares* se développent de la même façon. La première ébauche de ces glandes se montre au cinquième mois, et ce n'est qu'au sixième qu'elles présentent la trace de l'enroulement qui formera plus tard le glomérule, et au septième seulement un canal se creuse dans leur intérieur.

La *glande mammaire* a le même mode de formation que les autres glandes cutanées. Ses premiers vestiges paraissent au troisième mois par un bourgeon épithélial plein, provenant de la couche de Malpighi et d'où partent des bourgeons secondaires qui sont disposés comme des rayons autour du bourgeon central primitif. Jusqu'à la puberté, le développement de la glande est à peu près arrêté; à ce moment, chez la femme, elle subit un accroissement rapide, qui atteint son maximum à l'époque de la grossesse et surtout de la lactation. Les acini, qui étaient à peine formés et en très-petit nombre avant la puberté, se produisent en très-grande quantité et s'entourent d'une masse plus épaisse de tissu connectif riche en cellules plasmatiques. Après la lactation, les acini persistent, mais sans sécréter, pour reprendre toute leur activité à la lactation suivante. Enfin, à l'âge de retour, toute la glande subit une régression atrophique, et chez la vieille femme il ne reste plus que les canaux glandulaires et du tissu connectif: tous les globules glandulaires et les acini ont disparu.

ARTICLE IV. — APPAREIL CIRCULATOIRE

Au point de vue de la circulation, on peut admettre quatre périodes : 1° l'embryon et ses annexes ne possèdent pas de vaisseaux et ne reçoivent pas de sang ; 2° première circulation ou circulation de la vésicule ombilicale ; 3° seconde circulation ou circulation

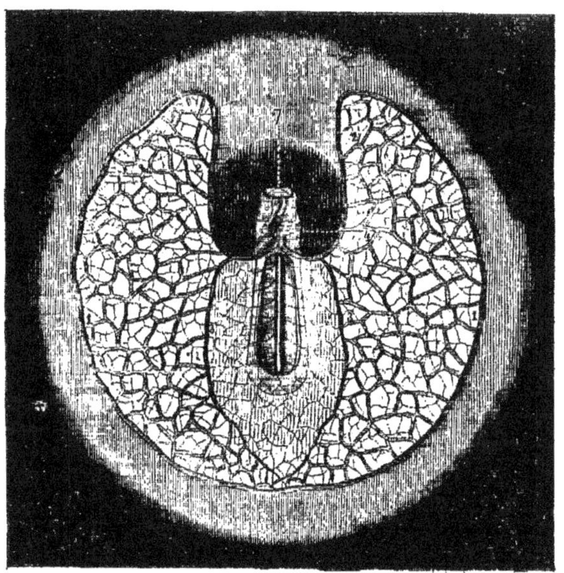

Fig. 431. — *Première circulation* (*).

placentaire ; 4° troisième circulation ou circulation pulmonaire. Les formes de transition, liées au développement du cœur et des vaisseaux, conduisent graduellement à ces

(*) Aire germinative d'un embryon de lapin ; l'embryon est vu par le côté ventral. — 1) Sinus terminal. — 2) Veine omphalo-mésentérique. — 3) Sa branche postérieure. — 4) Cœur, déjà incurvé en S. — 5) Aortes primitives ou artères vertébrales postérieures — 6) Artères omphalo-mésentériques. — 7) Vésicules oculaires primitives. — (D'après Bischoff.)

trois types de circulation. Nous étudierons d'abord la première circulation, puis le développement du cœur et des vaisseaux et les formes de transition qui en résultent pour l'appareil circulatoire, enfin la seconde circulation (fig. 431) et les modifications qu'elle subit à la naissance pour produire la circulation pulmonaire.

§ I. — Première circulation ou circulation de la vésicule ombilicale

La première circulation est *extra-embryonnaire* et présente ceci de particulier que le cœur forme un tube simple et que l'embryon même ne contient pas de ramifications vasculaires. Elle paraît vers le quinzième jour et ne dure que très-peu de temps chez l'homme ; à la cinquième semaine elle a déjà presque disparu pour faire place à la circulation placentaire.

De la partie supérieure du cœur, incurvé en S à cette époque, naissent deux artères, les deux premiers *arcs aortiques*, qui montent d'abord un peu, puis redescendent dans les parois de la cavité céphalo-intestinale en avant des protovertèbres et se réunissent bientôt en un tronc simple, *aorte impaire*.

Cette aorte impaire, après un très-court trajet, donne deux branches parallèles (5), *artères vertébrales postérieures* ou *aortes primitives*, qui marchent jusquà l'extrémité caudale de l'embryon de chaque côté de la corde dorsale. Ces artères donnent chacune quatre ou cinq branches, *artères omphalo-mésentériques* (6), qui sortent de l'embryon sans s'y distribuer et se rendent dans l'aire germinative, où elles forment, avec la terminaison des deux artères vertébrales postérieures qui sortent aussi de l'embryon, un réseau serré superficiel. Ce réseau vient aboutir à un réseau veineux à mailles larges, limité par une veine, *veines* ou *sinus terminal* (1), qui occupe toute la périphérie de l'aire germinative, sauf au niveau de la partie céphalique de l'embryon. Là elle se recourbe (2) vers la tête de l'embryon, se réunit à une autre veine (3) provenant de la partie caudale du réseau veineux pour former la *veine omphalo-mésentérique*, qui se jette dans l'extrémité inférieure du cœur avec celle du côté opposé. On peut voir par la figure que la partie moyenne antérieure de l'aire germinative ne reçoit pas du tout de vaisseaux, et que la partie moyenne postérieure ne possède que des artères. Le réseau vasculaire, d'abord limité à l'aire germinative, s'étend bientôt de plus en plus et couvre alors toute la surface de la vésicule ombilicale, pour s'atrophier ensuite et disparaître avec cette vésicule.

§ II. — Cœur et vaisseaux

Les recherches de Dareste, Hensen, Kölliker, ont montré que le cœur se développe primitivement par deux moitiés symétriques qui s'unissent sur la ligne médiane. Cette phase, méconnue par les observateurs antérieurs, a été décrite p. 967. Bientôt les deux endroits plus foncés qui formaient, comme on l'a vu, les ébauches des deux moitiés du cœur, deviennent plus distinctes et mieux délimitées ; elles font en même temps une saillie en forme d'anse dans laquelle on distingue déjà une partie moyenne fusiforme, une partie postérieure qui reçoit la veine omphalo-mésentérique, une partie antérieure qui se recourbe en dedans et se continuera avec l'aorte *(bulbe artériel ou aortique)*. Ces deux bulbes aortiques se rapprochent de plus en plus et au neuvième jour (lapin) la soudure des deux moitiés du cœur est complète et ne laisse plus de traces.

A ce moment le cœur représente un tube contenu dans la cavité cardiaque. Il est rectiligne et reçoit par son extrémité inférieure le tronc commun des deux veines omphalo-mésentériques et émet par son extrémité supérieure les deux arcs aortiques. Il présente déjà des pulsations avant même qu'il communique avec les vaisseaux, pulsations d'abord très-lentes et irrégulières, qui se régularisent plus tard lorsque la communication du cœur et des vaisseaux s'est faite, et atteignent chez le poulet quarante par minute.

Bientôt ce tube s'incurve en S, de façon que la partie artérielle (fig. 431, 4) est située en haut, en avant et à droite, la partie veineuse en bas, en arrière et à gauche. Dans ce tube, ainsi incurvé, on voit bientôt se produire deux étranglements, qui interceptent trois dilatations : l'antérieure, à l'origine de l'aorte, forme le *bulbe aortique* ; la moyenne forme la *cavité ventriculaire* encore simple ; la postérieure représente la *cavité auriculaire* encore simple et possède deux dilatations secondaires latérales, vestiges des auricules. Un rétrécissement, *canal auriculaire*, sépare la dilatation auriculaire du ventricule ; l'étranglement qui sépare le ventricule du bulbe aortique a reçu le nom de *détroit de Haller*. A ce moment la dilatation ventriculaire présente déjà un sillon, *sillon interventriculaire*, trace de la division des deux ventricules. En même temps les rapports changent ; la partie veineuse ou auriculaire se porte de plus en plus en arrière de l'aorte, et comme les oreillettes se développent, elles débordent à droite et à gauche l'aorte, qui se case dans le creux qu'elles interceptent en avant (fig. 432). Le ventricule gauche semble plus volumineux à l'extérieur et plus arrondi (11) et paraît se continuer avec l'oreillette gauche (9) ; le ventricule droit, au contraire, est plus petit (10) et se continue avec le bulbe de l'aorte. A ce moment l'oreillette gauche est la plus volumineuse.

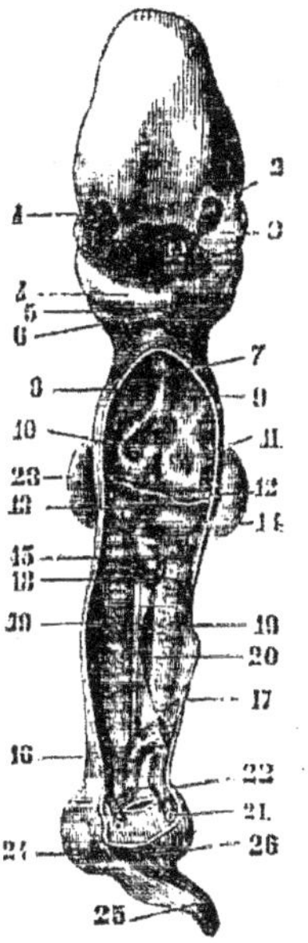

A partir de la quatrième semaine, le ventricule droit devient plus volumineux, tandis que le gauche perd sa forme sphérique et s'allonge un peu pour former la pointe du cœur. Les oreillettes acquièrent aussi un volume considérable, surtout la droite, et, au lieu d'une seule veine, on y voit aboutir deux, puis trois troncs veineux, la vein cave inférieure au milieu et de chaque côté les veines caves supérieures droite et gauche. Enfin le tronc artériel présente un sillon, trace de sa division en aorte et artère pulmonaire.

Les dimensions du cœur (en longueur) aux différentes époques de la vie fœtale sont les suivantes : quatrième semaine, 0m,0023 ; huitième semaine, 0m,0043 ; troisième mois, 0m,010 à 0m,012 ; cinquième mois, 0m,015 a 0m,016 (Kölliker).

La séparation du cœur en cœur droit et cœur gauche commence dans la quatrième ou cinquième semaine. Elle débute par la formation de la cloison des ventricules et ne se termine qu'après la naissance par l'occlusion du trou de Botal.

Fig. 432. — [*Embryon humain de 25 à 28 jours* (*).]

Formation de la cloison ventriculaire. — Cette cloison ne divise pas longitudinalement la cavité ventriculaire primitive en deux parties égales. Elle a, au contraire, une direction presque transversale et sépare la cavité ventriculaire en deux cavités très-inégales : une gauche, plus volumineuse, pour le ventricule gauche ; une droite, très-petite, pour le droit. Cette cloison débute par un repli semi-lunaire (fig. 433, A, 5), qui part de la partie postérieure et inférieure du ventricule,

---

(*) 1) Fossette olfactive. — 2) Bourgeon nasal externe. — 3) Bourgeon maxillaire supérieur. — 4) Bourgeons maxillaires inférieurs soudés. — 5, 6) Deuxième et troisième arcs pharyngiens. — 7) Bulbe de l'aorte. — 8) Oreillette droite. — 9) Oreillette gauche. — 10) Ventricule droit. — 11) Ventricule gauche. — 12) Diaphragme. — 13) Foie. — 14) Tronc commun des deux veines ombilicales. — 15, 16) Intestin coupé. — 17) Mésentère. — 18) Artère omphalo-mésentérique. — 19) Corps de Wolf. — 20) Blastème de la glande sexuelle. — 21) Veine ombilicale. — 22) Artère ombilicale. — 23) Extrémité supérieure. — 24) Extrémité inférieure. — 25) Extrémité caudale. — 26) Ouverture du cloaque. — (D'après Coste.)

et dont la concavité est tournée en haut et un peu à gauche ; ce cloisonnement marche très-vite, et à la huitième semaine la séparation des deux ventricules est complète. La cloison divise l'orifice du canal auriculaire en deux orifices secondaires, orifices auriculo-ventriculaires ; ils ne sont d'abord qu'une simple fente, dont les lèvres, peu prononcées au début, formeront plus tard les valvules mitrale et tricuspide.

Les parois des ventricules présentent jusqu'au quatrième mois une très grande épaisseur comparativement à leur cavité ; les parois du ventricule droit sont d'abord plus minces que celles du gauche ; mais elles atteignent bientôt la même

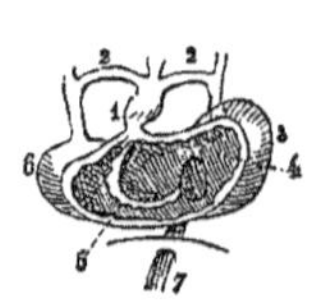
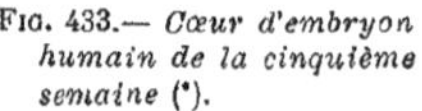
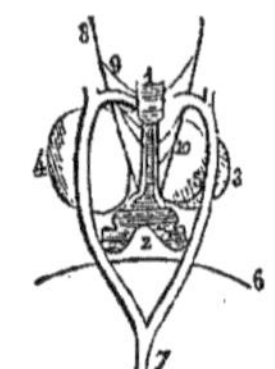

Fig. 433.— *Cœur d'embryon humain de la cinquième semaine* (*).

Fig. 434.— *Cœur d'embryon humain de la cinquième semaine* (**).

épaisseur, qu'elles conservent pendant le reste de la vie fœtale. La musculature du cœur paraît de suite après la soudure de ses deux moitiés ; jusque-là, le cœur était uniquement composé de cellules. Il conserve jusqu'au premier mois une structure caverneuse et comme spongieuse.

Division du tronc artériel. — La formation de l'aorte et de l'artère pulmonaire a lieu par une cloison connective, qui divise suivant sa longueur le tronc artériel en deux canaux secondaires ; cette cloison se produit en même temps que celle des ventricules, mais n'en est pas un prolongement ; car on trouve déjà les deux canaux artériels à la cinquième semaine, époque où les deux ventricules communiquent encore par leur base. Les valvules semi-lunaires existent à la septième semaine.

Formation de la cloison des oreillettes. — Le cloisonnement des oreillettes ne commence guère qu'à la huitième semaine. Il débute par un repli semi-lunaire, qui part du milieu de la paroi antérieure de l'oreillette et du bord supérieur de la cloison ventriculaire, pli dont la concavité regarde en arrière et en haut. En même temps, du côté de la paroi postérieure, la cloison se forme aussi de la façon suivante : la veine cave supérieure, qui s'ouvrait d'abord dans l'oreillette primitive au-dessus de la veine cave inférieure, se porte de plus en plus à droite, et la veine cave inférieure vient s'ouvrir directement vis-à-vis du repli semi-lunaire antérieur de la cloison auriculaire. Cet orifice de la veine cave inférieure est taillé en bec de plume et limité par deux replis saillants, l'un droit, l'autre gauche, qui le séparent incomplétement des parties droite et gauche de la cavité auriculaire primitive, entre lesquelles il forme comme une sorte de cavité intermédiaire. Ces deux replis se réunissent en avant sous un angle aigu qui représente le bec de la plume et se continue avec la corne inférieure du repli semi-lunaire antérieur de la cloison auriculaire. Le repli gauche se développe de plus en plus en gagnant sur la paroi postérieure de l'oreillette, et son bord concave en avant et en haut intercepte, avec le repli semi-lunaire antérieur de la cloison auriculaire, un orifice circulaire, *trou de Botal* (fig. 435, 2), qui fait communiquer les deux oreillettes. Le repli droit de l'orifice de la veine cave inférieure conserve sa forme triangulaire pri-

<hr>

(*) Cœur ouvert du côté abdominal — 1) Bulbe artériel. — 2) Arcs aortiques s'unissant en arrière pour former l'aorte. — 3) Oreillette. — 4) Orifice menant de l'oreillette dans le ventricule. — 5) Cloison ventriculaire commençant à se former. — 6) Ventricule. — 7) Veine cave inférieure. — (D'après Baer.)

(**) Le même cœur, vu par sa partie postérieure. — 1) Trachée. — 2) Poumons. — 3) Ventricules.— 4, 5) Oreillettes. — 6) Diaphragme. — 7) Aorte descendante. — 8) Nerf pneumogastrique. — 9) Ses branches. — 10) Continuation de son tronc. — (D'après Baer.)

mitive et devient la *valvule d'Eustache* (fig. 435, 4), qui sépare l'embouchure de la veine cave de la cavité de l'oreillette droite et dirige le sang de cette veine par le trou de Botal dans l'oreillette gauche. Une saillie, *tubercule de Lower*, existe dans l'oreillette droite à la partie postérieure et supérieure du trou de Botal, et détourne le courant sanguin de la veine cave supérieure.

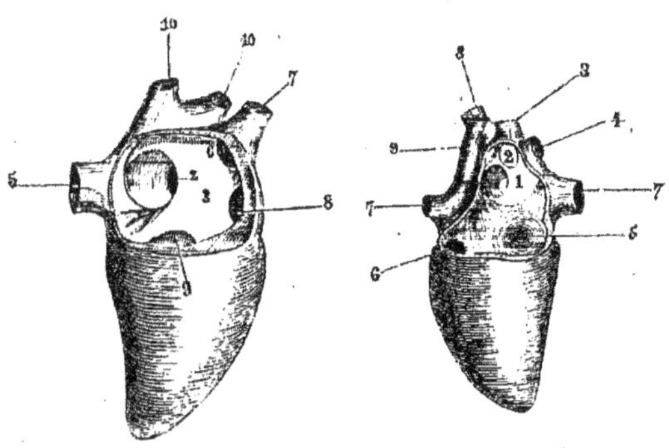

Le cœur est au début placé dans la région céphalique (fig. 431, 4), en avant des premières protovertèbres, au niveau de la deuxième ou de la troisième vésicule cérébrale. Peu à peu, à mesure que la tête se développe, il recule et se trouve dans la région du cou (fig. 403, 11 et 407, 10). Plus tard, en-

Fig. 435. — *Oreillette droite* (*).   Fig. 436. – *Oreillette gauche* (**).

fin, il est situé dans le thorax, dont il remplit toute la cavité au deuxième mois et dont il soulève fortement la paroi antérieure (fig. 405, 14), de sorte qu'il paraît comme placé en dehors de la poitrine. Peu à peu, à mesure que les poumons se développent et que les parois thoraciques se forment, il prend sa position normale.

La formation du *péricarde* est peu connue ; il est visible à la fin du deuxième mois.

II. Artères

Arcs aortiques. — Pendant la durée de la première circulation, du tronc artériel commun ou du bulbe de l'aorte naissent deux vaisseaux, les *arcs aortiques* (fig. 437, A, I), qui se recourbent en arrière et en bas dans la paroi de la cavité céphalo-intestinale et se réunissent en une aorte impaire (2), d'où partent les deux artères vertébrales postérieures. Cette première paire d'arcs aortiques est située à la face interne du premier arc pharyngien ; puis successivement il se forme de nouvelles paires d'arcs aortiques (II, III, etc.) au-dessous des arcs nouvellement formés, comme des espèces d'anastomoses transversales ; il se développe en tout cinq paires d'arcs aortiques situées derrière les arcs pharyngiens correspondants, et pour la cinquième derrière la quatrième fente pharyngienne ; mais ces cinq paires ne coexistent jamais à la fois, les plus ancien-nement formées disparaissant à mesure qu'il s'en forme de nouvelles (fig. 437, A à D). Les transformations de ces arcs aortiques sont les suivantes : le premier et le deuxième arc aortique disparaissent sans laisser de traces. Le troisième forme les carotides. Le quatrième forme à droite le tronc brachio-céphalique et la sous-clavière, à gauche la crosse de l'aorte et la sous-clavière. Le cinquième disparaît à droite ; à gauche, il

(*) L'oreillette droite est ouverte par sa partie externe et postérieure. — 1, Valvule du trou de Botal. — 2, Ouverture du trou de Botal conduisant dans l'oreillette gauche. — 3, Paroi interne de l'oreillette droite antérieure au trou de Botal. — 4, Valvule d'Eustache. — 5, Veine cave inférieure. — 6, Ouverture de — 7, la veine cave supérieure. — 8, Orifice conduisant dans l'auricule droite. — 9, Ouverture conduisant dans le ventricule droit. — 10, Veines pulmonaires.

(**) L'oreillette gauche est ouverte par sa partie postérieure et externe ; l'embouchure des veines pulmonaires gauches est enlevée. — 1, Paroi de l'oreillette antérieure au trou de Botal. — 2, Ouverture de la veine pulmonaire antérieure droite. — 3-4, Veine pulmonaire postérieure droite. — 5, Orifice auriculo-ventriculaire. — 6, Ouverture conduisant dans l'auricule. — 7, Veine cave inférieure. — 8, Veine cave supérieure. — 9, Artères pulmonaires.

constitue l'artère pulmonaire, le canal artériel et la partie supérieure de l'aorte descendante.

Formation des artères périphériques. — Les premiers vaisseaux se forment sur place, indépendamment du cœur, dans le feuillet blastodermique moyen et mieux dans un feuillet spécial (feuillet vasculaire de Pander). Ils sont à l'origine, comme le cœur, des cordons cellullaires pleins, qui se creusent secondairement du canal central.

L'aorte descendante paraît se former par soudure des deux artères vertébrales

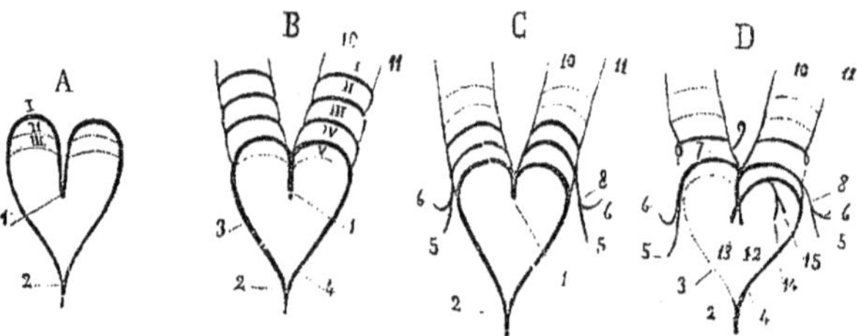

Fig. 437. — *Formation des arcs aortiques et des grosses artères, figure schématique* (*).

ou aortes primitives. Les artères omphalo-mésentériques, qui naissent de ces artères vertébrales et étaient d'abord très-nombreuses, disparaissent peu à peu, et il n'en reste bientôt plus que deux, et ensuite une seule, la droite, qui naît maintenant de l'aorte impaire et donne des rameaux à la vésicule ombilicale et une branche à l'intestin, l'artère mésentérique supérieure.

Les artères de l'allantoïde (artères ombilicales futures) sont d'abord les terminaisons des deux artères vertébrales; puis quand ces deux artères se sont soudées en une aorte impaire, les artères ombilicales forment les deux branches terminales de l'aorte, et les artères iliaques, à cause de leur petit volume, ne semblent que des rameaux des artères ombilicales. En réalité, la terminaison de l'aorte est l'artère de l'extrémité caudale de l'embryon, ébauche de la sacrée moyenne.

III. Veines

1° Veines omphalo-mésentériques, ombilicales et veine porte

La partie postérieure du tube cardiaque, d'abord simple, reçoit à l'origine le tronc commun des deux veines omphalo-mésentériques (fig. 431, 4), qui appartiennent d'abord à l'aire germinative, puis à la vésicule ombilicale quand celle-ci est formée (fig. 403,8). Sur l'embryon de quatre semaines (fig. 438, B), on ne trouve plus qu'une veine omphalo-mésentérique gauche, puisque cette dernière est située à l'origine en avant de l'intestin, tandis que la veine persistante se trouve en arrière de lui; aussi, d'après Coste, la veine omphalo-mésentérique persistante se forme-t-elle aux dépens des deux

<hr>

(*) I, II, III, IV, V. Premier, deuxième, troisième, quatrième et cinquième arcs aortiques. — A. Tronc artériel commun d'où naissent les deux premiers arcs aortiques ; la place où se formeront les suivants est indiquée par des lignes ponctuées. — B. Tronc artériel commun avec les quatre premières paires d'arcs aortiques et la trace des deux premières oblitérées à cette époque. — D. Artères persistantes; les parties disparues sont indiquées par des lignes ponctuées.

1) Tronc artériel commun. — 2) Aorte thoracique. — 3) Branche droite du tronc artériel commun destinée à disparaître. — 4) Branche gauche persistante. — 5) Artère axillaire. — 6) Artère vertébrale. — 7, 8) Sous-clavière. — 9) Carotide primitive. — 10) Carotide externe. — 11) Carotide interne. — 12) Aorte. — 13) Artère pulmonaire. — 14, 15) Branches pulmonaires droite et gauche de l'artère pulmonaire. — (D'après Kölliker.)

veines primitives droite (B, 2) et gauche (B, 3), la première fournissant la partie la plus rapprochée de l'embouchure, la seconde donnant naissance au reste. Cette veine omphalo-mésentérique reçoit, en outre, la veine mésentérique qui provient de l'intestin et paraît à une époque très-précoce.

Les *veines ombilicales*, d'abord au nombre de deux, se développent presque immédiatement après la formation des veines omphalo-mésentériques et avant l'apparition du foie. Ces deux veines (fig. 438, A, 5 et 6) s'ouvrent d'abord par un tronc unique

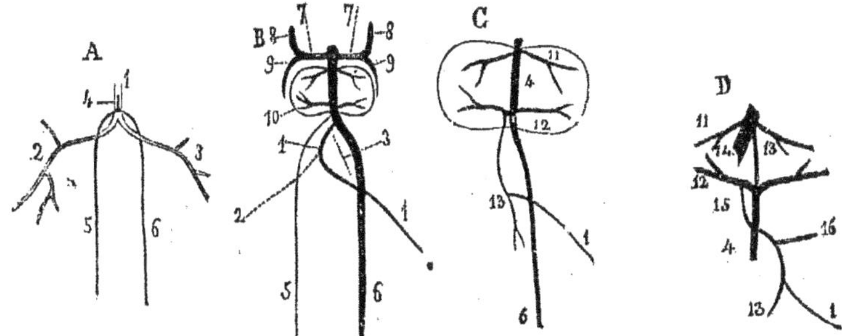

Fig. 438. — *Développement des veines omphalo-mésentériques et ombilicales, figure schématique* (*).

dans le tronc commun des veines omphalo-mésentériques (A, 1) et reçoivent les veines de l'allantoïde et aussi celles de la paroi ventrale antérieure. Une de ces veines dispa raît bientôt, la droite, et il ne reste plus que la veine ombilicale gauche (B, 6), qui se place peu à peu sur la ligne médiane.

En même temps que ces changements se font, les veines omphalo-mésentériques ont peu à peu diminué de volume; les veines ombilicales, au contraire, se sont accrues, de sorte que le tronc commun des veines omphalo-mésentériques, qui formait le tronc principal, ne paraît plus maintenant qu'une branche du tronc commun des veines ombilicales, et que la veine omphalo-mésentérique qui reste (B, 1) n'est plus qu'une branche de la veine ombilicale persistante (B, 6).

Avec l'apparition du foie commencent des modifications importantes dans ce système circulatoire. Dès que le foie s'est formé autour de la veine ombilicale (B), cette veine envoie dans la glande des ramifications (10), branches futures de la veine porte, *veines hépatiques afférentes*, qui, après s'être distribuées dans le foie, donnent naissance à des *veines hépatiques efférentes* (veines sus-hépatiques futures). La partie de la veine

<hr>

(*) A. *Stade correspondant à la formation des veines ombilicales et au plein développement des veines omphalo-mésentériques.* — 1) Tronc commun des veines omphalo-mésentériques. — 2) Veine omphalo-mésentérique droite. — 3) La gauche. — 4) Tronc commun des veines ombilicales. 5) Veine ombilicale droite. — 6) La gauche.

C. *Stade correspondant à la formation du foie.* — 1) Veine omphalo-mésentérique persistante.— 2, 3) Traces des portions des veines omphalo-mésentériques disparues.— 5) Veine ombilicale droite en voie de disparition. — 6) Veine ombilicale gauche persistante. — 7) Canaux de Cuvier. — 8) Veines cardinales antérieures. — 9) Veines cardinales postérieures. —10) Foie.

C. *Stades correspondant à l'établissement de la circulation placentaire.* — 1) Veine omphalo-mésentérique persistante. — 4) Canal veineux. — 6) Veine ombilicale. — 11) Veines hépatiques effé-rentes. — 12) Veines hépatiques afférentes. — 13) Veine mésentérique.

D. *Stade correspondant à la circulation placentaire complète.* — 1) Veine omphalo-mésentérique provenant de la vésicule ombilicale. — 4) Veine ombilicale. — 11) Veines hépatiques efférentes. — 12) Veine hépatique afférente droite. — 13) Veine mésentérique supérieure. — 14) Veine cave infé-rieure. — 15) Veine porte. — 16) Veine splénique.— (D'après Kölliker).

ombilicale, intermédiaire entre l'abouchement des veines afférentes et efférentes, formera plus tard le canal veineux d'Aranzi et donne passage à une portion du sang de la veine ombilicale qui arrive directement au cœur sans traverser le foie.

La veine mésentérique (fig. 438, C, 13) s'ouvre primitivement, comme nous l'avons vu, dans la veine omphalo-mésentérique (1), et celle-ci, lorsque les veines hépatiques afférentes se sont formées (12), s'ouvre non plus dans la veine ombilicale même, mais dans le tronc de la veine hépathique afférente du côté droit. A mesure que le développement progresse, la veine omphalo-mésentérique (1) diminuant, tandis que la veine mésentérique (13) augmente de plus en plus, la première ne paraît être qu'une branche de la seconde, et la partie de la veine omphalo-mésentérique intermédiaire entre l'embouchure de la veine mésentérique et le tronc droit des veines hépatiques afférentes constitue la veine porte (D, 15).

Ces rapports se conservent jusqu'au moment de la naissance. Alors, par l'oblitération de la veine ombilicale et du canal veineux, la veine porte amène seule du sang au foie par les veines hépatiques afférentes; la veine hépatique afférente gauche et l'origine de la droite forment la branche gauche de la veine porte; la branche droite de la veine porte est constituée par ce qui reste de la veine hépatique afférente du côté droit (fig. 438, D).

2° Veines du corps de l'embryon, veines cardinales et système des veines caves

Les veines du corps de l'embryon se forment après les veines omphalo-mésentériques et avant même l'apparition de l'allantoïde et des vaisseaux ombilicaux. Ces veines forment quatre troncs principaux ou *veines cardinales*, deux antérieures et deux postérieures : *veines cardinales antérieures* ou *jugulaires* (fig. 439, 3) et *veines cardinales postérieures* (13).

Ces veines se réunissent de chaque côté pour former les deux *canaux de Cuvier* (fig. 438, 1) qui marchent transversalement en dedans et vont s'ouvrir dans l'oreillette encore unique par le tronc commun des veines omphalo-mésentériques.

Formation des veines jugulaires et de la veine cave supérieure. — Les deux conduits de Cuvier s'ouvrent à l'origine, dans l'oreillette, par le tronc commun des veines omphalo-mésentériques, tronc qui reçoit la veine ombilicale et la veine cave inférieure; plus tard, la veine omphalo-mésentérique restante devenant de moins en moins volumineuse par rapport à la veine ombilicale, c'est dans cette dernière (fig. 439, 1) que s'ouvrent les canaux de Cuvier. Plus tard encore la veine cave inférieure prend de plus en plus d'accroissement; la veine ombilicale ne paraît plus être qu'une de ses branches, et c'est la veine cave inférieure qui s'ouvre alors dans l'oreillette après avoir reçu les canaux de Cuvier.

La courte portion de la veine cave inférieure intermédiaire entre l'oreillette et l'embouchure des canaux de Cuvier disparaît peu à peu par le développement de l'oreillette, et celle-ci, au lieu de recevoir un seul tronc veineux, en reçoit trois, au milieu la veine cave inférieure et de chaque côté les canaux de Cuvier, qui deviendront les veines caves supérieures droite et gauche.

A la fin du deuxième mois il se forme chez l'embryon un conduit transversal (fig. 439, A, 7) unissant les deux veines cardinales antérieures ou jugulaires. Ce conduit mène le sang de la veine jugulaire gauche dans la jugulaire droite. En même temps que cette anastomose se forme, la veine cave supérieure gauche (conduit de Cuvier gauche) a pris une autre position que sa position transversale originaire; elle devient oblique et s'ouvre tout à fait en bas et à gauche de l'oreillette, puis elle disparaît du troisième au quatrième mois, à l'exception de son embouchure, qui forme le *sinus coronaire* (fig. 440, B, 17), dans lequel s'ouvre la grande veine coronaire. La veine cave supérieure droite (conduit de Cuvier droit), au contraire, persiste; l'anastomose des deux veines jugulaires droite et gauche forme la veine innominée gauche (fig. 440, A, B, 7) et l'extrémité de la jugulaire droite forme la veine innominée droite (B, 6).

Les veines cardinales antérieures ont leurs origines dans la cavité crânienne, où elles se réunissent pour former le sinus latéral. Ces veines sortent du crâne par un orifice qui disparaît peu à peu et se trouve en avant de la région auditive. Le sang suit un autre trajet pour revenir du crâne, et il est ramené par une veine de nouvelle formation sortant du crâne par le trou qui sera plus tard le trou déchiré postérieur, veine qui va s'ouvrir dans la veine jugulaire primitive près du canal de Cuvier (fig. 439, 4). Cette veine de nouvelle formation devient la veine jugulaire interne, tandis que la veine jugulaire originaire représente la veine jugulaire externe.

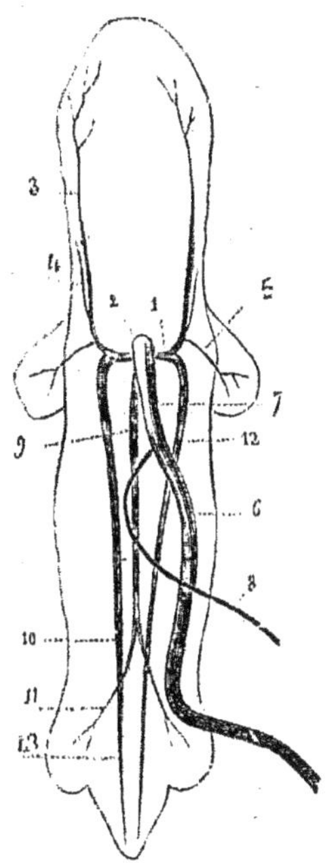

Fig. 439 — État des gros troncs veineux au moment de la première formation de la circulation placentaire, figure schématique (*).

Développement des veines cardinales postérieures et de la veine cave inférieure. — Les veines cardinales postérieures sont d'abord les veines du corps de Wolf, dont elles suivent le trajet et dont elles reçoivent des rameaux. Elles reçoivent, en outre, des branches répondant aux veines intercostales et lombaires, et les veines crurales (fig. 439, 11). Leur destination ultérieure sera décrite plus loin.

La veine cave inférieure paraît entre la quatrième et la cinquième semaine et reçoit les veines des reins, des capsules surrénales et des corps de Wolff. Elle forme d'abord un tronc qui marche entre les corps de Wolff, en arrière du foie, et s'unit en bas de chaque côté par une anastomose transversale avec les veines cardinales postérieures à l'endroit où celles-ci reçoivent les veines crurales, qui paraissent alors se jeter dans la veine cave inférieure aussi bien que dans les veines cardinales (fig. 439, 10, 11).

Les veines cardinales disparaissent bientôt dans leur partie moyenne (fig. 439, 11) et il n'en reste plus que les parties suivantes : 1° leur embouchure dans le canal de Cuvier (4), qui reçoit alors de chaque côté une veine de nouvelle formation, veine vertébrale postérieure ; 2° leur extrémité (16), qui constitue la veine hypogastrique ; 3° les veines crurales (15), qui s'ouvrent alors avec les veines hypogastriques dans la veine cave inférieure par les veines iliaques (anastomoses primitives entre la veine cave inférieure et les veines cardinales) (14). La partie moyenne disparue des veines cardinales est remplacée par deux veines de nouvelle formation, *veines vertébrales postérieures* (12), qui reçoivent alors les veines intercostales et lombaires, et présentent bientôt une anastomose allant obliquement de la gauche à la droite. La veine vertébrale droite constitue la veine azygos avec l'embouchure persistante de la veine cardinale droite (5). L'extrémité postérieure de la veine vertébrale gauche (12), avec l'anastomose transversale (13) des deux extrémités vertébrales, forme la petite azygos. L'extrémité antérieure de la veine vertébrale gauche, avec l'embouchure de la veine cardinale gauche (4), devient

(*) 1) Canal de Cuvier. — 2) Tronc veineux commun primitif. — 3) Veine cardinale antérieure ou jugulaire primitive. — 4) Jugulaire interne. — 5) Sous-clavière. — 6) Veine ombilicale. — 7) La même veine au niveau du foie (les veines hépatiques afférentes et efférentes ne sont pas figurées). — 8) Veine omphalo-mésentérique. — 9) Veine cave inférieure. — 10) Anastomose entre la veine cave inférieure et les veines cardinales à l'endroit où celles-ci reçoivent les veines crurales. — 11) Veines crurales. — 12, 13) Veines cardinales postérieures. — (D'après Kölliker.)

la veine intercostale supérieure gauche. A la fin de la vie fœtale, la veine cave inférieure a un calibre à peu près égal à celui du canal veineux.

On voit, par ce qui précède, que les troncs veineux sont d'abord symétriques, et que ce n'est que dans le cours du développement et par disparition d'une partie des veines primitives que le système veineux acquiert cette asymétrie qu'il possède chez l'adulte. On a cru, du reste, qu'il en est de même pour le cœur et les artères. Cette disposition des troncs vasculaires primitifs n'est souvent, du reste, que partielle et ne porte que sur certains segments de leur longueur ; les segments restreints continuent à se développer et concourent ensuite à la formation des troncs persistants. C'est ainsi qu'un tronc vasculaire définitif, qui paraît, une fois le développement achevé, un organe simple, est en réalité un organe complexe constitué par l'assemblage de plusieurs segments appartenant, à l'origine, chacun à un vaisseau primitif différent. C'est ce que montre, par exemple, le développement de l'aorte et de la veine cave inférieure.

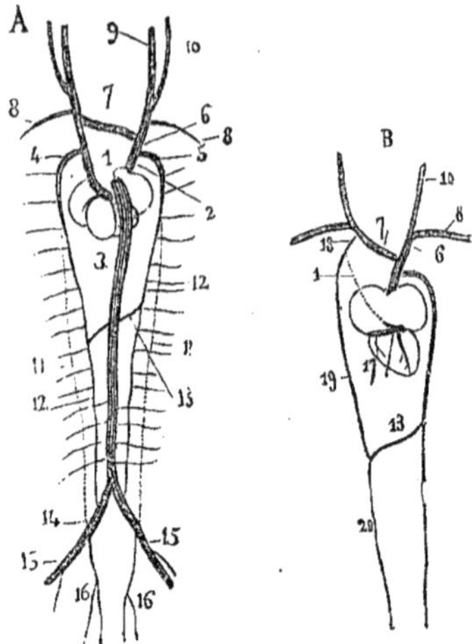

Fig. 440. — *Formation des systèmes veineux de la veine cave supérieure et de la veine cave inférieure, figure schématique (*).*

§ III. — Seconde circulation, ou circulation placentaire

La circulation placentaire, précédée par des formes de transition dont la plus importante est représentée par la figure 441 et qu'on retrouve facilement si on se rappelle le développement des vaisseaux de l'embryon, dure, dans sa forme parfaite, depuis l'origine du troisième mois jusqu'à la fin de la vie fœtale. Cette circulation se fait de la façon suivante :

Le sang revient artérialisé du placenta par la veine ombilicale. Arrivé au foie, une partie de ce sang passe directement dans la veine cave inférieure par le canal veineux ; l'autre partie va se distribuer dans le foie par les veines hépatiques afférentes (branches futures de la veine porte) avec le sang que la veine porte de l'embryon ramène de l'intestin, de la rate, etc.; ce sang, après avoir traversé le foie, arrive à son tour dans la veine cave inférieure, qui reçoit encore le sang veineux revenant des extrémités inférieures et des reins.

(*) A. *Cœur et système veineux à l'époque où il existe deux veines caves supérieures; vue postérieure.* — 1) Veine cave supérieure gauche. — 2) Veine cave supérieure droite. — 3) Veine cave inférieure.— 4) Veine cardinale inférieure gauche. — 5) Veine cardinale inférieure droite. — 6) Jugulaire droite. — 7) Anastomoses entre les deux veines jugulaires (veine innominée gauche). — 8) Veines sous-clavières. — 9) Jugulaire interne.— 10) Jugulaire externe. — 11) Partie moyenne oblitérée des veines cardinales postérieures. — 12) Veines vertébrales postérieures nouvellement formées. — 13) Anastomose entre les deux vertébrales (tronc de la demi-azygos). — 14) Veines iliaques (anastomose primitive entre la veine cave inférieure et les veines cardinales postérieures).—15) Veines crurales. — 16) Veine hypogastrique (terminaison primitive des veines cardinales postérieures).

B. *Cœur et troncs veineux persistants; vue postérieure.* — 1) Veine cave supérieure gauche oblitérée. — 6) Veine innominée droite. — 7) Veine innominée gauche. — 8) Sous-clavière. — 10) Jugulaire commune. — 13) Tronc de la demi-azygos. — 17) Sinus coronaire recevant la grande veine coronaire. — 18) Intercostale supérieure. — 19) Demi-azygos supérieure. — 20) Demi-azygos inférieure. — (D'après Kölliker.)

Ce sang, contenu dans la veine cave inférieure au-dessus du foie, est donc déjà un sang très-mélangé, puisqu'il comprend : 1° du sang artériel pur venant du placenta par la veine ombilicale et le canal veineux ; 2° du sang artériel provenant du placenta par la veine ombilicale et modifié dans son passage à travers le foie ; 3° le sang veineux de l'intestin, de la rate, du pancréas, modifié aussi dans le foie ; 4° le sang veineux des reins ; 5° le sang veineux des extrémités inférieures. Ce sang arrive dans l'oreillette droite par la veine cave inférieure et, sans s'y arrêter, est dirigé immédiatement par la

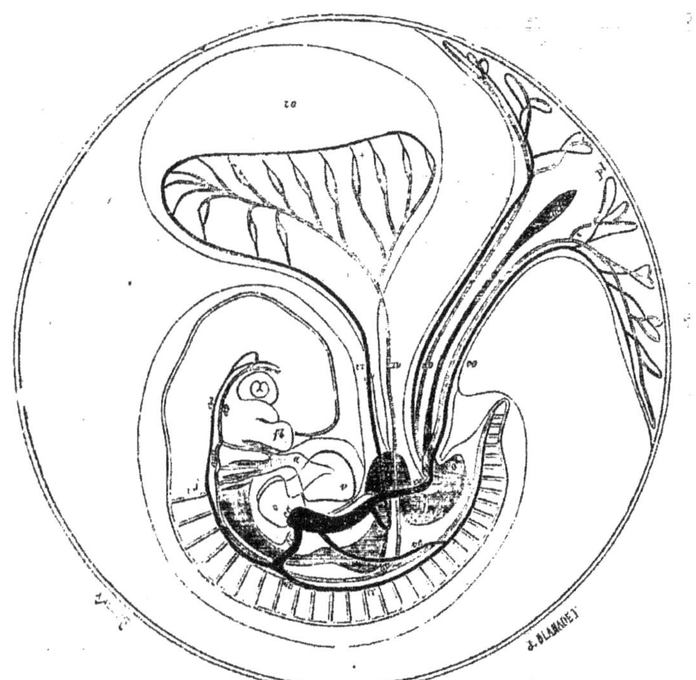

Fig. 444. — *Circulation du fœtus à l'époque où la vésicule ombilicale et l'allantoïde sont contemporaines* (*).

valvule d'Eustache dans le trou de Botal et dans l'oreillette gauche ; là il se mélange avec un sang veineux en petite quantité, qui revient des poumons par les veines pulmonaires. De là, ce sang passe dans le ventricule gauche, et du ventricule gauche dans l'aorte, qui l'envoie par les carotides et les sous-clavières dans la tête, et dans les extrémités supérieures. Au-dessous de l'origine de ces artères ce sang subit un nouveau mélange et une nouvelle addition de sang veineux, qui provient de la veine cave supérieure.

(*) *o*, Oreillette. — *v*, Ventricule. — *a*, Aorte. — *ar*, Artère vertébrale droite, ayant pour racines les arcs aortiques du même côté et se dirigeant, d'une part vers l'extrémité céphalique, de l'autre vers l'extrémité caudale, où elle donne naissance à l'artère omphalo-mésentérique *ar*, et à l'artère ombilicale *ao*. — *vo*, Vésicule ombilicale. — *pl*, Placenta en voie de formation. — *vo*, Veine ombilicale. — *vv*, Veines vertébrales supérieure et inférieure droite. — *vc* Veine cave inférieure. — *az*, Azygos. — *cc*, Canal de Cuvier. — (Cos'e.)

Après avoir nourri la tête et les extrémités supérieures, le sang veineux revient par la veine cave supérieure dans l'oreillette droite, de l'oreillette droite dans le ventricule droit, et de celui-ci dans l'artère pulmonaire. Les poumons ne fonctionnant pas chez le fœtus, une très-petite quantité de sang passe dans les poumons par les branches de l'artère pulmonaire, pour revenir ensuite par les veines pulmonaires dans l'oreillette gauche ; la plus grande partie passe dans le canal artériel (fig. 442, 6) qui va s'ouvrir dans l'aorte descendante au-dessous de l'origine de la sous-clavière gauche et se mélange au sang contenu dans l'aorte ascendante. C'est ce sang, très-fortement veineux, qui se distribue avec l'aorte descendante et va nourrir ses extrémités inférieures, pour revenir, à l'état de sang veineux pur, par la veine cave inférieure. Mais la plus grande partie retourne au placenta par les artères ombilicales pour s'y artérialiser au contact du sang de la mère. Le cœur du fœtus à terme bat 130 à 150 fois par minute.

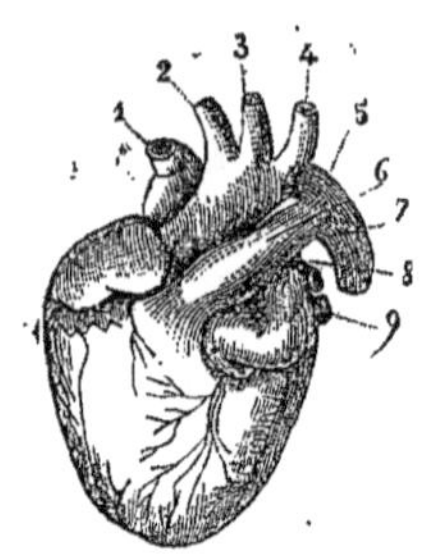

FIG. 442. — *Cœur de fœtus à terme; vue antérieure* (*).

On voit que les différents organes du fœtus reçoivent un sang qui présente des qualités différentes, suivant les points que l'on considère ; on voit aussi qu'aucun d'eux ne reçoit du sang artériel pur. Au point de vue de la qualité du sang qu'ils reçoivent, on peut classer les organes du fœtus en quatre catégories : 1° le foie ; 2° la tête, les extrémités supérieures et le cœur ; 3° les extrémités inférieures, et 4° les poumons.

1° Le foie reçoit le sang le moins mélangé, puisqu'il reçoit du sang artériel pur provenant du placenta, plus le sang veineux de l'intestin, de la rate et du pancréas, amené par la veine porte, et enfin le sang amené par l'artère hépatique, sang qui provient de l'aorte descendante et a des caractères fortement veineux ; aussi le foie joue-t-il un rôle très-important dans la vie fœtale, comme le prouve du reste son volume. 2° Les extrémités supérieures, la tête et le cœur lui-même, reçoivent un sang fortement mélangé, dans lequel on trouve : *a*, du sang artériel pur provenant du canal veineux ; *b*, le sang veineux du foie ; *c*, le sang veineux des extrémités inférieures et d'une partie du tronc ; *d*, le sang veineux des reins ; *e*, le sang veineux des poumons. 3° Les extrémités inférieures, les organes digestifs, les reins, les organes génitaux, la rate, les parois du tronc, reçoivent un sang encore plus mélangé et plus fortement veineux, puisqu'au sang précédent est venu s'ajouter le sang veineux provenant de la tête, des extrémités supérieures et du cœur. 4° Enfin les poumons, qui, sous ce rapport, occupent le degré inférieur de l'échelle, reçoivent un sang encore plus pauvre en éléments artériels ; en effet, ils reçoivent le même mélange que les organes précédents du troisième groupe, mais dans des proportions différentes, puisqu'au sang déjà incomplétement artérialisé apporté par les artères bronchiques, s'ajoute une forte proportion de sang veineux pur apporté directement par les branches de l'artère pulmonaire.

La circulation placentaire se distingue par l'absence de petite circulation et par la communication des cœurs droit et gauche. Les quatre cavités du cœur sont utilisées pour la circulation générale.

A la naissance, les conditions d'existence du fœtus sont complétement changées et il s'ensuit dans la circulation des modifications capitales qui mènent à l'établissement de la circulation pulmonaire. Toute communication avec le placenta est interrompue et, par par suite, il survient une oblitération des artères ombilicales, de la veine ombilicale jusqu'à l'abouchement de la veine porte et du canal veineux. En même temps les poumons, en se dilatant par la première inspiration, sont le siège d'un afflux sanguin de l'artère pulmonaire, qui, passant presque en entier par le canal artériel dans l'aorte,

---

(*) 1) Veine cave supérieure. — 2) Tronc brachio-céphalique. — 3) Carotide primitive gauche. — 4) Sous-clavière gauche. — 5) Crosse de l'aorte. — 6) Canal artériel. — 7) Aorte descendante. — 8) Artère pulmonaire. — 9) Veines pulmonaires gauches. — (D'après Kölliker.)

est détourné vers les poumons ; le sang passe de moins en moins dans le canal artériel, qui se rétrécit, puis s'oblitère au deuxième ou troisième jour. Le sang revient en masse des poumons par les veines pulmonaires, qui se dilatent ; le courant sanguin des veines pulmonaires remplit alors l'oreillette gauche et s'oppose à ce que le courant provenant de la veine cave inférieure pénètre dans cette oreillette par le trou de Botal ; ce trou s'oblitère à son tour dès qu'il ne donne plus passage à un courant sanguin, et ainsi s'établit la circulation pulmonaire définitive. La fermeture du trou de Botal n'est achevée qu'au bout de quelques semaines (1).

§ IV. — Glandes et vaisseaux lymphatiques

Leur développement est très-peu connu. Les glandes lymphatiques paraissent vers le milieu de la vie fœtale.

ARTICLE V. — APPAREIL DE LA DIGESTION

§ I. — Canal alimentaire

La formation de la première ébauche de l'intestin a déjà été décrite (p. 969) avec la formation de la vésicule ombilicale, à laquelle elle est liée. L'intestin originaire représente un tube fermé à ses deux extrémités et communiquant largement avec la vésicule ombilicale par le conduit vitellin. Le cul-de-sac antérieur, *cavité céphalo-intestinale* ou *intestin antérieur*, forme le pharynx et l'œsophage ; le cul-de-sac postérieur, *cavité pelvi-intestinale* ou *intestin postérieur*, forme la partie inférieure du rectum ; la partie intermédiaire, ou *intestin moyen*, donne naissance au reste du tube digestif, estomac, intestin grêle et gros intestin jusqu'au milieu du rectum, autrement dit à la partie du tube digestif en rapport avec le péritoine. La cavité buccale, d'une part, la cavité recto-anale de l'autre, ne se forment pas aux dépens de l'intestin primitif, mais représentent à l'origine des dépressions du feuillet corné du blastoderme et ne se mettent que plus tard en communication avec les culs-de-sac antérieur et postérieur de l'intestin primitif.

Formation de la cavité buccale. — La cavité buccale commence à se former du quinzième au dix-huitième jour. C'est d'abord une simple dépression du feuillet externe du blastoderme, dépression circonscrite par les bourgeons maxillaires supérieurs et inférieurs (fig. 409, 2). Cette dépression, *cul-de-sac buccal* de Remak, s'agrandit de plus en plus pour constituer bientôt (fig. 410) une large cavité qui s'ouvre au dehors par une fente transversale ; le fond de cette cavité avoisine le cul-de-sac antérieur de l'intestin primitif (cavité céphalo-intestinale), dont il n'est séparé que par une mince membrane, *membrane pharyngienne ;* cette membrane elle-même se résorbe peu à peu, et les deux cavités communiquent alors d'abord par une fente longitudinale, puis par une large ouverture.

La cavité buccale à l'origine est commune aux fosses nasales et au tube digestif, et ce n'est qu'à la fin du deuxième mois que commence à se former la voûte palatine, qui

---

(1) Il importe de se rappeler, pour l'intelligence de la circulation fœtale placentaire, que beaucoup de vaisseaux appelés *veines* contiennent du sang artériel et réciproquement. Ainsi la veine ombilicale, le canal veineux, contiennent du sang artériel ; l'artère pulmonaire, le canal artériel, contiennent du sang veineux, etc. En outre, des vaisseaux qui, chez l'adulte, contiennent du sang artériel, contiennent du sang veineux chez le fœtus ; exemple : les veines pulmonaires. Ces mots *artériel* et *veineux* appliqués au sang du fœtus n'ont pas la même signification que chez l'adulte, et n'ont qu'une valeur relative (voy. les *Traités de physiologie*). Ils sont employés ici uniquement pour la commodité de la démonstration.

les divise en deux parties, une supérieure respiratoire, une inférieure digestive. Ce développement a été décrit plus haut (voy. *Dévelop. de la face*, p. 991).

La soudure des deux moitiés originaires de la voûte palatine se fait d'avant en arrière, et cette soudure est complète pour la voûte palatine osseuse à la neuvième semaine; mais la soudure des deux moitiés qui constituent primitivement le voile du palais ne se fait que plus tard, vers la fin du troisième mois. La luette paraît déjà avant la soudure sous forme d'une petite saillie située à l'extrémité postérieure de chacune des deux moitiés du voile.

La *langue* se développe dans la cinquième semaine ; elle représente d'abord un soulèvement situé en arrière des bourgeons maxillaires inférieurs soudés à cette époque (fig. 411, 9 et 412). A ce soulèvement vient se joindre un bourgeon naissant de la face interne du deuxième arc pharyngien, et les deux réunis constituent le corps charnu de la langue (principalement l'hyo-glosse et le génio-glosse). L'épithélium lingual provient du feuillet externe du blastoderme. Les papilles paraissent au troisième mois, les follicules clos de la base de la langue au quatrième mois.

La *lèvre* supérieure se développe par trois bourgeons, un médian, qui provient du bourgeon incisif, deux latéraux, qui proviennent des bourgeons maxillaires supérieurs. Son développement est en connexité intime avec celui de la mâchoire supérieure et du palais (voy. *Os de la face*). La lèvre inférieure se développe aux dépens des bourgeons maxillaires inférieurs par deux moitiés latérales, qui se soudent sur la ligne médiane comme pour le maxillaire inférieur.

Développement du pharynx et de l'œsophage. — Le pharynx, d'abord très-court, s'agrandit peu à peu à mesure que la tête se forme et que le cœur prend sa situation définitive. Le développement de l'œsophage est peu connu : il commence aussi par être très-court et s'allonge ensuite graduellement.

Les *amygdales* paraissent au quatrième mois sous forme d'une ouverture linéaire située sur la même ligne que l'ouverture de la trompe d'Eustache. Leurs follicules clos ne se distinguent que vers le sixième mois.

Développement de l'intestin moyen. — L'intestin moyen représente à l'origine un tube de calibre uniforme (fig. 443, e^1, e^2), communiquant avec la vésicule ombilicale (d). Ce tube est d'abord rectiligne ou appliqué contre la colonne vertébrale; puis il s'écarte de cette colonne et constitue une anse rattachée au rachis par le mésentère (fig. 443, o). Les modifications suivantes que subit ce tube intestinal ont pour but la formation de l'estomac, de l'intestin grêle et du gros intestin.

1º *Estomac.* — La partie supérieure de l'intestin se dilate et représente un réservoir fusiforme à grand axe vertical, situé sur la ligne médiane et rattaché au rachis par un court repli partant de sa partie postérieure. Cette partie postérieure se dilate plus que le reste et constituera plus tard le grand cul-de-sac. Bientôt l'estomac devient oblique de vertical qu'il était et son extrémité inférieure se dirige à droite, en même temps que sa face gauche devient antérieure, sa face droite postérieure, et que son bord antérieur se tourne en haut et à droite pour former la petite courbure rattachée déjà au foie par le repli du petit épiploon.

Les glandes de l'estomac paraissent de la septième à la huitième semaine dans le feuillet intestino-glandulaire comme des bourgeons épithéliaux pleins qui se creusent d'une cavité à partir de la douzième ou de la treizième semaine. Jusqu'à cette époque la couche glandulaire et la couche fibreuse des parois stomacales ne présentent aucune union intime; et c'est seulement à ce moment que se forment, aux dépens de la face interne de la couche fibreuse, des prolongements qui se développent et constituent autour des glandes un réseau connectif, ébauche du derme de la muqueuse. L'adhérence des couches devient tout à fait intime du cinquième au septième mois.

2º *Intestin.* — La partie du tube intestinal qui suit immédiatement l'estomac ne prend pas part à la formation de l'anse intestinale mentionnée plus haut, et par suite n'a pas de mésentère ; aussi reste-t-elle accolée à la paroi abdominale postérieure, et c'est elle qui constitue le *duodénum*. Seulement à cause du changement de position de l'estomac, cette portion de l'intestin, d'abord verticale, se trouve entraînée avec lui et prend peu a peu la direction qu'elle a chez l'adulte.

Le reste du tube intestinal primitif s'écarte peu à peu du rachis et forme une anse, dont la convexité est tournée en avant et dont la concavité donne attache au mésentère (Fig. 443, *o*). Du sommet de l'anse part le conduit vitellin qui fait communiquer l'in-

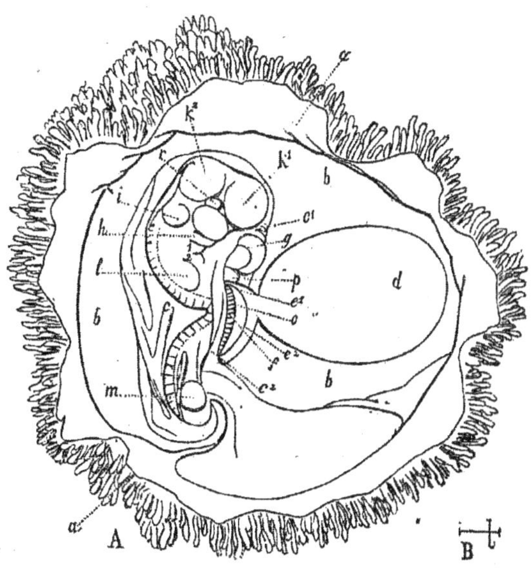

FIG. 443. — *Embryon humain de vingt et un jours* (*).

testin avec la vésicule ombilicale (*d*). Bientôt les deux branches de l'anse s'accolent (Fig. 444) et se placent dans le cordon jusqu'à la fin du troisième mois, époque où l'anse rentre peu à peu dans la cavité abdominale. Pendant que l'anse intestinale est encore dans le cordon, la branche postérieure présente à peu de distance du sommet, et par suite à une certaine distance de l'insertion du conduit vitellin, un léger renflement, première trace du cæcum et de l'appendice iléo-cæcal. A la septième semaine les deux branches de l'anse subissent un déplacement, grâce auquel la branche postérieure se porte en avant et à droite de l'antérieure ; en même temps les circonvolutions de l'anse antérieure et du sommet qui constituent l'intestin grêle commencent à se former, et dès la huitième semaine on trouve dans le cordon un petit peloton de circonvolutions intestinales.

La branche postérieure, qui deviendra le gros intestin, s'agrandit à son tour, et forme au troisième mois une grande anse atteignant l'estomac et recouverte par le grand épiploon (Fig. 445). Le cæcum (3) se trouve à ce moment sur la ligne médiane, et le côlon ascendant (4) est très-court, tandis que les autres parties du gros intestin sont plus complétement formées (5). Le côlon ascendant n'est bien formé qu'au sixième mois ; les cellules et les ligaments du côlon sont visibles au septième mois. Cette rotation de l'anse intestinale primitive, qui détermine la position du gros intestin par rapport à l'intestin grêle, est encore assez peu expliquée ; en tout cas ce n'est pas un phéno mène mécanique, mais un simple phénomène d'accrois sement végétatif.

Jusqu'à la huitième semaine la muqueuse de l'intestin grêle est tout à fait lisse, sans villosités et sans glandes. Les glandes de Lieberkuhn, à l'inverse des glandes sto macales, seraient à l'origine, d'après Kölliker, des culs de-sac de l'épithélium, et non des bourgeons pleins. Les villosités apparaissent au début du troisième mois. Les glandes de Brunner ne se forment que plus tard vers le cinquième mois, et un mois plus tard paraissent les plaques de Payer, qui se forment aux dépens du feuillet fibro-intestinal. Au septième mois les follicules clos sont évidents.

D'après Kölliker, la muqueuse du gros intestin se développerait comme celle de l'estomac.

Développement de l'intestin postérieur.— Il contribue à former le rectum et ne présente du reste rien de particulier.

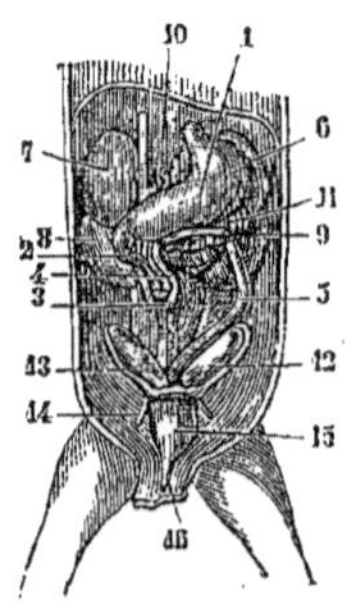

Fig. 445.— *Embryon féminin de 3 mois (**).*

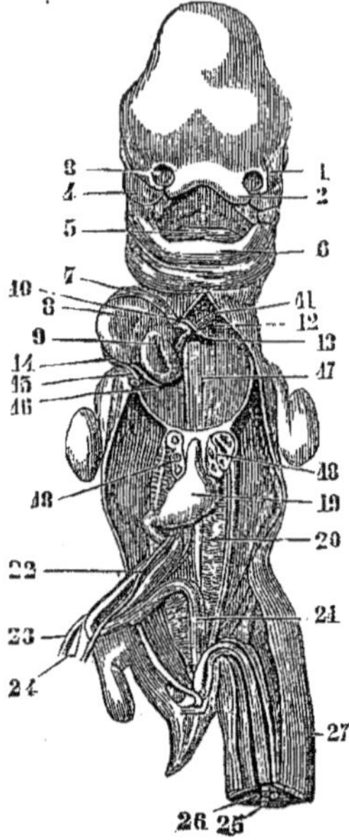

Fig. 444. — *Embryon humain de 35 jours (*).*

Développement de l'anus.— L'anus se développe, comme la cavité buccale, par une dépression du feuillet externe, qui se met ultérieurement en communication avec l'intestin postérieur de la même façon que la cavité buccale avec l'intestin antérieur. Cette cavité anale originaire étant commune aux organes urinaires et sexuels en même temps qu'aux organes digestifs, son développement sera décrit plus loin.

(*) 1) Bourgeon nasal externe. — 2) Bourgeon nasal interne. — 3) Fossette olfactive. — 4) Bourgeon maxillaire supérieur. — 5) Langue. — 6) Maxillaire inférieur. — 7) Ventricule droit.— 8) Ventricule gauche. — 9) Oreillette gauche. — 10) Bulbe de l'aorte. — 11) Premier arc aortique persistant, qui forme l'aorte ascendante. — 12) Deuxième arc aortique persistant, qui forme la crosse de l'aorte. — 13) Troisième arc aortique ou canal artériel. — 14) Tronc veineux commun primitif. — 15) Tronc de la veine cave supérieure et de l'azygos droite.— 16) Tronc de la veine cave supérieure et de l'azygos gauche. — 17) Ébauche des artères pulmonaires. — 18) Poumons. — 19) Estomac. — 20) Corps de Wolff. — 21) Intestin postérieur. — 22) Veine omphalo-mésentérique gauche. — 23) Artère omphalo-mésentérique droite. — 24) Conduit vitellin. — 25) Artère ombilicale. — 26) Veine ombilicale. — 27) Cordon. — (D'après Coste.)

(**) 1) Estomac. — 2) Duodénum coupé à sa terminaison. — 3) Cæcum. — 4) Côlon ascendant. — 5) Côlon descendant. — 6) Rate. — 7) Capsule surrénale. — 8) Rein droit. — 9) Rein gauche. — 10) Petit épiploon. — 11) Grand épiploon coupé. — 12) Ovaire. — 13) Ligament rond de l'utérus. — 15) Vessie. — 16) Ouraque. — (D'après Kölliker.)

§ II. — Annexes du canal alimentaire

I. Dents et dentition

Le développement des dents comprend trois stades : un stade de formation du germe dentaire, un stade d'ossification et un stade d'éruption. Ces trois stades se passent de la même façon pour toutes les dents, soit temporaires, soit permanentes, mais pas à la même époque. Nous étudierons d'abord la formation des dents en général, puis la dentition temporaire et enfin la dentition permanente.

I° Dents

L'émail des dents provient de l'épithélium de la cavité buccale ; l'ivoire, le cément et la pulpe dentaire du derme muqueux sous-épithélial. D'après leur développement les dents seraient donc plutôt assimilables aux poils qu'aux os, dont les rapprochent leurs caractères physiques. Le développement des dents commence par la formation du germe dentaire.

1° *Formation du germe dentaire* (Fig. 446). — Les premiers germes dentaires, qui paraissent à la sixième semaine de la vie fœtale, se développent dans la profondeur de la muqueuse qui remplit la gouttière osseuse formée à cette époque par les deux maxillaires.

Structure du germe dentaire. — Les germes dentaires se composent de trois parties : *l'organe adamantin* ou *de l'émail, la papille dentaire* et le *sac dentaire.* 1° Le *sac dentaire* (Fig. 446, D) constitue l'enveloppe extérieure du germe dentaire et se compose des deux couches, une couche externe (18) connective, dense, et une couche interne (19) molle, gélatiniforme. 2° La *papille dentaire*, qui se soulève du fond du sac dentaire, se compose de deux parties : *a*, une partie médiane ou axe (16), formée par une substance connective contenant des vaisseaux et des nerfs; *b*, une couche externe (17), *membrane de l'ivoire*, formée par des cellules juxtaposées revêtant la papille dentaire à la manière d'un épithélium, *cellules dentaires*. Beaucoup d'auteurs admettent en outre une membrane limitante externe, *membrane préformative*, qui séparerait la papille dentaire de l'organe de l'émail; mais elle paraît n'être qu'un produit de l'art. 3° *L'organe adamantin* constitue une sorte de capuchon dont la concavité coiffe le sommet de la papille dentaire et dont la convexité s'applique à la face interne du sac dentaire. Il se compose de trois couches : *a*, une externe, épithéliale (13), qui possède à sa face externe des bourgeons (21) avec lesquels s'engrènent des villosités vasculaires du sac dentaire; *b*, une couche moyenne (14) ou *pulpe de l'émail*, d'aspect gélatiniforme, dont les cellules les plus internes forment la *membrane intermédiaire d'Hannover* ou *matrice de l'émail* (15); *c*, une couche interne épithéliale (12) ou *membrane de l'émail*. Un prolongement, *gubernaculum dentis* (11), rattache l'organe de l'émail et le germe dentaire à l'épithélium buccal.

C'est l'organe de l'émail qui paraît en premier lieu. Avant la formation des germes dentaires, l'épithélium buccal, qui remplit les gouttières dentaires des maxillaires, se compose de trois couches : une couche externe, épaisse, de cellules pavimenteuses (Fig. 446) A, 5), une couche moyenne, mince, de petites cellules arrondies (4), et une couche profonde, de cellules cylindriques (3). Au-dessous se trouve le derme de la muqueuse (2). Au moment de la formation des germes dentaires, l'épithélium offre un soulèvement (A') *crête dentaire* de Kölliker. C'est de la partie profonde de cette crête dentaire que se développe l'organe de l'émail, aux dépens seulement des deux dernières couches (3 et 4). Ce germe de l'émail représente alors (A, 6) une sorte de bourgeon, limité à l'extérieur par une couche de cellules cylindriques (7)

et renfermant à l'intérieur des cellules arrondies (8). Bientôt le fond de ce germe de
l'émail se déprime comme le fond d'une bouteille (B) et prend la forme d'un petit capuchon rattaché par un court pédicule à l'épithélium de la crête dentaire. A ce stade,

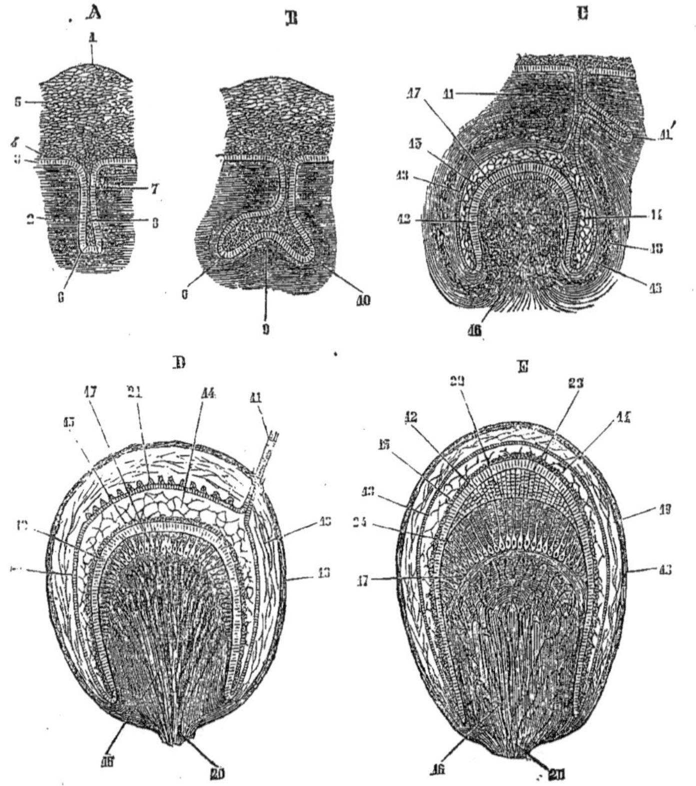

Fig. 446. — *Développement des dents ; figures demi-schématiques* (*).

(*) A. Première ébauche de l'organe de l'émail. — B. Première trace de la papille dentaire et du
sac dentaire. — C. Stade plus avancé. — D. Germe dentaire complétement formé. — E. Ossification
du germe dentaire; apparition de l'émail et de l'ivoire.

1) Crête dentaire. — 2) Derme de la muqueuse. — 3) Couche profonde de l'épithélium ; cellules
cylindriques.— 4) Couche moyenne; cellules arrondies.— 5) Couche superficielle; cellules pavimenteuses. — 6) Germe de l'organe de l'émail. — 7) Sa partie extérieure formée par les cellules cylindriques de la couche épithéliale profonde. — 8) Son intérieur, rempli par les cellules arrondies de
la couche épithéliale moyenne. — 9) Saillie du derme muqueux soulevant le fond de l'organe de
l'émail et constituant l'ébauche de la papille dentaire. — 10) Premières traces du sac dentaire. —
11) Pédicule rattachant l'organe de l'émail à l'épithélium buccal *(gubernaculum dentis)*. — 11) Première trace de l'organe de l'émail de la dent permanente. — 12) Membrane de l'émail formée par les
cellules internes cylindriques de l'organe de l'émail. — 13) Cellules externes de l'organe de l'émail. —
14) Cellules intermédiaires étoilées formant la pulpe de l'émail. — 15) Membrane intermédiaire ou
cellules germinatives. — 16) Papille dentaire. — 17) Cellules de l'ivoire. — 18) Partie externe du sac
dentaire. — 19) Partie interne de ce sac plus lâche. — 20) Pédicule de la papille dentaire donnant
passage aux vaisseaux et aux nerfs. — 21) Bourgeons épithéliaux de la membrane externe de l'organe
de l'émail. — 22) Prisme de l'émail. — 23) Prétendue membrane préformative. — 24) Ivoire de nouvelle formation avec les fibres dentaires,

la papille dentaire (9) commence à se former et paraît comme un bourgeon coiffé par l'organe de l'émail ; on trouve aussi les premières traces du sac dentaire (10), simple condensation du tissu connectif du derme muqueux autour de l'organe de l'émail.

A un stade plus avancé (C), le capuchon de l'organe de l'émail est bien dessiné. Les cellules cylindriques qui le limitaient à l'extérieur ont pris des caractères différents, suivant qu'elles sont en conctact avec le sac ou avec la papille dentaire. Les premières (13) sont plus petites, deviennent pavimenteuses et se couvriront bientôt de bourgeons ; les secondes (12) restent cylindriques pour constituer la membrane de l'émail. Les cellules arrondies qui remplissaient l'intérieur de l'organe adamantin se sont aussi modifiées pour former la pulpe de l'émail (14), analogue au tissu muqueux comme aspect, quoique d'origine épithéliale. Les cellules les plus internes seules gardent leur caractère primitif et forment la *membrane intermédiaire* de Hannover (15). Le pédicule qui rattachait le capuchon à la crête dentaire devient alors le *gubernaculum dentis*. En même temps les cellulues les plus externes de la papille dentaire se sont groupées de façon à former une couche régulière de cellules, *cellules dentaires* (17), qui limite la surface de cette papille. Enfin, le sac dentaire s'est constitué par la condensation progressive du tissu connectif, condensation qui est plus prononcée à une certaine distance de l'organe de l'émail (18) que dans son voisinage immédiat (19).

2º *Ossification du germe dentaire.* — Au moment de l'ossification, la papille dentaire avec son capuchon de l'organe de l'émail a la forme de la dent future et présente par conséquent autant de pointes que la dent future aura de tubercules.

Formation de l'ivoire. — C'est par l'ivoire que commence l'ossification. Il se dépose sous forme d'un petit disque au sommet de la papille ou des pointes de la papille. Ce dépôt d'ivoire se fait de la façon suivante (Fig. 446, E) : les cellules dentaires (17) poussent des prolongements, *fibres dentaires*, qui s'allongent de plus en plus en se ramifiant, et la substance intercellulaire, intermédiaire à ces cellules et à ces fibres dentaires (24), se durcit en s'incrustant de sels calcaires couche par couche, en allant de l'extérieur à l'intérieur. La partie de la papille dentaire non transformée en ivoire constitue la pulpe dentaire.

Formation de l'émail. — Immédiatement après l'apparition de l'ivoire, chaque disque d'ivoire se coiffe d'un petit capuchon d'émail. La production de l'émail (22) se fait entre l'ivoire et la membrane de l'émail, au-dessous par conséquent de cette membrane, par un mécanisme encore obscur (¹). Chaque prisme de l'émail paraît répondre à une cellule cylindrique de la membrane de l'émail (12) ; ces cellules se calcifieraient du centre à la périphérie ; et les cellules transformées seraient remplacées par de nouvelles cellules cylindriques provenant de la membrane intermédiaire de Hannover (15), cellules destinées à se calcifier à leur tour. Les dépôts des couches de l'émail se feraient donc de l'intérieur à l'extérieur, en sens inverse, par conséquent, des dépôts de l'ivoire. La pulpe de l'émail disparaît peu à peu, et la membrane externe de l'organe adamantin (13) constitue la *cuticule de l'émail*.

Formation du cément. — Le cément se forme, comme les dépôts périostiques des os, aux dépens de la paroi interne du sac dentaire. Cette production du cément précède de très-peu de temps l'éruption des dents.

3º *Éruption des dents.* — Avant l'éruption des dents de lait, la gencive est

(¹) La difficulté de comprendre la production de l'émail était beaucoup plus grande lorsqu'on admettait l'existence de la *membrane préformative* (23), séparant l'émail de la membrane de l'email. Nous avons dit plus haut que l'existence de cette membrane préformative est plus que douteuse.

dure, solide, blanchâtre, et les dents, enfoncées dans l'épaisseur des gencives et entourées par le sac dentaire, ne possèdent que la couronne et n'ont encore ni racine ni cément. La racine en se formant, repousse peu à peu la couronne, qui presse contre la partie supérieure du sac dentaire soudée à la gencive ; par suite de cette pression et aussi d'un phénomène de résorption concomitante, ces parties se perforent et livrent passage à la couronne, qui apparaît à l'extérieur ; la gencive se rétracte sur la dent, et la partie restante du sac dentaire constitue le périoste alvéolo-dentaire.

2° Dents de lait

Les germes dentaires des dents de lait commencent à paraître à la sixième semaine de la vie fœtale ; à la dixième, tous les germes ont paru. Leur *ossification* se fait du cinquième au septième mois de la vie intra-utérine. Leur *éruption* ne commence qu'après la naissance, à partir du sixième ou septième mois. Les dents de même espèce apparaissent ensemble par paire, à droite et à gauche, et celles de la mâchoire inférieure précèdent celles de la mâchoire supérieure. Leur éruption se fait *habituellement* dans l'ordre suivant : incisive moyenne inférieure, six à huit mois : incisive moyenne supérieure, quelques semaines plus tard ; incisive latérale inférieure, septième au neuvième mois ; incisive latérale supérieure, quelques semaines plus tard ; première molaire, un an ; canine, quinzième au vingtième mois ; deuxième molaire, deux à six ans. Ces chiffres ne représentent que des moyennes. La dentition temporaire est habituellement complète au début de la troisième année. La *chute* des dents de lait est liée à l'éruption des dents permanentes.

3° Dents permanentes

Les *germes dentaires* des dents permanentes se forment à partir du cinquième mois de la vie fœtale, et avant la naissance, sauf ceux des troisième, quatrième et cinquième molaires, qui paraissent quelques mois après la naissance. Ces germes dentaires se forment du reste de la même façon que les germes dentaires des dents de lait, et aux dépens du pédicule qui rattache ces derniers à l'épithélium buccal (Fig. 446, C, 11, 11').

Leur *ossification* se fait dans l'ordre suivant : la première grosse molaire s'ossifie au neuvième mois de la vie fœtale ; les autres dents s'ossifient après la naissance, les incisives, dans la première année ; les canines, dans la seconde ; les petites molaires, dans la troisième ; à cinq ans elles ont toutes paru, sauf les dents de sagesse, et à six ou sept ans l'enfant a quarante-huit dents, les vingt dents de lait et de plus toutes les dents persistantes, sauf la dernière molaire (Fig. 447).

L'*éruption* des dents permanentes débute par la résorption des cloisons osseuses qui séparent les alvéoles des dents de lait d'avec les alvéoles des dents permanentes placées au-dessous ; en même temps les racines des dents temporaires se résorbent aussi par un mécanisme encore inconnu, tandis que les racines des dents persistantes s'allongent et que les couronnes des dents de lait se trouvent peu à peu repoussées pour finir par tomber. Cette éruption se fait dans l'ordre suivant : première grosse molaire, sept ans ; incisives moyennes, huit ans ; incisives latérales, neuf ans ; première petite molaire, dix ans ; deuxième petite molaire, onze ans ; canine, douze ans ; deuxième grosse molaire, treize ans ; dent de sagesse, dix-huit à vingt-cinq ans et quelquefois plus tard.

La *chute* des dents permanentes a lieu habituellement à un âge plus ou moins avancé. Cette chute paraît être précédée d'une ossification de la pulpe dentaire. On a observé quelques cas de troisième dentition dans la vieillesse. Cette chute des dents amène une atrophie des alvéoles et la disparition du rebord alvéolaire des maxillaires.

II. Glandes salivaires

Ces glandes semblent débuter, comme les glandes de la peau, par un bourgeon épithélial solide. Elles paraissent de très-bonne heure, dans la seconde moitié du deuxième mois, et au troisième mois elles sont complétement formées. C'est la glande sous-maxillaire qui paraît la première ; la parotide ne vient qu'en dernière ligne.

$$\frac{1}{2}$$

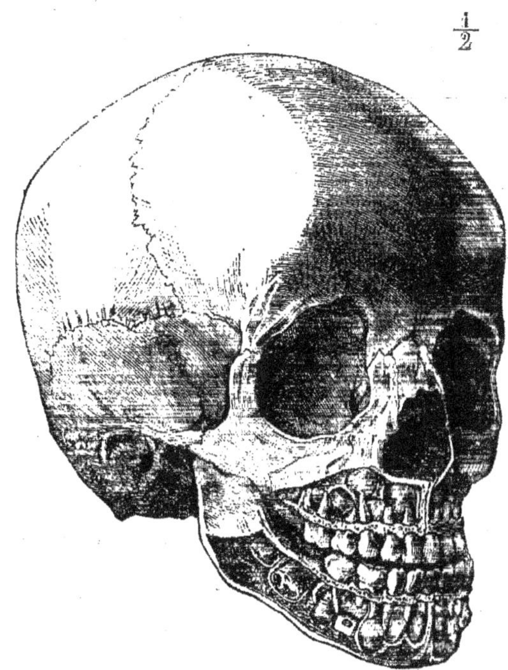

FIG. 447. — *Crâne d'un enfant de sept ans, montrant la position des dents permanentes* (*).

III. FOIE

Le *foie* paraît chez l'homme à la troisième semaine, après les corps de Wolff. Ses premiers vestiges sont deux culs-de-sac naissant de la partie antérieure de l'intestin dans la région du duodénum futur. Ces deux culs-de-sac, qui représentent les deux lobes du foie, sont formés par une dépression du feuillet épithélial et du feuillet fibro-intestinal. Ils se développent très-rapidement et entourent la veine omphalo-mésentérique qui envoie en même temps des rameaux (branches futures de la veine porte) se ramifiant dans leur intérieur. Le foie représente alors un corps rougeâtre, qui fait saillie du côté concave de l'embryon (Fig. 405, 15). Au troisième mois, il remplit presque toute la cavité abdominale et descend jusqu'à l'hypogastre. Dans la seconde moitié de la grossesse, il se développe relativement moins que dans les premiers temps, surtout le lobe gauche, qui reste plus petit que le droit ; cependant à la naissance le foie est encore relativement plus volumineux que chez l'adulte.

La *vésicule biliaire* paraît au deuxième mois. La bile est déjà versée dans l'intestin au troisième mois.

(*) Les mâchoires ont été sculptées pour mettre à découvert les dents permanentes. La première grosse molaire supérieure a déjà fait éruption. Le trou mentonnier a été conservé. — (D'après une préparation du Musée de Strasbourg.)

IV. Pancréas

Le *pancréas* se développe sur le même type que les glandes salivaires, c'est-à-dire par un bourgeon épithélial solide, qui se creuse consécutivement d'une cavité. A la fin du deuxième mois la glande est à peu près formée. La façon dont le canal pancréatique s'unit au canal cholédoque est inconnue. A l'origine un de ces conduits s'ouvre en avant, l'autre en arrière du duodénum.

Le *pancréas* représente d'abord un cul-de-sac de la paroi postérieure de l'intestin, cul-de-sac qui paraît vers la 4ᵉ semaine ; puis apparaissent des bourgeons épithéliaux pleins qui se développent peu à peu et donnent naissance aux acini et aux conduits de la glande. Le pancréas est formé à la fin du 2ᵉ mois. Le canal de Wirsung s'unit au canal cholédoque vers le cinquième mois.

ARTICLE VI. — ORGANES RESPIRATOIRES ET LARYNX

Les *poumons* paraissent un peu plus tard que le foie. Ils se développent aux dépens de la partie antérieure de l'intestin et représentent à l'origine un petit cul-de-sac formé par une dépression du feuillet épithélial et du feuillet fibreux de l'intestin. Du vingt-cinquième au vingt-huitième jour on trouve deux petits sacs piriformes situés au-dessus du cœur et en avant de l'œsophage, et s'ouvrant dans la partie-postérieure du pharynx par un pédicule commun (Fig. 448). Il se développe peu à peu sur ces deux culs-de-sac des culs-de-sacs secondaires, qui se multiplient de plus en plus, de façon qu'à la huitième semaine on trouve déjà l'ébauche des principaux lobules pulmonaires.

A la fin du premier mois les deux culs-de-sac primitifs sont séparés de corps de Wolf, du foie et de l'estomac par une mince membrane, ébauche du diaphragme. Au deuxième mois les poumons sont situés au-dessous du cœur, entre le corps de Wolff et le foie. Puis ils remontent peu à peu et acquièrent leur forme et leur situation normales.

Fig. 448. — *Développement des poumons* (*).

La *trachée* se développe aux dépens du pédicule primitif, dans lequel les cerceaux cartilagineux paraissent vers la neuvième semaine.

Le *larynx* se forme aux dépens de la partie supérieure de ce pédicule ; il est déjà visible à la sixième semaine. On trouve alors à l'ouverture pharyngienne deux petites crêtes, ébauches des cartilages aryténoïdes, et, en avant de la fente qu'elles interceptent, une saillie transversale, dépendante du troisième arc pharyngien, qui constituera l'épiglotte. Le larynx devient cartilagineux de la huitième à la neuvième semaine. Les cordes vocales et les ventricules du larynx existent déjà au quatrième mois.

Le développement du larynx est très-incomplet jusqu'à l'époque de la puberté ; à la naissance, les cartilages aryténoïdes sont rudimentaires et les cordes vocales n'ont que 0ᵐ,01 de longueur dans leur partie membraneuse. Jusqu'à deux ou trois ans la forme et le volume du larynx subissent peu de variations. A partir de cette époque jusqu'à la puberté, le développement est un peu plus marqué, mais encore très-faible ; à dix ans, la longueur des cordes vocales est de 0ᵐ,011 ; à quatorze ans ou quinze ans, de 0ᵐ,015. Après la puberté, ce développement est très-rapide et continue environ jusqu'à vingt-cinq ans, époque où le larynx atteint son développement complet.

Le développement de la *plèvre* est peu connu. A l'origine, la cavité pleurale ne forme qu'une avec la cavité péritonéale (*cavité pleuro-péritonéale*, Fig. 449, C, 11') Dès que le diaphragme paraît, on trouve un sac distinct pour chaque poumon. La séreuse est déjà distincte comme membrane à la dixième semaine.

(*) A. Vue de profil. — B. Vue de face (poulet au quatrième jour de l'incubation). — 1, 2) Œsophage — 3) Poumons, — 4) Estomac. — (D'après Rathke.)

ARTICLE VII. — ORGANES URINAIRES

L'allantoïde communique à l'origine avec l'intestin postérieur (paroi antérieure du rectum) par un pédicule canaliculé, qui constitue l'*ouraque* (voy. p. 972). A partir du deuxième mois, l'ouraque s'élargit dans sa partie inférieure pour constituer le réservoir urinaire ou la *vessie*, réservoir qui se continue en haut avec le canal de l'ouraque et en bas par un canal, futur canal uréthral, avec le rectum. Le canal de l'ouraque s'oblitère à la fin de la vie fœtale, et il n'en reste plus qu'un cordon fibreux qui va du sommet de la vessie à l'ombilic. La formation de l'urèthre sera étudiée avec celle des organes génitaux externes.

Les *reins* sont tout à fait indépendants des corps de Wolff. Ils se développent aux dépens de la paroi postérieure de la vessie ou mieux de la partie vésicale de l'ouraque et représentent à l'origine deux culs-de-sac creux formés à la manière des poumons. Ces culs-de-sac donnent naissance aux uretères, et, en se multipliant et se ramifiant, aux calices et aux canaux urinifères les plus volumineux, tandis que les canalicules plus petits sont à l'origine des bourgeons cellulaires pleins de la paroi des culs-de-sac primitifs. Au troisième mois paraissent les corpuscules de Malpighi ; à cette époque une partie des canalicules urinifères constitue encore des cordons cellulaires pleins sans cavité intérieure. A l'origine, les reins sont aplatis et situés en arrière de la partie inférieure des corps de Wolff (sixième à septième semaine) ; à la huitième semaine (Fig. 453, A, 5), leur surface est lobulée, et cette lobulation du rein se retrouve jusque après la naissance.

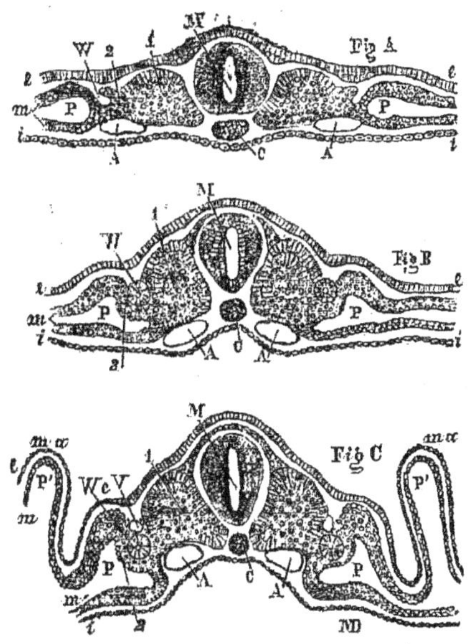

Fig. 449. — *Coupes transversales de l'embryon de poulet (*) du deuxième au troisième jour.*

ARTICLE VIII. — ORGANES GÉNITAUX

Le développement des organes génitaux internes est lié à des organes transitoires, qui ont reçu le nom de *corps de Wolff*, et dont l'étude préalable est nécessaire. Nous étudierons successivement : 1° le corps de Wolff ; 3° le développement des organes génitaux internes ; 3° celui des organes génitaux externes.

§ I. — Corps de Wolff

Les *corps de Wolff, corps d'Oken (reins primordiaux)*, paraissent de très-bonne heure et avant même la formation de l'allantoïde. Ils sont à l'origine deux conduits si-

(*) A, Embryon au deuxième jour. — B, Embryon au troisième jour. — C, Embryon à la fin du huitième jour.— W, Canal de Wolff; dans la figure A il n'est encore qu'à l'état de dépression.— V, Veine cardinale. — P, P', Cavité pleuro-péritonéale. — M, Moelle épinière. — C, Corde dorsale. — A, Aorte.

tués de chaque côté de la ligne médiane en avant des protovertèbres et étendus du cœur à l'extrémité pelvienne. Leur extrémité supérieure se termine en cæcum, leur extrémité inférieure s'ouvre dans la partie inférieure de la vessie, au-dessous des uretères. Le canal de Wolff se développe de la façon suivante. Il est d'abord représenté par une dépression située à la partie interne de la fente pleuro-péritonéale (Fig. 449, A, W), en dehors des protovertèbres et au niveau d'une masse cellulaire à laquelle Waldeyer donne le nom de *germe uro-génital*, parce qu'elle contribue à former les glandes urinaire et génitale. Le canal de Wolff proviendrait donc dans ce cas du feuillet moyen du blastoderme; cependant quelques auteurs le font provenir du feuillet corné (His). Cette dé-

pression se ferme peu à peu et se transforme en canal complet (Fig. 449 B, C; W). Bientôt de la partie interne de ce canal naissent des bourgeons qui se portent en dedans (Fig. 450 A, W), et constituent les canaux du corps Wolff. Ce corps représente alors une masse qui fait saillie dans la cavité péritonéale de chaque côté du mésentère, et est tapissée, à sa face libre, par un épithélium cylindrique épais (T, 0) auquel Waldeyer, qui lui attribue une signification particulière et en fait une formation spéciale, a donné le nom d'*épithélium germinatif*.

A l'état de développement complet, les corps de Wolff forment de chaque côté de la colonne vertébrale une glande épaisse dont le conduit excréteur se trouve placé au côté antérieur et externe.

Les corps de Wolff sont recouverts en avant par le péritoine; en haut et en bas le péritoine présente deux replis;

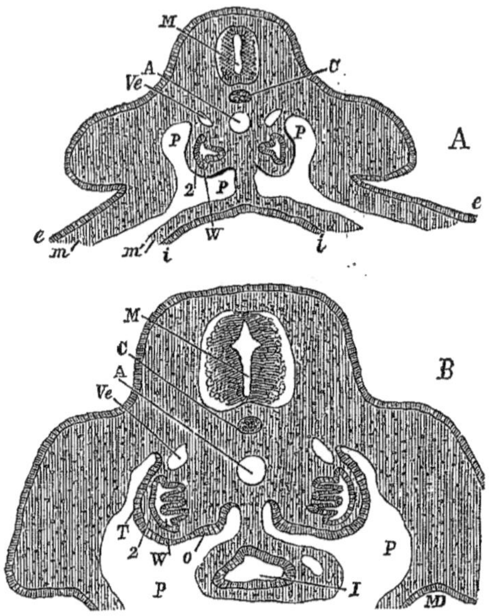

FIG. 450. — *Coupes transversales d'embryons de poulet du quatrième au cinquième jour* (*).

le supérieur, *ligament diaphragmatique du corps de Wolff* (Fig. 453, B, C, 13) va de l'extrémité supérieure de l'organe au diaphragme; l'inférieur, *ligament lombaire du corps de Wolff* (Fig 453, A, 3), part du conduit de Wolff au niveau de l'extrémité inférieure de la glande.

Les corps de Wolff ne sont autre chose que des reins temporaires. Le liquide qu'ils sécrètent a à peu près la même composition que l'urine. Quand les reins persistants sont formés, les corps de Wolff commencent à disparaître, ce qui a lieu environ vers le troisième mois de la vie fœtale; seulement une partie de ces organes prend part à la formation des organes génitaux internes.

— *ma*, Replis amniotiques. — *e*, Feuillet externe du blastoderme — *i*, Feuillet interne. — *m*, Feuillet moyen; dans la figure C, *m* représente le feuillet cutané, *m'* le fibro-intestinal. — *r*, Germe uro-génital de Waldeyer.

(*) A, Quatrième jour. — B, Début du 5ᵉ jour de l'incubation. — P. Cavité pleuro-péritonéale. — M, Moelle épinière. — C, Corde dorsale. — W, Canal de Wolff. — A, Aorte. — I, Intestin. — O et T. Épithélium germinatif qui formera l'ovaire O et le canal de Müller, T. — Ve, Veines. — *e*, Feuillet externe du blastoderme.— *i*, Feuillet interne.— *m*, Feuillet fibro-cutané.— *m'*, Feuillet fibro-intestinal.

§ II. — Organes génitaux internes

Les organes génitaux, avant d'acquérir le type féminin ou masculin, passent par un état qu'on peut appeler *état indifférent*, dans lequel il n'y a pas encore de distinction de sexes. Nous étudierons successivement : 1° l'état indifférent des organes génitaux ; 2° le développement du type féminin ; 3° le développement du type masculin.

I. État indifférent

Outre les corps de Wolff, deux organes prennent part à la formation des organes génitaux internes : ce sont la *glande génitale*, ébauche du testicule ou de l'ovaire, et le *conduit de Müller*.

1° *Glande génitale.* — La glande génitale se forme de la cinquième à la sixième semaine en dedans du corps de Wolff, et aux dépens de la partie interne de l'épithélium germinatif (O, fig. 450, 451 et 452). La figure 451 représente un degré plus avancé du développement de ces parties. Cette glande est enveloppée par le péritoine, qui la rattache au corps de Wolff et lui forme une sorte de mésentère; en outre, de ces deux extrémités partent deux replis : un supérieur, qui va au ligament diaphragmatique du corps de Wolff (fig. 453, B, 12); l'autre, inférieur, qui va au canal de Wolff juste à l'endroit de l'insertion du ligament lombaire de ce dernier (fig. 453, C, 16).

2° *Conduit de Müller, conduit génital.* — En même temps que la glande génitale se développe, il se forme au côté interne et antérieur du conduit de Wolff (fig. 453), et accolé à ce dernier, un conduit dont l'extrémité supérieure est fermée et dont l'extrémité inférieure s'ouvre dans la partie inférieure de la

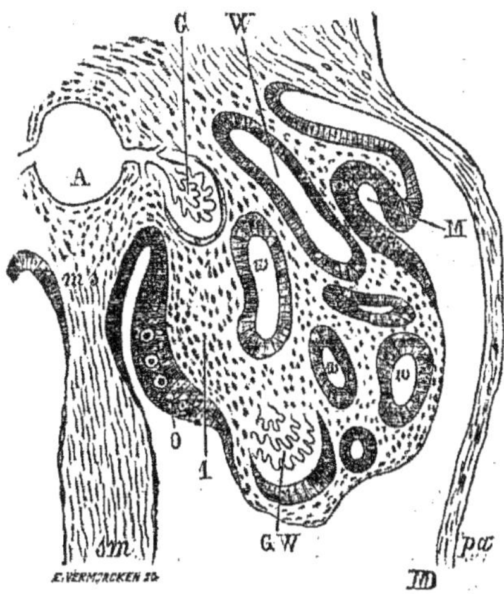

Fig. 451. — *Corps de Wolff au 5me jour de l'incubation* (*).

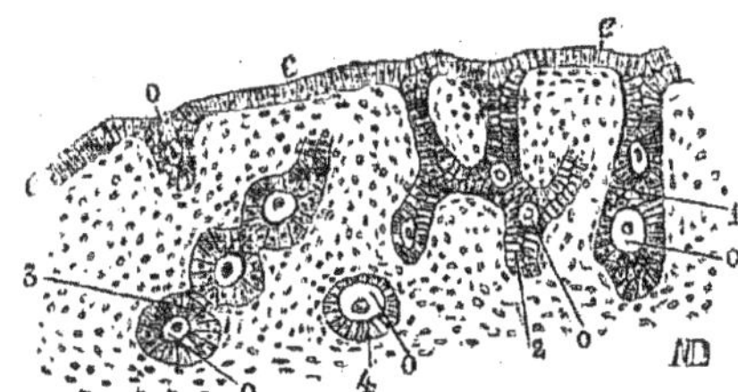

Fig. 452. — *Développement de l'ovaire* (**).

(*) A, Aorte. — *ms, sm*, Mésentère. — *p a*, Paroi abdominale latérale. — G, Ramification vasculaire venue de l'aorte et allant former un glomérule du corps de Wolff. — W, Corps de Wolff. — w, Coupes des canaux secondaires du corps de Wolff. — G W, Un de ces canaux en rapport avec un glomérule. — 1, Stroma de la glande génitale. — O, Épithélium de la glande génitale montrant déjà des ovules primordiaux. — M, Ébauche du canal de Müller.
(**) Coupe demi-schématique d'un ovaire de chatte, montrant les poussées épithéliales qui donnent naissance aux cordons épithéliaux, puis aux follicules primordiaux. — e, Épithélium germinatif. — 1, Poussée épithéliale en forme de tube. — 2, Poussée en tube ramifié. — 3, Tube se segmentant en chapelet pour former les follicules primordiaux. — 4) Follicule primordial isolé. — O, Ovules primordiaux.

vessie près du conduit de Wolff. Les conduits de Müller se forment, du reste, comme
la glande génitale dont ils représentent les conduits excréteurs, aux dépens de l'épithélium germinatif, mais de la partie externe de cet épithélium (T, fig. 450, 451, 452).

C'est vers le début du troisième mois que l'état indifférent cesse pour faire place aux
types sexuels masculin ou féminin.

II. DÉVELOPPEMENT DU TYPE FÉMININ

1° *Ovaire.* — A la fin du deuxième mois la glande génitale devient plus allongée et
prend une position plus oblique, ce qui, à la neuvième ou à la dixième semaine, peut
faire reconnaître l'ovaire du testicule. A ce moment l'ovaire est situé au côté interne et
antérieur des corps de Wolff (fig. 453, A, 4). A mesure que ces corps disparaissent,
l'ovaire descend vers la région inguinale et se place très-obliquement; mais il reste

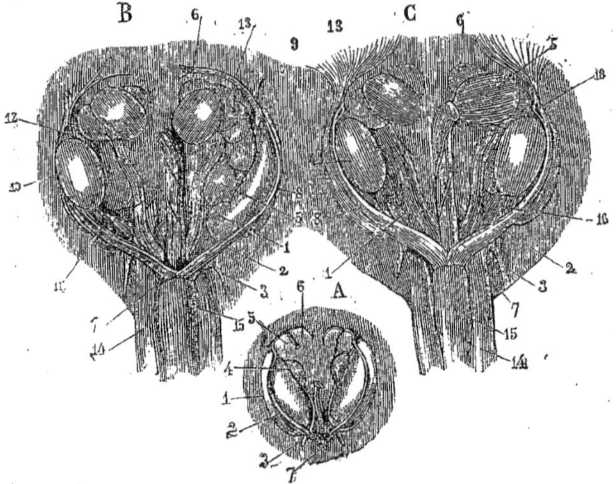

FIG. 453. — *Organes urinaires et sexuels d'un embryon de veau* (*).

longtemps dans la région du grand bassin, et ce n'est que dans les derniers temps de la
vie fœtale qu'il descend dans l'excavation pelvienne.

En même temps les cellules primitives de la glande génitale subissent peu à peu les
transformations histologiques qui aboutissent à la formation du stroma de l'ovaire, des
ovules et des follicules de Graaf. Un certain nombre des cellules provenant de l'épithélium
germinatif, prennent alors des caractères spéciaux (forme sphérique, noyau volumineux, nucléole apparent) et constituent les *ovules primordiaux;* les cellules qui entou-

(*) A. *Embryon du sexe féminin.* — 1) Corps de Wolff. — 2) Conduit de Wolff avec le conduit de
Müller en dedans de lui. — 3) Ligament lombaire du corps de Wolff. — 4) Ovaire avec ses replis péritonéaux supérieur et inférieur. — 5) Rein. — 6) Capsule surrénale. — 7) Cordon génital formé par
l'union des conduits de Wolff et des conduits de Müller.

B. *Embryon plus âgé du sexe masculin; le testicule est enlevé à gauche.*— 1 à 7) Idem que pour
la figure précédente. — 8) Conduit de Müller. — 10) Testicule. — 11) Ligament inférieur du testicule.
— 12) Ligament supérieur du testicule. — 13) Ligament diaphragmatique du corps de Wolff.—14) Artère ombilicale. — 15) Vessie.

C. *Embryon du sexe féminin.* — 16) Ligament inférieur de l'ovaire. — 18) Ouverture à l'extrémité
supérieure du conduit de Müller. — (D'après Kölliker.)

rent ces ovules primordiaux constituent les cellules des follicules de Graaf. Originairement les follicules de Graaf ne sont pas isolés; ils sont réunis en cordons épithéliaux continus provenant des poussées épithéliales de l'épithélium germinatif qui s'enfoncent dans le stroma de l'ovaire. Ces cordons épithéliaux prennent peu à peu la forme de chapelet, chaque follicule primordial étant circonscrit par deux étranglements qui finissent ensuite par se segmenter complétement, de façon que les follicules de Graaf s'isolent successivement les uns des autres.

2° *Conduits excréteurs des organes génitaux internes de la femme.*—Ces conduits excréteurs, constitués par les trompes, l'utérus et le vagin, dérivent des conduits de Müller (voy. fig. 453 et 454).

a) *Trompe.* — La trompe est formée par la partie du conduit de Müller qui s'étend de l'extrémité supérieure de ce conduit au point où s'attache le ligament lombaire du corps de Wolff. Ce conduit, primitivement fermé à son extrémité supérieure, présente bientôt une fente linéaire, qui deviendra l'orifice abdominal du pavillon, et son cul-de-sac terminal persistant forme l'hydatide de Morgagni.

b) *Utérus et vagin.* — A l'extrémité inférieure, les conduits de Müller et les conduits de Wolff s'unissent par un cordon arrondi, *cordon génital*, dans lequel on trouve en avant les conduits de Wolff, en arrière les conduits de Müller. Ces conduits de Müller sont dans le cordon génital très-rapprochés l'un de l'autre, la cloison qui les sépare finit même par disparaître, et les deux conduits de Müller sont alors réunis en un seul canal, *canal utéro-vaginal*, qui constituera le vagin et le corps de l'utérus; la partie du conduit de Müller située en dehors du cordon génital et au-dessous du ligament lombaire du corps de Wolff, constitue les cornes de l'utérus. La soudure des deux conduits de Müller débute par le milieu du cordon génital, c'est-à-dire par la partie qui répond au corps de l'utérus, tandis qu'au-dessus et au-dessous on trouve encore deux canaux distincts.

Le canal utéro-vaginal ne présente à l'origine aucune distinction de l'utérus et du vagin; ce n'est qu'au cinquième mois que paraît au niveau du futur orifice externe du col un petit bourrelet annulaire qui trace la délimitation des deux cavités. Les parois de l'utérus commencent à s'épaissir à partir du sixième mois.

3° *Ligaments larges et ligament rond.*—L'ovaire est attaché à l'origine au corps de Wolff par un *mésorarium*; quand les corps de Wolff ont disparu, le péritoine, qui les recouvrait, forme les ligaments larges; le ligament diaphragmatique des corps de Wolff disparaît; le ligament supérieur, qui rattachait

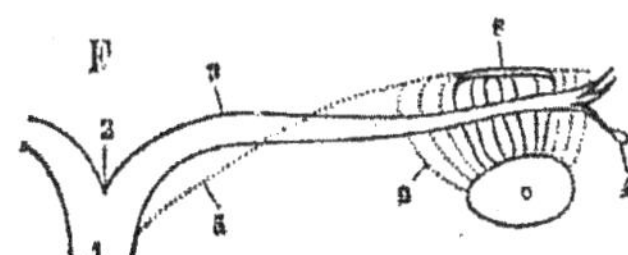

Fig. 454 — *Formation des organes génitaux internes des deux sexes (figures schématiques)* (*).

(*) M. *Type masculin.* — T. Testicule. — 1) Sinus uro-génital. — 2) Extrémités inférieures des deux conduits de Müller, formant l'utricule prostatique. — 3) Partie du conduit de Müller qui disparaît. — 4) Son extrémité libre formant l'hydatide pédiculée de Morgagni. — 5) Canal de Wolff. — 6) Partie du canal de Wolff correspondant au canal de l'épididyme. — 7) Vas aberrans. — 8) Hydatide non pédiculée de Morgagni. — 9) Partie du corps de Wolff qui disparaît. La partie non ponctuée représente la tête de l'épididyme.

F. *Type féminin.* — O. Ovaire. — 1) Sinus uro-génital. — 2) Utérus. — 3) Conduit de Müller formant la trompe. — 4) Extrémité de ce conduit formant l'hydatide de Morgagni. — 5) Canal de Wolff qui a disparu dans la plus grande partie de son étendue. — 6) Sa partie persistante forme avec les canaux d'une partie du corps de Wolff l'organe de Rosenmüller, analogue de la tête de l'épididyme. — 7) Partie disparue du corps de Wolff.

l'extrémité supérieure de la glande génitale constitue la frange qui relie l'ovaire au pavillon de la trompe ou à l'extrémité du conduit de Müller; le ligament inférieur de l'ovaire (fig. 453, C, 16) devient le ligament qui rattache l'ovaire à l'utérus; enfin le ligament lombaire des corps de Wolff (C, 3) constitue le ligament rond, qui traverse le canal inguinal accompagné par un prolongement du péritoine en forme du cul-de-sac ou *canal de Nuck*, qui disparaît plus tard.

4° *Restes du corps et du conduit de Wolff.* — Les corps et les conduits de Wolff disparaissent à peu près complètement, sauf dans la partie moyenne, qui constitue le corps de Rosenmüller (fig. 454, F, 6).

III. DÉVELOPPEMENT DU TYPE MASCULIN

1° *Testicule.* — Vers la fin du deuxième mois, la glande génitale, un peu avant la formation des canalicules séminifères, devient plus large et plus courte, et, à partir de la huitième à la neuvième semaine, paraissent les canalicules qui sont d'abord droits, puis flexueux. L'albuginée est déjà visible au troisième mois.

2° *Conduits excréteurs des organes génitaux internes de l'homme.*—Chez l'homme les conduits de Müller disparaissent, à l'exception de leurs extrémités inférieures qui se soudent pour s'ouvrir dans le sinus uro-génital par un orifice commun; cette partie persistante constitue l'*utricule prostatique*. Son extrémité libre paraît aussi quelquefois comme *hydatide pédiculée de Morgagni*.

La *tête de l'épididyme* est formée par la partie moyenne du corps de Wolff, dont les canaux se mettent en communication avec ceux du testicule et par la partie correspondante du conduit de Wolff. Le reste du *canal de l'épididyme*, le *canal déférent* et les *canaux éjaculateurs* sont produits par le conduit de Wolff qui, d'abord rectiligne, devient ensuite flexueux dans sa partie épididymique. Au troisième mois, il n'y a encore aucune trace du corps ni de la queue de l'épididyme.

Les *vésicules séminales* paraissent vers le troisième mois comme des culs-de-sac de l'extrémité inférieure du canal déférent.

Le *corps de Giraldès*, les *vaisseaux aberrants* et l'*hydatide non pédiculée de Morgagni* sont des restes des canaux du corps de Wolff.

Descente du testicule. —Le testicule est situé à l'origine dans la cavité abdominale et a les mêmes rapports que l'ovaire. Bientôt il descend et au troisième mois il se trouve près de la région inguinale (fig. 455, 4). Il est enveloppé par le péritoine et rattaché au corps de Wolff par un petit mésentère (*mesorchium*) d'où partent deux replis: l'un, supérieur, qui va au ligament diaphragmatique des corps de Wolff et qui disparaît assez vite; l'autre, inférieur, qui se rend au conduit de Wolff, au lieu d'attache du ligament lombaire du corps de Wolff. Ces deux ligaments constituent le *gubernaculum testis* ou *de Hunter*, qui s'attache par conséquent à la partie inférieure du testicule et à l'endroit où le canal de l'épididyme se continue avec le canal déférent.

Ce *gubernaculum testis*, examiné du troisième au cinquième mois, se compose de trois parties : 1° un cordon central mou, gélatineux, de nature connective, *gu-*

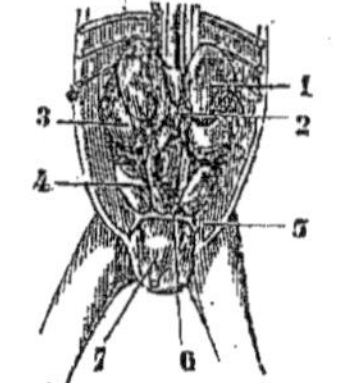
Fig. 455. — *Organes urinaires et sexuels d'un embryon masculin de 3 mois* (*).

bernaculum testis proprement dit, contenant aussi des fibres lisses; 2° une gaine musculaire de fibres striées, *musculus testis*; 3° un repli péritonéal entourant le tout en avant et sur les côtés.

(*) 1) Capsules surrénales. — 2) Veine cave inférieure. — 3) Rein. — 4) Testicule. — 5) Gubernaculum testis. — 6) Canaux déférents. — 7) Vessie. — (D'après Kolliker.)

Arrivé dans la région inguinale, le *gubernaculum* traverse obliquement la paroi abdominale avec un prolongement péritonéal (*prolongement vaginal*), en dehors duquel il est situé et va s'insérer en s'étalant à la face interne du scrotum. Le mécanisme et la cause de la descente du testicule à travers le canal inguinal jusque dans le scrotum sont encore controversés et ne sont pas suffisamment éclaircis. En général, du huitième au neuvième mois, le testicule est arrivé dans le scrotum. La gaîne musculaire du *gubernaculum* constitue une portion du crémaster. La partie du prolongement vaginal du péritoine qui se trouve dans les bourses forme la tunique vaginale qui communique jusqu'au moment de la naissance avec la grande cavité péritonéale par un canal étroit, *canal vaginal*. Ce canal s'oblitère dans les premiers jours qui suivent la naissance et il n'en reste plus de traces, sauf parfois un cordon fibreux mince, *ligament vaginal*.

§ III. — Organes génitaux externes

On trouve pour les organes génitaux externes, comme pour les organes génitaux internes, un état indifférent qui précède la distinction des deux sexes.

I. ÉTAT INDIFFÉRENT

L'intestin postérieur est, à l'origine, comme l'intestin antérieur, terminé en cul-de-sac et sans communication avec l'extérieur. L'ouverture anale se fait, comme l'ouverture buccale, aux dépens d'une dépression en cul-de-sac du revêtement cutané, dépression qui s'agrandit peu à peu en même temps que la cloison de séparation disparaît. A ce moment (quatrième semaine) on trouve à l'extrémité postérieure du corps une seule ouverture (fig. 456, I, 1), qui mène dans une cavité simple ou *cloaque*, dans laquelle s'ouvrent en avant l'ouraque ou la vessie future, en arrière le rectum. Vers le milieu du deuxième mois il se produit dans cette cavité une cloison transversale, ébauche du périnée, qui la divise en deux cavités secondaires : une postérieure, *cavité* ou *ouverture anale ;* une antérieure, dans laquelle s'ouvre la vessie, *ouverture uro-génitale*.

Sinus uro-génital. — La vessie reçoit dans sa partie supérieure les deux uretères et dans sa partie inférieure les quatre conduits de Wolff et de Müller ; c'est cette partie inférieure de la vessie, située entre ces quatre conduits et l'ouverture de la vessie dans la cloaque, qui a reçu le nom de *sinus uro-génital*.

Premières traces des organes génitaux externes. — Dans la sixième semaine, avant même que la division du cloaque en ouverture anale et ouverture uro-génitale soit faite, paraît en avant du cloaque un tubercule, *tubercule génital* (I, 2), qui se trouve bientôt entouré par deux replis cutanés, *replis génitaux* (II, 5). Vers la fin du deuxième mois, le tubercule génital s'est accru et présente à sa partie inférieure un sillon, *sillon génital* (4), qui se dirige vers l'ouverture cloacale. Quand la séparation des deux ouvertures anale et uro-génitale est accomplie, toutes ces parties ont pris un développement assez marqué, sans que pourtant la distinction sexuelle soit encore possible (III).

II. DÉVELOPPEMENT DU TYPE FÉMININ (fig. 456, A, B, C.)

Le sinus uro-génital présente et constitue le vestibule du vagin. Le tubercule génital forme le clitoris ; les deux lèvres du sillon génital forment les petites lèvres ; les grandes lèvres sont constituées par les replis génitaux. Le sillon génital reste ouvert, sauf en arrière où sa soudure constitue le raphé périnéal.

III. DÉVELOPPEMENT DU TYPE MASCULIN (fig. 456, A', B', C'.)

Chez l'homme les organes génitaux externes acquièrent un développement plus complet. Le tubercule génital constitue le pénis, et dès le troisième mois présente un

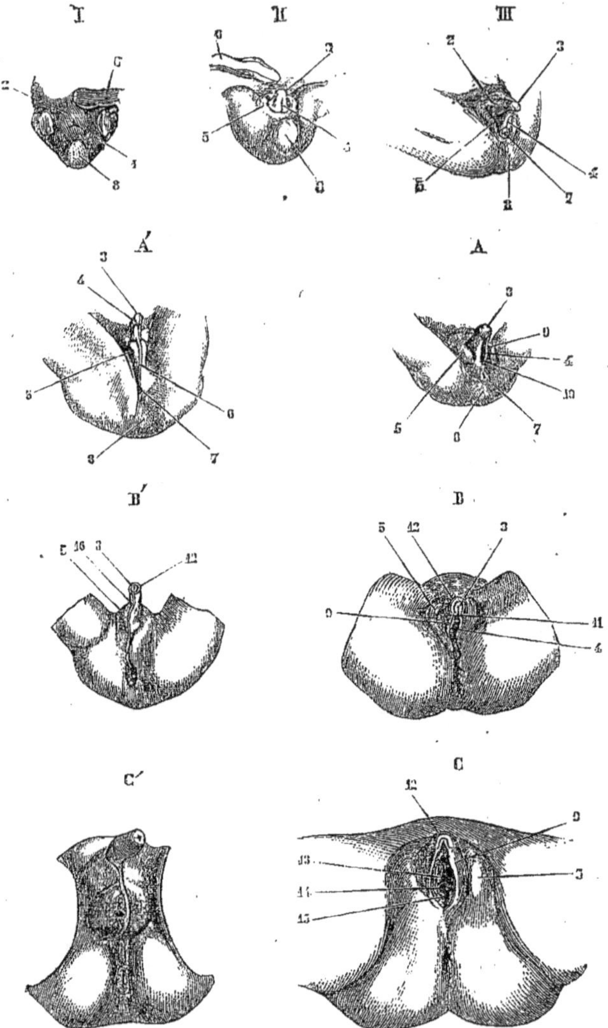

FIG. 456. — *Développement des organes génitaux externes* (*).

(*) 1) Cloaque. — 2) Tubercule génital. — 3) Gland. — 4) Sillon génital. — 5) Plis génitaux externes (grandes lèvres ou plis scrotaux). — 6) Cordon ombilical. — 7) Anus. — 8) Extrémité caudale et tubercule coccygien. — 9) Petites lèvres. — 10) Sinus uro-génital. — 11) Frein du clitoris. — 12) Prépuce du gland ou du clitoris. — 13) Ouverture de l'urèthre. — 14) Ouverture du vagin. — 15) Hymen. — 16) Raphé scrotal.

État indifférent. — I. Embryon de 0^m,016. — II. Embryon de 0^m,020. — III. Embryon de 0^m,027.

Type féminin. — A. Embryon de 0^m,031. — B. Embryon du milieu du cinquième mois. — C. Embryon du commencement du sixième mois.

Type masculin. — A'. Embryon de 0^m,57 (fin du troisième ou début du quatrième mois). — B'. Embryon du milieu du quatrième mois. — C'. Embryon de la fin du quatrième mois. — (D'après Ecker.

petit renflement qui deviendra le gland; le prépuce se forme au quatrième mois, ainsi que le corps caverneux. Le sillon génital se ferme et se trouve ainsi transformé en un canal, partie spongieuse du canal de l'urèthre, tandis que les parties membraneuse et prostatique sont constituées par le sinus uro-génital primitif qui acquiert plus de longueur que chez la femme. Les replis génitaux se soudent sur la ligne médiane pour former le scrotum ; cette soudure, ainsi que celle du sillon génital, est en général accomplie à la fin du troisième ou au commencement du quatrième mois. La prostate paraît dès le troisième mois.

Le tableau suivant résume, en les comparant, les différentes états des organes génitaux internes et externes.

		ÉTAT INDIFFÉRENT	TYPE FÉMININ	TYPE MASCULIN
ORGANES GÉNITAUX INTERNES.		Glande génitale	Ovaire.	Testicule.
	Corps de Wolff.	canalicules	Organe de Rosenmüller.	Tête de l'épididyme : vaisseaux aberrants ; organo de Giraldes.
		canal excréteur	Disparu ; canal de Gartner de quelques animaux.	Canal de l'épididyme : canal déférent ; conduit éjaculateur.
	Conduit de Müller.	partie supérieure . . .	Trompe.	Hydatide pédiculée de Morgagni (extrémite libre du conduit).
		partie inférieure	Utérus et vagin.	Utricule prostatique.
ORGANES GÉNITAUX EXTERNES.	Sinus uro-génital.		Vestibule du vagin.	Parties prostatique et membraneuse de l'urèthre.
	Tubercule génital		Clitoris.	Pénis.
	Sillon génital.		Petites lèvres	Partie spongieuse de l'uréthre.
	Replis génitaux.		Grandes lèvres.	Scrotum.

ARTICLE IX. — GLANDES VASCULAIRES SANGUINES ET ORGANES LYMPHOÏDES

Tous ces organes, à l'exception de la glande thyroïde et peut-être de la glande pituitaire, se développent aux dépens du feuillet moyen du blastoderme. Nous allons les passer successivement en revue.

1º *Glande thyroïde.* — Son premier développement n'a pas été suivi chez l'homme; chez le lapin on trouve au dixième jour un bourgeon plein de l'épithélium de la paroi antérieure du pharynx. D'après Kölliker cet état serait précédé d'un stade dans lequel le bourgeon est creux et représente un cul-de-sac. Son développement est très-rapide et, à la septième ou huitième semaine, on trouve déjà sa structure normale.

2º *Amygdales.* — Les amygdales se forment vers le quatrième mois. On trouve d'abord une simple fente linéaire qui conduit dans un cul-de-sac de la muqueuse, bien marquée au cinquième mois. Les follicules clos ne sont distincts dans les parois de ce sac que vers les derniers mois de la vie fœtale. Il en est de même pour les *follicules clos* de la base de la langue. Les *plaques de Payer* paraissent vers le sixième mois.

3º *Thymus.* — Le thymus est un organe transitoire, qui disparaît chez l'adulte. Son premier développement est encore peu connu; cependant il existe déjà dès la 7º semaine et paraît être primitivement, d'après Kölliker, une formation épithéliale. A l'état de développement complet, comme il existe chez le nouveau-né, le thymus constitue un organe blanc rosé, de forme irrégulière, situé à la partie inférieure du cou, en avant de la trachée et se prolongeant en bas dans le médiastin antérieur jusqu'au niveau de la cinquième côte. Il est ordinairement composé de deux moitiés fusiformes ou symétriques, réunies en haut par une sorte d'isthme.

Comme structure, le thymus comprend une enveloppe fibreuse mince et un parenchyme, mou, séparable en lobes et en lobules, dont la coupe laisse échapper à la pression un suc laiteux. Chaque moitié est creusée d'un canal central, dans lequel s'ouvrent par de petites fentes linéaires les cavités centrales des lobules. Les lobules eux-mêmes se composent de granulations identiques comme structure aux follicules clos.

Les *vaisseaux* du thymus sont très-nombreux. Les *artères* viennent de la mammaire interne et de la thyroïdienne inférieure. Ordinairement un gros tronc artériel, accompagné par une veine, marche le long du canal central de l'organe. Les *veines* vont aux mammaires internes, thyroïdiennes inférieures, innominées. Les *lymphatiques* accompagnent les artères. Les *nerfs* viennent du ganglion cervical inférieur et du premier ganglion dorsal et accompagnent la branche artérielle qui vient de la mammaire interne.

Vers quinze ans, la glande subit la régression graisseuse, et de vingt-cinq à trente ans elle a tout à fait disparu et est remplacée par du tissu graisseux, qui se confond peu à peu avec le tissu cellulaire du médiastin.

4° *Rate.* — La rate paraît au deuxième mois. Son développement est assez lent. Elle ne consiste d'abord qu'en cellules embryonnaires, et les vaisseaux et les trabécules ne se forment que dans le troisième mois. Les corpuscules de Malpighi ne se rencontrent qu'à la fin de la vie fœtale.

5° *Capsules surrénales.* — Elles se forment au deuxième mois et constituent à l'origine une seule masse placée en avant de l'aorte. Elles sont d'abord plus volumineuses que les reins, et ce n'est qu'à partir du troisième mois que le volume de ces derniers prédomine.

ARTICLE X. — PÉRITOINE

La cavité péritonéale est limitée à l'origine par la lame fibro-intestinale, la lame cutanée et les lames moyennes, et on ne trouve pas de trace de séreuse péritonéale. Cette séreuse se forme sur place par transformation histologique des tissus qui limitent cette cavité. Un repli de cette séreuse, le *mésentère primitif*, attache l'intestin à la colonne vertébrale. Ce mésentère est vertical et situé sur la ligne médiane, et forme peu à peu, par suite du développement et des changements de position de certaines portions du canal intestinal, le mésentère proprement dit et le mésocôlon transverse.

La partie du mésentère primitif qui va à l'estomac a reçu le nom de *mésogastre*. Ce mésogastre est à l'origine, comme l'estomac lui-même, vertical et médian et se compose de deux feuillets, un droit et un gauche. Cette insertion du mésogastre se fait à l'endroit de l'estomac qui prend le plus de développement et qui deviendra la grande courbure, de façon que le feuillet gauche du mésogastre se prolonge sur la face antérieure de l'estomac, le feuillet droit sur sa face postérieure ; ces deux feuillets se rejoignent à la petite courbure pour se continuer jusqu'au foie, comme l'épiploon gastro-hépatique. A mesure que l'estomac devient transversal, le mésogastre change de situation et forme alors un repli transversal allant directement de la grande courbure à la paroi abdominale postérieure ; il limite ainsi une sorte de bourse, ébauche de l'arrière-cavité des épiploons, dont la paroi postérieure est constituée par le mésogastre, l'antérieur par l'estomac dont le fond est tourné à gauche et l'entrée (hiatus de Winslow) à droite. Puis, cette bourse s'agrandit en bas au-dessous de la grande courbure, au-dessous de laquelle on trouve déjà au deuxième mois un court repli, ébauche du grand épiploon. Ce repli s'allonge ensuite et descend de plus en plus. La bourse épiploïque originaire descend d'abord jusqu'à l'extrémité inférieure de ce repli ; mais bientôt, par suite de la soudure des feuillets du grand épiploon, elle s'oblitère en partie. La lame postérieure du grand épiploon se rend à l'origine directement à la colonne vertébrale, sans contracter d'adhérences avec le mésocôlon transverse ; mais ces adhérences s'établissent vers le quatrième mois et il devient bientôt impossible de les séparer.

CHAPITRE III

TABLEAU CHRONOLOGIQUE DU DÉVELOPPEMENT DU FŒTUS

Fin de la deuxième semaine. — Formation de l'amnios et de la vésicule ombilicale. — Corde dorsale et gouttière médullaire. — Cœur.

Commencement de la troisième semaine. — La membrane vitelline a tout à fait disparu. — Plaques protovertébrales. — Premier arc pharyngien. — Dépression buccale. — Première circulation.

Fin de la troisième semaine. — Apparition de l'allantoïde et des corps de Wolff. — Fermeture de l'amnios. — Vésicules cérébrales. — Vésicules oculaires et auditives primitives. — Soudure des bourgeons maxillaires inférieurs. — Foie. — Formation des trois derniers arcs pharyngiens.

Quatrième semaine. — La vésicule ombilicale a atteint son développement complet. — Bourgeons de l'extrémité caudale. — Bourgeons des membres supérieurs et inférieurs. — Ouverture cloacale. — Séparation du cœur en cœur droit et cœur gauche. — Ganglions spinaux et racines antérieures. — Fossettes olfactives. — Poumons. — Pancréas.

Cinquième semaine. — L'allantoïde se vascularise dans toute son étendue. — Première ébauche de la main et du pied. — L'aorte primitive se divise en aorte primitive et artère pulmonaire. — Conduit de Müller et glande génitale. — Ossification de la clavicule. — Cartilage de Meckel. — Ossification du maxillaire inférieur.

Sixième semaine. — Le rôle physiologique de la vésicule ombilicale est terminé. — Disparition des fentes pharyngiennes. — Les muscles commencent à être visibles. — La colonne vertébrale, le crâne primordial, les côtes, prennent l'état cartilagineux. — Racines nerveuses postérieures. — Enveloppes des centres nerveux. — Vessie. — Reins. — Langue. — Larynx. — Glande thyroïde. — Germes dentaires. — Tubercule génital et plis génitaux.

Septième semaine. — Points d'ossification des côtes, de l'intermaxillaire, du palatin, du maxillaire supérieur (les quatre premiers). — Thymus.

Huitième semaine. — Distinction du bras et de l'avant-bras, de la cuisse et de la jambe. — Apparition de sillons interdigitaux. — Capsule cristalline et membrane pupillaire. — La séparation des deux ventricules est complète ; le cloisonnement des deux oreillettes commence. — Glandes salivaires. — Rate. — Capsules surrénales. — Le larynx commence à devenir cartilagineux. — Tous les corps vertébraux sont cartilagineux. — Points d'ossification du corps de l'humérus, du radius. — Soudure des deux moitiés de la voûte palatine osseuse.

Neuvième semaine. — Corps strié. — Péricarde. — Distinction de l'ovaire et du testicule. — Formation du sillon génital. — Points osseux primitifs des corps et des arcs vertébraux. — Points osseux du frontal, du vomer, de l'os malaire, du fémur, du corps des métacarpiens, des métatarsiens et des phalanges. — La soudure de la voûte palatine est achevée. — Vésicule biliaire.

Troisième mois. — Formation du placenta fœtal. — La saillie de l'extrémité caudale disparaît. — La distinction des organes génitaux externes mâles et femelles est possible au début du troisième mois. — Division de l'ouverture cloacale en deux parties. — Soudure des arcs cartilagineux dans la région dorsale. — Points d'ossification primitifs de l'occipital, du sphénoïde, de l'unguis, des os du nez, de l'écaille du temporal, de l'omoplate, du corps du cubitus, de l'iléon, du corps du tibia, du péroné,

— Point orbitaire du maxillaire supérieur. — Le sinus maxillaire commence à se former. — Pont de Varole. — Scissure de Sylvius. — Formation des paupières. — Formation des poils et des ongles. — Glande mammaire. — Épiglotte. — Union du testicule et des canaux du corps de Wolff. — Prostate.

Quatrième mois. — La soudure des arcs vertébraux cartilagineux est complète. — Points osseux du corps de la première vertèbre sacrée, de l'ischion.— Ossification du marteau et de l'enclume. — Corps calleux. — Circonvolutions cérébelleuses du vermis. — Lame spirale membraneuse. — Cartilage de la trompe d'Eustache. — Cercle tympanique. — Graisse du tissu cellulaire sous-cutané. — Crêtes papillaires du derme. — Amygdales. — Fermeture du sillon génital et formation du scrotum.— Formation du prépuce.

Cinquième mois. — Les deux caduques commencent à se souder. — Points osseux du corps de l'axis, de l'apophyse odontoïde, du pubis. — Points latéraux de la première vertèbre sacrée. — Points médians de la deuxième. — Points osseux des masses latérales de l'ethmoïde. — Ossification de l'étrier et du rocher. — Ossifications des germes dentaires. — Apparition des germes dentaires des dents persistantes. — Organe de Corti. — Éruption des poils (tête). — Glandes sudoripares. — Glandes de Brunner. — Follicules clos des amygdales et de la base de la langue. — Glandes lymphatiques. — L'utérus et le vagin commencent à se délimiter.

Sixième mois. — Points d'ossification de la branche antérieure de l'apophyse transverse de la septième vertèbre cervicale. — Points latéraux de la deuxième vertèbre sacrée. — Points médians de la troisième. — L'angle sacro-vertébral se prononce. — Points osseux de la poignée du sternum et du calcanéum. — Les hémisphères cérébraux recouvrent le cervelet. — Circonvolutions cérébrales. — Glandes sébacées. — Le bord libre de l'ongle se dégage de la couche cornée de la peau. — Papilles du derme. — Plaques de Payer. — Les parois de l'utérus s'épaississent.

Septième mois. — Points additionnels de la première vertèbre sacrée. — Points latéraux de la troisième. — Point médian de la quatrième. — Point osseux de la première pièce du corps du sternum. — Point osseux de l'astragale. — Disparition du cartilage de Meckel. — Insula. — Dédoublement des tubercules mamillaires et séparation des tubercules quadrijumeaux. — Disparition de la membrane pupillaire. — Le testicule s'engage dans le prolongement vaginal du péritoine.

Huitième mois. — Points additionnels de la deuxième vertèbre sacrée. — Points latéraux de la quatrième. — Points médians de la cinquième.

Neuvième mois. — Points additionnels de la troisième vertèbre sacrée. — Points latéraux de la cinquième. — Point osseux du cornet moyen de l'ethmoïde. — Points du corps et des grandes-cornes de l'os hyoïde. — Points des deuxième et troisième pièces du corps du sternum. — Point osseux de l'extrémité inférieure du fémur. — Ossification de la lame spirale osseuse et de l'axe du limaçon. — Ossification de la première grosse molaire. — Ouverture des paupières. — Les testicules sont dans les bourses.

BIBLIOGRAPHIE. — *Bischoff :* Développement de l'œuf du lapin (dans : Encyclopédie anatomique). — *Coste :* Histoire générale et particulière du développement des corps organisés, 1847-59.— *Reichert :* Entwickelung des Merschweinchens, 1862. — *Schenk :* Lehrbuch der vergleichenden Embryologie der Wirbelthiere, 1874.— *A. Kölliker :* Entwickelungsgeschichte des Menschen, 2e édit., 1876-78. — *Foster* et *Balfour :* Éléments d'embryologie, traduction française, 1877. — *Haeckel :* Anthropogénie, traduction française, 1877. — *Sappey :* Anatomie descriptive, 1879,

FIN

TABLE DES FIGURES [1]

[1] Toutes les figures dont le titre n'est pas suivi d'un nom d'auteur entre parenthèses, ont été faites d'après nos préparations.

TABLE ALPHABÉTIQUE

MÉTATARSO-PHALANGIENNES (articulations), 189.
MOELLE épinière 534. — Développement de la — 1005.
MOELLE osseuse, 27.
MOLAIRES (dents), grosses et petites, 752.
MULLER (conduit de), 1038.
MUQUEUSES en général, 19. — de la caisse du tympan, 919. — de la trachée, 788. — de la vessie, 809. — de l'estomac, 739. — de l'intestin grêle, 743. — de l'urèthre, 825. — de l'utérus, 858. — des petites lèvres, 862. — du gros intestin et du rectum, 749. — du larynx, 783. — du pharynx, 731. — du vagin, 861. — du voile du palais, 721. — linguale, 727,
MUQUEUX (tissu), 13.
MUSCLES en général, 194. — en particulier, 206. — Développement des —, 999.
MUSCLES abducteur (du gros orteil), 322. — (du petit orteil), 324. -(du pouce, court), 282; (anomalie), 332. — (long), 280. (anomalie) ; 336. — abducteur du petit doigt, 284. — Accessoire du long fléchisseur des orteils, 321 ; (anomalie), 331. — Adducteur (de la cuisse), premier, 306. — second et troisième, 306, 308. — (du gros orteil), 322; (anomalie), 331. — (du pouce), 284. Amygdalo-glosse, 726. — Anconé, 279. — Angulaire de l'omoplate, 212; (anomalie). 331. — Aryténoïdien postérieur, 799. — Auriculaires : antérieur, supérieur, postérieur, 253 ; (anomalie), 331. — Biceps (brachial), 263; (anomalie), 331. — (crural), 310 ; (anomalie), 331. — Brachial antérieur, 269; (anomalie), 332. — Buccinateur, 258. — Bulbo-caverneux (homme), 832; — (femme), 866; (anomalie), 332. — Canin, 257. — Carré (crural), 300; (anomalie), 332. — carré pronateur 275 ; (anomalie), 332. — (des lombes), 227 ; — (du menton), 257. — Ciliaire, 888. — Complexus (grand), 212; (anomalie), 334; — (petit), 213. — Constricteurs (du pharynx), inférieur, moyen, supérieur, 733 et 734 ; — (du vagin), 866. — Coraco-brachial, 263; (anomalie), 332. — Couturier, 304 ; (anomalie), 332. — Crico-aryténoïdien (postérieur et latéral), 779. — Crico-thyroïdien, 779. — Cubital (antérieur), 273; (anomalie), 333; —(postérieur), 279; (anomalie), 333. — Deltoïde, 263; —anomalie, 333. — de Guthrie, 835. — de Horner, 910. — de l'antitragus, 913. — de l'étrier, 919. — de l'hélix (grand et petit), 912. — de l'horripilation, 946. — de Wilson, 836. — Demi-membraneux, 310 ; (anomalie), 333. — Demi-tendineux, 309. — Dentelé (grand), 232 ; (anomalie), 334 ; — (petits, postérieurs), 210. — Diaphragme, 234 ; (anomalie), 333. — Digastrique, 243 ; (anomalie) 333. — Dilatateur de l'aile du nez, 260. — Dorsal (grand), 208 ; (anomalie), 335 ; — (long), 217. — Droit antérieur (de l'abdomen). 225 ; (anomalie), 335 — de la cuisse), 303. —(de la région prévertébrale grand et petit), 248. — Droits de l'œil (externe. inférieur, interne et supérieur), 901. — Droit interne (de la cuisse), 306. — Droit latéral (petit), 240 ; (anomalie) 333. — Droits postérieurs de la

tête (grand), 213 ; (anomalie), 335 (petit), 214. du marteau, 918. — du pavillon de l'oreille. 912. — du tragus, 912. — Extenseur commun (des doigts), 277 ; (anomalie), 333. — (des orteils), 313 ; (anomalie), 333. — Extenseur propre (de l'index, 281 ; (anomalie), 334. — (du gros orteil), 311 ; (anomalie), 334. — (du petit doigt), 279 ; (anomalie), 334. — (du pouce, court et long), 281 ; (anomalie), 332. — Fessier (grand), 207 ; (anomalie), 335. — (moyen), 298 ; (anomalie), 337. — (petit), 209. — Fléchisseur des doigts (superficiel), 271 ; (anomalie), 334. — (profond), 273. — des orteils (court), 321. — (long), 318. — Fléchisseur propre (du petit orteil), (court), 324. — (du gros orteil), court, 322. — long. 319. — (du petit doigt), court 284 ; (anomalie), 332. — Fléchisseur court du petit orteil, 324 ; (anomalie), 334. — Fléchisseur propre du pouce, 275 ; (anomalie), 334. —court, 282 ; (anomalie),332.—long,—275.—Frontal, 253.—Génioglosse, 726. — Génio-hyoïdien, 244,(anomalie), 334.— Glosso-staphylin, 720.— Grand adducteur, 308; (anomalie), 334. — (Petit), 306; (anomalie), 338. — Houppe du menton, 257. — Huméro-radial, 276; (anomalie), 335. — Hyoglosse, 724. — Intercostaux (externes), 233. — (internes), 233 ; (anomalie), 333. — Inter-épineux, 218 ; (anomalie), 336. — Interosseux (des doigts), 286 ; (anomalie), 336; des orteils), 326. — Intertransversaires, 218 ; — (anomalie), 336.—Ischio-caverneux (homme), 831 ; (femme), 866. — Ischio-coccygien, 841. — Jambier (antérieur) 311 (anomalie), 336 (postérieur), 318. — Jumeaux (de la jambe) 315 ; (anomalie), 335. — (pelviens). 300. — Lingual (inférieur), 725. — (supérieur), 725. — (transverse), 726. — (vertical), 726. — Lombricaux (de la main), 275 ; — (anomalie), 336. — (du pied), 322; (anomalie). 336. — Long dorsal, 217. — Long du cou, 248, — Masséter, 261. — Mylo-hyoïdien, 243. — Myrtiforme, 260. — Obliques de l'abdomen (grand), 220 ; (anomalie), 335. — (petit), 223 ; (anomalie). 338. — Obliques postérieurs de la tête (grand), 214 ; (inférieur), 214 ; (petit), 215. — Obliques de l'œil (grand et petit), 903. — Oblique du pavillon de l'oreille, 913. — Obturateur (externe), 301. — (interne), 300. — Occipital, 253 — Omohyoïdien, 244 ; (anomalie) 337. — Orbiculaire (de l'urèthre), 838 : — (des lèvres), 258 ; (des paupières), 254 (anomalie), 337. — Opposant (du petit doigt), 285 ; (du petit orteil), 324 ; (du pouce), 283. — Palato-staphylin, 719. — Palmaire (cutané), 281 ; (anomalie), 337. — (grand), 271 ; (anomalie), 335. — (grêle), 271 ; (anomalie), 337. — Papillaires du cœur, 351. — Peaucier du cou, 239 ; (anomalie), 337. — Pectoral (grand), 229 ; (anomalie), 315; (petit), 230 ; (anomalie), 338. — Pectiné, 306; (anomalie), 337. — Pédieux, 319 ; (anomalie). 338. — Péristaphylin externe et interne), 719. — Péronier latéral (court), 314; (anomalie),

malie), 337 Pharyngo-glosse, 725. — Pharyngo-staphylin, 721. — Plantaire grêle, 315; (anomalie),338. — Poplité, 317. — Pronateur (carré), 275; (rond), 270; (anomalie), 339. — Psoas-iliaque , 295; (anomalie), 339. — Ptérygoïdien (externe et interne), 262 (anomalie), 339. — Pyramidal (de l'abdomen), 226 ; (anomalie). 339. — (du bassin), (299; (anomalie), 339. — Radial externe (1er), 276; (anomalie), 338 (2e), 276; anomalie), 338. — Releveur de l'aile du nez et de la lèvre supérieure (profond), 256 ; (superficiel), 257. — Releveur de l'anus, 839. — Releveur de la paupière supérieure, 902. —Rhomboïde, 208; (anomalie), 339. — Risorius de Santorini, 257. — Rond (grand), 266 ; petit, 266 ; (anomalie), 338. — Sacro-lombaire, 217. — (anomalie), 339. — Scalènes : antérieur, 246 ; postérieur, 248 ; (anomalie), 339. — Soléaire, 317; (anomalie), 339. — Sourcilier, 256. — Sous-clavier, 230; (anomalie), 339. — Sous-costaux, 233. — Sous-cutanés, 239 et 281, — Sous-épineux, 265. — Sous-hyoïdiens, 244.—Sous-scapulaire, 266 ; — (anomalie), 339.— Sphincter externe de l'anus, 838. — Splénius, 212; — (anomalie) 340. — Sterno-hyoïdien, 244 ; (anomalie), 340. — Sterno-mastoïdien, 241; — (anomalie), 340. — Sterno-thyroïdien, 246; (anomalie), 340. — Stylo-glosse, 724, Stylo-hyoïdien, 243 ; (anomalie), 340. — Stylo-pharyngien, 734. — Supinateur (court), 277; (anomalie), 332 ; (long), 276. — sus-costaux, 233. — sus-épineux, 265; (anomalie), 340. —sus-hyoïdiens, 241.—Temporal, 261.— Tenseur du fascia lata, 303. —Thyro-aryténoïdien, 780. —Thyro-hyoïdien, 246; (anomalie), 340.—Transversaire du cou, 213.— Transversaire épineux. 218. — Transverse de l'abdomen, 225; (anomalie), 340.—Transverse du nez, 260.—Transverse du pavillon de l'oreille, 913. — Transverse du périnée (profond ou de Guthrie, 835; (superficiel), 834. — Trapèze, 207 ; (anomalie), 340.—Triangulaire des lèvres, 257 ; (anomalie), 340. — Triangulaire du sternum, 234. — Triceps (brachial), 269 ; (anomalie), 341 ; (crural), 303 ; (sural), 315. — Zygomatique (grand et petit), 256.

MUSCLES surnuméraires: accessoire du petit droit latéral, 341. — Cervico-costo-huméral, 341. — Court extenseur de la main, 342. — Cubito-carpien, 342. — Gléno-brachial, 342. — Grand droit latéral de l'abdomen, 341. — Ischio-pubien, 342. — Muscles claviculaires surnuméraires, 341. — Muscle cutané de la main, 342. — du pied, 343. — Surnuméraire de l'hypothénar, 342. — Occipito-scapulaire, 341 — Peaucier de la nuque, 341. — Pétro-hyoïdien, 342. —Pubio-péritonéal, 341. — Radio-carpien, 342.— Sacro-coccygien postérieur, 342. — Sternal, 341. — stylo-maxillaire, 342.—Transverse du cou, 342. — du dos, 341 ; — de la nuque, 341.

MUSCULAIRES (artères) supérieure et inférieure, 407. — grande (artère), 438.

MUSCULAIRE (tissu), 14, — (lame), 973.

MUSCULO-CUTANÉ (nerf) de la cuisse (externe), 673; (interne), 673. — de la jambe; 680; — du bras, 657.

MYLO-HYOÏDIEN (muscle), 243. — (nerf), 612.

N

NARINES, 934.

NASAL (os), 54. — (nerf), 603.

NASALE (artère), 405. — (fosses), 70 et 934.

NASO-LOBAIRE (artère), 398.— (nerf), 605.

NERFS en général, 592. — encéphaliques, 596. — rachidiens, 640. — rachidiens (branches antér.), 644. — rachidiens (branches postér.), 642. — Développement des —, 1006.

NERFS abdomino-scrotal (grand), 668. — (petit), 670. — accessoire du brachial cutané interne, 655. — accessoire de Willis, 636. — anal, 676.— auditif, 622. — auriculaire, 646.— auriculaire postérieur, 619. — auriculo-temporal, 611. — axillaire, 658. — brachial cutané interne, 657. — buccal, 610.—cardiaques (du pneumogastrique), 633. — cardiaques du sympathique, 695. — cervical transverse, 647. — cervicaux, 646. — cervico-facial, 621.—corde du tympan, 618.—crural, 671. — cubital, 661.— de Jacobson, 624.— de Lancisi, 561. —de la fosse jugulaire, 619. — dentaire inférieur, 612. — du muscle de l'étrier, 618. — du muscle digastrique, 619 et 612. — du muscle stylo-hyoïdien, 619. — du muscle triceps fémoral, 674. — facial, 615.— fémoro-cutané, 670. — fessier (inférieur), 677 ; — (supérieur), 677.— frontal, 603. — génito-crural, 670. — glosso-pharyngien, 623. — honteux interne, 676. — intercostaux, 665.—intermédiaire de Wrisberg, 616. — hypoglosse (grand), 638. — lacrymal, 602. — laryngé (externe), 632. — (inférieur), 632. — (supérieur), 631. — lingual, 612. — lingual de Hirschfeld, 619. — lombaires, 667. — lombo-sacré, 668. — massétérin, 610. — masticateur, 600. — maxillaire (inférieur), 609. — (supérieur), 606. — médian, 658. — musculo-cutané (du bras), 657. — musculo-cutané (de la cuisse) externe, 673. — (interne), 673. — musculo-cutané de la jambe, 680. — mylo-hyoïdien, 612. — nasal, 603. — naso-palatin, 609. — obturateur, 671. — occipital (grand), 643. — oculo-moteur commun, 599. — oculo-moteur externe, 615. — olfactif, 597. — ophthalmique de Willis, 602. — optique, 598. — palatins postérieurs, 608. — pathétique, 600. — pétreux profond (grand et petit), 624. — pétreux superficiels (grand et petit), 617.— pharyngiens, 625.— pharyngien de Bock, 608. — phrénique, 650.— plantaire (externe), 685. — (interne), 685. — pneumogastrique, 627. — profond du dos du pied, 683. — ptérygoïdien interne, 611. — pulmonaires, 633. — radial, 663. — sacrés (derniers), 686. — saphène (externe), 683. — (interne), 674. — sciatique (grand), 678. — (petit), 677. — sciatique poplité (externe), 678. — (interne), 683. — sinu-vertébraux de Luschka, 642,

2ᵉ Série. — Nᵒ 196. **BULLETIN MENSUEL** Juin 1879.
DE LA
LIBRAIRIE J.-B. BAILLIÈRE ET FILS
Rue Hautefeuille, 19, près du boulevard Saint-Germain, à Paris

TRAITÉ CLINIQUE
DES MALADIES DE LA MOELLE ÉPINIÈRE

Par E. LEYDEN
PROFESSEUR DE CLINIQUE MÉDICALE A L'UNIVERSITÉ DE BERLIN

Traduit avec le consentement de l'auteur par les docteurs

Eugène RICHARD
MÉDECIN MAJOR DES HÔPITAUX MILITAIRES
ANCIEN INTERNE LAURÉAT DES HÔPITAUX DE STRASBOURG

Charles VIRY
MÉDECIN MAJOR
DES HÔPITAUX MILITAIRES

Un vol. grand in-8 de 850 pages. — Prix. . . . . . . 14 fr.

Une simple énumération des auteurs français qui ont publié des travaux sur la physiologie ou la pathologie de la moelle épinière suffirait pour démontrer quelle large contribution nos compatriotes ont apportée à l'étude des affections spinales. Néanmoins le livre que nous présentons aujourd'hui au public médical de notre pays nous paraît destiné à combler une lacune. Si les nombreux et brillants ouvrages écrits par les maîtres de nos écoles sur les diverses maladies médullaires sont dans toutes les mains, comme les noms de leurs auteurs sont dans toutes les bouches, nous manquons absolument d'un travail d'ensemble au courant de la science actuelle. Une synthèse de nos connaissances sur la pathologie de la moelle était devenue nécessaire.

Nous avons pensé qu'il y aurait tout avantage à transporter dans notre langue l'œuvre magistrale du professeur Leyden et à faire connaître les opinions d'un clinicien étranger, tout en permettant aux médecins français de jeter un coup d'œil d'ensemble sur les maladies spinales.

Les maladies de la moelle épinière se présentent journellement à notre observation, aussi bien dans la pratique ordinaire que sur la scène des grands hôpitaux. Ce *traité* s'adresse donc, non pas seulement à une classe de médecins, mais à tous les praticiens. Il est nécessaire que la pathologie de la moelle puisse devenir en quelque sorte familière à chacun. De création pour ainsi dire récente, elle doit chaque jour faire des progrès nouveaux pour le plus grand avantage des malades. L'étude histologique de la moelle ne présente plus aujourd'hui de difficultés insurmontables, et, en se conformant aux méthodes indiquées dans des livres de technique microscopique, on peut arriver à faire des préparations sinon parfaites, du moins suffisantes pour l'étude.

L'ouvrage du professeur Leyden a eu un grand retentissement en Allemagne, et depuis le jour de son apparition, il est bien connu en France de tous ceux qui se livrent particulièrement à l'étude des maladies nerveuses; la critique a donc déjà prononcé sur sa valeur intrinsèque.

E. RICHARD. CH. VIRY.

ENVOI FRANCO CONTRE UN MANDAT SUR LA POSTE

Peu de branches de la pathologie ont, autant que les maladies spinales, attiré l'attention des cliniciens et des praticiens. De nombreux travaux ont fait réaliser des progrès dans tous les sens sur ce terrain naguère si ingrat. De toutes les maladies nerveuses, celles de la moelle sont en ce moment les mieux connues : celles du cerveau et des nerfs ne reposent pas à coup sûr sur une aussi large base de connaissances anatomiques et physiologiques, et leur étude clinique est loin d'être aussi précise.

Les affections médullaires sont les plus fréquentes, celles qui sollicitent presque journellement l'attention et l'intervention du médecin. Disons aussi que le diagnostic et le traitement, quelques lacunes qu'ils offrent encore, ont cependant réalisé, eux aussi, de grands progrès depuis ces dernières années.

Les découvertes faites coup sur coup et rapidement dans le domaine des maladies de la moelle sont disséminées dans de nombreuses publications périodiques ; aussi jusqu'ici sont-elles restées peu accessibles au plus grand nombre de nos confrères. Ceux mêmes d'entre eux qui suivent avec le plus d'intérêt les progrès de la science conviendront qu'il leur est difficile de se rendre compte du point où en sont arrivées nos connaissances et quels en sont les *desiderata*.

Nous avons cru que la publication d'un traité général des affections de la moelle épinière répondrait à un besoin réel des étudiants aussi bien que des praticiens.

Nous nous sommes efforcé de retracer un tableau aussi fidèle que possible de l'état actuel de la science et nous avons dû chercher à ne négliger aucun document sérieux.

J'ai accepté avec empressement l'offre de MM. J.-B. Baillière de faire traduire mon ouvrage en français, d'autant plus que malgré l'apparition de plusieurs études sur le même sujet d'une date plus récente, mon point de vue sur la question n'a pas été modifié.

Je profite de l'occasion qui m'est offerte pour remercier sincèrement mes distingués confrères, MM. Eugène Richard et Charles Viry, du zèle et du soin qu'ils ont mis à faire connaître mon ouvrage au public français, sous une forme aussi heureuse et répondant aussi bien à mes intentions.

E. LEYDEN.

TABLE DES MATIÈRES

ENVOI FRANCO CONTRE UN MANDAT SUR LA POSTE

2ᵉ Série. — Nᵒ 195

BULLETIN MENSUEL DES PUBLICATIONS

DE LA

LIBRAIRIE J.-B. BAILLIÈRE ET FILS

Rue Hautefeuille, 19, près du boulevard Saint-Germain, à Paris

Juin 1879.

TRAITÉ ÉLÉMENTAIRE
D'HISTOLOGIE HUMAINE
NORMALE ET PATHOLOGIQUE

PRÉCÉDÉ

D'UN EXPOSÉ DES MOYENS D'OBSERVER AU MICROSCOPE

PAR

le Docteur C. MOREL

PROFESSEUR A LA FACULTÉ DE MÉDECINE DE NANCY

1879, 1 vol. grand in-8, avec 36 belles planches dessinées d'après nature

PAR

le Docteur A. VILLEMIN

PROFESSEUR A L'ÉCOLE DE MÉDECINE MILITAIRE DU VAL-DE-GRACE

Troisième édition revue et augmentée. — Prix. . . 16 francs

Dans cette nouvelle édition, comme dans la précédente, M. Morel a cherché à exposer, aussi brièvement que possible, les données les plus certaines fournies par l'étude pratique de l'histologie humaine. Il s'est surtout proposé de mettre en lumière les faits bien établis sans trop se préoccuper de les rattacher à telle ou telle théorie régnante; en pareille matière, il faut rejeter le dogmatisme et laisser à chacun le soin de conclure d'après ses propres appréciations.

M. Morel a tenu compte des progrès réalisés par la technique histologique, en remaniant complètement le chapitre relatif aux procédés mis en usage pour faire méthodiquement des préparations et les conserver. A la suite de la description des tissus ou organes, M. Morel a également donné des indications détaillées sur le mode de préparation de chacun d'eux.

ENVOI FRANCO CONTRE UN MANDAT SUR LA POSTE

Enfin vingt-neuf dessins nouveaux reproduisant exactement ses préparations, indiquent qu'il a apporté des modifications plus ou moins importantes dans le texte et qu'il a fait quelques recherches originales.

Quelques figures intercalées dans le texte feront mieux comprendre les descriptions auxquelles elles se rapportent.

TABLE DES MATIÈRES

2ᵉ Série. — N° 148.   Janvier 1878

BULLETIN MENSUEL DES PUBLICATIONS
DE LA
LIBRAIRIE J.-B. BAILLIÈRE ET FILS
Rue Hautefeuille, 19, près le boulevard Saint-Germain, à Paris.

TRAITÉ PRATIQUE
DES MALADIES DES NOUVEAU-NÉS
DES ENFANTS A LA MAMELLE ET DE LA SECONDE ENFANCE

Par le docteur E. BOUCHUT,
Professeur agrégé à la Faculté de médecine, médecin de l'hôpital des Enfants malades.
Septième édition, corrigée et considérablement augmentée.
Ouvrage couronné par l'Institut de France
Paris, 1878, 1 vol. gr. in-8 de 1130 pages, avec 179 figures. — 18 fr.

Hygiène de la première enfance, guide des mères pour l'allaitement, le
sevrage et le choix de la nourrice chez les nouveau-nés, par E. BOUCHUT.
Sixième édition. Paris, 1874. 1 vol. in-12 de VIII-430 p. avec 46 fig.   4 fr.

THÉRAPEUTIQUE
DES MALADIES CHIRURGICALES
DES ENFANTS

Par T. HOLMES,
Chirurgien de l'hôpital des Enfants malades.
OUVRAGE TRADUIT SUR LA SECONDE ÉDITION ET ANNOTÉ SOUS LES YEUX DE L'AUTEUR
Par le Dr O. LARCHER.
1870, 1 vol. in-8 de 918 pages, avec 330 figures. — 15 fr.

Ouvrage le plus complet, embrassant toutes les affections chirurgicales qui s'observent dans
l'enfance, et l'indication des procédés opératoires pour y remédier, formant un complément au
Traité des maladies des nouveau-nés du docteur Bouchut.

MANUEL PRATIQUE
DES MALADIES DE L'ENFANCE

PAR

A. DESPINE	C. PICOT
Professeur de pathologie, interne à l'Université de Genève.	Médecin de l'Infirmerie du Prieuré à Genève.

1 vol. in-18 jésus de 600 pages. — 6 fr.

DONNÉ. **Conseils aux mères** sur la manière d'élever les enfants nouveau-
nés, Quatrième édition. Paris, 1869, 1 vol. in-18 jésus.   3 fr.
GUILLAUME (L.). **Hygiène des écoles,** conditions architecturales et économi-
ques, par le docteur L. GUILLAUME, 1874, in-8 de 70 pages avec 23 fig. 2 fr.
GYOUX (Ph.). **Éducation de l'enfant** au point de vue physique et moral, depuis la naissance jusqu'à la première dentition, par Ph. GYOUX, médecin-adjoint
des hôpitaux de Bordeaux. Paris, 1870, 1 volume in-18 jésus de 300 p. 3 fr.
VALLEIX (F.-L.-I.). **Clinique des maladies des enfants** nouveau-nés. Paris,
1838, 1 vol. in-8 avec 2 pl. coloriées.   8 fr. 50
Cet ouvrage comprend : I. De l'exploration clinique des nouveau-nés. — II. Pneumonie
pleurésie. — III. Muguet et entérite. — IV. Céphalæmatome, ou tumeur sanguine du crâne;
apoplexie. — Maladies du tissu cellulaire, œdème des nouveau-nés. — VI. Pustules et pem-
phigus.
VÉRON (L.). **Maladies des enfants,** (Muguet des nouveau-nés.) Paris, 1825,
in-8.   50 c.

ENVOI FRANCO CONTRE UN MANDAT SUR LA POSTE.

BAILLY. **Traitement des ovariotomisées.** Considérations physiologiques sur la castration de la femme. Paris, 1872, in-8, 116 pages.   3 fr.

BEDOIN. **Manuel de la jeune mère.** Notions familières sur l'hygiène de la première enfance, par le docteur BEDOIN, in-18, 82 pages.   1 fr.

BILLET (L.). **De la fièvre puerpérale** et de la réforme des maternités. Paris, 1872, in-8 de 89 pages.   2 fr.

BOIVIN et DUGÈS. **Anatomie pathologique de l'utérus et de ses annexes** fondée sur un grand nombre d'observations cliniques. Paris, 1866, atlas in-folio de 41 planches, gravées et coloriées, *représentant les principales altérations morbides des organes génitaux de la femme,* et servant de complément à tous les traités de maladies des femmes.   45 fr.

BOUQUÉ. **Du traitement des fistules uro-génitales de la femme** par la réunion secondaire, par le Dr Éd.-F. BOUQUÉ. 1875, 1 v. in-8 de 264 p.   5 fr.

BOURDON (E.). **Des anaplasties périnéo-vaginales** dans le traitement des prolapsus de l'utérus, des cystocèles et des rectocèles, par Emmanuel BOURDON, ancien interne des hôpitaux. 1875, in-8 de 143 pages avec 8 planches.   3 fr.

BOURGEOIS. **De l'influence des maladies de la femme pendant la grossesse** sur la constitution et la santé de l'enfant, par le docteur L. X. BOURGEOIS, médecin à Tourcoing. Paris, 1861, in-4 de 120 pages.   3 fr. 50

CARPENTIER. **Contributions à l'étude des présentations de la face,** par le Dr Ad. CARPENTIER. Paris, 1876, in-8, 74 pages.   2 fr.

CELLARD. **De l'elephantiasis vulvaire chez les Européens,** par le docteur Henri CELLARD, grand in-8, 67 pages.   1 fr. 50

CHAILLY. **Traité pratique de l'art des accouchements,** par CHAILLY-HONORÉ. Sixième édition. 1878. 1 vol. in-8 avec 282 figures.   10 fr.

CHANTREUIL (G.). **Des dispositions du cordon** (la procidence exceptée) qui peuvent troubler la marche régulière de la grossesse et de l'accouchement, par le docteur G. CHANTREUIL, professeur agrégé de la Faculté de médecine de Paris. Paris, 1875, in-8 de 176 pages, avec figures.   4 fr.

COSTE. **De la myocardite puerpérale** comme cause la plus fréquente de mort subite après l'accouchement, par le docteur Maurice COSTE. Paris, 1876, in-8, 74 pages.   1 fr. 50

DECHAUX. **Parallèle de l'hystérie** et des maladies du col de l'utérus, suivi de mémoires sur la saignée dans la grossesse, etc. Paris, 1873, 1 vol. in-8 de 444 pages.   5 fr.

DEPAUL. **Expériences faites à l'Académie de médecine** avec le cow-pox ou vaccin animal. Paris, 1868, in-4, avec 3 planches coloriées.   3 fr. 50

DUBOIS. **Convient-il dans les présentations vicieuses du fœtus de revenir à la version sur la tête?** par Paul DUBOIS, chirurgien en chef de l'hospice de la Maternité. In-4 de 50 pages.   1 fr. 50

— **Mémoire sur la cause des présentations de la tête** pendant l'accouchement. In-4 de 27 pages.   1 fr.

Fièvre puerpérale (de la), de sa nature et de son traitement. Communications à l'Académie de médecine par MM. GUÉRARD, DEPAUL, BEAU, PIORRY, HERVEZ DE CHÉGOIN, TROUSSEAU, P. DUBOIS, CRUVEILHIER, CAZEAUX, DANYAU, BOUILLAUD, VELPEAU, J. GUÉRIN, etc. précédées de l'indication bibliographique des principaux écrits publiés sur la fièvre puerpérale. Paris, 1858, in-8 de 464 p.   6 fr.

GALLEZ (L.). **Histoire des kystes de l'ovaire** envisagée surtout au point de vue du diagnostic et du traitement. Bruxelles, 1873, 1 vol. in-4 de 748 p. accompagné de 24 planches renfermant 112 figures.   12 fr.

GOURRIER. **Les lois de la génération,** sexualité et conception, par le docteur GOURRIER. Paris, 1875, 1 vol. in-18 jésus de 200 pages.   2 fr.

GROS (L.). **Études gynécologiques.** Du prurit général de la grossesse. Note sur la rétroversion utérine pendant la grossesse. Paris, 1869, in-8.   60 c.

— **De la compression de l'aorte** dans les hémorrhagies graves après l'accouchement. Paris, 1875, in-8 de 40 pages.   1 fr. 25

GROS-FILLAY. **Des indications et contre-indications dans le traitement des kystes de l'ovaire.** 1874, gr. in-8   2 fr.

HUGUIER. **De l'hystérométrie** et du cathétérisme utérin. De leurs applications au diagnostic et au traitement des maladies de l'utérus et de ses annexes, et de leur emploi en obstétrique. 1865, 1 vol. in-8 de 372 pages, avec 4 pl.   6 fr.

2ᵉ Série. — Nᵒ 167.   **BULLETIN MENSUEL** DE LA   Septembre 1878

LIBRAIRIE J.-B. BAILLIÈRE ET FILS

Rue Hautefeuille, 19, près le boulevard Saint-Germain, à Paris

DICTIONNAIRE
DE MÉDECINE, DE CHIRURGIE
ET D'HYGIÈNE
VÉTÉRINAIRES

ILLUSTRÉ DE 1,600 FIGURES INTERCALÉES DANS LE TEXTE

PAR

L. H. J. HURTREL D'ARBOVAL

ÉDITION ENTIÈREMENT REFONDUE

ET AUGMENTÉE DE L'EXPOSÉ DES FAITS NOUVEAUX
OBSERVÉS PAR LES PLUS CÉLÈBRES PRATRICIENS FRANÇAIS ET ÉTRANGERS

PAR

A. ZUNDEL

VÉTÉRINAIRE SUPÉRIEUR D'ALSACE-LORRAINE SECRÉTAIRE DE LA SOCIÉTÉ VÉTÉRINAIRE D'ALSACE
MEMBRE CORRESPONDANT
DE LA SOCIÉTÉ CENTRALE DE MÉDECINE VÉTÉRINAIRE DE PARIS

OUVRAGE COMPLET

3 forts vol. grand in-8 à deux colonnes. avec 1,600 figures intercalées dans le texte
et publiés en 6 parties, avec une table alphabétique des matieres. — 60 fr.

PRÉFACE DES ÉDITEURS

Hurtrel d'Arboval avait compris qu'il importait avant tout de mettre entre les mains des élèves et des praticiens un livre qui « leur servit de répertoire aussi complet que consciencieux de l'art auquel il avait voué sa vie entière », et il avait su mettre à la portée de tous les notions de médecine, de chirurgie et d'hygiène indispensables aux vétérinaires soucieux des intérêts et de la dignité de leur profession.

La notice consacrée à Hurtrel d'Arboval par M. Henri Bouley, dont l'opinion est d'un si grand poids dans la science, fera bien apprécier l'importance de cette œuvre considérable : en tous cas, nous pouvons dire que

ENVOI FRANCO CONTRE UN MANDAT SUR LA POSTE

ce sont les grandes qualités de jugement droit et d'expérience consommée
qui se faisaient remarquer dans les vues d'ensemble et dans les détails, de
clarté et de précision dans la forme qui ont assuré le succès de ce *Dictionnaire* et qui en ont fait un livre classique dans l'enseignement des écoles
et dans la pratique journalière des villes et des campagnes.

En publiant une *troisième édition* de cet ouvrage, nous avons voulu
tout à la fois lui conserver les mérites qui l'avaient fait rechercher par
plusieurs générations, et le faire profiter des progrès de la science et de
l'art vétérinaires.

Nous avons été assez heureux pour trouver dans M. A. Zundel un praticien qu'une longue expérience personnelle, la publication de mémoires
importants sur différents points de la science, une connaissance approfondie
des littératures française, anglaise et allemande, mettaient mieux que per-
sonne à même de continuer à la révision de ce livre le même esprit qui
avait inspiré l'auteur lors de la rédaction primitive.

L'énumération des articles revus, corrigés et augmentés, ou même rédigés
à nouveau, serait trop considérable, et nous aurions à les citer presque tous
comme ayant été l'objet d'une révision attentive de la part de M. A. Zundel;
il fallait surtout enlever ce qui se ressentait trop de la doctrine dite *phy
siologique*, adoptée par l'auteur en 1838, et revenir à l'éclectisme médical; enfin, par plus d'ordre et de méthode dans la description, faciliter les
recherches du praticien; qu'il nous suffise de dire que ce *Dictionnaire*
constitue aujourd'hui une encyclopédie véritablement mise au niveau des
progrès de la science, et pouvant au besoin tenir lieu d'une bibliothèque
complète.

Nous devons encore signaler, comme un important perfectionnement apporté à l'œuvre de Hurtrel d'Arboval, l'addition de plus de quinze cents
figures qui mettent pour ainsi dire sous les yeux les détails d'anatomie
normale et pathologique, les procédés opératoires, les instruments et appareils : les yeux viennent apporter à l'intelligence et à la mémoire un secours précieux, en facilitant toujours à l'auteur une explication et en permettant souvent au lecteur de la mieux comprendre. La majeure partie de
ces figures est originale; elles ont été dessinées exprès pour ce livre et
autant que possible d'après nature, par M. Mandel, vétérinaire, et par
M. Nicolet; les autres sont puisées aux meilleures sources.

Grâce à la disposition typographique que nous avons adoptée, nous avons
pu faire tenir dans les trois volumes de la présente édition presque le double
de la matière contenue dans les six volumes de la précédente.

Nous avons fait tout ce qu'il était en nous pour apporter au *Dictionnaire* de Hurtrel d'Arboval toutes les améliorations que méritait cette
œuvre considérable. Puisse cette nouvelle édition trouver le même accueil
que celles qui l'ont précédée, et servir comme elles de guide aux élèves et
aux praticiens pour l'étude et l'exercice de leur art!

Le *Dictionnaire de médecine, de chirurgie et d'hygiène vétérinaires*
est terminé par une table alphabétique très étendue qui facilitera singu-
lièrement les recherches.

BEAUNIS. Nouveaux éléments de physiologie humaine, comprenant les principes de physiologie générale et de physiologie comparée, par H. BEAUNIS, professeur à la Faculté de Nancy. 1876, 1 vol. in-8, XLVIII-1160 pages, avec 300 figures, cartonnée. . 14 fr.

BEAUNIS et BOUCHARD. Nouveaux éléments d'Anatomie descriptive et d'Embryologie, par H. BEAUNIS et A. BOUCHARD, professeur agrégé à la Faculté de médecine de Nancy. *Deuxième édition*. Paris, 1873. 1 vol. grand in-8 de 1120 pages, avec 421 figures, cartonné. . . . . 18 fr.

—— **Précis d'Anatomie et de dissection**. Paris, 1877. 1 vol. in-18 de 450 pages. 4 fr.

BERT. Leçons sur la physiologie comparée de la respiration. 1870. 1 vol. in-8, 500 pages, avec 150 figures. . . . . 10 »

BOUCHUT. Nouveaux éléments de pathologie générale, de sémiologie et de diagnostic, par le Dr E. BOUCHUT, professeur agrégé de la Faculté de médecine de Paris. 3e édition, 1875. 1 vol. grand in-8, 1312 pages, avec 282 fig. Cart. . . . . 20 »

BREHM. La vie des animaux illustrée, ou Description populaire du règne animal, par A.-E. BREHM. Caractères, mœurs, instincts, habitudes et régimes, chasses, combats, captivité, domesticité, acclimatation, usages et produits. Édition française, revue par Z. GERBE. *Les Mammifères*. 2 vol. grand in-8, avec 800 fig. et 40 pl. . . . . 21 »
—— *Les Oiseaux*. 2 vol. grand in-8, avec 800 fig, et 40 pl. . . . . 21 »

BREMSER. Traité zoologique et physiologique des vers intestinaux des hommes, traduit de l'allemand et revu par M. BLAINVILLE. 1837, 1 vol. in-8 avec atlas in-4 de 15 planches. . . . . 7 »

CAUVET. Nouveaux éléments d'histoire naturelle médicale. 2e édition. 1877, 2 vol. in-18 jesus. avec 822 fig. . . . . 12 »

CHAUVEAU. Traité d'Anatomie comparée des Animaux domestiques, par A. CHAUVEAU, Directeur de l'École Vétérinaire, professeur à la Faculté de médecine de Lyon, *Troisième édition*, revue et augmentée avec la Collaboration de S. ARLOING, professeur à l'École Vétérinaire, chef des travaux du laboratoire de médecine expérimentale à la Faculté de médecine de Lyon. 1879, 1 vol. grand in-8 de 1036 pages, avec 406 figures intercalées dans le texte et en partie coloriées. . . . . 24 fr.

COLIN. Traité de physiologie comparée des animaux, considérée dans ses rapports avec les sciences naturelles, la médecine, la zootechnie et l'économie rurale, par G. COLIN, professeur à l'École vétérinaire d'Alfort, membre de l'Académie de médecine. 2e édition. 2 vol. in-8, avec 114 fig. . . . . 26 »

DAVAINE. Traité des entozoaires et des maladies vermineuses de l'homme et des animaux domestiques. 2e édition. Paris, 1878, 1 vol. in-8 de CXXXII-1004 p., 100 fig. . 14 »

DELAFOND. Exposé sommaire d'expériences faites sur les animaux, dans le but de constater si la sécrétion urinaire est supprimée dans l'empoisonnement aigu et suraigu par l'acide arsénieux. Paris, 1845, in-4 de 58 pages. 1 50

—— **Traité sur la maladie de sang des bêtes bovines**. Paris, 1848, in-8. . 4 »

DELPECH (A.). La ladrerie du porc au point de vue de l'hygiène publique. 1864, in-8 de 107 pages. 2 50

—— **Les trichines et la trichinose** chez l'homme et chez les animaux. 1866, in-8, de 104 pages. 2 50

DEPAUL. Expériences faites avec le cowpox ou vaccin animal, par J. A. H. DEPAUL, professeur à la Faculté de médecine de Paris. Paris, 1867, in-4, 54 pages, avec 3 planches chromolithographiées. . . . . 3 »

—— **Sur la vaccination animale.** 1867, in-8, 78 pages. 1 50

—— **De l'origine réelle du virus vaccin.** 1864, in-8, 43 pages. 1 50

Dictionnaire de médecine, de chirurgie, de pharmacie, de l'art vétérinaire et des sciences qui s'y rapportent, publié par J.-B. BAILLIÈRE et FILS. 14e édition, entièrement refondue par E. LITTRÉ, membre de l'Institut de France, et C. ROBIN, professeur à la Faculté de médecine de Paris, membre de l'Académie de médecine. Ouvrage contenant la synonymie grecque, latine, allemande, anglaise, italienne et espagnole, et le Glossaire de ces diverses langues. Paris, 1878, 1 beau vol. grand in-8 de 1800 pages à deux colonnes, avec 600 figures. . . . . 20 »

FONSSAGRIVES, Hygiène et assainissement des villes, par J.-B. FONSSAGRIVES, professeur à la Faculté de médecine de Montpellier. 1874, 1 vol. in-8. . . . . . 8 »

GALISSET et MIGNON. Nouveau traité des vices rédhibitoires et de la garantie dans les ventes et échanges d'animaux domestiques, ou Jurisprudence vétérinaire, contenant la législation d'après les principes du Code civil et la loi modificative du 20 mai 1838, la Procédure à suivre, la Description des vices rédhibitoires, le Formulaire des expertises, procès-verbaux et rapports judiciaires, et un Précis des législations étrangères, par MM. Ch. GALISSET et J. MIGNON. 3e édition, mise au courant de la jurisprudence et augmentée d'un appendice sur les épizooties et l'exercice de la médecine vétérinaire. 1 vol. in-18 jésus de 550 pages. . . . . 6 »

GLOVER. Nouveau Dictionnaire de thérapeutique, comprenant l'exposé des diverses méthodes de traitement employées par les plus célèbres praticiens pour chaque maladie. Paris, 1874. 1 vol. in-18 jésus. . . . . 7 »

HERPIN. Mémoire sur la conservation des blés dans les silos souterrains. Paris, 1856, in-8. . . . . t . . 1 »

—— **Sur l'alucite ou teigne des blés,** et sur les moyens de la détruire. 1867, grand in-8. . . . . 0 75

—— **Des causes morales de l'insuffisance et de la surabondance périodiques de la production du blé** en France. 1860, in-8. . . . . 1 50

—— **Considération sur l'importation des bestiaux étrangers en France,** 1841, in-8. . . . . 1 fr

—— **Mémoire sur divers insectes** nuisibles à l'agriculture. 1842, in-8, avec 6 pl. 2 50

HUXLEY (Th.). Éléments d'anatomie comparée des animaux vertébrés, par Th. HUXLEY, membre de la Société royale de Londres. Traduit de l'anglais et précédé d'une préface par Ch. ROBIN, professeur à la Faculté de médecine. 1875, 1 vol. in-18 jésus, avec 122 figures . . . . 6 »

LACASSIN. Guide pratique vétérinaire, ou Memento thérapeutique. 1865, in-18 jésus de 472 pages. . . . . 4 »

LEBLANC (U.). Des diverses espèces de morve et de farcin, considérées comme des formes variées d'une même affection générale contagieuse. Paris, 1839, in-8. . 2 »

—— **Recherches expérimentales et comparatives** sur les effets de l'inoculation au cheval et à l'âne du pus et du mucus morveux, et d'humeurs morbides d'autre nature. Paris, 1839, in-8. . . . . 1 50

—— **Résumé de quelques recherches relatives à l'étude des maladies du cœur des principaux animaux domestiques.** Paris, 1840, in-8° 1 50

—— **Recherches relatives à la détermination de l'âge des lesions des plèvres et des poumons du cheval,** au point de vue medico-légal. Paris, 1841, in-8. . 2 50

—— **La Clinique vétérinaire,** Journal de médecine et de chirurgie comparées. Paris, 1843-1846, 4 vol. in-8. . . . . 40 »

LEBLANC (U.) et TROUSSEAU. Anatomie chirurgicale des principaux animaux domestiques, ou Recueil de 30 planches représentant : 1° l'anatomie des régions du cheval, du bœuf, du mouton, du chien, indiquant l'âge de ces animaux ; 2° les instruments de chirurgie vétérinaire ; 3° un texte explicatif, par U. LEBLANC, médecin vétérinaire, ancien répétiteur à l'École vétérinaire d'Alfort, et A. TROUSSEAU, professeur à la Faculté de Paris. Paris, 1828, grand in-folio composé de 30 planches col. . . . . 30 »

RAYER (P.). De la morve et du farcin chez l'homme. 1837, in-4, avec planches coloriées. . . . . 6 »

—— **Cours de médecine comparée.** 1863, in-8, 52 pages. 1 50

REISET (J.). Recherches pratiques et expérimentales sur l'agronomie. 1863, in-8, avec 6 planches. . . . . 6 »

RENAULT. Résumé de la discussion sur la morve, par E. RENAULT, inspecteur général des écoles vétérinaires. 1861, in-8, 64 pages. 1 50

RIDER (C.). Étude médicale sur l'équitation. 1870, in-8. . . . . 1 50

SAGE. Traité sur la morve chronique des chevaux. Paris, 1838. in-8, 60 pages (1 fr. 50). 0 25

SMITH (A.). On human entozoa. London, 1863, 1 vol. in-8, avec fig. Cart. . . 10 »

TARDIEU. Dictionnaire d'hygiène publique et de salubrité, par A. TARDIEU, professeur à la Faculté de médecine de Paris. 2e édition. Paris, 1862, 4 vol. in-8. . . 32 »

WILLEMS. Un mot sur l'inoculation de la pleuropneumonie exsudative dans l'espèce bovine. Hasselt, 1853, in-8, 36 pages. 1 25

WETTERWALD (M.). Le vétérinaire du foyer, ou Traité des diverses maladies de nos principaux animaux domestiques, indiquant les caractères exacts, le diagnotic, le pronostic et le traitement, rédigé pour l'usage des propriétaires de bétail. Paris, 1872, 1 vol. in-8. . . . . 2 50

ENVOI FRANCO CONTRE UN MANDAT SUR LA POSTE

HUGUIER. **Mémoire sur les allongements hypertrophiques du col de l'utérus** dans les affections désignées sous les noms de descente, de précipitation de cet organe, et sur leur traitement par la résection ou l'amputation de la totalité du col, 1860, in-4 de 230 pages, avec 13 pl. 15 fr.

— **Mémoire sur les maladies des appareils sécréteurs des organes génitaux de la femme.** 1850, in-4 de 320 pages, avec 5 pl. 8 fr.

— **Mémoire sur l'esthiomène** ou dartre rongeante de la région vulvo-anale, par P. C. Huguier. Paris, 1849, in-4 de 100 p. avec 4 pl. lithographiées. 5 fr.

JOULIN. **Des causes de dystocie** appartenant au fœtus, par le docteur Joulin, agrégé de la Faculté de médecine. Paris, 1863, in-8, 128 pages. 3 fr.

— **De la version pelvienne**, de ses avantages et de ses inconvénients et l'application du forceps dans les cas de rétrécissement du bassin. Paris, 1867, in-4 de 90 pages. 3 fr. 50

— **Mémoire sur l'emploi de la force en obstétrique.** 1867, in-8. 1 fr. 50

— **Recherches anatomiques sur la membrane lamineuse**, l'état du chorion et la circulation dans le placenta à terme. Paris, 1865, in-8, 20 p. 1 fr.

KELLER. **Des grossesses extra-utérines** et plus spécialement de leur traitement par la gastrotomie. Paris, 1872, in-8 de 94 pages. 2 fr.

LAMBERT. **De la métro-péritonite puerpérale**, par le docteur E. Lambert, in-8, xix-146 pages. 3 fr.

MAYER. **Conseils aux femmes sur l'âge de retour**, médecine et hygiène. Paris, 1875, 1 vol. in-12 de 256 pages. 3 fr.

MENVILLE. **Histoire philosophique et médicale de la femme** considérée dans toutes les époques principales de la vie, avec ses diverses fonctions, avec les changements qui surviennent dans son physique et son moral, avec l'hygiène applicable à son sexe et toutes les maladies qui peuvent l'atteindre aux différents âges. Seconde édition. Paris, 1858, 3 vol. in-8 de 600 p 10 fr.

MORDRET. **De la mort subite dans l'état puerpéral**, par le docteur A. Mordret. 1 vol. in-4 de 180 pages. 4 fr. 50

PENARD. **Guide pratique de l'accoucheur et de la sage-femme**, par le docteur L. Penard, professeur d'accouchements à l'École de médecine de Rochefort. Quatrième édition. Paris, 1874, in-18 de 500 p., avec 112 fig. 4 fr.

PINARD. **Les vices de conformation du bassin.** Recherches nouvelles de pelvimétrie et de pelvigraphie. par le docteur A. Pinard, chef de clinique d'accouchements de la Faculté. Paris, 1874, in-4, 64 p. avec 100 pl., représentan. 100 bassins de grandeur naturelle. 7 frt

— **Des contre-indications de la version dans la présentation de l'épaule.** Paris, 1873, in-8 de 140 pages. 3 fr.

RICHARD. **Histoire de la génération** chez l'homme et chez la femme, par l.. docteur David Richard. Un volume in-8 de 350 p. avec 8 planches gravées ene taille douce et tirées en couleur. Cartonné. 12 fr.

ROBIN. **Mémoire sur la rétraction, la cicatrisation et l'inflammation des vaisseaux ombilicaux** et sur le système ligamenteux qui leur succède, par Ch. Robin. Paris, 1860, in-4, avec 5 planches lithographiées. 3 fr. 50

— **Mémoire sur les modifications de la muqueuse utérine** pendant et après la grossesse, par Ch. Robin. Paris, 1860, in-4, avec 5 pl. lith. 4 fr. 50

SIEBOLD. **Lettres obstétricales**, par Ed. C. J. von Siebold, professeur d'accouchements à l'Université de Gœttingue, avec une introduction et des notes par J. A. Stoltz. Paris, 1866, in-8 jésus, 268 pages. 2 fr. 50

SIMON. **Des maladies puerpérales**, par le docteur Jules Simon, médecin des hôpitaux. Paris, 1866, in-8, 184 pages. 3 fr.

TRIPIER. **Lésions de forme et de situation de l'utérus**, leurs rapport, avec les affections nerveuses de la femme et leur traitement, par le docteus A. Tripier. 2e édit. Paris, 1874, gr. in-8, 104 p. avec fig. 3 fr.

VERNEAU (R.). **Le bassin dans les sexes et dans les races**, par le docteur R. Verneau. Paris, 1875, in-8 de 156 pages, avec 16 pl. lith. 6 fr.

VOISIN. **De l'hématocèle rétro-utérine**, par Auguste Voisin, médecin de la Salpêtrière. Paris, 1859, 1 vol. in-8, avec 1 pl. 4 fr. 50

WEISS. **Des réductions de l'inversion utérine consécutive à la délivrance**, par le docteur Weiss. Paris, 1873, gr. in-8 de 77 pages. 1 fr. 50

4 LIBRAIRIE J.-B. BAILLIÈRE ET FILS, RUE HAUTEFEUILLE, 19, A PARIS.

TRAITÉ PRATIQUE DE L'ART DES ACCOUCHEMENTS

PAR LES PROFESSEURS

NÆGELÉ | **GRENSER**

Professeur à l'Université de Heidelberg, | Directeur de la Maternité de Dresde,

Traduit sur la sixième et dernière édition allemande,
Annoté et mis au courant des derniers progrès de la science,

PAR G.-A. AUBENAS

Professeur agrégé à l'ancienne Faculté de médecine de Strasbourg

Ouvrage précédé d'une Introduction

PAR J.-A. STOLTZ

Doyen de la Faculté de médecine de Nancy.

Paris, 1869, 1 vol. in-8°, 724 pages avec une planche et 207 fig. — 12 fr.

TRAITÉ PRATIQUE DES MALADIES DES FEMMES

HORS L'ÉTAT DE GROSSESSE, PENDANT LA GROSSESSE ET APRÈS L'ACCOUCHEMENT

Par FLEETWOOD CHURCHILL

TRADUIT DE L'ANGLAIS

Par Alexandre WIELAND et Jules DUBRISAY

Seconde édition, revue et corrigée

Et contenant l'exposé des travaux français et étrangers les plus récents,

Par le docteur A. LE BLOND

1 vol. grand in-8 de XVI-1254 pages, avec 337 figures. — 18 fr.

C'est un traité qui comprend non-seulement les maladies de l'utérus et de ses annexes, mais encore les états morbides affectant d'une manière spéciale la femme hors de l'état de grossesse pendant la grossesse et après l'accouchement. L'autorité du nom de l'auteur, sa vaste érudition son exacte connaissance de tous les travaux antérieurs, et surtout son sens droit et pratique étaient autant de garanties nouvelles.

Sans porter atteinte à l'originalité de l'œuvre, et tout en conservant à l'auteur la responsabilité et le mérite de ses opinions personnelles, les éditeurs français ont complété les quelques points de détail qui avaient pu échapper à ses investigations, ou qui avaient reçu un jour nouveau de travaux postérieurs à la publication de la dernière édition anglaise, et ils se sont particulièrement attachés à mettre en lumière les études modernes des auteurs français et étrangers qui méritaient par leur côté pratique d'être portées à la connaissance du médecin et du chirurgien.

CLINIQUE
OBSTÉTRICALE & GYNÉCOLOGIQUE

Par Sir JAMES Y SIMPSON

Professeur d'accouchements à l'Université d'Edimbourg

OUVRAGE ÉDITÉ PAR J. WATT BLACK, M. A. M. D.

Membre du « Roya College of Physicians, » Médecin accoucheur à « Charing Cross Hospital, »
Lecteur à « Hospital School of Medicine. »

TRADUIT ET ANNOTÉ

Par le Dr G. CHANTREUIL

Chef de clinique d'accouchements à la Faculté de médecine de Paris.

1 vol. grand in-8° de 820 pages, avec figures intercalées dans le texte. . . . 12 fr

LEÇONS CLINIQUES SUR LES MALADIES DES FEMMES

Par le docteur T. GALLARD

Médecin de l'hôpital de la Pitié

Deuxième édition, considérablement augmentée

Paris, 1878, 1 vol. in-8 de 800 pages, avec 100 fig. (*Sous presse.*)

Le Gérant : H. BAILLIÈRE.

PARIS. — IMPRIMERIE DE E. MARTINET, RUE MIGNON, 2

ENVOI FRANCO CONTRE UN MANDAT SUR LA POSTE.

LIBRAIRIE J.-B. BAILLIÈRE, 19, RUE HAUTEFEUILLE

PRÉCIS
DE
TECHNIQUE MICROSCOPIQUE ET HISTOLOGIQUE
OU
INTRODUCTION PRATIQUE A L'ANATOMIE GÉNÉRALE
Par le Dr Mathias DUVAL
PROFESSEUR AGRÉGÉ A LA FACULTÉ DE MÉDECINE DE PARIS, PROFESSEUR D'ANATOMIE A L'ÉCOLE DES BEAUX-ARTS,
MEMBRE DE LA SOCIÉTÉ DE BIOLOGIE

AVEC UNE INTRODUCTION PAR LE PROFESSEUR CH. ROBIN

1 vol. in-18 jésus, 316 p. avec 43 fig. . . . . . 4 fr.

Aujourd'hui que les études microscopiques prennent dans l'enseignement médical la place qu'elles méritent depuis longtemps déjà, on ne saurait trop approuver la publication du *Précis* de M. Duval.

L'anatomie générale s'est immensément accrue, complétement modifiée par l'emploi du microscope appliqué à l'étude des tissus de l'organisme sain ou malade : de là est née une branche maîtresse, l'histologie. Mais cette science nouvelle exige des procédés d'investigation, des instruments particuliers, une technique enfin toute spéciale : c'est là la matière de ce nouveau livre du docteur Math. Duval.

L'auteur, chargé pendant plusieurs années des fonctions de directeur du *laboratoire d'histologie pratique* à la Faculté de médecine, a mis en ordre et réuni en un volume les notes qui lui ont servi et les éléments de son enseignement. Sous une forme pratique et maniable, il présente aujourd'hui *ce Précis* au médecin et à l'étudiant qui veulent se familiariser avec le microscope et l'étude de l'anatomie générale.

Ce volume est un traité technique ; à ce titre, on y trouve surtout étudiés le microscope et ses appareils annexes, et les divers procédés de manipulations histologiques. L'élève apprend ici à se servir de l'instrument indispensable, le microscope; il y trouve exposés les procédés et discuté leur choix suivant les tissus. Tous les réactifs, dont l'expérience a montré la réelle valeur, ainsi que leur mode d'emploi, sont indiqués en détail; de sorte que, muni de ce guide, il peut s'essayer à ce difficile et délicat travail de patience qui constitue la préparation et la conservation des pièces histologiques et réussir. Le microtome rend les coupes minces faciles ; les durcissements et la coloration sont à point ; la petite pièce est montée dans le petit musée de chacun ; la collection grossit chaque jour et s'améliore par sélection; l'étude est dès lors attrayante et ne sera plus abandonnée, restant, comme de notre temps, le lot de quelques privilégiés et de quelques savants. Ce *Précis* de technique histologique aura autant fait pour la connaissance de l'anatomie générale que bien des gros traités.

Ce n'est pas à notre époque que je voudrais présenter un plaidoyer en règle en faveur des études histologiques : les découvertes scientifiques dues à cet ordre de recherches sont là pour témoigner au besoin, avec l'éloquence des faits, de leur importance et de leur nécessité. Chaque jour l'usage du microscope est utilisé avec avantage : en anatomie, pour l'étude des tissus et des éléments; en physiologie, en pathologie même, la médecine légale ne peut se passer des notions fournies par le microscope. C'est donc avec raison que l'auteur définit l'histologie *l'anatomie générale aidée du microscope.*

Pour mieux montrer l'importance de ces études histologiques, et de ce *Précis*, qu'il regarde comme un premier pas vers la connaissance de l'anatomie générale, M. le professeur ROBIN a honoré le volume d'une introduction pleine de conseils et de sens. Sous une forme élevée et paternelle, c'est à l'élève qu'il s'adresse et qu'il fait part des fruits d'une longue expérience : « Observez, dit-il, et vérifiez l'exactitude des données de l'observation faite à l'aide du microscope, en allant du livre à l'instrument, et de l'instrument au livre, alternativement. »

Ce *Précis de technique histologique* sera un guide sûr, qui permettra à ceux qui débutent dans cet ordre d'études, de voir nettement le but vers lequel elles conduisent, et quelles sont les voies les plus courtes pour acquérir des connaissances aujourd'hui indispensables à la pratique de la médecine. Le praticien maintenant n'a pas moins besoin que l'étudiant de connaître le maniement du microscope, et les procédés et les réactifs dont l'emploi assure la formation et la durée d'une bonne préparation microscopique.   Dr GELLÉ, *Tribune médicale.*

ENVOI FRANCO CONTRE UN MANDAT SUR LA POSTE

LIBRAIRIE J.-B. BAILLIÈRE, 19, RUE HAUTEFEUILLE

NOUVEAUX ÉLÉMENTS
D'ANATOMIE PATHOLOGIQUE DESCRIPTIVE ET HISTOLOGIQUE

Par A. LABOULBENE

PROFESSEUR A LA FACULTÉ DE MÉDECINE, MÉDECIN DE LA CHARITÉ

1 vol. in-8, 1078 pages avec 298 figures. — Cartonné. . . 20 fr.

Les acquisitions nouvelles de la science sur l'anatomie pathologique sont si nombreuses, si importantes, qu'on pouvait à bon droit réclamer l'apparition d'un ouvrage qui, s'appuyant sur les recherches des auteurs, se recommanderait de lui-même par la grande autorité de celui qui l'aurait écrit. M. Laboulbène vient de combler heureusement cette lacune : adonné depuis de longues années à l'étude de l'anatomie pathologique, mieux que tout autre, il devait fixer la science à ce sujet.

M. Laboulbène suit un ordre naturel en traitant les divers appareils les uns après les autres.

Ainsi, le livre premier, qui est consacré à l'*appareil de la digestion*, est divisé lui-même en dix sections pour l'étude des maladies : de la cavité buccale (stomatites, gangrènes, néoplasmes, etc.), de la langue, du pharynx (maladie de la muqueuse du pharynx, des amygdales, du voile palatin), de l'œsophage, de l'estomac (inflammations, ulcérations, gangrène, tuberculose, syphilis, cancer, etc.), de l'intestin, des glandes salivaires, du foie et du pancréas, du péritoine.

On voit, par cette simple énumération, qu'il est inutile de poursuivre, le soin avec lequel les matériaux immenses amassés dans ce livre sont coordonnés par son auteur. Toutes les opinions un peu importantes sont exposées avec la plus grande impartialité, et cependant, dans cet ouvrage considérable, rien qui ressemble à une œuvre de compilation, qui elle-même aurait son mérite pour l'exposé d'une science encore incertaine dans beaucoup de points. Il s'agit d'une œuvre originale, où l'auteur, à côté des opinions des différents anatomo-pathologistes qui l'ont précédé, ne craint pas, pour notre instruction à tous, de donner les résultats de sa grande expérience. Si un livre d'anatomie pathologique ne devait être que l'exposé sec et ingrat des lésions trouvées après la mort, il ne mériterait d'être lu que par les hommes de science qui n'allient pas volontiers les idées théoriques avec la pratique. Mais l'anatomie pathologique ne se renferme pas seulement dans ces descriptions stériles, il ne s'agit pas seulement de dire ce que l'on voit, il faut aussi savoir tirer de cette étude des enseignements pour la clinique et la thérapeutique. Ainsi, pour ne citer qu'un exemple, M. Laboulbène décrit des lésions tuberculeuses du col de l'utérus, très mal connues jusqu'à lui, et rend compte en même temps de l'action variable de la teinture d'iode sur le col utérin, suivant que celui-ci est sain ou lésé ; de plus, quelques observations sont intercalées dans le texte.

M. Laboulbène n'a pas oublié non plus que son livre pouvait et devait nécessairement se trouver entre les mains de tous les médecins qui, éloignés de tout foyer scientifique, absorbés par d'autres travaux, ne peuvent vérifier par eux-mêmes les faits avancés par un livre. Aussi a-t-il eu soin de représenter un grand nombre de figures qui, au nombre de 298, exposent clairement au lecteur toutes les altérations microscopiques qui ont été préalablement décrites. Un grand nombre d'indications bibliographiques, qui se trouvent placées à la fin de chaque article, permettront aussi aux travailleurs de faire des recherches sur les points qu'ils veulent principalement étudier.

Ainsi donc, ce livre s'adresse à tous, aux praticiens comme aux savants ; les uns et les autres trouveront l'anatomie pathologique exposée avec méthode, clarté, précision, sans parti pris ; se défiant des néologismes, dont on abuse tant dans certains livres, des opinions préconçues, qui font reculer la science au lieu de la faire marcher en avant : il aime mieux employer des expressions qui, outre leur grand mérite d'être compréhensibles, ne préjugent pas au moins sur la nature des choses. C'est ainsi que le mot *prolifération* est un peu laissé de côté, et cela avec raison, et remplacé par celui de *multiplication d'éléments cellulaires*. C'est peut-être plus long à dire, mais c'est moins long et plus facile à comprendre.

En résumé, ce livre d'anatomie pathologique, signé du nom d'un maître aimé et estimé, fait le plus grand honneur à la médecine française ; il est l'exposé clair, net et précis des connaissances acquises ; il montre le chemin parcouru et celui qui est encore à parcourir ; il indique donc les lacunes à combler, et sera aussi d'un grand secours pour les travailleurs ; mais il ne s'adresse pas moins aux praticiens qui s'intéressent toujours à leur science et qui sont attentifs à ses nombreux progrès.

La lésion, dit l'auteur, est parfois difficile ou impossible à saisir ; mais, dans la plupart des malades *sine materia*, dont on n'a pas encore trouvé la cause matérielle, il est permis de penser que l'avenir la montrera. Nous ne partagerions pas ces espérances, que le livre seul de M. Laboulbène, qui marque un grand progrès dans l'histoire de l'anatomie pathologique, nous les inspirerait très certainement.

HENRI HUCHARD, *Union médicale*, 21 décembre 1878.

ENVOI FRANCO CONTRE UN MANDAT SUR LA POSTE

TRAITÉ
DE LA PARALYSIE GÉNÉRALE DES ALIÉNÉS

Par le Docteur Auguste VOISIN
MÉDECIN DE L'HÔPITAL DE LA SALPÊTRIÈRE

1879. 1 vol. gr. in-8, XVI-540 pages, avec 14 planches dessinées d'après nature, lithographiées et coloriées ; graphiques et fac-simile. . . . . 20 fr.

Depuis vingt ans j'ai vu passer sous mes yeux, dans les services de Bicêtre et de la Salpêtrière, un grand nombre d'aliénés et de paralysés généraux. Tous ont fait l'objet d'observations que j'ai dictées personnellement à mes élèves.

Toutes les autopsies ont été dirigées par moi, ainsi que les recherches histologiques dont elles fournissaient le sujet.

Le livre que je publie aujourd'hui est donc le résultat d'observations nombreuses et faites avec soin. Je suis heureux d'ajouter une pierre à l'édifice construit par mes devanciers, et dont Calmeil et Baillarger ont si bien jeté les bases. L'étiologie, les symptômes, le diagnostic, l'anatomie pathologique, la marche de cette maladie, ont occupé l'attention des médecins, non seulement dans des œuvres personnelles, mais dans les sociétés savantes.

L'intérêt qui s'attache à l'étude de la paralysie générale s'explique, lorsqu'on assiste à l'extension de cette affection redoutable ; sans l'appeler la maladie du siècle, il faut reconnaître l'influence des bouleversements sociaux et des révolutions sur le développement de cet état morbide, la participation plus spéciale des causes morales dépressives à cet accroissement.

La thérapeutique doit ici se servir de ses moyens les plus énergiques : de la puissance des agents thérapeutiques et de la continuité de leur emploi peut dépendre le succès. Il n'y a donc lieu ni de s'abandonner au scepticisme ni de négliger les ressources que l'on doit à la thérapeutique.

La paralysie générale n'est pas encore assez connue pour qu'on puisse affirmer son incurabilité ; une notion plus précise des symptômes de début permettra d'opposer à la maladie un traitement qui, à cette période, serait efficace.

C'est donc à vulgariser la connaissance de cette affection redoutable, dans les premiers temps de son évolution, que nous devons nous attacher, afin que les médecins puissent prévenir ses ravages ultérieurs.

Je suis convaincu que le traitement fondé sur les révulsifs appliqués à temps et avec persévérance, et poursuivi avec continuité, que l'emploi des bains froids et une hygiène morale et intellectuelle appropriée, conduiront aux résultats les plus heureux pour soulager l'humanité. A. VOISIN.

DAGONET. Nouveau traité élémentaire et pratique des maladies mentales, suivi des considérations pratiques sur l'administration des asiles d'aliénés, par H. DAGONET, médecin en chef de l'asile des aliénés de Sainte-Anne. 1 vol. in-8, XIII-732 p. avec 8 planches en photoglyptie, représentant 33 types d'aliénés, accompagné d'une carte statistique des établissements d'aliénés de la France Cartonné. . . . . 16 fr.

HAMMOND. Traité des maladies du système nerveux, comprenant les maladies du cerveau, les maladies de la moelle et de ses enveloppes, les affections cérébro-spinales, les maladies du système nerveux périphérique et les maladies toxiques du système nerveux, par W. HAMMOND, professeur des maladies mentales et nerveuses à l'Université de New-York. Traduction française augmentée de notes et d'un appendice, par le docteur F. LABADIE-LAGRAVE, 1879. 1 vol, gr. in-8 de XXIV-1300 p. avec 116 fig. Cartonné. . . . . 22 fr.

ENVOI FRANCO CONTRE UN MANDAT SUR LA POSTE

NOUVEAUX ÉLÉMENTS
D'ANATOMIE PATHOLOGIQUE DESCRIPTIVE ET HISTOLOGIQUE

Par A. LABOULBÈNE
PROFESSEUR A LA FACULTÉ DE MÉDECINE, MÉDECIN DE LA CHARITÉ

1 vol. in-8, 1073 pages avec 298 figures. — Cartonné. . . 20 fr.

Les acquisitions nouvelles de la science sur l'anatomie pathologique sont si nombreuses, si importantes, qu'on pouvait à bon droit réclamer l'apparition d'un ouvrage qui, s'appuyant sur les recherches des auteurs, se recommanderait de lui-même par la grande autorité de celui qui l'aurait écrit. M. Laboulbène vient de combler heureusement cette lacune : adonné depuis de longues années à l'étude de l'anatomie pathologique, mieux que tout autre, il devait fixer la science à ce sujet.

M. Laboulbène suit un ordre naturel en traitant les divers appareils les uns après les autres.

Ainsi, le livre premier, qui est consacré à l'*appareil de la digestion*, est divisé lui-même en dix sections pour l'étude des maladies : de la cavité buccale (stomatites, gangrènes, néoplasmes, etc.), de la langue, du pharynx (maladie de la muqueuse du pharynx, des amygdales, du voile palatin), de l'œsophage, de l'estomac (inflammations, ulcérations, gangrene, tuberculose, syphilis, cancer, etc.), de l'intestin, des glandes salivaires, du foie et du pancréas, du péritoine.

On voit, par cette simple énumération, qu'il est inutile de poursuivre, le soin avec lequel les matériaux immenses amassés dans ce livre sont coordonnés par son auteur. Toutes les opinions un peu importantes sont exposées avec la plus grande impartialité, et cependant, dans cet ouvrage considérable, rien qui ressemble à une œuvre de compilation, qui elle-même aurait son mérite pour l'exposé d'une science encore incertaine dans beaucoup de points. Il s'agit d'une œuvre originale, où l'auteur, à côté des opinions des différents anatomo-pathologistes qui l'ont précédé, ne craint pas, pour notre instruction à tous, de donner les résultats de sa grande expérience. Si un livre d'anatomie pathologique ne devait être que l'exposé sec et ingrat des lésions trouvées après la mort, il ne mériterait d'être lu que par les hommes de science qui n'allient pas volontiers les idées théoriques avec la pratique. Mais l'anatomie pathologique ne se renferme pas dans ces descriptions stériles, il ne s'agit pas seulement de dire ce que l'on voit, il faut aussi savoir tirer de cette étude des enseignements pour la clinique et la thérapeutique. Ainsi, pour ne citer qu'un exemple, M. Laboulbène décrit des lésions tuberculeuses du col de l'utérus, très mal connues jusqu'à lui, et rend compte en même temps de l'action variable de la teinture d'iode sur le col utérin, suivant que celui-ci est sain ou lésé ; de plus, quelques observations sont intercalées dans le texte.

M. Laboulbène n'a pas oublié non plus que son livre pouvait et devait nécessairement se trouver entre les mains de tous les médecins qui, éloignés de tout foyer scientifique, absorbés par d'autres travaux, ne peuvent vérifier par eux-mêmes les faits avancés par un livre. Aussi a-t-il eu soin de présenter un grand nombre de figures qui, au nombre de 298, exposent clairement au lecteur toutes les altérations microscopiques qui ont été préalablement décrites. Un grand nombre d'indications bibliographiques, qui se trouvent placées à la fin de chaque article, permettront aussi aux travailleurs de faire des recherches sur les points qu'ils veulent principalement étudier.

Ainsi donc ce livre s'adresse à tous, aux praticiens comme aux savants ; les uns et les autres trouveront l'anatomie pathologique exposée avec méthode, clarté, précision, sans parti pris ; se défiant des néologismes, dont on abuse tant dans certains livres, des opinions préconçues, qui font reculer la science au lieu de la faire marcher en avant ; il aime mieux employer des expressions qui, outre leur grand mérite d'être compréhensibles, ne préjugent pas au moins sur la nature des choses. C'est ainsi que le mot *prolifération* est un peu laissé de côté, et cela avec raison, et remplacé par celui de *multiplication d'éléments cellulaires*. C'est peut-être plus long à dire, mais c'est moins long et plus facile à comprendre.

En résumé, ce livre d'anatomie pathologique, signé du nom d'un maître aimé et estimé, fait le plus grand honneur à la médecine française ; il est l'exposé clair, net et précis des connaissances acquises ; il montre le chemin parcouru et celui qui est encore à parcourir ; il indique donc les lacunes à combler, et sera aussi d'un grand secours pour les travailleurs ; mais il ne s'adresse pas moins aux praticiens qui s'intéressent toujours à leur science et qui sont attentifs à ses nombreux progrès.

La lésion, dit l'auteur, est parfois difficile ou impossible à saisir ; mais, dans la plupart des malades *sine materia*, dont on n'a pas encore trouvé la cause matérielle, il est permis de penser que l'avenir la montrera. Nous ne partagerions pas ces espérances, que le livre seul de M. Laboulbène, qui marque un grand progrès dans l'histoire de l'anatomie pathologique, nous les inspirerait très certainement.

HENRI HUCHARD, *Union médicale*, 21 décembre 1878.

ENVOI FRANCO CONTRE UN MANDAT SUR LA POSTE

Nouveaux éléments d'Anatomie chirurgicale, par Benjamin ANGER, chirurgien de la Maternité, professeur agrégé de la Faculté de médecine. Paris, 1869. 1 vol. in-8 de 1055 pages, avec 1079 fig. et atlas in-4 de 12 planches . . . . . 40 fr.

BERNARD (Cl.). Leçons sur les phénomènes de la vie communs aux animaux et aux végétaux. 1878. 2 vol. in-8, avec pl. color. et figures . 15 fr.

—— Leçons de Physiologie opératoire, 1879. 1 vol. in-8, xvi-614 pages avec 116 figures . . 8 fr.

BERNARD (Cl.) et HUETTE. Précis iconographique de Médecine opératoire et d'Anatomie chirurgicale. Paris, 1873, 1 vol. in-18 jésus, 435 pag., avec 113 pl., fig. noires. Cartonné. 27 fr.
Le même, figures coloriées. Cartonné. 48 fr.

CHAUVEAU. Traité d'Anatomie comparée des animaux domestiques, par A. CHAUVEAU, professeur à l'École vétérinaire de Lyon. Troisième édition, avec la collaboration de M. ARLOING. Paris, 1879. 1 vol. in-8, vi-992 pages, avec 368 figures noires et coloriées . . . . 24 fr.

COLIN (G.). Traité de Physiologie comparée des animaux, par J. COLIN, professeur à l'École vétérinaire d'Alfort. Deuxième édition. Paris, 1871-1873. 2 vol. in-8, avec 200 figures . . . . . 26 fr.

CUYER et KUHFF. Le Corps humain. Structure et fonctions, formes extérieures, régions anatomiques, situation, rapports et usages des appareils et organes qui concourent au mécanisme de la vie, démontrés à l'aide de planches coloriées, découpées et superposées; dessins d'après nature, par Édouard CUYER, lauréat de l'École des Beaux-Arts; texte, par G.-A. KUHFF, docteur en médecine, préparateur au laboratoire d'anthropologie de l'École des Hautes Études. Paris, 1879, 1 vol. in-8 de 500 pages avec atlas 27 pl. col. Ens. 2 vol. cartonnés . . . . 75 fr.

—— Les Organes génitaux de l'homme et de la femme. Gr. in-8, 60 p., avec 2 planches coloriées, découpées et superposées, et 56 figures. . 7 fr. 50

DUVAL (Mathias). Précis de Technique microscopique et histologique, ou Introduction pratique à l'anatomie générale, par Mathias DUVAL, professeur agrégé à la Faculté de médecine. 1878. 1 vol. in-18 jésus de 316 pages avec 43 figures . . 4 fr.

Encyclopédie anatomique, comprenant l'anatomie descriptive, l'anatomie générale, l'anatomie pathologique, l'histoire du développement, par G.-T. BISCHOFF, HENLE, HUSCHKE, SŒMMERING, F.-G. THEILE, G. VALENTIN, J. VOGEL, G.-E. WEBER. 1843-1847. 8 vol. in-8, avec atlas in-4. 32 fr.

FAU. Anatomie artistique élémentaire du corps humain. Cinquième édition. Paris, 1876. In-8, avec 17 planches, figures noires. . . . . . . 4 fr.
Le même, figures coloriées. . . . . . 10 fr.

FLOURENS. Anatomie générale de la peau et des membranes muqueuses. 1843, in-4, avec 6 planches coloriées. . . . . 6 fr.

—— Recherches sur le développement des os et des dents. 1844, in-4, avec 12 pl. coloriées. . 6 fr.

—— Mémoires d'Anatomie et de Physiologie comparées. Paris, 1844, grand in-4 avec 8 planches coloriées (18 fr.). . . . . 9 fr.

HUGUENIN. Anatomie des centres nerveux, par le docteur HUGUENIN, trad. par le docteur Th. Keller, et annoté par le docteur Mathias Duval. Paris, 1879. 1 vol. in-8 de 363 pages, avec 149 figures. 8 fr.

HUXLEY. Éléments d'anatomie comparée des animaux vertébrés. Paris, 1875, 1 v. in-18 jésus de viii-530 pag., avec 122 fig. . . . . 6 fr.

KUSS ET DUVAL. Cours de Physiologie, d'après l'enseignement du professeur Kuss, par le docteur Mathias DUVAL. Quatrième édit. Paris, 1879. 1 vol. in-18 jésus de viii-800 p., avec 170 fig. cart. 8 fr.

LABOULBÈNE. Nouveaux éléments d'Anatomie pathologique descriptive et histologique, par le docteur J.-A. LABOULBÈNE, professeur agrégé de la Faculté de médecine, médecin des hôpitaux. Paris, 1879. 1 vol. in-8, 1078 p., avec 208 fig. 20 fr.

LEBERT. Traité d'Anatomie pathologique générale et spéciale, ou Description et iconographie pathologique des affections morbides observées dans le corps humain. Paris, 1855-1861. 2 vol. in-fol. de texte et 2 atlas in-fol., comprenant 200 planches coloriées. . . . . 615 fr.

LEGENDRE. Anatomie chirurgicale. Paris, 1858, 1 vol. in-fol. avec 25 pl. . . . . . . 20 fr.

MALGAIGNE (J.-F.). Traité d'Anatomie chirurgicale et de Chirurgie expérimentale. Deuxième édition. Paris, 1859. 2 vol. in-8 . . . . 18 fr.

MANDL (L.). Anatomie microscopique, par le docteur L. MANDL, professeur de microscopie. Paris, 1838-1857. Ouvrage complet, 2 vol. in-folio avec 92 planches. . . . . 200 fr.

MASSE. Traité pratique d'Anatomie descriptive. Paris, 1858, 1 v. in-18 jésus de 700 p., cart. 7 fr.

—— Anatomie synoptique, ou Résumé complet d'anatomie descriptive du corps humain. Paris, 1867. In-18, 116 pages. . . . . 2 fr.

MOREL (C.). Traité d'Histologie humaine, par C. MOREL, professeur à la Faculté de médecine de Nancy. Troisième édition. Paris, 1879. 1 vol. in-8, 950 pages, avec atlas de 36 planches. . 16 fr.

RINDFLEISCH. Traité d'Histologie pathologique, traduit et annoté par F. GROSS, professeur agrégé à la Faculté de médecine de Nancy. 1873. 1 vol. gr. in-8 de 739 pages, avec 260 figures. 14 fr.

ROBIN (Ch.). Traité du microscope et des injections, mode d'emploi, applications à l'anatomie humaine et comparée, à la pathologie médico-chirurgicale, à l'histoire naturelle animale et végétale, et à l'économie agricole, par Ch. ROBIN, professeur à la Faculté de médecine de Paris, membre de l'Institut. Deuxième édition. 1877. 1 vol. in-8, 1101 p., avec 336 fig. et 3 pl. cart. . . . . 20 fr.

—— Programme du cours d'Histologie. Deuxième édition. 1870. 1 vol. in-8, XL-416 pag. . 6 fr.

—— Anatomie et Physiologie cellulaires, ou des cellules animales et végétales, du protoplasma et des éléments normaux et pathologiques qui en dérivent. Paris, 1873, 1 vol. in-8 de 640 pages, avec 83 fig. cart. . . . . 16 fr.

SERRES (E.). Recherches d'Anatomie transcendante et pathologique, théorie des formations et des déformations organiques, par E. SERRES, membre de l'Institut de France. 1832. In-4, avec atlas de 20 pl. in-folio. . . . . 20 fr.

—— Anatomie comparée transcendante, principes d'embryogénie. Paris, 1859. 1 vol. in-4 de 942 p., avec 20 pl. . . . . 16 fr.

—— Des lois de l'Embryogénie ou des règles de formation des animaux et de l'homme. 1844. In-4 de 172 pages, avec 9 planches. . . . . 12 fr.

VIRCHOW. La Pathologie cellulaire, basée sur l'étude physiologique et pathologique des tissus. Traduction française. Quat. édit. par Is. STRAUS, médecin des hôpitaux de Paris. Paris, 1874. 1 vol. in-8, xviii-447 p., avec 157 fig. . . . . 9 fr.

LYON. — IMPRIMERIE PITRAT AÎNÉ, RUE GENTIL, 4.

www.ingramcontent.com/pod-product-compliance
Lightning Source LLC
Chambersburg PA
CBHW051250060726
47596CB00001B/57